演算法
使用C++虛擬碼
Foundations of Algorithms, Fifth Edition

第五版

FIFTH EDITION

FOUNDATIONS OF
ALGORITHMS

RICHARD E. NEAPOLITAN

ORIGINAL ENGLISH LANGUAGE EDITION PUBLISHED BY

Jones & Bartlett Learning, LLC

5 Wall Street

Burlington, MA 01803 USA

Copyright © 2015 by JONES & BARTLETT LEARNING, LLC.

Authorized translation form the English language edition, entitled Foundations of Algorithms, Fifth Edition, 9781284049190 by Richard E. Neapolitan, published by Jones & Bartlett Learning, LLC.

Copyright © 2015.

Preface

序

本書 "演算法 – 使用 C++ 虛擬碼" 第五版係保有前幾版致勝的特色。如同前幾版，本書仍然使用虛擬碼（Pseudocode）而非真實的 C++ 程式碼來介紹演算法。如果在介紹複雜的演算法時，牽涉到過多某種程式語言的細節，只會徒增學生們對演算法理解上的困擾而已。再者，任何熟悉高階語言的人，都應該讀得懂虛擬碼。這也意謂著虛擬碼應該盡量避免使用任一種語言所獨有的部分。本書第 1-5 至 1-7 頁將討論虛擬碼與 C++ 的主要差別。本書的內容包含演算法的設計、複雜度分析（complexity analysis），以及計算複雜度（computational complexity）、問題分析。而其他種類的分析，如正確性分析（analysis of correctness）並不包含在內。當我在教授東北伊利諾大學資訊工程系演算法的課程時，我找不到一本能夠嚴謹討論演算法複雜度分析，而且不會過於艱澀難懂的教材，因此我決定撰寫本書。東北伊利諾大學大多數的學生並沒有學過微積分，意謂著他們並不熟悉抽象的數學以及數學符號。

為了增進本教材的易讀性，我做了以下的措施：

- 假設學生的數學背景知識只達到學院程度的代數以及離散結構。

- 相較一般的情況使用更多的說明來解釋數學概念。

- 相較一般的情況在正規的證明中講解更多的細節。

- 提供更多的例子。

本書適合做為大學或研究所之演算法設計與分析課程的授課教材。目的是提供學生對如何撰寫和分析算法具備基本的了解,並賦予他們使用標準演算法設計策略編寫算法所需的技能。以前,這些包括 divide-and-conquer、動態規劃、貪婪演算法、回溯,以及 branch-and-bound。然而,近年來基因演算法的使用對計算機科學家變得越來越重要。如果學生選了與人工智能相關的課程,這類課程只會介紹有基因演算法這種演算法。基因演算法本身則並沒有被歸入人工智能領域的固有內容。因此,為了更好地提供當前有用的技術的一個成分,我在本版中增加了一個關於基因演算法和基因規劃法的章節。

由於我認為,只要學過有限數學(finite mathematics),就能進行絕大多數的複雜度分析。因此,讀者只需要學習過代數以及離散結構,就可以理解本書中多數的討論部分。也就是說,您並不需要微積分的概念才能閱讀本書。沒學過微積分的同學們通常不習慣於數學的標記法。因此,相較一般的情況,我盡量使用更多的說明以及更少的標記法來介紹數學概念(如 "big O")。在這兩者間取得平衡並不是件容易的事;在某些情況下,標記法使得說明更加清楚易懂,但是大量地使用標記法卻會困擾很多數學基礎不是那麼好的同學。從同學們的反應中,我找到了一個適當的平衡。

我並非逃避數學的嚴謹性。事實上,我以正規的方式證明了所有的結果。然而,在證明的過程中我以更多的細節與例子來幫助同學們理解,藉由具體的例子,同學們通常更容易掌握該理論的觀念。所以只要用心學習,即使是數學背景不強的同學們,也能夠理解數學論證的部分進而掌握主要的觀念。再者,我加入了所需的微積分知識(如使用極限來決定 Order 與證明若干理論)。然而,即使同學們並未精通微積分亦能了解本書的其餘部分。需要用到微積分的部分,會在目錄中以及內文的頁邊空白以 ⊕ 符號標示。相對較為困難但並不需要額外的數學背景知識的部分會以 ◈ 符號標示。

先修科目

如前所述,本書預設同學們的數學知識背景為學院代數與有限數學。我也會在附錄 A 為讀者溫習其餘所需的數學。對於資訊工程背景的學生,我假設您已經修習過資料結構的課程。所以,一般來說會出現在資料結構課本的內容在本書將不再贅述。

各章內容

在本書的絕大多數章節,係依照解決問題使用到的技巧而非應用程式領域來編排文章。我認為這樣的編排將使得演算法的設計與分析更加連貫。再者,學生們可以更快確立他們所能研究出的全面技巧以做為一個新問題的可能解法。本書的章節內容如下:

- **第一章**　介紹演算法的設計與分析。包含對 Order 概念直觀與正規的介紹。

- **第二章**　涵蓋利用 Divide-and-conquer 的精神來設計演算法。

- **第三章**　提出 Dynamic Programming（動態規劃）設計方法。我將會討論何時該採用 Dynamic Programming 而非 Divide-and-conquer 來設計演算法。

- **第 四 章**　討 論 貪 婪 法 則（Greedy Approach）。章 末 我 將 比 較 使 用 Dynamic Programming 與貪婪法則解決最佳化問題的相同點與不同點。

- **第五章** 與 **第六章**　分別講述回溯法與 Branch and Bound 演算法。

- **第 七 章**　討 論 的 主 題 由 演 算 法 分 析 進 入 到 計 算 複 雜 度（Computational Complexity），也就是問題分析。我利用排序問題（Sorting Problem）的分析來介紹計算複雜度的觀念。選擇這問題的原因是因為其重要性，因為排序問題有許多不同的變化。更重要的原因是：某些排序演算法的效率約略相當於排序問題的下限（如只利用比較 Key 值來排序的演算法）。介紹各種排序演算法之後，我利用比較 Key 值的次數來分析排序問題。本章以一種不需要利用比較 Key 值來排序的演算法 – 基數排序做結束。

- **第八章**　藉由分析搜尋問題（Search Problem）更進一步地解說計算複雜度。我分析如何在一個序列中搜尋一個 Key 以及如何在一個序列中存找第 k 小的 Key，也就是所謂的選拔問題（Selection Problem）。

- **第九章**　介紹難解性（Intractability）以及 *NP* Theory。本書以易讀卻不失嚴謹的方式對這個主題提供了完整豐富的討論。我首先指出以下三種問題的區別：具有 Polynomial-Time 演算法的問題，被證明為難解的問題，以及尚未被證實究竟屬於難解或是可在 Polynomial-Time 中解決的問題。接下來討論一些集合，如 P 與 *NP*、*NP*-complete 問題，以及 *NP*-equivalent 問題。我發現同學們如果沒有搞清楚這些集合的關係，經常會感到困惑。章末我討論用來逼近解答的演算法。

- **第十章**　涵蓋基因演算法和基因規劃法。本章介紹了理論和實際應用，如金融交易算法。

- **第十一章**　介紹數值理論類的演算法，包括歐幾里得演算法，以及一個新發現可以在 Polynomial-Time 內判斷質數的演算法。

- **第十二章**　介紹平行演算法。內容包括了平行架構以及 PRAM 模型。

- **附錄 A**　為讀者複習閱讀本書所需的部分數學知識。

- **附錄 B**　介紹解遞迴方程式的技巧。在第二章我分析 Divide-and-conquer 演算法時，會用到附錄 B 的結論。

- **附錄 C**　提出實作第四章的兩種演算法時，所使用到的一種 Disjoint Set 資料結構。

教學法

為增強同學們學習的動機，本書以一個相關的故事為每一章揭開序幕。此外，本書以舉例的方式幫助同學理解。每一章的最後都有以小節分組習題，讀者可以依此檢視自己對每個小節瞭解的程度。在各小節習題之後是更有挑戰性的補充習題。

為了顯示解決一個問題非僅有一種方法，本書針對某些問題提出了多種解決的技巧。比如，我使用 Dynamic Programming、Branch-and-bound、以及逼近的演算法來解決售貨員旅行問題；我使用 Dynamic Programming、Backtracking 以及 Branch-and-bound 來解決 0-1 背包問題。為了進一步整合這份教材，我提出了一個橫跨數章的主題。這個主題的主角是關於一位名叫 Nancy，正在尋找最佳的買賣途徑的商人。

課程大綱

我已多次使用這份手稿做為演算法課程（一學期，每週三小時）講授的教材。先修科目包含了學院代數、離散結構、與資料結構。然而，我發現複習大部分附錄的教材是必要的。根據這種需求，我擬訂了以下的教授順序：

附錄 A：全部

第一章：全部

附錄 B：第 B.1、B.3 節

第二章：第 2.1-2.5 節、第 2.8 節

第三章：第 3.1-3.4 節、第 3.6 節

第四章：第 4.1、4.2、4.4 節

第五章：第 5.1、5.2、5.4、5.6、5.7 節

第六章：第 6.1、6.2 節

第七章：第 7.1-7.5、7.7、7.8.1、7.8.2、7.9 節

第八章：第 8.1.1、8.5.1、8.5.2 節

第九章：第 9.1-9.4 節。

第十章：第 10.1-10.3.2 節。

第二～六章包含數個小節，每個小節使用在該章設計的方法來解決一個問題。我挑選了最有興趣的部分小節，然而您也可以選擇您感興趣的小節。

雖然您可能無法教完第十一章與第十二章，但只要學生讀了前十章，第十二章是很容易理解的。而具有堅實數學背景（如：學過微積分）的學生，應該能自學第十一章。

誌謝

我要感謝所有閱讀本書並且提供許多有用意見的人士。特別是，我要感謝我的同　事 William Bultman、Jack Hade、Mary 與 Jim Kenevan 夫　婦、Stuart Kurtz、Don La Budde、以及 Miguel Vian。他們十分樂意地並且不厭其煩地複審他們認為有疑問的地方。我更進一步感謝許多學界以及職業的校閱者；經過他們的批評指教，這本書的文字有了長足的進步。他們大都做的比我之前預期的還要完善許多。這些校閱者 包 括 Xavier University 的 David D. Berry、Vladosta State University 的 David W. Boyd、San Jose State University 的 Vladimir Drobot、University of California at Irvine 的 Dan Hirschberg、Northeastern Illinois University 的 Xia Jiang、West Virgina University 的 Peter Kimmel、Northeastern Illinois University 的 C. Donald La Budde、Northeastern Illinois University 的 C. Donald La Budde、Indiana Purdue University at Fort Wayne 的 Y. Daniel Liang、Drexel University 的 David Magagnosc、University of Mississippi 的 Laurie C. Murphy、Mount Mercy College 的 Paul D. Phillips、California State Polytechnic University, Pomona 的 H. Norton Riley、Northwestern University 的 Majid Sarrafzadeh、Virginia Polytechnical Institute and State University 的 Cliff Shaffer、Texas Tech University 的 Nancy Van Cleave、State University of New York, Binghamton 的 William L. Ziegler。最後，我要感謝 Taylor and Francis 出版集團，特別是 Randi Cohen，允許我將來自 2012 年的文本 "Contemporary Artificial Intelligence" 的材料包括在本文的第 10 章，題為 "基因演算法與基因規劃法"。

R. N.

About the Author

關於作者

Richard E. Neapolita 博士，西北大學

　　Richard Neapolitan 是西北大學 Feinberg 醫學院生醫資訊學門，預防醫學系教授。他的研究興趣包括概率和統計學、人工智能、認知科學和概率模型，應用於醫學、生物學和金融等領域。Neapolitan 博士在世界各地巡迴演講並舉辦討論會，足跡包含澳大利亞和匈牙利。他開授的 casual learning 線上課程已經擁有超過 10,000 次觀看次數，被評為 5 星級（見 http://videolectures.net/kdd/）。

　　Neapolitan 博士是一位多產的研究學者，並在最廣為應用的「未知性條件下推論不確定性」領域發表著作。他撰寫了六本書，其中包括 1989 年著作了貝氏網路的教科書先驅：「專家系統中的機率推論」；本教科書：演算法基礎（1996 年、1998 年、2003 年、2011 年 2013 年）。其中本教科書已被翻譯成數種語言，是全球最被廣泛使用的演算法課本之一；學習貝氏網絡（2004）；財務和營銷信息學概率方法（2007）；生物資訊學概率方法（2009）；當代人工智能（2012）。他以創新的方式寫作教科書，不但以深入淺出著稱，且內容仍然保持嚴謹並發人深省。

Contents

目錄

Chapter 1

演算法：效率、
分析與量級

本書的主題在敘述使用電腦來解決問題的技術。雖使用"技術"這個字眼，然而，我們真正要談的卻不是任何一種程式設計的形式、或是任何一種程式語言，而是解決問題所使用的方法論。例如，若 Barney Beagle 想要在電話簿中找到"Collie, Colleen"這個名字。有一種方法是從第一個名字循序往下找，直到找到"Collie, Colleen"這個名字為止。然而，這個方法太慢，沒有人會用這種方法來找。Barney 於是利用電話簿中的名字是根據字母排序的特性。他先翻到他認為是 C 開頭的名字所在的位置，如果過頭了，他就往回翻一點，直到找到"Collie, Colleen"這個名字為止。您可能認得第二種方法是經過改良的 Binary Search，而第一種方法則是循序搜尋。在 1.2 節中，我們將更深入地討論這兩種搜尋法。此處要指出的要點是，我們有兩種不同的方法可以用來解決某種問題，而這兩種方法均與任何程式語言或撰寫程式的形式無關。電腦程式只是實作這些方法的一種方式而已。

第二章至第六章討論有關多種解決問題的技巧，並將這些技巧應用在幾種不同的問題上面。應用某種技巧來解決某問題，就會產生用來解此問題的逐步執行程序。此種逐步執行的程序即稱為此問題的**演算法**。研究這些解決問題的技巧與應用程式的目的，是為了在面對新的問題時，我們能對所有解決問題的技巧有充分的認知，以便考慮各種可能解決問題的方法。雖然有多種技巧可以用來解決給定的問題，但其中一種技巧的執行速度遠較其他的技巧快速。無疑地，對於在電話簿中尋找名字這個問題，改良後的 Binary Search 要比循序搜尋來的快速。因此，我們考慮的，除了給定的技巧能不能解決某個問題外，還必須以時間及儲存空間為單位來分析該技巧的效率。當我們把這個演算法在電腦上實作，時間代表的是 CPU 週期而儲存空間代表的是記憶體。因為電腦不斷地變快並且記憶體的價格持續地下降，所以您可能會納悶，為什麼必須考慮效率呢？在本章中，我們會討論到本書其他章節所需的基本觀念。同時，我們亦將說明不論電腦變得多快，記憶體變得多便宜，為何效率總是要被列入考量的原因。

• 1.1　演算法

到目前為止，我們已經提到 "問題"、"解法" 以及 "演算法" 等字眼。我們相信大多數的讀者都瞭解這些字的意義。但是，為了替往後的學習打下堅固的基礎，讓我們對這些詞彙做更具體的定義。

　　一個電腦程式係由許多個別的模組所構成。它可以被電腦解讀，並被用來解決特定的工作（如排序）。本書中我們的重點並不在於整個程式的設計，而是如何設計個別的模組以便完成特定的工作。這些特定的工作被稱為 **"問題"**。我們的目的就是要找出這些 "問題" 的 "答案"。下列為一些 "問題" 的例子：

• 範例 1.1　　下列為 "問題" 的實例：

　　　　　　將由 n 個數字構成的串列 S 依非遞減的順序進行排序。答案就是排序後串列中的數字。

　　在這裡的 **"串列"**（List）代表的是一個由某些項目以特定的順序構成的集合。例如，

$$S = [10, 7, 11, 5, 13, 8]$$

為六個數字構成的串列。在這個串列中，第一個數字是 10，第二個是 7，依此類推。在範例 1.1 中，我們聲明該串列必須以 "非遞減的順序" 來進行排序，而非依遞增的方式來排序，以包含相同數字在串列中出現超過一次的可能性。

• 範例 1.2　　下列為 "問題" 的實例：

　　　　　　試回答某數字 x 是否在由 n 個數字的串列 S 中。當 x 在 S 中時，回答 "是"，否則答 "否"。

　　"問題" 可能含有一些在該問題的敘述中，未被指定為特定數值的變數。這些變數即被稱為該問題的 "參數"（parameter）。範例 1.1 的問題有兩個參數：S（串列）與 n（S 中的項目個數）。範例 1.2 的問題有三個參數：S、n 及 x。在這兩個範例中，我們並不一定要將 n 當作是參數之一，因為 n 的數值已經被另一個參數 S 所決定。然而，將 n 當作參數，有助於我們對這兩個問題的描述。

　　由於"問題"帶有參數，因此。我們可以給定不同的參數值以便產生問題的"實例"(instance)。問題實例的解 (solution) 就是該實例中所問題目的答案。

- 範例 1.3　　範例 1.1 問題的某實例為：

$$S = [10, 7, 11, 5, 13, 8] \qquad \text{and} \qquad n = 6$$

這個實例的解為 $[5, 7, 8, 10, 11, 13]$。

- 範例 1.4　　範例 1.2 問題的某實例為：

$$S = [10, 7, 11, 5, 13, 8], \ n = 6, \qquad \text{and} \qquad x = 5$$

這個實例的解答為 "是的，x 在 S 中"。

　　我們可透過檢視 S 並利用無法具體描述的認知步驟來產生排序後的串列，例如為範例 1.3 的問題實例求解。因為 S 並不大，所以我們的腦可以在有自覺的層次快速地掃瞄 S，然後幾乎直接產生解答。(這也是為什麼我們無法描述我們的頭腦是根據哪些步驟去求得解答)。然而，如果該問題的實例中，n 值為 1000，那麼我們就無法使用上面說的直接觀察法來找到解答；而這種直接觀察排序法當然也無法被轉成解決排序問題的電腦程式。若要設計能夠解決一種問題所有實例的電腦程式，我們必須指定一個通用而逐步執行的程序以便求出每個問題實例的解答。這個逐步執行的程序即稱為 **"演算法"**。由此可以說 "演算法" 是用來解 "問題" 的。

- 範例 1.5　　某個解範例 1.2 問題的演算法如下：
  由 S 中的第一個項目開始，循序地比較 x 與 S 中的項目，直到找到 x，或 S 中的所有項目都已經被比對完畢。若找到 x，答案就是 "是"，否則答案就是 "否"。

　　如同範例 1.5 所示，我們可以使用人類的自然語言描述任何一種演算法。然而，用這種方式來描述演算法，有兩種主要的缺點。第一，這種方式很難用來撰寫複雜的演算法，即使寫出，別人也很難讀懂。第二，根據自然語言描述的演算法來撰寫電腦程式的過程並不是很清楚。

　　由於 C++ 是同學們目前相當熟悉的一種程式語言，因此我們使用類似 C++ 的虛擬碼來撰寫演算法。任何撰寫過 Algol-like 命令式程式語言（如 C、Pascal、或 Java) 的人應該都可以讀懂這種虛擬碼。

　　我們以範例 1.2 問題解決通則之演算法為例，來說明這種虛擬碼。為了簡化起見，在範例 1.1 與 1.2 中，串列中的項目僅限於數字。然而，在一般的情況下，我們希望能夠對任何有序性集合中的項目進行搜尋及排序的工作。每個項目經常被用來識別一筆記錄，因此，我們通常把這些項目稱為 "key"。例如，一筆記錄可能包含有關某人的個人資料，並且使用這個人的社會安全碼做為這筆記錄的 key。我們為這些項目定義一種稱為 **keytype** 的資料型態，並且使用這個資料型態來撰寫搜尋與排序的演算法。

　　下列的演算法使用陣列來表示串列 S；當 x 在串列 S 中時，會傳回 x 在陣列中的位置，否則就傳回 0。這種演算法並沒有要求串列中的項目一定要來自於有序性集合，但我們仍然設定 **keytype** 為串列中項目的資料型態。

▶ 演算法 1.1　　**循序搜尋法 (Sequential Search)**

　　　　　　　問題：判斷 x 這個 key 是否位於含有 n 個 key 的陣列 S 中。

　　　　　　　輸入（參數）：正整數 n，由 n 個 key 所構成的陣列（索引值由 1 到 n)，以及 key x。

　　　　　　　輸出：$location$，x 在 S 中的位置（如果 x 不在 S 中，將傳回 0)。

```
void seqsearch ( int n ,
                 const keytype S[ ] ,
                 keytype x ,
                 index& location )
{
   location = 1;
   while ( location <= n && S [location] != x )
      location ++;
   if (location > n)
      location =0;
}
```

　　這種虛擬碼與 C++ 相近，但並不完全相同。一個顯著的不同在於陣列的使用方法。在 C++ 中，陣列只能由 0 開始的整數做為索引值。經常我們使用其他整數範圍做為陣列的索引值，解釋演算法起來會更為清楚；同時，有時候使用非整數做為陣列的索引值，解釋演算法會有最佳的效果。因此在虛擬碼中，我們容許任意的集合做為陣列的索引值。我們都會在輸入與輸出欄位為該演算法詳細陳述索引值的範圍。例如在演算法 1.1 中，S 的索引值為 1 至 n。因為人們在計算一個串列中的項目時，通常習慣從 1 開始，因此，對於串列來說，這是一種不錯的索引範圍。當然，我們可以直接在 C++ 中宣告

```
keytype  S[ n + 1 ] ;
```

並且把 $S[0]$ 這個位置空下來，就可以完成前述索引範圍的實作。此後，我們將不再談論到演算法在任何特定程式語言中的實作。我們的目的只是為了能夠清楚地呈現演算法本身，使得讀者可以很容易地理解與分析這些演算法。

　　此外，虛擬碼陣列與 C++ 陣列還存在著兩點較大的差異。第一，我們容許可變長度的二維陣列做為副程式的參數。例如，演算法 1.4。第二，我們宣告區域的可變長度陣列。例如，n 為程式 *example* 的參數，同時我們需要一個索引由 2 到 n 的區域陣列，我們會宣告

```
void example (int n)
{
    keytype  S[2..n];
    ⋮
}
```

其中 $S[2..n]$ 代表索引值由 2 到 n 陣列的標記法，只有在虛擬碼中才能這樣用；也就是說，這種語法並不屬於 C++ 語言的一部份。

　　如果使用數學式與自然語言來敘述執行步驟比用真正的 C++ 指令簡潔且清楚時，我們就會使用數學式與自然語言來敘述執行步驟。例如，假若只有在變數 x 的值在 *low* 與 *high* 之間時，某些指令才會被執行，我們會把這段敘述表示成：

```
if (low ≤ x ≤ high) {              if (low <=  x && x <= high) {
    ⋮              而不是              ⋮
}                                   }
```

假若 x 會得到 y 的值且 y 得到 x 的值。我們會把這句表示為：

$$temp = x;$$

交換 x 與 y 的值；　　而不是　　　$x = y;$

$$y = temp;$$

除了 **keytype** 資料型態外，我們也會常用到下列並非 C++ 事先定義的資料型態：

資料型態	意義
Index	做為索引的整數變數。
number	可被定義為整數 (int) 或是實數 (float) 的變數。
bool	可接受 "true" 值或 "false" 值的變數

對演算法來說，當某變數是整數或實數並不重要時，我們會使用 **number** 資料型態。

有時候我們會使用下列非標準化的控制結構：

```
repeat (n times){
  ⋮
}
```

這代表重複這段程式碼 n 次。在 C++ 中，我們必須撰寫一個 **for** 迴圈，並且使用一個額外的變數來控制這個 **for** 迴圈。在本書中，只有當有必要在迴圈內用到迴圈控制變數時，我們才會使用 **for** 迴圈。

當一個演算法的名稱符合該演算法回傳值的語意時，我們把這個演算法寫成一個 *function*。否則，我們會把這個演算法寫成一個 *procedure*（ C++ 中的 **void** *function*）並使用**傳址參數** (reference parameter)（ 也就是藉由位址來傳遞的參數) 來傳回回傳值。如果該參數並不是陣列，我們就會在宣告該參數時，在資料型態的後面加上一個 "&" 符號。我們的用意是為了表示，這種參數含有演算法的回傳值。此外，因為 **const** 保留字是用來防止傳入副程式的陣列在副程式中遭到修改，因此我們使用 **const** 來形容某陣列未含有演算法的回傳值。

總之，我們盡量避免使用 C++ 特有的功能，使得只瞭解其他高階語言的讀者也能夠讀得懂這本書。然而，為了方便起見，我們還是會使用像 $i++$ 這種指令來表示將 i 的值增加 1。

如果不熟 C++，您會發現您對某些邏輯運算元 (logical operator) 與關係運算元 (rational operator) 的標示法感到陌生。下面列出這些標示法：

運算元	C++ 符號
and	&&
or	‖
not	!

比較	C++ 程式碼
$x = y$	$(x == y)$
$x \neq y$	$(x\,!=y)$
$(x \leq y)$	$(x <= y)$
$x \geq y$	$(x >= y)$

下面我們展示更多演算法的範例。首先展示 function 的使用。若副程式為 procedure，我們會把 **void** 放在副程式名稱的前面；若副程式為 function，我們會把 function 傳回值的資料型態放在副程式名稱的前面。

▶ 演算法 1.2　　**加總陣列中的項目**

問題：加總所有在陣列 S 中的 n 個數字。

輸入：正整數 n，索引由 1 到 n 的陣列 S。

輸出：sum，S 中所有數字的總和。

```
number sum (int n, const number S[])
{
    index i;
    number result;

    result = 0;
    for (i = 1; i <= n; i++)
        result = result + S[i];
    return result;
}
```

我們將在本書中討論多種排序演算法。如下例。

▶ 演算法 1.3　　**交換排序法 (Exchange Sort)**

問題：以非遞減的順序對 n 個 key 進行排序。

輸入：正整數 n，含有 n 個 key 的陣列 S (索引由 1 到 n)。

輸出：陣列 S，S 中的 n 個 key 已依非遞減順序排列。

```
void exchangesort (int n, keytype S[])
{
    index i, j;
    for (i=1; i<=n; i++)
        for (j=i+1; j<=n; j++)
            if (S[j] < S[i])
                交換 S[i] 與 S[j] 的值;
}
```

指令

$$交換\ S[i]\ 與\ S[j]\ 的值;$$

代表 $S[i]$ 將得到 $S[j]$ 的值，並且 $S[j]$ 將得到 $S[i]$ 的值。這個指令看起來一點也不像是 C++ 指令。只要使用自然語言來描述會比使用 C++ 指令來描述簡單，我們就會使用自然語言來描述。交換排序法利用比較第 i 個數字與從第 $(i+1)$ 個數字到第 n 個數字的方式來運作。每當給定位置的數字比第 i 個數字小時，我們就交換這兩個數字的位置。依這種方式，當 **for-**i 迴圈跑完第一次後，最小的數字會出現在第一個位置；當 **for-**i 迴圈跑完第二次後，第二小的數字會出現在第二個位置，依此類推。

下面我們要介紹矩陣乘法演算法。假設有兩個 2×2 的矩陣，

$$A = \begin{bmatrix} a_{11} & a_{12} \\ a_{21} & a_{22} \end{bmatrix} \quad \text{and} \quad B = \begin{bmatrix} b_{11} & b_{12} \\ b_{21} & b_{22} \end{bmatrix}$$

它們的乘積 $C = A \times B$ 的每個元素是由下列的式子所求得

$$c_{ij} = a_{i1}b_{1j} + a_{i2}b_{2j}$$

例如，

$$\begin{bmatrix} 2 & 3 \\ 4 & 1 \end{bmatrix} \times \begin{bmatrix} 5 & 7 \\ 6 & 8 \end{bmatrix} = \begin{bmatrix} 2 \times 5 + 3 \times 6 & 2 \times 7 + 3 \times 8 \\ 4 \times 5 + 1 \times 6 & 4 \times 7 + 1 \times 8 \end{bmatrix} = \begin{bmatrix} 28 & 38 \\ 26 & 36 \end{bmatrix}$$

在一般的情況下，若有兩個 $n \times n$ 的矩陣 A 與 B，其乘積 C 中的各元素可由下列的式子求得

$$c_{ij} = \sum_{k=1}^{n} a_{ik}b_{kj} \qquad \text{for } 1 \leq i, j \leq n$$

由這個定義，可得下面的矩陣相乘演算法。

▶ 演算法 1.4　　**矩陣乘法**

問題：求得兩個 $n \times n$ 矩陣的乘積。

輸入：正整數 n，二維數字陣列 A 與 B，這兩個矩陣的行索引及列索引都是由 1 到 n。

輸出：二維數字陣列 C，這個矩陣的行索引及列索引都是由 1 到 n，並含有 A 與 B 的乘積。

```
void matrixmult (int n,
                 const number A[][] ,
                 const number B[][] ,
                 number C[][])
{
    index i, j, k;

    for (i=1; i<=n; i++)
        for (j=1; j<=n; j++){
            C[i][j] = 0;
            for (k=1; k<=n; k++)
                C[i][j] = C[i][j] + A[i][k] * B[k][j];
        }
}
```

• 1.2　發展有效率演算法的重要性

前面我們已經提過，不論電腦變得多快，記憶體多便宜，效率仍然是設計演算法時最重要的考量。下面我們將利用比較解決同一問題的兩種不同演算法來說明原因。

• 1.2.1　循序搜尋法與二元搜尋法

前面我們曾經提過用來在電話簿中找到名字的演算法是一種改良的二元搜尋法。接下來我們要比較兩種不同方法的演算法來顯示二元搜尋法較循序搜尋法快了多少。

我們已經在演算法 1.1 中撰寫執行循序搜尋的演算法。對一個已經依非遞減順序排序完成的陣列進行二元搜尋，就像在電話簿中用拇指來回翻閱的動作一般。也就是說，假設我們要搜尋 x，二元演算法會先比較 x 與陣列的中間項。若這兩數相等，演算法就執行完畢。若 x 比中間項小，那麼 x 一定位於陣列的前半段（假如 x 在這個陣列中的話），並且二元演算法會對陣列的前半段重複剛才的搜尋。（也就是說，x 會被拿來跟陣列前半段的中間項比較。若這兩數相等，演算法就執行完畢，依此類推。）如果 x 比陣列的中間項大，二元演算法就會對陣列的後半段重複剛才的搜尋。這個 procedure 會一直重複執行，直到找到 x，或確定 x 不在陣列中才會停止。實際的二元演算法描述如下。

▶ 演算法 1.5　　　**二元搜尋法 (Binary Search)**

問題：判斷 x 這個 key 是否位於含有 n 個 *key* 的已排序陣列 S 中。

輸入：正整數 n，由 n 個 key 所構成的已排序陣列（依非遞減順序排列，索引值由 1 到 n），以及 x 這個 key。

輸出：*location*，x 在 S 中的位置（如果 x 不在 S 中，將傳回 0）。

```
void binsearch (int n,
                const keytype S[],
                keytype x,
                index& location)
{
    index low, high ,mid;

    low = 1;  high = n;
    location = 0;
    while (low <= high && location == 0) {
        mid = ⌊(low+hight)/2⌋;
        if (x == S[mid])
            location = mid;
        else if (x < S[mid])
            high = mid - 1;
        else
            low = mid + 1;
    }
}
```

　　讓我們來比較循序搜尋法與二元搜尋法所做的事。我們計算每個演算法所執行的比較次數。若陣列 S 含有 32 個項目，且 x 並不在 S 中，演算法 1.1（循序搜尋法）在得知 x 不在 S 中之前，會把 x 與所有 32 個項目比較。在一般的情況下，循序搜尋法會執行 n 次比較動作，來決定 x 是否在一個大小為 n 的陣列中。很清楚地，這是循序搜尋法在搜尋一個大小為 n 的陣列所需執行的最多比較次數。也就是說，若 x 在陣列中，所執行的比較次數將不會超過 n。

接下來我們來看看演算法 1.5（二元演算法）。每執行過一次 **while** 迴圈，就要執行兩次 x 與 $S[mid]$ 的比較（除非 x 被找到）。如果我們使用最有效率的組合語言來實作這個演算法，則迴圈每執行一遍只會執行一次 x 與 $S[mid]$ 的比較，比較的結果會設定一個條件碼，根據條件碼的值，對應於該值的分支（branch）會發生。這代表的是，有可能每執行一遍迴圈只會執行一次 x 與 $S[mid]$ 的比較。我們將假設二元演算法是以這種方式來實作的。有了這個假設，圖 1.1 顯示了當 x 比一個大小為 32 之陣列中的所有項目都大時，二元演算法將會執行六次比較。請注意：$6 = \lg 32 + 1$。這裡的 "lg" 表示 $\log_2$。在進行演演算法分析的時候，我們經常會用到 $\log_2$，因此我們保留 "lg" 來表示 $\log_2$。我們應該可以說服自己，這就是二元搜尋法所需執行的最多比較次數了。也就是說，如果 x 在陣列中，或 x 小於陣列中的所有項目，或是 x 位於兩個項目之間，所需執行的比較次數將不會超過當 x 大於陣列中所有項目時所需執行的比較次數。

● 表 1.1　當 x 大於所有陣列中的項目時，循序搜尋法與二元搜尋法各自使用的比較次數

陣列大小	循序搜尋法使用的比較次數	二元搜尋法使用的比較次數
128	128	8
1,024	1,024	11
1,048,576	1,048,576	21
4,294,967,296	4,294,967,296	33

假設我們把陣列大小放大為原來的兩倍使得它含有 64 個項目。二元搜尋法只多執行一次比較，因為第一次的比較把整個陣列切成兩半，導致接下來搜尋的是兩個大小各為 32 的子陣列。因此，當 x 大於所有陣列中的項目時，二元搜尋法執行了七次比較。請注意：$7 = \lg 64 + 1$。在一般的情況下，每當我們倍增陣列的大小，我們只多執行了一次比較。因此，若 n 是 2 的乘冪且 x 大於陣列中的所有 n 個項目時，二元搜尋法所執行的比較次數為 $\lg n + 1$。

表 1.1 顯示了對於不同的 n 值，若 x 大於所有陣列中的項目，循序搜尋法與二元搜尋法各自使用的比較次數。若陣列有接近 40 億個項目（約為地球上的總人口數），二元搜尋法只需要比較 33 次，而循序搜尋法必須將 x 與所有的 40 億個項目拿來比較。即使電腦可以在一個奈秒（十億分之一秒）內執行完一次 **while** 迴圈，循序搜尋法將要花掉 4 秒鐘才能知道 x 不在這個陣列中，相對來說，二元搜尋法幾乎是立即就可以得到這個結果。對於一個線上系統或必須搜尋很多項目的時候，這個差距會變得更為顯著。

　　雖然上面的搜尋演算法比較令人印象深刻，但是仍不具絕對的說服力，因為循序搜尋法還是可以在人類壽命能夠接受的時間內完成工作。接下來我們要來看一個無法在人類壽命忍受時間內完成工作的差勁演算法。

$$S[16] \qquad\qquad S[24] \qquad S[28]\ \ S[30]\ \ S[31]\ \ S[32]$$
$$\uparrow \qquad\qquad\quad \uparrow \qquad\quad \uparrow \quad\ \uparrow \quad\ \uparrow \quad\ \uparrow$$
$$1^{st} \qquad\qquad\qquad 2^{nd} \qquad\ \ 3^{rd}\ \ 4^{th}\ \ 5^{th}\ \ 6^{th}$$

圖 1.1　當 x 大於大小為 32 之陣列中的所有項目時，被二元搜尋法拿來跟 x 進行比較的陣列項目。這些項目被標上了它們是第幾次比較時的標的。

1.2.2　費布那西數列 (Fibonacci Sequence)

這裡所討論的演算法計算了費布那西數列 (Fibonacci Sequence) 的第 n 項，我們以遞迴式的方式來定義這個數列如下：

$$f_0 = 0$$
$$f_1 = 1$$
$$f_n = f_{n-1} + f_{n-2} \qquad \text{for } n \geq 2$$

計算這個數列的前幾項，我們可以得到

$$f_2 = f_1 + f_0 = 1 + 0 = 1$$
$$f_3 = f_2 + f_1 = 1 + 1 = 2$$
$$f_4 = f_3 + f_2 = 2 + 1 = 3$$
$$f_5 = f_4 + f_3 = 3 + 2 = 5, \text{等等}$$

在資訊工程以及數學的領域中存在著各種費布那西數列的應用。因為費布那西數列是使用遞迴式的方式來定義的，因此我們從定義得到下列的遞迴演算法。

▶ 演算法 1.6　　**費布那西數列的第 n 項（遞迴版）**

問題：求得費布那西數列的第 n 項。

輸入：非負整數 n。

輸出：fib，費布那西數列的第 n 項。

```
int fib (int n)
{
    if (n <= 1)
```

```
        return n;
    else
        return fib(n-1) + fib(n-2);
}
```

"非負整數" 代表的是一個大於或等於 0 的整數,而 "正整數" 代表的是一個大於 0 的整數。我們用這種方式來限定這個演算法的輸入,使得這個演算法可以接受什麼樣的輸入更為清楚。然而,為了避免雜亂的緣故,我們在演算法的運算式中僅將 n 宣告為整數。之後的文章中,我們將遵照這種約定。

雖然我們很輕易地建立並讀懂這個演算法,但是其效率仍不夠好。圖 1.2 展示當計算 $fib(5)$ 時,相對應產生的遞迴樹。一個節點的子節點含有在該節點產生的遞迴呼叫。例如,若要求得 $fib(5)$,在最上層我們需要 $fib(4)$ 與 $fib(3)$;接著為求得 $fib(3)$,我們需要 $fib(2)$ 與 $fib(1)$,依此類推。就如這棵遞迴樹所顯示,這個 function 是很沒有效率的,因為同樣的值一再重複地被計算。例如,$fib(2)$ 就被計算了三次。

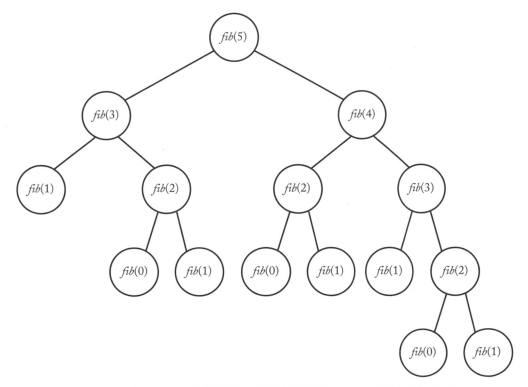

圖 1.2 用演算法 1.6 計算費布那西數列的第五項時,相對應產生的遞迴樹。

n	計算的項目數
0	1
1	1
2	3
3	5
4	9
5	15
6	25

此演算法究竟多沒效率呢？圖 1.2 的遞迴樹顯示 $0 \leq n \leq 6$ 時，該演算法為求得 $fib(n)$ 各需計算的項目數：

前六個值可以從計算 $1 \leq n \leq 5$ 時，以 $fib(n)$ 為根的 subtree（子樹）中節點數目求得；而 $fib(6)$ 計算的項目數則是以 $fib(5)$ 為根的樹所含節點數，加上以 $fib(4)$ 為根的樹所含節點數，再加上一個根節點而得。我們無法像在二元搜尋法中一樣，找到一個簡單的運算式求出這些數目。請注意，在前七個值中，每當 n 增加 2，計算的項目數就會超過原來的兩倍。例如，當 $n = 4$ 時，遞迴樹含有 9 項，而 $n = 6$ 時，遞迴樹含有 25 項。在這裡我們令 $T(n)$ 代表輸入為 n 時所計算的項目數。若 n 增加 2，計算的項目數就會超過原來的兩倍，則若 n 為 2 的正冪次方，我們可以得到下列的不等式：

$$
\begin{aligned}
T(n) &> 2 \times T(n-2) \\
&> 2 \times 2 \times T(n-4) \\
&> 2 \times 2 \times 2 \times T(n-6) \\
&\quad \vdots \\
&> \underbrace{2 \times 2 \times 2 \times 2 \times \cdots \times 2}_{n/2 \text{ terms}} \times T(0)
\end{aligned}
$$

由於 $T(0) = 1$，所以我們可以得到 $T(n) > 2^{n/2}$。我們使用歸納法來證明當 $n \geq 2$ 時，即使 n 不為 2 的乘冪，這個不等式還是成立。當 $n = 1$ 時，這個不等式是不成立的，因為 $T(1) = 1$，而 1 比 $2^{1/2}$ 小。我們將在附錄 A 的 A.3 節為各位複習歸納法。

▶ 定理 1.1

若 $T(n)$ 代表演算法 1.6 相對應的遞迴樹含有的項目數。則對於 $n \geq 2$，

$$T(n) > 2^{n/2}$$

證明：我們利用在 n 上執行歸納法來證明。

歸納基底：我們需要兩個基礎的例子，因為歸納步驟中需要用到前兩個例子的結果。對於 $n = 2$ 及 $n = 3$，圖 1.2 中的遞迴樹顯示

$$T(2) = 3 > 2 = 2^{2/2}$$
$$T(3) = 5 > 2.8323 \approx 2^{3/2}$$

歸納假設：產生歸納假設的其中一個方式是，假設對於所有 $m < n$，這個敘述都成立。接著，在歸納步驟中，證明就 n 而言，此表示同樣的敘述也必須是成立的。我們在這個證明中將使用這個方式。假設對於所有的 m，且 $2 \le m < n$

$$T(m) > 2^{m/2}$$

歸納步驟：我們必須證明 $T(n) > 2^{n/2}$。$T(n)$ 的值等於 $T(n-1)$ 與 $T(n-2)$ 的總和加上一個根節點，因此，

$$\begin{aligned}
T(n) &= T(n-1) + T(n-2) + 1 \\
&> 2^{(n-1)/2} + 2^{(n-2)/2} + 1 \qquad （根據歸納假設）\\
&> 2^{(n-2)/2} + 2^{(n-2)/2} = 2 \times 2^{(\frac{n}{2})-1} = 2^{n/2}
\end{aligned}$$

　　我們已證明由演算法 1.6（費布那西數列第 n 項）的所計算的項目數大於 $2^{n/2}$。這個結果已證明此演算法是多麼沒效率。接著，讓我們發展一種有效率的演算法來計算費布那西數列的第 n 項。回想前面遞迴演算法最大的問題是：同樣的值被一再重複計算。如圖 1.2 顯示，為了求得 $fib(5)$ 的值，$fib(2)$ 被重新計算三次。若在算出一個值以後，我們就把這個值存放在一個陣列中，那麼之後如果我們需要這個值，我們就不必重新計算。下面的 iterative（重複式）演算法使用了這個策略。

▶ **演算法 1.7**　　**費布那西數列的第 n 項 (iterative 版)**

問題：求得費布那西數列的第 n 項。

輸入：非負整數 n。

輸出：fib2，費布那西數列的第 n 項。

```
int fib2 (int n)
{
    index i;
    int f[0..n];
```

```
    f[0]=0;
    if (n > 0)
        f[1]=1;
        for (i=2; i<=n; i++)
            f[i] = f[i-1] + f[i-2];
    }
    return f[n];
}
```

演算法 1.7 可以不需用到陣列 f，因為在迴圈的每次循環中，我們只需要最近的兩項。然而，如果使用陣列來描述說明起來會更清楚。

● 表 1.2　演算法 1.6 與 1.7 的比較

n	$n+1$	$2^{n/2}$	使用演算法 1.7 的執行時間	使用演算法 1.6 的執行時間的下限
40	41	1,048,576	41 奈秒 *	1048 微秒 †
60	61	1.1×10^9	61 奈秒	1 秒
80	81	1.1×10^{12}	81 奈秒	18 分
100	101	1.1×10^{15}	101 奈秒	13 天
120	121	1.2×10^{18}	121 奈秒	36 年
160	161	1.2×10^{24}	161 奈秒	3.8×10^7 年
200	201	1.3×10^{30}	201 奈秒	4×10^{13} 年

*1 奈秒 $= 10^{-9}$ 秒。
†1 微秒 $= 10^{-6}$ 秒。

前面的演算法只將前 $n+1$ 項都算過一次即可獲得 $fib2(n)$ 值。因此該演算法總共計算 $n+1$ 個項目來求得費布那西數列的第 n 項。回想演算法 1.6 必須計算超過 $2^{n/2}$ 項才能求得費布那西數列的第 n 項。表 1.2 比較不同 n 值下，演算法 1.6 與 1.7 各需計算的項目數。其中執行時間的計算係假設一個項目可在 10^{-9} 秒內算出。表 1.2 顯示在一台可在一奈秒內使用演算法 1.7 算出費布那西數列每一項的虛擬電腦上，計算費布那西數列第 n 項所花費的時間。同時也顯示使用演算法 1.6 所需執行時間的下限。若 n 為 80，演算法 1.6 至少要花 18 分鐘。若 n 為 120，演算法 1.6 要花費的時間超過 36 年，相較於人的壽命，這是無法忍受的。即使我們造出十億倍快的電腦，演算法 1.6 還是得花超過 40,000 年來計算第 200 項。40,000 這個數字可由表 1.2 中 $n = 200$ 時所必須花費的 4×10^{13} 年除以 10 億得到。我們觀察到除非 n 很小，不然無論電腦變得多快，演算法 1.6 所花的執行時間還是無法忍受的。相反地,演算法 1.7 幾乎是即時就將費布那西數列的第 n 項求出。此處所做的比較說明無論電腦變得多快,效率始終還是評估演算法時最重要的考量。

演算法 1.6 是一項 divide-and-conquer 演算法。我們曾經利用 divide-and-conquer 法則,為搜尋一個已排序的陣列,產生了一項非常有效率的演算法(演算法 1.5:二元搜尋法)。如同第二章所描述的,以 divide-and-conquer 法則所導致的演算法,對某些問題極有效率,但是對另一些問題來說,卻是很沒效率。而我們設計用來計算費布那西數列第 n 項的高效率演算法(演算法 1.7)則是用**動態規劃** (dynamic programming) 法則設計演算法的一個實例,我們將在第三章討論動態規劃法則。我們將會看到,選擇最佳設計法則的重要性。

我們已證明演算法 1.6 計算的大量項目數至少是以指數方式成長的。但是還有可能更差嗎?答案是"否"。使用附錄 B 中的技巧,我們可以精準地求得計算項目數的方程式。而這個方程式是隨 n 以指數成長的。若想繼續探討費布那西數列,請參考附錄 B 中的範例 B.5 及 B.9。

• 1.3 演算法的分析

若要求得某演算法解決一個問題有效率的程度,我們必須分析該演算法。當我們在前一節進行演算法的比較時,我們已經介紹了演算法的效率分析。然而,我們僅做簡略的分析。我們將在此處討論分析演算法時使用的術語及進行分析的標準方法。在本書其餘的部分,我們將會遵守這些標準。

• 1.3.1 複雜度分析

若以時間為單位來分析一個演算法的效率,我們不會去求 CPU 週期的真實數字,因為這個數字與該演算法執行所在的特定電腦有關。此外,我們也不會去算執行的指令數,因為指令數與實作該演算法的程式語言以及程式設計師撰寫該演算法的方式有關。當然,我們需要的是一種與執行的電腦、使用的程式語言、撰寫演算法的程式設計師、該演算法所有的細節(如遞增迴圈的索引變數及設定指標)等無關的測量方法。我們已經利用比較演算法 1.1 與 1.5 在不同的 $n(n$ 為陣列含有的項目數)下執行比較動作的次數,明瞭演算法 1.5 遠比 1.1 具有效率。這是一項分析演算法的標準技巧。一般來說,一個演算法執行時間是隨著輸入的大小而增長,而整體的執行時間約略與基本運算(如比較指令)執行的次數成正比。因此,我們利用計算某些基本運算的執行次數,將此執行次數當作是與輸入大小有關的函數,來分析演算法的效率。

　　對於很多演算法來說，找到一個合理測量**輸入大小**的方法是相當容易的。例如，考慮演算法 1.1（循序搜尋法），1.2（加總陣列中的項目），1.3（交換排序法），以及 1.5（二元搜尋法）。在所有這些演算法中，n，也就是陣列中含有的項目數，是一個簡單用來測量輸入大小的方法。因此，我們可以稱 n 為輸入大小。在演算法 1.4（矩陣乘法），n，也就是行數與列數，是一個簡單用來測量輸入大小的方法，因此，我們可以稱 n 為輸入大小。在某些演算法中，使用兩個數來測量輸入大小會更為適當。例如，當某個演算法的輸入是一個 graph，我們通常用頂點數與邊數來代表輸入的大小。因此，我們稱輸入大小含有兩個參數。

　　有時稱呼某個參數為輸入大小要非常小心。例如，在演算法 1.6（費布那西數列的第 n 項，遞迴版）與 1.7（費布那西數列的第 n 項，iterative 版），我們可能會認為 n 就是所謂的輸入大小。然而，n 只是這兩個演算法的輸入，卻不是輸入的大小。對於這兩個演算法，合理的輸入大小應該是用來對 n 進行編碼的符號數目。如果我們使用二進位表達法，輸入大小將是表達法用了多少個位元來對 n 進行編碼，也就是　$\lg n$　$+1$。例如，

$$n = 13 = \underbrace{1101}_{4\ \text{位元}}{}_2$$

因此，$n = 13$ 的輸入大小為 4。我們得到兩個演算法各自計算的項目數，而這個項目數是 n 的函數，進而瞭解這兩個演算法的相對效率，但是，n 並不是輸入大小。這個考量在第九章的時候將會變得很重要，因為我們將在該章詳細地討論輸入大小。在那之前，使用簡單的量度，例如陣列中含有的項目當作輸入大小，應已足夠。

　　在求得輸入大小後，我們挑選某些指令或指令群組使得演算法做的工作總和約略與這些指令或指令群組被執行的次數成正比。我們稱這些指令或指令群組為該演算法中的**基本運算**。例如，在演算法 1.1 與 1.5 中，迴圈每跑一次，x 就會被拿來與 S 的一個項目做比較。因此，對於這兩個演算法來說，比較指令是基本運算的極佳候選者。利用在不同的 n 值下，演算法 1.1 與 1.5 執行的基本運算數，我們更可以深入的瞭解兩演算法相對的效率如何。

　　一般來說，對某演算法進行**時間複雜度分析**就是求得每個不同的輸入大小，該演算法所執行的基本運算次數。儘管我們不需考慮演算法如何實作的細節，但我們仍將依照慣例假設基本的運算是以最有效率的方式實作。例如，我們假設在演算法 1.5 的實作中，每走過一次 **while** 迴圈只會做一次比較動作。以這種方式，我們分析基本運算最有效率的實作方式。

挑選基本運算並沒有固定不變的方法。主要必須靠判斷及經驗。如同已經提過的，我們通常不會計入構成控制結構的指令。例如，在演算法 1.1 中，我們不會計入為控制 **while** 迴圈是否走完的索引值遞增及比較指令。有時，將迴圈走過一次當作是基本運算執行一次就夠了。相反地，對於非常精細的分析，我們可能要把機器指令執行一次當作是基本運算執行一次。如同先前所提及，因為我們希望我們的分析與電腦的實作無關。在本書中，我們將不會作這種很精細的分析。

有時，我們可能希望把兩個不同的基本運算列入考量。例如，在一個利用 key 的比較來進行排序的演算法中，我們通常想將比較指令及指派值指令 (assignment instruction) 個別當作基本運算。我們的意思並不是認為由這兩種指令加在一起構成基本運算；而是我們有兩種基本運算：一種是比較指令，另一種是指派值指令。我們會做這樣的設定，是因為在排序演算法中，執行的比較次數與指派值次數並不相同。因此，藉由求得比較與指派值執行的次數，我們可以更洞察該演算法的效率。

回想，演算法的時間複雜度分析，是去求得對於每個不同的輸入大小，其基本運算所執行的次數。在某些情況中，基本運算執行的次數與輸入大小及輸入的值均有關。演算法 1.1（循序搜尋法）即屬於這種情況。例如，若 x 是陣列中的第一項，則基本運算只做一次，如果 x 不在陣列中，基本運算要做 n 次。在其他情況（如演算法 1.2）中，對於所有大小為 n 的個體，基本運算都是執行同樣的次數。如果演算法屬於這種情況，$T(n)$ 就被定義為對於一個大小為 n 的個體，該演算法所執行的基本運算次數。$T(n)$ 即被稱為演算法的**所有情況時間複雜度**，求得 $T(n)$ 的過程稱為**所有情況時間複雜度分析**。所有情況時間複雜度分析的例子如下。

| 分析演算法 1.2 | ▶ **所有情況的時間複雜度（加總陣列中的項目）** |

除控制指令外，在迴圈中唯一的指令就是把陣列中的一個項目加總到 sum 這個變數中。因此，我們稱這個指令為此演算法的基本運算。

基本運算：將陣列中的一個項目加總到 sum 這個變數中。

輸入大小：n，陣列中的項目個數。

無論陣列中所含的數值是什麼，**for** 迴圈會執行 n 次。因此，基本運算總是被執行 n 次，故可得

$$T(n) = n$$

分析演算法 1.3 ▶ **所有情況的時間複雜度（交換排序法）**

如同先前所提及，對於利用 key 的比較來進行排序的演算法，我們可以把比較指令或是指派值指令當作是基本運算來看。我們將在這裡分析比較的次數。

基本運算：比較 $S[j]$ 與 $S[i]$。

輸入大小：n，被排序的項目個數。

我們必須求得 **for**-j 迴圈執行的次數。給定 n，**for**-i 迴圈執行的次數恆為 $n-1$。在 **for**-i 迴圈第一次執行過後，**for**-j 迴圈執行 $n-1$ 次；在 **for**-i 迴圈第二次執行過後，**for**-j 迴圈執行 $n-2$ 次；在 **for**-i 迴圈第三次執行過後，**for**-j 迴圈執行 $n-3$ 次，$\cdots$，在 **for**-i 迴圈最後一次執行過後，**for**-j 迴圈執行 1 次。因此，**for**-j 迴圈總共執行的次數可由下式求得

$$T(n) = (n-1) + (n-2) + (n-3) + \cdots + 1 = \frac{(n-1)\,n}{2}$$

最後的等式是根據附錄 A 的範例 A.1 所推導出。

分析演算法 1.4 ▶ **所有情況的時間複雜度（矩陣乘法）**

在最內層的 **for** 迴圈中只有一個由一個乘法與一個加法組成的指令。這個演算法可以被實作成執行的加法個數遠少於執行的乘法個數。因此，我們將只設定乘法指令為基本運算。

基本運算：在最內層的 **for** 迴圈中的乘法指令。

輸入大小：n，行數與列數。

for-i 迴圈的執行次數恆為 n。**for**-i 迴圈每執行一次，**for**-j 迴圈就執行 n 次；**for**-j 迴圈每執行一次，**for**-k 迴圈就執行 n 次。因為基本運算在 **for**-k 迴圈的內部，因此

$$T(n) = n \times n \times n = n^3$$

　　如同前面所討論的，對於所有大小為 n 的輸入實體，演算法 1.1 所執行的基本運算次數並不一定相同。因此這個演算法並沒有所謂的一般情況時間複雜度。這句話對很多演算法都是成立的。然而，這並不代表我們無法分析這種演算法，因為我們還有三種其他的分析技巧可以嘗試。第一種是考慮基本運算被執行次數的最大值。對於一個給定的演算法，$W(n)$ 被定義為在輸入大小為 n 的情況下，該演算法執行基本運算次數的最大值。因此 $W(n)$ 被稱為該演算法的**最差情況時間複雜度**，而求得 $W(n)$ 的過程稱為**最差情況時間複雜度**分析。若 $T(n)$ 存在，很清楚地，$T(n) = W(n)$，下面說明一個當 $T(n)$ 不存在時，分析 $W(n)$ 的例子。

分析演算法 1.1 ▶ **最差情況的時間複雜度（循序搜尋法）**

基本運算：將 x 與陣列中的一個項目進行比較。

輸入大小：n，陣列中的項目個數。

基本運算最多執行 n 次，也就是當 x 位於陣列的尾端或 x 不在陣列中時。因此，

$$W(n) = n$$

　　雖然最差情況分析提供我們演算法執行時間的絕對最大值，但有時，我們對於瞭解該演算法平均的效率更有興趣。對於一個給定的演算法，$A(n)$ 被定義為在輸入大小為 n 的情況下，該演算法執行基本運算次數的平均值（請見附錄 A 中的 A.8.2 節對於平均值的討論）。因此 $A(n)$ 被稱為該演算法的**平均情況時間複雜度**，而求得 $A(n)$ 的過程即稱為**平均情況時間複雜度分析**。如同 $W(n)$ 的情況，若 $T(n)$ 存在，$A(n) = T(n)$。

　　若要計算 $A(n)$，我們必須對大小為 n 的所有可能輸入都指定機率值。很重要的一點是，必須根據所有可取得的資訊來指定個別輸入的機率值。例如，我們下一個分析將是演算法 1.1 的平均情況分析。我們將假設若 x 在陣列中，則 x 為陣列中的任一項目的機率是相等的。若我們只知道 x 可能在陣列中的某處，我們獲得的資訊並不足以告訴我們它比較可能位於哪一個位置。因此，x 位於所有位置的機率相等這個假設是合理的。這代表著我們所求的是，當搜尋所有項目同樣次數時，平均所耗的搜尋時間。若我們得知輸入的分佈並非平均，在分析時就不能假設這樣的分佈。例如，若陣列含有的是名字，而我們搜尋的是從全美所有人的名字隨機挑出的名字，一個含有通俗名字 "John" 的位置可能比含有一個罕見名字的位置 "Felix" 較常被搜尋到（請見附錄 A 的 A.8.1 節對於隨機的討論）。我們不能夠忽略這個額外的資訊並把所有位置被搜尋到的機率都當作是相同的。

如同下列分析描述的，進行平均情況的分析通常要比最差情況的分析較為困難。

▶ **平均情況的時間複雜度（循序搜尋法）**

基本運算：將 x 與陣列中的一個項目進行比較。

輸入大小：n，陣列中的項目個數。

我們首先分析已知 x 在 S 中的情況，所有在 S 中的項目都是相異的，因此沒有理由認為 x 出現在某個位置的機率大於出現在另一個位置的機率。根據這個資訊，對於 $1 \le k \le n$，x 位於第 k 個位置的機率為 $1/n$。若 x 位於第 k 個位置，找到 x 所需執行的基本運算次數為 k。這代表的是平均時間複雜度可以由下式得到：

$$A(n) = \sum_{k=1}^{n} \left(k \times \frac{1}{n} \right) = \frac{1}{n} \times \sum_{k=1}^{n} k = \frac{1}{n} \times \frac{n(n+1)}{2} = \frac{n+1}{2}$$

在這個由四個部分組成等式中的第三步驟係附錄 A 的範例 A.1 中所推導出。如同我們預期的，在平均的情況下，約一半的陣列項目會被搜尋到。

接下來我們分析 x 可能不在陣列中的情況。若要分析這種情況，我們必須指定 x 位於從 1 到 n 的每個位置之機率都是相同的。x 位於第 k 個位置的機率為 p/n，x 不在陣列中的機率為 $1-p$。回想若 x 在第 k 個位置被找到，迴圈就跑了 k 次，若 x 沒有在陣列中被找到，則迴圈則跑了 n 次。因此平均的時間複雜度可由下式得到：

$$A(n) = \sum_{k=1}^{n} \left(k \times \frac{p}{n} \right) + n(1-p)$$
$$= \frac{p}{n} \times \frac{n(n+1)}{2} + n(1-p) = n \left(1 - \frac{p}{2} \right) + \frac{p}{2}$$

在這個由三個部分組成的不等式中最後步驟是用代數運算推導出。若 $p = 1$，$A(n) = (n+1)/2$，如同前面所求得的；而當 $p = 1/2$，$A(n) = 3n/4 + 1/4$。這表示平均約有 3/4 的陣列項目會被搜尋到。

在繼續閱讀之前，提醒您必須小心使用 **"平均"** 的概念。雖然 "平均" 通常指的是最常發生的情況，但是如果您要把 "平均" 這個詞在這種意義下使用，還是得特別小心。例如，氣象學者可能會說，在芝加哥，一月 25 日的溫度通常為華氏 22 度，因為過去 80 年來芝加哥在這天的平均溫度為華氏 22 度。某篇報導可能說在 Illinois 的 Evanston，一般的

家庭年收入為 $50,000，也就是收入的平均值。只有當大部分的情形不會偏離平均值很遠的時候（也就是標準差很小的情形），我們才能把"平均"當作一般的情形來看待。在第一個氣溫的例子中，我們可以把平均溫度當作該天通常是多少度。然而，Evanston 地區的家庭收入變異極大。年收入為 $20,000 或 $100,000 的家庭數較 $50,000 者還多。回想之前的分析，當 x 在陣列中時，$A(n)$ 為 $(n + 1)/2$。這並非最常發生的搜尋時間。因為 1 到 n 間的所有各種搜尋時間發生的機率是一樣的。在處理反應時間的問題上，這個考量點格外重要。例如，考慮一個監控核能發電廠的系統。即使只有某個個體的反應時間很糟，結果可能就會是一場災變。因此必須瞭解平均 3 秒的反應時間是由於大多數情況的反應時間都在 3 秒左右所導致的結果，抑或是大部分為 1 秒與某些 60 秒平均的結果。

最後一種時間複雜度的分析是求得基本運算執行次數的最小值。對於一個給定的演算法，$B(n)$ 被定義為在輸入大小為 n 的情況下，該演算法執行基本運算次數的最小值。因此 $B(n)$ 被稱為該演算法的**最佳情況時間複雜度**，而求得 $B(n)$ 的過程稱為**最佳情況時間複雜度分析**。如同 $W(n)$ 與 $A(n)$ 的情況，若 $T(n)$ 存在，$B(n) = T(n)$。現在讓我們來計算演算法 1.1 的 $B(n)$。

| 分析演算法 1.1 | ▶ **最佳情況的時間複雜度（循序搜尋法）** |

基本運算：把 x 與陣列中的一個項目進行比較。

輸入大小：n，陣列中的項目個數。

因為 $n \geq 1$，因此迴圈至少會走一次，如果 $x = S[1]$，那麼無論 n 的大小為何，迴圈都是只走一次。因此，

$$B(n) = 1$$

對於不具有一般情況時間複雜度的演算法，我們較常進行最差情況與平均情況的分析，而不是最佳情況分析。平均情況分析的價值在於：它告訴我們，該演算法在被用在許多不同輸入時，總共所花的時間為何。這種分析是很有用的。舉例來說，排序演算法會被重複地用在排序所有可能輸入上。通常，相對較慢的排序偶爾可被忍受，如果它的平均排序時間還不錯的話。在 2.4 節中，我們將看到稱做快速排序（Quicksort）的演算法，就是符合這樣的條件。如同我們前面所注意到的，平均情況的分析對於一個監控核能發電廠的系統是不夠的。在這種情況下，最差情況分析會比較有用，因為它告訴我們該演算法執行時間的上限。對於剛剛討論的這兩種應用程式，最佳情況分析的用處實在不大。

　　到目前為止我們僅僅討論演算法的時間複雜度分析。所有剛剛討論的考量點也都與**記憶體複雜度** (memory complexity) 分析有關，也就是求得一個演算法以使用記憶體為單位來算的話，其效率為何。雖然在本書中大多數的分析都是時間複雜度分析，我們偶爾會發現，時間複雜度分析有助於記憶體複雜度分析的進行。

　　在一般情況下，**複雜度函數** (complexity function) 可以是任一個將正整數映射到非負實數的函數。當對某些特定的演算法，未說明指的是時間複雜度抑或是記憶體複雜度時，我們通常用標準的函數符號，如 $f(n)$ 與 $g(n)$，來代表複雜度函數。

● 範例 1.6　　　下列的函數

$$f(n) = n$$
$$f(n) = n^2$$
$$f(n) = \lg n$$
$$f(n) = 3n^2 + 4n$$

都可以做為複雜度函數，因為它們都將正整數映射到非負實數。

1.3.2　演算法分析原理的應用

　　在應用演算法分析原理時，有時候我們必須知道在該演算法所執行的電腦上，基本運算所佔的時間、額外負擔指令所佔的時間、以及控制指令所佔的時間。在這裡，"額外負擔指令" 指的像是在迴圈開始之前的一些啟始動作。這種指令執行的次數並不會隨著輸入大小的增加而增加。"控制指令" 指的像用來遞增迴圈的索引變數以便達成控制迴圈作用的指令。這種指令執行的次數會隨著輸入大小的增加而增加。基本運算、額外負擔指令與控制指令都屬於演算法與該演算法實作的性質。它們並不是一個問題的性質。以另一種說法來解釋，就是同一個問題經常有兩種不同的演算法做為解法

　　假設對於某問題，存在兩種擁有不同平均情況時間複雜度的演算法可以解這個問題。第一種演算法的時間複雜度為 n，第二種為 n^2。第一種演算法看起來是比較有效率。然而，假設在給定的某台電腦上，處理第一種演算法中每個基本運算的時間是處理第二種演算法中每個基本運算的 1,000 倍。這裡的 "處理" 包含執行控制指令。因此，若 t 代表在第二個演算法中處理一個基本運算的時間，而 $1,000t$ 代表在第一個演算法中處理一個基本運算的時間。為簡化起見，假設執行額外負擔指令的時間兩種演算法均可以忽略不計。這代表這台電腦使用第一種演算法來處理輸入大小為 n 的案例所花的時間為 $n \times 1,000t$，而使用第二種演算法來處理輸入大小為 n 的案例所花的時間為 $n^2 \times t$。我們必須解下列的不等式來計算第一種演算法在何種情況下較有效率：

$$n^2 \times t > n \times 1,000t$$

兩邊同除以 nt 可得

$$n > 1,000$$

在應用時，若輸入大小永不會超過 1,000，我們應該採用第二種演算法。然而，並非每次都可以這麼容易精準知道在哪種情況下該種演算法比其他的演算法來得快速。有時我們必須使用逼近的技巧，分析由比較兩演算法而來的不等式。

回想我們曾經假設處理額外負擔指令的時間是可以被忽略不計。但如果處理額外負擔指令的時間無法被忽略不計，那麼我們必須在決定第一種演算法何時較有效率時，同時也將額外負擔指令的因素考慮進去。

• 1.3.3 正確性分析

在本文中，"演算法分析"表示以時間或記憶體為基準對該演算法進行效率的分析。此外還有其他類型的分析。例如，我們可發展證明方法來確定該演算法真的做到它原本預期要做的事情，也就是分析該演算法正確性 (correctness)。雖然我們經常都會以非正式的方式來證明我們使用演算法的正確性，有時候我們也會證明這些演算法的正確性，我們還是應該看看 Dijkstra (1976)、Gries (1981)、或是 Kingston (1990) 等對正確性的綜合論述。

• 1.4　量級 (Order)

我們剛才解釋過，在 n 夠大的情況下，不論執行基本運算所費的時間多寡，時間複雜度為 n 的演算法會比另一個時間複雜度為 n^2 的演算法更有效率。假設對於同一問題，存在兩種擁有不同平均情況時間複雜度的演算法可以解決這個問題。第一種演算法的時間複雜度為 $100n$，第二種為 $0.01n^2$。使用類似於前面一節的論述，我們可以證明第一種演算法終究會比第二種演算法有效率。若兩者處理單一基本運算的時間相同，且處理額外負擔指令的時間亦約略相等，第一個演算法將比較有效率，如果

$$0.01n^2 > 100n$$

兩邊同除以 $0.01n$ 可以得到

$$n > 10,000$$

　　若第一個演算法中處理基本運算的時間長於第二個演算法中處理基本運算的時間，那麼 n 的數值得更大，第一種演算法才會比較有效率。

　　擁有像是 n 或 $100n$ 這種時間複雜度的演算法稱為**線性時間演算法** (linear-time algorithm)；而擁有像是 n^2 或 $0.01n^2$ 這種時間複雜度的演算法則稱為**平方時間演算法** (quadratic-time algorithm)，因為它們的時間複雜度是輸入大小 n 的平方方程式。有一個基本的定理就是：任一線性時間演算法最終會比任一平方時間演算法有效率。在演算法的理論分析中，我們對於最終行為比較有興趣。接下來我們將說明如何根據演算法最終所表現的行為將它們分成不同的群組。用這種方式我們可以馬上知道一個演算法的最終行為是否優於另一個演算法。

1.4.1　以直觀的方式介紹量級的概念

　　諸如 $5n^2$ 及 $5n^2 + 100$ 等類的函數被稱為**純平方函數** (pure quadratic function)，因為這些函數未含有一次項，而如 $0.1n^2 + n + 100$ 的函數被稱為**完全平方函數** (complete quadratic function)，因為這類函數含有一次項。表 1.3 顯示最終平方項會主宰這類函數。也就是說，其他的項目的重要性最後會不足以與平方項比較。因此，雖然這類函數並非純平方函數，我們可以將它們與純平方函數分在同一類。也就是說，若某個演算法具有純平方函數或完全平方函數的時間複雜度，我們就可以將這些演算法稱為平方時間演算法 (quadratic-time algorithm)。直觀上，當進行複雜度函數分類時，我們應能將低次項予以捨棄。例如，我們應將 $0.1n^3 + 10n^2 + 5n + 25$ 與純三次函數分為同類。之後，我們將會嚴謹地論述為何可如此做。首先讓我們瞭解直覺上複雜度函數是如何分類。

● 表 1.3　二次項最終會主控整個函數的值

n	$0.1n^2$	$0.1n^2 + n + 100$
10	10	120
20	40	160
50	250	400
100	1,000	1,200
1,000	100,000	101,100

　　所有與純平方函數分在一起的複雜度函數構成的集合稱為 $\Theta(n^2)$，其中 Θ 就是希臘字母 "theta" 的大寫。若某個函數為 $\Theta(n^2)$ 集合的成員，我們稱這個函數為 n^2 等級的函數。例如，因為我們可以捨棄低次項，

$$g(n) = 5n^2 + 100n + 20 \in \Theta(n^2)$$

　　故 $g(n)$ 為 n^2 等級的函數。舉一個更具體的例子，請回想在 1.3.1 節演算法 1.3（交換排序法）之時間複雜度 $T(n) = n(n\text{-}1)/2$。由於

$$\frac{n(n-1)}{2} = \frac{n^2}{2} - \frac{n}{2}$$

捨棄 $n/2$ 這個低次項，我們可以得到 $T(n) \in \Theta(n^2)$。

　　若某個演算法的時間複雜度在 $\Theta(n^2)$ 中，該演算法就被稱為**平方時間演算法** (quadratic-time algorithm) 或 $\Theta(n^2)$ 演算法 **$\Theta(n^2)$ 演算法**。我們也可說，該演算法是 $\Theta(n^2)$。交換排序法就是一種平方時間演算法。

　　依此類推，所有與純三次函數分在一起的複雜度函數構成的集合稱為 $\Theta(n^3)$，而在這個集合中的函數都稱為是 n^3 等級的函數，依此類推。我們將這些集合稱為**複雜度類別**。下面列出一些最常見的複雜度類別：

$$\Theta(\lg n) \qquad \Theta(n) \qquad \Theta(n \lg n) \qquad \Theta(n^2) \qquad \Theta(n^3) \qquad \Theta(2^n)$$

　　在這種順序下，若 $f(n)$ 所屬的類別在 $g(n)$ 的左邊，那麼在函數座標圖上，$f(n)$ 最終將位於 $g(n)$ 的下方。圖 1.3 描繪出最簡單的幾種複雜度類別的圖形：n、$\ln n$、$n \ln n$ 等等。表 1.4 顯示具有這幾種給定複雜度函數之演算法的執行時間。為簡化起見，我們假設每個演算法處理基本運算的時間都是 1 奈秒（10^{-9} 秒）。表中所顯示者，可能讓您極為意外。我們可能會認為一個演算法只要不是指數時間演算法，它就是一個足以用來實作的演算法。然而，即使是一個平方時間演算法，它處理一個輸入大小為 10 億的案例也得花上 31.7 年。另一方面 $\Theta(n \ln n)$ 演算法只花 29.9 秒來處理同樣大小的案例。通常，一個演算法的複雜度必須為 $\Theta(n \ln n)$ 或比 $\Theta(n \ln n)$ 更好，我們才會認為這個演算法能在可以忍受的時間內處理輸入大小非常大的個體。這並不是說量級 (order) 較高的演算法就沒用。具有二次、三次、或更高時間複雜度的演算法通常可以處理在很多應用程式中實際上出現的情況。

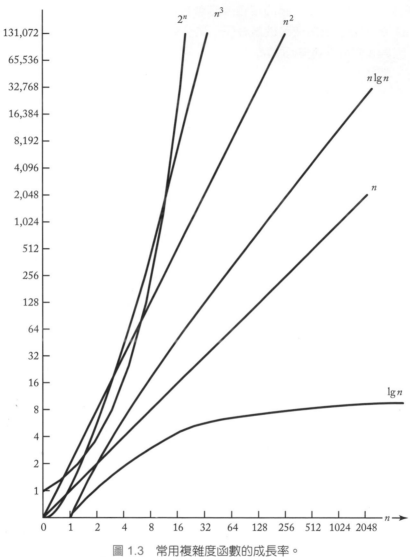

圖 1.3　常用複雜度函數的成長率。

● 表 1.4　給定時間複雜度下，各類演算法的執行時間

n	$f(n) = \lg n$	$f(n) = n$	$f(n) = n\lg n$	$f(n) = n^2$	$f(n) = n^3$	$f(n) = 2^n$
10	0.003 微秒 [*]	0.01 微秒	0.033 微秒	0.10 微秒	1.0 微秒	1 微秒
20	0.004 微秒	0.02 微秒	0.086 微秒	0.40 微秒	8.0 微秒	1 毫秒 [†]
30	0.005 微秒	0.03 微秒	0.147 微秒	0.90 微秒	27.0 微秒	1 秒
40	0.005 微秒	0.04 微秒	0.213 微秒	1.60 微秒	64.0 微秒	18.3 分

n	$f(n) = \lg n$	$f(n) = n$	$f(n) = n \lg n$	$f(n) = n^2$	$f(n) = n^3$	$f(n) = 2^n$
50	0.006 微秒	0.05 微秒	0.282 微秒	2.50 微秒	125.0 微秒	13 天
10^2	0.010 微秒	0.1 微秒	0.664 微秒	10 微秒	1 毫秒	4×10^{13} 年
10^3	0.010 微秒	1 微秒	9.966 微秒	1 毫秒	1 秒	
10^4	0.013 微秒	10 微秒	130 微秒	100. 毫秒	16.70 分	
10^5	0.017 微秒	0.1 毫秒	1.670 毫秒	10 秒	11.6 天	
10^6	0.020 微秒	1.0 毫秒	19.930 毫秒	16.70 分	31.70 年	
10^7	0.023 微秒	0.01 秒	2.660 秒	1.16 天	31,709 年	
10^8	0.027 微秒	0.1 秒	2.660 秒	115.7 天	3.17×10^7 年	
10^9	0.030 微秒	1.00 秒	29.900 秒	31.70 年		

*1 微秒 $= 10^{-6}$ 秒。†1 毫秒 $= 10^{-3}$ 秒。

　　在結束討論之前，我們要強調：精確的時間複雜度含有比量級更多的資訊。例如，回想之前討論的假設性演算法，分別具有 $100n$ 與 $0.01n^2$ 的時間複雜度。如果在這兩者中處理每個基本運算及執行額外負擔指令所花的時間均相同，那麼平方時間演算法（具有 $0.01n^2$ 的那個演算法）將在輸入大小小於 10,000 時更具有效率。如果在某個應用程式中，它面對的輸入大小永遠不會大於 10,000，那麼我們就應該在這個應用程式中實作那個平方時間演算法。如果只知道第一個演算法在 $\Theta(n)$ 中，第二個演算法在 $\Theta(n^2)$ 中，我們將無法做這樣精確的計算。在這個例子中，係數佔了很重要的地位，在實際上，係數通常沒那麼重要。此外，有的時候精準地計算時間複雜度是蠻困難的。因此，有時候我們只好退而求其次去求演算法的量級 (order)。

• 1.4.2　以嚴謹的方式介紹量級的概念

前面的討論給予我們對量級 (Θ) 有最直接的認識。這裡要發展讓我們可以嚴謹地定義量級 (order) 的理論。為了完成這個工作，我們提出兩個其他基礎的概念。第一個是 "big O"。

定義

給定一複雜度函數 $f(n)$，$O(f(n))$ 就是由一些複雜度函數 $g(n)$ 構成的集合。其中，對於每一個 $g(n)$，必存在某個正實數常數 c 與某個非負整數 N，使得對於所有 $n \geq N$，

$$g(n) \leq c \times f(n)$$

若 $g(n) \in O(f(n))$，稱 $g(n)$ 為 $f(n)$ 的 ***big O***。圖 1.4(a) 圖解說明何謂 "big O"。圖中雖然 $g(n)$ 剛開始在 $cf(n)$ 的上方，最終 $g(n)$ 還是落在 $cf(n)$ 的下方。圖 1.5 給了一個具體的例子。雖然 $n^2 + 10n$ 剛開始位於 $2n^2$ 的上方，然而對於 $n \geq 10$

$$n^2 + 10n \leq 2n^2$$

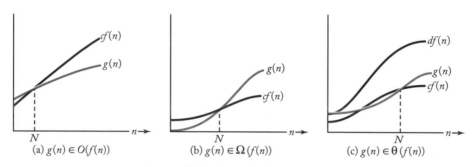

圖 1.4　描繪 "big O"、Ω、以及 Θ。

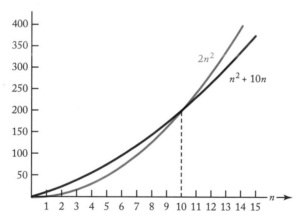

圖 1.5　函數 $n^2 + 10n$ 最終會位於函數 $2n^2$ 的下方。

因此根據 "*big O*" 的定義，我們可以取 $c = 2$ 與 $N = 10$，因此可得

$$n^2 + 10n \in O\left(n^2\right)$$

假如，$g(n)$ 在 $O(n^2)$ 中，那麼在座標圖上，最後 $g(n)$ 將會落在某個純平方函數 cn^2 之下。這句話的意義是，若有某個演算法的時間複雜度為 $g(n)$，那麼最終該演算法的執行時間最多也只會與平方時間演算法所費的執行時間相同而已。為分析的目的，我們可以說：最終，$g(n)$ 至少會與純平方函數一樣好。"Big O"（以及其他我們很快就要介紹的概念）是用來描述一個函數的**漸近行為** (asymptotic upper bound)，因為我們只關心這些函數的最終行為。可以這麼說，"Big O" 在一個函數上設置了**漸近上限**。

下列的例子解釋如何找到 "Big O"。

● 範例 1.7   我們將證明 $5n^2 \leq O(n^2)$。因為，對於 $n \geq 0$，

$$5n^2 \leq 5n^2$$

我們可以取 $c = 5$ 以及 $N = 0$ 以獲得得我們想要的結果。

● 範例 1.8   回想演算法 1.3 的時間複雜度（交換排序法）為

$$T(n) = \frac{n(n-1)}{2}$$

因為，對於 $n \geq 0$，

$$\frac{n(n-1)}{2} \leq \frac{n(n)}{2} = \frac{1}{2}n^2$$

我們可以取 $c = 1/2$ 以及 $N = 0$ 以推論出 $T(n) \in O(n^2)$。

關於 "big O"，同學們經常會遇到一個困難：大家通常會認為我們只能夠找到一組 c 與 N 來證明某個函數是另一個函數的 "big O"。這個觀念是錯誤的。請回想在圖 1.5 中，我們使用的是 $c = 2$ 與 $N = 10$ 以解明 $n^2 + 10n \in O(n^2)$。此外，我們還可以用下列的方式來證明同樣的結果。

● 範例 1.9   我們將證明 $n^2 + 10n \in O(n^2)$。因為，對於 $n \geq 1$，

$$n^2 + 10n \leq n^2 + 10n^2 = 11n^2$$

我們可以取 $c = 11$ 以及 $N = 1$ 以獲得我們想要的結果。

在一般情況下，我們可以使用任何直接的運算來證明 "big O"。

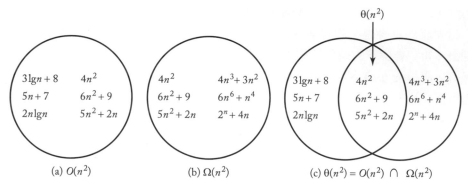

圖 1.6   這裡顯示的是 $\Omega(n^2)$、$O(n^2)$、$\Theta(n^2)$ 三個集合，某些集合中的成員被標示在上面。

• **範例** 1.10   我們將證明 $n^2 \in O(n^2 + 10n)$。因為，對於 $n \geq 0$，

$$n^2 \leq 1 \times (n^2 + 10n)$$

我們可以取 $c = 1$ 以及 $N = 0$ 以獲得我們想要的結果。

前一個例子要證明的是，在 "big O" 之內的函數可以不必是圖 1.3 描繪的幾個簡單函數之一。它可以是任一個複雜度函數。通常，我們會取類似圖 1.3 中描繪的簡單函數做為 "big O" 之內的函數。

• **範例** 1.11   我們將證明 $n \in O(n^2)$。因為，對於 $n \geq 1$，

$$n \leq 1 \times n^2$$

我們可以取 $c = 1$ 以及 $N = 1$ 以獲得我們想要的結果。

前面的例子告訴我們一個關於 "big O" 的重點。一個複雜度函數並不一定要含有平方項才能在 $O(n^2)$ 中。它只要在座標圖上最終會在某個純平方函數之下就可以。因此，任一個對數或線性複雜度函數都在 $O(n^2)$ 中。依此類推，任一個對數、線性、平方複雜度函數都在 $O(n^3)$ 中。圖 1.6 (a) 顯示某些 $O(n^2)$ 的代表性成員。

如同 "big O" 會放置一個漸近上限在複雜度函數上，下列的概念會放置一個**漸近下限**在複雜度函數上。

> 定義
>
> 對於一個給定的複雜度函數 $f(n)$，$\Omega(f(n))$ 就是由一些複雜度函數 $g(n)$ 構成的集合。其中，對於每一個 $g(n)$，必存在某個正實數常數 c 與某個非負整數 N，使得對於所有 $n \geq N$，
>
> $$g(n) \geq c \times f(n)$$

符號 Ω 就是希臘字母 "omega" 的大寫。若 $g(n) \in \Omega(f(n))$，我們稱 $g(n)$ 為 $f(n)$ 的 **omega**。圖 1.4(b) 為有關 Ω 的圖解。接下來我們要講一些例子。

● **範例 1.12**　我們將證明 $5n^2 \in \Omega(n^2)$。因為，對於 $n \geq 0$，

$$5n^2 \geq 1 \times n^2$$

我們可以取 $c = 1$ 以及 $N = 0$ 以獲得我們想要的結果。

● **範例 1.13**　我們將證明 $n^2 + 10n \in \Omega(n^2)$。因為，對於 $n \geq 0$，

$$n^2 + 10n \geq n^2$$

我們可以取 $c = 1$ 以及 $N = 0$ 以獲得我們想要的結果。

● **範例 1.14**　再次回想演算法 1.3 的時間複雜度（交換排序法），我們將證明

$$T(n) = \frac{n(n-1)}{2} \in \Omega(n^2)$$

對於 $n \geq 2$，

$$n - 1 \geq \frac{n}{2}$$

因此，對於 $n \geq 2$

$$\frac{n(n-1)}{2} \geq \frac{n}{2} \times \frac{n}{2} = \frac{1}{4}n^2$$

我們可以取 $c = 1/4$ 以及 $N = 2$ 以推論出我們要的結果。

如同 "big O" 的情形，並不是只有唯一的一組常數 c 與 N 讓 Ω 可以成立。我們可以選擇任一組用簡單的計算方式即可獲得的常數。

在座標圖上，在 $\Omega(n^2)$ 中的函數最終會落到某個純平方函數的上方。為分析的目的，這代表的意義該函數最差的表現與純平方函數相同。然而，如同下列的例子所描述的，此函數並非必定為平方函數。

● **範例 1.15**　我們將證明 $n^3 \in \Omega(n^2)$。因為，對於 $n \geq 1$，

$$n^3 \geq 1 \times n^2$$

我們可以取 $c = 1$ 以及 $N = 1$ 以獲得我們想要的結果。

圖 1.6(b) 展示某些 $\Omega(n^2)$ 的代表性成員。

如果一個函數既在 $O(n^2)$ 中也在 $\Omega(n^2)$ 中，我們可以推斷，在座標圖上，最終這個函數會在某個純平方函數之下且在另一個平方函數之上。也就是說，最終這個函數會跟某個純平方函數一樣好，並與另一純平方函數一樣差。我們可以由此推斷出這個函數的成長率應該接近一個純平方函數的成長率。這就是我們想要的嚴謹量級標示法精準的結果。我們可以得到下列的定義。

> **定義**
>
> 對於一個給定的複雜度函數 $f(n)$，
>
> $$\Theta(f(n)) = O(f(n)) \cap \Omega(f(n))$$
>
> 這代表的是 $\Theta(f(n))$ 就是由一些複雜度函數 $g(n)$ 構成的集合。其中，對於每一個 $g(n)$，必存在正實數常數 c 與 d 及某個非負整數 N，使得對於所有 $n \geq N$，
>
> $$c \times f(n) \leq g(n) \leq d \times f(n)$$

若 $g(n) \in \Theta(f(n))$，我們稱 $g(n)$ 為 $f(n)$ 量級。

● **範例 1.16**　再回想演算法 1.3 的時間複雜度（交換排序法）。由範例 1.8 與 1.14 可得到

$$T(n) = \frac{n(n-1)}{2} \quad \text{既在 } O(n^2) \text{ 中也在 } \Omega(n^2) \text{ 中。}$$

因此我們可得到 $T(n) \in O(n^2) \cap \Omega(n^2) = \Theta(n^2)$

圖 1.6 (c) 描繪出 $\Theta(n^2)$ 為 $O(n^2)$ 與 $\Omega(n^2)$ 的交集，而圖 1.4 (c) 則圖解有關 Θ。請注意在圖 1.6 (c) 中，函數 $5n + 7$ 並不在 $\Omega(n^2)$ 中，而 $4n^3 + 3n^2$ 也不在 $O(n^2)$ 中，因此，這兩個函數都不在 $\Theta(n^2)$ 中。雖然直觀上來看，這樣的說法是對的，但是我們尚未證明它。下列的例子顯示證明的過程。

● 範例 1.17　我們將使用反證法來證明 n 不在 $\Omega(n^2)$ 中。在這種證明方法中我們會假設某件事情是真的，在這裡，某件事情就是指 $n \in \Omega(n^2)$—接著，我們做一些運算，推導出這件事情是錯誤的。也就是說，這個結果與某件我們已知為真的事情相互矛盾。因此，從這裡可知我們一開始的假設是謬誤的。

假定 n 在 $\Omega(n^2)$ 中代表存在著某個正值常數 c，以及某個非負整數 N，使得對於所有的 $n \geq N$，

$$n \geq cn^2$$

如果我們把不等式的兩邊同除以 cn，我們可以得到，對於 $n \geq N$

$$\frac{1}{c} \geq n$$

然而，對於任一個 $n > 1/c$，這個不等式就不成立了，這代表著這個不等式並不是對所有的 $n \geq N$ 都成立的。這個矛盾證明了 n 不在 $\Omega(n^2)$ 中。

接下來我們尚需對有關表達如函數 n 與 n^2 之間的量級進一步予以定義。

定義

對於一個給定的複雜度函數 $f(n)$，$O(f(n))$ 就是由所有滿足下列條件的複雜度函數 $g(n)$ 構成的集合。這個條件是：對於每個正實數常數 c，必存在某個非負整數 N，使得對於所有 $n \geq N$，

$$g(n) \leq c \times f(n)$$

若 $g(n) \in o(f(n))$，我們稱 $g(n)$ 為 **small o** $(f(n))$。回想，"big O" 表示必有某個正實數 c 讓這個範圍限制成立。而這裡的定義是對於所有的正實數 c 通通都要成立。因為這個範圍限制對所有的正 c 都成立，因此它也對很小的 c 成立。例如，若 $g(n) \in o(f(n))$，必存在某個 N，使得對於所有 $n \geq N$，

$$g(n) \leq 0.00001 \times f(n)$$

我們可觀察到，當 n 變大時，$g(n)$ 相對於 $f(n)$ 即變得無足輕重。為了分析的目的，若 $g(n)$ 在 $o(f(n))$ 中，那麼 $g(n)$ 最終將比如 $f(n)$ 之類的函數為佳。下列的例子將解明該項說法。

● 範例 1.18   我們將證明

$$n \in o(n^2)$$

給定 $c > 0$，我們必須找到一個 N 使得，對於 $n \geq N$

$$n \leq cn^2$$

如果我們將不等式的兩邊同除以 cn，我們可以得到

$$\frac{1}{c} \leq n$$

因此，這個結果足以讓我們選擇任一個 $N \geq 1/c$

請注意，N 的值與常數 c 有關。例如，若 $c = 0.00001$，我們必須取一個至少為 100,000 的 N。也就是說，對於 $n \geq 100,000$，

$$n \leq 0.00001n^2$$

● 範例 1.19   我們將證明 n 不在 $o(5n)$ 中。使用反證法，令 $c = \frac{1}{6}$，若 $n \in o(5n)$，就會存在某個 N 使得，對於 $n \geq N$，

$$n \leq \frac{1}{6}5n = \frac{5}{6}n$$

發生矛盾，故 n 不在 $o(5n)$ 中。

下面的定理是將 "small o" 與其他的漸近標示法 (O, Ω 等等) 建立關連性。

▶ 定理 1.2

若 $g(n) \in o(f(n))$，則

$$g(n) \in O(f(n)) - \Omega(f(n))$$

也就是說，$g(n)$ 在 $O(f(n))$ 中，但不在 $\Omega(f(n))$ 中。

證明：由於 $g(n) \in o(f(n))$，因此對於每一個正實數 c 都存在一個 N，使得對於所有 $n \geq N$，

$$g(n) \leq c \times f(n)$$

這個式子也代表著：對於某個 c，這個限定 $g(n)$ 範圍的不等式確實成立。因此，

$$g(n) \in O(f(n))$$

接著我們將用反證法來證明 $g(n)$ 不在 $\Omega(f(n))$ 中。若 $g(n) \in \Omega(f(n))$，則應存在著某個實數 $c > 0$ 以及某個 N_1，使得對於所有 $n \geq N_1$，

$$g(n) \geq c \times f(n)$$

然而，由於 $g(n) \in o(f(n))$，因此，存在著一個 N_2，使得對於所有 $n \geq N_2$，

$$g(n) \leq \frac{c}{2} \times f(n)$$

這兩個不等式對於所有大於 N_1 且大於 N_2 的 n 都必須成立。所以，矛盾發生，故 $g(n)$ 不在 $\Omega(f(n))$ 中。

您可能會認為 $o(f(n))$ 與 $O(f(n)) - \Omega(f(n))$ 應該是同一個集合。這個想法是錯誤的，有一些不尋常的函數是位在 $O(f(n)) - \Omega(f(n))$ 中，但卻不在 $o(f(n))$ 中。下面就是一個例子。

- 範例 1.20　　考慮下列函數

$$g(n) = \begin{cases} n & \text{若 } n \text{ 為偶數} \\ 1 & \text{若 } n \text{ 為奇數} \end{cases}$$

我們將證明 $g(n) \in O(n) - \Omega(n)$ 但 $g(n)$ 不在 $o(n)$ 中的證明留作習題。

當然，範例 1.20 的函數是我們特別設計出來的。當複雜度函數代表實際演算法的時間複雜度時，通常在 $O(f(n)) - \Omega(f(n))$ 中的函數也會在 $o(f(n))$ 中。

讓我們更進一步討論 Θ。在習題中我們證實了

$$g(n) \in \Theta(f(n)) \qquad \text{若且唯若} \qquad f(n) \in \Theta(g(n))$$

例如，

$$n^2 + 10n \in \Theta(n^2) \qquad 且 \qquad n^2 \in \Theta(n^2 + 10n)$$

這代表 Θ 將複雜度函數分割成互斥集合 (disjoint set)。我們將稱這些集合為**複雜度類別** (complexity category)。來自給定類別的任一函數都可以代表這個類別。為方便起見，我們通常以該類別內形式最簡單的成員來代表該類別。例如，前面的複雜度類別由 $\Theta(n^2)$ 代表。

某些演算法的時間複雜度並不會隨 n 的增加而成長。例如，回想演算法 1.1 的最佳情況時間複雜度 $B(n)$ 對 n 的所有值都是 1。包含這種函數的演算法類別可以由任何常數來代表，為簡單起見，我們可以用 $\Theta(1)$ 來代表。

下面列出一些有關量級的重要性質，這些性質可以幫助我們求得許多複雜度函數的量級。此處我們只列出這些性質而不加以證明。某些性質的證明可以在習題中找到，而其他的證明則必須延續下一個小節的結果。其中第二個性質我們已經討論，為完整起見，所以我們在下面再列一次。

量級的性質：

1. $g(n) \in O(f(n))$ 若且唯若 $f(n) \in \Omega(g(n))$

2. $g(n) \in \Theta(f(n))$ 若且唯若 $f(n) \in \Theta(f(n))$

3. 若 $b > 1$ 且 $a > 1$，則 $\log_a n \in \Theta(\log_b n)$

   這表示所有的對數複雜度函數都在同一個複雜度類別中。我們將會用 $\Theta(\lg n)$ 來代表這個類別。

4. 若 $b > a > 0$，則

$$a^n \in o(b^n)$$

   此表示所有指數函數並不在同一個複雜度類別中。

5. 對於所有的 $a > 0$

$$a^n \in o(n!)$$

暗指了 $n!$ 比任一個指數複雜度函數都要差。

6. 考慮下列的複雜度類別的量級：

$$\Theta\left(\lg n\right) \quad \Theta\left(n\right) \quad \Theta\left(n\lg n\right) \quad \Theta\left(n^2\right) \quad \Theta\left(n^j\right) \quad \Theta\left(n^k\right) \quad \Theta\left(a^n\right) \quad \Theta\left(b^n\right) \quad \Theta\left(n!\right)$$

其中 $k > j > 2$ 且 $b > a > 1$。若一個複雜度函數 $g(n)$ 所在的類別在 $f(n)$ 所在類別的左方，那麼

$$g\left(n\right) \in o\left(f\left(n\right)\right)$$

7. 若 $c \geq 0$，$d > 0$，$g(n) \in O(f(n))$ 且 $h(n) \in \Theta(f(n))$，那麼

$$c \times g\left(n\right) + d \times h\left(n\right) \in \Theta\left(f\left(n\right)\right)$$

- **範例 1.21**　性質 3 說明所有的對數複雜度函數都在同一個複雜度類別中。例如

$$\Theta(\log_4 n) = \Theta(\lg n)$$

這代表的是 $\log_4 n$ 之於 $\lg n$ 的關係等同於與 $7n^2 + 5n$ 之於 n^2 的關係。

- **範例 1.22**　性質 6 說明任一對數函數最終都會比任一多項式函數為佳，任一個多項式函數最終都會比任一指數函數好，而任一指數函數最終都會比任一階乘函數好，例如，

$$\lg n \in o(n), \qquad n^{10} \in o\left(2^n\right), \qquad 及 \qquad 2^n \in o\left(n!\right)$$

- **範例 1.23**　性質 6 與 7 可被重複地使用。例如，我們可以用下面的方式，證明 $5n + 3\lg n + 10n\lg n + 7n^2 \in \Theta(n^2)$。重複地應用性質 6 與 7，我們得到

$$7n^2 \in \Theta(n^2)$$

此表示

$$10n\lg n + 7n^2 \in \Theta\left(n^2\right)$$

此表示

$$3\lg n + 10n\lg n + 7n^2 \in \Theta\left(n^2\right)$$

此表示

$$5n + 3\lg n + 10n\lg n + 7n^2 \in \Theta\left(n^2\right)$$

在實際應用上，我們並不會一再地套用這些性質，但是利用這些性質，我們可以瞭解低次項在判斷量級是可以被捨棄的。

若我們能夠得到某個演算法的精確時間複雜度，我們就可以把低次項丟棄，以求得該演算法的量級。如果無法用這種方式來計算，我們可以回頭使用 "big O" 跟 Ω 的定義來求得該演算法的量級。假設對於某個演算法我們無法算出精確的 $T(n)$ (或 $W(n)$、$A(n)$、或 $B(n)$)。若我們能利用前面的定義去證明

$$T(n) \in O(f(n)) \qquad 且 \qquad T(n) \in \Omega(f(n))$$

便可以推論出 $T(n) \in \Theta(f(n))$。

在某些情況下，證明 $T(n) \in O(f(n))$ 極為容易，但是證明 $T(n) \in \Omega(f(n))$ 卻很困難。在這樣的情況下我們只好退而求其次證明 $T(n) \in O(f(n))$，因為這個式子暗示了 $T(n)$ 最差的表現也不過就像 $f(n)$ 的表現而已。

在結束之前，我們再提到有些作者會使用

$$f(n) = \Theta(n^2) \qquad 來取代 \qquad f(n) \in \Theta(n^2)$$

這兩個式子代表的是同樣的意義，也就是說，$f(n)$ 是集合 $\Theta(n^2)$ 的一員。同理可推，我們經常會用

$$f(n) = O(n^2) \qquad 來取代 \qquad f(n) \in O(n^2)$$

您可以參考 Knuth(1973) 以便瞭解量級 (order) 的由來與解說。您也可以參考 Brassard(1985) 來查閱關於此處定義的各種量級的討論。在大多數的情況下，我們對於 "big O"、Ω、Θ 的定義是標準的。然而，有些 "small o" 的定義則非標準定義。將 $\Theta(n)$、$\Theta(n^2)$ 之類的集合稱為 "complexity categories" 並非標準的稱呼方法。有些作者稱這些集合為 "complexity classes"，雖然 "complexity classes" 這個名詞更常被用來指稱第九章中討論的 "問題的集合"。至於其他的作者，則沒有給這種集合特定的名稱。

1.4.3 使用極限計算量級

現在，我們要來演示如何使用極限來計算量級 (order)。我們會使用極限及導函數的技巧。在本書的其他地方並不會用到這裡所講述的知識。

▶ 定理 1.3

請證明下列的式子

$$\lim_{n \to \infty} \frac{g(n)}{f(n)} = \begin{cases} c & \text{代表} \quad g(n) \in \Theta(f(n)) \ \text{若} \ c > 0 \\ 0 & \text{代表} \quad g(n) \in o(f(n)) \\ \infty & \text{代表} \quad f(n) \in o(g(n)) \end{cases}$$

證明：證明留做習題。

● 範例 1.24　　定理 1.3 表示

$$\frac{n^2}{2} \in o\left(n^3\right)$$

因為

$$\lim_{n \to \infty} \frac{n^2/2}{n^3} = \lim_{n \to \infty} \frac{1}{2n} = 0$$

在範例 1.24 中使用定理 1.3 蠻無趣的，因為結果可以被直接推導出來。下面的例子就有趣多了。

● 範例 1.25　　定理 1.3 意味著，對於 $b > a > 0$

$$a^n \in o\left(b^n\right)$$

因為

$$\lim_{n \to \infty} \frac{a^n}{b^n} = \lim_{n \to \infty} \left(\frac{a}{b}\right)^n = 0$$

極限為 0，因為 $0 < a/b < 1$。

此處證明的就是量級的性質 4（接近 1.4.2 節的節末處所提到者）

- **範例 1.26**　定理 1.3 表示，對於 $a > 0$，

$$a^n \in o(n!)$$

在 $a \le 1$ 時，這個結果是顯而易見的。在 $a > 1$ 時。若 n 夠大使得

$$\left\lceil \frac{n}{2} \right\rceil > a^4$$

於是

$$\frac{a^n}{n!} < \underbrace{\frac{a^n}{a^4 a^4 \cdots a^4}}_{\lceil n/2 \rceil \text{ 次}} \le \frac{a^n}{(a^4)^{n/2}} = \frac{a^n}{a^{2n}} = \left(\frac{1}{a} \right)^n$$

因為 $a > 1$，所以表示

$$\lim_{n \to \infty} \frac{a^n}{n!} = 0$$

此處證明的就是量級的性質 5

下面的定理可以用來增進定理 1.3 的用途，它的證明可以在很多微積分的書中找到。

▶ **定理 1.4**

L'Hôpital's Rule 若 $f(x)$ 與 $g(x)$ 都是可微分函數，它們的導函數分別為 $f'(x)$ 與 $g'(x)$，並且若

$$\lim_{x \to \infty} f(x) = \lim_{x \to \infty} g(x) = \infty$$

於是

$$\lim_{x \to \infty} \frac{f(x)}{g(x)} = \lim_{x \to \infty} \frac{f'(x)}{g'(x)}$$

條件是等式右邊的極限必須存在。

定理 1.4 對於實數變數的函數成立，而我們的複雜度函數是整數變數的函數。然而，大多數我們提到的複雜度函數（例如，$\lg n$、n 等）也是實數變數的函數。再者，若函數 $f(x)$ 屬於實數變數的函數，那麼

$$\lim_{n \to \infty} f(n) = \lim_{x \to \infty} f(x)$$

其中 n 為整數，只要等式右邊的極限存在。因此，我們可以應用定理 1.4 到複雜度分析上，如下面的範例所描述者。

● 範例 1.27　　定理 1.3 與 1.4 表示

$$\lg n \in o(n)$$

因為

$$\lim_{x \to \infty} \frac{\lg x}{x} = \lim_{x \to \infty} \frac{d(\lg x)/dx}{dx/dx} = \lim_{x \to \infty} \frac{1/(x \ln 2)}{1} = 0$$

● 範例 1.28　　定理 1.3 與 1.4 表示，對於 $b > 1$ 且 $a > 1$，

$$\log_a n \in \Theta(\log_b n)$$

因為

$$\lim_{x \to \infty} \frac{\log_a x}{\log_b x} = \lim_{x \to \infty} \frac{d(\log_a x)/dx}{d(\log_b x)/dx} = \frac{1/(x \ln a)}{1/(x \ln b)} = \frac{\ln b}{\ln a} > 0$$

此處證明者即為量級的性質 3。

1.5　本書綱要

我們現在已經準備好要發展以及分析複雜的演算法。在大多數的地方，我們是根據技術而非應用程式領域來編排文章。如同早先提到的，這種編排法是為了當碰到一個新的問題時，我們具有思索所有可能解決方法的能力。第二章討論的技術稱為 "各個擊破"（divide-and-conquer）。第三章涵蓋的是 "動態規劃"（dynamic programming）。第四章說明的是 "貪婪演算法"（the greedy approach）。在第五章中，我們為您介紹回溯（backtrack）的技術。第六章討論一種與回溯（backtrack）相關的技術 "branch-and-bound"。在第七、第八章，我們把焦點由發展與分析演算法到分析問題本身。這種分析，一般稱之為計算複雜度分析，包含求得解決某給定問題之所有演算法的時間複雜度下限。第七章分析排序問題，而第八章分析搜尋問題。第九章專門講述一個特定的問題類別。該類別由一些很困難的問題組成，對於這些問題，到現在尚無人能夠發展出一個最差情況的時間複雜度優於指數函數的演算法。然而，也並無人可以證明我們找不出這樣的演算法。我們已經證實有成千上萬的這種問題，而這些問題之間彼此也有高度的關連性。這類問題的研究在資訊工程領域

相對來說是較新且有趣的問題。在第十章中我們回頭發展演算法。然而，與二至六章提出的方法不同的是，我們討論可以解決某種類型問題的演算法。也就是說，我們討論數論演算法，這些演算法可以解決牽涉到整數的問題。所有前九章的演算法都是為只能執行單一指令流的單一處理器而設計的。由於電腦硬體的價格大幅下滑，因此近來平行電腦的數量也越來越多。這種電腦含有多於一個處理器，所有的處理器可以同時執行指令（以平行的方式）。為這種電腦撰寫的演算法稱為 "平行處理演算法"。第十一章介紹這類的演算法。

● 習題

1.1 節

1. 請撰寫一個在含有 n 個數字的串列（陣列）中找到最大數的演算法。

2. 請撰寫一個在含有 n 個數字的串列中尋找前 m 小數字的的演算法。

3. 請撰寫一個演算法。這個演算法會印出在含有 n 個元素的輸入集合中，所有含有 3 個元素的子集合。此輸入集合的元素存放在此演算法的輸入串列中。

4. 請撰寫一個插入排序 (Insertion Sort) 演算法（插入排序將在 7.2 節討論）。這個演算法使用二元搜尋法 (Binary Search) 來尋找下一個插入應該發生的位置。

5. 請撰寫一個尋找兩整數的最大公因數的演算法。

6. 請撰寫一個在含有 n 個數字的串列中找到最小數及最大數的演算法。試著找到一個最多只會進行 $1.5n$ 次比較的方法。

7. 請撰寫一個可以決定一個近乎完整的二元樹是否為一個堆積 (heap) 的演算法。

1.2 節

8. 請問當我們需要一個搜尋運算時，什麼時候使用循序搜尋法（演算法 1.1) 是不適合的。

9. 請舉出一個實際的例子。在這個例子中我們將無法使用交換排序法（演算法 1.3) 來排序。

1.3 節

10. 為您在習題 1-7 撰寫的演算法定義基本運算，並且研究這些演算法的效率。如果給定演算法具有一般情況的時間複雜度，就將之求出。否則，請求出最差情況的時間複雜度。

11. 為基本的插入排序法 (Insertion Sort) 求出最差情況、平均情況、以及最佳情況時間複雜度，並為習題 4 使用二元搜尋法的插入排序法求出最差情況、平均情況、以及最佳情況時間複雜度。

12. 請撰寫一個 $\Theta(n)$ 演算法。這個演算法必須排序 n 個相異的整數，範圍從 1 到 kn（包含 1 及 kn），其中 k 是一個正整數常數。（提示：使用一個具有 kn 個項目的陣列。）

13. 演算法 A 執行 $10n^2$ 個基本運算，而演算法 B 執行 $300 \ln n$ 個基本運算。當 n 超過多少時，演算法 B 的效率會超過 A？

14. 對於一個大小為 n 的問題，存在著兩種演算法分別稱為 Alg1 與 Alg2 來解它。Alg1 在 n^2 微秒內執行完畢，而 Alg2 在 $100n$ 微秒內執行完畢。Alg1 必須使用 4 小時的程式設計師工時，加上 2 分鐘的 CPU 時間完成實作。而 Alg2 必須使用 15 小時的程式設計師工時，加上 6 分鐘的 CPU 時間完成實作。若程式設計師的工資是每小時 20 元，而 CPU 執行時間每分鐘價值 50 元。那麼我們至少要用 Alg2 解決幾個大小為 500 的問題實例，才能夠平衡開發的費用？

1.4 節

15. 直接證明 $f(n) = n^2 + 3n^3 \in \Theta(n^3)$。也就是說，使用 O 與 Ω 的定義來證明 $f(n)$ 既在 $O(n^3)$ 中也在 $\Omega(n^3)$ 中。

16. 使用 O 與 Ω 的定義，證明

$$6n^2 + 20n \in O\left(n^3\right) \qquad 但 \qquad 6n^2 + 20n \notin \Omega\left(n^3\right)$$

17. 使用 1.4.2 節中量級 (order) 的性質，證明

$$5n^5 + 4n^4 + 6n^3 + 2n^2 + n + 7 \in \Theta\left(n^5\right)$$

18. 令 $p(n) = a_k n^k + a_{k-1} n^{k-1} + \cdots + a_1 n + a_0$，其中 $a_k > 0$。使用 1.4.2 節中量級 (order) 的性質，證明 $p(n) \in \Theta(n^k)$

19. 令 $f(n) = 3n^2 + 10n \log n + 1000n + 4 \log n + 9999$，試問 $f(n)$ 屬於下列何者複雜度類別。

   (a) $\theta(\lg n)$

   (b) $\theta(n^2 \lg n)$

   (c) $\theta(n)$

   (d) $\theta(n \log n)$

   (e) $\theta(n^2)$

   (f) 以上皆非

20. 令 $f(n) = (\log n)^2 + 2n + 4n + \log n + 50$，試問 $f(n)$ 屬於下列何者複雜度類別。

    (a) $\theta(\lg n)$

    (b) $\theta((\log n)^2)$

    (c) $\theta(n)$

    (d) $\theta(n \log n)$

    (e) $\theta(n(\lg n)^2)$

    (f) 以上皆非

21. 令 $f(n) = n + n^2 + 2^n + n^4$，試問 $f(n)$ 屬於下列何者複雜度類別。

    (a) $\theta(n)$

    (b) $\theta(n^2)$

    (c) $\theta(n^3)$

    (d) $\theta(n \lg n)$

    (e) $\theta(n^4)$

    (f) 以上皆非

22. 請將下面的函數依照它們所屬的複雜度類別進行分類。

$$n \ln n \qquad (\lg n)^2 \qquad 5n^2 + 7n \qquad n^{5/2}$$
$$n! \qquad 2^{n!} \qquad 4^n \qquad n^n \qquad n^n + \ln n$$
$$5^{\lg n} \qquad \lg(n!) \qquad (\lg n)! \qquad \sqrt{n} \qquad e^n \qquad 8n + 12 \qquad 10^n + n^{20}$$

23. 證明 1.4.2 節中量級 (order) 的性質 1、性質 2、性質 6、與性質 7。

24. 討論漸近式比較 (O、Ω、Θ、o) 的反身性、對稱性、以及遞移性等性質。

25. 假定您擁有一台電腦，這台電腦需要一分鐘來解決大小為 1000 的問題實例。又假設您買了一台比原先快 1000 倍的新電腦。假設演算法的時間複雜度如下，那麼大小為多少的實例可以在 1 分鐘內執行完畢？

    (a) $T(n) = n$

    (b) $T(n) = n^3$

    (c) $T(n) = 10^n$

26. 推導定理 1.3 的證明。

27. 證明下列式子的正確性。

(a) $\lg n \in O(n)$

(b) $n \in O(n\lg n)$

(c) $n\lg n \in O(n^2)$

(d) $2^n \in \Omega\left(5^{\ln n}\right)$

(e) $\lg^3 n \in o(n^{0.5})$

進階習題

28. 目前我們可以使用演算法 A（時間複雜度為 $\Theta(2^n)$）在一分鐘之內解決大小為 30 的問題實例。但是，我們即將需要在一分鐘之內解決兩倍大小的問題實例。請問您認為購買一台更快的（或更貴）的電腦有幫助嗎？

29. 考慮下列的演算法

```
for ( i = 1; i <= 1.5n ; i++)
        cout << i ;
for ( i = n ; i >= 1; i -- )
        cout << i ;
```

(a) 當 $n = 2$, $n = 4$, $n = 6$ 時，演算法的輸出為？

(b) $T(n)$ 的計算複雜度為何？假設 n 可為 2 整除。

30. 考慮下列的演算法

```
j = 1;
while ( j <= n /2) {
    i = 1;
    while ( i <= j ) {
        cout << j << i ;
        i++;
    }
    j++;
}
```

(a) 當 $n = 6$, $n = 8$, $n = 10$ 時，演算法的輸出為？

(b) $T(n)$ 的計算複雜度為何？假設 n 可為 2 整除。

31. 考慮下列的演算法

```
for(i = 2; i <= n; i++){
    for(j = 0; j <= n) {
        cout << i << j;
        j = j + ⌈n/4⌉;
    }
}
```

　(a) 當 $n = 4$, $n = 16$, $n = 32$ 時，演算法的輸出為？

　(b) $T(n)$ 的計算複雜度為何？假設 n 可為 4 整除。

32. 請問下列巢狀迴圈的時間複雜度 $T(n)$ 為何？為簡化起見，您可以假設 n 為 2 的乘冪。也就是說，對於某個正整數 k，$n = 2^k$。

```
     ⋮
for (i=1; i<=n; i++){
    j=n;
    while (j>=1){
        < while 迴圈的主體 > // 需要 Θ(1) 的時間來執行。
        j = ⌊j/2⌋;
    }
}
     ⋮
```

33. 請為下列問題提出一個演算法並求出該演算法的時間複雜度。給定一個含有 n 個不同正整數的串列，將該串列分成兩個子串列，每個大小為 $n/2$，使得兩子串列總和之差為最大。您可以假設 n 為 2 的倍數。

34. 請問下列巢狀迴圈的時間複雜度 $T(n)$ 為何？為簡化起見，您可以假設 n 為 2 的乘冪。也就是說，對於某個正整數 k，$n = 2^k$。

```
i = n;
while (i>=1){
    j=i;
    while (j <= n){
        < while 迴圈的主體 > // 需要 Θ(1) 的時間來執行。
        j = 2 * j;
    }
    i = ⌊i/2⌋;
}
```

35. 考慮下列的演算法：

```
int add_them (int n, int A[])
{
    index i,j,k;

    j = 0;
    for( i = 1;  i <= n;  i++)
        j = j + A[i];
    k = 1;
    for( i = 1;  i <= n;  i++)
        k = k + k;
    return j+k;
}
```

(a) 若 $n = 5$ 且陣列 A 包含了 2,5,3,7 和 8，則演算法的輸出為？

(b) $T(n)$ 的計算複雜度為何？

(c) 請試著去改善演算法的效率。

36. 考慮下列的演算法：

```
int any_equal (int n, int A[][])
{
    index i,j,k,m;
    for (i = 1;  i <= n;  i++)
        for (j = 1;  j <= n;  j++)
            for (k = 1;  k <= n;  k++)
                for (m = 1;  m <= n;  m++)
                    if (A[i][j]==A[k][m] && !(i==k && j==m))
                        return 1;
    return 0;
}
```

(a) 試問此演算法的最佳情況時間複雜度為何？（假設 $n > 1$）

(b) 試問此演算法的最差情況時間複雜度為何？

(c) 請試著去改善演算法的效率。

(d) 當演算法回傳結果為 0 時，則陣列 A 有何性質？

(e) 當演算法回傳結果為 1 時，則陣列 A 有何性質？

37. 給定一個 $\Theta(n \lg n)$ 的演算法。該演算法會計算 x^n 除 p 的剩餘項。為簡化起見，您可以假設 n 為 2 的乘冪。也就是說，對於某個正整數 k，$n = 2^k$。

38. 試解釋下列的集合中含有何種函數。

    (a) $n^{o(1)}$

    (b) $O(n^{o(1)})$

    (c) $O(O(n^{o(1)}))$

39. 試證明函數 $f(n) = \quad n^2 \sin n \quad$ 既不在 $O(n)$ 中也不在 $\Omega(n)$ 中。

40. 假定 $f(n)$ 與 $g(n)$ 為 asymptotically positive function，證明下列式子的正確性。

    (a) $f(n) + g(n) \in O(\max(f(n)), g(n))$

    (b) $f^2(n) \in \Omega(f(n))$

    (c) $f(n) + o(f(n)) \in \Theta(f(n))$，其中 $o(f(n))$ 代表任何屬於 $o(f(n))$ 的函數 $g(n)$

41. 請為下列問題提出一個演算法並求出該演算法的時間複雜度。給定一個含有 n 個不同正整數的串列，將該串列分成兩個子串列，每個大小為 $n/2$，使得兩子串列的總和之差為最小。您可以假設 n 為 2 的倍數。

42. 很明顯地，演算法 1.7（費布那西數列的第 n 項，Iterative 版本）是與 n 成線性關係，請問它是個線性時間演算法嗎？在 1.3.1 節中，我們定義了輸入大小。在費布那西數列的第 n 項這個例子中，n 就是輸入，而對 n 進行編碼所用的位元數則為輸入大小。使用這種測量方法，64 的大小為 $\lg 64 = 6$，而 1,024 的大小為 $\lg 1,024 = 10$。請證明演算法 1.7 以它的輸入大小為衡量標準是一個指數時間演算法，因為輸出的大小隨輸入大小呈指數成長。（請見 9.2 節對於輸入大小的相關討論。）

43. 使用演算法的輸入大小來衡量，求出演算法 1.6（費布那西數列的第 n 項，遞迴版本）的時間複雜度。

44. 請問您可以證明您為習題 1 到習題 7 發展的演算法的正確性嗎？

Chapter 2

Divide-and-Conquer

設計演算法的首要技巧— divide-and-conquer（各個擊破），係 1805 年法皇拿破崙於奧斯特里茲會戰中使用該種優秀的策略後成為典範。當時俄奧聯軍靠著比拿破崙部隊多了 15000 人的優勢，針對法軍的右翼發動了大規模的攻擊。預期到他們的攻擊，拿破崙驅逐他們的中央並且將他們的力量分成兩半。因為由於較小的軍隊各自無法與拿破崙抗衡，因此他們都遭受了嚴重的損失並被迫撤退。藉由將敵人的大部隊分割成兩個較小的部隊，並將他們各個擊破，拿破崙征服了這個龐大的部隊。

Divide-and-conquer 係利用上述同樣的策略來解問題。也就是說，將一個問題切成兩個或以上的較小的問題。較小的問題通常是原問題的實例。如果較小的問題的解可以容易地獲得，那麼原問題的解可以藉由合併小問題的答案獲得。如果小問題還是太大以致於不易解決，則可以再被切成更小的問題。經由該種切割的過程直到切到夠小能夠求解為止。

Divide-and-conquer 是一種由上而下的方法 (*top-down*) 的解題方式。也就是說，問題頂層的解可藉由尋求下層較小問題的解而獲得。讀者也許會認出這種方式與遞迴程式所使用的方法類似。回憶撰寫遞迴時，必須在 problem-solving level 思考並讓系統去處理獲得答案的細節（利用操作 stack）。而當欲發展一個 divide-and-conquer 演算法時，我們通常會在這個層次思考並將其寫成遞迴程式。依此，我們有時可以創造出該演算法更有效率的 Iterative 版本。

以下將以二元搜尋法 (Binary Search) 做為先例，介紹 divide-and-conquer 技巧。

• 2.1　二元搜尋法

　　我們曾在 1.2 節顯示了二元搜尋法（演算法 1.5）的 iterative 版本。由於遞迴闡明了 divide-and-conquer 使用的 top-down 技巧。本節將要呈現的是遞迴的版本，用 divide-and-conquer 的術語來說，在一個已依非遞減順序排序的陣列中搜尋 key x 時，二元搜尋法先比較 x 與陣列的中間項。如果它們是相等的，演算法就到此結束。否則，該陣列會分成兩個子陣列，一個包含中間項左邊的所有項目，另一個則包含右邊所有的項目。如果 x 小於中間項目，該步驟可適用左邊的子陣列。否則，即是適用右邊的子陣列。也就是說，x 將與對應的子陣列的中間項做比對。如果它們是相等的，演算法到此結束。若非如此，該子陣列會分成兩半。這個步驟將一直重複直到 x 被找到或確定 x 不在該陣列中為止。

　　二元搜尋法的步驟摘要如下：

　　如果 x 與中間項相同，離開。否則：

1. 將該陣列分割（*Divide*）成約一半大小的兩個子陣列。如果 x 小於中間項，選擇左邊的子陣列。如果 x 大於中間項，則選擇右邊的子陣列。

2. 藉由判斷 x 是否在該子陣列中來克服（*Conquer*）該子陣列。除非該子陣列夠小，否則使用遞迴來做這件事。

3. 由子陣列的解答獲得（*Obtain*）該陣列的解答。

　　二元搜尋法為最簡單的一種 divide-and-conquer 演算法。因為個體僅被分裂成一個更小的個體，因此並沒有輸出的組合。原有個體的解答就是較小個體的解答。茲使用下列的例子來說明二元搜尋法。

• **範例 2.1**　　給定 $x = 18$ 以及下面的陣列：

10　12　13　14　18　20　25　27　30　35　40　45　47

↑

中間項

1. 分割（*Divide*）這個陣列：因為 $x < 25$，我們需要去搜尋

10　12　13　14　18　20

2. 利用判斷 x 是否位於這個子陣列中的方式，來解（*Conquer*）這個子陣列。我們利用遞迴方式分割這個子陣列來完成這件事。答案為：

是的，x 在這個子陣列中。

3. 由子陣列的解答求得 (*Obtain*) 這個陣列的解答。

是的，x 在這個陣列中。

在步驟 2 中我們假設可獲得子陣列的解答。我們並沒有詳述如何求得解答。原因是我們希望從解問題的抽象層次展示如何求得總體問題的解答。當發展「某個問題」的遞迴演算法時，我們必須要

- 發展從一個或多個「較小實例」的解中得到「較大實例」的解的方法。

- 決定分割為較小實例的終止條件。

- 決定終止條件時的解。

只需要將心力放在那些可能會阻礙您設計一個複雜遞迴演算法的細節即可。至於整體解答如何得到，不需要太過操心（在電腦上，我們可以利用堆疊的操作）。為了讓您覺得更具體，圖 2.1 顯示使用二元搜尋法來進行搜尋時所必須操作的步驟。

二元搜尋法的遞迴版本如下。

▶ 演算法 2.1　　**二元搜尋法（遞迴版）**

問題：判斷 x 是否在大小為 n 的已排序陣列 S 中。

輸入：正整數 n，以非遞減的順序排序的陣列 S（索引值由 1 到 n），以及 key x。

輸出：*location*　x 在 S 中的位置（如果 x 不在 S 中，將傳回 0）。

```
index location (index low, index high)
{
  index mid;

  if (low > high)
    return 0;
  else {
    mid = ⌊(low + high)/2⌋;
    if (x == S[mid])
      return mid;
    else if (x < S[mid])
      return location (low, mid - 1);
    else
      return location (mid + 1, high);
  }
}
```

　　請注意 n、S、與 x 並非 $location$ 函式的參數。因為它們的值在每一次遞迴呼叫中保持不變。因此不需要讓它們成為參數。只有在每次遞迴呼叫時其值會變動的變數才要成為參數。這樣做的原因有兩個。第一，可以讓遞迴程式的表示式比較清楚。第二，就遞迴程式實作層面而言，每次遞迴呼叫時，任何傳給遞迴程式的變數都會有一份新的複製。假如變數的值沒有改變，這個複製動作根本沒有必要。如果是複製一個陣列變數，浪費的成本將非常可觀。其中一個防止這問題的辦法是傳送變數的位址。實際上，如果以 C++ 來實作，陣列會自動以位址的方式傳遞，並且使用保留字 const 以保證陣列的內容不會遭到更改。然而，包含所有以我們虛擬碼形式呈現的演算法在內，多餘的變數傳遞會讓這些演算法變的雜亂無章。

　　每種演算法依其使用的程式語言不同而有許多種實作方式。例如，在 C++ 中，您可以將所有的變數傳給遞迴程式；另一個方法是使用類別。此外我們可以將遞迴呼叫中不會變動的參數定義為全域變數。我們將會描述最後一種做法，因為它與我們的演算法表示法一致。如果我們將 S 與 x 定義為全域變數，並令 n 為 S 中的項目數，最上層對演算法 2.1 中的 $location$ 函式之呼叫如下：

```
locationout = (1, n);
```

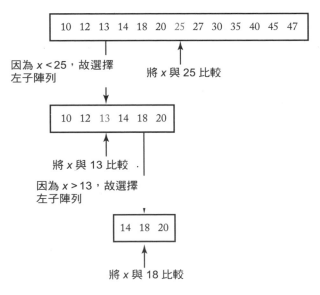

圖 2.1　使用二元搜尋法搜尋時，執行者所操作的步驟。（注意：$x = 18$。）

因為此二元搜尋法的遞迴版本採用 tail-recursion（也就是說，所有的運算都在遞迴呼叫前完成），因此我們可以仿效 1.2 節的做法輕易地製作成 iterative 版本。如前所述，由於遞迴可以很清楚地說明將一個較大實例分割成較小實例的 divide-and-conquer 過程，因而我們先編寫遞迴版本。然而，在諸如 C++ 的程式語言中，利用 iteration 來取代 tail-recursion 是相當有利的。最重要的，消除遞迴呼叫中使用的堆疊可以節省大量的記憶體。當一個函式呼叫另一個函式時，必須將第一個函式擱置中的結果放進 Activation Record 的堆疊中。如果第二個函式呼叫了另一個函式，那麼第二個函式擱置中的結果也會放進堆疊中，依此類推。當控制權回到呼叫別人的函式，該函式的 Activation Record 將會從堆疊中 pop 出來，並且繼續完成暫時擱置中結果的運算。以遞迴函式來說，Activation Record 的數目取決於遞迴呼叫的深度。就二元搜尋法而言，最差情況下堆疊會達到的深度約為 $\lg n + 1$。

另一個以 iteration 取代 tail-recursion 的原因是，因為 iterative 演算法並不需要去維護堆疊，因此其執行速度較遞迴版本快速（但是只有快常數倍）。由於最先進的 LISP 語言會將 tail-recursion 的版本編譯成 iterative 程式碼，因此在這語言中並不需要去將 tail-recursion 的版本改寫為 iteration 版本。

所有情況時間複雜度 (every-case time complexity) 在二元搜尋法是不存在的。因此我們將進行最壞情況的分析。在 1.2 節中已經簡略地做過一次。這裡將以較嚴謹的態度來做這個分析。雖然分析必須參考演算法 2.1，但也與演算法 1.5 有關。假如您尚未熟悉解遞迴方程式的技巧，您必須先研讀附錄 B。

分析演算法 2.1 ▶ **最差情況的時間複雜度（二元搜尋法，遞迴版）**

對一個搜尋陣列的演算法來說，最耗時的運算通常是搜尋項目與陣列項目的比較。於是，我們得到下列：

基本運算：x 與 $S[mid]$ 的比較。

輸入大小：n，陣列中的項目數量。

首先我們分析 n 為 2 的乘冪的例子。在呼叫 *location* 函式時，若 x 不等於 $S[mid]$，x 就必須與 $S[mid]$ 比較兩次。但如同我們在 1.2 節對於二元搜尋法非正式分析的討論，可假設僅比較一次，由於在有效率的組合語言實作中可以辦到。回憶 1.3 節中通常假設基本運算是盡可能以最有效率的方式實作。

如同在 1.2 節中討論的，一個最壞的情況是 x 較所有陣列中的項目為大。

若 n 是 2 的乘冪且 x 比所有陣列中的項目都大，每次遞迴呼叫可以減少的個數正好一半。例如，若 $n = 16$，則 $mid = \lfloor (1 + 16)/2 \rfloor = 8$。因為 x 大於所有陣列中的項目，前 8 大的項目成為第一次的遞迴呼叫的輸入。同樣地，前四大的項目是第二次遞迴呼叫的輸入。我們得到下列的遞迴式：

$$W(n) = \underbrace{W\left(\frac{n}{2}\right)}_{\substack{\text{在遞迴呼叫中} \\ \text{的比較}}} + \underbrace{1}_{\substack{\text{在最上層的} \\ \text{比較}}}$$

如果 $n = 1$ 且 x 大於唯一的陣列項目，x 將先與該項目比較，接著產生一次 $low > hight$ 的遞迴呼叫。此時，終止條件為真，也就是比較的動作到此結束。因此，$W(1)$ 等於 1。我們得到下列的遞迴式

$$W(n) = W\left(\frac{n}{2}\right) + 1 \quad \text{對於 } n > 1，n \text{ 為 2 的乘冪}$$
$$W(1) = 1$$

我們在附錄 B 中的範例 B.1 將會解出這個遞迴式。其解答為

$$W(n) = \lg n + 1$$

如果 n 不限為 2 的乘冪，我們可得到

$$W(n) = \lfloor \lg n \rfloor + 1 \in \Theta(\lg n)$$

其中 $\lfloor y \rfloor$ 即為小於或等於 y 的最大整數。我們在習題中會證明這個結果。

2.2 合併排序法

合併 (Merge) 是一種與排序有關的過程。**Two-way merging** 指的是將兩個已排序的陣列合併成一個已排序的陣列。重複合併動作，陣列就可完成排序。例如，要對一個具有 16 個項目的陣列進行排序，我們可以將其分割為兩個大小為 8 的子陣列，再為兩個子陣列進行排序，然後將它們合併，形成一個已排序的陣列。採用同樣的方法，每個大小為 8 的子陣列可以被分割成兩個大小為 4 的子陣列，而我們依舊可對這些子陣列進行排序與合併的動作。最後，子陣列的大小為 1，一個大小為 1 的陣列當然是已完成排序。這個程序稱之為合併排序 (Mergesort)。給定一個具有 n 個項目的陣列（為簡化起見，令 n 為 2 的乘冪）。Mergesort 包含了下列的步驟：

1. 將該陣列分割 (*Divide*) 成為兩個具有 $n/2$ 個項目的子陣列。

2. 將每個子陣列的內容排序以求得每個子陣列的解 (*Conquer*)。除非該陣列夠小，否則使用遞迴來執行這個工作。

3. 將子陣列合併成一個已排序的陣列以合併 (*Combine*) 子陣列的解。

下列例子描述了這些步驟。

● 範例 2.2　　假設一個陣列包含了下面的數字，依序為：

$$27 \quad 10 \quad 12 \quad 20 \quad 25 \quad 13 \quad 15 \quad 22$$

1. 分割 (Divide) 這個陣列：

$$27 \quad 10 \quad 12 \quad 20 \quad 及 \quad 25 \quad 13 \quad 15 \quad 22$$

2. 對每個子陣列進行排序：

$$10 \quad 12 \quad 20 \quad 27 \quad 及 \quad 13 \quad 15 \quad 22 \quad 25$$

3. 合併子陣列：

$$12 \quad 13 \quad 15 \quad 20 \quad 22 \quad 25 \quad 27$$

我們以解決問題的層次設計了步驟 2，並假設已知子陣列的解。更具體的說，圖 2.2 描繪了手動操作合併排序所有的執行步驟。當一個陣列的大小到達 1 時，就達到終止條件；同時，就開始執行合併的動作。

▶ 演算法 2.2　　**合併排序**

問題：將 n 個 key 排序成為非遞減序列。

輸入：正整數 n，鍵值陣列 S(索引值由 1 到 n)。

輸出：陣列 S，其包含的 key 已經以非遞減的順序排序過。

```
void mergesort (int n, keytype S[])
{
  if (n>1) {
      const int h = ⌊n/2⌋, m = n - h;
      keytype U[1..h], V[1..m];
      將 S[1] 至 S[h] 複製到 U[1] 至 U[h] 間；
      將 S[h+1] 至 S[h] 複製到 V[1] 至 V[m] 間；
      mergesort (h, U);
      mergesort (m, V);
```

```
      merge (h, m, U, V, S);
   }
}
```

在我們分析合併排序之前，我們必須設計並分析可合併兩個已排序陣列的演算法。

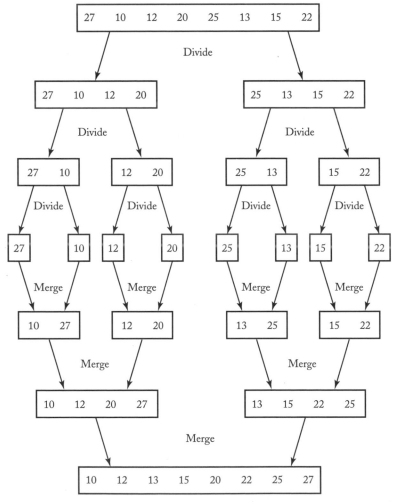

圖 2.2   使用合併排序時，執行者所操作的步驟。

▶ 演算法 2.3   **合併**

問題：將兩個已排序的陣列合併成一個已排序的陣列。

輸入：正整數 h 與 m，已排序的陣列 U（索引值由 1 到 h），已排序的陣列 V（索引值由 1 到 m）。

輸入：單一已排序的陣列 S（索引值由 1 到 $h+m$），其包含了 U 與 V 的所有 key。

```
void merge (int h, int m, const keytype U[],
                          const keytype V[],
                          keytype S[])
{
  index i, j, k;

  i = 1; j = 1; k= 1;
  while (i <= h && j <= m){
     if (U[i] < V[j]) {
        S[k] = U[i];
        i++;
     }
     else {
        S[k] = V[j];
        j++;
     }
     k++;
     }
  if (i>h)
     將 V[j] 至 V[m] 複製到 S[k] 至 S[h+m] 間；
  else
     將 U[i] 至 U[h] 複製到 S[k] 至 S[h+m] 間；
}
```

表 2.1 說明了 *merge* 副程式如何成功地合併了兩個大小為 4 的陣列。

分析演算法 2.3 ▶ **最差情況的時間複雜度（合併）**

如同 1.3 節中所提，對於依據比較索引來排序的演算法來說，我們可以把比較與指派值指令（assignment）當作是基本運算。這裡我們將考慮比較的指令。當我們在第 7 章更深入地討論合併排序時，會將 assignment 的數目列入考慮。在這個演算法中，比較的數目是由 h 與 m 共同決定的。因此我們得到：

基本運算：比較 $U[i]$ 與 $V[j]$。

輸入大小：h 與 m，分別為兩輸入陣列的項目個數。

最壞的狀況發生在當跳出迴圈時，因為 i 已經到達離開點 $h+1$，而另一個索引 j 只到達 m，還差 1 才到達離開點。舉例來說，若在 S 中先放 $m-1$ 個 V 中的項目，再放 U 中的所有 h 個項目，由於 i 等於 $h+1$，此時將會跳出迴圈。因此，

$$W(h, m) = h + m - 1$$

● 表 2.1　合併 U 與 V 兩個陣列成為一個陣列 S^* 的範例

k	U	V	S (Result)
1	**10** 12 20 27	**13** 15 22 25	10
2	10 **12** 20 27	**13** 15 22 25	10 12
3	10 12 **20** 27	**13** 15 22 25	10 12 13
4	10 12 **20** 27	13 **15** 22 25	10 12 13 15
5	10 12 **20** 27	13 15 **22** 25	10 12 13 15 20
6	10 12 20 **27**	13 15 **22** 25	10 12 13 15 20 22
7	10 12 20 **27**	13 15 22 **25**	10 12 13 15 20 22 25
—	10 12 20 27	13 15 22 25	10 12 13 15 20 22 25 27← 最終值

* 正在進行比較的項目以粗體字表示

現在我們可來分析合併排序。

分析演算法 2.2 ▶ **最差情況的時間複雜度（合併排序）**

基本運算是發生在 *merge* 內的比較。因為比較的數目隨著 h 跟 m 增加，而 h 與 m 則隨著 n 增加，因此我們得到：

基本運算：發生在 *merge* 中的比較。

輸入大小：n，陣列 S 中的項目個數。

比較的總次數等於以 U 為輸入對 *mergesort* 的遞迴呼叫、以 V 為輸入對 *mergesort* 的遞迴呼叫以及最上層對 *merge* 的呼叫，三者中所發生的比較次數總和。因此，

$$W(n) = \underbrace{W(h)}_{\substack{\text{將 } U \text{ 排序所花} \\ \text{的時間}}} + \underbrace{W(m)}_{\substack{\text{將 } V \text{ 排序所花} \\ \text{的時間}}} + \underbrace{h + m - 1}_{\substack{\text{合併所花} \\ \text{的時間}}}$$

首先我們分析 n 為 2 的乘冪的情況。在這個情況下，

$$h = \lfloor n/2 \rfloor = \frac{n}{2}$$
$$m = n - h = n - \frac{n}{2} = \frac{n}{2}$$
$$h + m = \frac{n}{2} + \frac{n}{2} = n$$

$W(n)$ 的式子成為

$$W(n) = W\left(\frac{n}{2}\right) + W\left(\frac{n}{2}\right) + n - 1$$
$$= 2W\left(\frac{n}{2}\right) + n - 1$$

當輸入的大小為 1 時，即達到終止條件，且無法再進行合併。因此，$W(1)$ 為 0。我們得到下列的遞迴式

$$W(n) = 2W\left(\frac{n}{2}\right) + n - 1 \quad \text{當 } n > 1 \text{ 且 } n \text{ 為 2 的乘冪}$$
$$W(1) = 0$$

我們將在附錄 B 的範例 B.19 解出這個遞迴式。其解為

$$W(n) = n \lg n - (n - 1) \in \Theta(n \lg n)$$

對於非 2 的乘冪之 n，我們將在習題中證明

$$W(n) = W\left(\left\lfloor \frac{n}{2} \right\rfloor\right) + W\left(\left\lceil \frac{n}{2} \right\rceil\right) + n - 1$$

其中 $\lceil y \rceil$ 指的是 $\geq y$ 的最小整數；而 $\lfloor y \rfloor$ 指的是 $\leq y$ 的最大整數。因為最小整數值 ($\lfloor \ \rfloor$) 與最大整數值 ($\lceil \ \rceil$) 的緣故，我們很難精確地分析這種情形。然而，使用附錄 B 中的範例 B.25 歸納法證明技巧，我們可以得證 $W(n)$ 是非遞減的。因此，附錄中的定理 B.4 隱含了

$$W(n) \in \Theta(n \lg n)$$

　　不需要用到存放輸入資料之額外空間的演算法稱之為**原地置換排序** (in-place sort)。演算法 2.2 並不算是原地置換排序，因為除了輸入陣列 S 外，它使用兩個額外陣列 U 與 V。如果 U 與 V 在 *merge* 中是會變動的參數（由位址的形式傳遞），當 *merge* 被呼叫時這些陣列將不會被複製。然而，當每次 *mergesort* 被呼叫的時候，U 與 V 還是會被複製一份。在最上層的遞迴呼叫中，兩個陣列的項目總和約為 $n/2$；在下一層的遞迴呼叫，兩個陣列的

項目總和約為 $n/4$；總之，每個遞迴層級的兩個陣列的項目總和約為上一層的兩個陣列項目總和的一半。因此，我們建立額外的陣列項目的總和為 $n(1 + 1/2 + 1/4 + ...) = 2n$。

演算法 2.2 清楚地說明了將一個較大問題實例分割成較小實例的過程。因為兩個新的陣列（較小的實例）事實上是由輸入陣列（原來的實例）建立出來的。因此，這是一個介紹合併排序法與描述 divide-and-conquer 技巧的好方式。然而，將額外的空間減低到 n 個項目是有可能的。我們必須對輸入陣列 S 做更多的處理才能達到這項要求。為完成這項要求的方法如下，近似於在演算法 2.1（二元排序法，遞迴版）中使用的方法。

▶ 演算法 2.4　　**合併排序 2**

問題：將 n 個 key 排序成為非遞減序列。

輸入：正整數 n，key 陣列 S（索引值由 1 到 n）。

輸出：key 陣列 S，其包含所有的 key 已經以非遞減的順序排序過。

```
void mergesort2 (index low, index high)
{
  index mid;

  if (low < high) {
     mid = ⌊(low + high)/2⌋;
     mergesort2 (low, mid);
     mergesort2 (mid + 1, high);
     merge2 (low, mid, high);
  }
}
```

遵循我們只會把變數（在遞迴呼叫時其值會改變）設為遞迴函式的參數的習慣，n 與 S 並非 *mergesort2* 函式的參數。若本演算法將 S 定義為全域變數，且 n 為 S 的項目數，最上層對 mergesort2 的呼叫如下：

```
mergesort2(1, n))
```

下面是只能在 *mergesort2* 中使用，執行合併的函式 *merge2*。

▶ 演算法 2.5　　**合併 2**

問題：合併兩個在合併排序 2 中產生，S 的已排序子陣列。

輸入：索引值 *low*、*mid* 與 *high*，*S* 的子陣列（索引值由 *low* 到 *high*）。其中在 *low* 到 *mid* 與 *mid* + 1 到 *high* 這兩個區間的 key 都已經以非遞減的順序排好。

輸出：*S* 的子陣列（索引值由 *low* 到 *high*），其中在 *low* 到 *high* 區間的 key 已經以非遞減的順序排好。

```
void merge2 (index low, index mid, index high)
{
    index i, j, k;
    keytype U[low..high];            // 合併所需用到的區域陣列變數
    i = low; j = mid + 1; k = low;
    while (i ≤ mid && j ≤ high){
        if (S[i]<S[j]) {
            U[k] =S[i];
            i++;
        }
        else {
            U[k] =S[j];
            j++;
        }
            k++;
    }
    if (i > mid)
        將 S[j] 至 S[high] 複製到 U[k] 至 U[high] 間；
    else
    將 S[i] 至 S[mid] 複製到 U[k] 至 U[high] 間；
將 U[low] 至 U[high] 複製到 S[low] 至 S[high] 間；
}
```

• 2.3　Divide-and-Conquer 技巧

在深入探究兩個 divide-and-conquer 演算法之後，現在您必須對下列有關 divide-and-conquer 技巧的一般性描述有著更深的瞭解。

Divide-and-conquer 設計策略包含下列的步驟：

1. 分割 (*Divide*) 一個較大問題實例成為一個或多個較小的實例。

2. 解出每個較小實例的答案 (*Conquer*)。除非實例已經分割到足夠小的地步，否則使用遞迴來解。

3. 必要的話，將兩個較小實體的解合併 (*Combine*) 以獲得原始問題實例的解答。

我們在步驟 3 中提到 "必要的話" 是因為在某些演算法，例如 Binary Search Recursive (演算法 2.1) 實體只有被縮減成一個較小的實體，所以不需要去合併解答。

隨後我們將提到更多有關 divide-and-conquer 的例子。在這些例子中將不再特別提到前面所列的步驟。顯而易見地，我們會按照這些步驟來操作。

2.4　快速排序法 (分割交換排序法)

接著我們來看 Hoare 在 1962 提出的 "快速排序法"。快速排序法與合併排序法相似的地方是，它們都遞迴地將陣列切成兩部分並且對每個部分做排序，以達成整個陣列的排序。然而，在快速排序法中，陣列會將小於某個樞紐 (pivot) 的項目都放在前面，而把大於樞紐的項目都放在後面。樞紐可以為任意的項目，為簡單起見，通常可挑選第一個項目做為樞紐。下面的例子將說明快速排序法是如何運作的。

● 範例 2.3　　假設某個陣列包含了下列的數值：

1. 分割該陣列，將小於樞紐的項目移至它的左邊而大於樞紐的項目則移至它的右邊

2. 將子陣列排序：

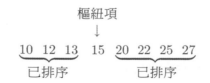

在分割之後，子陣列中的項目順序則視您使用的實作方法而定。我們根據稍後介紹的 *partition* 函式放置這些項目的方法來排定它們的順序。重點為所有比樞紐小的項目放置在

樞紐的左邊，而較比它大的項目則放置右邊。之後，我們會遞迴呼叫 *quicksort* 函式對該兩個子陣列進行排序。它們會被繼續分割直到某個陣列只具有一個項目時才會停止。只有一個項目的陣列當然是排序過的陣列。範例 2.3 顯示了在每個不同層次上的解。圖 2.3 則描述了人使用快速排序法來進行排序所執行的步驟。本演算法描述如下。

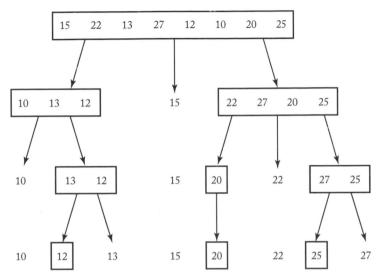

圖 2.3　人操作快速排序法執行排序的步驟。子陣列被用方框包起來，而樞紐項則沒有。

▶ 演算法 2.6　　**快速排序**

問題：將 n 個 key 排序成為非遞減序列。

輸入：正整數 n，key 陣列 S (索引值由 1 到 n)。

輸出：key 陣列 S，其包含所有的 key 已經以非遞減的順序排序過。

```
void quicksort (index low, index high)
{
  index pivotpoint;

  if (high > low){
    partition (low, high, pivotpoint);
    quicksort (low, pivotpoint - 1);
    quicksort (pivotpoint + 1, high);
  }
}
```

依照我們的習慣，n 與 S 並不是副程式 *quicksort* 的參數。假如實作此演算法時將 S 定義為全域變數且 n 為 S 中的項目數，最上層對 quicksort 的呼叫將是：

quicksort(1, *n*);

陣列的切割由 *partition* 副程式來執行。接下來我們要展示一個為此副程式設計的演算法。

▶ 演算法 2.7　　　**分割**

問題：將 n 個 key 排序成為非遞減序列。

輸入：正整數 n，key 陣列 S（索引值由 1 到 n）。

輸出：key 陣列 S，其包含所有的 key 已經以非遞減的順序排序過。

```
void partition (index low, index high,
                index& pivotpoint)
{
  index i, j;
  keytype pivotitem;

  pivotitem = S[low];              // 選擇第一個項目做為 pivotitem（樞紐項）
  j = low;
  for (i = low + 1; i <= high; i++)
    if (S[i]< pivotitem){
        j++;
        交換 S[i] 與 S[j] 的內容;
    }
  pivotpoint = j;
  交換 S[low] 與 S[pivotpoint] 的內容;     // 將 pivotitem 放在 pivotpoint
}
```

Partition 副程式運作時會依序檢查陣列中的每個項目。每當找到小於樞紐的項目時，該項目就會被移到陣列的左邊。表 2.2 顯示在範例 2.3 的陣列上如何進行 *partition*。

接下來我們來分析 Partition 與 Quicksort。

● 表 2.2　partition* 副程式執行的例子

i	j	$S[1]$	$S[2]$	$S[3]$	$S[4]$	$S[5]$	$S[6]$	$S[7]$	$S[8]$	
—	—	15	22	13	27	12	10	20	25	← 起始值
2	1	**15**	**22**	13	27	12	10	20	25	
3	2	**15**	22	**13**	27	12	10	20	25	
4	2	**15**	13	22		12	10	20	25	
5	3	**15**	13	22	27	**12**	10	20	25	
6	4	**15**	13	12	27	22	**10**	20	25	
7	4	**15**	13	12	10	22	27	**20**	25	
8	4	**15**	13	12	10	22	27	20	**25**	
—	4	10	13	12	15	22	27	20	25	← 最終值

* 正在進行比較的項目以粗體字表示。剛交換的項目以方括號括住。

分析演算法
2.7 ▶ **所有情況的時間複雜度（分割）**

基本運算：發生在 $merge$ 中的比較。

輸入大小：$n = high - low + 1$，也就是在子陣列中的項目數。

因為除第一個項目外，每個項目都會被比較，

$$T(n) = n - 1$$

因此我們使用 n 來代表子陣列的大小而非陣列 S 的大小。只有當 $partition$ 在最上層被呼叫時，它才代表 S 的大小。

快速排序法並沒有所有情況的時間複雜度。我們將進行的是最差情況與平均情況的分析。

分析演算法
2.6 ▶ **最差情況的時間複雜度（快速排序）**

基本運算：在 $partition$ 副程式中，$S[i]$ 與樞紐項目的比較。

輸入大小：n，陣列 S 中的項目數。

乍看之下，若陣列已經排成非遞減的順序，卻發生最差情況的結果，實在令人匪夷所思。其實，原因應該極為清楚。該陣列已經排成非遞減的順序，所有的項目均較第一個項目，也就是樞紐項目要大。因此，當 $partition$ 在最上層被呼叫，沒有項目會被放在樞紐項目的左邊。而 $partition$ 會將 $pivotpoint$ 的值設為 1。同樣地，在每次遞迴呼叫中，

pivotpoint 都會被設為 *low* 值。因此，陣列不斷地被切成兩個子陣列。左邊的陣列是空的，而右邊的陣列則比原來少了一個項目。對於已經排成非遞減順序這種陣列來說，我們可以得到

$$T(n) = \underbrace{T(0)}_{\substack{\text{排列左邊子陣列} \\ \text{的時間}}} + \underbrace{T(n-1)}_{\substack{\text{排列右邊子陣列} \\ \text{的時間}}} + \underbrace{n-1}_{\substack{\text{分割所需} \\ \text{的時間}}}$$

由於此刻就要決定已經排成非遞減順序這種陣列的複雜度，因此我們使用 $T(n)$ 這種標記法。因為 $T(0) = 0$，故可以得到下列的遞迴式

$$T(n) = T(n-1) + n - 1 \qquad \text{for } n > 0$$
$$T(0) = 0$$

附錄 B 中的範例 B.18 解出了上面的遞迴式。解答如下

$$T(n) = \frac{n(n-1)}{2}$$

我們已證實最差情況至少是 $n(n-1)/2$。雖然直觀上來說這就是最差的情況，但我們仍然必須要證明這個式子。我們利用歸納法來證明，對於所有的 n

$$W(n) \leq \frac{n(n-1)}{2}$$

歸納基底：對於 $n = 0$

$$W(0) = 0 \leq \frac{0(0-1)}{2}$$

歸納假設：假定 $0 \leq k < n$，

$$W(k) \leq \frac{k(k-1)}{2}$$

歸納步驟：我們必須證明

$$W(n) \leq \frac{n(n-1)}{2}$$

給定 n，有些大小為 n 的實例其處理時間為 $W(n)$。設 p 為當此實例被處理時，*partition* 在最上層傳回的 *pivotpoint* 值。由於大小為 $p-1$ 的實例

處理時間不會大於大小為 $W(p-1)$ 的實例，並且大小為 $n-p$ 的實例處理時間不會大於大小為 $W(n-p)$ 的實例，因此我們可以得到

$$W(n) \leq W(p-1) + W(n-p) + n - 1$$
$$\leq \frac{(p-1)(p-2)}{2} + \frac{(n-p)(n-p-1)}{2} + n - 1$$

最後的不等式是由歸納假設而來。代數運算可以證明對於 $1 \leq p \leq n$，最後一個運算式為

$$\leq \frac{n(n-1)}{2}$$

證明到此完成。

我們已經證明了最差情況的時間複雜度為

$$W(n) = \frac{n(n-1)}{2} \in \Theta(n^2)$$

最差情況發生在該陣列已經排序完成。這是因為我們總是選擇第一個項目做為樞紐項目的緣故。因此，如果我們有理由相信該陣列已經接近排序完成，選擇第一個項目做為樞紐項目就不是一個好的做法。當我們在第七章更深入討論快速排序法時，我們將會研究其他選擇樞紐項目的方法。如果我們使用這些方法，最差情況就不會在已經排序好的陣列發生。但是最差情況的時間複雜度仍為 $n(n-1)/2$。

在最差情況下，演算法 2.6 並不會比交換排序法（演算法 1.3）快。那麼為何這種排序稱為快速排序法呢？我們將會看到，由於它在平均情況的表現以致能獲得快速排序法這個名稱。

> **分析演算法 2.6** ▶ **平均情況的時間複雜度（快速排序）**

基本運算：在 *partition* 副程式中，$S[i]$ 與 *pivotitem* 的比較。

輸入大小：n，陣列 S 中的項目數。

我們假設陣列中數字並沒有以任何特殊的順序排好，因此 *partition* 副程式傳回的 *pivotpoint* 值落在 1 到 n 之間的每個數字機會均等。如果我們知道是另一種分佈情況，這樣的分析便無法成立。因此，我們所算出的是當每種可能的順序排序過相同次數後的平均。在這種情況下，平均情況的時間複雜度如下面的遞迴式所示：

$$\underset{\downarrow}{\overset{pivotpoint \text{ 為 } p \text{ 的機率}}{}}$$

$$A(n) = \sum_{p=1}^{n} \frac{1}{n} \underbrace{[A(p-1) + A(n-p)]}_{\substack{\text{當 } pivotpoint \text{ 的機率} \\ \text{為 } p \text{ 時對子陣列進行} \\ \text{排序的平均時間}}} + \underbrace{n-1}_{\substack{\text{分割所需} \\ \text{的時間}}} \tag{2.1}$$

在習題中我們證明了

$$\sum_{p=1}^{n} [A(p-1) + A(n-p)] = 2\sum_{p=1}^{n} A(p-1)$$

代入等式 2.1 得到

$$A(n) = \frac{2}{n} \sum_{p=1}^{n} A(p-1) + n - 1$$

將上式兩邊乘以 n 我們得到

$$nA(n) = 2\sum_{p=1}^{n} A(p-1) + n(n-1) \tag{2.2}$$

以 $n-1$ 代入等式 2.2 我們得到

$$(n-1)A(n-1) = 2\sum_{p=1}^{n-1} A(p-1) + (n-1)(n-2) \tag{2.3}$$

將等式 2.2 減去等式 2.3 得到

$$nA(n) - (n-1)A(n-1) = 2A(n-1) + 2(n-1)$$

上式可化簡為

$$\frac{A(n)}{n+1} = \frac{A(n-1)}{n} + \frac{2(n-1)}{n(n+1)}$$

如果我們令

$$a_n = \frac{A(n)}{n+1}$$

我們可以得到下列的遞迴式

$$a_n = a_{n-1} + \frac{2\,(n-1)}{n\,(n+1)} \quad \text{對於} \quad n > 0$$
$$a_0 = 0$$

如同附錄 B 中範例 B.22 的遞迴式，此遞迴式的近似解為

$$a_n \approx 2 \ln n$$

這表示

$$A\,(n) \approx (n+1)\,2 \ln n = (n+1)\,2\,(\ln 2)\,(\lg n)$$
$$\approx 1.38\,(n+1)\,\lg n \in \Theta\,(n \lg n)$$

　　快速排序法在平均情況的時間複雜度與合併排序法的時間複雜度是相同的量級。本書第 7 章與 Knuth (1973) 均對合併排序法與快速排序法做更深入的比較。

• 2.5　Strassen 的矩陣相乘演算法

　　回想演算法 1.4（矩陣乘法）。這個演算法完全依照矩陣乘法的定義求得兩個矩陣相乘的結果。我們已證明其使用的乘法次數的時間複雜度為 $T(n) = n^3$，其中 n 為矩陣的列數與欄數。同樣地我們亦可分析加法的次數。如同您將在習題中證明的，當演算法略做修改之後，加法次數的時間複雜度為 $T(n) = n^3 - n^2$。由於這兩個時間複雜度都落在 $\Theta(n^3)$，這個演算法很快地就失去了實用價值。在 1969 年，Strassen 發表了一個演算法。無論是以乘法次數或是加減法次數來評估，該演算法的時間複雜度均較前述的三次方演算法為佳。下面的例子說明了這個方法。

• 範例 2.4　　假設我們想得到 A 與 B 兩個 2×2 的矩陣的乘積 C，也就是說，

$$\begin{bmatrix} c_{11} & c_{12} \\ c_{21} & c_{22} \end{bmatrix} = \begin{bmatrix} a_{11} & a_{12} \\ a_{21} & a_{22} \end{bmatrix} \times \begin{bmatrix} b_{11} & b_{12} \\ b_{21} & b_{22} \end{bmatrix}$$

Strassen 證明假設我們令

$$m_1 = (a_{11} + a_{22})(b_{11} + b_{22})$$
$$m_2 = (a_{21} + a_{22}) b_{11}$$
$$m_3 = a_{11}(b_{12} - b_{22})$$
$$m_4 = a_{22}(b_{21} - b_{11})$$
$$m_5 = (a_{11} + a_{12}) b_{22}$$
$$m_6 = (a_{21} - a_{11})(b_{11} + b_{12})$$
$$m_7 = (a_{12} - a_{22})(b_{21} + b_{22})$$

則乘積 C 可由下列式子求得

$$C = \begin{bmatrix} m_1 + m_4 - m_5 + m_7 & m_3 + m_5 \\ m_2 + m_4 & m_1 + m_3 - m_2 + m_6 \end{bmatrix}$$

在習題中，您將會證明這個結果是正確的。

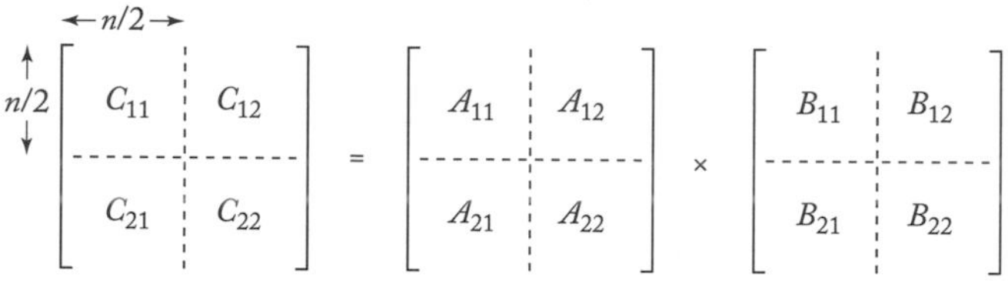

圖 2.4   在 Strassen 演算法中將大矩陣分割成子矩陣的動作。

　　為求得兩個 2×2 矩陣的乘積，Strassen 的方法需要 7 次乘法與 18 次的加法／減法，直接計算的方法則需要 8 次乘法與 4 次的加法／減法。我們節省了一次的乘法但卻多了 14 次的加法或減法。這樣的節省幅度無法令人印象深刻，而 Strassen 的方法的價值也不在 2×2 矩陣的情形上面。因為 Strassen 的公式中並沒有用到乘法的交換律，他的公式是關於如何將較大的矩陣分成四個較小的子矩陣。首先，如同圖 2.4 所描繪的，我們分割矩陣 A 與 B。假定 n 為 2 的乘冪，以矩陣 A_{11} 為例，它代表的是下面 A 的子矩陣：

$$A_{11} = \begin{bmatrix} a_{11} & a_{12} \cdots a_{1,n/2} \\ a_{21} & a_{22} \cdots a_{2,n/2} \\ & \vdots \\ a_{n/2,1} & \cdots a_{n/2,n/2} \end{bmatrix}$$

利用 Strassen 的方法，首先我們計算

$$M_1 = (A_{11} + A_{22})(B_{11} + B_{22})$$

在此我們的運算變成了矩陣的加法與乘法。以同樣的方式，我們可以算出 M_2 到 M_7。接下來我們計算

$$C_{11} = M_1 + M_4 - M_5 + M_7$$

與 C_{12}、C_{21} 與 C_{22}。最後，A 與 B 的乘積 C 可由合併四個子矩陣得到。下面的例子描述了這些步驟。

- 範例 2.5　　假設

$$A = \begin{bmatrix} 1 & 2 & 3 & 4 \\ 5 & 6 & 7 & 8 \\ 9 & 1 & 2 & 3 \\ 4 & 5 & 6 & 7 \end{bmatrix} \qquad B = \begin{bmatrix} 8 & 9 & 1 & 2 \\ 3 & 4 & 5 & 6 \\ 7 & 8 & 9 & 1 \\ 2 & 3 & 4 & 5 \end{bmatrix}$$

圖 2.5 描述了 Strassen 方法中的分割動作。其計算進行如下：

$$M_1 = (A_{11} + A_{22}) \times (B_{11} + B_{22})$$

$$= \left(\begin{bmatrix} 1 & 2 \\ 5 & 6 \end{bmatrix} + \begin{bmatrix} 2 & 3 \\ 6 & 7 \end{bmatrix} \right) \times \left(\begin{bmatrix} 8 & 9 \\ 3 & 4 \end{bmatrix} + \begin{bmatrix} 9 & 1 \\ 4 & 5 \end{bmatrix} \right)$$

$$= \begin{bmatrix} 3 & 5 \\ 11 & 13 \end{bmatrix} \times \begin{bmatrix} 17 & 10 \\ 7 & 9 \end{bmatrix}$$

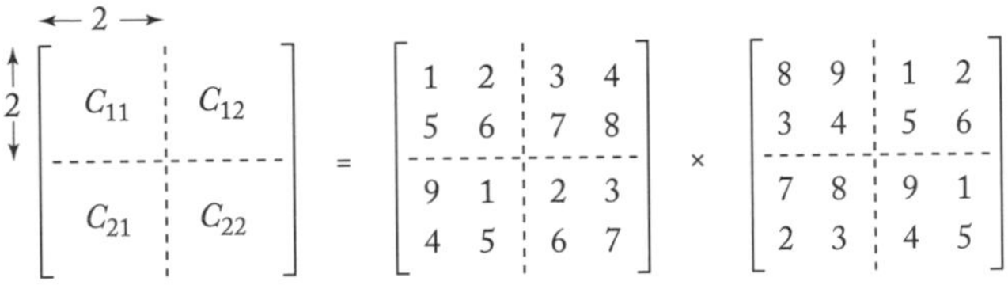

圖 2.5　給定 $n = 4$ 及矩陣的內容，在 Strassen 演算法中
將大矩陣分割成子矩陣的動作。

當矩陣已經足夠小了，我們就用標準的方法來相乘。在本例中，我們是在 $n = 2$ 時開始使用標準相乘法。於是，

$$M_1 = \begin{bmatrix} 3 & 5 \\ 11 & 13 \end{bmatrix} \times \begin{bmatrix} 17 & 10 \\ 7 & 9 \end{bmatrix}$$

$$= \begin{bmatrix} 3 \times 17 + 5 \times 7 & 3 \times 10 + 5 \times 9 \\ 11 \times 17 + 13 \times 7 & 11 \times 10 + 13 \times 9 \end{bmatrix} = \begin{bmatrix} 86 & 75 \\ 278 & 227 \end{bmatrix}$$

在此之後，我們以同樣的方法計算 M_2 到 M_7，接著 C_{11}、C_{12}、C_{21} 與 C_{22} 的值都會計算出來。將它們合起來可以得到 C。

接著，我們要介紹的是 n 為 2 的乘冪時，一種執行 Strassen 的方法的演算法。

▶ 演算法 2.8　　　　Strassen

問題：當 n 為 2 的乘冪時，求出兩個 $n \times n$ 矩陣的乘積。

輸入：一個為 2 的乘冪的整數 n，以及兩個 $n \times n$ 矩陣 A 與 B。

輸出：A 與 B 的乘積 C。

```
void strassen (int n
               n × n_matrix A,
               n × n_matrix B,
               n × n_matrix& C)
{
  if (n <= threshold)
     使用標準演算法計算 C = A × B;
  else {
     將 A 切成 4 個子矩陣 A₁₁, A₁₂, A₂₁,A₂₂;
     將 B 切成 4 個子矩陣 B₁₁, B₁₂, B₂₁,B₂₂;
     使用 Strassen 的方式計算 C = A × B;
     // 遞迴呼叫範例;
     // strassen (n/2, A₁₁ + A₂₂, B₁₁ + B₂₂, M₁);
  }
}
```

$threshold$（門檻）值是我們認為當 n 到達該點時，呼叫標準的計算方法會比遞迴地呼叫 $strassen$ 函式更句有效率。在 2.7 節中，我們將討論一種決定門檻值的方法。

分析演算法 2.8 ▶　**乘法次數的所有情況的時間複雜度分析 (Strassen)**

基本運算：一個基本的乘法。

輸入大小：n，也就是這些矩陣的列數與欄數。

為簡化起見，在分析這個情況時，我們會一直將矩陣分割下去，直到得到兩個 1×1 矩陣為止；到此，我們只需要把兩個矩陣裡面的數字相乘。實際上使用的門檻值並不會影響量級。當 $n = 1$ 時，只需要做一次的乘法。當輸入是兩個 $n \times n$ 的矩陣時 ($n > 1$)，這個演算法會被呼叫 7 次，每次都會傳遞一個 $(n/2) \times (n/2)$ 的矩陣，並且在最上層時並不會用到乘法。故可得下列的遞迴式

$$T(n) = 7T\left(\frac{n}{2}\right) \qquad 當\ n > 1\ 且\ n\ 為\ 2\ 的乘冪$$
$$T(1) = 1$$

在附錄 B 的範例 B.2 解出這個遞迴式。答案如下

$$T(n) = n^{\lg 7} \approx n^{2.81} \in \Theta\left(n^{2.81}\right)$$

分析演算法
2.8

▶ **加法 / 減法次數的所有情況的時間複雜度分析 (Strassen)**

基本運算：一個基本的加法或減法。

輸入大小：n，也就是這些矩陣的列數與欄數。

我們再次將矩陣分割下去，直到得到兩個 1×1 矩陣為止。當 $n = 1$ 時，我們不需做任何加法或減法。當我們的輸入是兩個 $n \times n$ 的矩陣 $(n > 1)$，這個演算法會被呼叫 7 次，每次都會傳遞一個 $(n/2) \times (n/2)$ 的矩陣，而且我們會在該等 $(n/2) \times (n/2)$ 的矩陣上執行 18 次加法或減法。當兩個 $(n/2) \times (n/2)$ 的矩陣相加或相減之後，在這兩個矩陣的項目上，總共執行了 $(n/2)^2$ 次加法或減法。我們得到下列的遞迴式

$$T(n) = 7T\left(\frac{n}{2}\right) + 18\left(\frac{n}{2}\right)^2 \qquad 當\ n > 1\ 且\ n\ 為\ 2\ 的乘冪$$
$$T(1) = 0$$

我們在附錄 B 的範例 B.20 解出這個遞迴式。答案如下

$$T(n) = 6n^{\lg 7} - 6n^2 \approx 6n^{2.81} - 6n^2 \in \Theta\left(n^{2.81}\right)$$

當 n 非 2 的乘冪時，我們必須修改前面的演算法。一個簡單的方法是填補 0 到原來的矩陣中，使得原矩陣的維度成為 2 的乘冪。另外一種方法是，若列數或行數為奇數，在遞迴呼叫時，我們可以填補一列或一行額外的 0。Strassen (1969) 建議下列更複雜的方法。我們將原矩陣嵌入到一個 $2^k m \times 2^k m$ 的矩陣中 ($k = \lfloor \lg n - 4 \rfloor$ 且 $m = \lfloor n/2^k \rfloor + 1$)。我們使用 Strassen 的方法直到 m，之後就使用標準的計算法。我們可證明算數運算（乘法、加法與減法）的次數總和將少於 $4.7n^{2.81}$。

表 2.3 比較了在 n 為 2 乘冪的情況下，標準演算法與 Strassen 演算法的時間複雜度。如果我們忽略遞迴呼叫所花費的額外時間，並以乘法的次數來衡量，Strassen 演算法總是效率較高；且在 n 很大的時候，即使以加減法的次數來衡量 Strassen 演算法也擁有較好的效率。在 2.7 節中我們將討論用來計算遞迴呼叫所耗費時間的分析技術。

Shmuel Winogra 修正了 Strassen 演算法,並將加減法的次數減少到 15 次。這個方法出現在 Brassard 與 Bratley(1988) 的文章中。這個演算法的加減法次數之時間複雜度為

$$T(n) \approx 5n^{2.81} - 5n^2$$

Coppersmith 與 Winograd(1987) 發展一種乘法運算次數的時間複雜度為 $O(n^{2.38})$ 的矩陣相乘演算法。然而,因為常數過大的緣故,在多數的情況下 Strassen 演算法還是效率較高。

證明矩陣乘法演算法的 time complexity 至少為 $O(n^2)$ 是可能的。究竟矩陣乘法是否可以在平方的時間內做完仍然是一個待解開的問題;到目前為止尚未有人創造一個平方時間的矩陣相乘演算法,也沒有人證明不可能創造出那樣的演算法。

最後一點是,其他的矩陣運算,例如求某個矩陣的反矩陣以及該矩陣的行列式,都與矩陣乘法直接相關。因此,我們不難為該等運算建立與 Strassen 的矩陣相乘演算法具有同樣效率的演算法。

● 表 2.3　兩個演算法在 $n \times n$ 矩陣相乘的比較

	標準演算法	Strassen 演算法
乘法	n^3	$n^{2.81}$
加法 / 減法	$n^3 - n^2$	$6n^{2.81} - 6n^2$

● 2.6　大整數的計算

假定我們需要對大小超過電腦硬體表達整數能力的整數執行算數運算。若要保持結果中每位數字都要無誤,改用浮點表示法便無法派上用場。在這樣的情況下,我們唯一的選擇便是使用 divide-and-conquer 方法。我們將討論集中在以 10 為底的整數。然而,這些方法都可以馬上修改在以其他數字為底的情形下使用。

● 2.6.1　大整數的表達法:加法與其他線性時間的運算

直覺上,一種表達大整數的方法是:使用一個整數陣列。每個陣列單元存放一個位數。例如,整數 543,127 可以表示為下面的陣列 S:

$$\frac{5}{S[6]} \quad \frac{4}{S[5]} \quad \frac{3}{S[4]} \quad \frac{1}{S[3]} \quad \frac{2}{S[2]} \quad \frac{7}{S[1]}$$

想要具有表達正負整數的能力，我們只要保留在高位的陣列單元給正負號即可。我們可以在該單元中使用 0 來表示這個數是正整數，並用 1 表示這個數是負整數。我們使用這種表達法並使用定義的 **large_integer** 資料型別來表達一個夠大的陣列足以表示我們有興趣的應用程式中的整數。

寫出一個加法與減法的線性演算法並不困難（n 為該大整數的位數）。基本運算包含一個十進位位數的操作。在習題中，我們將要求您去撰寫並分析這些演算法。此外，下列運算的 linear-time 演算法也可以立即寫出

$$u \times 10^m \quad u \text{ divide } 10^m \quad u \text{ rem } 10^m$$

其中 u 代表的是一個大整數，m 是一個非負整數，divide 傳回整數除法中的商，而 rem 傳回餘數。同樣地，我們會在習題中完成這些演算法。

2.6.2 大整數的乘法

一個簡單的平方時間大整數相乘演算法就是我們在初中學到的標準方法。我們將要發展一種比平方時間更快的演算法。我們的演算法是根據 divide-and-conquer 將一個 n 位數分割成兩個約為 $n/2$ 位數的整數。

下面是兩個這種分割的範例：

$$\underbrace{567,832}_{6 \text{ 位數}} = \underbrace{567}_{3 \text{ 位數}} \times 10^3 + \underbrace{832}_{3 \text{ 位數}}$$

$$\underbrace{9,423,723}_{7 \text{ 位數}} = \underbrace{9423}_{4 \text{ 位數}} \times 10^3 + \underbrace{723}_{3 \text{ 位數}}$$

總之，如果 n 為整數 u 的位數，我們將把該整數分成兩個整數，一個是 $\lceil n/2 \rceil$ 位數，一個是 $\lfloor n/2 \rfloor$ 位數，如下所示：

$$\underbrace{u}_{n \text{ 位數}} = \underbrace{x}_{\lceil n/2 \rceil \text{ 位數}} \times 10^m + \underbrace{y}_{\lfloor n/2 \rfloor \text{ 位數}}$$

利用這種表示法，10 的指數 m 可由下式求得

$$m = \left\lfloor \frac{n}{2} \right\rfloor$$

假定有兩個 n 位數整數如下

$$u = x \times 10^m + y$$
$$v = w \times 10^m + z$$

它們的乘積則為

$$uv = (x \times 10^m + y)(w \times 10^m + z)$$
$$= xw \times 10^{2m} + (xz + wy) \times 10^m + yz$$

在位數約為原來一半的整數上做 4 次相乘運算以及一些線性時間的運算，就可以得到 u 與 v 相乘的結果。下面的例子說明了這個方法。

• **範例 2.6** 考慮下面的式子：

$$567,832 \times 9,423,723 = (567 \times 10^3 + 832)(9423 \times 10^3 + 723)$$
$$= 567 \times 9423 \times 10^6 + (567 \times 723 + 9423 \times 832)$$
$$\times 10^3 + 832 \times 723$$

遞迴做下去，這些較小整數的乘積可藉由將它們切成更小整數而得到。這個分割的程序將一直持續下去直到到達門檻值，然後再用標準的乘法計算方法。

雖然我們說明的是參與運算的大整數位數相同時的情況，但當位數相異時，這套方法仍然可用。我們只要用 $m = \lfloor n/2 \rfloor$ 來分割它們，其中 n 為較大整數的位數。現在我們描述這個演算法如下。我們持續分割直到兩個整數之一成為 0 或是到達某個為較大整數設定的門檻值。此時，乘法可以利用電腦的硬體直接進行（也就是說，使用一般的計算方式）。

▶ 演算法 2.9   **大整數乘法**

問題：將兩個大整數 u 與 v 相乘。

輸入：大整數 u 與 v。

輸出：u 與 v 的乘積 $prod$。

```
large_integer prod (large_integer u, large_integer v)
{
  large_integer x, y, w, z;
  int n, m;

  n= maximum(u 的位數 ,v 的位數 )
```

```
if (u == 0 || v == 0)
    return 0;
else if (n <= threshold)
    return 由一般方法算出之 u × v 的值 ;
else {
    m = ⌊n/2⌋;
    x = u divide 10ᵐ; y = u rem 10ᵐ;
    w = v divide 10ᵐ; z = v rem 10ᵐ;
    return prod (x,w) × 10²ᵐ + (prod (w, y)) × 10ᵐ + prod (y, z);
}
}
```

　　請注意 n 是隱性輸入，因為它是兩個整數中較大者的位數。請記得 **divide**、**rem**、以及 × 代表的是需要我們去撰寫的線性時間函式。

分析演算法\
2.9 ▶ **最差情況的時間複雜度（大整數的乘法）**

　　我們要分析的是得花多麼長的時間才能完成兩個 n 位整數的相乘。

　　基本運算：當相加、相減、或執行 **divide** 10^m、**rem** 10^m、或 × 10^m 時，一位數字（以十進位表示）的操作。每次對後三者函式的呼叫導致基本運算執行 m 次。

　　輸入大小：也就是兩個大整數 u、v 的位數。

　　由於遞迴只有過了 $threshold$ 才會停止，故最差的情況則發生在兩個整數都沒有出現 0 的位數時。我們將分析這個情況。

　　假設 n 為 2 的乘冪，那麼 x、y、w 與 z 的位數恰好均為 $n/2$，這意味著對 $prod$ 的四個遞迴呼叫的輸入大小都是 $n/2$。因為 $m = n/2$，所以加法、減法、**divide** 10^m、**rem** 10^m、或 × 10^m 等線性時間的運算都具有以 n 為單位的線性時間複雜度。對這些線性時間運算來說，它們最大輸入大小並不相同，因此無法直接求得精確的時間複雜度。更簡單的方法，是將所有的線性時間運算組成一項 cn，其中 c 為正的常數。於是我們的遞迴式成為

$$W(n) = 4W\left(\frac{n}{2}\right) + cn \quad \text{當 } n > s \text{ 且 } n \text{ 為 2 的乘冪}$$
$$W(s) = 0$$

　　因為我們在這裡討論的是所有輸入的大小均為 2 的乘冪的情況，故 s 的實際值，就是當我們停止分割實體時那個 n 值。它的小於或等於 $threshold$，並為 2 的乘冪。

當 n 不限於 2 的乘冪的情況，建立的式子仍與前面的遞迴式類似，但式子內會包含下限整數 (floor) 與上限整數 (ceiling)。利用類似於附錄 B 的範例 B.25 的歸納法證明，可以得知 $W(n)$ 是非遞減函數。於是，附錄 B 中的定理 B.6 意味著

$$W(n) \in \Theta\left(n^{\lg 4}\right) = \Theta\left(n^2\right)$$

大整數相乘演算法依然是個平方時間的演算法。問題出在這個演算法對於位數為原先一半的整數仍做了四次乘法。如果可減少做這些乘法的次數，我們就可以得到一個比平方時間為佳的演算法。下面我們將說明如何做到。請回憶 *prod* 函式必須求出

$$xw, \qquad xz + yw, \qquad 與 \qquad yz \tag{2.4}$$

而我們遞迴呼叫 *prod* 函式四次以計算

$$xw, \qquad xz, \qquad yw, \qquad 與 ⌊ \qquad yz$$

如果我們採取別的方式，令

$$r = (x + y)(w + z) = xw + (xz + yw) + yz$$

可得

$$xz + yw = r - xw - yz$$

這個式子告訴我們可以利用下面三個值求出 2.4 式的三個值：

$$r = (x + y)(w + z), \qquad xw, \qquad 與 \qquad yz$$

欲獲得這三個值，雖然需要做一些額外的 linear-time 加法與減法，但所需的乘法運算則僅三次而已。下面的演算法實作了這個方法。

▶ 演算法 2.10   **大整數乘法 2**

問題：將兩個大整數 u 與 v 相乘。

輸入：大整數 u 與 v。

輸出：u 與 v 的乘積 *prod2*。

```
large_integer prod2 (large_integer u, large_integer v)
{
```

```
large_integer x, y, w, z, r, p, q;
int n, m;

n = maximum(u 的位數, v 的位數);
if (u == 0 || v == 0)
    return 0;
else if (n <= threshold)
    return 由一般方法算出之 u × v 的值;
else {
    m = ⌊n/2⌋;
    x = u divide 10ᵐ; y = u rem 10ᵐ;
    w = v divide 10ᵐ; z = v rem 10ᵐ;
    r = prod2 (x + y, w + z);
    p = prod2 (x, w);
    q = prod2 (y, z);
    return p × 10²ᵐ + (r − p − q) × 10ᵐ + q;
}
}
```

◆ 分析演算法 2.10 ▶ **最差情況的時間複雜度（大整數乘法 2）**

我們要分析的是得花多久時間才能完成兩個 n 位整數的相乘。

基本運算：就是當相加、相減或執行 divide 10^m、rem 10^m、或 10^m 時，一位數字（以十進位表示）的操作。每次對後三者函式的呼叫致使基本運算須執行 m 次。

輸入大小：n，也就是兩個大整數 u、v 的位數。

由於遞迴只有過了 $threshold$ 才會停止，故最差的情況則發生在兩個整數都沒有出現 0 的位數時。我們將分析這個情況。

● 表 2.4　演算法 2.10 中 $x + y$ 之位數的範例

n	x	y	$x+y$	$x+y$ 的位數
4	10	10	20	$2 = \frac{n}{2}$
4	99	99	198	$3 = \frac{n}{2} + 1$
8	1000	1000	2000	$4 = \frac{n}{2}$
8	9999	9999	19,998	$5 = \frac{n}{2} + 1$

若 n 為 2 的乘冪，則 x、y、w 與 z 的位數均為 $n/2$。因此，如表 2.4 所示，

$$\frac{n}{2} \leq x+y \text{ 的位數} \leq \frac{n}{2}+1$$

$$\frac{n}{2} \leq w+z \text{ 的位數} \leq \frac{n}{2}+1$$

這表示我們可以得到下列函式呼叫的輸入大小為：

$$
\begin{array}{cc}
& \text{輸入大小} \\
prod2(x+y, w+z) & \frac{n}{2} \leq \text{輸入大小} \leq \frac{n}{2}+1 \\
prod2(x, w) & \frac{n}{2} \\
prod2(y, z) & \frac{n}{2}
\end{array}
$$

因為 $m = n/2$，所以加法、減法、divide 10^m、rem 10^m、或 10^m 等線性時間的運算都具有以 n 為單位的線性時間複雜度。因此，$W(n)$ 滿足

$$3W\left(\frac{n}{2}\right) + cn \leq W(n) \leq 3W\left(\frac{n}{2}+1\right) + cn \quad \text{當 } n > s \text{ 且 } n \text{ 為 2 的乘冪}$$
$$W(s) = 0$$

因為我們在這裡討論的是所有輸入的大小均為 2 的乘冪的情況，故 s 的實際值，就是當我們停止分割實體時那個 n 值。它的小於或等於 $threshold$，並為 2 的乘冪。當 n 不限於 2 的乘冪的情況，建立的式子仍與前面的遞迴式類似，但式子內會包含下限整數 (floor) 與上限整數 (ceiling)。利用類似於附錄 B 的範例 B.25 的歸納法證明，可以得知 $W(n)$ 是非遞減函數。因此，利用這個遞迴式左半邊的不等式及 Theorem B.6，我們得到

$$W(n) \in \Omega\left(n^{\log_2 3}\right)$$

接下來我們要證明的是

$$W(n) \in O\left(n^{\log_2 3}\right)$$

要得到最後的結果，我們令

$$W'(n) = W(n+2)$$

利用遞迴式右半邊的不等式，我們得到

$$W'(n) = W(n+2) \leq 3W\left(\frac{n+2}{2}+1\right) + c[n+2]$$
$$\leq 3W\left(\frac{n}{2}+2\right) + cn + 2c$$
$$\leq 3W'\left(\frac{n}{2}\right) + cn + 2c$$

因為 $W(n)$ 是非遞減的，所以 $W(n)$ 也是非遞減的。因此，根據附錄 B 的定理 B.6，

$$W'(n) \in O\left(n^{\log_2 3}\right)$$

並且可得

$$W(n) = W'(n-2) \in O\left(n^{\log_2 3}\right)$$

合併上述兩結果，我們得到

$$W(n) \in \Theta\left(n^{\log_2 3}\right) \approx \Theta\left(n^{1.58}\right)$$

Borodin 與 Munro (1975) 使用快速傅立葉轉換 (Fast Fourier Transforms) 發展出一種時間複雜度為 $\Theta(n(\lg n)^2)$ 的大整數相乘演算法。Brassard、Monet and Zuffelatto (1986) 的論文中，亦調查了各種極大整數相乘的演算法。

諸如除法與求平方根等其他的大整數運算，我們也可為它們撰寫時間複雜度與大整數相乘演算法相同量級的演算法。

• 2.7 決定門檻值

如同 2.1 節所討論的，就電腦執行時間而言，遞迴會產生相當數量的額外負荷。如果我們只需要對 8 個數值進行排序，利用 $\Theta(n(\lg n)^2)$ 演算法取代 $\Theta(n^2)$ 演算法是否真的值得？又或者，對於一個很小的 n 來說，是否交換排序法 (演算法 1.3) 會較合併排序的遞迴版為快？我們發展出一個方法可決定：當分割實例時，n 的值在範圍多少的時候，呼叫替代演算法的執行速度至少和繼續切割下去一樣快。n 值的範圍牽涉到了使用的 divide-and-conquer 演算法、替代演算法、以及執行的電腦等因素。在理想的情況下，我們希望找到 n 的**最佳門檻值** (optimal threshold value)。此代表當實例大小較該值小時，呼叫其他的替代演算法至少和繼續分割下去執行 divide-and-conquer 演算法一樣快。當實例大小大於這

個值時，繼續執行 divide-and-conquer 演算法，將實例切成更小的實例會比較快。然而，如同我們所知，最佳的門檻值並非永遠存在。即使透過分析無法得到最佳門檻值，我們仍可以利用分析的結果來挑選一個門檻值。此外，我們會修改 divide-and-conquer 演算法，使得當 n 到達門檻值時，問題實例便不再被分割下去；取而代之的，我們將會呼叫替代演算法。在演算法 2.8、2.9 與 2.10 中已可見到門檻值的使用。

欲決定門檻值 (threshold)，必須考慮演算法在什麼樣的電腦上實作。茲利用合併排序法與交換排序法來說明求取門檻值的方法。這次分析中將採用合併排序最差情況的時間複雜度。我們嘗試將最差情況下的表現最佳化。由合併排序的分析，我們得到了最差情況的時間複雜度可由下列的遞迴式求出：

$$W(n) = W\left(\left\lfloor \frac{n}{2} \right\rfloor\right) + W\left(\left\lceil \frac{n}{2} \right\rceil\right) + n - 1$$

假定我們選擇實作合併排序 2（演算法 2.4）。若在執行程式的電腦上，合併排序 2 花在分割與重新合併大小為 n 的實例的時間為 $32n\ \mu s$，其中 μs 表示微秒。分割與重新合併實體的時間包括計算 mid、兩個遞迴呼叫所需的堆疊運算時間、以及合併兩個子陣列的時間。因構成分割與合併時間尚有若干成分，故總共花費的時間不可能只是 n 的常數倍。我們做這樣的假設只是為了讓事情盡量簡化。由於在 $W(n)$ 的遞迴式中，$n-1$ 這項代表的是重新合併的時間，因此它包含在 $32n\ \mu s$ 之內。因此，在這台電腦上，我們可以得到這個實作法的最差情況時間複雜度為：

$$W(n) = W\left(\left\lfloor \frac{n}{2} \right\rfloor\right) + W\left(\left\lceil \frac{n}{2} \right\rceil\right) + 32n\ \mu s$$

因為在輸入大小為 1 時，唯一所做的事只有終止條件的檢查，因此我們假設 $W(1)$ 為 0。為了簡化起見，我們一開始只討論 n 為 2 的乘冪的情況。在這個情況下，我們可以得到下列的遞迴式：

$$W(n) = 2W(n/2) + 32n\ \mu s \quad 當 n > 1 且 n 為 2 的乘冪$$
$$W(1) = 0\ \mu s$$

附錄 B 的技巧可用來解這個遞迴式。這題的答案為

$$W(n) = 32n \lg n\ \mu s$$

假設在同樣的電腦上交換排序法需花

$$\frac{n(n-1)}{2} \mu s$$

來排序一個大小為 n 的實例。有時候同學們會錯誤地認為合併排序 2 呼叫交換排序的最佳點可由下列的不等式求得

$$\frac{n(n-1)}{2}\mu s < 32n \lg n \ \mu s$$

其解答為

$$n < 591$$

有時候同學們相信當 $n < 591$ 時，呼叫交換排序法最適當，其他情況則呼叫合併排序 2。因為我們假設 n 為 2 的乘冪，故剛剛的分析只是大略的狀況。然而，更重要的是，這個分析的結果是錯誤的，因為它只告訴我們，當我們使用合併排序 2 並且持續地分割下去直到 $n = 1$，那麼交換排序會在 $n < 591$ 的情況下表現較好。但是其實我們希望的是，在某個門檻值之前，使用合併排序 2 並持續分割，到達門檻值之後，則呼叫交換排序。這樣做與持續分割直到 $n = 1$ 是不同的，因此我們呼叫交換排序法的點應該小於 591。這個門檻值必須小於 591 的觀念不好理解，因為有些抽象，因此我們利用下面的例子將這個觀念解釋的更清楚一點。在這個例子中我們必須決定在哪一點呼叫交換排序會比繼續將實例分割下去來的有利。從現在開始，我們的考量不再限制於 n 為 2 的乘冪。

● **範例 2.7**　　我們要為演算法 2.5（合併排序 2）決定呼叫演算法 1.3（交換排序）的最佳門檻值。假設我們修改合併排序 2，使得修正版的演算法會在 $n \le t$（t 為某個門檻值）呼叫交換排序。假設我們是在剛剛討論的電腦上實作，對這個合併排序 2 的修訂版來說：

$$W(n) = \begin{cases} \dfrac{n(n-1)}{2}\mu s & \text{對於 } n \le t \\ W\left(\left\lfloor \dfrac{n}{2} \right\rfloor\right) + W\left(\left\lceil \dfrac{n}{2} \right\rceil\right) + 32n \ \mu s & \text{對於 } n > t \end{cases} \tag{2.5}$$

我們希望求得 t 的最佳值。這個值就是不等式 2.5 上下的式子相等時的值，因為這是呼叫交換排序與繼續切割實例效率相同的那一點。因此，欲求得 t 的最佳值，我們必須解出下列的式子

$$W\left(\left\lfloor \frac{t}{2} \right\rfloor\right) + W\left(\left\lceil \frac{t}{2} \right\rceil\right) + 32t = \frac{t(t-1)}{2} \tag{2.6}$$

因為 $\lfloor t/2 \rfloor$ 與 $\lceil t/2 \rceil$ 都小於等於 t，因此不管實例的大小為兩者中的哪一個，都可以用不等式 2.5 中上面的不等式算出執行時間。因此我們，

$$W\left(\left\lfloor \frac{t}{2} \right\rfloor\right) = \frac{\lfloor t/2 \rfloor\,(\lfloor t/2 \rfloor - 1)}{2} \quad\text{以及}\quad W\left(\left\lceil \frac{t}{2} \right\rceil\right) = \frac{\lceil t/2 \rceil\,(\lceil t/2 \rceil - 1)}{2}$$

將這兩個式子代入方程式 2.6 可得

$$\frac{\lfloor t/2 \rfloor\,(\lfloor t/2 \rfloor - 1)}{2} + \frac{\lceil t/2 \rceil\,(\lceil t/2 \rceil - 1)}{2} + 32t = \frac{t\,(t-1)}{2} \tag{2.7}$$

總之，對於一個含有下限整數及上限整數的等式，將 t 用奇數或偶數代入則會得到不同的結果。這就是未必一定有最佳門檻值的原因。這樣的情況我們會在後面研究。然而，假如我們將 t 以偶數代入，那麼 $\lfloor t/2 \rfloor$ 與 $\lceil t/2 \rceil$ 都等於 $t/2$。代入方程式 2.7，我們得到

$$t = 128$$

如果我們將 t 以奇數代入，使得 $\lfloor t/2 \rfloor$ 為 $(t-1)/2$，且 $\lceil t/2 \rceil$ 為 $(t+1)/2$。解出方程式 2.7，我們得到

$$t = 128.008$$

於是，我們可獲得到了最佳門檻值 128。

接下來，我們來看看不存在最佳門檻值的例子。

● 範例 2.8   假設一個給定的 divide-and-conquer 演算法在某台特殊的電腦上執行的時間為

$$T(n) = 3T\left(\left\lceil \frac{n}{2} \right\rceil\right) + 16n \ \mu s$$

其中 $16n\ \mu s$ 是分割與重新合併一個大小為 n 的實例所需花費的時間。假設在同樣的電腦上，某個 iterative 的演算法花了 $n^2 \mu s$ 來處理一個大小為 n 的實例。欲求出我們應該呼叫這個 iterative 演算法的 t 值，我們必須解出

$$3T\left(\left\lceil \frac{t}{2} \right\rceil\right) + 16t = t^2$$

因 $\lceil t/2 \rceil \le t$，故此時會呼叫 iterative 演算法，這代表

$$T\left(\left\lceil \frac{t}{2} \right\rceil\right) = \left\lceil \frac{t}{2} \right\rceil^2$$

接著，求出下列方程式的解

$$3 \left\lceil \frac{t}{2} \right\rceil^2 + 16t = t^2$$

若將 t 以偶數代入（令 $\lceil t/2 \rceil$ 等於 $t/2$）並且解方程式可得

$$t = 64$$

●　表 2.5　這裡列出了各種輸入大小，說明了在範例 2.8 中，當 n 為偶數時門檻值為 64，當 n 為奇數時門檻值為 70。

n	n^2	$3 \left\lceil \frac{n}{6} \right\rceil^2 + 16n$
62	3844	3875
63	3969	4080
64	4096	4096
65	4225	4307
68	4624	4556
69	4761	4779
70	4900	4795
71	5041	5024

若將 t 以奇數代入（令 $\lceil t/2 \rceil$ 等於 $(t+1)/2$）並解方程式可得

$$t = 70.04$$

因為這兩個 t 值不相等，因此最佳門檻值是不存在的。這代表著如果輸入大小為 64 到 70 間的偶數，再分割實例一次會較有效率；當輸入大小為 64 到 70 間的奇數，呼叫 iterative 演算法會較有效率。當輸入大小小於 64，呼叫 iterative 演算法一定效率較高；而當輸入大小大於 70，再分割實例一次一定效率較高。表 2.5 正說明了這個結果。

●　2.8　何時不能使用 Divide-and-Conquer

如果可能的話，在下列兩種情況下，我們應避免使用 divide-and-conquer：

1. 一個大小為 n 的個體被分成兩個或更多大小接近 n 的個體。

2. 一個大小為 n 的個體被分成 n 個大小為 n/c 的個體，其中 c 為常數。

第一種分割方法會導致指數時間演算法，而第二種則會導致 $n^{\boxtimes(\lg n)}$ 演算法。若 n 值很大，這兩種都令人無法接受的。在直覺上，我們可以瞭解為何這種分割造成不良效能的表現。例如，第一種情況可以比喻為：拿破崙將 30,000 人的敵軍分成兩群 29,999 人的軍隊（如果可能發生的話）。不但沒有分散他的敵人，反而讓敵軍的總數幾乎加倍。若拿破崙這樣做，很快就會面臨他在滑鐵盧的失敗。

如同您現在應該確認的，演算法 1.6（費布那西數列的第 n 項，遞迴版）就是一個將計算第 n 項的個體切成兩個分別計算第 $n-1$ 項與第 $n-2$ 項的個體。雖然 n 並非該演算法的輸入大小，但這情況與剛討論關於輸入大小的情形是相同的。也就是說，演算法 1.6 計算的項目數是與 n 成指數關係，而演算法 1.7（費布那西數列的第 n 項，Iterative 版）計算的項目則是與 n 成線性關係。

有時，執行時間隨問題實例的大小成指數成長難以避免。這時，就沒有理由捨棄簡單的 divide-and-conquer 解法。考慮習題 17 提到的 Towers of Hanoi（河內塔）問題。簡單來說，這個問題就是：在給定的移動限制下，從某個木樁移動 n 個圓盤到另一個木樁去。在習題中，您將會證明從標準的 divide-and-conquer 演算法得到的移動順序是與 n 成指數關係，但是這已經是給定這個問題的限制下，最有效率的移動順序。因此，這個問題的移動次數必定隨著 n 的增加呈指數成長。

● 習題

2.1 節

1. 使用二元搜尋法的遞迴版本（演算法 2.1），在下面的整數陣列中搜尋整數 120。請逐步寫出執行的動作。

12　　34　　37　　45　　57　　82　　99　　120　　134

2. 假定我們使用二元搜尋法的遞迴版，在一個有 7 億個項目的清單中搜尋。請問，在找到給定的項目或是確定該項目不在這個清單中之前，比較次數的最大值為何？

3. 假定搜尋一定會成功。也就是說，在演算法 2.1 中，欲搜尋的項目 x 一定可在清單 S 中被找到。請移除所有不必要的運算，以改良演算法 2.1。

4. 證明二元搜尋法（演算法 2.1）的最差情況時間複雜度為

$$W(n) = \lfloor \lg n \rfloor + 1$$

當 n 未被限制為 2 的乘冪時。提示：請先證明 $W(n)$ 的遞迴方程式為

$$W(n) = 1 + W\left(\left\lfloor \frac{n}{2} \right\rfloor\right) \qquad \text{for } n > 1$$
$$W(1) = 1$$

為了完成這個證明，請分開考慮 n 為奇數及偶數的狀況。接著使用歸納法來解這個遞迴方程式。

5. 假定在演算法 2.1 中（第四行），分割的函數被改為 $mid = low$, 請解釋這個新的搜尋策略。使用量級表示法分析使用這個策略後的效能。

6. 請寫出一個將輸入的已排序清單分成三個最多含有 $n/3$ 個項目的子清單，以便找到欲搜尋項目的演算法。該演算法尋找可能含有給定項目的子清單，並將它分割成三個人小幾乎相同的子清單。這個演算法一直持續下去，直到找到欲搜尋的項目，或是確定該項目不在清單中為止。分析您的演算法，並使用量級標示法來表達分析的結果。

7. 使用 divide-and-conquer 技巧來撰寫一個能在 n 個項目的清單中找出最大項的演算法。分析您的演算法，並使用量級標示法來表達分析的結果。

2.2 節

8. 使用合併排序（演算法 2.2 與 2.4）對下面的序列進行排序。請逐步寫出執行的動作。

$$123 \quad 34 \quad 189 \quad 56 \quad 150 \quad 12 \quad 9 \quad 240$$

9. 請用樹狀結構表示習題 8 中的遞迴呼叫。

10. 為下列的問題撰寫一個時間複雜度不劣於 $\Theta(n \ln n)$ 的演算法。給定一個含有 n 個相異正整數的清單，將該清單分為兩個子清單，每個大小均為 $n/2$，使得兩子清單中的整數和差距最大。您可以假設 n 為 2 的倍數。

11. 為合併排序（演算法 2.2 與 2.4）撰寫一個非遞迴演算法。

12. 試證明合併排序（演算法 2.2 與 2.4）之最差情況時間複雜度的遞迴方程式為

$$W(n) = W\left(\left\lfloor \frac{n}{2} \right\rfloor\right) + W\left(\left\lceil \frac{n}{2} \right\rceil\right) + n - 1$$

其中 n 並未被限制為 2 的乘冪。

13. 請寫出一個將輸入的清單分成三個約有 $n/3$ 個項目的子清單，遞迴地排序每個子清單，並把三個已排序子清單的結果合併，以便排序整個清單的演算法。分析您的演算法，並使用量級標示法來表達分析的結果。

2.3 節

14. 給定遞迴方程式

$$T(n) = 7T\left(\frac{n}{5}\right) + 10n \qquad \text{for } n > 1$$
$$T(1) = 1$$

試求 $T(625)$。

15. 考慮下面的 *solve* 演算法。該演算法利用找到對應於任一輸入 I 的輸出 (O)，來解問題 P。

```
void solve (input I, output& O)
{
    if (size (I) == 1)
        直接找到解答 O;
    else {
        將 I 分成 5 個輸入 I₁, I₂, I₃, I₄, I₅  ，其中
        size (Ij) = size (I)/3 for j = 1, ..., 5;
        for (j = 1; j <= 5; j++)
            solve (Iⱼ, Oⱼ);
        將 O₁, O₂, O₃, O₄, O₅ 合併，以得到輸入為 I 的情況下，P 的解答為 O;
    }
}
```

假定 $g(n)$ 為分割與合併的基本運算數且在實例大小為 1 時，並沒有任何的基本運算。

(a) 寫出當輸入大小為 n 時，代表解 P 所需的基本運算數之遞迴方程式 $T(n)$。

(b) 若 $g(n) \in \Theta(n)$，請問這個遞迴方程式的解為？（必須證明）

(c) 假定 $g(n) = n^2$，$n = 27$，請解出這個遞迴方程式。

(d) 請找出 n 為 3 的乘冪時的一般解。

16. 假定在一個 divide-and-conquer 演算法中，我們永遠將一個大小為 n 的實例切成 10 個大小為 $n/3$ 的子實例，且分割與合併的步驟花的時間在 $\Theta(n^2)$ 中。請寫出代表執行時間的遞迴方程式 $T(n)$，並解出 $T(n)$。

17. 為河內塔問題 (Towers of Hanoi Problem) 撰寫一個 divide-and-conquer 演算法。河內塔問題包括了三個木樁以及 n 個相異大小的圓盤。這個問題的目的是：把被堆在其中一個木樁中的圓盤，移到另一個木樁上，並按照各圓盤的大小，依由下到上從大到小堆好。可以使用第三個木樁做為暫存區。我們可以根據下列規則來解這個問題 (1) 當一個圓盤被移動，它必須被放在三個木樁之一的上面 (2) 一次只能有一個圓盤被移

動，它必須是該木樁上放在最上面的圓盤；(3) 較大的圓盤不能被放在較小的圓盤之上。

(a) 證明 $S(n) = 2^n - 1$ (在這裡 $S(n)$ 代表給定 n 個圓盤，移動圓盤的總次數。

(b) 證明任何其他的演算法至少必須移動 (a) 給定的次數。

18. 當一個 divide-and-conquer 演算法將大小為 n 的實例分割成每個大小為 n/c 個子實例時，其遞迴方程式為

$$T(n) = aT\left(\frac{n}{c}\right) + g(n) \quad \text{對於 } n > 1$$
$$T(1) = d$$

其中 $g(n)$ 為分割與合併程序的花費，而 d 則為常數。

(a) 試證明

$$T\left(c^k\right) = d \times a^k + \sum_{j=1}^{k} \left[a^{k-j} \times g\left(c^j\right)\right]$$

(b) 給定 $g(n) \in \Theta(n)$，試解出這個遞迴關係式。

2.4 節

19. 使用快速排序法 (演算法 2.6) 排序下述陣列。請逐步寫出執行的動作。

$$123 \quad 34 \quad 189 \quad 56 \quad 150 \quad 12 \quad 9 \quad 240$$

20. 寫出習題 19 中的遞迴呼叫樹。

21. 試證明若

$$W(n) \le \frac{(p-1)(p-2)}{2} + \frac{(n-p)(n-p-1)}{2} + n - 1$$

則

$$W(n) \le \frac{n(n-1)}{2} \quad \text{對於 } 1 \le p \le n$$

這個結果會被用在演算法 2.6 (快速排序) 的最差情況時間複雜度分析的討論中。

22. 驗證下列的特性

$$\sum_{p=1}^{n} [A(p-1) + A(n-p)] = 2 \sum_{p=1}^{n} A(p-1)$$

這個結果會被用在演算法 2.6 (快速排序) 的平均情況時間複雜度分析的討論中。

23. 為快速排序 (演算法 2.6) 撰寫一個非遞迴演算法。分析該演算法,並用量級標示法表示分析的結果。

24. 假定快速排序法使用清單中的第一項做為樞紐項:

(a) 給定一個含有 n 個項目的清單 (例如,一個含有 10 個整數的陣列),描述遇到最差情況的情形。

(b) 給定一個含有 n 個項目的清單 (例如,一個含有 10 個整數的陣列),描述遇到最佳情況的情形。

2.5 節

25. 試證明在些微的修正後,演算法 1.4 (矩陣乘法) 執行的加法次數可以被減為 $n^3 - n^2$。

26. 在範例 2.4 中,我們寫出了 2×2 矩陣的 Strassen 乘法。驗證此乘法的正確性。

27. 使用標準演算法必須要執行多少次乘法才能算出兩個 64×64 矩陣的乘積?

28. 使用 Strassen 的方法 (演算法 2.8) 必須要執行多少次乘法才能算出兩個 64×64 矩陣的乘積?

29. 為 Shmuel Winograd 開發的改良型 Strassen 演算法 (用了 15 個加減法而不是 18 個) 撰寫遞迴方程式。解該遞迴方程式,並且使用 2.5 節末證明的時間複雜度來驗證您的答案。

2.6 節

30. 使用演算法 2.10 (大整數乘法 2) 來計算 1253 與 23,103 的乘積。

31. 必須要執行多少次乘法才能算出習題 30 中兩個整數的乘積?

32. 寫出可執行下列運算的演算法

$$u \times 10^m; \quad u \textbf{ divied } 10^m; \quad u \textbf{ rem } 10^m$$

其中 u 為一個大整數，m 為一個非負整數，divide 傳回整數除法的商，rem 傳回餘數。分析您的演算法，並證明這些運算可在線性時間內完成。

33. 修改演算法 2.9（大整數乘法）使得它可以分割每個 n 位整數為

    (a) 三個較小具有 $n/3$ 位數的整數（您可假定 $n = 3^k$）

    (b) 四個較小具有 $n/4$ 位數的整數（您可假定 $n = 4^k$）

    分析您的演算法，並以量級標示法表示它們的時間複雜度。

2.7 節

34. 實作交換排序及快速排序演算法以排序含有 n 個元素的陣列。找出 n 至少為多少以上，快速排序才有優勢？

35. 實作標準演算法及 Strassen 演算法，以便將兩個 $n \times n$ 的矩陣相乘 ($n = 2^k$)。找出 n 至少為多少以上，Strassen 演算法才有優勢？

36. 假定在一台特定的電腦上，必須花 $12n^2$ μs 來執行演算法 2.8 (Strassen) 在大小為 n 的實例上執行的分解與重新合併的動作。請注意這個時間包括了做所有的加減法所花的時間。若使用標準演算法要花 n^3 μs 將兩個 $n \times n$ 的矩陣相乘。請算出呼叫標準演算法來取代繼續分割下去的門檻值。請問有單一的最佳門檻值嗎？

2.8 節

37. 使用 divide-and-conquer 方法，撰寫一個能計算 $n!$ 的遞迴演算法。定義輸入大小（請見第 1 章的習題 34），並回答下列的問題。請問您的演算法具有指數成長的時間複雜度嗎？請問它違反了 2.8 節的情況一的規定嗎？

38. 假定，在一個 divide-and-conquer 演算法中，我們總是將一個大小為 n 的實例分割成 n 個大小為 $n/3$ 的實例，而分割與合併的步驟花了線性時間。請為執行時間 $T(n)$ 撰寫遞迴方程式，並解這個代表 $T(n)$ 的遞迴方程式。使用量級標示法表示您的解答。

進階習題

39. 試實作兩種費布納西數列演算法 1.6 與 1.7。測試每個算法來驗證該算法是正確的。確定遞迴算法可在 60 秒內算出答案的輸入最大值。並觀察迭代 (iterative) 需要多長時間來計算這個答案。

40. 請寫出一個能在 $n \times m$ 資料表（二維陣列）中尋找一個值的高效率演算法。這個資料表根據列與行已經排序過了，也就是說，

$$Table\,[i]\,[j] \leq Table\,[i]\,[j+1]$$
$$Table\,[i]\,[j] \leq Table\,[i+1]\,[j]$$

41. 假定有 $n = 2^k$ 個隊伍參加淘汰賽，第一輪有 $n/2$ 場比賽，而第二輪有 $n/2 = 2^{k-1}$ 個贏家參加，依此類推。

(a) 寫出代表這個淘汰賽的輪數的遞迴方程式。

(b) 當 64 隊參加時，總共有幾輪比賽？

(c) 解 (a) 的遞迴方程式。

42. tromino 是一組以 L 形排列的三個正方形單元。考慮以下平鋪問題：輸入是一個 $m \times m$ 的正方形單元陣列，其中 m 是 2 的正乘冪。另個輸入是在陣列中禁止鋪放的正方形。輸出的是一個平鋪完畢的陣列，並滿足以下條件：

- 除了禁止鋪放的正方形之外的每個正方形單元必須由 tromino 覆蓋。

- 任一個 tromino 均不會覆蓋禁止鋪放的正方形。

- 任兩個 trominos 均不重疊。

- 不會有 tromino 超出板子的邊界。

43. 考慮以下問題：

(a) 假設我們有編號 1 至 9 的九個相同硬幣，只有一個硬幣比較重。假設你有一個天秤，這天秤有均衡的刻度，一次僅允許兩個秤重。基於以上的限制，試發展一種尋找較重偽造硬幣的方法。

(b) 假設我們現在有一個整數 n（代表 n 個硬幣）只有一個硬幣是比別人重。進一步假設 n 是 3 的乘冪。此外，並允許您一次秤 $\log_3 n$ 個硬幣以找出較重錢幣。基於以上的限制，試發展一種尋找較重偽造硬幣的演算法，並求出時間複雜度。

44. 撰寫一個參數為三整數 x、n 與 p 的遞迴 $\Theta(n \lg n)$ 演算法，它能算出當 x^n 除以 p 的餘數。為簡化起見，您可假定 n 為 2 的乘冪──也就是說，$n = 2^k$（k 為某個正整數）。

45. 使用 divide-and-conquer 方法來撰寫一個能在一個含有 n 個實數的序列中，找到由鄰近實數構成的子序列中，子序列所含實數和的最大值。分析您的演算法，並使用量級標示法表示您的分析結果。

Chapter 3

動態規劃

回想，我們利用 divide-and-conquer 演算法在計算費布那西數列的第 n 項（演算法 1.6）時，其時間複雜度是隨著 n 的大小而指數成長。其原因是由於 divide-and-conquer 的作法，會將一個問題切成數個較小且性質相同的問題，然後分別盲目地去計算它們。我們曾經在第二章探討過這種演算法，它是一種由上而下 (top-down) 的計算方式。合併排序 (Mergesort) 即為一例。合併排序會將需要排序的數字先切成數個較小的單位，單位彼此之間是毫無關聯的。這些小單位內部必需先各自排序，然後和其他排序好的單位再進行排序，週而復始得到最後的排序結果。然而這種情況卻不同於費布那西數列的第 n 項，因為我們在計算費布那西數列的第 n 項時，小單位彼此之間其實是有相關性的。舉例說明：在 1.2 節中我們提到利用 divide-and-conquer 的方式計算費布那西數列的第 5 項時，必需先求得該數列的第 4 項和第 3 項。然而我們會發現，不論在計算該數列的第 4 項或第 3 項時，其實都必需先求得費布那西數列的第 2 項。但是由於 divide-and-conquer 演算法的特性，它分別獨立計算該數列的第 4 項和第 3 項，所以在整個計算費布那西數列第 5 項的過程中，該數列的第 2 項會被一再重複地計算。由於 divide-and-conquer 演算法會重複計算某些相同的結果好幾次，造成它極度缺乏效率。

  動態規劃 (dynamic programming)，是本章所要討論的另一種不同的技術。dynamic programming 與 divide-and-conquer 相似處在於，它們會先將一個問題切成數個較小且性質相同的問題。然而 dynamic programming 會先去計算較小的問題，並且儲存計算的結果。稍後，若有需要先前已算過的部分，就不需重新計算，而可以直接從先前儲存的結果中取得。"dynamic programming" 一詞來自於控制理論，"programming" 意味著使用陣列 (array) 的技巧來儲存計算的結果，並且在陣列中逐步建構出最後結果。因此，我們把 dynamic programming 這種計算方式歸類為**由下而上** (bottom-up) 的演算法。我們在第一章曾提及某種計算費布那西數列第 n 項的高效率演算法（演算法 1.7），即為善用 dynamic programming 的例子。我們將演算法 1.7 加以修改，它不再需要原先另外配置儲存空間的動作，而是直接使用陣列作為存放計算結果的空間。建構 dynamic programming 演算法的步驟如下：

1. 建立一個遞迴 (recursive) 的機制，用它來求取一個問題經過切割後，所產生較小但性質相同問題的解。

2. 用 bottom-up 的方式解題，首先由最小的問題開始，逐步向上求取最後整個問題的解。

為了說明上述的步驟，我們在 3.1 節中會展示一個簡單範例。而在其他章節中，會另外再介紹其餘 dynamic programming 的進階應用。

• 3.1　二項式係數

二項式係數 (Binomial Coefficient) 曾在附錄 A 的 A.7 節中提及，其細節如下：

$$\binom{n}{k} = \frac{n!}{k!\,(n-k)!} \qquad \text{for } 0 \le k \le n$$

當 n 與 k 的數值很大時，我們不可能直接計算出它的二項式係數，因為 $n!$ 值會相當的大，以致於難以計算。我們另外提出以下的計算方式：

$$\binom{n}{k} = \begin{cases} \binom{n-1}{k-1} + \binom{n-1}{k} & 0 < k < n \\ 1 & k = 0 \ \text{ or } \ k = n \end{cases} \tag{3.1}$$

為了避免直接去計算數值龐大的 $n!$ 和 $k!$，我們利用上述的式子配合遞迴的特性，逐步地計算出最後的結果。以下是將這個計算式以 divide-and-conquer 演算法來計算。

▶ 演算法 3.1　　**二項式係數**（divide-and-conquer 版）

問題：計算二項式係數。

輸入：非負值的整數 n 及 k，其中 $k \le n$。

輸出：bin，二項式係數之值 $\binom{n}{k}$。

```
int bin (int n, int k)
{
  if (k == 0 || n == k)
     return 1;
  else
     return bin (n-1, k - 1)+ bin (n - 1, k);
}
```

就如同演算法 1.6（費布那西數列的第 n 項，遞迴版）一樣，演算法 3.1 效率也不佳。在這個例子當中，為了求得 $\binom{n}{k}$ 之值，我們在求解的過程中，計算的次數高達

$$2\binom{n}{k} - 1$$

然而問題在於有些需要計算的部份其實是相同的，但卻又在遞迴的過程中一再被重複地計算。舉例來說，在計算 $bin(n-1, k-1)$ 和 $bin(n-1, k)$ 時，同樣都需要 $bin(n-2, k-1)$ 的計算結果，因此 $bin(n-2, k-1)$ 就因為 divide-and-conquer 演算法的特性，在不同的遞迴呼叫中，被重複地計算著。在 2.8 節中，我們曾提及 divide-and-conquer 是一種極度沒有效率的演算法。

我們將等式 3.1 用 dynamic programming 的方式改寫成較有效率的演算法，另外還會使用陣列 B 來存放計算結果，其中 $B[i][j]$ 是用來儲存 $\binom{i}{j}$ 之值。以下所展示的，就是建構這個演算法的步驟：

1. 建立一個遞迴呼叫。我們將等式 3.1 改寫成使用陣列 B 的方式

$$B[i][j] = \begin{cases} B[i-1][j-1] + B[i-1][j] & 0 < j < i \\ 1 & j = 0 \quad \text{or} \quad j = i \end{cases}$$

2. 用 bottom-up 的方式，由陣列 B 一列一列地依序處理，首先從第一列開始。

圖 3.1 所展示的是上述步驟 2 的執行情況（您應該認得這個陣列 B 的內容是一個巴斯卡三角形 (Pascal's triangle)）。藉由步驟 1 所述的計算方式，陣列 B 中某一列的值，都是以該列的前一列所得到的結果為基礎而計算出來的。陣列 B 的最後一個元素 $B[n][k]$ 即為所求 $\binom{n}{k}$。

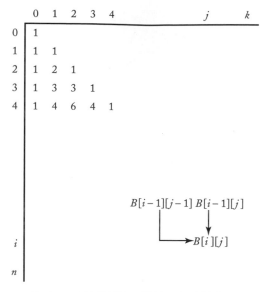

圖 3.1   使用陣列 B 計算二項式係數。

範例 3.1 所展示的是執行這個演算法的細節動作。值得注意的是，在這個範例中 $k = 2$，所以我們只需計算到前兩欄即可。其實不論在何種情況下，一般而言只需要計算到每一列的第 k 欄即可求出答案。在範例 3.1 也計算了 $B[0][0]$ 的值，因為二項式係數在 $n = k = 0$ 時也有定義。即使 $B[0][0]$ 這個值不會在後面的計算其他二項式係數時使用到，範例 3.1 中還是會執行這個步驟。

- **範例 3.1**　　求 $B[4][2] = \begin{pmatrix} 4 \\ 2 \end{pmatrix}$

  計算第 0 列：　　{ 這個步驟是為了完整地模仿演算法的定義。 }

  　　　　　　　　{ 雖然 $B[0][0]$ 這個值在稍後的計算中不會使用到。 }

  $$B[0][0] = 1$$

  計算第 1 列：

  $$B[1][0] = 1$$
  $$B[1][1] = 1$$

  計算第 2 列：

$$B\,[2]\,[0] = 1$$
$$B\,[2]\,[1] = B\,[1]\,[0] + B\,[1]\,[1] = 1 + 1 = 2$$
$$B\,[2]\,[2] = 1$$

計算第 3 列：

$$B\,[3]\,[0] = 1$$
$$B\,[3]\,[1] = B\,[2]\,[0] + B\,[2]\,[1] = 1 + 2 = 3$$
$$B\,[3]\,[2] = B\,[2]\,[1] + B\,[2]\,[2] = 2 + 1 = 3$$

計算第 4 列：

$$B\,[4]\,[0] = 1$$
$$B\,[4]\,[1] = B\,[3]\,[0] + B\,[3]\,[1] = 1 + 3 = 4$$
$$B\,[4]\,[2] = B\,[3]\,[1] + B\,[3]\,[2] = 3 + 3 = 6$$

在範例 3.1 中可以看出，這個演算法逐步依序地由小至大在計算二項式係數。在每一輪中，該輪計算中所需要的數值，其實之前都已算過並且儲存在陣列 B 中。接著，我們將要展示以 dynamic programming 的方式來計算二項式係數的演算法。

▶ 演算法 3.2　　**二項式係數**（dynamic programming 版）

問題：計算二項式係數。

輸入：非負值的整數 n 及 k，其中 $k \le n$。

輸出：$bin2$，二項式係數之值 $\binom{n}{k}$。

```
int bin2 (int n, int k)
{
  index i, j;
  int B[0.. n] [0.. k];

  for (i = 0; i <= n; i++)
    for (j = 0; j <= minimum(i, k); j++)
      if (j == 0 || j == i)
        B[i] [j] = 1;
      else
        B[i] [j] = B[i -1][j -1] + B[i -1][j];
  return B[n][k];
}
```

我們可以藉由輸入不同的 n 值和 k 值，觀察 **for-**j 這個迴圈被執行的次數，來評斷此演算法的效能究竟如何。下表所展示的是在執行過程中，不同的 i 值，會導致 **for-**j 迴圈被執行的次數。

i	0	1	2	3	...	k	$k+1$	...	n
迴圈執行次數	1	2	3	4	...	$k+1$	$k+1$	...	$k+1$

因此，**for-**j 迴圈總共被執行的次數可以計算成

$$1 + 2 + 3 + 4 + \cdots + k + \underbrace{(k+1) + (k+1) \cdots + (k+1)}_{n-k+1 \ \text{個}}$$

應用附錄 A 裡範例 A.1 的結果，上面這個式子等於

$$\frac{k(k+1)}{2} + (n-k+1)(k+1) = \frac{(2n-k+2)(k+1)}{2} \in \Theta(nk)$$

使用 dynamic programming 取代 divide-and-conquer 的方式，我們得以建構一個效率較高的演算法。dynamic programming 和 divide-and-conquer 相似處在於都是利用遞迴的特性，將一個問題切成數個較小且性質相同的問題，然後再進行處理。不同之處在於，dynamic programming 是由最小的問題開始計算，循序逐步地向上求取最後整個問題的解；然而 divide-and-conquer 只是盲目的遞迴和計算。因此，若發現使用 divide-and-conquer 設計出來的演算法十分地缺乏效率時，可以試著以 dynamic programming 的技巧來解決。

在處理演算法 3.2 時，最直接的作法就是建立一個完整的二維陣列 B。但是實際的情況，當我們計算完陣列 B 中某一列的值時，其實我們就不再需要這一列之前所有列的值了。因此，這個演算法可以改寫為使用一維陣列（索引值為 0 到 k）。本演算法另一個可以改進的地方，就是充分利用 $\binom{n}{k} = \binom{n}{n-k}$ 的定義，簡化計算的次數。

● 3.2　佛洛伊德最短路徑演算法

　　世界上所有城市之間不可能都存在著直飛航線，因此旅行者常會遭遇到一個問題，就是如何找出從一個城市到達另一個城市之間的最短路徑。接下來，我們會建立一種演算法來解決類似的問題，但首先我們先複習一下相關的圖形理論。圖 3.2 是一個有向權重圖 (weighted, directed graph)，其中圓形表示**頂點** (vertices)，線段表示**邊** (edge)，也可以稱之為弧 (arc)。如果圖形中的邊是具有方向性的，則我們會稱這個圖形為**有向圖** (directed graph 或是 digraph)。在有向圖中，兩頂點間允許兩條方向不同的邊存在。例如在圖 3.2 中，有一條邊是由頂點 v_1 到 v_2，此外還同時存在另一條邊是由頂點 v_2 到 v_1。如果圖形中的邊有關聯值，我們就稱此值為**權重** (weight)，這種圖則稱為**加權圖** (weighted graph)。

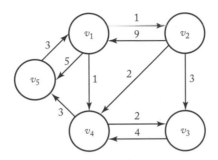

圖 3.2　有向權重圖。

　　在這裡，我們假設權重的值都是非負值。在有向圖中，**路徑** (path) 指的是一系列的頂點編號。也就是說從某一頂點到另一頂點間所會經過的邊，我們稱之為路徑，只是在這裡我們以頂點編號來表示這個路徑。舉例說明，在圖 3.2 中，序列 $[v_1, v_4, v_3]$ 表示的是一條路徑，在這條路徑中，有一條邊從頂點 v_1 到 v_4，另一條邊從頂點 v_4 到 v_3。再舉個例，序列 $[v_3, v_4, v_1]$ 就不是一條路徑，因為不存在一條邊從頂點 v_4 到 v_1。另一種情況，若路徑的起終點相同，我們把這樣的路徑稱為**環** (cycle)。圖 3.2 中，路徑 $[v_1, v_4, v_5, v_1]$ 就是一個環。如果一個圖形包含著環狀的路徑，我們稱這樣的圖形為**環狀圖** (cyclic)，反之則稱為**非環狀圖** (acyclic)。如果某路徑為**簡單** (simple) 路徑，則表示在此路徑中，同一頂點不會出現兩次。圖 3.2 中，路徑 $[v_1, v_2, v_3]$ 就是簡單路徑，而路徑 $[v_1, v_4, v_5, v_1, v_2]$ 就不是簡單路徑。簡單來說，簡單路徑中，絕不會出現環。在加權圖中，某條路徑上所有邊的權重總和稱為**長度** (length)；而在非權重圖中，路徑長度指的是路徑上有幾條邊。

　　在許多應用中，常需要找出頂點到頂點間的最短路徑。從另一個角度來看，最短路徑必然是簡單路徑。圖 3.2 中，在頂點 v_1 和 v_3 之間，存在著三條簡單路徑：$[v_1, v_2, v_3]$ $[v_1, v_2, v_3]$、$[v_1, v_4, v_3]$ 以及 $[v_1, v_2, v_4, v_3]$。

$$length\,[v_1, v_2, v_3] = 1 + 3 = 4$$
$$length\,[v_1, v_4, v_3] = 1 + 2 = 3$$
$$length\,[v_1, v_2, v_4, v_3] = 1 + 2 + 2 = 5$$

由以上三式可看出，路徑 $[v_1, v_4, v_3]$ 是頂點 v_1 到 v_3 之間的最短路徑。

最短路徑其實是一種**最佳化問題** (optimization problem)。最佳化問題實例可能會存在著超過一個候選解。每個候選解具有一個值，而該實例的解就是具有最佳值的解。隨著問題的不同，最佳解可能是最小值，也可能是最大值。在最短路徑問題中，一個**候選解**就是從某頂點到另個頂點的路徑，**值**就是該條路徑的長度，而**最佳值**就是這些長度中最小的。

由於從某頂點到另一頂點可能存在著超過一條最短路徑，我們的問題就是去找出這些最短路徑的其中一條。最顯而易見的演算法就是先找出任兩頂點間的所有路徑，然後再計算這些路徑中的最小值是哪一條。然而，這樣的演算法其時間複雜度將超越指數時間 (exponential-time)。舉例說明，假設有一圖形包含 n 個頂點，其任一頂點皆有邊直接與其他頂點相連。現在我們要找出從頂點 A 到頂點 B 之間的所有路徑，第一個起點我們自然只有一種選擇，那就是頂點 A 本身；我們在決定第二個點時就變成了有 $n-2$ 個選擇性（共 n 個頂點，扣掉起點 A 和終點 B 這兩種選擇）；我們在決定第三個點時則有 $n-3$ 個選擇性，依此類推，所有可能的路徑數目為：

$$(n-2)(n-3)\cdots 1 = (n-2)!$$

這樣的演算法其時間複雜度將超越指數時間，而在其他許多最佳化問題中，我們為了找出所有可能性的解也會遭遇到同樣的問題。因此，我們的目標是要找到一種更有效率的演算法。

使用 dynamic programming 的方法，我們將可建立時間複雜度為 n^3 的演算法。首先，我們先建立一個陣列 W 來表示一個權重圖，其原則如下：

$$W\,[i]\,[j] = \begin{cases} \text{邊的權重} & \text{如果 } v_i \text{ 到 } v_j \text{ 之間存在著一條邊} \\ \infty & \text{如果 } v_i \text{ 到 } v_j \text{ 之間不存在著一條邊} \\ 0 & \text{如果 } i = j \end{cases}$$

如果 v_i 與 v_j 之間存在著一條邊，我們會說 v_i 與 v_j 是**相鄰的** (adjacent)，因此延續這樣的觀念，我們可以把陣列 W 稱為**相鄰矩陣** (adjacency matrix)。舉例說明，我們將圖 3.2 以相鄰矩陣表示成圖 3.3：

	1	2	3	4	5
1	0	1	∞	1	5
2	9	0	3	2	∞
3	∞	∞	0	4	∞
4	∞	∞	2	0	3
5	3	∞	∞	∞	0

W

	1	2	3	4	5
1	0	1	3	1	4
2	8	0	3	2	5
3	10	11	0	4	7
4	6	7	2	0	3
5	3	4	6	4	0

D

圖 3.3　陣列 W 為圖 3.2 的相鄰矩陣表示法。陣列 D 的內容是兩頂點間最短路徑的長度。
我們的演算法將從陣列 W 開始計算，最後得到陣列 D 的結果。

在上圖中，陣列 D 所記錄的是每個頂點之間最短路徑的長度。$B[3][5]$ 之所以等於 7，是因為 v_3 與 v_5 之間最短路徑的長度為 7。我們將建立一個演算法，從陣列 W 開始計算，逐步得到陣列 D 的結果。在計算的過程中，我們會需要建立一系列 $n+1$ 個陣列 D，我們將用 $D^{(k)}$ 來表示這些陣列，其中 $0 \le k \le n$，並且 $D^{(k)}[i][j]$ 等於 v_i 與 v_j 間僅僅使用頂點 $\{v_1, v_2, ..., v_k\}$ 作為中間點的最短路徑長度。

在說明如何從陣列 W 計算出陣列 D 前，我們先來描述在這些陣列中的項目代表的意義。

● **範例 3.2**　我們將在這個範例中，計算圖 3.2 中的幾個 $D^{(k)}[i][j]$ 值。

$D^{(0)}[2][5] = length[v_2, v_5] = \infty.$

$D^{(1)}[2][5] = minimum(length[v_2, v_5], length[v_2, v_1, v_5])$
$\qquad\qquad\quad = minimum(\infty, 14) = 14.$

$D^{(2)}[2][5] = D^{(1)}[2][5] = 14.$ { 結果不變。在這個範例中，起點是 v_2，}
$\qquad\qquad\qquad\qquad\qquad\qquad$ { 但是因為最短路徑必需是一條簡單 }
$\qquad\qquad\qquad\qquad\qquad\qquad$ { 路徑，所以中途不能再經過 v_2 這個點 }

$D^{(3)}[2][5] = D^{(2)}[2][5] = 14.$ { 結果不變。雖加入了頂點 v_3，}
$\qquad\qquad\qquad\qquad\qquad\qquad$ { 但是並沒有因為 v_3 的加入而產生新的路徑。}

$D^{(4)}[2][5] = minimum(length[v_2, v_1, v_5], length[v_2, v_4, v_5]$
$\qquad\qquad\qquad\qquad length[v_2, v_1, v_4, v_5], length[v_2, v_3, v_4, v_5])$
$\qquad\qquad\quad = minimum(14, 5, 13, 10) = 5.$

$$D^{(5)} [2] [5] = D^{(4)} [2] [5] = 5. \quad \{\text{ 結果不變。在這個範例中，終點是 } v_5 \text{，}\}$$
$$\{\text{ 但是因為最短路徑必需是一條簡單 }\}$$
$$\{\text{ 路徑，所以中途不能再經過 } v_5 \text{ 這個點 }\}$$

最後我們所計算的 $D^{(5)}[2][5]$ 即是頂點 v_2 到 v_5 間最短路徑的長度。

$D^{(n)}[i][j]$ 所代表的是 v_i 到 v_j 間最短路徑長度，在這條路徑中，它被允許經過頂點 v_1 到 v_n 中的任何一個頂點。而 $D^{(0)}[i][j]$ 代表的是頂點 v_i 到 v_j 間不能經過其他任何一個頂點所產生最短路徑的長度，換言之，其實就是指頂點 v_i 到 v_j 這個邊的權重。因此，我們可以得到以下的式子：

$$D^{(0)} = W \qquad \text{並且} \qquad D^{(n)} = D$$

因此，要從陣列 W 求得陣列 D，其實我們只需要找到一種演算法，可以從矩陣 $D^{(0)}$ 求出矩陣 $D^{(n)}$ 即可。演算法的步驟如下：

1. 建立一個遞迴的程序，使其可以由 $D^{(k-1)}$ 計算出 $D^{(k)}$。

2. 用 bottom-up 的方式，重複地執行步驟 1，也就是由 $k = 1$，一直執行到 $k = n$，逐步地求出 $D^{(n)}$。以下是計算過程中產生的變化

$$D^0, D^1, D^2, \dots, D^n$$
$$\uparrow \qquad\qquad\qquad \uparrow \qquad\qquad (3.2)$$
$$W \qquad\qquad\qquad D$$

在執行步驟 1 時，要考慮兩種可能的狀況：

狀況一　至少有一條最短路徑存在於 v_i 到 v_j 間，在路徑中允許經過頂點 $\{v_1, v_2, \dots, v_k\}$ 作為中間點，但並沒有使用到頂點 v_k，因此可以得出以下的結果

$$D^{(k)} [i] [j] = D^{(k-1)} [i] [j] \qquad\qquad (3.3)$$

舉例說明，在圖 3.2 中

$$D^{(5)} [1] [3] = D^{(4)} [1] [3] = 3$$

因為當我們加入頂點 v_5 時，v_1 到 v_3 間的最短路徑仍然是 $\{v_1, v_4, v_3\}$，並沒有因 v_5 的加入而有所改變。

狀況二 所有 v_1 到 v_j 的最短路徑，路徑中允許使用頂點 $\{v_1, v_2, ..., v_k\}$ 做為中間點，並且必需使用到頂點 v_k。圖 3.4 中，在 v_i 到 v_k 的子路徑中，因為不能使用 v_k 做為中間點（v_k 是此子路徑的終點），所以僅能使用頂點 $\{v_1, v_2, ..., v_{k-1}\}$。這意味著 v_i 到 v_k 子路徑的最短路徑長度等於 $D^{(k-1)}[i][k]$。同理，v_k 到 v_j 子路徑的最短路徑長度等於 $D^{(k-1)}[k][j]$。總結以上的論述，狀況 2 可以得出以下的結論

$$D^{(k)}[i][j] = D^{(k-1)}[i][k] + D^{(k-1)}[k][j] \qquad (3.4)$$

舉例說明，以圖 3.2 為例

$$D^{(2)}[5][3] = 7 = 4 + 3 = D^{(1)}[5][2] + D^{(1)}[2][3]$$

我們必需在狀況一與狀況二中找出兩者的最小值來做為 $D^{(k)}[i][j]$ 的值。因此，我們定義 $D^{(k)}$ 與 $D^{(k-1)}$ 的關係如下

$$D^{(k)}[i][j] = minimum \underbrace{(D^{(k-1)}[i][j],}_{\text{狀況一}} \underbrace{D^{k-1}[i][k] + D^{k-1}[k][j])}_{\text{狀況二}}$$

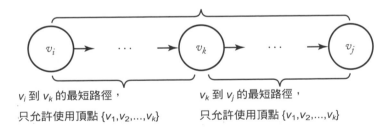

圖 3.4　使用頂點 v_k 的最短路徑。

讓我們來看一個實際的例子，以瞭解詳細的計算步驟。

● 範例 3.3　　在圖 3.2 中，這個圖形的相鄰矩陣 W 如圖 3.3 所示，以下我們列舉其中幾個值的計算方式 (在這裡，$D^{(0)} = W$)。

$$D^{(1)}[2][4] = minimum\left(D^{(0)}[2][4],\ D^{(0)}[2][1] + D^{(0)}[1][4]\right)$$
$$= minimum(2,\ 9 + 1) = 2$$
$$D^{(1)}[5][2] = minimum\left(D^{(0)}[5][2],\ D^{(0)}[5][1] + D^{(0)}[1][2]\right)$$
$$= minimum(\infty,\ 3 + 1) = 4$$
$$D^{(1)}[5][4] = minimum\left(D^{(0)}[5][4],\ D^{(0)}[5][1] + D^{(0)}[1][4]\right)$$
$$= minimum(\infty,\ 3 + 1) = 4$$

當整個陣列 $D^{(1)}$ 被計算出來，緊接著才開始計算陣列 $D^{(2)}$，其中 $D^{(2)}[5][4]$ 的計算方式如下

$$D^{(2)}[5][4] = minimum\left(D^{(1)}[5][4],\ D^{(1)}[5][2] + D^{(1)}[2][4]\right)$$
$$= minimum(4,\ 4 + 2) = 4$$

於是整個陣列 $D^{(2)}$ 被計算出來。計算程序直到陣列 $D^{(5)}$ 被計算完成，這個結果即是各個頂點之間最短路徑的長度，如圖 3.3 的右圖所示。

接下來，我們要介紹 Floyd's 演算法，它是 Floyd 於 1962 年所提出的，比較特別的是，它除了在輸入時使用陣列 W 之外，計算過程中僅需要另一個陣列 D 即可求出最後結果。

▶ 演算法 3.3　　**佛洛伊德最短路徑演算法**

問題：在權重圖中，計算各頂點間的最短路徑 (其權重皆為非負值)。

輸入：一有向權重圖，其中共有 n 個頂點，此圖形以相鄰矩陣 W 來表示。$W[i][j]$ 代表由頂點 i 到頂點 j 的邊之權重。

輸出：二維陣列 D，其列與行的索引值均由 1 到 n，其中 $D[i][j]$ 即表示第 i 個頂點到第 j 個頂點間最短路徑的長度。

```
void floyd (int n
            const number W[][],
            number D[][])
{
    index i, j, k;
    D = W;
```

```
for (k = 1; k <= n; k++)
    for (i = 1; i <= n; i++)
        for (j = 1; j <= n; j++)
            D[i] [j] = minimum(D[i][j], D[i][k] + D[k][j]);
}
```

我們在計算的過程中可以僅僅使用一個陣列 D，即可完成計算的工作。因為在第 k 次迴圈時

$$D [i] [k] =\ minimum\left(D [i] [k], D [i] [k] + D [k] [k]\right)$$

其實上式的結果即為 $D[i][k]$，並且

$$D [k] [j] =\ minimum\left(D [k] [j], D [k] [k] + D [k] [j]\right)$$

上式的結果即為 $D[k][j]$。簡言之，在第 k 次迴圈時，$D[i][j]$ 計算時所需參考的數值在第 $k-1$ 次迴圈時就已經被計算出來了，因此 $D[i][j]$ 可以在第 k 次迴圈時直接被計算。這種現象我們先前也有提過，就是在設計出 dynamic programming 演算法後，我們可以試著修訂它，讓它在使用儲存空間上更有效率。

分析演算法 3.3 ▶ **所有情況的時間複雜度（佛洛伊德最短路徑演算法）**

基本運算：發生在 **for-**j 迴圈中的指令。

輸入大小：n，圖形中頂點的數目。

for-j 迴圈被包含在迴圈 **for-**i 之中，然後整個又被包在 **for-**k 迴圈中，這三個迴圈分別都執行 n 次，所以

$$T (n) = n \times n \times n = n^3 \in \Theta\left(n^3\right)$$

修改演算法 3.3，使其可以產生最短路徑。

▶ 演算法 3.4　　**佛洛伊德最短路徑演算法 2**

問題：同演算法 3.3，除此之外也要找出最短路徑。

額外的輸出：陣列 P，其列與行的索引值皆為 1 到 n。

$$P [i] [j] = \begin{cases} v_i\ 到\ v_j\ 的最短路徑上，索引值最大的頂點編號 \\ （若最短路徑上至少有一頂點存在） \\ 0\ （如果\ v_i\ 到\ v_j\ 的最短路徑上沒有任何頂點存在） \end{cases}$$

```
void floyd2 (int n,
            const number W[][],
                  number D[][],
                  index  P[][])
{
  index, i, j, k;

  for (i = 1; i <= n; i++)
    for (j = 1; j <= n; j++)
      P[i][j] = 0;
  D = W;
  for (k = 1; k <= n; k++)
    for (i = 1; i <= n; i++)
      for (j = 1; j <= n; j++)
        if (D[i][k] + D[k][j] < D[i][j]) {
          P[i][j] = k;
          D[i][j] = D[i][k] + D[k][j];
        }
}
```

圖 3.5 展示的是圖 3.2 經過演算法 3.4 運算後所得到的陣列 P。

	1	2	3	4	5
1	0	0	4	0	4
2	5	0	0	0	4
3	5	5	0	0	4
4	5	5	0	0	0
5	0	1	4	1	0

圖 3.5　將演算法 3.4 應用在圖 3.2 上，所產生的陣列 P。

以下所要介紹的演算法，可以藉由陣列 P 來印出 v_q 到 v_r 之間最短路徑上的所有頂點。

▶ 演算法 3.5　　**印出最短路徑**

問題：在一權重圖中，印出某頂點到另一頂點最短路徑上的所有頂點。

輸入：由演算法 3.4 所產生的陣列 P，另外再加入兩個索引值 q 和 r，分別代表圖上兩個頂點的編號。

$$P[i][j] = \begin{cases} v_i \text{ 到 } v_j \text{ 的最短路徑上,索引值最大的頂點編號} \\ \text{(如果在最短路徑上至少有一頂點存在)} \\ 0 \text{ (若 } v_i \text{ 到 } v_j \text{ 的最短路徑上沒有任何頂點存在)} \end{cases}$$

輸出:v_q 到 v_r 間最短路徑上的所有頂點。

```
void path (index q, r)
{
  if (P[q][r] != 0){
    path (q, P[q][r]);
    cout << "v" << P[q][r];
    path (P[q][r], r);
  }
}
```

演算法 3.5 在執行過程中並不會去修改陣列 P 中的值,所以我們可以直接把陣列 P 定義為全域 (global) 變數。

以圖 3.5 為例,給定 $q = 5$,$r = 3$,執行 $path(5,3)$,則會得到以下的輸出

$$v1 \qquad v4$$

這表示 v_5 到 v_3 間的最短路徑會經過頂點 v_1 和 v_4。

在習題中,我們將會為演算法 3.5 證明:$W(n) \in \Theta(n)$

3.3　動態規劃和最佳化問題

回顧一下演算法 3.4,它不僅計算出最短路徑的長度,還可以印出路徑上經過了哪些頂點。用 dynamic programming 的方式來解最佳化問題時,我們通常會把建構最佳解的部分擺在第三個步驟,這意味著建立一個解最佳化問題的演算法步驟如下:

1. 建立一個遞迴的性質以解出該問題其中一個實例之最佳解。

2. 以 bottom-up 的方式求出最佳解的值。

3. 用 bottom-up 的方式建構出最佳解。

雖然 dynamic programming 似乎可以用來解決任何的最佳化問題,但這不是我們所要探討的。最佳化問題必需遵循一定的原則,其定義如下:

> **定義**
>
> 若最佳化原則 (principle of optimality) 要可以應用在某問題上,它必須符合下列原則:
> 當某問題存在最佳解,則表示其所有的子問題也必存在最佳解。

　　舉例說明:如果 v_k 是 v_i 到 v_j 間最短路徑上的點,則 v_i 到 v_k 以及 v_k 到 v_j 這兩個子路徑也必定是最短路徑。因此,最短路徑問題符合上述最佳化問題的原則。另外,如果多個子問題都存在著最佳解,將這些子問題結合在一起,依然會保持著有最佳解的特性。舉例來說:在最短路徑的問題中,有數個子路徑都已經確認是最短路徑,則這些子路徑結合在一起所形成的路徑也必定是最短路徑。

　　但並非所有的最佳化問題都可以利用 dynamic programming 加以解決,例如範例 3.4 中所提及的問題。

● **範例 3.4**　　現在我們來思考如何在一個圖形中,找出各個頂點之間「最長」簡單路徑的問題。在這裡我們限定「簡單」路徑的原因,是因為如果存在著環 (cycle) 的情況,就可以無限制地任意延長路徑的長度。如此,便難以求得本題的答案。在圖 3.6 中,v_1 到 v_4 間的最長路徑是 $[v_1, v_3, v_2, v_4]$,然而其中的一條子路徑 $[v_1, v_3]$,並非 v_1 到 v_3 間的最長路徑,因為 $[v_1, v_2, v_3]$ 才是 v_1 到 v_3 間的最長路徑。

$$length\,[v_1, v_3] = 1 \qquad 並且 \qquad length\,[v_1, v_2, v_3] = 4$$

因此,最佳化問題原則並無法應用在這類型的問題上。本章剩餘的部分將介紹幾個有關最佳化類型的問題。

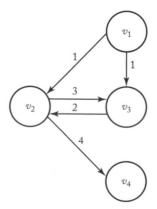

圖 3.6　包含 cycle 的有向權重圖。

• 3.4 連續矩陣相乘

假設我們要將一個 2×3 的矩陣乘上一個 3×4 的矩陣，例如：

$$\begin{bmatrix} 1 & 2 & 3 \\ 4 & 5 & 6 \end{bmatrix} \times \begin{bmatrix} 7 & 8 & 9 & 1 \\ 2 & 3 & 4 & 5 \\ 6 & 7 & 8 & 9 \end{bmatrix} = \begin{bmatrix} 29 & 35 & 41 & 38 \\ 74 & 89 & 104 & 83 \end{bmatrix}$$

產生的結果是一個 2×4 的矩陣，這個矩陣中的每一個元素都必須經過 3 次乘法的運算。例如第一行的第一個元素之所以為 29，是因為

$$\underbrace{1 \times 7 + 2 \times 2 + 3 \times 6}_{3 \text{ 次乘法}}$$

因為矩陣中有 $2 \times 4 = 8$ 個元素，所以總共需要的乘法次數為

$$2 \times 4 \times 3 = 24$$

總括來說，一個 $i \times j$ 的矩陣乘上一個 $j \times k$ 的矩陣，總共需要的乘法次數為

$$i \times j \times k \quad \text{矩陣元素的乘法}$$

接下來看看以下這四個矩陣相乘

$$\begin{array}{cccccccc} A & \times & B & \times & C & \times & D \\ 20 \times 2 & & 2 \times 30 & & 30 \times 12 & & 12 \times 8 \end{array}$$

各矩陣下方的數字代表著矩陣的維度。矩陣相乘具有「與相乘順序無關」的特性。舉例說明：$A(B(CD))$ 與 $(AB)(CD)$ 所得到的結果是一樣的。以下我們列舉五種不同的相乘順序，不同的順序需要不同的乘法次數。

$$\begin{array}{lll} A(B(CD)) & 30 \times 12 \times 8 + 2 \times 30 \times 8 + 20 \times 2 \times 8 = & 3,680 \\ (AB)(CD) & 20 \times 2 \times 30 + 30 \times 12 \times 8 + 20 \times 30 \times 8 = & 8,880 \\ A((BC)D) & 2 \times 30 \times 12 + 2 \times 12 \times 8 + 20 \times 2 \times 8 = & 1,232 \\ ((AB)C)D & 20 \times 2 \times 30 + 20 \times 30 \times 12 + 20 \times 12 \times 8 = & 10,320 \\ (A(BC))D & 2 \times 30 \times 12 + 20 \times 2 \times 12 + 20 \times 12 \times 8 = & 3,120 \end{array}$$

其中第三組是最佳的矩陣相乘順序。

我們的目標就是要建立一種演算法，可以找出 n 個矩陣相乘時的最佳順序。如果我們使用暴力法 (brute-force) 先找出所有可能的乘法順序，然後再從中找出具有最少乘法次數的一個，則執行的時間至少為指數 (exponential) 時間。為了證明這點，我們假設 t_n 是 n 個矩陣相乘時，所有可能的乘法順序數，又假設 n 個矩陣分別為 $A_1, A_2, ..., A_n$。在所有可能的排列方法中，其中有一種為：A_1 是最後一個才被乘。則在這個子集中，所有可能的排列方法數為 t_{n-1}（這個數目是我們針對矩陣 A_2 乘到矩陣 A_n，所有可能的排列方法）

$$A_1(\ \underbrace{A_2 A_3 \cdots A_n}_{\substack{t_{n-1} \text{種不同的} \\ \text{順序}}}\ )$$

另一個子集則是：A_n 為最後一個被乘的矩陣，其所有可能的排列方法，很明顯的也是 t_{n-1}，因此

$$t_n \geq t_{n-1} + t_{n-1} = 2t_{n-1}$$

因為僅僅只存在著一種方法將任意兩個矩陣相乘，所以 $t_2 = 1$。使用附錄 B 所介紹的技術可以解出

$$t_n \geq 2^{n-2}$$

不難看出矩陣相乘的問題符合最佳化問題原則。也就是當 n 個矩陣相乘時，如果存在著最佳的相乘順序，則此最佳相乘順序的任一個子集合，也必定是最佳相乘順序。舉例說明：以下是六個矩陣相乘的最佳相乘順序

$$A_1\left(\left(\left(\left(A_2 A_3\right) A_4\right) A_5\right) A_6\right)$$

其中的一個子集合 $(A_2 A_3) A_4$，也必定是矩陣 A_2、A_3、A_4 相乘時的最佳相乘順序。這意味著，我們可以使用 dynamic programming 的方式來解最佳矩陣相乘順序的問題。

我們如果要將第 $k-1$ 個矩陣 A_{k-1} 乘上第 k 個矩陣 A_k，則矩陣 A_{k-1} 的行 (column) 數必須等於矩陣 A_k 的列 (row) 數。現假設 d_0 是矩陣 A_1 的列數，d_k 是矩陣 A_k 的行數，其中 $1 \leq k \leq n$，則矩陣 A_k 的維度為 $d_{k-1} \times d_k$（如圖 3.7 所示）。

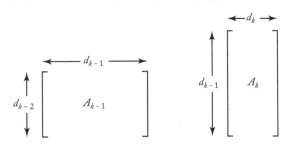

圖 3.7 矩陣 A_{k-1} 的行數等於矩陣 A_k 的列數。

如同前一節所介紹的，在計算過程中，我們會使用一系列的陣列。其中 $1 \le i \le j \le n$，我們設定以下兩個規則：

$M[i][j] =$ 矩陣 A_i 連乘 A_j 所需的最少乘法數（其中 $i < j$）

$M[i][j] = 0$

在討論如何使用這些陣列之前，我們先解釋其中幾個項目的意義。

• **範例 3.5**　　假設有以下六個矩陣

$$
\begin{array}{cccccccccccc}
A_1 & \times & A_2 & \times & A_3 & \times & A_4 & \times & A_5 & \times & A_6 \\
5 \times 2 & & 2 \times 3 & & 3 \times 4 & & 4 \times 6 & & 6 \times 7 & & 7 \times 8 \\
d_0 \quad d_1 & & d_1 \quad d_2 & & d_2 \quad d_3 & & d_3 \quad d_4 & & d_4 \quad d_5 & & d_5 \quad d_6
\end{array}
$$

將 A_4，A_5，A_6 這三個矩陣相乘有下列兩種相乘順序可以考慮

$(A_4 A_5) A_6$　　所需乘法的次數　　$= d_3 \times d_4 \times d_5 + d_3 \times d_5 \times d_6$
　　　　　　　　　　　　　　　　　　　$= 4 \times 6 \times 7 + 4 \times 7 \times 8 = 392$

$A_4 (A_5 A_6)$　　所需乘法的次數　　$= d_4 \times d_5 \times d_6 + d_3 \times d_4 \times d_6$
　　　　　　　　　　　　　　　　　　　$= 6 \times 7 \times 8 + 4 \times 6 \times 8 = 528$

因此，

$$M[4][6] = minimum\,(392, 528) = 392$$

六個矩陣相乘的最佳順序可以分解成以下的其中一種型式

1. $A_1 (A_2 A_3 A_4 A_5 A_6)$

2. $(A_1 A_2)(A_3 A_4 A_5 A_6)$

3. $(A_1 A_2 A_3)(A_4 A_5 A_6)$

4. $(A_1 A_2 A_3 A_4)(A_5 A_6)$

5. $(A_1 A_2 A_3 A_4 A_5)A_6$

在括號內的矩陣，擁有較高的優先相乘順序。第 k 個分解型式所需的乘法總數，為前後兩部份（一為 $A_1 A_2 ... A_k$，另一為 $A_{k+1} ... A_6$）各自所需乘法數目的最小值相加，再加上相乘這前後兩部份矩陣所需的乘法數目。這個過程可以表示成下列的式子

$$M[1][k] + M[k+1][6] + d_0 d_k d_6$$

我們已證明了

$$M[1][6] = \underset{1 \le k \le 5}{minimum}(M[1][k] + M[k+1][6] + d_0 d_k d_6)$$

實際上，這個公式並沒有限定第一個與最末個矩陣一定要是 A_1 與 A_6。例如，我們可利用類似的方式求得 A_2 連乘到 A_6 所需的最少乘法次數。因此，我們可以推廣這個式子以得到下列連乘 n 個矩陣的遞迴性質。對於 $1 \le i \le j \le n$

$$
\begin{aligned}
M[i][j] &= \underset{i \le k \le j-1}{minimum}(M[i][k] + M[k+1][j] + d_{i-1} d_k d_j), \text{ if } i < j \\
M[i][i] &= 0
\end{aligned}
\tag{3.5}
$$

基於此性質設計的 divide-and-conquer 演算法是指數時間複雜度的。我們使用動態規劃來設計一個效率更高的演算法，用來循序計算 $M[i][j]$ 的值。在計算過程中，一個類似巴斯卡三角形 (Pascal's triangle) 的表格會被使用到（見 3.1 節）。而這個基於 3.5 式設計的計算過程比 3.1 節的計算過程稍稍複雜：$M[i][j]$ 的計算牽涉到同一列位於其左及同一欄位於其下的所有元素。利用此性質，我們可以用以下的方式來計算 M 中的元素：首先，設定主對角線上的值為 0；接著我們從主對角線開始，依序由每一條斜線往上計算（對角線 1、對角線 2…對角線 5），直到對角線 5 為止，而它就是最終我們需要的答案—$M[1][6]$。圖 3.8 展示了範例 3.5 矩陣的計算過程。我們利用下面的例子來說明計算過程。

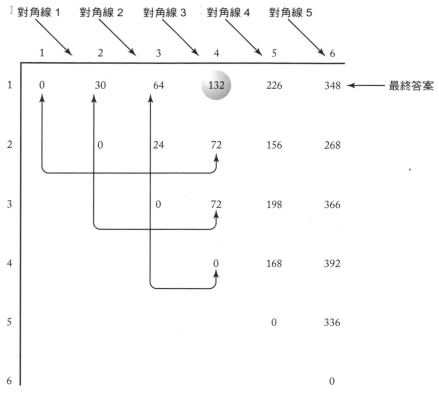

圖 3.8　依據範例 3.5 所建立的陣列 M。$M[1][4]$ 的值是由圖上特別標示成對的元素所計算出來的。

● 範例 3.6　　計算範例 3.5 中的六個矩陣，下面列出的是 dynamic programming 演算法執行的步驟，結果詳見圖 3.8。

計算對角線 0：

$$M[i][i] = 0 \qquad \text{for } 1 \leq i \leq 6$$

計算對角線 1：

$$M[1][2] = \underset{1 \leq k \leq 1}{minimum}(M[1][k] + M[k+1][2] + d_0 d_k d_2)$$
$$= M[1][1] + M[2][2] + d_0 d_1 d_2$$
$$= 0 + 0 + 5 \times 2 \times 3 = 30$$

$M[2][3]$、$M[3][4]$、$M[4][5]$、$M[5][6]$ 等數值也是用同樣的方式計算，詳見圖 3.8。

計算對角線 2：

$$M[1][3] = \underset{1 \le k \le 2}{minimum}(M[1][k] + M[k+1][3] + d_0 d_k d_3)$$

$$= minimum(M[1][1] + M[2][3] + d_0 d_1 d_3$$
$$M[1][2] + M[3][3] + d_0 d_2 d_3)$$

$$= minimum(0 + 24 + 5 \times 2 \times 4, 30 + 0 + 5 \times 3 \times 4) = 64$$

$M[2][4]$，$M[3][5]$，$M[4][6]$ 等數值也是用同樣的方式計算，詳見圖 3.8。

計算對角線 3：

$$M[1][4] = \underset{1 \le k \le 3}{minimum}(M[1][k] + M[k+1][4] + d_0 d_k d_4)$$

$$= minimum(M[1][1] + M[2][4] + d_0 d_1 d_4$$
$$M[1][2] + M[3][4] + d_0 d_2 d_4$$
$$M[1][3] + M[4][4] + d_0 d_3 d_4)$$

$$= minimum(0 + 72 + 5 \times 2 \times 6, 30 + 72 + 5 \times 3 \times 6$$
$$64 + 0 + 5 \times 4 \times 6) = 132$$

$M[2][5]$、$M[3][6]$ 等數值也是用同樣的方式計算，詳見圖 3.8。

計算對角線 4：

在對角線 4 上的 $M[1][5]$、$M[2][6]$ 的計算方式相似，詳見圖 3.8。

計算對角線 5：

最終，計算對角線 5，$M[1][6]$ 即是矩陣 A_1 乘到 A_6，所需最少的乘法運算次數。

$$M[1][6] = 348$$

以下的演算法實作了這個方法。該演算法的輸入為 n 個矩陣的維度，也就是 d_0 到 d_n 的值。輸入並不包含矩陣本身在內，因為矩陣的內容與本問題無關。印出最佳順序時，將使用到該演算法產生的陣列 P。我們將在分析演算法 3.6 之後討論這點。

▶ 演算法 3.6 **最少乘法次數**

問題：找出 n 個矩陣相乘所需的最少乘法次數，以及矩陣相乘的順序。

輸入：表示矩陣的數量 n；索引值由 0 到 n 的整數陣列 d，其中 $d[i-1] \times d[i]$ 表示第 i 個矩陣的維度。

輸出：$minmult$ 表示矩陣相乘所需的最少乘法次數；還有一個二維陣列 P，用來儲存矩陣相乘的最佳順序，它的列索引值由 1 到 $n-1$，而行索引值由 1 到 n。$P[i][j]$ 代表矩陣 i 相乘到矩陣 j 最好的分割方式。

```
int minmult (int n,
             const int d[],
             index P [][])
{
  index i, j, k, diagonal;
  int M[1..n] [1..n];

  for (i = 1; i <= n; i++)
     M[i][i] = 0;
  for (diagonal = 1; diagonal <= n - 1; diagonal++)
       //位在主對角線上方的第一條斜線
     for (i = 1; i <= n - diagonal; i ++){
        j = i + diagonal;
        M[i][j] =
          minimum (M[i] [k] + M[k + 1][j] + d [i - 1]* d [k] * d [j]);
          i ≤ k ≤ j-1
        P[i][j] = 達到最小乘法次數時的 k 值；
     }
  return M[1][n];
}
```

分析演算法 3.6 ▶ **所有情況的時間複雜度（最少乘法次數）**

基本運算：我們可以用每個不同 k 值所執行的指令作為基本運算，其中包含用來檢查是否為最小值的「比較」指令。

輸入大小：n，矩陣的數量。

在演算法 3.6 中，我們使用了三層迴圈。因為 $j = i + diagonal$。所以 k 迴圈的執行次數為

$$j - 1 - i + 1 = i + diagonal - 1 - i + 1 = diagonal$$

當給定 $diagonal$ 值，`for-i` 迴圈被執行的次數將會是 $n - diagonal$。因為 $diagonal$ 的值是由 1 到 $n-1$，所以基本運算的總執行次數為

$$\sum_{diagonal=1}^{n-1} [(n - diagonal) \times diagonal]$$

在習題中，我們將會證明這個式子的值等於

$$\frac{n(n-1)(n+1)}{6} \in \Theta(n^3)$$

接下來，我們要展示如何利用陣列 P 印出矩陣相乘的最佳順序。圖 3.9 所呈現的內容是範例 3.5 的陣列 P。$P[2][5] = 4$ 表示矩陣 A_2 乘到 A_5 的最佳乘法順序可以分解成

$$(A_2 A_3 A_4) A_5$$

$P[2][5] = 4$，這個 "4" 的值表示，矩陣 A_2 乘到 A_5 的最佳乘法順序是從矩陣 A_4 開始做一分割。我們可以藉由拜訪 $P[1][n]$ 找到第一層的分解方式。由於 $n = 6$ 且 $P[1,6] = 1$，因此在最佳相乘順序中，第一層的分解方式為

$$A_1 (A_2 A_3 A_4 A_5 A_6)$$

	1	2	3	4	5	6
1		1	1	1	1	1
2			2	3	4	5
3				3	4	5
4					4	5
5						5

圖 3.9 將演算法 3.6 應用在範例 3.5 上，所產生的陣列 P。

接下來，我們要找出矩陣 A_2 乘到 A_6 的最佳乘法順序，所以必需參考 $P[2][6]$ 的值。其值為 5，所以可以分解成

$$(A_2 A_3 A_4 A_5) A_6$$

到目前為止，我們已知最佳乘法順序的分解方式為

$$A_1\left(\left(A_2A_3A_4A_5\right)A_6\right)$$

而 A_2 乘到 A_5 的分解方式仍待求出。接著我們以相同方式查詢 $P[2][5]$ 的值，直到所有的分解方式都已決定，最終可以得到答案

$$A_1\left(\left(\left(\left(A_2A_3\right)A_4\right)A_5\right)A_6\right)$$

演算法 3.7 所展示的，即為上述計算步驟的演算法。

▶ 演算法 3.7　　**印出最佳順序**

問題：印出 n 個矩陣相乘的最佳順序。

輸入：正整數 n 與由演算法 3.6 所產生的陣列 P，$P[i][j]$ 表示矩陣 i 乘到矩陣 j 的最佳乘法順序中的分割點。

輸出：矩陣相乘的最佳順序。

```
void order (index i, index j)
{
  if (i == j)
     cout << ''A'' << i;
  else {
     k = P[i][j];
     cout << ''('';
     order (i, k);
     order (k + 1, j);
     cout << '') '';
  }
}
```

依據我們先前處理遞迴程序的原則，陣列 P 和 n 是不需要真正做為 $order()$ 的輸入，我們可以把它們直接定義成全域變數即可。order 函式的第一層呼叫是：

$order(1,n)$

以範例 3.5 為例，$order(1, n)$ 會印出

$$\left(A1\left(\left(\left(\left(A2A3\right)A4\right)A5\right)A6\right)\right)$$

在整個式子中有許多括號，這是因為演算法會在每個複合項的周圍放上一對括號。在習題中我們將會為演算法 3.7 證明

$$T(n) \in \Theta(n)$$

先前提到的演算法 3.6 是學者 Godbole 於 1973 年所提出的，時間複雜度為 $\Theta(n^3)$。1982 年時，學者 Yao 提出了另一種更快速的演算法，時間複雜度為 $\Theta(n^2)$。1982 年與 1984 年學者 Hu 和 Shing 更分別提出了時間複雜度為 $\Theta(n \lg n)$ 的演算法。

• 3.5 最佳二元搜尋樹

接下來我們要找出如何把一群資料建成一個二元搜尋樹的最佳方法。在探討演算法之前，我們先來回顧有關樹的一些觀念。在二元樹中，對任一節點而言，以其左子節點為根節點之子樹稱為左子樹 (left subtree)，以其右子節點為根節點之子樹稱為右子樹 (right subtree)。

定義

二元搜尋樹 (binary search tree) 是一棵由某個有序集合中取出的項（通常稱為 key）構成的二元樹。

1. 每個節點包含一個 key。

2. 節點 N 的左子樹中任一節點的 key，必需小於或等於節點 N 的 key。

3. 節點 N 的右子樹中任一節點的 key，必需大於或等於節點 N 的 key。

圖 3.10 展現了兩棵二元搜尋樹，兩樹所包含的 key 是完全一樣的。我們先來看看左邊的圖，依照英文字母的排列方式，"Ralph" 這個節點的右子樹中所有的資料（"Tom"、"Ursula" 以及 "Wally"），均大於 "Ralph"。雖然在一個二元樹中，其 key 是可以重複的，但為了簡化問題，我們假設在二元搜尋樹中，key 都是彼此不同的。

我們說某一節點的**深度** (depth)，是指從根節點到該節點所經過路徑的邊 (edge) 的數目。有時候，深度也被稱之為「**層**」(level)。通常我們會說某個節點的深度是多少或是某個節點位在第幾層。舉例說明：在圖 3.10 左邊的圖中，"Ursula" 節點的深度是 2，也就是位在第 2 層的意思。而根節點的深度是 0，位在第 0 層。另外，我們會把樹中所有節點

的深度，取其最大值來當做樹的**深度**。舉例說明：在圖 3.10 左邊的圖中，樹的深度為 3；而右邊的圖，樹的深度為 2。在一個樹中的任何一個節點，其左右子樹的深度相差沒有超過 1 的話，我們把這樣的樹稱之為**平衡**（balanced）。舉例說明：在圖 3.10 左邊的圖是不平衡的，因為根節點的右子樹深度為 2，但是左子樹深度為 0，左右子樹的深度相差超過 1。而圖 3.10 右邊的圖則是平衡的。

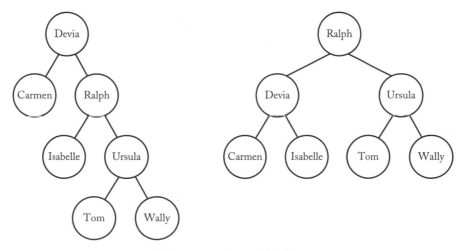

圖 3.10　兩棵二元搜尋樹。

　　在本節中，我們的目標是將二元搜尋樹中的 key 加以組織，使得搜尋一個 key 的平均時間最小（「平均」的定義請參閱 A.8.2 節），我們稱這樣的樹是**最佳的**（optimal）。不難看出，如果每個 key 被拿來當作 search key 的機率是相同的話，則圖 3.10 的右圖是最佳的。但是我們要考慮的是更複雜的情況—每個 key 被拿來當作 search key 的機率是不相同的。舉例說明：假設我們從美國的民眾當中，隨機（random）抽出一個人的名字，然後拿到圖 3.10 中搜尋，因為 "Tom" 跟 "Ursula" 比較起來，算是一個較普遍的名字，所以我們在最佳二元搜尋樹中應該賦予 "Tom" 這個 key 較高的機率（有關隨機的討論請參閱 A.8.1 節）。

　　我們將討論已知尋找的 key 在樹上的例子。更一般化的情形，也就是 key 可能不一定在樹上的例子，則留待習題中再探究。為了減少平均搜尋時間，我們必須先了解找到一個 key 的時間複雜度是多少。因此，我們撰寫一個能在二元搜尋樹中尋找 key 的演算法並分析其複雜度。這個演算法使用以下的資料型態：

```
struct nodetype
{
  keytype key;
  nodetype* left;
  nodetype* right;
};

typedef nodetype* node pointer ;
```

其中 **node_pointer** 是一個指標變數，指向一個資料型態為 **nodetype** 的記錄。簡言之，**node_pointer** 儲存的是該類紀錄的記憶體位址。

▶ 演算法 3.8　　**搜尋二元樹**

問題：在二元搜尋樹中搜尋某個 key（假設此 key 必存在於樹中）。

輸入：*tree*（為一個指標，指向二元搜尋樹）；以及欲搜尋的 key *keyin*。

輸出：一指標 *p*（指向有包含該 key 的節點）。

```
void search (node_pointer tree,
             keytype keyin,
             node_pointer& p)
{
  bool found;

  p = tree;
  found = false;
  while (! found)
    if (p->key == keyin)
        found = true;
    else if (keyin < p-> key);
        p = p-> left;          // 前往左子節點
    else
        p = p-> right;         // 前往右子節點
}
```

在 $search()$ 程序中搜尋一個 key 所需比較 (comparison) 指令的數目，稱之為**搜尋時間** (search time)。我們的目標是使整個二元樹的平均搜尋時間是最小的。在 1.2 節中，我們假設「比較指令」被設計成是很有效率的，因此根據這個假設，我們在 while 迴圈中僅需要一個比較指令即可完成比較的動作。所以搜尋一個 key 的搜尋時間可以寫成

$$depth\,(key) + 1$$

$depth(key)$ 指的是包含該 key 之節點的深度。舉例說明：在圖 3.10 左邊的圖中，"Ursula" 節點的深度為 2，則它的搜尋時間為

$$depth(\text{Ursula}) + 1 = 2 + 1 = 3$$

現假設 $Key_1, Key_2, ..., Key_n$ 為 n 個 key 依序排列，並且 p_i 為 Key_i 被當作 search key 的機率。如果 c_i 是搜尋 Key_i 所需比較指令的數目，所以這個樹的平均搜尋時間為

$$\sum_{i=1}^{n} c_i p_i$$

我們的目標是將上述的值最小化。

● **範例 3.7**　　圖 3.11 展示的是，當 $n = 3$ 時，所呈現出五個型態不同的樹。假設

$$p_1 = 0.7 \qquad p_2 = 0.2, \qquad \text{and} \qquad p_3 = 0.1$$

則平均搜尋時間為

1 . $3(0.7) + 2(0.2) + 1(0.1) = 2.6$

2 . $2(0.7) + 3(0.2) + 1(0.1) = 2.1$

3 . $2(0.7) + 1(0.2) + 2(0.1) = 1.8$

4 . $1(0.7) + 3(0.2) + 2(0.1) = 1.5$

5 . $1(0.7) + 2(0.2) + 3(0.1) = 1.4$

第五個樹是最佳的。

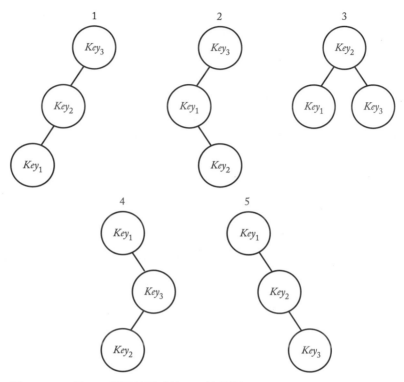

圖 3.11   三個 key 所可能形成的二元搜尋樹。

　　在求取最佳二元搜尋樹時，一般而言，我們不會列出所有可能的二元搜尋樹，然後再找出其中最佳的一個，因為這必須花費至少 n 的指數時間去計算。要證明這點並不難，我們以深度 $n-1$ 的二元搜尋樹為研究對象。在這樣的樹中，除了根節點之外，共有 $n-1$ 層，每一層的節點有兩種選擇，也就是可以做為它的父節點的左子節點或是右子節點。這表示一個二元搜尋樹如果深度為 $n-1$ 的話，則共可以組合出 2^{n-1} 種不同的型式。

　　動態規劃的技巧將被用來開發更有效率的演算法。為了這個目的，假設 Key_i 到 Key_j 將被安排到一個可以最小化下列值的樹：

$$\sum_{m=i}^{j} c_m p_m$$

　　其中 c_m 是在樹中搜尋 key Key_m 所需比較指令的數目，我們稱這樣的樹是對這些 key $(Key_i \cdots Key_j)$ 最佳的樹，並將最佳值以 $A[i][j]$ 來表示。由於只需要一個比較指令即可搜尋到 Key_i，$A[i][j] = p_i$

- 範例 3.8　在範例 3.7 中，假設三個 key 的機率分別為

$$p_1 = 0.7, \qquad p_2 = 0.2, \qquad \text{and} \qquad p_3 = 0.1$$

如果要計算 $A[2][3]$，則我們必需考慮圖 3.12 所示的兩種情況，並分別計算它們如下：

1. $1(p_2) + 2(p_3) = 1(0.2) + 2(0.1) = 0.4$

2. $2(p_2) + 1(p_3) = 2(0.2) + 1(0.1) = 0.5$

第一種情況是最佳的，並且 $A[2][3] = 0.4$

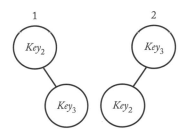

圖 3.12　由 key_1 和 key_2 組成的二元搜尋樹。

　　值得注意的是，在範例 3.8 得到的最佳樹是範例 3.7 所得到的最佳樹之根節點的右子樹。即使這棵樹並非與那棵右子樹完全相同，但平均搜尋時間必須是相同的。否則，我們可以將它換掉，使得整棵樹的平均搜尋時間更短。總之，最佳樹的任意子樹對這棵子樹上的眾節點們必須是最佳的。因此，此問題便適用前面所提最佳化原則。

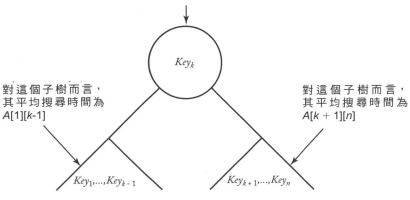

圖 3.13　用 key_k 當做根節點的最佳二元搜尋樹。

接下來，我們定義 *tree* 1 來表示一個最佳化的樹，其中 Key_1 必需是這個樹的根節點；*tree* 2 也表示一個最佳化的樹，其中 Key_2 必需是這個樹的根節點⋯ *tree n* 也表示一個最佳化的樹，其中 Key_n 必需是這個樹的根節點。給定 $1 \le k \le n$，在這裡 *tree k* 的子樹也必需是最佳的，因此在這些子樹中的平均搜尋時間描繪如圖 3.13。當 $m \ne k$ 時，就需要額外一個比較的指令（這個比較的指令發生在子樹的根節點）。這一個額外的比較指令使得在 *tree k* 中搜尋 Key_m 的平均時間增加了 $1 \times p_m$。由此可知，我們可以將 *tree k* 的平均搜尋時間整理成以下的式子

$$\underbrace{A[1][k-1]}_{\substack{\text{左子樹的平均}\\\text{搜尋時間}}} + \underbrace{p_1 + \cdots + p_{k-1}}_{\substack{\text{左子樹需要的}\\\text{額外比較時間}}} + \underbrace{p_k}_{\substack{\text{根結點的平均}\\\text{搜尋時間}}} + \underbrace{A[k+1][n]}_{\substack{\text{右子樹的平均}\\\text{搜尋時間}}} + \underbrace{p_{k+1} + \cdots + p_n}_{\substack{\text{右子樹需要的}\\\text{額外比較時間}}},$$

上式等於

$$A[1][k-1] + A[k+1][n] + \sum_{m=1}^{n} p_m$$

因為 k 個樹中的某個必需是最佳的，所以最佳樹的平均搜尋時間可以寫成以下的式子

$$A[1][n] = \underset{1 \le k \le n}{minimum}(A[1][k-1] + A[k+1][n]) + \sum_{m=1}^{n} p_m$$

在這裡 $A[1][0]$ 及 $A[n+1][n]$ 被定義成 0。雖然最後一項的機率總和很明顯是 1，由於希望能將最後推導的結果更一般化，我們把它寫為一個總和的式子。為此目的，我們還沒提到前面的討論要求 key 必須是 Key_1 到 Key_n。也就是廣泛地說，目前的討論也與 Key_i 到 Key_j $(i < j)$ 的情形相關。因此我們可以導出以下的式子

$$\begin{aligned}
&A[i][j] = \underset{i \le k \le j}{minimum}(A[i][k-1] + A[k+1][j]) + \textstyle\sum_{m=i}^{j} p_m \quad i < j\\
&A[i][i] = p_i\\
&A[i][i-1] \text{ and } A[j+1][j] \quad \text{被定義成 } 0
\end{aligned} \tag{3.6}$$

利用等式 3.6，我們可設計出求出最佳二元搜尋樹的動態規劃演算法。因為計算 $A[i][j]$ 時必須參考第 i 列位於 $A[i][j]$ 之左以及第 j 欄位於 $A[i][j]$ 之下的所有項，我們採用一次算一條對角線上的所有值的方式來推進（如同演算法 3.6 的做法）。因為這些步驟與演算法 3.6 很類似，我們不再透過範例詳述。我們只用一個展示了套用此演算法結果的範例來幫助讀者了解。陣列 R 是在演算法計算過程中附帶產生的，它記錄了每一個步驟選擇哪

一個 key 做為子樹的根節點。其中 $R[1][2]$ 記錄某一個 key 的索引值，這個 key 被用來當作 Key_1 和 Key_2 所形成最佳樹的根節點。另外 $R[2][4]$ 記錄某一個 key 的索引值，這個 key 被用來當作 Key_2、Key_3、Key_4 所形成最佳樹的根節點。在分析過演算法後，我們將討論如何由 R 建構最佳樹。

▶ 演算法 3.9　　**最佳二元搜尋樹**

問題：找出一群 key 的最佳二元搜尋樹，每個 key 都伴隨著一個該 key 做為搜尋鍵的機率。

輸入：n 代表 key 的個數；陣列 p 用來儲存每個 key 被當作搜尋鍵的機率，其中 $p[i]$ 代表 Key_i 的機率。

輸出：變數 $minavg$，代表最佳二元搜尋樹的平均搜尋時間；二維陣列 R，可以藉由 R 建構出最佳樹，它的列索引值由 1 到 $n+1$，行索引值是由 0 到 n，$R[i][j]$ 記錄某一個 key 的索引值，這個 key 被用來當作 Key_i 到 Key_j 所形成最佳樹的根節點。

```
void optsearchtree (int n,
                    const float p[],
                    float& minavg,
                    index R[][])
{
  index i, j, k, diagonal;
  float A[1..n + 1][0..n];
  for (i = 1; i < = n; i++){
     A[i][i - 1] = 0;
     A[i][i] = p[i];
     R[i][i] = i;
     R[i][i - 1] = 0;
  }
  A[n + 1][n] = 0;
  R[n + 1][n] = 0;
  for (diagonal = 1; diagonal <= n - 1; diagonal++)
     for (i = 1; i <= n - diagonal; i ++){        //Diagonal-1 就是位在
                                                   // 主對角線上方的第一條線

        j = i + diagonal;
```

$$A[i][j] = \underset{i \le k \le j}{minimum}(A[i][k - 1] + A[k + 1][j]) + \sum_{m=i}^{j} p_m$$

```
        R[i][j] = 達到最小乘法次數時的 k 值 ;
     }
  minavg = A[1][n];
}
```

<table>
<tr><td>分析演算法
3.9</td><td>▶</td><td>**所有情況的時間複雜度（最佳化二元搜尋樹）**</td></tr>
</table>

基本運算：針對每一個 k 值所需執行的指令數目。這其中包含一個用來測試是否為最小值的比較指令。$\sum_{m=i}^{j} p_m$ 這個值並不需要每次都被重新計算。在習題中，你會發現一個更有效率的計算總和方式。

輸入大小：n，key 的數目。

這個演算法的控制部份幾乎和演算法 3.6 一樣。唯一的不同之處在於，當給定 $diagonal$ 和 i 值時，基本運算會被執行 $diagonal + 1$ 次。這個演算法的分析方式和演算法 3.6 相似。

$$T(n) = \frac{n(n-1)(n+4)}{6} \in \Theta(n^3)$$

接下來，我們要介紹如何從陣列 R 來建構出最佳二元搜尋樹。回想 R 記錄了每個步驟被選為根節點的 key。

▶ **演算法 3.10**　**建立最佳二元搜尋樹**

問題：建立最佳二元搜尋樹。

輸入：n 代表 key 的數目；陣列 Key 依序儲存這 n 個 key。陣列 R 是由演算法 3.9 所產生的，其中 $R[i][j]$ 記錄著 Key_i 到 Key_j 所形成最佳樹的根節點之 key 的索引值。

輸出：指標 $tree$，指向包含這 n 個 key 的最佳二元搜尋樹

```
node_pointer tree (index i, j)
{
   index k;
   node_pointer p;

   k = R[i][j];
   if (k == 0)
      return NULL;
   else {
      p = new nodetype;
      p-> key = Key[k];
      p-> left = tree(i, k - 1);
      p-> right = tree(k + 1, j);
      return p;
```

```
    }
}
```

其中 p = `new nodetype` 是用來產生一個新的節點，並且把它的位址放到 P 中。依照我們對遞迴演算法的慣例，n、Key、以及 R 都不必被當作 $tree$ 函式的輸入參數。若我們在演算法中將這三個資料以全域的方式實作，則指向最佳二元搜尋樹的根節點指標 $root$ 可由下列呼叫 $tree$ 函式的方式得到：

```
root = tree(1, n)
```

因為與演算法 3.6（最少乘法次數）類似，所以我們並沒有詳述演算法 3.9 的步驟。基於相同的理由，由於與演算法 3.7（列印最佳順序）類似，所以我們也沒有詳述演算法 3.10 的步驟。取而代之地，我們以提供一個展現套用演算法 3.9 與 3.10 後結果的範例，來幫助讀者了解。

● 範例 3.9   假設我們有下列的陣列 Key：

Don	Isabelle	Ralph	Wally
Key[1]	Key[2]	Key[3]	Key[4]

並且

$$p_1 = \frac{3}{8} \qquad p_2 = \frac{3}{8} \qquad p_3 = \frac{1}{8} \qquad p_4 = \frac{1}{8}$$

陣列 A 和 R 是由演算法 3.9 所產生的（如圖 3.14），樹則是由演算法 3.10 產生的（如圖 3.15），最小平均搜尋時間為 $7/4$。

	0	1	2	3	4
1	0	$\frac{3}{8}$	$\frac{9}{8}$	$\frac{11}{8}$	$\frac{7}{4}$
2		0	$\frac{3}{8}$	$\frac{5}{8}$	1
3			0	$\frac{1}{8}$	$\frac{3}{8}$
4				0	$\frac{1}{8}$
5					0

A

	0	1	2	3	4
1	0	1	1	2	2
2		0	2	2	2
3			0	3	3
4				0	4
5					0

R

圖 3.14　針對範例 3.9，由演算法 3.9 所產生的陣列 A 和陣列 R。

值得注意的是，$R[1][2]$ 這個值可以等於 1，抑或是 2。原因是，當只有 Key_1 和 Key_2 形成一個二元樹時，由於這兩個 key 的機率相等，所以究竟是哪一個 key 做為這個子樹的根節點，其平均搜尋時間都是一樣的。

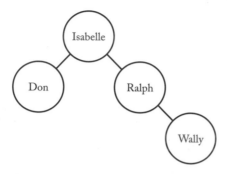

圖 3.15　針對範例 3.9，應用演算法 3.9 和 3.10 所產生的二元樹。

本節所介紹的演算法是 Gilbert 和 Moore 兩位學者在 1959 年提出的，另一位學者 Yao 在 1982 年提出了另一個演算法，他使用了加速的動態規劃方法，使得時間複雜度降為 $\Theta(n^2)$。

3.6　售貨員旅行問題

假設有一位售貨員計畫在 20 個城市間旅行並推銷業務。每個城市間有道路連往其他城市。從售貨員的家鄉城市出發，拜訪了每一個城市一次之後，再回到他的家鄉城市。為了縮短旅行時間，我們的目標是幫助他找出最短的路線，我們稱這樣的問題為售貨員旅行問題。

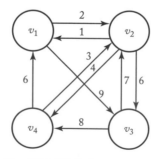

圖 3.16　最佳旅程為 $[v_1, v_3, v_4, v_2, v_1]$。

　　通常這類的問題可以把它表示成一個權重圖，其中每一個頂點代表一個城市，另外我們也假設所有的權重都是非負數。在有向圖中，我們稱一個**旅程** (tour) 為一條路徑，它是由某一個頂點出發，經過所有頂點一次之後，再回到該頂點。我們也把旅程稱為漢米爾頓迴路 (Hamiltonian circuit)。在有向權重圖中，**最佳旅程** (optimal tour) 是指該路徑擁有最小長度的特性。售貨員旅行問題的解答，就是要找到一個最佳旅程。在一個最佳旅程中，究竟使用哪一頂點做為起點，是不會影響最佳旅程的長度的，所以我們原則上都設定 v_1 為起點。分析圖 3.16 中的三個旅程，其長度如下：

$$length\,[v_1, v_2, v_3, v_4, v_1] = 22$$
$$length\,[v_1, v_3, v_2, v_4, v_1] = 26$$
$$length\,[v_1, v_3, v_4, v_2, v_1] = 21$$

　　第 3 個旅程是最佳的。要找出最佳旅程，最簡單的想法就是找出所有可能的旅程，然後再找出其中路徑長度最小的一個。在一般情況下，或許每個頂點都有直接的一條邊通往其他頂點，如果我們要找出所有可能的旅程，第二個點有 $n-1$ 種可能，第三個點有 $n-2$ 種可能，$\cdots$，第 n 個點只有一種可能。因此，可能的旅程總數為

$$(n-1)\,(n-2)\cdots 1 = (n-1)!$$

所花費的時間將超過指數時間。

	1	2	3	4
1	0	2	9	∞
2	1	0	6	4
3	∞	7	0	8
4	6	3	∞	0

圖 3.17　本圖為圖 3.16 的相鄰矩陣 W。

　　Dynamic programming 能否應用在這個問題上呢？假設在最佳旅程上，頂點 v_k 是頂點 v_1 下一個要拜訪的頂點，則旅程上 v_k 到 v_1 的這條子路徑也必定是經過所有點至少一次的最短路徑。這種情況正符合最佳化問題原則，所以我們可以利用 dynamic programming 來解決這類型的問題。為了方便解題，我們使用相鄰矩陣 W（我們曾經在 3.2 節中使用過）。圖 3.17 是圖 3.16 以相鄰矩陣來表現的結果。我們定義

$$V = \text{所有頂點的集合}$$
$$A = V \text{ 的一個子集合}$$
$$D\,[v_i]\,[A] = \text{從 } v_i \text{ 出發，經過 } A \text{ 中的所有頂點一次，}$$
$$\text{再到達 } v_1 \text{ 的最短路徑長度。}$$

● 範例 3.10　　以圖 3.16 為例，

$$V = \{v_1, v_2, v_3, v_4\}$$

值得注意的是，我們使用大括號來表示一個集合，而我們會用中括號來表示一條路徑。如果 $A = \{v_3\}$，則

$$D\,[v_2]\,[A] = length\,[v_2, v_3, v_1]$$
$$= \infty$$

如果 $A = \{v_3, v_4\}$，則

$$D\,[v_2] = \ minimum\,(length\,[v_2, v_3, v_4, v_1]\,,\ length\,[v_2, v_4, v_3, v_1])$$
$$= \ minimum\,(20, \infty) = 20$$

　　因為 $V - \{v_1, v_j\}$ 包含除了 v_1、v_j 之外的所有頂點，並且適用最佳化問題原則，因此我們得到

$$\text{最佳 tour 長度} = \underset{2 \leq j \leq n}{minimum}(W[1][j] + D[v_j][V - \{v_1, v_j\}]),$$

我們將上式進一步地改寫成一般的通式，在這裡 $i \neq 1$ 並且 v_i 不在 A 中

$$D[v_i][A] = \underset{j:v_j \in A}{minimum}(W[i][j] + D[v_j][A - \{v_j\}])\,if\,A \neq \varnothing$$
$$D[v_i][\varnothing] = W[i][1] \tag{3.7}$$

　　我們可以利用等式 3.7 來為售貨員旅行問題設計一個動態規劃演算法。首先，我們先舉一個例子來說明它的計算過程。

● 範例 3.11　　找出圖 3.17 中的最佳旅程。首先，先考慮空集合的情況：

$$D[v_2][\varnothing] = 1$$
$$D[v_3][\varnothing] = \infty$$
$$D[v_4][\varnothing] = 6$$

接下來，考慮所有只包含一個元素的集合：

$$D[v_3][\{v_2\}] = \underset{j:v_j \in \{v_2\}}{minimum}(W[3][j] + D[v_j][\{v_2\} - \{v_j\}])$$
$$= W[3][2] + D[v_2][\varnothing] = 7 + 1 = 8$$

同樣地，

$$D[v_4][\{v_2\}] = 3 + 1 = 4$$
$$D[v_2][\{v_3\}] = 6 + \infty = \infty$$
$$D[v_4][\{v_3\}] = \infty + \infty + \infty$$
$$D[v_2][\{v_4\}] = 4 + 6 = 10$$
$$D[v_3][\{v_4\}] = 8 + 6 = 14$$

接下來，考慮所有包含兩個元素的集合：

$$D[v_4][\{v_2, v_3\}] = \underset{j:v_j \in \{v_2, v_3\}}{minimum}(W[4][j] + D[v_j][\{v_2, v_3\} - \{v_j\}])$$
$$= minimum(W[4][2] + D[v_2][\{v_3\}], W[4][3] + D[v_3][\{v_2\}])$$
$$= minimum(3 + \infty, \infty + 8) = \infty$$

同樣地，

$$D[v_3][\{v_2, \ v_4\}] = minimum(7 + 10, 8 + 4) = 12$$
$$D[v_2][\{v_3, \ v_4\}] = minimum(6 + 14, 4 + \infty) = 20$$

最後，計算最佳旅程的長度

$$D[v_1][\{v_2, v_3, v_4\}] = \underset{j:v_j \in \{v_2, v_3, v_4\}}{minimum}(W[1][j] + D[v_j][\{v_2, v_3, v_4\} - \{v_j\}])$$
$$= minimum(W[1][2] + D[v_2][\{v_3, v_4\}],$$
$$W[1][3] + D[v_3][\{v_2, v_4\}],$$
$$W[1][4] + D[v_4][\{v_2, v_3\}])$$
$$= minimum(2 + 20, 9 + 12, \infty + \infty) = 21$$

接著要介紹的是售貨員旅行問題的動態規劃演算法。

▶ 演算法 3.11　　**售貨員旅行問題的 dynamic programming 版演算法**

問題：在一個有向權重圖中找出最佳旅程（假設所有的權重都是非負值）。

輸入：一個有向權重圖，並且 n 代表圖中的頂點數目。此圖用一個二維陣列 W 表示，W 的列與行的索引值都是由 1 到 n。$W[i][j]$ 代表從頂點 v_i 到頂點 v_j 的邊之權重。

輸出：變數 $minlength$，它是最佳旅程的長度；另外還有一個二維陣列 P，利用陣列 P 可以建構出最佳旅程。陣列 P 的列索引值是由 1 到 n，而行索引值是 $V - \{v_1\}$ 的所有子集合。$P[i][A]$ 儲存的是由頂點 v_i 出發，通過集合中所有頂點一次，然後到達頂點 v_1 的最短路徑上，位在頂點 v_i 後的第一個頂點。

```
void travel (int n,
             const number W[][],
             index P [][],
             number& minlength)
{
  index i, j, k;
  number D[1..n][subset of V - {v₁}];

  for (i = 2; i <= n; i++)
     D[i][∅] = W[i][1];
  for (k = 1; k <= n - 2; k++)
      for (所有包含 k 個點之 V - {v₁} 的子集合 A)
         for (i 使得 i 不等於 1 且 vᵢ 不在 A 中){
             D[i][A] = minimum (W[i][j] + D[j][A - {vⱼ}]);
                       j:vⱼ∈A
             P[i][A] = 造成 minimum 的 j 值 ;
         }
  D[1][V - {v1}] = minimum (W[1][j] + D[j][V - {v₁, vⱼ}]);
                   2 ≤ j ≤ n
  P[1][V - {v1}] = 造成 minimum 的 j 值 ;
  minlength = D[1][V - {v₁}];
}
```

在演示如何由 P 求得最佳旅程前，我們分析演算法 3.11，首先我們需要一個定理：

▶ 定理 3.1

當 $n \geq 1$ 時

$$\sum_{k=1}^{n} k \binom{n}{k} = n2^{n-1}$$

證明：我們把證明下列的式子留作習題

$$k \binom{n}{k} = n \binom{n-1}{k-1}$$

因此，

$$\sum_{k=1}^{n} k \binom{n}{k} = \sum_{k=1}^{n} n \binom{n-1}{k-1}$$
$$= n \sum_{k=0}^{n-1} \binom{n-1}{k}$$
$$= n2^{n-1}$$

最後一個等式是應用到附錄 A 中範例 A.10 的結果。

分析演算法 3.11 ▶ **所有情況的時間複雜度（售貨員旅行問題的 dynamic programming 版演算法）**

基本運算：第一個以及最後一個迴圈所花費的時間，跟中間的那個迴圈比較起來其實是無足輕重的，因為中間的迴圈包含了多層次的巢狀迴圈。因此，我們主要考慮的是針對每個 v_j，需要執行多少指令來完成計算，包含了一個加法指令。

輸入大小：n，代表圖中的頂點數目

每個集合 A 包含 k 個頂點，我們需要考慮 $n-1-k$ 個頂點，針對每個頂點，基本運算必需被執行 k 次。因為包含 k 個頂點的 $V - \{v_1\}$ 子集合總共有 $\binom{n-1}{k}$ 個，所以基本運算被執行的總次數為

$$T(n) = \sum_{k=1}^{n-2} (n-1-k) k \binom{n-1}{k} \tag{3.8}$$

不難看出，

$$(n-1-k)\binom{n-1}{k} = (n-1)\binom{n-2}{k}$$

將上式代入等式 3.8 得到

$$T(n) = (n-1)\sum_{k=1}^{n-2} k\binom{n-2}{k}$$

最後，應用定理 3.1，得到

$$T(n) = (n-1)(n-2)\,2^{n-3} \in \Theta\left(n^2 2^n\right)$$

由於本演算法在計算過程中需要使用大量的記憶體空間，因此接下來我們來分析記憶體空間的複雜度，稱之為 $M(n)$。陣列 $D[v_i][A]$ 及 $P[v_i][A]$ 是佔據記憶體空間最主要的部份，所以我們的目標是要確定它們究竟需要多大的記憶空間。因為 $V-\{v_1\}$ 包含 $n-1$ 個頂點，我們可以應用附錄 A 中的範例 A.10，計算出這些頂點可以組合出 2^{n-1} 個不同的子集合。陣列 D 和 P 的第一個索引值範圍是由 1 到 n，所以

$$M(n) = 2 \times n2^{n-1} = n2^n \in \Theta\left(n2^n\right)$$

售貨員旅行演算法的時間複雜度是 $\Theta(n^2 2^n)$，對於這樣的結果或許讀者不免感到疑惑。以下這個例子將展示，縱使時間複雜度高達 $\Theta(n^2 2^n)$，但有時候還是相當有用的。

• 範例 3.12　Ralph 和 Nancy 共同競爭公司裡的某個業務職位。老闆對她們說：誰可以用最快的速度拜訪完 20 個城市（每個城市之間都有道路直接互相聯絡）並且回到總公司，誰就可以得到這個職位。Ralph 心想，她可以用整個週末的時間來找出她的路徑，她使用了暴力式 (brute-force) 的演算法，用電腦試圖找出 (20 − 1)! 條旅程中最佳的一個。Nancy 回想起在演算法課程中曾經學到的技術，所以她選擇用 dynamic programming 的方式來幫助解題。假設這兩種演算法的基本運算需費時 1 微秒 (microsecond) 完成，則解題的時間各需

$$\text{暴力式演算法：19! } \mu s = 3857 \text{ 年}$$

$$\text{dynamic programming 演算法：} (20-1)(20-2)2^{20-3}\mu s = 45 \text{ 秒}$$

可以看出，即使時間複雜度高達 $\Theta(n^2 2^n)$ 的演算法，跟時間複雜度為階乘時間的演算法比較起來，仍然是相當有效率的。在這個範例中，dynamic programming 演算法使用的記憶體空間共需

$$20 \times 2^{20} = 20,971,520 \text{ 陣列空間 (array slot)}$$

雖然相當龐大，但以今日的標準來看仍然是可行的。

當 n 值很小時，使用時間複雜度 $\Theta(n^2 2^n)$ 的演算法來找出最佳旅程是可行的。但當 n 值達到 60 時，這個演算法仍需許多年的時間才有辦法計算出結果。

接下來，我們舉例說明如何從陣列 P 找出最佳旅程，但我們並不直接提供演算法。圖 3.16 的陣列 P 中的成員如下：

3		4		2
$P[1, \{v_2, v_3, v_4\}]$		$P[3, \{v_2, v_4\}]$		$P[4, \{v_2\}]$

我們由以下的步驟得到最佳旅程

$$\text{第一個節點的索引值} = P[1][\{v_2, v_3, v_4\}] = 3$$

$$\text{第二個節點的索引值} = P[3][\{v_2, v_4\}] = 4$$

$$\text{第三個節點的索引值} = P[4][\{v_2\}] = 2$$

最後計算出最佳旅程的結果如下

$$[v_1, v_3, v_4, v_2, v_1]$$

到目前為止，還沒有人可以針對售貨員旅行問題，找到一個在最差情況下時間複雜度比指數時間還快的演算法。但也沒有人可以證明這是完全不可能的。售貨員旅行問題只是這類型問題中的一個範例，我們將在第九章探討其他同類型的問題。

● 3.7　序列對齊

我們將演示動態規劃在分子遺傳學的應用，也就是同源 DNA 的序列對齊。首先，我們簡單的回顧某些遺傳學的概念。

染色體是一條長條線狀，由**去氧核醣核酸**（DNA）所構成的巨型分子。染色體是生物表現遺傳特性的載具。DNA 由互補的雙股構成，每股由一條核苷酸序列組成。**核苷酸**包含戊糖（脫氧核糖），磷酸基團，和嘌呤或嘧啶鹼基。**嘌呤**，腺嘌呤（A）和鳥嘌呤（G），在結構上是相似的。**嘧啶**，胞嘧啶（C）和胸腺嘧啶（T）結構也同樣類似。雙股利用核苷酸對的氫鍵結合。腺嘌呤總是和胸腺嘧啶配對，而鳥嘌呤總是與胞嘧啶配對。每對被稱為一個**典型鹼基對**（bp），而 A、G、C 和 T 被稱為**基**。

圖 3.18 描繪了 DNA 片段。實際上，雙股以扭曲的方式圍繞彼此形成一個右手的雙螺旋結構。然而，我們的目的只需要認定它們是字串，如圖所示。染色體被認為僅是一個長的 DNA 分子。

DNA 序列是 DNA 的一段，一個 site 是該序列中是每個鹼基對的位置。DNA 序列可以接受**替代突變**（也就是某個核苷酸被另個取代）、**插入突變**（也就是某個鹼基對被插入到該序列中）、以及刪除突變（也就是某個鹼基對被從序列中刪除）。

考慮在某一特定群體中的每個個體（物種）同樣的 DNA 序列。每一代中，在產生下一代時，序列中的每個 site 的每個配子都有機會發生突變。一個可能的結果是：整個群體（或大多數）中，某個基的某個給定 site 被另一個基所取代。另一種可能的結果是，最後發生了物種分化，整個物種分化成兩個不同的物種。在這種情況下，最終在某個物種中所發生的取代將與在另個物種發生的取代迥異。這意味著，由此兩個物種之個體取出的序列，可能差異很大。我們稱該序列已分道揚鑣。而兩個相對應的序列被稱為**同源序列**。在推測演化樹時，我們對比較來自不同物種的同源序列並估計它們在演化意義上的距離甚感興趣。

圖 3.18　DNA 的某一區段。

當比較來自兩不同物種個體的同源序列，我們必須首先將序列對齊。這是因為已經分化了，故其中一方或雙方的序列可能發生插入或刪除突變。例如，將人類與貓頭鷹猴的胰島素基因中第一個 intron 對齊，會得到一個長 196 個核苷酸的序列，其中 163 個 site 並沒有出現 gap。

● 範例 **3.13**   假設我們有下列的同源基因：

$$A\;A\;C\;A\;G\;T\;T\;A\;C\;C$$
$$T\;A\;A\;G\;G\;T\;C\;A$$

它們有很多種可能的對齊方式。下列是其中兩種：

$$-\;A\;A\;C\;A\;G\;T\;T\;A\;C\;C$$
$$T\;A\;A\;-\;G\;G\;T\;-\;-\;C\;A$$

$$A\;A\;C\;A\;G\;T\;T\;A\;C\;C$$
$$T\;A\;-\;A\;G\;G\;T\;-\;C\;A$$

在對齊方式中，我們用到了   符號，這樣稱為插入一個 gap。代表有 gap 的序列發生了一個刪除突變或是另一個序列發生了插入突變。

前例中，哪一種對齊方式較好？雙方都有 5 對匹配鹼基對。上面的對齊方式有兩個不匹配的鹼基對，但付出了插入四個 gap 的代價。另一方面，下面的對齊方式有三個不匹配的鹼基對，但只付出插入兩個 gap 的代價。在一般情況下，在未訂出不匹配與 gap 的懲罰額度前，是無法比較哪一種對齊方式較佳的。例如，假設 gap 懲罰 1 點，而不匹配罰 3 點。我們把一種對齊方式的總懲罰點數稱為該種對齊方式的成本。給定上述的懲罰方式，範例 3.13 上面的對齊方式的成本為 10，而下面的成本為 11。所以，上面的對齊方式較佳。另一方面，若 gap 懲罰 2 點，而不匹配罰 1 點，不難看出，下面的對齊方式因成本較低而相對較佳。一旦我們設定 gap 與不匹配的懲罰點數，是有可能決定最佳的對齊方式。但是，檢查所有可能的對齊方式是一個棘手的任務。接著，我們將發展一個有效率的動態規劃序列比對演算法。

為了更加具體，我們假設如下：

● 不匹配的罰點為 1。

● gap 的的罰點為 2。

首先，我們將兩序列表達為兩陣列：

A	A	C	A	G	T	T	A	C	C
$x[0]$	$x[1]$	$x[2]$	$x[3]$	$x[4]$	$x[5]$	$x[6]$	$x[7]$	$x[8]$	$x[9]$

T	A	A	G	G	T	C	A
$y[0]$	$y[1]$	$y[2]$	$y[3]$	$y[4]$	$y[5]$	$y[6]$	$y[7]$

假設 $opt(i,j)$ 為子序列 $x[i..9]$ 與 $y[j..7]$ 的最佳對齊成本。則 $opt(0,0)$ 為 $x[0..9]$ 與 $y[0..7]$ 的最佳對齊成本，也就是我們想執行的對齊工作。最佳的對齊方式必定從以下的一種方式開始。

1. $x[0]$ 與 $y[0]$ 對齊。若 $x[0] = y[0]$，則第一個對齊點並沒有任何罰點產生，而若 $x[0] \neq y[0]$，則會有一個罰點產生。

2. $x[0]$ 與一個 gap 對齊，因此在第一個對齊點的罰點為 2。

3. $y[0]$ 與一個 gap 對齊，因此在第一個對齊點的罰點為 2。

假設在 $x[0..9]$ 和 $y[0..7]$ 最佳對齊 $A opt$ 中，$x[0]$ 與 $y[0]$ 對齊。那麼此種對齊方式將包含 $x[1..9]$ 與 $y[1..7]$ 的一種對齊方式 B。假設這不是這兩個子序列的最佳對齊方式。則有另一種成本更低的對齊方式 C。於是，包含著對齊之 $x[0]$ 與 $y[0]$ 的對齊方式 C，將造成 $x[0..9]$ 和 $y[0..7]$ 會有一個比 $A opt$ 更小成本的對齊方式。因此，B 必須是最佳的對齊方式。同樣地，如果在 $x[0..9]$ 和 $y[0..7]$ 的最佳對齊方式中，$x[0]$ 與 gap 對齊，則此種對齊方式將包含 $x[1..9]$ 與 $y[0..7]$ 的最佳對齊方式。若在 $x[0..9]$ 和 $y[0..7]$ 的最佳對齊方式中，$y[0]$ 與 gap 對齊，則此種對齊方式將包含 $x[0..9]$ 與 $y[1..7]$ 的最佳對齊方式。

● 範例 **3.14**　假定下列是 $x[0..9]$ 和 $y[0..7]$ 的某種最佳對齊方式：

$x[0]$	$x[1]$	$x[2]$	$x[3]$	$x[4]$	$x[5]$	$x[6]$	$x[7]$	$x[8]$	$x[9]$
A	A	C	A	G	T	T	A	C	C

T	A	–	A	G	G	T	–	C	A
$y[0]$	$y[1]$		$y[2]$	$y[3]$	$y[4]$	$y[5]$		$y[6]$	$y[7]$

則下面必定是 x[1..9] 和 y[1..7] 最佳對齊方式：

$x[1]$	$x[2]$	$x[3]$	$x[4]$	$x[5]$	$x[6]$	$x[7]$	$x[8]$	$x[9]$
A	C	A	G	T	T	A	C	C
A	–	A	G	G	T	–	C	A
$y[1]$		$y[2]$	$y[3]$	$y[4]$	$y[5]$		$y[6]$	$y[7]$

若設定當 $x[0] = y[0]$ 時，$penalty = 0$；其他情況 $penalty = 1$，則可以建立下列的遞迴性質：

$$opt(0,0) = \min(opt(1,1) + penalty,\ opt(1,0) + 2,\ opt(0,1) + 2)$$

雖然我們敘述此遞迴性質時，兩序列的位置是由 0 開始，但顯而易見地，這性質當我們由任意的位置開始都成立。因此，推廣到一般的情況，

$$opt(i,j) = \min(opt(i+1,j+1) + penalty, opt(i+1,j) + 2, opt(i,j+1) + 2)$$

要完成一個遞迴演算法的發展，我們需要終止條件。設 m 為 **x** 序列的長度，n 是 **y** 序列的長度。如果我們經過 **x** 序列的終點時 $(i = m)$，我們是在 **y** 的第 j 個位置，其中 $j < n$，那麼我們必須插入 $n - j$ 個 gap。因此，一個終止條件為：

$$opt(m, j) = 2(n - j)$$

同樣地，如果我們經過 **y** 序列的終點時 $(j = n)$，我們是在 **x** 的第 i 個位置，其中 $i < m$，那麼我們必須插入 $m - i$ 個 gap。因此，另一個終止條件為：

$$opt(i, n) = 2(m - i)$$

我們現在將開始敘述下列的各個擊破演算法。

▶ 演算法 3.12　　**序列對齊問題的各個擊破版演算法**

問題：找出兩同源 DNA 序列的最佳對齊方式。

輸入：長度為 m 之 DNA 序列 **x**，長度為 n 之 DNA 序列 **y**。序列以陣列的方式來表達。

輸出：兩序列的最佳對齊方式之成本。

```
void opt ( int i , int j )
{
   if ( i == m)
      opt = 2(n - j ) ;
   else if ( j == n )
      opt = 2(m - i ) ;
   else {
      if ( x [i] == x [j] )
         penalty = 0;
      else
         penalty = 1;
      opt = min( opt ( i + 1, j + 1) + penalty , opt ( i + 1, j) + 2,
            opt ( i , j + 1) + 2);
   }
}
```

此演算法的第一層呼叫為

$$optimal\_cost = opt(0,0)$$

注意，該算法只給出了最佳路線的成本；但無法求出最佳路線。我們可以將它修改為可以求出最佳路線的版本。然而，在這裡我們並不這樣做，因為該算法是非常低效的，也不具實用性。我們將在習題中證明它具有指數時間複雜度。

該算法的主要問題是許多子實例被算了不止一次。例如，在第一層呼叫計算 $opt(0,0)$，需要去計算 $opt(1,1)$、$opt(1,0)$、以及 $opt(0,1)$ 等值。第一層遞迴呼叫中要求出 $opt(1,0)$ 的值，需要去計算 $opt(2,1)$、$opt(2,0)$、以及 $opt(1,1)$ 等值。$opt(1,1)$ 被獨立算了兩次，實在是沒有必要的。

為改用動態規劃來解決這個問題，我們建立了一個 $m+1$ 乘 $n+1$ 的陣列，如圖 3.19 所示。請注意，我們在每個序列的結尾加上了一個額外的字符來代表 gap。這樣做的目的是讓我們向上的迭代方法有一個出發點。我們會要計算 $opt(i,j)$ 的值，並將此值存放於此陣列的 i, j 單元。回想一下，我們已有了以下的式子：

$$opt(i,j) = \min(opt(i+1,j+1) + penalty,\ opt(i+1,j) + 2,\ opt(i,j+1) + 2) \tag{1}$$

$$opt(10,j) = 2(8-j) \tag{2}$$

$$opt(i,8) = 2(10-i) \tag{3}$$

請注意，我們已經把公式中的 m 和 n 代入當前實例的值。如果我們在陣列的最下面那列，我們使用公式 2 計算 $opt(i,j)$；如果我們在最右邊的一欄，則使用公式 3，否則，則使用公式 1。請注意在公式 1 中，每個陣列項的值均可根據其右的陣列項、其下的陣列項、以及其右下的陣列項求出。例如，在圖 3.19 中，我們描述了 $opt(6, 5)$ 是由 $opt(6, 6)$、$opt(7, 5)$、以及 $opt(7, 6)$ 求出的。

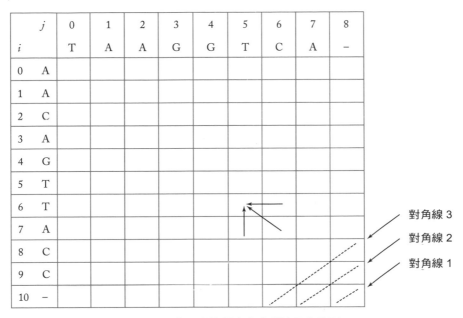

圖 3.19　求取最佳對齊方式所使用的陣列。

因此，我們可以以下列方式計算圖 3.19 陣列中的所有值。首先，計算對角線 1 的所有值，然後計算對角線 2 上的所有值，然後計算對角線 3 的所有值，依此類推。以下說明如何計算前三條對角線的值：

- 對角線 1：

$$opt(10, 8) = 2(10 - 10) = 0$$

- 對角線 2：

$$opt(9, 8) = 2(10 - 9) = 2$$

$$opt(10, 7) = 2(8 - 7) = 2$$

- 對角線 3：

$$opt(8,8) = 2(10 - 8) = 4$$
$$opt(9,7)$$

$$= \min(opt(9+1,7+1) + penalty, opt(9+1,7) + 2, opt(9,7+1) + 2)$$
$$= \min(0+1, 3+2, 2+2) = 1$$

$$opt(10,6) = 2(8 - 6) = 4$$

	j	0	1	2	3	4	5	6	7	8
i		T	A	A	G	G	T	C	A	–
0	A	**7**	8	10	12	13	15	16	18	20
1	A	6	**6**	8	10	11	13	14	16	18
2	C	6	5	**6**	8	9	11	12	14	16
3	A	7	5	**4**	6	7	9	11	12	14
4	G	9	7	5	**4**	5	7	9	10	12
5	T	8	8	6	4	**4**	5	7	8	10
6	T	9	8	7	5	3	**3**	5	6	8
7	A	11	9	7	6	4	2	**3**	4	6
8	C	13	11	9	7	5	3	**1**	3	4
9	C	14	12	10	8	6	4	2	**1**	2
10	–	16	14	12	10	8	6	4	2	**0**

圖 3.20 求取最佳對齊方式所使用的陣列（已填上所有值）。

圖 3.20 顯示所有值算出後的陣列。最佳對齊方式的成本是 7，也就是 $opt(0,0)$。

下一步，我們將展示如何由此陣列中求得最佳對齊方式。首先，我們必須得到造成 $opt(0,0)$ 的路徑。我們由陣列的左上角開始回溯。我們由可能造成 $opt(0,0)$ 的三個陣列項中選擇能夠產生正確值的那項。接著，我們在所選的陣列項，重複此步驟。若遇到平手的情況，則任意選擇一個。持續這個步驟直到抵達右下角。得到的路徑所經的陣列項在圖 3.20 中以粗體顯示。我們演示該路徑中前幾個值是怎麼得到的。首先，將位於第 i 行和第 j 列的陣列項以 $[i][j]$ 表示。接著進行如下：

1. 選擇陣列項 [0][0]。

2. 在路徑中找到第二個陣列項。

    (a) 檢查陣列項 [0][1]。因為我們是由此格移到左邊的 [0][0]，因此需要插入一個 gap，也就是必須在成本中加上 2 點。因此我們得到

$$opt(0,1) + 2 = 8 + 2 = 10 \neq 7$$

    (b) 檢查陣列項 [1][0]。因為我們是由此格移到上面的 [0][0]，因此需要插入一個 gap，也就是必須在成本中加上 2 點。因此我們得到

$$opt(1,0) + 2 = 6 + 2 = 8 \neq 7$$

    (c) 檢查陣列項 [1][1]。因為我們是由此格移到左上的 [0][0]，因此成本必須加上 penalty 的值。由於 $x[0] = A$ 且 $y[0] = T$，penalty = 1，因此我們得到

$$opt(1,1) + 1 = 6 + 1 = 7$$

    於是，最佳路徑中的第二個陣列項為 [1][1]。

除此之外，我們可以在儲存陣列項時同時建立路徑。也就是說，每次儲存陣列元素時，就建立一個指標指回決定其值的陣列元素。

一旦求得路徑，即可用以下的方式求得對齊方式（注意，序列會以相反順序產生）。

1. 由陣列右下角開始，我們沿著粗體的路徑。

2. 每當做對角線移動到陣列項 $[i][j]$，我們就將第 i 列的字元放置到 x 序列，將第 j 欄的字元放置到 y 序列。

3. 每當往上移動到陣列項 $[i][j]$，我們就將第 i 列的字元放置到 x 序列，將 gap 放置到 y 序列。

4. 每當往左移動到陣列項 $[i][j]$，我們就將第 j 欄的字元放置到 y 序列，將 gap 放置到 x 序列。

若在圖 3.20 的陣列上操作此程序，我們將求得下列最佳的對齊方式：

$$A\ A\ C\ A\ G\ T\ T\ A\ C\ C$$
$$T\ A\ -\ A\ G\ G\ T\ -\ C\ A$$

　　請注意，如果指派了不同的懲罰方式，我們可能會得到不同的最佳對齊方式。Li（1997）的論文中討論了懲罰的指派方式。

　　序列比對的問題的動態規劃算法將留作習題。這種序列比對的演算法是由 Waterman 在 1984 年發展出來的，也是其中一種最廣泛被用來做序列對齊的方法。它被用於複雜的序列比對系統例如 BLAST（Bedall，2003）和 DASH（Gardner-Stephen and Knowles，2004）。本節是根據 Neapolitan（2009）這篇論文改寫的。該論文在分子進化遺傳學方面有更深入的討論。

● 習題

3.1 節

1. 證明本節中的等式 3.1。

2. 用歸納法 (induction) 證明以等式 3.1 為基礎的演算法 3.1，需計算出 $2\binom{n}{k} - 1$ 項方可求出 $\binom{n}{k}$ 之值。

3. 在你的電腦上實作演算法 3.1 和 3.2，並且用不同的問題實例研究其效能。

4. 修改演算法 3.2，讓它變成只需使用一個索引值由 0 到 k 的一維陣列，即可完成計算。

3.2 節

5. 針對下圖，利用演算法 3.4 來建立矩陣 D（內容為最短路徑的長度），以及矩陣 P（內容為最短路徑上，索引值最大的頂點編號），請展示計算過程的詳細步驟。

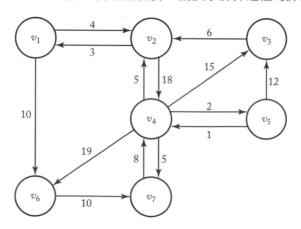

6. 使用演算法 3.5 並利用習題 5 算出的矩陣 P，找出習題 5 的圖形中，頂點 v_7 到 v_3 之間的最短路徑，請展示計算過程的詳細步驟。

7. 請分析演算法 3.5，並證明它的時間複雜度為線性時間 (linear time)。

8. 在你的電腦上實作出演算法 3.4，並用不同的圖形來研究它的執行效能。

9. 請問演算法 3.4 是否可以加以修改，讓它成為當輸入圖形上的兩個頂點，即可輸出兩頂點間的最短路徑？請證明你的答案。

10. 請問演算法 3.4 是否可以加以修改，讓它變成可以處理，當某幾個權重值為負數時，仍可以正常地找出最短路徑？請證明你的答案。

3.3 節

11. 請找出一個不適用最佳化問題原則的例子（即表示無法使用 dynamic programming 解題）。請證明你的答案。

3.4 節

12. 請列出五個矩陣 A、B、C、D、E 的所有各種相乘順序。

13. 找出以下五個矩陣相乘的最佳順序，以及所需的乘法次數。

$$A_1 \text{ is } (10 \times 4)$$
$$A_2 \text{ is } (4 \times 5)$$
$$A_3 \text{ is } (5 \times 20)$$
$$A_4 \text{ is } (20 \times 2)$$
$$A_5 \text{ is } (2 \times 50)$$

14. 在你的電腦上實作演算法 3.6 和 3.7，並且用不同的問題實例研究其效能。

15. 如果我們以等式 3.5 為基礎，設計出一個 divide-and-conquer 演算法，請加以證明它的時間複雜度為指數時間。

16. 考慮求出 n 個矩陣有多少種不同相乘順序的問題。

　(a) 設計一種以整數 n 為輸入的遞迴演算法。當 n 等於 1 時傳回 1。

　(b) 實作此演算法並展示當 $n = 2,3,4,5,6,7,8,9,10$ 時，演算法的輸出結果。

17. 請證明下列的等式

$$\sum_{diagonal=1}^{n-1} [(n - diagonal) \times diagonal] = \frac{n(n-1)(n+1)}{6}$$

這個式子在演算法 3.6 的所有情況時間複雜度分析時有被使用到。

18. 請證明：當一個式子有 n 個矩陣時，如果我們想要將這些矩陣完全括入括弧內，需要 $n-1$ 對括弧。

19. 請分析演算法 3.7，並證明它的時間複雜度為線性時間 (linear time)。

20. 設計一個有效率的演算法，找出 n 個矩陣 ($A_1 \times A_2 \times \cdots \times A_n$) 相乘的最佳順序，矩陣維度分別為 1×1，$1 \times d$，$d \times 1$，$d \times d$（d 值為正數）。請加以分析你的演算法，並用量級標示法 (order notation) 表示分析結果。

3.5 節

21. 六個不同的 key 能夠建構出多少個不同的二元搜尋樹。

22. 針對以下的 6 個元素（括弧內的數值表示機率），建構出最佳二元搜尋樹：CASE (.05)、ELSE (.15)、END (.05)、IF (.35)、OF (.05)、THEN (.35)。

23. 找出能有效率計算 $\sum_{m=i}^{j} p_m$ 的方式（這個式子在介紹演算法 3.9 時曾使用過）。

24. 在你的電腦上實作演算法 3.9 和 3.10，並且用不同的問題實例研究其效能。

25. 請分析演算法 3.10，並用量級標示法 (order notation) 展示其時間複雜度。

26. 把演算法 3.9 推廣到欲搜尋的 key 並不存在樹中的情況。也就是說，您應該令 $q_i (i = 0,1,2,...,n)$ 為在樹中找不到的 search key 位於 Key_i 和 Key_{i+1} 之間的機率。分析推廣之後的演算法，並用量級標示法 (order notation) 表示分析結果。

27. 如果我們以等式 3.6 為基礎，設計出一個 divide-and-conquer 演算法，請加以證明它的時間複雜度為指數時間。

3.6 節

28. 在一個有向權重圖（以矩陣表示如下）中，找出一個最佳 circuit（迴路），請展示計算過程的詳細步驟。

$$W = \begin{bmatrix} 0 & 8 & 13 & 18 & 20 \\ 3 & 0 & 7 & 8 & 10 \\ 4 & 11 & 0 & 10 & 7 \\ 6 & 6 & 7 & 0 & 11 \\ 10 & 6 & 2 & 1 & 0 \end{bmatrix}$$

29. 請針對演算法 3.11，寫出一個更詳細版本的動態規劃演算法。

30. 在你的電腦上實作習題 27 的演算法，並且用不同的問題實例研究其效能。

3.7 節

31. 試分析 3.7 節中的 opt 演算法之時間複雜度。

32. 請為序列對齊問題設計動態規劃演算法。

33. 假設不匹配的懲罰點為 1，且 gap 的懲罰點為 2，使用動態規劃演算法求出下列兩序列的最佳對齊方式：

$$C\ C\ G\ G\ G\ T\ T\ A\ C\ C\ A$$

$$G\ G\ A\ G\ T\ T\ C\ A$$

進階習題

34. 如同計算費布那西數列第 n 項的演算法（見第一章的習題 34)，演算法 3.2 的輸入大小為該演算用來對數值 n 與 k 所花的符號數。請就輸入大小而言，分析這個演算法。

35. 計算 n 個矩陣相乘時，所有可能的乘法順序總數。

36. 證明：當有 n 個 key 存在時，共可以組合出 $\frac{1}{(n+1)}\binom{2n}{n}$ 個二元搜尋樹。

37. 能否為最佳二元搜尋樹問題（演算法 3.9)，發展一個平方時間的演算法？

38. 請建立一個 dynamic programming 的演算法，找出在 n 個實數的序列中，任一連續子序列的最大總和。請加以分析你的演算法，並用量級表示法（order notation）展示分析結果。

39. 現有兩個字元序列 S_1 和 S_2，舉例來說，我們可以令 $S_1 = $ AXMC*MN 和 $S_2 = $ A\$CMA4ANB。假設一個序列的子序列是由序列中的任何位置刪除任何字元所構成。請使用 dynamic programming 建立一個演算法，使其可以找出 S_1 和 S_2 的最長共同子序列 (longest common subsequence)。這個演算法的傳回值為各序列的最長共同子序列。

Chapter 4

貪婪演算法

著名小說家查爾士狄更斯 (Charles Dickens) 的小說 "小氣財神" 中的主角 Ebenezer Scrooge 先生可能是古今中外現實世界與故事中最最貪心的人。故事中提到貪婪的 Scrooge 先生從來不去思考前因後果，只是每一天都竭盡所能不斷賺取他能賺到最多的金幣。直到來自過去與來自未來的聖誕精靈分別點醒了他，使他明白自己過去的所作所為將會在未來得到如何的惡果，才讓他改變了他的貪婪個性。

本章中所要提到的貪婪演算法與 Scrooge 先生的貪婪行為基本上是一樣的。貪婪演算法所做的事就是當我們必須從連續的資料串列中抓取資料時，我們每次要抓哪一段資料必定是根據某種準則來決定的，並且此次的決定和之前已經做出與往後即將做出的任何一個決定無關。讀者千萬不要因為故事中 Scrooge 先生所作所為與 "貪婪" 這個字眼代表的負面含意而對貪婪演算法有不好的印象。其實貪婪演算法通常在面對許多問題時都是既有效率又非常簡單的解決方案。

貪婪演算法與動態規劃 (dynamic programming) 演算法一樣，通常都是用來解出最佳化問題的方式，只是貪婪演算法更為簡單直接。

在 dynamic programming 中是利用遞迴特性將一個事件切割為許多較小的事件進行處理。但是在**貪婪演算法** (greedy algorithm) 中不使用切割的方式，而是經過一步步的選擇過程來解出答案，而每一步都是衡量當時最佳的作法而做出的選擇。也就是說每一步選擇下所得到的結果是局部的最佳解。這樣做的目的就是希望經過所有的步驟所得到的解答會是全域的最佳解。不過事實上的結果並不盡然會達成我們的期望。對於一個給定的演算法，我們必須知道它提供的解是否總是最佳的。

　　舉一個簡單的例子來說明貪婪演算法。Joe 是一個售貨員，他常常在與顧客進行交易時遇到找零錢的問題，因為顧客通常都不太喜歡他找的錢是一大堆銅板。如果要找的數目為 0.87 美金，而他找給顧客 87 個一分錢硬幣，幾乎所有的顧客遇到這種狀況都會生氣。因此他的目標就是不但要找對錢，而且還要找給顧客最少的銅板。在 Joe 的找零錢問題中，成為正確解的條件是這一組硬幣幣值的加總數等於 Joe 必須要找給顧客的總數，而成為最佳解的條件則要額外再滿足這一組硬幣的數目是所有可正確解中最少的。我們可利用貪婪演算法求解如下，一開始顧客方的硬幣數目是零，Joe 開始找尋收銀機中最大幣值的硬幣。此時在他腦中用來選擇的準則是究竟那一枚硬幣的幣值是目前最佳的選擇（局部最佳解）。這個過程即稱之為貪婪演算法中的**選擇程序**。接下來他必須判斷將他剛剛選擇出那一枚硬幣的幣值加上 "目前顧客方已經收到的幣值總數" 是否有超過 "應找給顧客的最後總數"。這個過程稱為貪婪演算法中的**可行性檢查**。如果檢查結果發現沒有超過應找給顧客的最後總數，他就必須將這枚硬幣交給顧客。接下來的步驟是他必須檢查目前 "已經找給顧客的零錢總數" 是否等於 "應找給顧客的最後總數"，這個過程稱為貪婪演算法中的**解答檢查**。如果兩者不相等，則 Joe 必須繼續利用他的選擇硬幣機制拿出硬幣，並重複上述的過程直到 "已經找給顧客的零錢總數" 等於 "應找給顧客的最後總數"，或是收銀機裡面的硬幣全部用盡為止。在後者的狀況中，Joe 將沒有辦法達成找給顧客正確數目零錢的目標。接下來我們以高階演算法的觀點來說明這個問題中的解答程序。

```
While （在 " 還有多餘硬幣 " 與 " 此問題尚未解出 " 之狀況下 ）{
    拿取剩餘硬幣中幣值最大的一枚 ;                          // 選擇程序
    if （該枚硬幣幣值加上目前 " 已經找給顧客的零錢總數 " 超過
                    " 應找給顧客的最後總數 "）               // 可行性檢查
        放回該枚硬幣 ;
    else
        將該枚硬幣幣值加上目前 " 已經找給顧客的零錢總數 ";
    if （" 已經找給顧客的零錢總數 "
                    等於 " 應找給顧客的最後總數 "）           // 解答檢查
    此問題解答完成 ;
}
```

　　在可行性檢查的步驟中，若我們發現加入新的硬幣會使得 "已經找給顧客的零錢總數" 超過 "應找給顧客的最後總數"，則該枚硬幣不可能為此問題的解。因此我們發現此枚硬幣為不可行的，且應該放回此枚硬幣。圖 4.1 為上述演算法的實際範例。我們可以再次發現此演算法之所以稱為貪婪是因為在選擇程序中總是拿取幣值最大的硬幣，而且不考慮此選擇會造成的任何不利後果。一旦做出決定便沒有反悔的機會。每當某個硬幣交給了顧客，則此硬幣就成為解集合的其中一環且無法改變；而當某個硬幣被放回收銀機，則此硬幣就永遠不可能再成為解集合的其中一員。整個解題的過程非常簡單，但是否結果就是最佳的解？換句話說，以此演算法所得到的解是否可以讓顧客以最少的硬幣數得到正確數目的錢？若使用的是美國的硬幣（包括了 1 分、5 分、1 角、25 分、5 角），而且每一種硬幣至少有一枚可使用，在此情況下使用貪婪演算法永遠可以得到最佳解，我們將此證明留至練習題中。另外我們在練習題中也會探討一些不用貪婪演算法也能得到最佳解的例子。又假設在美國的硬幣中包含了幣值為 12 分的一種，則在零錢時使用貪婪演算法也未必會得到最佳解，圖 4.2 中詳述了結果。可見圖中的結果為使用了五個硬幣。但是最佳解只需使用一個 1 角，一個 5 分與一個 1 分共三個硬幣。

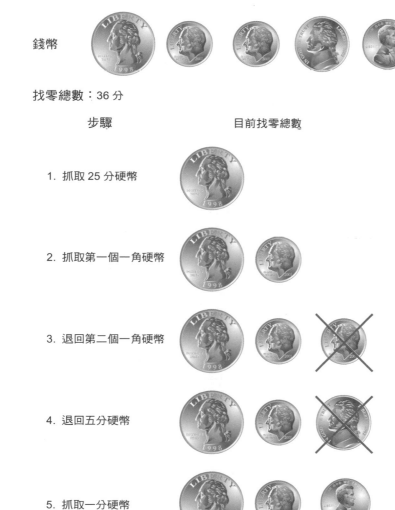

圖 4.1　解決找錢問題的貪婪演算法之一。

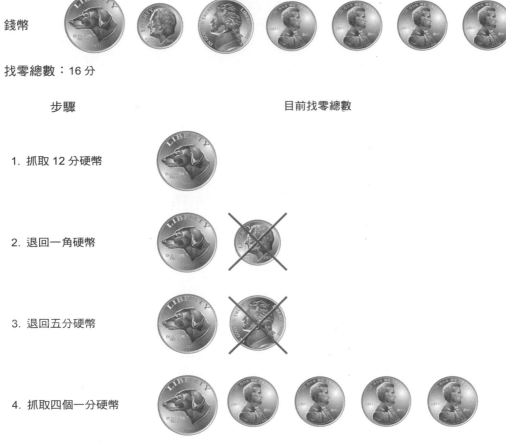

錢幣

找零總數：16 分

步驟   目前找零總數

1. 抓取 12 分硬幣

2. 退回一角硬幣

3. 退回五分硬幣

4. 抓取四個一分硬幣

圖 4.2　貪婪演算法無法在 12- 分硬幣包含其中時得到最佳解。

　　在找零錢的問題中可發現，貪婪演算法所得到的結果並不保證一定會得到最佳解。
我們在使用特定的貪婪演算法時必須判斷它是否可以得到最佳解。4.1，4.2，4.3 與 4.4 節
中將討論的問題是使用貪婪演算法可以得到最佳解的。而 4.5 節將探討一個使用貪婪演算
法卻無法得到最佳解的問題，並且在該節中我們會比較貪婪演算法與動態規劃法來闡明何
者適用。我們對貪婪演算法的概述就到此為止。貪婪演算法的演算過程由一個空的解集
合開始，藉由循序的加入新的解直到符合問題需求的最終解得到為止。我們需要重複下列
程序：

● **選擇程序**中根據某些滿足局部最佳化條件的貪婪原則來挑選下一個要加入解集合的
項目。

- **可行性檢查**中檢驗新的解集合是否為最後之完整解。

- **解答檢查**中檢驗由新的解集合是否符合此問題的結果。

4.1 最小生成樹

　　假設有一個都市設計員想要建造各個都市間的連接道路，讓人們可以任意的穿梭於各個城市之間。不過因為預算的限制，所以該名設計員希望能用最少條道路達成他的計畫。下面我們將為這類型的問題建立出解題的演算法。首先，我們先以 graph 理論來進行研究。圖 4.3 (a) 中的圖 G 是一個無向連通權重圖 (connected, weighted, and undirected graph)，而所有的 weight 均為正數。**無向圖** (undirected graph) 是指該圖的邊線 (edge) 不具方向性，在圖中以沒有箭頭的實線來表示；邊線是指介於兩個頂點之間的線。而**路徑** (path) 的定義為一連串頂點所組成的序列，且兩兩頂點間以邊線作為連接。由於邊線不具方向性，故當由頂點 u 至頂點 v 的路徑存在時，則由頂點 v 至頂點 u 的路徑也必定存在。因此我們簡稱這樣的情況為這兩個頂點間存在一條路徑。當無向圖中兩兩頂點間都存在一條路徑時，則稱此特性為**連通** (connected)。在圖 4.3 中的圖均為連通圖 (connected graph)。若我們將圖 4.3 (b) 中 v_2 與 v_4 之間的邊線移除，則該圖就不再是連通圖了。

　　在無向圖中，所謂的**簡單循環** (simple cycle) 就是指一條至少包含三個頂點、並且是由其中某一頂點出發、經過不同的中點、最後又回到該頂點的路徑。若在該無向圖中找不到任何 simple cycle，則我們稱此特性為**非環狀** (acyclic)。圖 4.3 (c) 與 (d) 即為非環狀圖，反之圖 4.3 (a) 與 (b) 則不是非環狀圖。此外，**樹** (tree) 的定義為一個無向連通非環狀圖 (acyclic, connected, undirected graph)。圖 4.3 (c) 與 (d) 即符合樹的定義。根據上述定義，獨立於樹之外的頂點不能作為根 (root)。**有根樹** (rooted tree) 的定義為以某個頂點為根的樹，因此有根樹通常也被直接稱為樹（如同 3.5 節中所述）。

　　此處要解的問題是：如何移除無向權重連通圖 G 的某些邊線，使得移除之後這些邊線之後得到的子圖仍保持連通性，且盡量降低該子圖所有邊線之 weight 總和。這就相當於解出如何使用最少道路連接各個城市的問題。另外在電信業中也有類似的問題，我們會希望用最少條且最短長度的電纜線來完成佈線。具有最小 weight 的子圖必定是樹，因為若子圖不是樹，必可在該子圖中找到至少一個 simple cycle，而將該 cycle 中的任一邊線移除後，便可以得到有更小 weight 的連通圖。舉例來說，圖 4.3 (b) 為 (a) 的子圖，而 (b) 並非最小 weight 的子圖，因為我們可藉由移除路徑 $[v_3, v_4, v_5, v_3]$ 中 v_4 與 v_5 之間的任一邊線來得到一個有更小 weight 的子圖。

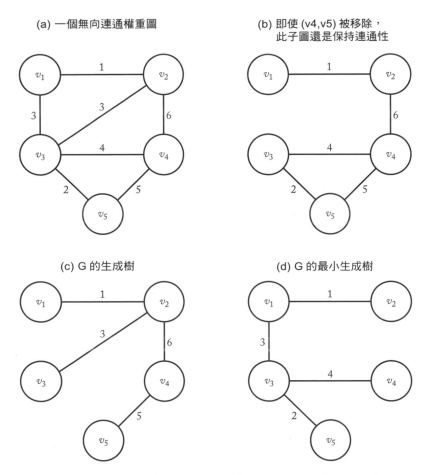

(a) 一個無向連通權重圖

(b) 即使 (v4,v5) 被移除，
　　此子圖還是保持連通性

(c) G 的生成樹

(d) G 的最小生成樹

圖 4.3　一個權重圖 (weighted graph) 及其三個子圖 (subgraph)。

　　所謂 G 的**生成樹** (spanning tree) 就是：包含 G 中所有頂點並且符合樹的定義的連通子圖 (connected subgraph)。圖 4.3 (c) 與 (d) 中的樹即為 G 的生成樹。一個有最小 weight 的連通子圖必定為生成樹，但反之則未必。例如圖 4.3 (c) 中就不是有最小 weight 的生成樹，但圖 4.3 (d) 則是。根據條件我們需要一個可以得到最小 weight 的生成樹（稱之為最小生成樹）的演算法。圖 4.3 (d) 即為 G 的最小生成樹其中之一。也就是說每個圖可以有超過一個以上的最小生成樹，讀者可自行找出 G 中其他的最小生成樹。

　　若使用暴力法來找出最小生成樹，則在最糟狀況下我們所要考慮的生成樹的數目將隨頂點數增加呈現指數成長，這是非常恐怖的增加速度（想想看細菌繁殖的速度吧）。因此我們將用更有效率的貪婪演算法來解決此問題。首先，我們必須先對無向圖做正式的定義：

定義

一個**無向圖** G 包含了由 G 中的所有頂點所組合而成的有限集合 V，以及由 V 中任意兩頂點組成之頂點對構成的集合 E。這些頂點對即為 G 的邊線。我們將 G 表示為：

$$G = (V, E)$$

我們將 V 中的成員以 v_i 來表示，而 v_i 至 v_j 間的邊線可表示為：

$$(v_i, v_j)$$

● **範例 4.1**　　對於圖 4.3(a) 來說：

$$V = \{v_1, v_2, v_3, v_4, v_5\}$$
$$E = \{(v_1, v_2), (v_1, v_3), (v_2, v_3), (v_2, v_4), (v_3, v_4)$$
$$(v_3, v_5), (v_4, v_5)\}$$

對無向圖來說，將兩頂點以先後順序排列來表示邊線是不恰當的。例如 (v_1, v_2) 與 (v_2, v_1) 表示的其實是同條邊線，在此使用的是索引值較小的在前的表示法。

G 中的生成樹 T 與 G 其實有相同的頂點集合 V，但是 T 的所有邊線構成的集合 F 是 E 的子集合。我們以 $T = (V, F)$ 來表示該生成樹。我們的目標即是找出 E 的子集合 F 使得 $T = (V, F)$ 為 G 的最小生成樹。下面為解此問題的高階貪婪演算法：

```
F = ∅                                        // 將 edge 集合初始
                                             // 化為空集合
while （當此問題尚未得解）{
        根據某些會得到區域最佳解的方法來選出一條 edge      // 選擇程序
     if （將選出的 edge 加入集合 F 中不會產生任何 cycle）
        將選出之 F 加入 edge 中；                      // 可行性檢查
     if （T=(V, F) 是生成樹）                         // 解答檢查
        此問題得解；
}
```

在上述演算法中提到 "根據某些會得到區域最佳解的方法來選出一條邊線"，事實上在此問題中有很多種可以得到區域最佳解的方法。我們將研究其中兩種可以得到區域最佳解的貪婪演算法：Prim 與 Kruskal 演算法。因為貪婪演算法並不保證一定會得到最佳解，因此我們必須判斷我們使用的演算法是否會得到最佳解。在後面我們將會證明 Prim 與 Kruskal 演算法均總是會得到最小生成樹。

• 4.1.1　Prim 演算法

Prim 演算法的運算過程是從一個空的邊線子集合 F　一個含有任意頂點的頂點子集合 Y 開始。首先，我們將 Y 的初始值設定為 $\{v_1\}$。所謂與 Y **最接近**的頂點，就是所有連接 $V - Y$ 中的頂點與 Y 中的頂點的邊線中，weight 最小的那條邊線，在 $V - Y$ 那端的頂點。找到最接近 Y 的頂點後，我們將該頂點加入 Y 集合中，同時將有最小 weight 的邊線加入集合 F 中。不斷將最接近的點加入 Y，直到 $Y = V$ 為止。例如在圖 4.3(a) 中，當 $Y = \{v_1\}$ 時 v_2 是與 Y 最接近的頂點，此時我們就將 v_2 加入 Y 中，(v_1, v_2) 加入 F 中。下面為描述這個過程的高階演算法：

```
F = ∅;                               // 將 edge 集合初始
                                     // 化為空集合
Y = {v₁};                            // 將頂點集合初始
                                     // 化為僅包含第一個頂點
while（當此問題尚未得解）{
    選擇 V - Y 中的某一個頂點且          // 選擇程序
        該點與 Y 有最近的距離之條件       // 可行性檢查
    將選出的頂點加入 Y 中；
    將選出之 edge 加入 F 中；
    if（Y == V）                     // 解答檢查
        此問題得解；
}
```

上述演算法中的可行性檢查可合併至選擇程序中，因取出 $V - Y$ 中的頂點的過程並不會產生 cycle。圖 4.4 描繪了 Prim 演算法的過程，其中藍色陰影的頂點與藍色邊線分別代表每個步驟中 Y 集合包含的頂點與 F 集合包含的邊線。

對人來說，我們不但能輕易地根據這段高階演算法找出某圖的最小生成樹，也可以僅靠視覺找出離 Y 最近的頂點。但是若要將此實作為電腦程式語言，則必須一步一步的描述演算法過程。因此我們必須將權重圖（weighted graph）用下列 $n \times n$ 的相鄰矩陣（adjacency matrix）W 來表示之：

$$W[i][j] = \begin{cases} \text{邊線上的 weight} & \text{若 } v_i \text{ 與 } v_j \text{ 之間的邊線存在} \\ \infty & \text{若 } v_i \text{ 與 } v_j \text{ 之間的邊線不存在} \\ 0 & \text{若 } i = j \end{cases}$$

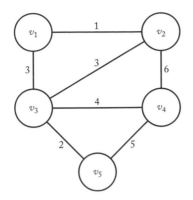

找出一個最小生成樹

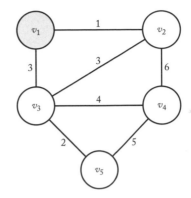

1. 首先選擇頂點 v_1

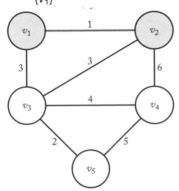

2. 選擇頂點 v_2 因為其最接近 $\{v_1\}$

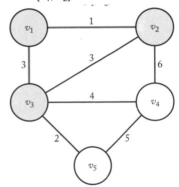

3. 選擇頂點 v_3 因為其最接近 $\{v_1, v_2\}$

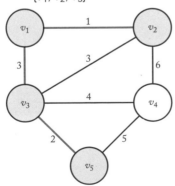

4. 選擇頂點 v_2 因為其最接近 $\{v_1, v_2, v_3\}$

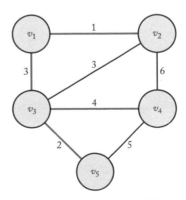

5. 選擇頂點 v_4

圖 4.4 一個權重圖（於圖中左上角）以及在這個圖上面執行 Prim 演算法的過程。在每個步驟中，位於 Y 中的頂點及 F 中的邊線被塗成藍色。

$$
\begin{array}{c|ccccc}
 & 1 & 2 & 3 & 4 & 5 \\
\hline
1 & 0 & 1 & 3 & \infty & \infty \\
2 & 1 & 0 & 3 & 6 & \infty \\
3 & 3 & 3 & 0 & 4 & 2 \\
4 & \infty & 6 & 4 & 0 & 5 \\
5 & \infty & \infty & 2 & 5 & 0
\end{array}
$$

圖 4.5　表示圖 4.3 (a) 的 W 陣列。

　　圖 4.3 (a) 可以用圖 4.5 的方式來表示之，在過程中，我們維護索引值由 2 到 n 的兩個陣列：$nearest$　$distance$，其儲存的內容如下：

$$nearest\,[i] = Y \text{ 中離 } v_i \text{ 最近之頂點的索引值}$$
$$distance\,[i] = v_i \text{ 與 } v_{nearest[i]} \text{ 間的邊線之 } weight$$

　　因為 $Y = \{v_1\}$ 為初始值，所以 $nearest[i]$ 同時被初始化為 1，而 $distance[i]$ 被初始化為連接 v_1 與 v_i 之間邊線的 weight。當選出的頂點加入 Y 集合後，我們可以藉由更新上述兩個陣列來檢查所有不屬於集合 Y 的頂點，與新加入 Y 集合之頂點之間的距離，在前者中找出與後者最近的一頂點。為了決定要將哪一個頂點加入 Y 中，在每次迴圈中我們尋找最小的 $distance[i]$ 的索引值 i，用 $vnear$ 來代表這個索引值 i。將 $distance[vnear]$ 設為 -1 以表示 $vnear$ 已經加入 Y 集合中了。下列演算法實作了這個過程。

▶ 演算法 4.1　　Prim 演算法

　　　　　　　　問題：如何找出最小生成樹

　　　　　　　　輸入：一個包含了 n 個頂點（n 為大於等於 2 的整數）的無向權重連通圖。我們用一個二維陣列 W 來表示此圖，而 W 之行與列之索引值均由 1 到 n。$W[i][j]$ 表示頂點 i 與頂點 j 連接而成的邊線之 weight。

　　　　　　　　輸出：輸入圖的最小生成樹中的所有邊線構成的集合 F。

```
void prim (int n,
           const number W[][],
           set_of_edges& F)
{
  index i, vnear;
  number min;
  edge e;
```

```
index nearest [2..n];
number distance [2..n];

F = ∅;
for (i = 2; i <= n; i++){
    nearest [i] = 1;                    // 對於所有的頂點，設定 v1 為 Y 中離它們
    distance [i] = W[1][i];            // 最近的頂點，並把該頂點與 v₁ 間的距離
}                                       // 設為該頂點到 Y 的距離

repeat (n - 1 times){
                                       // 將其他所有頂點共 n - 1 個加入 Y 中

    min = ∞;
    for (i = 2; i <= n; i++)           // 檢查每個不屬於 Y 中的頂點
        if (0 ≤ distance [i] < min) {  // 找出與 Y 最接近的那一點
            min = distance [i];
            vnear = i;
        }
    e = 連接 vnear 與 nearest [vnear] 兩頂點的 edge;
        將 e 加入 F;
    distance [vnear] = -1;             // 將 vnear 索引到的定點加入 Y
    for (i = 2; i <= n; i ++)
        if (W[i][vnear] < distance [i]) {  // 對於 Y 集合以外的
            distance [i] = W[i][vnear];    // 每個頂點自 Y 中更新其在
            nearest [i] = vnear;           // distance 陣列中之值
        }
    }
}
```

分析演算法 4.1 ▶ **所有情況的時間複雜度（Prim 演算法）**

基本運算：在 **repeat** 迴圈中有兩個迴圈，每個迴圈各執行 $n-1$ 次。執行迴圈中的所有指令一次可當作是執行基本運算一次。

輸入大小：n，頂點數目。

因為 **repeat** 迴圈會被執行 $n-1$ 次，故其時間複雜度為：

$$T(n) = 2(n-1)(n-1) \in \Theta(n^2)$$

我們可以很清楚的看出 Prim 演算法可以產生一棵生成樹，但是得到的一定是最小的樹嗎？因為再進行每一步驟時選擇的都是與 Y 最接近之頂點，因此直覺上似乎最後得到樹的應該是最小的。不論如何我們還是得證明是否可得到最小生成樹。雖然通常貪婪演算法

比 dynamic programming 演算法容易發展，但是卻較難判斷其是否總是會得到最佳解。而回想在 dynamic programming 演算法中，我們僅需要將其所應用之最佳化原理列出即可判斷是否可得最佳解。然而，通常要判斷貪婪演算法是否可得最佳解卻需要正式的數學證明過程。接下來我們將證明 Prim 演算法是否可得最佳解。

　　給定一個無向圖 $G = (V, E)$。若加入新的邊線於 E 的子集合 F 中有機會產生一個最小生成樹，則稱 F 為 **promising**。例如圖 4.3(a) 中的子集合 $\{(v_1, v_2), (v_1, v_2)\}$ 為 promising，而 $\{(v_2, v_4)\}$ 則為 nonpromising。

◆ ▲ **輔助定理** 4.1

設 $G = (V, E)$ 為一個無向權重連通圖；F 為 E 的 promising 子集合；且 Y 是 F 中的邊線所連接的頂點構成的集合。若 e 是所有連接 Y 中頂點與 $V - Y$ 中頂點之邊線中，weight 最小的邊線，則 $F \cup \{e\}$ 為 promising。

證明：因為 F 為 promising，因此必定存在邊線構成的集合 F' 使得

$$F \subseteq F'$$

且 (V, F') 為最小生成樹。若 $e \in F'$，則

$$F \cup \{e\} \subseteq F'$$

這意味著 $F \cup \{e\}$ 為 promising，故得證。此外，我們可用另一種方式來證明之，觀察圖 4.6 中，因為 (V, F') 是生成樹，所以 $F' \cup \{e\}$ 必定剛好包含一個 simple cycle $[v_1, v_2, v_4, v_3]$，而 e 必定在此 cycle 內。此 simple cycle 也必定存在另外一個連接 Y 與 $V - Y$ 間之邊線 $e' \in F'$。若我們將邊線 e' 自集合 $F' \cup \{e\}$ 移除後，則此 simple cycle 就會消失，意味著我們得到了一棵生成樹。由於 e 為連接 Y 與 $V - Y$ 間擁有最小 weight 之邊線，因此 e 的 weight 必定小於或等於 e' 的 weight（實際上兩者會相等）。因此可得

$$F' \cup \{e\} - \{e'\}$$

為一個最小生成樹。故

$$F \cup \{e\} \subseteq F' \cup \{e\} - \{e'\}$$

由於 e' 不可能存在於 F 中（F 中包含的邊線僅由 Y 中所有頂點間的連線所構成），因此，$F \cup \{e\}$ 為 promising，故得證。

▶ 定理 4.1

Prim 演算法必定可以產生一棵最小生成樹。

證明：我們將利用數學歸納法證出在每次 repeat 迴圈執行過後，集合 F 均保持 promising。

歸納基點：空集合 $\varnothing$ 為 promising。

歸納假設：假設在某次執行 repeat 迴圈過後，到那時為止所選擇的所有邊線構成的集合⊠亦即，F 為 promising。

歸納步驟：我們必須證明在邊線 e 在下一個 iteration 中被選擇後，$F \cup \{e\}$ 為 promising。因為 e 是連接 Y 中頂點與 $V - Y$ 中頂點具有最小 weight 的邊線，根據輔助定理 4.1 可知 $F \cup \{e\}$ 為 promising，故得證。

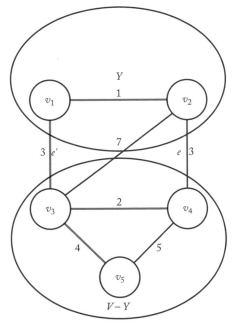

圖 4.6　描繪輔助定理 4.1 證明過程的圖。F' 中的邊線以藍色表示。

根據歸納法的證明結果可知最後得到的邊線集合必為 promising。因為這個集合由一棵生成樹的邊線所構成，故這棵樹為最小生成樹。

• 4.1.2　Kruskal 演算法

Kruskal 演算法的運算過程必須先自頂點集合 V 中產生等同於頂點數目且互不交集的頂點子集合，每個頂點子集合中僅有一個頂點。接下來依照邊線所屬之 weight 值的大小作非遞減的排序，並根據此排序檢查各個邊線。若該次檢查之邊線由位於兩個互不交集之頂點子集合中之兩個獨立頂點所連接而成，則此邊線即被選擇並加入邊線集合中，且兩個互不交集之頂點子集合則被合併為一個子集合。此過程一直不斷重複到所有的頂點子集合都已經被合併在一起，成為一個包含所有頂點的集合為止。下面就是這個過程的高階演算法。

```
F = ∅;                                    // 將邊線集合初始化為空集合
於 V 中產生等同於頂點數目且互不交集的頂點子集合，
每個頂點子集合中僅有一個頂點；
while（當此問題尚未得解）{
    選擇下一個邊線；                        // 選擇程序
    if（選出的邊線連接了兩戶不交集之子集合）{     // 可行性檢查
        合併該兩子集合；
        將選出之邊線加入集合；
    }
    if（所有的頂點子集合都已經被合併）          // 解答檢查
        此問題得解；
}
```

圖 4.7 描繪了 Kruskal 演算法的執行過程。

在實作 Kruskal 演算法時，我們需要表示互不交集的子集合的抽象資料型態 disjoint set。有關資料型態的實作細節，請參見附錄 C，其中的資料型態包括了 index 和 set_pointer，而副程式則有 *initial*、*find*、*merge* 以及 *equal*。因此若我們宣告：

```
index i;
set_pointer p, q;
```

則

- *initial*(n) 初始化 n 個互不交集的子集合，使得每個子集合中正好包含一個介於 1 到 n 之間的索引值。

- $p = find(i)$ 使得 p 被指向包含了索引值 i 的子集合。

- *merge*(p, q) 將 p 與 q 指向的兩個集合合併成為一個集合。

- *equal*(p, q) 若 p 與 q 指向的為同一個集合，則傳回值為真。

演算法實作如下：

▶ 演算法 4.2　　　　Kruskal 演算法

問題：如何找出最小生成樹

輸入：一個包含了 n 個頂點（n 為大於等於 2 的整數）以及 m 個邊線（m 為正整數）的無向權重連通圖。此圖以一個包含其所有邊線與各邊線的 weight 之集合 E 來表示之。

輸出：由最小生成樹構成之邊線集合 F。

```
void kruskal (int n, int m,
              set_of_edges E,
              set_of_edges& F)
{
  index i, j;
  set pointer p, q;
  edge e;
  將集合 E 中的 m 個邊線以 weight 值大小的非遞減排序；
  F = ∅;
  initial (n);                        // 初始化 n 個互不交集的子集合
  while ( 集合 F 中的邊線個數少於 n - 1){
    e = 尚未檢查到且有最小 weight 值之 edge;
    i, j = e 邊線上之兩頂點；
    p = find(i);
    q = find(j);
    if (! equal (p, q)) {
      merge (p, q);
      將 e 加入 F;
    }
  }
}
```

當 F 中有 $n-1$ 條邊線時，則跳出 while 迴圈。因為此時在生成樹中已經有 $n-1$ 條邊線了。

分析演算法
4.2　　▶　最差情況的時間複雜度（Kruskal 演算法）

基本運算：比較指令。

輸入大小：n 為頂點個數，m 為邊線個數。

在本演算法中有三種可能的考量點：

1. 將邊線排序所耗費的時間。在第二章中，我們得到最差情況為 $\Theta(m \lg m)$ 的排序演算法 (合併排序)。在第七章中，我們將會說明若是利用比較數值大小來進行排序的演算法並不會得到更好的效能。因此對邊線作排序所耗費之時間複雜度為：

$$W(m) \in \Theta(m \lg m)$$

2. while 迴圈所耗費的時間。操作互不交集的子集合 (disjoint set) 所花的時間佔據了迴圈所花的時間的大部分。(因為執行其他指令花的時間都是固定的)。在最差情況下，在跳出 while 迴圈之前，每個邊線都要被考慮一次，代表共會執行這個迴圈 m 次。根據附錄 C 中的實作法：Disjoint Set 資料結構 II，執行 m 次迴圈 (其中包含了呼叫固定數目的副程式分別為 $find$、$equal$ 與 $merge$) 的時間複雜度為：

$$W(m) \in \Theta(m \lg m)$$

此處之基本運算為比較指令。

3. 初始化 n 個互不交集的集合所花的時間。使用第 2 點中所提到的 Disjoint Set 資料結構實作法，初始化所需要的時間複雜度為：

$$T(n) \in \Theta(n)$$

由於 $m \geq n-1$，故初始化時間主要耗費在排序與操作互不交集子集合上：

$$W(m, n) \in \Theta(m \lg m)$$

由此可發現在最差狀況下時間複雜度與 n 無關。但是在最差情況下，任一頂點有連接至其他所有頂點的可能性，這代表了：

$$m = \frac{n(n-1)}{2} \in \Theta(n^2)$$

因此我們可以歸納最差情況的時間複雜度如下：

$$w(m, n) \in \Theta(n^2 \lg n^2) = \Theta(n^2 2 \lg n) = \Theta(n^2 \lg n)$$

在比較 Prim 演算法與 Kruskal 演算法時，上面表示最差情況的兩個式子兩個是很有用的。

我們需要以下的輔助定理來證明 Kruskal 演算法總是得到最佳解。

◆▶ **輔助定理 4.2**

設 $G = (V, E)$ 為一個無向權重連通圖；F 為 E 的 promising 子集合；令 e 為一條存在於 $E - F$ 中，具有最小 weight，並使得 $F \cup \{e\}$ 不包含 simple cycle 的邊線，則 $F \cup \{e\}$ 為 promising。

證明：此處之證明與輔助定理 4.1 類似，因為 F 為 promising，因此必定存在邊線集合 F' 使得

$$F \subseteq F'$$

且 (V, F') 為最小生成樹。若 $e \in F'$，則

$$F \cup \{e\} \subseteq F'$$

則表示 $F \cup \{e\}$ 為 promising，故得證。此外，我們可用另外一種方式來證明之，由於 (V, F') 為生成樹，故 $F' \cup \{e\}$ 必恰包含一個 simple cycle，而 e 必定在此 cycle 內。因為 $F \cup \{e\}$ 中不包含任何 simple cycle，因此 cycle 中必定存在另外一個邊線 $e' \in F'$ 且此邊線必不在 F 內，也就是 $e' \in E - F$。因為集合 $F \cup \{e'\}$ 為 F' 的子集合，所以其中不會有 simple cycle。因此，e 的 weight 不可能比 e' 的 weight 大（請回想前面我們曾假設 e 是使得 $F \cup \{e\}$ 中不會有 cycle 且具有最小 weight 的邊線）。若我們邊線 e' 自集合 $F' \cup \{e\}$ 移除後，則此集合中的 simple cycle 就會消失，代表著我們得到了一棵生成樹。故

$$F' \cup \{e\} - \{e'\}$$

為一個最小生成樹，且 e 的 weight 不可能比 e' 的 weight 大。因為 e' 不存在於 F 中，故

$$F \cup \{e\} \subseteq F' \cup \{e\} - \{e'\}$$

因此，$F \cup \{e\}$ 為 promising 得證。

▶ **定理 4.2**

Kruskal 演算法必定可以得到一個最小生成樹。

證明：此證明可由邊線空集合開始，利用數學歸納法推導而得。您可以應用輔助定理 4.2 中的輔助定理，在後面的習題中來推導完成此證明。

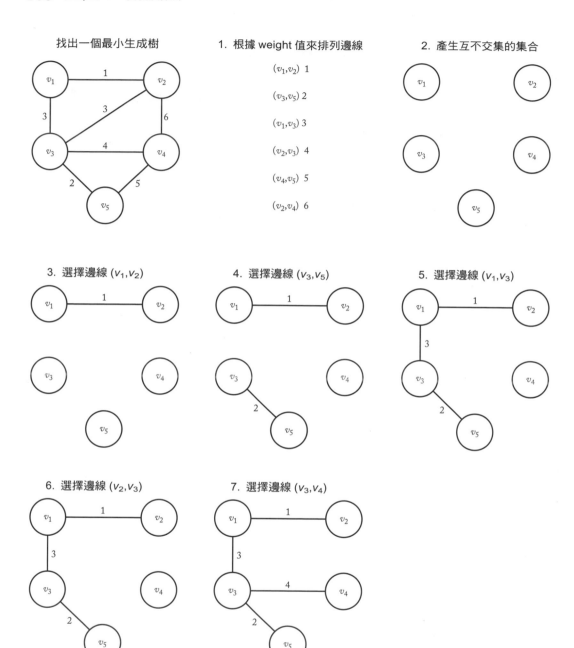

圖 4.7　一個權重圖（圖中左上角）及 Kruskal 演算法在該圖上執行的步驟。

• **4.1.3 Prim 演算法與 Kruskal 演算法之比較**

由上面推導可知兩者之時間複雜度如下：

Prim 演算法：$T(n) \in \Theta(n^2)$

Kruskal 演算法：$W(m, n) \in \Theta(m \lg m)$ 及 $W(m, n) \in \Theta(n^2 \lg n)$

我們也已證明出在連通圖中：

$$n - 1 \leq m \leq \frac{n(n-1)}{2}$$

對於一個邊線數目 m 接近下限的 graph 來說，Kruskal 演算法的時間複雜度為 $\Theta(n \lg n)$，此時使用 Kruskal 會有較佳的速度。但對於一個邊線數目接近上限的 graph 來說（也就是此 graph 為高度 connected），此時 Kruskal 演算法的時間複雜度為 $\Theta(n^2 \lg n)$，即此時使用 Prim 演算法會有較佳的速度。

•**4.1.4 結論**

就像之前提到的，有時演算法的時間複雜度與實作時使用的資料結構相關。Johnson 在 1977 年實作 Prim 演算法時，利用 heap（堆積）發展了一個時間複雜度為 $\Theta(m \lg n)$ 之方法。若將 Johnson 的方法跟我們上述所推導的方法比較，對於一個邊線較為稀疏的圖來說，我們所使用的實作法之時間複雜度為 $\Theta(n \lg n)$，在實作上較差。但是對於一個邊線較為密集的圖，我們所使用的實作法之時間複雜度為 $\Theta(n^2 \lg n)$ 則較 Johnson 的為快。在 1987 年，Fredman 與 Tarjan 利用費布那西堆積 (Fibonacci heap)，發展了一套目前最快的 Prim 演算法。這種快速演算法所耗費的時間複雜度為 $\Theta(m + n \lg n)$。對於邊線較為稀疏的 graph 而言，時間複雜度為 $\Theta(n \lg n)$，對於邊線較密集的圖而言，時間複雜度為 $\Theta(n^2)$。

Prim 演算法最早於 1930 年由 Jarn⊠k 發展出來，在 1957 年時以 Prim 為名公開發表。Kruskal 演算法於 1956 年由 Kruskal 發展出來。另外在 1985 年時，Graham 與 Hell 的文章中有討論關於最小生成樹問題的歷史。其餘解此問題的演算法還有 1975 年 Yao 的方法以及 1983 年 Tarjan 的方法。

• 4.2 解單一起點最短路徑問題之 Dijkstra 演算法

在 3.2 節中，我們發展了一種能找出一個有向權重圖中任意頂點對其他頂點的最短路徑的 $\Theta(n^3)$ 演算法。若我們只是想找出某特定頂點對其他頂點的最短路徑，則不需要用到 3.2 節中那麼複雜的方法。接下來我們將利用貪婪演算法的精神來發展一套複雜度為 $\Theta(n^2)$ 的方法來解出此問題（稱為單一最短路徑問題）。此演算法源自於 1959 年，由 Dijkstra 發展出來。我們假設在該特定頂點與其他任一頂點間，均存在著一條路徑。只要稍作修改，該演算法就能處理這個假設不存在的情況。

此演算法之解題過程與用 Prim 演算法解最小生成樹問題類似，首先我們初始化 Y 集合使其中僅包含最短路徑已經被算出的頂點（此處設該頂點為 v_1）。另外我們將邊線集合 F 初始化為空集合。接下來選擇與 v_1 最接近之頂點 v，並將其加入至 Y 集合中，同時將邊線 $<v_1,v>$ 加入至 F 集合中（$<v_1, v>$ 表示由 v_1 至 v 之有向邊線）。很明顯可看出此邊線為 v_1 至 v 間的最短路徑。接下來我們檢查由 v_1 通到 $V-Y$ 中之頂點的路徑，並只容許 Y 中的頂點成為路徑中的中間點。這些路徑中最短的即為最短路徑（此觀點仍待證明）。將在此最短路徑上之終點（v_1 為起點）加入 Y 集合中，並將此最短路徑加入至 F 集合中。此過程一直持續至 Y 與 V（包含所有頂點的集合）相等才結束。此時，F 包含了答案的最短路徑中的所有邊線。下面就是這個過程的高階演算法。

```
Y = {v₁};
F = ø;

while (當此問題尚未得解){
    從 V - Y 中選個頂點,                          // 選擇程序
    使得在僅用 Y 中的頂點做為中間點的情況下,        // 可行性檢查
    該頂點到 Y 的路徑是最短的;

    將選出之頂點 v 加入 F 中;
    將選出之邊線（在最短路徑上）加入 F 中;
if (Y==V)
    此問題得解;                                  // 解答檢查
}
```

圖 4.8 中描述了 Dijkstra 演算法。與前面在描述 Prim 演算法時情況類似，上述高階演算法僅適用於人類以直觀的方式解出較小圖的問題時之狀況。因此在下面我們將講解更詳細的過程。在此演算法中，我們可以仿照 3.2 節中的做法，以二維陣列來表示權重圖（weighted graph），此法也非常類似 Prim 演算法，不同之處在於需要將 *nearest* 與 *distance* 兩個陣列替換為 *touch* 與 *length* 兩個索引值由 2 到 n 的陣列。

$touch\ [i]$ ＝ 在 Y 中的頂點 v 的索引值，使得邊線 $< v\ ,\ v_i >$ 為目前從 v_1 到 v_i，僅使用 Y 中頂點做為中間點之最短路徑上的最後一條邊線。

$length\ [i]$ ＝ 目前從 v_1 到 v_i，僅使用 Y 中頂點做為中間點之最短路徑。

自 v_1 開始計算最短路徑

1. 選擇頂點 v_5 因為它最接近 v_1

2. 選擇頂點 v_4，因為自 v_1 開始，僅利用 $\{v_5\}$ 為中間點連接至 v_4 為最短路徑

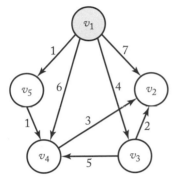
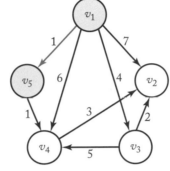
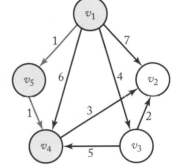

3. 選擇頂點 v_3，因為自 v_1 開始，僅利用 $\{v_4, v_5\}$ 為中間點連接至 v_3 為最短路徑

4. 由 v_1 至 v_2 的最短路徑為 $[v_1, v_5, v_4, v_2]$

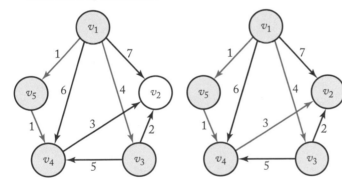

圖 4.8　一個權重圖（圖中左上角）Dijkstra 演算法在此圖上執行的步驟。在每個步驟中，位於 Y 的頂點及 F 中的邊線被塗成藍色。

詳細演算法如下。

▶ 演算法 4.3　　**Dijkatra 演算法**

問題：在一有向權重圖中，求出以 v_1 為起點連接至其他各頂點的最短路徑。

> 輸入：一個包含了 n 個頂點 (n 為大於等於 2 的整數) 的有向權重連
> 通圖。可用一個行與列之索引值均為 1 至 n 的二維陣列 W 來表示此
> graph，$W[i][j]$ 為第 i 個頂點與第 j 個頂點連接而成的邊線之 weight。
>
> 輸出：由這些最短路徑中所有邊線所構成之集合 F。

```
void dijkstra (int n, const number W[][], set_of_edges& F)
{
  index i, vnear;
  edge e;
  index touch[2..n];
  number length[2..n];

  F = ∅;
  for (i = 2; i <= n; i ++){          // 對各頂點，將 v₁ 設為以 v₁ 為
    touch[i] = 1;                     // 起點之目前最短路徑上的最後
    length[i] = W[1][i];              // 一個頂點，並將該路徑的長度
  }                                   // 啟始為從 v₁ 連到該頂點的長度
  repeat (n - 1 times) {              // 將其他所有頂點共 n - 1 個加入 Y 中
    min = ∞;
    for (i = 2; i <= n; i++)              // 檢查每個頂點，找出符合
      if (0 ≤ length[i] < min) {          // 最短路徑之頂點
        min = length[i];
        vnear = i;
      }
    e = vnear 索引到的頂點與 touch[vnear] 索引到的頂點所連成的邊線 ;
    將 e 加入 F;
    for (i = 2; i <=n; i++)
      if (length[vnear] + W[vnear][i] < length[i]) {
        length[i] = length[vnear] + W[vnear][i];
        touch[i] = vnear;        // 更新每個不在 Y 中的頂點的最短路徑
      }
      length[vnear] = -1;        // 將指標為 vnea r 之頂點加入 Y 中
  }    // to Y.
}
```

因為我們假設由 v_1 至其他所有頂點的路徑必存在，故每執行一次 repeat 迴圈均會得到新的 *vnear* 值。如果不是像我們假定的那樣，該演算法就會停止加入最後的邊線，直到 repeat 迴圈執行 $n-1$ 次為止。

演算法 4.3 中僅找出通往各頂點的那些最短路徑中的所有邊線，並沒有計算出這些路徑的長度。而長度其實可由演算法中得到的那些邊線求得。不過更好的方式是簡單地修改演算法，在其中即計算出長度並且儲存在陣列之中。

演算法 4.3 中的求解過程與演算法 4.1 中的是相同的。因此根據上面我們對演算法 4.1 的分析，我們可以得到演算法 4.3 的複雜度為：

$$T(n) = 2(n-1)^2 \in \Theta(n^2)$$

雖然在此我們並沒有證明演算法 4.3 總是可以得到那些最短路徑，不過讀者可以仿效 Prim 演算法中的數學歸納法證明過程來證明之。

如同 Prim 演算法，Dijkstra 演算法同樣可以用堆積 (heap) 或費布那西堆積 (Fibonacci heap) 來實作之。以堆積實作時的複雜度為 $\Theta(m \lg n)$，而以費布那西堆積來實作之複雜度為 $\Theta(m + n \lg n)$，其中 m 為邊線的數目。較近的實作法有 Fredman 與 Tarjan 於 1987 發展的方法。

• 4.3　排程

若有一個髮型設計師手邊有數位顧客，而每位顧客的需求都不同（例如：單純的剪髮，剪髮加洗髮，燙髮，染髮）。完成每種不同的需求所要花的時間也都不相同，但是該髮型設計師明確的知道每種需求所要耗費的時間。因此對於設計師來說，以某種方式來排定顧客順序計畫表，使得每位顧客花費最少的等待與服務時間的目標是非常合理的。該計畫表必須最佳化。等待時間加上服務時間我們以**系統耗費時間**來稱之。如何得到最少的系統中耗費時間的問題，在很多應用場合中都會遇到。例如，在使用者存取磁碟資料時我們必須排定計畫表來讓使用者的存取加上等待時間為最短。

另一種排程問題發生在當每件工作（或顧客）所費時間相同，但是必須在截止期限前開始某個工作，才能得到該工作對應的利益。在此問題中的目標是排定數個工作項目以求取最大總利益。在後面我們會先討論較簡單的問題，即如何最小化總系統耗費時間，而後再討論**有截止期限工作排程**的問題。

• 4.3.1　最小化總系統耗費時間

有個很簡單的方法可以得到最小化總系統耗費時間，即找出所有可能的工作排程方式與每一種工作排程所花費的時間並互相比較。請看下列範例：

• 範例 4.2　　給定三項工作以及其花費時間如下：

$$t_1 = 5, \quad t_2 = 10, \quad 且 \quad t_3 = 4$$

上述實際使用的時間單位為何與本題能否得解並無關係。若我們按照工作 1、工作 2、工作 3 的順序來排定工作，則這三項工作的系統中耗費時間可列於下表：

工作	系統中耗費時間
1	5（工作 1 之服務時間）
2	5（等待工作 1 之時間）＋10（工作 2 之服務時間）
3	5（等待工作 1 之時間）＋10（等待工作 2 之時間） ＋4（工作 3 之服務時間）

則此種工作排程的方式所得到之總系統耗費時間為：

$$\underbrace{5}_{\substack{\text{工作 1}\\\text{所耗的時間}}} + \underbrace{(5+10)}_{\substack{\text{工作 2}\\\text{所耗的時間}}} + \underbrace{(5+10+4)}_{\substack{\text{工作 3}\\\text{所耗的時間}}} = 39$$

用同樣的計算方法對下列每一種可能的工作排程求出總系統耗費時間：

工作排程	總系統耗費時間
$[1, 2, 3]$	$5 + (5 + 10) + (5 + 10 + 4) = 39$
$[1, 3, 2]$	$5 + (5 + 4) + (5 + 4 + 10) = 33$
$[2, 1, 3]$	$10 + (10 + 5) + (10 + 5 + 4) = 44$
$[2, 3, 1]$	$10 + (10 + 4) + (10 + 4 + 5) = 43$
$[3, 1, 2]$	$4 + (4 + 5) + (4 + 5 + 10) = 32$
$[3, 2, 1]$	$4 + (4 + 10) + (4 + 10 + 5) = 37$

可得工作排程 [3, 1, 2] 有最短的總系統耗費時間 ＝ 32。

很明顯的，上述考慮所有工作排程的可能性之演算法的結果與每項工作之耗費時間是有關的。由上述範例的結果最佳化的工作排程為：由最小服務時間之工作（工作 3，服務時間 ＝ 4）開始，接著執行次小服務時間之工作（工作 1，服務時間 ＝ 5），最後執行最大服務時間之工作（工作 2，服務時間 ＝ 10）。由此結果我們似乎可感覺到此種工作排程法之所以會是最佳化的原因在於先把服務時間最短的工作給做完了。以下是這個過程的的高階貪婪演算法：

根據服務時間大小以非遞減的順序執行各項工作

```
while （當此問題尚未得解）{

    執行下一項工作；                        // 選擇程序以及
```

// 可行性檢查

```
if （所有工作均已被執行完成）        // 解答檢查
    此問題得解；
}
```

　　我們將此演算法以貪婪演算法的通式寫出，以證明其的確為一種貪婪演算法。同時也可很清楚的知道此演算法是根據每項工作的服務時間來排定順序，其時間複雜度為：

$$W(n) \in \Theta(n \lg n)$$

　　雖然直覺上此演算法之工作排程似乎是最佳化的，但是此猜測仍需證明之。下面的定理可以證明此種工作排程的確是最佳化的結果。

▶ 定理 4.3

唯一能夠最小化總系統耗費時間的排程方式，其排程順序必定為根據每項工作之服務時間大小，以非遞減的方式排定。

證明：若 $1 \leq i \leq n-1$，設 t_i 是一個最佳化之工作排程（也就是有最小總系統耗費時間之排程）中的第 i 項工作之服務時間，我們需要證明此排程中工作是根據服務時間大小，以非遞減的順序執行之。我們將利用反證法來得證。假設此排程並沒有根據服務時間依非遞減順序排列，則至少有一個 i $(1 \leq i \leq n-1)$ 使得：

$$t_i > t_{i+1}$$

我們可以將第 i 項工作與第 $(i+1)$ 項工作交換順序來重新安排此工作排程。為了達成此目的，我們必須將第 $(i+1)$ 項工作中所花費的時間扣掉 t_i 單位。此舉之作用相當於在原本排程中等待第 i 項工作完成之時間為零。同理，我們必須將第 i 項工作中所耗費的系統時間加上 t_{i+1} 單位。除了 i 與 $(i+1)$ 以外，其他工作的系統中耗費時間維持不變。因此假設 T 為原本工作排程中的總系統耗費時間，而 T' 為改變後工作排程之總系統耗費時間，則可得：

$$T' = T + t_{i+1} - t_i$$

因為 $t_i > t_{i+1}$，所以：

$$T' < T$$

由此可知原本工作排程為最佳化的假設是矛盾的。

　　我們可以直接將上述的演算法用在多伺服器排程的問題上。假設有 m 個伺服器，以任意順序排列它們。根據每項工作的所需的服務時間，以非遞減來排列這些工作接受服務的順序。令第一個伺服器執行第一項工作，第二個伺服器執行第二項工作，$\cdots$，而第 m 個伺服器執行第 m 項工作。則因為第一項工作有最短服務時間，所以它將最早在第一個伺服器上被完成。因此接下來在第一個伺服器上將被執行的是第 $(m+1)$ 項工作，同理可知接下來在第二個伺服器上將被執行的是第 $(m+2)$ 項工作。以此類推可得出整個工作方案如下：

$$伺服器 1 執行工作 1, (1+m), (1+2m), (1+3m), \cdots$$

$$伺服器 2 執行工作 2, (2+m), (2+2m), (2+3m), \cdots$$

$$\vdots$$

$$伺服器 i 執行工作 i, (i+m), (i+2m), (i+3m), \cdots$$

$$\vdots$$

$$伺服器 m 執行工作 m, (m+m), (m+2m), (m+3m), \cdots$$

由上很清楚可知，工作最終是被依照下列順序來處理：

$$1, 2, ..., m, 1+m, 2+m, ..., m+m, 1+2m, ...$$

也就是說，工作處理的順序是根據服務時間的非遞增順序來排定。

4.3.2　依照截止期限來進行工作排程

　　在這種排程問題中，每項工作均需要花一單位的服務時間完成，且每項工作均有特定的截止期限以及其利潤。只要該項工作在截止期限以前或同時開始進行，就可以獲利。此問題的目標是找出一個可以獲得最大總利潤的工作排程。並非所有的工作都需要被排進工作排程中。我們不需要考慮任何包含了在截止期限後才開始進行的工作排程，因為不管有沒有被排入工作排程中，在截止期限後才開始進行的工作排程是不會得到任何的利潤。我們稱這種排程為 **impossible**。下面的範例描述了此種問題：

● 範例 4.3　　　假設我們有如下的工作，截止期限以及其利潤：

工作	截止期限	利潤
1	2	30
2	1	35
3	2	25
4	1	40

當我們說工作 1 的截止期限為 2 的意思代表工作 1 可以在時間 1 或時間 2 開始進行。且在本例中沒有時間 0。因為工作 2 的截止期限為 1，所以代表了它只能在時間 1 開始進行。因此 possible 的工作排程以及其總利潤如下：

工作排程	總利潤
[1, 3]	$30 + 25 = 55$
[2, 1]	$35 + 30 = 65$
[2, 3]	$35 + 25 = 60$
[3, 1]	$25 + 30 = 55$
[4, 1]	$40 + 30 = 70$
[4, 3]	$40 + 25 = 65$

impossible 的工作排程並沒有被列出。舉個例子，在排程 [1, 2] 的中工作 1 必須在時間 1 開始進行，並且需要花一單位的時間去完成，造成工作 2 必須延後至時間 2 才能開始（其截止時間為時間 1），所以排程 [1, 2] 並不是 possible 的，因此沒有列出。但是排程 [1, 3] 中工作 1 在其截止時間前開始，而工作 3 在截止時間的同時開始，因此為 possible 的排程。我們可以發現排程 [4, 1] 為總獲利等於 70 的最佳化排程。

　　在範例 4.3 中，我們可以發現為了考慮所有可能的工作排程，需要花費階乘倍數的時間。注意到在上面的範例中最佳工作排程中包含了有最大利潤的工作 4，但是有次多利潤的工作 2 卻不包含在內。這是因為兩者的截止期限均為 1，因此不可能同時被排入工作排程中，當然我們只能選擇有較大利潤的工作 4。另外最佳工作排程中的另外一項為工作 1，因為其利潤較工作 3 為大。上述的想法顯示了一個合理可以解決此問題的貪婪演算法，即首先根據利潤大小的非遞增順序將工作排好。接著循序一一檢查加入的工作是否會使得排程為 possible。在我們發展出高階演算法之前，我們需要後段描述的定義。

　　若在某個序列中的所有工作全都在截止期限前開始進行，則我們稱之為**可行序列**（feasible sequence）。在範例 4.3 中的序列 [4, 1] 即為一個可行序列。但是 [1, 4] 並不是可行序列。若在某個工作集合中至少存在一個可行序列，則我們稱之為**可行集合** (feasible set)。例如在範例 4.3 中，集合 {1,4} 是一個可行集合，因為 [4, 1] 是一個可行序列。反之 {2,4} 並不是一個可行集合，因為工作排程中不允許有同樣截止期限的兩者同時存在。我們的目標是找出一個有最多總利潤的可行序列，稱之為**最佳序列**，而該組工作集合稱之為**最佳化工作集合**。接下來我們將描述解決此問題的高階貪婪演算法。

依照利潤大小的非地增順序將工作排列好；
$S = \emptyset;$
while （當此問題尚未得解） {

選擇下一項工作；   // 選擇程序

if （加入選擇後的 S 仍為可行集合）   // 可行性檢查
     將該工作加入 S 中；
if （所有工作都已被選擇或檢查完畢）   // 解答檢查
     此問題得解；
}

下面的範例說明了此演算法：

● **範例 4.4** ——————— 假設我們有如下的工作，截止期限以及其利潤：

工作	截止期限	利潤
1	3	40
2	1	35
3	1	30
4	3	25
5	1	20
6	3	15
7	2	10

我們已經將其按照利潤的順序排好，根據前面的貪婪演算法我們計算如下：

1. S 設定為空集合。

2. S 設定為 {1}，因為序列 [1] 為可行序列。

3. S 設定為 {1, 2}，因為序列 [2, 1] 為可行序列。

4. 因為在 {1, 2, 3} 中沒有可行序列因此不採用此集合。

5. S 設定為 {1, 2, 4 }，因為序列 [2, 1, 4] 為可行序列。

6. 因為在 {1, 2, 4, 5} 中沒有可行序列因此不採用此集合。

7. 因為在 {1, 2, 4, 6} 中沒有可行序列因此不採用此集合。

8. 因為在 {1, 2, 4, 7} 中沒有可行序列因此不採用此集合。

最後的 S 為 {1, 2, 4}，且得到的可行序列為 [2, 1, 4]。因為工作 1 與 4 的截止期限均為 3，因此我們可以用可行序列 [2, 4, 1] 替換之。

在證明此演算法永遠會產生最佳解之前，讓我們寫出上述演算法的正規版本，為了完成這項任務，我們需要一個更有效率的方法來決定集合是否為可行集合。將所有符合 possible 條件的序列全部列出是不可行的，因為這樣花費的計算時間相當多。下列的輔助定理中提供我們一個高效率決定該集合是否為可行集合的方法。

▲ **輔助定理** 4.3

令 S 為所有工作組成的集合，則 S 為可行集合若且唯若將 S 中的工作依照截止期限大小的非遞減順序排列所得到之序列為可行序列。

證明：設 S 為可行集合，則在 S 中必存在至少一個可行序列。在此序列中，假設工作 x 被排定在工作 y 之前執行，而工作 y 的截止期限比工作 x 的截止期限小（早）。如果我們將兩者在序列中的排定位置交換，則因為工作 y 必須更早開始進行，所以它仍然符合截止期限前起始的條件。此外因為工作 x 的截止期限大於工作 y，故重新排列後工作 x 被分配到的執行時間區間仍不會與工作 y 相衝突，也就是工作 x 仍然符合截止期限前起始的條件。因此我們可以得知新的序列仍將是可行的。當我們在原來的可行序列上進行交換排序（演算法 1.3) 時，可重複地使用這個事實來證明這個已排序的序列是可行的。反之，若這個已排序的序列為可行的，S 當然是可行的。

• **範例 4.5**　假設我們有範例 4.4 中的工作，現在我們要辨認 {1, 2, 4, 7} 是否為可行集合。根據輔助定理 4.3 我們僅需要檢驗下列序列的可行性：

$$[\ 2,\ 7,\ 1,\ 4\ ]$$
$$\uparrow\ \uparrow\ \uparrow\ \uparrow$$
$$1\ 2\ 3\ 3$$

每項工作的截止期限被列在工作的下方，因為工作 4 沒有在截止期限前被排入，所以根據輔助定理 4.3，這並不是個可行序列。

下面的演算法假設了所有的工作在開始前已經按照利潤大小以非遞增的方式排列。因為利潤僅需作為工作排列之參考，因此並沒有將利潤列為此演算法的參數之一。

▶ 演算法 4.4　　　**依照截止期限來進行工作排程**

問題：每項工作均有一個利潤值，找出一個有最大總利潤的工作排程的唯一方法是將這些工作根據其截止期限排序。

輸入：n 為工作的數目。還有一個用來存放為整數值的截止期限之陣列，其索引值由 1 至 n，$deadline[i]$ 表示第 i 項工作的截止期限。此陣列必須根據每個工作利潤的非遞增順序排列。

輸出：此群工作的最佳序列 J。

```
void schedule (int n,
               const int deadline [],
               sequence_of_integer& J)
{
   index i;
   sequence_of_integer K;

   J = [1];
   for (i = 2; i <= n; i++){
      K = 根據 deadline[i] 值的非遞減順序將 i 加入所得之 J;
      if (K 為可行的 )
         J = K;
   }
}
```

在分析此演算法之前，讓我們先看下面應用的例子

● **範例 4.6**　　　假設我們有範例 4.4 中的工作，回想它們的截止期限如下：

工作	截止期限
1	3
2	1
3	1
4	3
5	1
6	3
7	2

根據前演算法 4.4 計算如下：

1. J 設定為 [1]。

2. K 設定為 [2, 1] 且被判斷為可行的。

J 設定為 $[2, 1]$，因為 K 為可行的。

3. K 設定為 $[2, 3, 1]$，因為其不具可行性，故不採用。

4. K 設定為 $[2, 1, 4]$ 且被判斷其為可行的。

J 設定為 $[2, 1, 4]$，因為 K 為可行的。

5. K 設定為 $[2, 5, 1, 4]$，因為其不具可行性，故不採用。

6. K 設定為 $[2, 1, 6, 4]$，因為其不具可行性，故不採用。

7. K 設定為 $[2, 7, 1, 4]$，因為其不具可行性，故不採用。

最後的 J 為 $[2, 1, 4]$。

分析演算法 4.4 ▶ **最差情況的時間複雜度（依照截止期限來進行工作排程）**

基本運算： 在排列工作順序時我們需要用到比較運算，在設 K 等於 J 加上第 i 個工作時，我們仍需要用到比較運算，而在檢驗 K 是否可行時依然需要用到比較運算。由此可知比較運算在本演算法中為基本運算。

輸入大小： 工作數目 n。

在進行演算法的程序前需要花時間 $\Theta(n \lg n)$ 將工作依照順序排列完成。而在每輪執行 for-i 迴圈時，我們需要做最多 $i-1$ 次的比較運算來將第 i 項工作加入 K 中，另外還要做最多 $i-1$ 次的比較運算來檢查 K 是否可行。因此最差的情況是：

$$\sum_{i=2}^{n} [(i-1) + i] = n^2 - 1 \in \Theta\left(n^2\right)$$

上述等式可由附錄 A 中的範例 A.1 中得到。因為總時間被排列順序的時間所支配，因此我們可以得到：

$$W(n) \in \Theta\left(n^2\right)$$

最後我們要證明演算法 4.4 永遠會得到最佳解

 ▶ **定理 4.4**

演算法 4.4 必定可以得到最佳的工作集合。

證明：此證明是利用數學歸納法工作的數目 n 進行推導。

歸納基點：很明顯的，若只有一項工作時，本定理成立。

歸納假設：假設利用我們的演算法，自所有工作中的首 n 項得到的工作集合對於首 n 項工作來說為最佳的。

歸納步驟：假設利用我們的演算法，自所有工作中的首 $n+1$ 項得到的工作集合對於首 $n+1$ 項工作來說為最佳的。為了證明此點，令 A 為利用我們的演算法自 $n+1$ 項工作中所得到的工作集合，令 B 為首 $n+1$ 項工作中的最佳化工作集合。此外令工作 k 為已排列好之工作順序表中第 k 項工作。

在此有兩種情況：

情況 1：B 不包含工作 $(n+1)$。

在此種情況下 B 是由首 n 項工作所得到的工作集合。但是，根據歸納法假設，A 包含了由首 n 項工作所得出之最佳化集合。因此 B 中的總利潤不會大於 A 中工作的總利益，因此 A 必為最佳化。

情況 2：B 包含工作 $(n+1)$。

假設 A 包含了工作 $(n+1)$，則

$$B = B' \cup \{\text{工作}(n+1)\} \qquad \text{以及} \qquad A = A' \cup \{\text{工作}(n+1)\}$$

B' 是首 n 項工作中的工作集合。而 A' 為利用我們的演算法由首 n 項工作中所得到的工作集合。根據歸納法假設，A' 為首 n 項工作的最佳化集合。因此

$$利潤\,(B) \;=\; 利潤\,(B') \;+\; 利潤\,(n+1)$$

$$\square\;\; 利潤\,(A') \;+\; 利潤\,(n+1) \;=\; 利潤\,(A)$$

利潤 $(n+1)$ 為工作 $(n+1)$ 的利潤值，而利潤 (A) 為 A 中所有工作的總利潤值。因為 B 是首 $(n+1)$ 項的最佳工作集合，因此我們可以推論得到 A 也是最佳集合。

若 A 不含工作 $(n+1)$。考慮 B 中被工作 $(n+1)$ 所佔有的時間區間。當我們的演算法處理到工作 $(n+1)$ 時，若該時間區間是可用的，則該項工作就會被加入工作排程中。也就是說，此時間區間必定會被分配給 A 中的某項工作，稱之為工作 (i_1)。若工作 (i_1) 也存在於 B 中，則不管工作 (i_1) 在 B 中被分配到的時間區間為何，我們必須將此時間區間在 A 中分配給另外一個工作 (i_2)，否則根據演算法此時間區間就會被分配給工作 (i_1)，而原本工作 (i_1) 的時間區間就會被分配給工作 $(n+1)$。因此很明顯的工作 (i_2) 與工作 (i_1) 或工

作 $(n+1)$ 是不相等的。若工作 (i_2) 也存在於 B 中，則不管工作 (i_1) 在 B 中被分配到的時間區間為何，我們必須將此時間區間在 A 中分配給另外一個工作 (i_3)，否則根據演算法此時間區間就會被分配給工作 (i_2)，而原本工作 (i_2) 的時間區間就會被分配給工作 (i_1)，原本工作 (i_1) 的時間區間就會被分配給工作 $(n+1)$。因此很明顯的工作 (i_3) 和工作 (i_2) 與工作 (i_1) 或工作 $(n+1)$ 是不相等的。我們可以不斷的重複上面的論證。因為工作排程是有限的，因此我們最終可以推導出有一個工作 (i_k)，是存在於 A 中而不存在於 B 中的。否則，$A \subseteq B$，也就表示我們的演算法會將工作 $(n+1)$ 排入 A 中。我們可以修改 B，將工作 (i_1) 置入工作 $(n+1)$ 的時間區間，將工作 (i_2) 置入工作 (i_1) 的時間區間…，以及將工作 (i_k) 置入工作 (i_{k-1}) 的時間區間。我們可以用此方式將 B 中的工作 $(n+1)$ 替換為工作 (i_k)。因為工作是按照非遞減的順序排列，因此工作 (i_k) 的利潤至少會大於工作 $(n+1)$ 的利潤，也因此修改過後的總利潤至少會與 B 中原本的總利潤相等。但是這個工作集合是由首 n 項工作中所得到的，因此根據歸納假設，其總利潤不可能比 A 中的總利潤還要大，表示 A 為最佳解。

利用附錄 C 中的 Disjoint Set 資料結構 III，我們可以建立出一個時間複雜度為 $\Theta(n \lg m)$ 的 *schedule* 副程式 (演算法 4.4)，其中 m 為 n 項工作中順序最小但有最大截止期限的工作。由於排列工作所需花費的時間仍為 $\Theta(n \lg n)$，因此整個演算法所用的時間複雜度仍為 $\Theta(n \lg n)$。此修改過程將在習題中討論。

• **4.4　霍夫曼編碼**

雖然輔助儲存裝置的容量不斷的增加，且其價格也不斷的降低，但是儲存容量需求的增加仍然讓儲存裝置的空間顯的不足。因此將檔案以最有效率的方式儲存是非常迫切需要的。而在**資料壓縮**中的課題即是找出一個最有效率的方式來對資料檔案進行編碼。接下來，我們將討論一種編碼方式，稱之為 "霍夫曼編碼"，以及用貪婪演算法對給定的檔案找出其**霍夫曼編碼**。

表示一個檔案最普遍的方式就是利用**二進位編碼** (binary code)。在二進位編碼中，每個字元都使用一個獨一無二的二進位字串，稱為**字碼** (codeword) 來表示。每個用來表示字元的是一個**固定長度的二進位碼**，也就是有著相同的位元數。舉例來說：假設我們有一個字元集 $\{a,b,c\}$ 則我們可以將其中的每個字元以兩個位元來編碼。因為兩個位元可提供四個不同字碼的可能性，而實際上僅僅需要使用其中三個字碼。我們可以編出下列的碼：

a: 00　　　　b: 01　　　　c: 11

根據此編碼方式，若我們有一個檔案為

$$ababcbbbc \hspace{4cm} (4.1)$$

則我們可編碼為

$$000100011101010111$$

若我們使用**可變動長度的二進位碼**可以獲得更高的編碼效率。這種編碼方式可以用不同的位元數來表示不同的字元。以上面的例子來說，我們可以把其中一個字元以 0 來表示。因為字元 'b' 出現的頻率最高，因此我們把 0 這個字碼分配給 'b' 則可以獲得最高的編碼效率。但是我們不能再將 'a' 以 '00' 來表示，因為我們將會無法分別 '00' 到底是一個 'a' 還是兩個 'b'。此外，我們也不能把 'a' 編碼為 '01'，因為當遇到一個 0 的時候，若沒有看下面的位元，我們會無法判斷到底現在位元的 0 是代表 'b' 還是 'a' 的第一個位元。所以我們可依下列方式編碼：

$$a: 10 \hspace{1.5cm} b: 0 \hspace{1.5cm} c: 11 \hspace{3cm} (4.2)$$

根據此編碼方式，若檔案 4.1 可被編碼為

$$1001001100011$$

用這種編碼方式僅需要 13 個位元來表示這個檔案，然而前一種方式則需要 18 個位元。很容易可以看出此編碼方式可以將這個以二進位字元編碼的檔案所需要用之位元數精簡到最少。

在一個檔案中，要得到最佳化的二進位編碼就必須找到能夠用最少位元數來表示此檔案中每個字元的二進位字元編碼表。首先我們先討論前置碼 (prefix code)，接下來我們再用霍夫曼演算法來解決此問題。

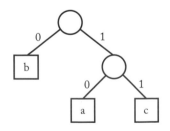

圖 4.9　編碼 4.2 所對應的二元樹。

4.4.1 前置碼

前置碼是一種可變動長度二進位碼。在前置碼中，沒有任何一個字元所屬的字碼會與另外一個字元所屬的字碼之起始位元相同。舉例來說，若 01 是 'a' 這個字元的字碼，則 011 就不能當作是 'b' 這個字元所屬的字碼。4.2 的編碼即是前置碼的一個範例。另外固定長度的二進位碼也是前置碼的一種。每一種前置碼均可以用二元樹來表示之，樹上的葉子就是要被編碼的字元。在圖 4.9 中可以看到與 4.2 的編碼相對應的二元樹。前置碼的優點是不需要檢查接下來的位元即可完成解碼。我們可以非常容易的用二元樹來表示編碼。在進行解碼時，我們由檔案最左邊的位元與二元樹的根部開始解碼。循序的檢查檔案中每一個位元，並同時在二元樹中根據該位元為 0 或 1 來決定在樹中的行進方向是該往右下還是左下走。當我們進行至一片二元樹中的葉子時，就表示我們已經解出該葉子代表的字元為何。接下來必須回到二元樹的根部，並開始檢查下面的位元，重複整個解碼流程。

● **範例 4.7**　假設我們有一個字元集是 $\{a, b, c, d, e, f\}$，每個字元在檔案中的出現次數列於表 4.1 中，同時表中也列出了三種不同編碼表供我們來將此檔案編碼。我們先計算每一種編碼將使用的位元數如下：

$$Bits(C1) = 16(3) + 5(3) + 12(3) + 17(3) + 10(3) + 25(3) = 255$$
$$Bits(C2) = 16(2) + 5(5) + 12(4) + 17(3) + 10(5) + 25(1) = 231$$
$$Bits(C3) = 16(2) + 5(4) + 12(3) + 17(2) + 10(4) + 25(2) = 212$$

我們可看到編碼表 C2 比起固定長度的編碼表 C1 有更高之效率，但是 C3（霍夫曼編碼）卻比 C2 編碼還要好。我們會在下一個小節裡面看到 C3 是最佳化的編碼方式。而與 C2 與 C3 分別相對應的二元樹位於圖 4.10(a) 與 (b)。每一個字元被使用的頻率可以在對應的二元樹中看到。

● 表 4.1　同一個檔案的三種不同編碼表。其中 C3 是最佳化的編碼表。

字元	頻率	C1（固定長度）	C2	C3（霍夫曼）
a	16	000	10	00
b	5	001	11110	1110
c	12	010	1110	110
d	17	011	110	01
e	10	100	11111	1111
f	25	101	0	10

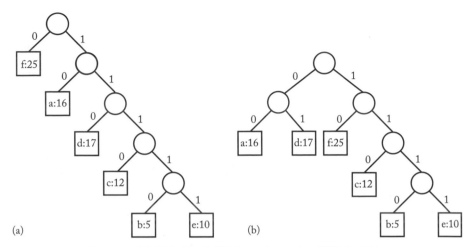

圖 4.10 (a) 圖中所示為範例 4.7 中 C2 之二進位字元碼，
而 (b) 圖中所示則為 C3(霍夫曼) 之二進位字元碼。

如同範例中所進行的計算程序，對某個檔案編碼所需用的位元數可由選定編碼的二元樹得到：

$$位元數\ (T)\ =\ \sum_{i=1}^{n}\ 頻率\ (v_i)\ 深度\ (v_i)$$

此處的 { v_1, v_2, $\cdots$ v_n } 是此檔案的字元集，頻率 (v_i) 則表示字元 v_i 在檔案中出現的次數，而深度 (v_i) 則表示字元 v_i 在二元樹 T 中的深度。

4.4.2 霍夫曼演算法

霍夫曼發展了一套高效率的演算法，可藉由建立一個最佳化編碼的二元樹來得到最佳化之字元集碼。利用這套演算法所得到的碼稱為**霍夫曼編碼**。我們將在概念上說明此演算法的原理。但是，由於牽涉到二元樹的建立方式，所以我們必須更詳細的說明此演算法。首先我們特地宣告了下列的形態：

```
struct nodetype
{
  char symbol;              // 字元的數值
  int frequency;            // 該字元在檔案中出現的次數

  nodetype* left;
  nodetype* right;
};
```

此外，我們還得用到**優先權佇列** (priority queue)。在優先順序列中，擁有最高優先順序的元素會最先被移除。在此演算法中，檔案內出現頻率最低的字元會被賦予成為有最高優先順序之元素。優先順序列可用鏈結串列 (linked list) 來實作，但是若用堆積 (heap) 來實作 (可見 7.6 節中有討論到堆積法) 會有更高的效率。現在將**霍夫曼演算法**說明如下：

n ＝ 檔案中的字元數；

將 n 個索引值指向記錄於優先順序列 PQ 的 nodetype 如下：

對於 PQ 中的每個指標 p

> $p{-}{>} symbol$ ＝檔案中出現的一個字元
> $p{-}{>} frequency$ ＝該字元餘檔案中的出現頻率
> $p{-}{>} left = p{-}{>} right =$ NULL;

其中優先順序端視出現頻率的數值大小，頻率越低則優先順序越高。

```
for (i =1; i < = n-1; i ++) {          // 此處不檢查解
    remove (PQ, p);                     // 解將於 i = n - 1. 時得到
    remove (PQ, q);                     // 選擇程序
    r = new nodetype;                   // 此處不做可能性檢查
    r->left = p;
    r->right = q;
    r->frequency = p->frequency + q->frequency;
    insert(PQ, r);
}
remove (PQ, r);
return r;
```

若以堆積實作優先順序列，則可在 $\Theta(n)$ 次初始完成。此外，每個堆積運算需要 $\Theta(\lg n)$ 次。因為在 for-i 的迴圈中要執行 $n - 1$ 次，所以此演算法會執行 $\Theta(n \lg n)$ 次。下面的範例說明了整個演算法的流程。

● **範例 4.8**　　假設我們有一個字元集是 {a, b, c, d, e, f}，每個字元在檔案中的出現次數列於表 4.1 中。圖 4.11 中可看到演算法中經過每次 for-i 迴圈運算後所建立出之中間解。圖中的第一組表示了在進入迴圈運算前之狀態。而在每個節點內的數值表示出現頻率。最後二元樹的結果請見圖 4.10 (b)。

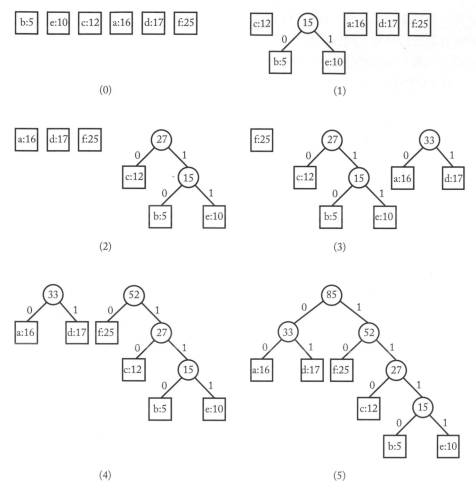

圖 4.11 給定一檔案，其各字元之出現頻率於表 4.1 中，則本圖中可見經由霍夫曼演算法中每一次 for-i 迴圈運算後所建立出之各個子樹的狀態。本圖中的第一棵樹即為進入迴圈運算之前的狀態。

接下來將證明此演算法永遠會得到最佳的二進位字元碼。請看下面的定理：

▲ **輔助定理 4.4**

最佳的二進位前置碼所對應的是一個完整二元樹。意即每一個非葉片的節點均會有兩個子分枝。

證明：此定理之證明留作習題。

在開始進行證明之前，我們需要瞭解一些相關術語。如果在二元樹中的某兩個節點有相同的親代，則他們相當於家庭組織中旁系血親的關係，稱之為**子代**。另外在二元樹 T 中，根部 v 之**分枝**的意思是由根部 v 長出之子樹枝。現在我們就正式來證明霍夫曼演算法是一個最佳的演算法。

▶ **定理 4.5**

霍夫曼演算法可產生最佳的二進位碼。

證明：此證明是利用數學歸納法完成。假設在第 i 步得到的樹的集合即為最佳碼對應的二元樹上的分枝。我們將證明第 $(i+1)$ 步得到的樹的集合亦為最佳碼對應的二元樹上的分枝。接著我們就可以得到：在 $(n-1)$ 步產生的二元樹就是對應到最佳碼。

歸納基點：很明顯地，在第 0 步得到由獨立節點構成的集合為對應到最佳碼的二元樹的分枝。

歸納假設：假設第 i 步所得到的樹的集合就是二元樹中對應到最佳碼的分枝，設 T 為該二元樹。

歸納步驟：設 u 和 v 是由霍夫曼演算法在第 $(i+1)$ 步中合併的兩棵樹的根部。若 u 與 v 在 T 中為同一代子代，則因為由霍夫曼演算法之第 $(i+1)$ 步得到的樹的集合為 T 上的分枝，可知證明完成。

否則，若 u 在二元樹 T 中至少與 v 同樣低層，設頻率 (v) 等於以 v 為根部的分枝中，存於葉節點之字元所出現的頻率總和。根據定理 4.4，u 在 T 中必定會有一個旁系血親 w。設 S 是在霍夫曼演算法之第 i 步後仍存在的樹的集合。很清楚地，T 上以 w 為根部的分枝，不是 S 中的一棵樹，就是它的子樹中有一棵在 S 中。不管在哪種可能狀況下，因為在這個步驟中被霍夫曼演算法選擇的是以 v 做為根部的樹，而假設被我們選到的 v 符合下列條件：

$$頻率\,(w) \geq 頻率\,(v)$$

此外，在 T 中：

$$深度\,(w) \geq 深度\,(v)$$

另外一方面，我們可將 v 所長出來的分枝與 w 所長出來的分枝在樹中的位置對調，如此就可得到另一個二元樹 T'。圖 4.12 中描繪了 T 與 T' 的情況。我們利用等式 4.3 與上面兩個不等式可以得到：

$$位元數\,(T') \;=\; 位元數\,(T) + [\,深度\,(w) - 深度\,(v)][\,頻率\,(v) - 頻率\,(w)]$$
$$\leq\; 位元數\,(T)$$

由不等式中可得到 T' 才是最佳化的編碼方式。因此我們在霍夫曼演算法的第 $(i+1)$ 步仍可以推演出一個最佳化的分枝 T' 得證。

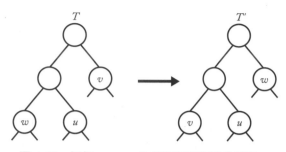

圖 4.12　樹根 v w 分枝被對調位置的狀況。

4.5　貪婪演算法與 Dynamic Programming 之比較：背包 (Knapsack) 問題

貪婪演算法與 dynamic programming 是兩種解最佳化問題的方法。通常我們可以利用其中任何一種得到解答。舉例來說，單一起點最短路徑問題，可利用演算法 3.3 中 dynamic programming 得解，也可利用演算法 4.3 中的貪婪演算法得解。但是在此問題中 dynamic programming 演算法的使用實屬過度，因為它可以找出所有起點的最短路徑。我們無法修改它以便有效率地找出單一起點的最短路徑，因為整個陣列 D 都需要被考慮進去。因此，對於此問題來說，dynamic programming 為 $\Theta(n^3)$ 的演算法，而貪婪演算法為 $\Theta(n^2)$ 的演算法。通常我們用貪婪演算法來解問題是一個比較簡單且有效率的方案。

另一方面，貪婪演算法較難得知是否總是可以得到最佳解。如同找錢問題中所顯示，並非所有的貪婪演算法均可以得到最佳解。我們需要針對特定某個貪婪演算法來證明其總是可得到最佳解，而在反例中我們仍得證明其無法總是得到最佳解。在 dynamic programming 的情況中我們僅需判斷其是否應用了最佳化原則。

為了描述兩種演算法之間更詳細的不同，我們將提出兩個非常類似的問題：0-1 背包問題與 Fractional 背包問題。我們將發展一個可以成功解出 Fractional 背包問題但失敗於 0-1 背包問題的貪婪演算法。接著我們將用 dynamic programming 來成功解出 0-1 背包問題。

• 4.5.1 用貪婪演算法來處理 0-1 背包問題

我們以一個竊賊背著一個背包闖入珠寶店來作為此問題的範例。假若偷取的物品總重量超過該背包的最大載重 W，則背包就會破裂。每一個物品均有其價值與重量。該名竊賊的難題是如何使偷取到的物品總價值最大化同時不會超過背包的最大總載重 W。此問題稱之為 0-1 背包問題，可寫為如下形式：

假設有 n 物品，令：

$$S = \{item_1, item_2, ..., item_n\}$$
$$w_i = item_i \text{ 的重量}$$
$$p_i = item_i \text{ 的價值}$$
$$W = \text{背包的最大載重}$$

其中，w_i、p_i、W 均為正整數，找出子集合 A 與 S 使得：

$$\text{在 } \sum_{item_i \in A} w_i \leq W \text{ 的限制下，} \sum_{item_i \in A} p_i \text{ 的最大值}$$

若採用暴力法 (brute-force solution) 則須考慮 n 個物品所形成的所有子集合，再將總重量達到 W 的子集合摒除在外，最後在剩下來的子集合中找出其中有最大總價值的子集合。以附錄 A 中的範例 A.10 為例，總共有 2^n 個包含 n 物品的子集合，因此，暴力演算法所費的時間為指數成長的。

當竊賊在偷取物品時有個最明顯的貪婪策略可應用，即從最高價值的物品開始下手，接著按照各個物品價值大小，以非遞增順序偷取。但是在當最高價值的物品有很大的重量時，這個策略就運作的不是很好。舉例來說，假設我們有三樣物品，第一樣重量為 25 磅，價值為 \$10，第二樣與第三樣重量同為 10 磅且價值同為 \$9。若背包的最大載重為 30 磅，則根據上述的貪婪策略最後得到的物品總價值只有 \$10，而最佳化的解是 \$18。

另外一個可應用的貪婪策略是先由最輕的物品開始偷取，這個策略在最輕的物品的價值很低時也會運作不佳。

為了避免上述兩種貪婪演算法所面臨的盲點，我們必須要使用一個更精密的貪婪策略，即自每一單位重量有最大價值的物品開始偷起，也就是說我們將物品依照每單位重量價值的大小以非遞增的順序排列後，再依照順序選取。在背包還沒達到最大載重 W 前物品可置入背包中。此演算過程列於圖 4.13 中，在該圖中，根據每個物品列出了其重量與價值，而 W 值為 30，被列於背包中。下列為每單位重量的價值：

$$item_1 : \frac{\$50}{5} = \$10 \qquad item_2 : \frac{\$60}{10} = \$6 \qquad item_3 : \frac{\$140}{20} = \$7$$

依照每單位重量的價值排列物品如下：

$$item_1, item_3, item_2$$

如同圖中所示，此種貪婪演算法會選擇 $item_1$ 與 $item_3$，而其總價值為 \$190。但是最佳解是選擇 $item_2$ 與 $item_3$，其總價值為 \$200。問題出在於當選擇了 $item_1$ 與 $item_3$ 時，背包尚餘 5 磅的空間浪費掉了，因為 $item_2$ 的重量為 10 磅。因此即使使用更精密的貪婪演算法也無法解決 0-1 背包問題。

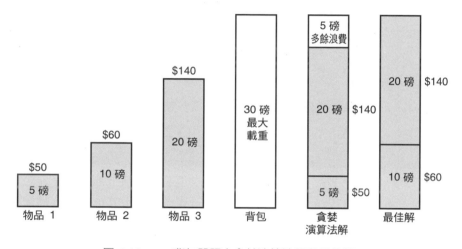

圖 4.13　0-1 背包問題之貪婪演算法解與最佳解。

4.5.2　用貪婪演算法來處理 Fractional 背包問題

在 Fractional 背包問題中，竊賊不需要偷取整個物品，而是可以偷取部份物品的任何部份。我們可以將 0-1 背包問題中的物品想像為金塊，銀磚之類，而 Fractional 問題中的物品則是像一袋金粉、銀粉之類的東西。假設在 Fractional 問題中我們有如同圖 4.13 的物品，若我們的貪婪策略再度使用選擇每單位重量最大價值之物品，則 $item_1$ 與 $item_3$ 會被選擇，但是此時我們可以利用剩下的五磅空間放置 5/10 的 $item_2$。所以總利潤為：

$$\$50 + \$140 + \frac{5}{10}\,(\$60) = \$220$$

在 Fractional 背包問題中使用貪婪演算法不會像在 0-1 背包問題中浪費任何可用空間。因此結論就是在此問題中貪婪演算法總是可以得到最佳解，讀者可以在本章的習題中試證明之。

4.5.3　用 Dynamic Programming 演算法來解 0-1 背包問題

若我們可以證明其符合最佳化原則，則我們可以使用 dynamic programming 來解決 0-1 背包問題。為了達到這個目標，令 A 為 n 個物品的最佳子集合，則會有以下兩種情況：不是 A 包含 $item_n$，就是 A 不包含 $item_n$。若 A 不包含 $item_n$，則 A 等於首 $n-1$ 項物品的最佳化子集合。若 A 包含 $item_n$，則 A 中物品的總利潤等於 p_n 加上由首 $n-1$ 項物品中進行挑選所得到之最佳利潤，且挑選時遵守總重量不能達到 $W-w_n$ 的限制。因此符合最佳化原則。

上述結果可以推斷如下：若 $i>0$ 及 $w>0$，我們設 $P[i][w]$ 為遵守總重量不能達到 w 的限制下由首 i 項物品中進行挑選所得到之最佳利潤：

$$P[i][w] = \begin{cases} 最大值 \quad (P[i-1][w], p_i + P[i-1][w-w_i]) & 若\ w_i \leq w \\ P[i-1][w] & 若\ w_i > w \end{cases}$$

最大利潤等於 $P[n][W]$。我們可以用列由 0 到 n，且行由 0 到 W 的二維陣列 P 來找出最大利潤值。我們用前面關 $P[i][w]$ 的式子來按照順序來計算列的值。$P[0][w]$ 與 $P[i][0]$ 均設為 0。在習題中會有題目要求各位讀者實際上寫出整個演算法。很直覺的我們可以知道該陣列所需計算的項目數量為：

$$nW \in \Theta(nW)$$

4.5.4　用修正的 Dynamic Programming 演算法來解 0-1 背包問題

上述式子可知陣列所需計算的項目數是與 n 成線性關係的，此結果很容易讓我們誤以為該演算法對於所有包含 n 個物品的例子都可以很有效率的計算出結果。其實不然。在式子中的另外一項為 W，而 n 與 W 之間是沒有關係的。因此，對於一個給定的 n 來說，我們會因為任意增大的 W 而使得事件中的計算時間跟著無限增加。舉例來說，若 W 等於 $n!$，則計算數目為 $\Theta(n \times n!)$。若 $n=20$ 以及 $W=20!$，則在現代的電腦上需要耗費數千年來計算其結果。而當 W 遠大於 n 時，此演算法的效率將比僅考慮所有子集合的暴力法還糟糕。

此演算法經過改進後可以減少在最壞情況中所需的計算數目為 $\Theta(2^n)$，並且效率永遠不會比暴力法糟糕，通常還比暴力法好的多。改進的原因是因為在第 i 列中且 w 介於 1 與 W 之間的項目不需要被計算。更精確的說，在第 n 列中我們僅需要計算 $P[n][W]$。為了計算 $P[n][W]$，我們需要第 $n-1$ 列中的某些項目，因為：

$$P[n][W] = \begin{cases} 最大值 \quad (P[n-1][W], p_n + P[n-1][W-w_n]) & 若 w_n \leq W \\ P[n-1][W] & 若 w_n > W \end{cases}$$

而第 $n-1$ 列中的需要的項目為：

$$P[n-1][W] \qquad 與 \qquad P[n-1][W-w_n]$$

我們繼續從 n 往回找哪些項目是需要的。也就是說，當我們找出第 i 列中哪些項目是需要的，我們就可藉此找出第 $i-1$ 列中的需要的項目，原因如下：

$$P[i][w] \quad 由 \quad P[i-1][w] \quad 與 \quad P[i-1][w-w_i] \quad 計算得出$$

我們在 $n=1$ 或 $w \leq 0$ 的時候停止計算。在找出需要的項目之後，我們從第一列開始進行計算。下面的範例描述了這種改進方法。

● **範例 4.9**　　若我們有圖 4.13 中的物品，且 $W = 3$。首先我們找出每一列中所需要之項目。

找出第三列需要的項目：我們需要

$$P[3][W] = P[3][30]$$

找出第二列需要的 entries：

為了計算 $P[3][30]$，我們需要

$$P[3-1][30] = P[2][30] \qquad 以及 \qquad P[3-1][30-w_3] = P[2][10]$$

找出第一列需要的 entries：

為了計算 $P[2][30]$，我們需要

$$P[2-1][30] = P[1][30] \qquad 以及 \qquad P[2-1][30-w_2] = P[1][20]$$

為了計算 $P[2][10]$，我們需要

$$P[2-1][10] = P[1][10] \qquad 以及 \qquad P[2-1][10-w_2] = P[1][0]$$

接下來做以下的運算：

計算第一列：

$$P[1][w] = \begin{cases} 最大值 \quad (P[0][w], \$50 + P[0][w-5]) & 若\, w_1 = 5 \leq w \\ P[0][w] & 若\, w_1 = 5 > w \end{cases}$$

$$= \begin{cases} \$50 \; 若\, w_1 = 5 \leq w \\ \$50 \; 若\, w_1 = 5 > w \end{cases}$$

因此，

$$P[1][0] = \$0$$
$$P[1][10] = \$50$$
$$P[1][20] = \$50$$
$$P[1][30] = \$50$$

計算第二列：

$$P[2][10] = \begin{cases} 最大值 \quad (P[1][10], \$60 + P[1][0]) & 若\, w_2 = 10 \leq 10 \\ P[1][10] & 若\, w_2 = 10 > 10 \end{cases}$$
$$= \$60$$

$$P[2][30] = \begin{cases} 最大值 \quad (P[1][30], \$60 + P[1][20]) & 若\, w_2 = 10 \leq 30 \\ P[1][30] & 若\, w_2 = 10 > 30 \end{cases}$$
$$= \$60 + \$50 = \$110$$

計算第三列：

$$P[3][30] = \begin{cases} 最大值 \quad (P[2][30], \$140 + P[2][10]) & 若\, w_3 = 20 \leq 30 \\ P[2][30] & 若\, w_3 = 20 > 30 \end{cases}$$
$$= \$140 + \$60 = \$200$$

此版本的演算法僅需要計算七個項目，反之修改前的演算法需要計算 $(3)(30) = 90$ 個項目。

接下來讓我們找出在最糟情況下修改後演算法的計算效率。我們在第 $(n-i)$ 列中最多必須計算 2^i 個項目。因此，我們計算最多總項目數如下：

$$1 + 2 + 2^2 + \cdots + 2^{n-1} = 2^n - 1$$

上式之中的相等性可由附錄 A 中的範例 A.3 得到。我們將下面的例子留到習題中去證明其所需計算的項目即接近 2^n（利潤可為任意值）：

$$w_i = 2^{i-1} \qquad 當 \qquad 1 \le i \le n \qquad 以及 \qquad W = 2^n - 2$$

將上述兩個結果整合，我們可以得到最糟狀況下所需要計算之項目數為：

$$\Theta\left(2^n\right)$$

上面的 bound 只與 n 有關。但是我們也可以得到由 n 與 W 兩者所組成的 bound。我們知道項目數原本是由 $O(nW)$ 計算得到的，但是在此版本的之中很難會達到原本的 bound。在習題中讀者可試著去證明若 $n = W + 1$ 且 $w_i = 1$（對於所有的 i），則需要計算的項目總數約為

$$1 + 2 + 3 + \cdots + n = \frac{n(n+1)}{2} = \frac{(W+1)(n+1)}{2}$$

第一個等式是由附錄 A 中的範例 A.1 所得到的結果，而第二個等式的推導由本例中的 $n = W + 1$ 得到。因此，非常大的 n 與 W 會導致計算數目達到 bound，也就是說在最糟狀況下所需要計算的項目為：

$$\Theta\left(nW\right)$$

將上述的兩個結論結合，最糟狀況下所需要計算的項目數為：

$$O\left(\ 最小值\ \left(2^n, nW\right)\right)$$

在實作此演算法時我們不需要將整個陣列列出，我們只要儲存必需的項目，整個陣列僅隱含在過程中。若演算法以此種方式實作，則最糟情況下記憶體用量的 bound 也是相同的。

我們可以用發展 dynamic programming 演算法時所需之 $P[i][w]$ 的式子來寫出 divid-and-conquer 演算法。此演算法在最糟情況下所需要計算的項目數目同樣為 $\Theta(2^n)$。dynamic programming 演算法最主要的優點它的時間複雜度被限制在以 nW 為項次的額外 bound 內。divide-and-conquer 演算法則無此上限，事實上，我們仍可由 dynamic programming 與 divide-and-conquer 演算法的不同點來求得其 bound。而兩者間的不同點在於 dynamic programming 不會對相同個體處理超過一次。以 nW 為項次的 bound 在當 W 與 n 比較起來相差不大時，變得非常重要。

如同售貨員旅行 (Traveling Salesperson) 問題中的情況，我們沒有辦法找出 0-1 背包問題的最糟時間複雜度會比對數成長還要好的情況，也沒有人可以證明出其為可能的。我們在第九章中會詳細研究此問題。

● 習題

4.1 節

1. 請證明貪婪演算法永遠可以在找零錢問題中得到最佳解，貨幣的單位為 D^0, D^1, $D^2, \cdots, D^i$，其中 $i > 0$ 以及 $D > 0$，且 i 為整數。

2. 利用 Prim's 演算法 (演算法 4.1) 一步步推導出下圖的最小生成樹。

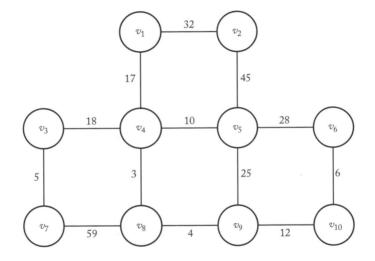

3. 考慮下列的陣列：

	1	2	3	4	5	6
1	0	∞	72	50	90	35
2	∞	0	71	70	73	75
3	72	71	0	∞	77	90
4	50	70	∞	0	60	40
5	90	73	77	60	0	80
6	35	75	90	40	80	0

(a) 由 v_4 開始，追蹤 Prim 演算法找出上述陣列對應 graph 之最小生成樹的過程。

(b) 列出構成上題求得最小生成樹的邊。

(c) 該最小生成樹的成本是？

4. 繪出一個有超過一個最小生成樹的圖。

5. 將 Prim 演算法（演算法 4.1）實作於系統中，並研究不同 graph 下的效率。

6. 修改 Prim 演算法（演算法 4.1）來檢查一個無向權重圖是否為連通 (connected)。分析你的演算法，並使用量級表示法 (order notation) 來表示最後結果。

7. 使用 Kruskal 演算法（演算法 4.2）為習題 2 的圖找出一棵最小生成樹，且將過程一步步詳細列出。

8. 實作 Kruskal 演算法（演算法 4.2），並研究執行於不同圖上的效率。

9. 你認為最小生成樹中可能有一個 cycle 嗎？請回答並證明之。

10. 假設我們需要一個任何兩部電腦隨時可連結上的網路。試預估每一種可能的連結方式，並評估需用演算 4.1 (Prim 演算法) 還是演算法 4.2 (Kruskal 演算法)？請回答並證明之。

11. 引用輔助定理 4.2 來完成定理 4.2 的證明。

4.2 節

12. 利用 Dijkstra 演算法（演算法 4.3）為習題 3 的圖找出頂點 v_5 到其他任何一個頂點的最短路徑。並將過程一步步詳細列出。

13. 利用 Dijkstra 演算法（演算法 4.3）為習題 2 的圖找出頂點 v_4 到其他任何一個頂點的最短路徑。並將過程一步步詳細列出。假設每一條無向邊線代表兩條具有相同 weight 的有向邊線。

14. 實作 Dijkstra 演算法（演算法 4.3），並研究施行於不同圖中的效率。

15. 修改 Dijkstra 演算法（演算法 4.3）來計算最短路徑的長度。分析修改過後的演算法，並使用量級表示法 (order notation) 來表示最後結果。

16. 修改 Dijkstra 演算法（演算法 4.3）來檢查一個有向圖是否有 cycle。分析此演算法，並使用量級表示法 (order notation) 來表示最後結果。

17. 試問 Dijkstra 演算法（演算法 4.3）是否可以用來在有負值 weight 的圖中找出最短路徑？請回答並證明之。

18. 用數學歸納法來證明 Dijkstra 演算法 (演算法 4.3) 的正確性。

4.3 節

19. 思考下列的工作與服務時間，使用 4.3.1 節中的演算法來將系統中所花費的總服務時間縮至最短。

工作	服務時間
1	7
2	3
3	10
4	5

20. 將 4.3.1 節中的演算法實作於系統中，並且在習題 17 中的實例上執行。

21. 將 4.3.1 節中的單伺服器排程問題拓展為多伺服器排程問題並歸納出解題的演算法。分析你的演算法，並使用量級表示法 (order notation) 來表示最後結果。

22. 考慮下面工作，截止期限，以及利潤。利用依照截止期限來進行工作排程的演算法 (演算法 4.4) 來找出最大的利潤。

工作	截止期限	利潤
1	2	40
2	4	15
3	3	60
4	2	20
5	3	10
6	1	45
7	1	55

23. 思考利用依照截止期限來進行工作排程的演算法 (演算法 4.4) 中的 $schedule$ 副程式，令 d 為 n 項工作中最大之截止期限。請修改工作排程程序，使得在排定工作的程序進行時能夠將工作儘可能的排得晚一點，但是不超過截止期限。我們從初始化 $d+1$ 個互不交集的集合開始，其中包含了整數 0, 1, ..., d。設 $small(S)$ 為集合 S 之中最小的成員。當某項工作被排定時，找出包含了最小截止期限的工作之集合 S 以及 n。若 $small(S) = 0$，則剔除此項工作。反之則排定該工作於時間 $small(S)$，接著將集合 S 與包含了 $small(S) - 1$ 的集合合併。若使用附錄 C 中的 Disjoint Set 資料結構 III，請證明此該演算法的複雜度為 $\theta(n \lg m)$，其中 m 為 d 以及 n 的最小值。

24. 將習題 21 中所發展的演算法實作出來。

25. 假設我們要將自磁帶中存取 n 個長度分別為 $l_1, l_2, ..., l_n$ 檔案的平均時間最小化。若需要存取檔案 k 的機率為 p_k，其依照 $k_1, k_2, ..., k_n$ 的順序載入這 n 個檔案的時間之公式如下：

$$T_{average} = C \sum_{f=1}^{n} \left(p_{k_f} \sum_{i=1}^{f} l_{k_i} \right)$$

定值 C 表示磁碟機的讀取速度與記錄於磁帶上資料密度之類的參數。

(a) 利用貪婪演算法，以何種順序存取這些檔案可保證有最短存取時間？

(b) 寫出存取檔案的演算法並使用量級表示法分析之。

4.4 節

26. 利用霍夫曼演算法來發展下表中字母的最佳化二進位前置碼。

字母	:	A	B	I	M	S	X	Z
出現頻率	:	12	7	18	10	9	5	2

27. 利用霍夫曼演算法發展下表中字母的最佳化二進位前置碼。

字母	:	c	e	i	r	s	t	x
出現機率	:	0.11	0.22	0.16	0.12	0.15	0.10	0.14

28. 利用習題 24 中的二進位碼來解出下面每一個位元串列。

(a) 01100010101010

(b) 1000100001010

(c) 11100100111101

(d) 1000010011100

29. 利用習題 25 中的二進位碼對下面每個單字進行編碼。

(a) rise

(b) exit

(c) text

(d) exercise

30. 給定一組編碼方式如後：a:00, b:01, c:101, d:x10, e:yz1，此處的 x、y、z 不是 0 就是 1，請找出 x、y、z 的值，使得給定的這組編碼為前置碼。

31. 將習題 24 以及 25 中的問題利用霍夫曼演算法實作。

32. 證明一棵二元樹對應到最佳二進位前置碼必為 full binary tree。**full binary** tree 的定義是每個節點不是葉節點就是含有有兩個子節點。

33. 證明在一個最佳二進位前置碼中，若字元依照出現頻率的大小以非遞增的順序排列，則其字碼 (codeword) 的長度會依照非遞減的順序排列。

34. 給定對應到某種二進位前置碼的二元樹，寫出一個可以求出所有字元的字碼的演算法。並求出該演算法的複雜度。

4.5 節

35. 寫出解 0-1 背包問題的 dynamic programming 演算法。

36. 使用貪婪演算法建立一棵最佳二元搜尋樹，考慮以最大可能性的 Key_k 為根 (root)，然後將左邊的 subtree $Key_1, Key_2, \ldots, Key_{k-1}$ 以及右邊的 subtree $Key_{k+1}, Key_{k+2}, \ldots, Key_n$ 以同樣的遞迴方式建立出來。

   (a) 若所有 key 已排序好，請問此演算法最糟狀況下的時間複雜度為何？

   (b) 舉例說明為何貪婪演算法無法總是找到最佳二元搜尋樹。

37. 假設我們分配 n 項工作給 n 個人，設 C_{ij} 是當指派第 j 項工作給第 i 個人所需付出的成本。請用貪婪演算法寫下一個可以將分配 n 項工作給 n 個人時的總成本支出壓到最低的分派方式。分析你的演算法，並使用量級表示法 (order notation) 來表示最後結果。

38. 使用 dynamic programming 方式對習題 26 中的問題寫出演算法，分析你的演算法，並使用量級表示法 (order notation) 來表示最後結果。

39. 撰寫一個能將合併 n 個檔案的過程中，所需移動的記錄次數最小化的貪婪演算法，其中每個步驟合併兩個檔案。分析你的演算法，並使用量級表示法 (order notation) 來表示最後結果。

40. 使用 dynamic programming 方式將習題 28 的演算法寫出。分析你的演算法，並使用量級表示法 (order notation) 來表示最後結果。

41. 證明貪婪演算法可為 Fractional 背包問題找到最佳解。

42. 證明若利用修正的 dynamic programming 演算法解決 0-1 背包問題時，其最糟情況下所需要被計算的項目數的上限為 $\Omega(2^n)$。利用已知 $W = 2^n - 2$ 以及 $w_i = 2^{i-1}$，$1 \leq i \leq n$ 來證明。

43. 證明若利用修正的 dynamic programming 演算法解決 0-1 背包問題，當 $n = W + 1$ 與 $w_i = 1$（對所有的 i）時，所要計算的項目數為 $(W + 1) \times (n + 1)/2$。

進階習題

44. 找出一個反例，證明當我們使用美國通用的硬幣，且缺了至少一種硬幣的情況下，此時利用貪婪演算法無法永遠在找零錢問題之中得到最佳解。

45. 證明一個完全圖（complete graph，即在該圖中任意兩頂點之間都有一條邊線存在）擁有 n^{n-2} 個生成樹。其中 n 為該圖中的頂點數目。

46. 寫出售貨員旅行 (Traveling Salesperson) 問題的貪婪演算法。證明你的演算法無法總是找到最短路徑的行程。

47. 證明習題 19 的多伺服器排程問題的演算法永遠可以找到最佳工作排程。

48. 在不建立霍夫曼樹的情況下，為一特定字元組產生其霍夫曼編碼。

49. 推廣霍夫曼演算法到三元字碼，並證明它會產生最佳的三元碼。

50. 證明若字元已依照其出現頻率排列，則可在線性時間內建立其霍夫曼樹。

Chapter 5

回溯

曾經想走出英國漢普頓宮廷迷宮的人，大概都會有這樣的經驗：一旦走入迷宮後，你大概就會完全無頭緒，只能沿著路一直走，直到碰到死路為止。然後，你只好退回到最近的分岔點，繼續沿著另一條路走，直到走到出口。任何走過迷宮的人，都會有走到死路的經驗。試想，要是在每條死路的半路上，都有一個路標告訴你這是條死路，那麼這一切就變得簡單多了。更好的是，要是在每個死路的起點都有個路標告訴你這是條死路，你就可以省下大量嘗試錯誤的時間。這樣一來，你在每個分岔路口，就完全不需要考慮有死路路標的那些路了。可惜的是，在真實世界中的迷宮是沒有這種路標的。不過，你將會發現，在回溯 (Backtracking) 演算法中，這種路標是存在的。

回溯技巧對於像 0-1 Knapsack 這類的問題是非常有用的。雖然在第 4.4.3 節中，我們已用了 dynamic programming 有效率地解了這個問題（當 knapsack 的容量 W 不大的情況），然而，要是 W 很大的話，這個演算法的效率在最差情況下仍是 exponential-time。事實上，0-1 Knapsack 問題是屬於第九章所討論的那類問題之一，對於這些問題在最差情況下，從來沒有人可以找到比 exponential 更好的演算法。當然，至今也還沒有人能證明找到比 exponential 更好的演算法是不可能的。解決 0-1 Knapsack 問題的方法之一，便是列出所有可能的組合，當然，這就好像沿著迷宮中每一條路一直走，直到遇到死路後換一條路的方法一樣。記得我們在第 4.4.1 節中說過，這問題總共有 2^n 種組合。這就表示，唯有在 n 很小的時候，brute-force method（暴力法）才可行。然而，要是在產生所有組合的時候可以找到死路的 "路標"，那麼我們就可以省很多不必要的計算。這正是回溯演算法的精華。對於 0-1 Knapsack 問題，回溯演算法在最差情況下的效率仍是 exponential-time（甚至可能更糟）。然而我們之所以還使用它的原因是：雖然它不能有效地解決所有大型的問題，但是對於某些問題，它還是蠻有效率的。我們將會在第 5.7 節再次討論 0-1 Knapsack 問題。在那之前，我們會先用回溯演算法來解決一些簡單的問題。

• 5.1　回溯技巧

有一類的問題敘述是這樣的：你必須從一個物件集合中選出一**序列**的物件，並且這序列要滿足一些**指定條件**，而回溯技巧通常被用來解決這類的問題。n-$Queen$ 問題就是一典型使用回溯的例子。n-$Queen$ 問題的目的就是要將 n 個皇后放在一個 $n \times n$ 的西洋棋盤上而彼此不互相攻擊。也就是說，沒有兩個皇后會位於同一列，同一排或同一對角線上。問題中的**序列**就是能安全地擺皇后的 n 個位置，而物件集合就是西洋棋盤上所有可能位置，總共有 n^2 個。問題的指定條件也因此就是任何兩個皇后都不會彼此互相攻擊。一般標準的西洋棋盤是 $8 \times 8 (n = 8)$，而 n-$Queen$ 是將此問題一般化。為了簡化問題起見，我們將考慮 $n = 4$ 的狀況。

回溯技巧其實是樹狀結構的深度優先搜尋 (depth-first search) 演算法之變形，所以在繼續我們的討論之前，讓我們先來回顧 depth-first search 演算法。一般而言，depth-first search 演算法可以用於圖形結構 (graphs)，不過我們在這裡只討論樹狀結構 (因為回溯只涉及樹狀結構)。樹狀結構的前序追蹤 (preorder traversal) 就是樹狀結構 depth-first search 的結果。這意思就是說，depth-first search 會先走訪根節點 (root node)，然後再依序走訪掛在根節點下面所有的子節點。雖然 depth-first search 演算法並沒有指定走訪子節點的順序，在本章中，我們一律以從左至右的方式走訪子節點。

圖 5.1 就是一個 depth-first search 的結果。樹節點上的數字代表節點走訪的順序。你或許已經注意到，在 depth-first search 演算法中，我們會盡可能地先走訪越深的子節點直到該節點沒有子節點為止，之後我們會退回至搜尋路徑中最近但尚有未走訪子節點的節點，然後繼續往下探訪其他的節點。

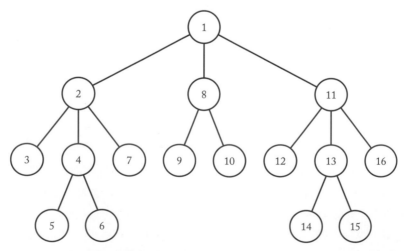

圖 5.1　一個樹狀圖。每個節點上的數字代表的是 depth-first search 的順序。

Depth-first search 是一個很簡單的遞迴演算法。目前我們只對樹狀結構的 preorder traversal 有興趣，所以我們就針對這個目的寫了下面這個函式。本遞迴函式所需傳入的參數是此樹狀結構的根節點。

```
void depth_first_tree_search (node v)
{
  node u;
  visit v;
  for (V的每個子節點 u)
      depth_first_tree_search (u);
}
```

這個演算法並未指定走訪子節點的順序，所以我們就依照之前所講的，從左至右走訪子節點。

接下來，我們可以開始來看如何用回溯演算法來解決 $n = 4$ 的 $n\text{-}Queen$ 問題。我們的目標是將四個皇后擺在一個 4×4 的西洋棋盤上，並且不能讓皇后彼此互相攻擊。很明顯的，我們知道任兩個皇后不可以放在同一列上，所以我們可以把每個皇后放在不同列上並檢查這組合是不是違反規則。而且因為每個皇后可以放在棋盤上這四個行的任何一個，所以總共只有 $4 \times 4 \times 4 \times 4 = 256$ 種組合。

我們可以產生樹狀結構來列舉所有可能的答案的組合。在這個樹中，我們將第一個皇后可選擇的行數放在樹的第一層（在此我們規定第一個皇后放在第一列），第二個皇后可選擇的行數放在樹的第二層（第二個皇后放在第二列），以下以此類推。

任何一條從樹根節點到葉節點的路徑（樹狀結構的**葉節點**就是沒有子節點的節點）就是一個可能的答案。這個樹狀結構也因此稱為**狀態空間樹** (state space tree)。圖 5.2 只畫出此狀態空間樹的一小部分，而這整棵樹總共有 256 個葉節點，每一個代表一種可能的答案組合。請注意這裡的 $<i,j>$ 的表示方式代表著位於第 i 列的皇后必須放在第 j 行上。

有了這棵狀態樹後，我們可以從左至右一一地檢查每一個可能的答案組合（從樹根節點到葉節點的路徑），判斷它是不是正確答案。前幾個路徑是這樣的：

$$[< 1,1 >, < 2,1 >, < 3,1 >, < 4,1 >]$$
$$[< 1,1 >, < 2,1 >, < 3,1 >, < 4,2 >]$$
$$[< 1,1 >, < 2,1 >, < 3,1 >, < 4,3 >]$$
$$[< 1,1 >, < 2,1 >, < 3,1 >, < 4,4 >]$$
$$[< 1,1 >, < 2,1 >, < 3,2 >, < 4,1 >]$$

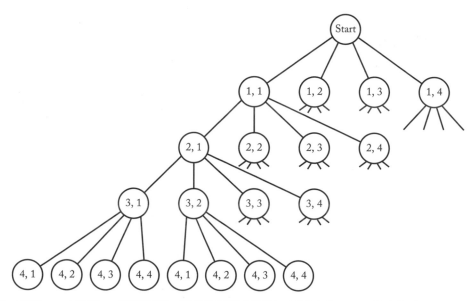

圖 5.2   這是 $n = 4$ 時的 n-皇后問題一部分的狀態空間樹。節點上的 $<i, j>$ 代表的是 i 列的皇后是放
　　　　在第 j 行上。任何一條從樹根節點到葉節點的路徑就代表著一個可能的答案。

這裡請注意到一點，我們走訪這棵樹的方式是採用 depth-first search，而走訪子節點的順
序是由左至右。用這種簡單的 depth-first search 來走訪狀態空間樹就好像試著探索迷宮裡
面的每一條路，直到遇到死路才又繼續嘗試另一條路一樣，完全不管沿路上的任何死路標
誌。其實我們可以沿路注意是否有死路標誌來讓搜尋更有效率。舉例來說，如圖 5.3 (a) 所
示，根據規則任兩個皇后不可以放在同一列上，因此根本就不需要搜尋甚至產生在圖 5.2
中從 $<2,1>$ 節點以下的子樹。（因為我們已經將第一個皇后放在第一行中，所以第二個
皇后根本不能放在那裡）。這就是我所謂的能告訴你：要是繼續走下去會通往死路的 "死
路" 標誌。同樣地，如圖 5.3 (b) 所示，任兩個皇后不可以放在同一個對角線上，所以根本
就不需要搜尋甚至產生在圖 5.2 中從 $<2,2>$ 節點以下的子樹。

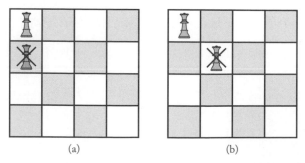

圖 5.3   如果我們將第一個皇后放在第一行，那麼第二個皇后不可以放在第一行 (a) 或者是第二行 (b)。

　　所以，**回溯**的意思就是指一旦我們知道此節點一定會通往死路時，我們就立即返回至父節點，繼續走訪那個父節點的其他子節點。當我們知道某一節點一定不會帶我們找到答案時，我們就稱該節點**沒前景** (nonpromising)，反之則稱之為有**前景** (promising)。總而言之，回溯就是以 depth-first search 去走訪狀態空間樹，並檢查每個節點是不是 promising。要是走到 nonpromising 的節點，我們就立刻返回父節點。這個過程其實稱為**修剪** (pruning) 狀態空間樹，而所剩下的那些走訪過的節點就稱為**修剪過的狀態空間樹** (pruned state space tree)。所以回溯一般的演算法如下：

```
void checknode (node v)
{
  node u;

  if (promising (v))
      if (v是答案)
            印出答案;

          for (v的每個子節點 u)
            checknode (u);
}
```

　　我們必須將狀態空間樹的根節點傳入 **checknode** 函式當作參數。走訪子節點的步驟是：首先，我們先檢查所在的節點是否 promising，如果是 promising 節點而且是答案的話，我們就印出答案。如果這不是答案的話，我們就依序走訪下面的子節點。這邊必須提醒各位的一點是：針對不同的問題，回溯演算法所使用的 promising 函式會不同。除了當子節點是 promising 並且被走訪的節點不包含問題的解之外，本回溯演算法基本上和 depth-first search 是一樣的 (不過請注意，對於有些回溯演算法，問題解不見得一定是在葉節點上)。我們之所以將上面的函式取名為 checknode 而非 backtrack 是因為當呼叫本函式時，並沒有發生回溯現象 (backtrack)。回溯現象發生的狀況其實是在當我們發現某節點是 nonpromising 時，我們會略過下面的子樹直接檢查下一個子節點。在電腦實作上，回溯機制是用把 nonpromising 節點的 activation record 從堆疊中彈出 (pop) 來達成。

　　接下來我們就用回溯來解決 $n = 4$ 時的 n- 皇后問題。

● **範例 5.1**　　我們知道，對於不同的問題，回溯中所使用的 promising 函式也會有不同。對於 n- 皇后問題，當我們發現某節點和所有它的親代節點 (ancestors) 將皇后擺在相同的列或對角線上時，promising 函式就必須傳回 false。在圖 5.4 中我們可以看到一個已經被修剪過的狀態空間樹 ($n = 4$ 時)，而你所看到的這些節點都是在找到第一個答案之前所走訪過的節點。圖 5.5 則

是一個真的西洋棋盤。你可以對照圖 5.4 與 5.5，在圖 5.4 中被劃叉的節點代表這個節點是 nonpromising，同樣的，你也可以看到對應的西洋棋盤中的格子也被劃叉。而在圖 5.4 中有顏色的那個節點就是包含解答的那個節點。接下來，我們就來一步一步地來檢視這個過程。在這裡我們用有序數對來表示節點，而這個數對就是存在該節點的皇后列數。你可以注意到有些節點有相同的數對，只要你跟著圖 5.4 所畫的圖來走訪這棵樹，你就會知道我們目前所指的是哪個節點。

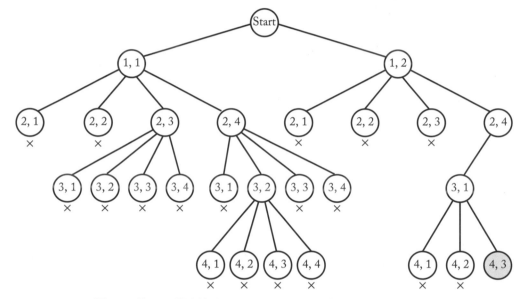

圖 5.4　使用回溯演算法解決 $n = 4$ 時的 n- 皇后問題所產生的狀態空間樹的一小部分。在這裡，我們只顯示找到第一個答案前所走訪的節點。有顏色的那個節點就是答案所在，每個 nonpromising 節點都被標記上一個叉號。

(a) <1,1> 是 promising　　　{ 因為這是第一個被擺入皇后 }

(b) <2,1> 是 nonpromising { 因為皇后一擺在第一行 }
　　<2,2> 是 nonpromising { 因為皇后一擺在左對角線上 }
　　<2,3> 是 promising

(c) <3,1> 是 nonpromising { 因為皇后一擺在第一行 }

　　<3,2> 是 nonpromising { 因為皇后二擺在右對角線上 }
　　<3,3> 是 nonpromising { 因為皇后二擺在第三行 }
　　<3,4> 是 nonpromising { 因為皇后二擺在左對角線上 }

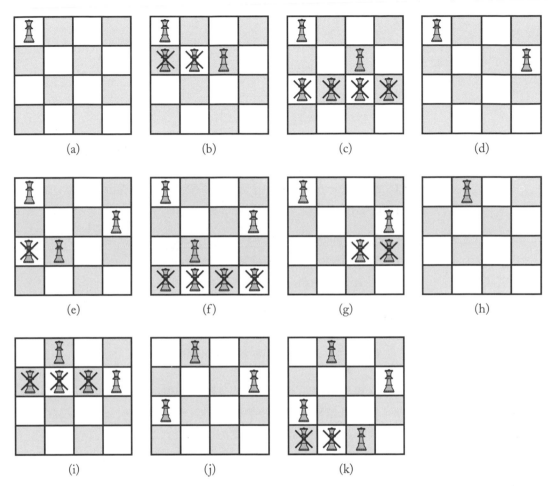

圖 5.5 這是 $n = 4$ 時 n-皇后問題所使用的西洋棋盤。我們使用回溯演算法來處理這問題並且將 nonpromising 的位置用叉號做標記。

(d) 回溯至 <1,1>

    <2,4> 是 promising

(e) <3,1> 是 nonpromising { 因為皇后一擺在第一行 }

    <3,2> 是 promising   { 注意，這是我們第二次遇到 <3,2> }

(f) <4,1> 是 nonpromising { 因為皇后一擺在第一行 }

    <4,2> 是 nonpromising { 因為皇后三擺在第二行 }

    <4,3> 是 nonpromising { 因為皇后三擺在左對角線上 }

    <4,4> 是 nonpromising { 因為皇后二擺在第四行 }

(g) 回溯至 <2,4>

    <3,3> 是 nonpromising { 因為皇后二擺在右對角線上 }

    <3,4> 是 nonpromising { 因為皇后二擺在第四行 }

(h) 回溯至根節點

    <1,2> 是 promising

(i) <2,1> 是 nonpromising { 因為皇后一擺在右對角線上 }

    <2,2> 是 nonpromising { 因為皇后一擺在第二行 }

    <2,3> 是 nonpromising { 因為皇后一擺在左對角線上 }

    <2,4> 是 promising

(j) <3,1> 是 promising　　　{ 注意，這是我們第三次遇到 <3,1> }

(k) <4,1> 是 nonpromising { 因為皇后三擺在第一行 }

    <4,2> 是 nonpromising { 因為皇后一擺在第二行 }

    <4,3> 是 promising

此時，我們找到了第一個解答。在圖 5.5(k) 顯示出這個狀況，而且你也可以在圖 5.4 看到那個被著色的節點就是該節點。

不過請注意，使用回溯演算法時你並不需要真的去建立一個樹狀結構。你只需要記錄目前走訪狀態樹的分岔點，這也就是我們實作回溯的方法。一般而言，我們會說這棵狀態空間樹**隱含**在這個演算法中因為我們並沒有真正地建立這棵樹。

圖 5.4 可以得知在找到第一個答案之前，我們走訪了 27 個節點。在習題裡，我們有一個問題就是要你證明若沒有使用回溯光，使用 depth-first search 你必須走訪 155 個節點之後才能找到第一個解答。

你也許發現這個回溯演算法的版本有些沒效率（*checknode* 函式）。沒有效率的地方是指我們在呼叫 *checknode* 之後才檢查該節點是不是 promising。也就是說，將 nonpromising 子節點的 activation record 置入堆疊中是沒有必要的。其實這是可以避免的。我們可以改成先檢查該節點是不是 promising，要是有，才呼叫此遞迴函式。所以，這個演算法就變成下面這樣：

```
void expand (node v)
{
  node u;

  for (v的每個子節點 u)
        在 u 有解答
```

```
        印出解答 ;
    else
        expand (u);
}
```

剛開始時,我們也同樣地需要將根節點傳入這個函式。之所以叫這個函式為 *expand* 是因為我們只展開 promising 節點。在電腦實作上,這個回溯機制並不會把 nonpromising 節點的 activation record 堆入堆疊中。

回顧一下之前所討論的,一開始時我們用回溯演算法第一個版本(*checknode* 函式)來解釋整個觀念,因為這個演算法觀念上非常的簡單,容易了解。每次執行一次 *checknode* 都包含一系列的步驟:判斷該節點是否為 promising,如果是 promising 並且該節點包含解答的話,就印出解答否則我們就要繼續走訪它的了節點。之後,我們有了第二個版本,同樣地每次執行 expand 也都包含了對每個節點作同樣的步驟。了解了第一個版本後我們就很容易可以將它修改成第二個版本了。

接下來,我們將針對一系列的問題來個別發展它們的回溯演算法。你會發現這些問題的狀態空間樹都包含了非常多甚至是指數成長的節點。回溯就是用來避免去走訪沒有必要走訪的節點。不過,對於不同問題,即使它們的大小相同(*n* 值相等),對於某一問題,回溯演算法可能可以少走訪很多的節點,而對於另一個問題,它可能必須要走訪整個狀態空間樹。這代表的是對於回溯演算法,在時間複雜度上,我們沒有辦法像前幾章所學的演算法一樣得到很有效的效率。因此,我們不採用前幾章的方式來分析演算法而會改採用蒙地卡羅(Monte Carlo)技巧來分析它。Monte Carlo 技巧可以讓我們判斷,針對於某個特定的問題,使用回溯演算法是否可以很有效率。我們會在第 5.3 節討論 Monte Carlo 技巧。

5.2 n-皇后問題

我們已經討論過 n-皇后問題的目標了。在這個 promising 函式中,我們必須要檢查是否有兩個皇后放在同一行或同一對角線上。如果函式 $col(i)$ 可以傳回位於第 i 列的皇后所在的行數,則我們可以用下面的關係來檢查放在第 k 列的皇后是否站在同樣行上

$$col(i) = col(k)$$

接下來，我們再來看如何檢查兩皇后是否在同一對角線上。圖 5.6 顯示出 $n = 8$ 時的狀況。在圖中我們可以看到位於第 6 列的皇后會被在它左對角線上，位於第 3 列的皇后所攻擊，也會被它右對角線上，位於第 2 列的皇后所攻擊。我們可以注意到

$$col\,(6) - col\,(3) = 4 - 1 = 3 = 6 - 3$$

也就是說，相對於左邊的那個皇后，它們位置上行數的差額等於列數的差額。此外，

$$col\,(6) - col\,(2) = 4 - 8 = -4 = 2 - 6$$

相對於右邊的那個皇后，它們位置上行數的差額也等於列數差額取負號。下面就是位於第 k 列的皇后會沿對角線攻擊位於第 i 列皇后的通則

$$col\,(i) - col\,(k) = i - k \qquad 或 \qquad col\,(i) - col\,(k) = k - i$$

接下來，我們就可以正式地列出這個演算法。

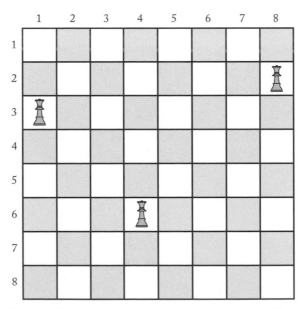

圖 5.6　位於第 6 列的皇后會被在它左對角線上，位於第 3 列的皇后所攻擊，
也會被它右對角線上，位於第 2 列的皇后所攻擊。

▶ 演算法 5.1　　**用回溯解決 n - 皇后問題**

問題：將 n 個皇后放在西洋棋盤上使得任兩個皇后不在同一列、同一行或同一對角線上。

輸入：正整數 n。

輸出：所有可以將 n 個皇后放在一個 $n \times n$ 的西洋棋盤上而彼此不互相攻擊的方法。每個輸出都要包含一個標註從 1 到 n 的陣列 col，而 $col[i]$ 就是位於第 i 列上皇后所在的行數。

```
void queens (index i)
{
    index j;

    if (promising (i))
        if (i == n)
            cout << col[1] 至 col[n];
        else
            for (j = 1; j <= n; j ++){    // 檢查位於第 ( i + 1 ) 列的皇后
                col[i + 1] = j;            // 可否放在第 n 行上
                queens (i + 1);
            }
}


bool promising (index i)
{
    index k;
    bool switch;

    k = 1;
    switch = true;                        // 檢查有沒有其他皇后會攻擊
    while (k < i && switch) {             // 第 i 列的皇后
        if (col[i] == col[k] || abs (col[i] - col[k]) == i - k)
            switch = false;
        k++;
    }
    return switch;
}
```

這裡提醒各位一點，當演算法包含不只一個函式時，我們並不會根據任何一個程式語言所規定的順序來列出函式，在本書中我們一律將主函式列在最前面。例如在演算法 5.1 中，那個 **queens** 就是主函式。我們並延續第 2.1 節的慣例，這裡的 **n** 和 **col** 也不是此遞迴函式的參數，要是將 **n** 和 **col** 定義成全域變數的話，最上一層呼叫 **queens** 就會像下面這樣

```
queens(0);
```

根據我們對問題的描述，演算法 5.1 會產生所有滿足 n-皇后問題的解。我們這樣定義問題是因為：這樣一來，我們就不用在一找到一組解後就馬上跳出程式。一般而言，在本

章中的問題都可以被定義為只要找一個解、許多解或是所有解,當然這決取於問題本身的需要而定。本章的演算法絕大多數都設計成傳回所有解。要改成只找一個解其實很簡單,只要修改成在一找到解後就跳出函式即可。

不過要分析演算法 5.1 就有點難了。要分析它,我們就必須算出所有得檢查的節點個數,這是個 n 的函式而 n 就是皇后的個數。不過,我們可以用整個狀態空間樹的節點數,來當成我們在被修剪的狀態空間樹中所需走訪的節點數的上限值。在這個樹中,第零層有一個節點,第一層有 n 個節點,第二層有 n^2 個節點,…,第 n 層有 n^n 個節點。所以總共的節點數是

$$1 + n + n^2 + n^3 + \cdots + n^n = \frac{n^{n+1} - 1}{n - 1}$$

請參考附錄 A 範例 A.4 來導出本公式。當 n = 8 的時候,狀態空間樹會有

$$\frac{8^{8+1} - 1}{8 - 1} = 19,173,961 \text{個節點}$$

這個數字是上限值,當然,回溯的目的就是要避免檢查太多不必要的節點。

我們還可以嘗試分析 promising 節點個數的上限值。我們可以利用任兩個皇后不可以放在同一行上這個條件來決定此值。像在 $n = 8$ 的狀況,第一個皇后可以放在任何一行上,而第二個皇后至多只有七種選擇了,一旦第二個皇后也擺好了,第三個皇后最多只剩六種選擇,以此類推下去。所以最多只有

$$1 + 8 + 8 \times 7 + 8 \times 7 \times 6 + 8 \times 7 \times 6 \times 5 + \cdots + 8!$$
$$= 109,601 \text{ 個 promising 節點}$$

這個公式的一般式是

$$1 + n + n(n-1) + n(n-1)(n-2) + \cdots + n! \text{ 個 promising 節點}$$

事實上,從這個分析中,我們還是不太能夠了解這演算法的效率到底如何。為什麼呢?首先,它並沒有考慮在 promising 函式內的對角線檢查,所以實際上應該會有比上述分析還要少很多的 promising 節點。再來就是,我們所走訪的節點數包含了所有的 promising 以及 nonpromising 節點,而事實上 nonpromising 的節點會比 promising 的節點多很多。

要決定這演算法的效能有一個非常直接的辦法,就是實際去執行它,然後去計算到底走訪了多少個節點。表 5.1 就列出了對於不同 n 值時所走訪節點數的比較結果。我們用其

他兩種不同的演算法來與回溯演算法做比較，並觀察它們處理 n-皇后問題的效率。演算法一是沒有使用回溯的 depth-first search，所需走訪的節點數就是整個狀態空間樹的節點數。演算法二只使用沒有任兩個皇后可以在同一行和同一列上的條件。基本上，它會先將第一個皇后放在第一列上，此時皇后可能放的行數有 n 種可能，之後再將第二個皇后放在第二行上，此時皇后可能放的行數有 $n-1$ 種可能（有一行已經被第一個皇后佔了），之後再將第三個皇后放在第三列上，此時皇后可能放的行數有 $n-2$ 種可能（有兩行已經被前兩個皇后佔了），以此類推。產生了這 $n!$ 個可能的解答後，再一一去檢查是否有任兩個皇后站在同一個對角線上相互攻擊。你可以注意到，隨著 n 越大，使用回溯的好處就越顯著。例如，當 $n=4$ 時，演算法一所走訪的節點數約略少於回溯的 6 倍，而且回溯略顯得比演算法二差。但是當 $n=14$ 時，演算法一所走訪的節點數幾乎是回溯的三億兩千萬倍，而且演算法二所走訪的節點數大約是回溯的 230 倍。我們在表 5.1 也列出了 promising 節點個數，這在在顯示出很多走訪過的節點都是 nonpromising 的。這也代表了我們回溯演算法的第二個版本（在第 5.1 節的 *expand* 函式）可以節省相當多的時間。

- 表 5.1　本表列出使用回溯演算法來解決 n-皇后問題所能避免檢查的節點數 *

n	演算法一所走訪的節點數 1[†]	演算法二所走訪的節點數 2[‡]	回溯走訪的節點數	回溯找到的 promising 節點數
4	341	24	61	17
8	19,173,961	40,320	15,721	2057
12	9.73×10^{12}	4.79×10^8	1.01×10^7	8.56×10^5
14	1.20×10^{16}	8.72×10^8	3.78×10^8	2.74×10^7

[*] 每個數字代表的是找出所有的解所需走訪的節點數
[†] 演算法一是使用 depth-first search 但並沒有使用回溯
[‡] 演算法二產生所有 $n!$ 種可能的解答，將皇后放在不同行列中

　　不過事實上，執行程式來決定演算法的效率並不是真正的演算法分析（就像我們在表 5.1 所做的一樣）。我們之所以這樣做只是要展示用回溯可以節省相當多的時間。演算法分析的目的是要在程式執行之前就判斷演算法的效率。在下一節中，我們會告訴你如何用蒙地卡羅技巧來估計回溯演算法的效率。

　　在產生 n-皇后問題的狀態空間樹時，我們所使用的條件是：任兩個皇后不可以擺在同一行。另一種方法是，我們可以將皇后放在任何 n^2 個位置當中的一個來建立狀態空間樹，每當這個皇后與已經放進去的皇后在列、行或對角線上有衝突時，我們就進行 backtrack 的動作。若是這樣做的話，每個狀態空間樹的節點會有 n^2 個子節點，每個子節點代表著每個西洋棋盤上的位置。這樣會有 $(n^2)^n$ 個葉節點，每個代表著不同的可能答案。使用這樣的狀態空間樹的回溯演算法不會比我們的演算法找到更多 promising 節點，並且

它會比我們的演算法還要慢,因為它的 promising 函式需要額外的時間來檢查皇后是不是在同樣一行,同時也因為它有更多的 nonpromising 節點(有些節點代表的是兩個皇后擺在同一行)。一般而言,使用越多資訊與條件來建立狀態空間樹會越有效率。

執行 promising 函式所花的時間也是評估回溯演算法效率的考量之一。也就是說,我們目標是要增進整體演算法的效率而並非只是只想要減少所走訪的節點個數。即使我們想盡辦法節省所走訪的節點數,要是我們的 promising 函式執行時間非常的長,那整體的效率還是不佳。以演算法 5.1 為例,我們可以記錄所有已經被皇后佔據的行數,左對角線和右對角線來增進 promising 函式的效能。這樣一來,我們在 promising 函式中就不需要去檢查目前皇后的位置是否與其他已放入的皇后相衝突了。我們只需要檢查目前皇后的位置是否在已被控制的行或對角線上即可。我們會在習題中探討這個問題。

5.3　使用蒙地卡羅演算法估計回溯演算法的效率

之前我們曾說過,對於接下來的幾節我們所會遇到的問題,它們的狀態空間樹的節點數都非常多甚至是呈指數次方地成長。同時我們知道,給定兩個大小相同(n 值相等)的不同問題,其中一個可能只需要走訪很少節點,但另一個可能需要走訪所有的節點。要是我們能有個方法,用它來估計到底使用回溯演算法對於某個問題有效與否,我們就可以判斷到底要不要使用回溯演算法來處理那個特定問題。事實上,我們可以用 Monte Carlo 演算法來達到這個目的。

Monte Carlo 演算法本質上是個或然式 (probabilistic) 演算法。所謂的**或然式演算法**指的是在這種演算法中,有時候接下來要執行的指令是由某個機率分佈 (Probabilistic Distribution) 來決定的(除非特別指明,我們假設此機率分佈是均等分佈 – uniform distribution)。在另一種演算法中,也就是**必然式演算法** (deterministic algorithm),這種狀況是不可能發生的。我們目前所討論過的演算法都屬於 deterministic 演算法。由於隨機變數 (random variable) 是定義在某個樣本空間 (sample space) 之上,**Monte Carlo** 演算法藉由對該樣本空間做隨機抽樣 (random sampling) 來估計該隨機變數的平均值(讀者請參閱附錄 A 中的第 A.8.1 節來複習樣本空間、隨機樣本、隨機變數、和期望值等觀念)。當然,沒有人可以保證這個估計值會與真的期望值很接近,不過如果你執行本演算法越久,估計值接近真實值的機率就越高。

我們如何用 Monte Carlo 演算法來估計回溯演算法對某特定問題的效率呢?整個過程是這樣的,我們可以產生一條 “典型” 的狀態空間樹路徑,不過這條路徑必須包含會被走訪的節點,然後我們用這條路徑來估算這個狀態空間樹上到底有多少節點會被走訪。這個方法可以用來估計在我們找到所有解前所需走訪的節點數,也就是說,這是一個對修剪過狀態空間樹內節點數的估計值。不過，如果要是用這個技巧來做估計，我們的演算法必須滿足下面兩個條件：

1. 對於狀態空間樹內同一層的節點，我們所使用的 promising 函式必須是相同的。

2. 狀態空間樹內，每個同一層的節點都必須有相同數量的子節點。

請注意，我們的演算法 5.1（用回溯演算法來解決 n- 皇后問題）滿足這兩個條件。

使用 Monte Carlo 技巧估計時，我們需要根據均等分佈來隨機產生某節點的 promising 子節點。也就是說，我們必須用一個隨機過程來產生 promising 子節點（附錄 A 第 A.8.1 節中，我們有隨機過程的討論）。不過由於電腦無法產生真正的隨機變數，所以我們所產生的其實是虛擬的隨機 promising 子節點。我們可以用下面的方式來進行：

- 令 m_0 代表根節點所有 promising 子節點的個數。

- 在樹的第一層隨機產生一個 promising 節點，此時讓 m_1 代表的是這個節點所有 promising 的子節點個數。

- 對於上一步所產生的那個節點，我們再隨機地產生它的 promising 子節點，然後讓 m_2 代表的是這個節點的所有 promising 子節點個數。

$$\vdots$$

- 對於上一步所產生的那個節點，我們再隨機地產生它的 promising 子節點，然後讓 m_i 代表的是這個節點的所有 promising 子節點個數。

$$\vdots$$

我們需要一直執行這個過程，直到再也找不到 promising 子節點為止。因為我們之前假設狀態空間樹內，每個同一層的節點都有相同數量的子節點，所以 m_i 就是我們對狀態空間樹中，第 i 層節點所具的 promising 子節點數的預估平均值。現在我們讓

$$t_i = 第 i 層節點所具有的子節點個數$$

因為對任一節點，我們會走訪它所有 t_i 個子節點，而且這 t_i 個子節點中只有 m_i 個有 promosing 子節點，所以在回溯演算法找到所有解之前所需走訪的節點數，可以用下面的式子來預估

$$1 + t_0 + m_0 t_1 + m_0 m_1 t_2 + \cdots + m_0 m_1 \cdots m_{i-1} t_i + \cdots$$

下面我們就列出這個一般的演算法。在這演算法中，我們用 *mprod* 變數來代表每一層的 $m_0 m_1 \cdots m_{i-1}$ 值。

▶ 演算法 5.2

Monte Carlo 估計演算法

問題：使用 Monte Carlo 演算法來預估回溯演算法的效率。

輸入：使用回溯演算法所要解的問題。

輸出：修剪過狀態空間樹內節點數的預估值，也就是要找到所有解之前所需走訪節點數的預估值。

```
int estimate ()
{
    node v;
    int m, mprod, t, numnodes;

    v = 狀態空間樹的根節點;
    numnodes = 1;
    m = 1;
    mprod = 1;
    while (m != 0){
        t = v 的子節點個數;
        mprod = mprod * m;
        numnodes = numnodes + mprod * t;
        m = v 的 promising 子節點個數;
        if (m != 0)
            v = 從 v 所有的 promising 子節點中隨機選一個節點;
    }
    return numnodes;
}
```

上面這個演算法是 Monte Carlo 演算法的一般化，下面我們就列出針對演算法一 (n-皇后問題的回溯演算法) 的 Monte Carlo 演算法。因為演算法一需要 n 當作參數，所以我們也將 n 當作這個演算法的參數。

▶ 演算法 5.3

Monte Carlo 估計演算法評估演算法 5.1 的效率

問題：使用 Monte Carlo 演算法來預估演算法 5.1 的效率。

輸入：正整數 n。

輸出：對於演算法一，其修剪過狀態空間樹內節點數的預估值，也就是找到能將 n 個皇后放在 $n \times n$ 西洋棋盤且彼此不相互攻擊所有可能方法之前，所需走訪節點數的預估值。

```
int estimate_n_queens (int n)
{
```

```
index i, j, col[1..n];
int m, mprod, numnodes;
set_of_index prom_children;

i = 0;
numnodes = 1;
m = 1;
mprod = 1;
while (m != 0 && i !=n){
    mprod = mprod * m;
    numnodes = numnodes + mprod * n;  // 每個節點有 n 個子節點
    i ++;
    m = 0;
    prom_children = ∅;            // 將目前 promising 子節點集合初始化成空集合
    for (j = 1; j <= n; j ++){
        col[i] = j;
        if (promising (i)) {
            m++;
            prom_children = prom_children ∪ {j };
                            // 判斷是不是 promising 節點，這個
                            //promising 函式在演算法 5.1 中定義過了
        }
    }
    if (m != 0){
        j = random selection from prom_children;
        col[i] = j;
    }
}
return numnodes;
}
```

當你使用 Monte Carlo 演算法來估計演算法效率時，你需要執行這演算法很多次然後取再平均值，這樣才能當作真正的評估值。當然，你也可以用一些標準的統計方法來算出這個評估值的信賴區間 (confidence interval)。一般而言，大概執行個二十次就夠了。不過這裡必須提醒你一點，雖然執行 Monte Carlo 演算法越多次，你能得到準確的估計值之機率會越高，但是，永遠沒有人能跟你保證，你所得到的值一定是個非常準確的估計值。

每個 n 值就定義了一個 n- 皇后問題。然而，對於絕大部分用回溯解決的問題，情形並非如此。使用 Monte Carlo 演算法來評估演算法，所算出來的評估值只適用於該問題本身。正如同我們之前討論過的，對於不同問題，即使它們的大小相同 (n 值相同)，對於某一問題，回溯演算法可能可以少走訪很多的節點，而對於另一個問題，它可能必須要走訪整個狀態空間樹。

如果你要估計在找到第一個解之前所需走訪的節點數，那麼這個 Monte Carlo 演算法並不適用。因為，找到第一個解之前所需走訪的節點數只是在找到所有解所需走訪的節點數的一小部分而已。舉例而言，從圖 5.4 你就可以看得出來，如果我們只需要找一個解，我們就不需走訪將第一個皇后放在第三行和第四行的那兩個分支了。

5.4　Sum-of-Subsets 問題

我們再回憶一下第 4.4.1 節的 0-1 Knapsack 問題。在這問題中，我們有一堆物品，每個物品有它的重量（weight）及獲益（profit）。要是小偷所攜帶的物品重量超過 W 時，背包（knapsack）就會破掉。因此，他的目標就是要在總重量不超過 W 的狀況下達到最大的獲益。假設所有物件每單位重量有相同的獲益的話，對小偷而言，要達到最大獲益就是不斷地拿任何物品，只要總重量不要超過 W 就好了。在這樣的狀況下，小偷首先可以先看看是否有一組物件的組合總重量等於 W。這也就是最佳狀況。決定是否有這組物件的問題就是 Sum-of-Subsets 問題。

詳細地來說，在 Sum-of-Subsets 問題中，我們有 n 個正整數（重量）w_i 和一個正整數 W。我們的目的就是找出所有重量和為 W 的子集合。就像我們之前談到的，通常我們的問題都是要找出所有解。不過對於這個小偷的問題，找出一組解就可以滿足他的需求了。

● 範例 5.2　　假設 $n = 5$，$W = 21$ 且

$$w_1 = 5 \qquad w_2 = 6 \qquad w_3 = 10 \qquad w_4 = 11 \qquad w_5 = 16$$

因為

$$w_1 + w_2 + w_3 = 5 + 6 + 10 = 21$$
$$w_1 + w_5 = 5 + 16 = 21$$
$$w_3 + w_4 = 10 + 11 = 21$$

所以解答就是 $\{w_1, w_2, w_3\}$、$\{w_1, w_5\}$ 與 $\{w_3, w_4\}$。

這個問題很簡單，所以我們只要用看的就可以知道答案。但是當 n 很大時，我們就需要一個有系統的方法了。有一個辦法就是建立狀態空間樹。圖 5.7 就畫出了一種建立狀態空間樹的方法。為了簡潔起見，圖中的樹只能處理三種不同重量的問題。如果要拿 w_1 物件，我們就從根節點往左走，如果不拿 w_1 物件，我們就從根節點往右走。同樣地，要是要拿 w_2 物件，我們就從第一層的節點往左走，如果不拿 w_2 物件，我們就從第一層的節點

往右走，以此類推。每一條路徑就代表一個子集合。在慣例上，如果我們有拿 w_i，我們就在節線 (edge) 上標上 w_i，如果我們沒拿 w_i，我們就在節線上標上 0。

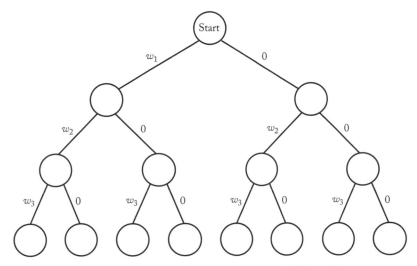

圖 5.7   Sum-of-Subsets 問題在 n = 3 時的狀態空間樹。

• **範例 5.3**   圖 5.8 代表的是當 $n = 3$，$W = 6$ 的狀態空間圖

$$w_1 = 2 \qquad w_2 = 4 \qquad w_3 = 5$$

在每個節點上，我們寫了到目前為止我們所拿的物件重量總合。因此，在葉節點上所寫的數字就是所拿的物件的重量總合。你可以注意到，只有從左邊數過來的第二個葉節點上的數字是 6。因為到此葉節點的路徑代表的是 $\{w_1, w_2\}$ 這個子集合，所以我們知道這個子集合是唯一的解。

　　如果我們事先能將所有重量先以遞增的方式排序，很明顯地，我們就有方法能告訴我們哪個節點是 promising，哪個是 nonpromising。如果所有的重量是以這樣的方法排序的話，那麼在第 i 層的節點上，w_{i+1} 就是所剩下的物件最輕的物品。現在我們用 **weight** 這個變數來代表到第 i 層節點時的物件重量總合。所以，如果 w_{i+1} 加上了 $weight$ 會超過 W 的話，那麼加上其他的物件也必定會超過 W。因此，除非 $weight$ 等於 W（也就是說在這個節點上有一解），在第 i 層的節點如果是

$$weight + w_{i+1} > W$$

就表示它是 nonpromising。

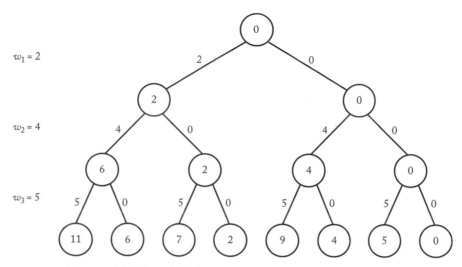

圖 5.8 在範例 5.3 所述的 Sum-of-Subsets 問題的狀態空間圖。
在節點上所寫的數字就是到目前為止所拿物件的總重量。

其實還有一個比較不明顯的方法可以告訴我們哪個節點是 nonpromising。在任何節點時，如果把當時的 *weight* 加上所有剩下物件的總重量不超過 *W* 時，我們就可以知道從這個節點展開的所有路徑都不會有解。也就是說，假設 **total** 代表的是剩下物件的總重量，則要是

$$weight + total < W$$

這個節點就是 nonpromising。

接下來的這個例子就展示了這些回溯策略。

● **範例 5.4**　圖 5.9 展示使用回溯法來處理 *n* = 4、*W* = 13 以及

$$w_1 = 3 \qquad w_2 = 4 \qquad w_3 = 5 \qquad w_4 = 6$$

之案例過後的已修剪狀態空間樹，這個問題只有一個解，我們將那個節點著上色。這個解是 $\{w_1, w_2, w_4\}$。我們也用叉號來標記 nonpromising 節點。數字是 12、8 及 9 的節點都是 nonpromising 因為當我們再補上下一個物件重量 (6) 時，weight 就會超過 *W*。數字是 7、3、4 及 0 的節點也都是 nonpromising 因為沒有足夠的重量會讓它加起來是 *W*。這裡請注意一點，所有不含解答的葉節點都是 nonpromising 因為再也沒有任何物品可以被加入至集合中讓 weight 等於 *W*。數字是 7 的葉節點就是這種狀況。此外

我們可以發現，在這個修剪過的狀態空間樹中總共有 15 個節點，而整個
狀態空間數共有 31 個節點。

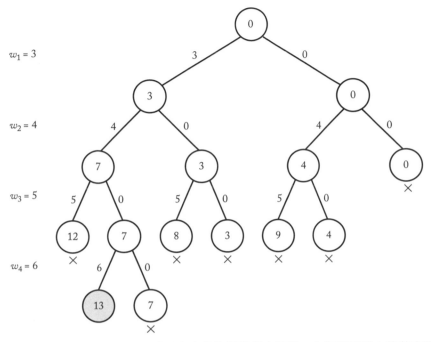

圖 5.9　習題 5.4 中使用回溯所產生的修剪狀態空間樹。在每個節點上的數字代表
著到目前為止累積的重量。有色的節點就代表著一組解。每個 nonpromising 節點
都被標記著一個叉的符號。

當累積到某一個節點的總重量等於 W 時，這就代表著這個節點代表一個解。同時，
我們也沒有辦法在加入任何物件到集合裡頭。這就表示如果

$$W = weight$$

我們就可以列出此解並回溯找其他的解。同時，我們的 $checknode$ 函式本身就可以自
動達成回溯的功能。因為當它發現有解時，它就不會繼續展開那個節點。你可能還記得我
們在討論回溯時就曾說過，有些回溯演算法在走訪到葉節點之前就可能找到解。這就是一
個典型的例子。

接下來，我們就用這些策略來設計我們的演算法。這個演算法使用一個叫 $include$ 的
陣列，當 $include[i]$ 的值是 yes 的時候就代表著集合內有 $w[i]$，當 $include[i]$ 的值是 no 的
時候就代表著集合內沒有 $w[i]$。

▶ 演算法 5.4　　**用回溯解決 Sum-of-Subsets 問題**

問題：給定 n 個正整數（重量）和另一個正整數 W，找出所有重量總和是 W 的正整數集合。

輸入：正整數 n，已經排序過的遞增正整數 w，正整數 W。

輸出：所有重量總和為 W 的正整數集合。

```
void sum_of_subsets (index i,
                     int weight, int total)
{
  if (promising (i))
     if (weight ==W)
        cout << include [1] through include [i];
     else {
        include [i + 1] = "yes";          //包含 w[i + 1].
        sum_of_subsets (i + 1, weight + w[i +1], total - w[i + 1]);
        include [i + 1] = "no";           //不包含 w[i + 1].
        sum_of_subsets (i + 1, weight, total - w[i + 1]);
     }
}
bool promising (index i);
{
return (weight + total >=W) && (weight ==W || weight + w[i + 1] <= W);
}
```

按照我們的慣例，n、w、W 和 $include$ 都不是我們函式的參數。如果我們把這些定義成全域變數的話，這個函式最上層是這樣呼叫的

$sum\_of\_subsets(0,0,total);$

剛開始時，我們必須要啟始化 $total$ 變數

$$total = \sum_{j=1}^{n} w[j]$$

記得我們曾說過，不包含解答的葉節點是 nonpromising，因為已經無法再加入任何物件讓總重量變成 W。這也代表著，本演算法不需要檢查結束狀態 $i = n$。現在，我們可以驗證一下這個演算法的正確性。當 $i = n$ 時，$total$ 變數會是 0（因為已經沒有剩下任何物件了），因此，在這個時候

$$weight + total = weight + 0 = weight$$

這代表著只有當 $weight \geq W$ 時

$$weight + total \geq W$$

才會成立。因為我們一直保持 $weight \leq W$，所以我們會遇到 $weight = W$ 的狀況。因此，當 $i = n$ 時，只有在 $weight = W$ 的狀況下，promising 函式才會傳回 true。在這個狀況下，不會再有遞迴呼叫發生，因為我們已經找到解了。因此，我們也不用檢查 $i = n$ 的狀況了。這裡要注意的一點就是，這個 promising 函式不會存取到 $w[n+1]$ 這個不存在的元素，因為在 or 敘述的第一項條件成立時，第二項條件是不會被求值 (evaluate) 的。

演算法 5.4 的狀態空間樹總共有的節點數為

$$1 + 2 + 2^2 + \cdots + 2^n = 2^{n+1} - 1$$

在附錄 A 的範例 A.3 就有這個等式的推導過程。儘管如此，你可能認為在最糟情況下，情形還是可能比這好很多。也就是說，還是很有可能地，對於每個問題，在最糟情況下，本演算法還是只需走訪一小部分的節點。但是，事實並不是如此。對於每個 n 值，我們都可以設計出一個案例，讓本演算法需要走訪指數次方多的節點後才能找到答案。事實上，即使我們只需要找到一個答案就好，這還是可能發生的。例如，假設我們有下面的狀況，

$$\sum_{i=1}^{n-1} w_i < W \qquad w_n = W$$

在這種狀況下，唯一的解就是 $\{w_n\}$，而且大概要走訪像指數次方這麼多個節點後，才能找到這個解。就如同我們之前強調的一樣，儘管最糟情況是 exponential 的，這個演算法對於很多大型問題還是很有效率的。在習題裡就有問題要你實作 Monte Carlo 演算法，來估計不同情形下演算法 5.4 的效率。

儘管我們將這個問題描述成只要找到一個答案就好，Sum-of-Subsets 問題就像 0-1 Knapsack 問題一樣，都屬於第九章所討論的那類問題。

5.5 圖形著色

m- 著色問題的目標就是要找出所有可能的方法，用至多 m 種顏色，來對一個沒有方向性的圖形著色，並使得任兩個相鄰的頂點不會被塗上相同的顏色。我們通常把不同 m 值的問題當作彼此單獨不同的問題。

● **範例 5.5**　現在討論圖 5.10。這個圖沒有 2- 著色問題的解，因為若只用至多兩種顏色來著色，我們無法讓相鄰兩個頂點有不同的顏色。而 3- 著色問題的解如下：

頂點	顏色
v_1	顏色 1
v_2	顏色 2
v_3	顏色 3
v_4	顏色 2

其實這個圖有六個 3- 著色問題的解。然而，這六個解只是因為三種顏色排列組合而有不同。例如，另一組解是將 v_1 著顏色二，將 v_2 和 v_4 著顏色一，將 v_3 著顏色三。

圖形著色問題的一個重要應用是地圖的著色。如果一個圖形可以在平面上用這樣的方式著色並使任何節線不相交，我們就稱這圖形是**平面**的 (planar) 圖形。例如圖 5.11 下面的那個圖形就是 planar，但是要是我們加入 (v_1, v_5) 和 (v_2, v_4) 兩個節線，它就不再是 planar 了。每個地圖都會有一個對應的 planar 圖形。每個區域就是一個圖形的頂點，如果兩個地區是相鄰的，則對應的頂點間就有節線所連接。圖 5.11 上面就是一個地圖而下面就是它的圖形表示法。Planar 圖形的 m- 著色問題就是要找出在使用至多 m 種顏色和相鄰區域不同色的條件下，到底有多少種方法可以將此地圖著上色。

針對 m- 著色問題，最直接的狀態空間樹設計就是在樹第一層的頂點 v_1 上嘗試著所有可能的顏色，然後在樹第二層的頂點 v_2 上也嘗試著所有可能的顏色，一直這樣下去直到第 n 層的頂點 v_n，所有的顏色都用盡為止。每個從根節點到葉節點的路徑就是一個可能的解，之後我們再針對每個可能的解去檢查相鄰的頂點是否著了相同的顏色。為了避免名詞上的混淆，在我們下面的討論中，我們用節點 (node) 來代表狀態空間樹上的節點，用頂點 (vertex) 來指圖形上的點。

對於著色問題我們可以使用回溯，因為要是我們對目前的節點所使用的顏色與它相鄰節點有相同的顏色時，這個節點就是 nonpromising 的節點。圖 5.12 所顯示的就是一個修剪過的狀態空間圖的一小部分。它是使用回溯技巧，對圖 5.10 中的圖形，來解決 3- 著色問題。節點內的數字代表著在對應的頂點所使用的顏色。有顏色的那個節點就是第一個找到的解答，而我們也用叉號來標記 nonpromising 節點。當我們將 v_1 著上顏色 1 後，因為 v_1 與 v_2 是相連的，所以如果我們也將 v_2 著上顏色 1，這個節點就會是 nonpromising。同樣地，如果我們將 v_1、v_2 與 v_3 分別著上顏色 1、顏色 2 與顏色 3 後，接下來將 v_4 著上顏色 1 會是這個節點變成 nonpromising，原因正是因為 v_1 與 v_4 是相連的。

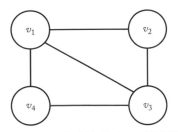

圖 5.10　這是一個 2- 著色問題沒有解的圖形。不過本圖有 3- 著色問題的解。
在範例 5.5 有此解的討論。

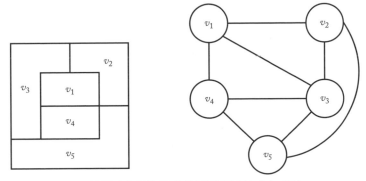

圖 5.11　地圖（左圖）和它的圖形表示法（右 圖）。

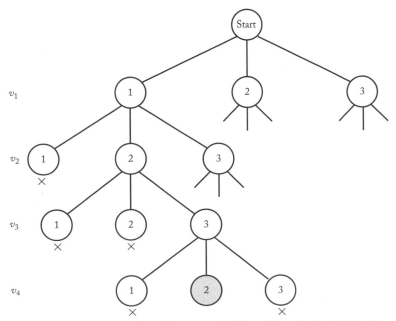

圖 5.12　這是使用回溯來解決圖 5.10 中圖形的 3- 著色問題，所產生的部分修剪過後的狀態空間圖。
有顏色的那個節點就是第一個解答所在，而 nonpromising 節點都被標記了叉號。

接下來，我們就設計一個可以處理任何 m 值的 m- 著色問題演算法。在這個演算法中，圖形結構是用我們在第 4.1 節所學到的相鄰矩陣 (adjacency matrix) 來表示。然而因為這是個無權重圖形，所以我們矩陣元素就只是 true 和 false。這個值代表著兩頂點間是否相連。

▶ 演算法 5.5　　**解 m- 著色問題（回溯演算法）**

問題：找出所有可能的方式，只用 m 種顏色，來對一個沒有方向性的圖形著色，並使得任兩個相鄰的頂點不會被塗上相同的顏色。

輸入：正整數 n 和 m，一個有 n 個頂點且沒有方向性的圖形。這個圖形用一個二維陣列 W 來表示，其中它的行和列都是由 1 到 n 來表示。如果 $W[i][j]$ 是 true，就代表著第 i 個頂點與第 j 個頂點間有節線連接，要是 $W[i][j]$ 是 false 就表示第 i 個頂點與第 j 個頂點間是不相連的。

輸出：所有可能的方法，用至多 m 種顏色，來對一個沒有方向性的圖形著色，並使得任兩個相鄰的頂點不會被塗上相同的顏色。著色結果是儲存在索引為 1 到 n 的 $vcolor$ 陣列，$vcolor[i]$ 代表的就是第 i 個頂點的顏色（正整數 1 到 m）。

```cpp
void m_coloring (index i)
{
  int color;

  if (promising (i))
    if (i == n)
      cout << vcolor [1] through vcolor [n];
    else
      for (color = 1; color <= m; color ++){
        vcolor [i + 1] = color; // 對下個頂點嘗試著每種顏色
        m_coloring (i + 1);
      }
}
bool promising (index i)
{
  index j;
  bool switch;

  switch = true;
  j = 1;
  while (j < i && switch) {
    if (W[i][j] && vcolor [i] == vcolor [j])
      switch = false;            // 檢查是否有相連的頂點
```

```
        j++;                        // 有相同顏色
    }
    return switch;
}
```

按照我們的慣例，n、m、W 和 $vcolor$ 都不是這些函式的參數。你也可以定義一個函式，拿 n、m、W 當作參數，把 $vcolor$ 定義為區域變數，並將上面這些函式都定義成這函式內的區域函式。第一層的 $m\ coloring$ 函式呼叫是這樣的

$m\_coloring(0)$

這個演算法的狀態空間樹總共有的節點數為

$$1 + m + m^2 + \cdots + m^n = \frac{m^{n+1} - 1}{m - 1}$$

在附錄 A 的範例 A.4 就有這個等式的推導過程。給定一組 m 和 n 值，我們很容易地就可以產生一個至少要走訪指數次方多個節點的狀況。例如，假定 m 等於 2，而在我們的圖形中，頂點 v_n 與其他的頂點都相連，且 v_{n-2} 與 v_{n-1} 相連，那麼這個圖形是沒有解的。你會發現我們幾乎必須走訪狀態空間樹裡的每個節點才能知道這件事情。不過就像其他的回溯演算法一樣，這個演算法對於某些大型問題還是可能可以很有效率的。你可以用第 5.3 節所介紹的 Monte Carlo 技術來預測用這個演算法對某特定問題是否有效率。

在習題裡，你會遇到一個問題，指定你用題目所述的演算法來解決 2- 著色問題，而這個演算法在最差情況下的效率並不是 exponential 的。不過，對於 $m \geq 3$ 的狀況下，從沒有人能設計出在最差情況下還是很有效率的演算法。正如同 Sum-of-Subsets 和 0-1 Knapsack 問題一樣，$m \geq 3$ 的 m- 著色問題都屬於第九章所討論的那類問題。即使我們只對 m- 著色問題找一組解，它的難度也是像第九章所討論的哪類問題一樣難。

5.6 漢米爾頓迴路問題

現在我們再回憶一下習題 3.12，Nancy 和 Ralph 一同競爭一職位，誰最快地擴展行銷至所有 20 個城市就可以得到該職位。若使用 dynamic programming 演算法，它的時間複雜度是

$$T(n) = (n - 1)(n - 2)\,2^{n-3}$$

Nancy 在 45 秒之內就找到了最短途徑，然而 Ralph 卻試著產生出所有 19! 可能的途徑。因為他的演算法要花 3,800 年才能算完，所以那個程式到現在都還在執行。當然，

Nancy 得到了那個職位。現在假設她老闆看到她表現的這麼好，所以想要將城市數量變為兩倍，也就是 40 個城市。不過，現在在這 40 個城市中，並非所有的城市都有道路連到所有其他城市。還記得當初我們假設 Nancy 的 dynamic programming 每個基本運算都花 1 微秒 (microsecond) 的時間，所以這個演算法需要花

$$(40 - 1)(40 - 2) \, 2^{40-3} \mu s = 6.46 年$$

來決定最短途徑。因為所需時間實在是太久了，所以 Nancy 必須要找其他的演算法來解決這個問題。她了解到，若要找到最佳解實在是太難了，所以她現在退一步，只要可以找到任一個條途徑她就滿意了。如果每個城市都有路連到任何其他城市，那麼這些城市隨便一種排列就是一組解。然而，現在我們的問題中並非所有城市都有道路連到其他所有城市，所以這個方法並不適用。因此，她現在的問題就變成是要在圖形結構中找到一條途徑。這個問題就稱之為漢米爾頓迴路問題（由 William Hamilton 所提出的）。這個問題可適用於有向性圖形（也就是旅行銷售員問題）或無方向性圖形。因為通常這個問題是以無方向性圖形的方式來描述的，所以我們在本章就只考慮無方向圖形況。也就是說對應到 Nancy 的問題上，假設兩城市間有道路相連，我們就認為這兩個城市間有一條雙向的道路。

對於任一個沒方向性的連接圖形，所謂的**漢米爾頓迴路** (Hamiltonian Circuit，又稱為旅程 -tour) 指的就是一條從某個起始點開始，經過圖形中的任何其他頂點僅一次，然後再回到原本那個起始頂點的路徑。在圖 5.13 (a) 就包含了一條 Hamiltonian Circuit $[v_1, v_2, v_8, v_7, v_6, v_5, v_4, v_3, v_1]$，而你就在圖 5.13 (b) 的圖形中就找不到任何一條 Hamiltonian Circuit。Hamiltonian Circuit 問題就是要在一個沒方向性的連接圖形中找到 Hamiltonian Circuit。

這個問題的狀態空間樹可以這樣建立：樹的第零層就是起始頂點，我們稱之為路徑的第零個點。在樹的第一層，我們會考慮除了起始頂點外的所有頂點當作路徑的第一個點。在樹的第二層，考慮除了路徑上前一個點外的所有頂點當作路徑的第二個點，依次類推，一直到樹的第 $n-1$ 層。

下面這些考量可以讓我們決定什麼時候要在狀態空間樹裡做 Backtrack 的動作：

1. 路徑上第 i 個點在圖形上必須與路徑上第 $i-1$ 個點是相連的。

2. 路徑上第 $n-1$ 個點在圖形上必須與路徑上第 0 個點是相連的。

3. 路徑上第 i 個點不可以與路徑上的前 $i-1$ 個點重複。

接下來就用上面的條件來設計我們的演算法。在這個演算法中，我們強制規定用 v_1 當成路徑的起始點。

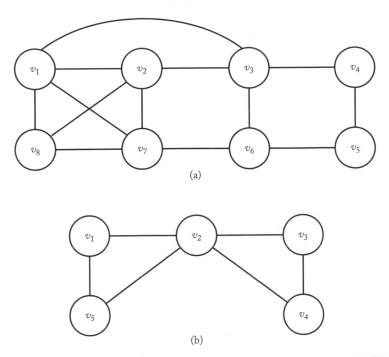

圖 5.13 圖 (a) 內有一條 Hamiltonian circuit $[v_1, v_2, v_8, v_7, v_6, v_5, v_4, v_3]$ 而在圖 (b) 內
找不到任何一條 Hamiltonian circuit。

▶ 演算法 5.6 　　**漢米爾頓迴路問題（用回溯演算法解）**

問題：在一個沒方向性的連接圖形中找出所有的漢米爾頓迴路。

輸入：正整數 n 和一個有 n 個頂點的無方向性圖形。這個圖形用一
個二維陣列 W 來表示，其中它的行和列都是由 1 到 n 來表示。如果
$W[i][j]$ 是 true，就代表著第 i 個頂點與第 j 個頂點間有節線連接，要
是 $W[i][j]$ 是 false 就表示第 i 個頂點與第 j 個頂點間是不相連的。

輸出：找出所有從某個起始點開始，經過圖形中的任何其他頂點僅一
次，然後再回到原本那個起始頂點的路徑。輸出結果是儲存在索引為 1
到 $n-1$ 的 *vindex* 陣列，*vindex*[i] 代表的就是路徑上的第 i 個點。路徑
的起始點為 *vindex*[0]。

```
void hamiltonian (index i)
{
  index j;
  if (promising (i)
    if (i == n - 1)
```

```
            cout << vindex [0] through vindex [n - 1];
        else
            for (j = 2; j <=n; j ++){              // 拿所有的頂點當作路徑的下個點
                vindex [i + 1] = j;
                hamiltonian (i + 1);
            }
}
bool promising (index i)
{
    index j;
    bool switch;
    if (i == n - 1 && ! W [vindex [n - 1]] [vindex [0]])
        switch = false;                  // 最後一個點和第一個點必須相連
    else if (i > 0 && ! W [vindex [i - 1]][vindex [i]])
        switch = false;                  // 第 i 個點必須和第 (i-1) 個點相連
    else {
        switch = true;
        j = 1;
        while (j < i && switch) {         // 檢查這個點是否已經出現過
            if (vindex [i] == vindex [j])
                switch = false;
            j++;
        }
    }
    return switch;
}
```

按照我們的慣例，n、W 和 *vindex* 都不是這些函式的參數。如果這些變數是定義成全域變數，最上層的 hamiltonian 函式呼叫是這樣的

```
vindex[0] = 1                    // 讓 v1 成為開始的頂點
hamiltonian(0);
```

這個演算法的狀態空間樹總共有的節點數為

$$1 + (n - 1) + (n - 1)^2 + \cdots + (n - 1)^{n-1} = \frac{(n-1)^n - 1}{n - 2}$$

這個結果比指數複雜度還要糟糕。在附錄 A 的範例 A.4 就有這個等式的推導過程。下面這個例子，它雖然不需要走訪狀態空間樹內的所有節點，不過它還是要走訪比指數次方更多的節點：假設 v_1 只與 v_2 連接，而其他除了 v_1 以外的節點，都有道路與所有節點連接（除 v_1 外）。那麼，在這個圖形中你找不到任何 Hamiltonian circuit，而且本演算法需要走訪比指數次方更多的節點後才能知道這件事情。

對於 Nancy 的問題，使用回溯演算法來解決 Hamiltonian Circuit 問題很可能需要比用 Dynamic programing(Traveling Salesperson 問題) 花更多時間。不過因為這個問題滿足了使用 Monte Carlo 演算法的條件，所以我們可以用 Monte Carlo 演算法來預估本演算法對此問題的效率。不過，Monte Carlo 演算法所預估的是找到所有解的時間。因為本問題只需要找一組解，所以我們可以在找到第一組解後就跳出函式停止執行 (如果真的有解的話)。你可以嘗試用這個演算法去解 $n = 40$ 的問題。先用 Monte Carlo 演算法預估一下找到所有解需要花多久的時間，然後再用本演算法找一個解就好了。實驗一下，你會對這些概念有更深的了解。

即使我們只要找一組解，Hamiltonian Circuit 問題仍是屬於第九章中所討論的那類問題之一。

5.7　0-1 背包問題

我們已經在第 4.5 節用 dynamic programming 解決這個問題了，現在，我們要再用回溯來解這個問題。然後，我們也會比較這兩種方法的不同。

5.7.1　用回溯解決 0-1 背包問題

現在我們再回憶一下這個問題：在這問題中，我們有一堆物品，每個物品都有它的權重 (weight) 及獲益 (profit)。其中，重量和獲益都是正整數。小偷帶著一個背包想偷東西，但是要是重量超過 W 時，背包就會破掉。小偷的目標就是決定到底要拿哪些東西才能讓總重量不超過 W 且又達到最大的獲益。

就像在解決 Sum-Of-Subsets 問題 (參考第 5.4 節) 一樣，我們也可以用狀態空間樹來解決這個問題。也就是說，如果要拿 w_1 物件，我們就從根節點往左走，如果不拿 w_1 物件，我們就從根節點往右走。同樣地，若是要拿 w_2 物件，我們就從第一層的節點往左走，如果不拿 w_2 物件，我們就從第一層的節點往右走，以此類推。每一條從根節點到葉節點的路徑就代表著一個可能的解答。

這個問題與我們之前在本章所討論過的問題不同的地方，在於它是一個最佳化問題 (optimization problem)。也就是說，我們必須要等到全部的搜尋動作都完成後，才知道哪個節點所含的是真正解答。因此，我們所採取的回溯策略要有所不同。當我們在某個節點發現所拿物品的累積獲益比目前的最佳解還好時，我們就必須更新目前最佳解的值。然而，我們可能還可以在這個節點的子節點那找到更好的解 (再拿更多物品)。因此，對於最佳化問題，我們永遠都要繼續走訪 promising 節點的子節點。下面這個程式就是用回溯演算法來解決最佳化問題。

```
void checknode (node v)
{
  node u;
  if (value(v) 比 best 更好 )
     best = value (v);
  if (promising (v))
     for ( 每個 v 的子節點 u )
        checknode (u);
}
```

　　這個 best 變數是用來存目前為止找到的最好的解，value(v) 會傳回在指定節點所含的解答值。首先，我們要將 best 初始化。這個值必須比所有可能的解答值還要差。然後將根節點傳入遞迴函式當參數。這裡請注意一點，唯有當我們必須擴展某節點的子節點時，該節點才是 promising。同時你也可以注意到，在本章中其他的演算法也是有相同的狀況，那就是說，要是某節點含有問題答案，它就是個 promising 的節點。

　　接下來我們就使用這個技巧來解決 0-1 Knapsack 問題。首先，我們來看看有什麼方法可以讓我們知道哪個節點是 nonpromising。有一個很簡單的方法來判斷節點是不是 nonpromising，就是如果某節點已經沒有空間可以放入更多物品時，它就一定是個 nonpromising 節點。如果我們用 weight 變數來記錄在某節點所累積的物品總重量，要是

$$weight \geq W$$

這節點就一定是 nonpromising 的節點。即使 weight 等於 W，該節點也是 nonpromising。因為對於最佳化問題，promising 指的是我們應該繼續擴展該節點的子節點。

　　我們也可以從貪婪演算法的觀點來找出一個較不明顯的判斷 promising 與否的方法。記得在第 4.5 節中，我們看到這個方法無法找到最佳解。在這裡我們只是要使用它來縮小我們搜尋狀態空間樹的範圍，我們並不是要發展一個 greedy 演算法。首先，我們根據 p_i/w_i 值（p_i 和 w_i 分別是第 i 個物品的獲益與重量）來由大到小地將物品排序。假設我們要決定某節點是否是 promising，不管我們怎麼選擇接下來的物品，我們的 profit 都不會比從該節點起使用 Fractional Knapsack 問題的限制所得的 profit 還要高（在 Fractional Knapsack 問題中，我們可以只拿幾分之幾的物品，例如三分之二個物品等等）。因此，我們可以藉由此得到從任何節點擴展下去所能得到的 profit 的上限值。現在，我們讓 profit 這個變數代表的是到目前為止的累計獲益值，weight 代表累計物件總重量。我們將 bound 和 totweight 分別初始化為 profit 和 weight。接下來，我們就貪婪地拿物品，並將它們的獲益與重量累加至 bound 與 totweight 變數上，一直到再拿下一個物品會讓我們的 totweight 超過 W 為止。接著，我們根據背包剩餘可容納的重量，再拿非整數個物品到背

包裡並將它對應的獲益值加入 bound 中。要是此時真的能拿非整數個物件的話，這就表示沿著這個節點走並無法讓我們的獲益值達到 bound 值，不過 bound 值仍是我們沿著這個節點走所能達到的獲益上限值。假設這個節點是在樹的第 i 層，而在第 k 層的節點會讓我們的累計重量超過 W，則

$$totweight = weight + \sum_{j=i+1}^{k-1} w_j \quad \text{而且}$$

$$bound = \underbrace{\left(profit + \sum_{j=i+1}^{k-1} p_j \right)}_{\text{前 } k-1 \text{ 個物品的總獲益}} + \underbrace{(W - totweight)}_{\substack{\text{可以分配給第 } k \text{ 個} \\ \text{物品的容量}}} \times \underbrace{\frac{p_k}{w_k}}_{\substack{\text{第 } k \text{ 個物品單位} \\ \text{重量的獲益}}}$$

如果 maxprofit 變數存的是截至目前為止所找到最好的獲益值，那麼在第 i 層的節點只要滿足

$$bound \leq maxprofit$$

就是 nonpromising 節點。這邊可以注意到，我們使用 greedy 方法只是要找到上限值來告訴我們是不是要擴展某節點，我們並不是用它來貪心地拿物品，而後來沒有機會反悔（就像一般的 greedy 演算法一樣）。

在我們列出演算法之前，我們先來看下面這個例子。

• 範例 5.6　　假設 $n = 4$，$W = 16$ 而且我們有下面的狀況：

i	p_i	w_i	$\dfrac{p_i}{w_i}$
1	$40	2	$20
2	$30	5	$6
3	$50	10	$5
4	$10	5	$2

我們已經根據 p_i / w_i 來排序。為了簡潔起見，我們特別設計 p_i 和 w_i 的值讓 p_i / w_i 是整數。不過一般而言，這個值不需要是整數。圖 5.14 就是依據我們之前討論的回溯策略所產生的修剪過的狀態空間樹。每個節點內的數字，從上而下代表的是該節點的全部獲益，全部重量及獲益上限值。這些分別就是我們剛剛所討論的 profit、weight 以及 bound 變數。有顏色的那

個節點就是有最大效益的那組解。每個節點也都標記了它在樹的深度以及
從樹左邊數過來的位置。舉例來說，有顏色的那個節點被標了 (3,3)，因為
它是在樹的第三層而且是從左數過來的第三個節點。接下來，我們就一步
步地來檢視這個演算法並產生出修剪過的狀態空間樹。在這裡，我們用節
點的標記來代表該節點。

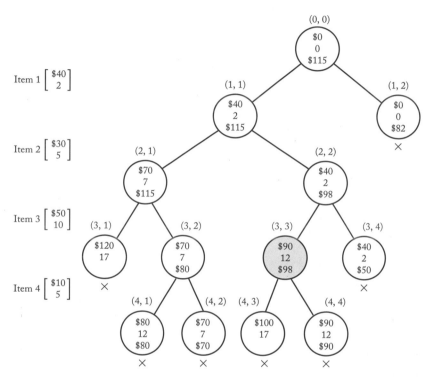

圖 5.14　使用回溯演算法來解習題 5.6 所建立的修剪過的狀態空間樹。在圖上的每
個節點內所列出的數字，從上而下代表的是它的全部獲益，全部重量及擴展這節點
所能得的獲益上限值。有顏色的節點就是最佳解所在，而畫叉號的節點代表的是
nonpromising 節點。

1. 將 $maxprofit$ 設成 $0。

2. 走訪 (0,0) 節點，也就是根節點。

　　(a) 計算它的 profit 和 weight。

$$profit = \$0$$
$$weight = 0$$

(b) 計算它的 bound 值。因為 $2 + 5 + 10 = 17$ 且 $17 > 16$（W 的值），所以加入第三個物品就會讓總重量超過 W。因此，$k = 3$，而且

$$totweight = weight + \sum_{j=0+1}^{3-1} w_j = 0 + 2 + 5 = 7$$

$$bound = profit + \sum_{j=0+1}^{3-1} p_j + (W - totweight) \times \frac{p_3}{w_3}$$
$$= \$0 + \$40 + \$30 + (16 - 7) \times \frac{\$50}{10} = \$115$$

(c) 判斷出本節點是 promising 因為它的 $weight = 0$ 小於 16（W 的值）並且 $bound = \$115$ 大於 $\$0$（目前 $maxprofit$ 的值）。

3. 走訪 $(1,1)$ 節點。

(a) 計算它的 profit 和 weight。

$$profit = \$0 + \$40 = \$40$$
$$weight = 0 + 2 = 2$$

(b) 因為 $weight = 2$ 小於等於 16（W 的值）而且它的 $profit = \$40$ 大於 $\$40$（目前 $maxprofit$ 的值），所以將 $maxprofit$ 設成 $\$40$。

(c) 計算它的 bound 值。因為 $2 + 5 + 10 = 17$ 且 $17 > 16$（W 的值），所以加入第三個物品就會讓總重量超過 W。因此，$k = 3$，而且

$$totweight = weight + \sum_{j=1+1}^{3-1} w_j = 2 + 5 = 7$$
$$bound = profit + \sum_{j=1+1}^{3-1} p_j + (W - totweight) \times \frac{p_3}{w_3}$$
$$= \$40 + \$30 + (16 - 7) \times \frac{\$50}{10} = \$115$$

(d) 判斷出本節點是 promising 因為它的 $weight = 2$ 小於 16（W 的值）並且 $bound = \$115$ 大於 $\$0$（目前 $maxprofit$ 的值）。

4. 走訪 (2,1) 節點。

   (a) 計算它的 profit 和 weight。

   $$profit = \$40 + \$30 = \$70$$
   $$weight = 2 + 5 = 7$$

   (b) 因為 $weight = 7$ 小於等於 16（W 的值）而且它的 $profit = \$70$ 大於 $\$40$（目前 $maxprofit$ 的值），所以將 $maxprofit$ 設成 $\$70$。

   (c) 計算它的 bound 值。

   $$totweight = weight + \sum_{j=2+1}^{3-1} w_j = 7$$
   $$bound = \$70 + (16 - 7) \times \frac{\$50}{10} = \$115$$

   (d) 判斷出本節點是 promising 因為它的 $weight = 7$ 小於 16（W 的值）並且 $bound = \$115$ 大於 $\$70$（目前 $maxprofit$ 的值）。

5. 走訪 (3,1) 節點。

   (a) 計算它的 profit 和 weight。

   $$profit = \$70 + \$50 = \$120$$
   $$weight = 7 + 10 = 17$$

   (b) 因為 $weight = 17$ 大於 16（W 的值），所以 $maxprofit$ 的值不變。

   (c) 判斷出本節點是 nonpromising 因為它的 $weight = 17$ 大於 16（W 的值）。

   (d) 不需要算出 bound 值，因為它的 weight 值已經讓本節點變成 nonpromising 的節點了。

6. Backtrack 回 (2,1) 節點。

7. 走訪 (3,2) 節點。

   (a) 計算它的 profit 和 weight，因為我們不拿第三個物品，所以

   $$profit = \$70$$
   $$weight = 7$$

(b) 因為 $profit = \$70$ 小於等於 $\$70$（目前 $maxprofit$ 的值），所以 $maxprofit$ 的值不變。

(c) 計算它的 bound 值。因為再加上第四個物品並不會讓總重量超過 W 而且總共只有四種物品，所以 $k = 50$ 而且

$$bound = profit + \sum_{j=3+1}^{5-1} p_j = \$70 + \$10 = \$80$$

(d) 判斷出本節點是 promising 因為它的 $weight = 7$ 小於 16（W 的值）並且 $bound = \$80$ 大於 $\$70$（目前 $maxprofit$ 的值）。

（從現在起，我們將 profit，weight 以及 bound 的計算都列為習題給讀者自行練習。此外，要是 $maxprofit$ 的值不變，我們就不特別列出來）

8. 走訪 $(4,1)$ 節點。

(a) 計算出它的 $profit = \$80$ 和 $weight = 12$。

(b) 因為 $weight = 12$ 小於等於 16（W 的值），而且 $profit = \$80$ 大於 $\$70$（目前 $maxprofit$ 的值），所以將 $maxprofit$ 設為 $\$80$。

(c) 計算出 bound 值為 $\$80$。

(d) 判斷出本節點是 nonpromising 因為它的 $bound = \$80$ 小於等於 $\$80$（目前 $maxprofit$ 的值）。狀態空間樹中的葉節點一定是 nonpromising 因為它們的 bound 值永遠是小於等於 $maxprofit$。

9. Backtrack 回 $(3,2)$ 節點。

10. 走訪 $(4,2)$ 節點。

(a) 計算出它的 $profit = \$70$ 和 $weight = 7$。

(b) 計算出 bound 值為 $\$70$。

(c) 判斷出本節點是 nonpromising 因為它的 $bound = \$70$ 小於等於 $\$80$（目前 $maxprofit$ 的值）。Backtrack 回 $(1,1)$ 節點。

11. Backtrack 回 $(1,1)$ 節點。

12. 走訪 $(2,2)$ 節點。

(a) 計算出它的 $profit = \$40$ 和 $weight = 2$。

(b) 計算出 bound 值為 $98。

(c) 判斷出本節點是 promising 因為它的 $weight = 2$ 小於 16（W 的值）而且 $bound = \$98$ 大於 $80（目前 $maxprofit$ 的值）。

13. 走訪 (3,3) 節點。

(a) 計算出它的 $profit = \$90$ 和 $weight = 12$。

(b) 因為 $weight = 12$ 小於等於 16（W 的值），而且 $profit = \$90$ 大於 $80（目前 $maxprofit$ 的值），所以將 $maxprofit$ 設為 $90。

(c) 計算出 bound 值為 $98。

(d) 判斷出本節點是 promising 因為它的 $weight = 12$ 小於 16（W 的值），而且 $bound = \$96$ 小於等於 $90（目前 $maxprofit$ 的值）。

14. 走訪 (4,3) 節點。

(a) 計算它的 $profit = \$100$ 和 $weight = 17$。

(b) 判斷出本節點是 nonpromising 因為它的 $weight = 17$ 大於 16（W 的值）。

(c) 不需要算出 bound 值，因為它的 weight 值已經讓本節點變成 nonpromising 的節點了。

15. Backtrack 回 (3,3) 節點。

16. 走訪 (4,4) 節點。

(a) 計算出它的 $profit = \$90$ 和 $weight = 12$。

(b) 計算出 bound 值為 $90。

(c) 判斷出本節點是 nonpromising 因為它的 $bound = \$90$ 小於等於 $90（目前 $maxprofit$ 的值）。

17. Backtrack 回 (2,2) 節點。

18. 走訪 (3,4) 節點。

(a) 計算出它的 $profit = \$40$ 和 $weight = 2$。

(b) 計算出 bound 值為 $50。

   (c) 判斷出本節點是 nonpromising 因為它的 *bound* = \$50 小於等於
       \$90（目前 *maxprofit* 的值）。

19. Backtrack 回根節點。

20. 走訪 (1,2) 節點。

   (a) 計算出它的 *profit* = \$0 和 *weight* = 0。

   (b) 計算出 bound 值為 \$82。

   (c) 判斷出本節點是 nonpromising 因為它的 *bound* = \$82 小於等於
       \$90（目前 *maxprofit* 的值）。

21. Backtrack 回根節點。

   在這個修剪過的狀態空間樹中總共有 13 個節點，而整個狀態空間樹共有
   31 個節點。

接下來，我們列出本演算法。因為這是個最佳化的問題，所以我們必須記錄任何時刻
找到最佳解的物件集合以及最佳解的獲益值。在演算法中，我們分別用 *bestset* 陣列以及
maxprofit 變數來記錄。不同於本章其他的演算法，這個問題我們只需找一個最佳解即可。

▶ 演算法 5.7　　0-1 Knapsack 問題

問題：給定 *n* 個物件以及它們個別的 weight 與 profit 值。weight 與
profit 都是正整數。此外，*W* 值也是給定的。在總重量不超過 *W* 的條
件下，找出一些物件使得它的總獲益是最大的。

輸入：正整數 *n* 和 *W*。陣列索引從 1 到 *n* 的兩陣列 *w* 與 *p*，其中兩個
陣列都儲存了正整數而且是根據 $p[i]/w[i]$ 由大到小排序。

輸出：輸出結果是索引為 1 到 *n* 的 *bestset* 陣列，其中 *bestset*[*i*] 值
是 yes 就代表要拿第 *i* 個物品，no 就代表不拿第 *i* 個物品。正整數
maxprofit，也就是最大獲益。

```
void knapsack(index i,
              int profit, int weight)
{
  if (weight <=W && profit > maxprofit) {
    maxprofit = profit;              // 如果這個集合是目前最好的
    numbest = i;                     // 將 numbest 設成目前考慮的物品個數
    bestset = include;               // 將 bestset 設成這個解
  }
```

```
   if (promising (i)) {
      include [i + 1] = "yes";                    // 拿 w[i + 1].
      knapsack (i + 1, profit + p[i + 1], weight + w[i + 1]);
      include [i + 1] = "no";                      // 不拿 w[i + 1].
      knapsack (i + 1, profit, weight);
   }
}

bool promising (index i)
{
   index j, k;
   int totweight;
   float bound;

   if (weight >= W)                              // 只有當我們必須擴展子節點時
      return false;                              // 這個節點才是 promising
   else {                                         // 一定還要有空間容納其他物品
      j = i + 1;
      bound = profit;
      totweight = weight;
      while (j <= n && totweight + w[j] <= W){
         totweight = totweight + w[j];        // 盡可能拿越多物品越好
         bound = bound + p[j];
         j++;
      }
      k = j;                          // 使用 k 以保持與文章中方程式的一致性
      if (k <=n)                      // 拿一部分第 k 個物品
         bound = bound + (W - totweight) * p[k]/w[k];
      return bound > maxprofit; // item.
   }
}
```

按照我們的慣例，*n*、*w*、*p*、*W*、*maxprofit*、*include*、*bestset* 和 *numbest* 都不是這些函式的參數。如果這些變數是定義成全域變數，使用下面的程式就可以輸出最佳獲益值和對應的物件集合：

```
numbest = 0;
maxprofit = 0;
knapsack (0, 0, 0);
cout << maxprofit;                          // 印出最佳獲益值
for (j = 1; j <= numbest; j++)              // 印出最佳解時的物件集合
   cout << bestset [i];
```

還記得我們提過，狀態空間樹的葉節點一定是 nonpromising 因為它們的 bound 值不可能大於 *maxprofit* 值。因此，我們不必在 promising 函式內檢查 $i = n$ 的終止條件。現在讓我們來證明這一點。當在 $i = n$ 的狀況下，bound 值不會改變它的原值（也就是 *profit*）。因為 *profit* 小於等於 *maxprofit*，所以 *bound* > *maxprofit* 一定是錯的，這就代表 promising 函式一定會傳回 false。

在狀態空間樹中，當我們一直往樹的左邊走，直到走到位於第 k 層的節點前，我們的獲益上限值（也就是 bound 值）都不會改變的（你可以從範例 5.6 的前幾步看到這個現象）。因此，每次我們算出一個新的 k 值時，我們可以把這個值存起來，然後一直往樹的左邊走而不需要呼叫 promising 函式，一直走到第 $k-1$ 層為止。而且我們知道此時左邊的子節點一定是 nonpromising，因為要是拿第 k 個物品，總重量就會超過 W。所以，此時我們只需要往該節點的右方走即可。等到往右走後，我們才需要呼叫 promising 函式並決定新的 k 值。在習題中就有題目要求你對本演算法做這樣的改進。

0-1 knapsack 狀態空間樹的節點數和 Sum-of-Subsets 的節點數是一樣的。我們在第 5.4 節中已經說過，Sum-of-Subsets 狀態空間樹的節點總數為

$$2^{n+1} - 1$$

對於下面描述的這個問題，演算法 5.7 會走訪狀態空間樹內的所有節點。給定任何一個 n 值，讓 $W = n$ 且

$$p_i = 1 \qquad w_i = 1 \qquad \text{for } 1 \le i \le n-1$$
$$p_n = n \qquad w_n = n$$

最佳解就是只拿最後一個物品。我們要一直往樹的右邊走，走到第 $n-1$ 層然後向左走才能找到這個解。然而在找到這個解之前，每一個非葉節點都會被判斷為 promising，這也就是代表著所有狀態空間樹內的節點都會被走訪過。因為 Monte Carlo 技巧也適用於這個問題，所以我們也可以用它來估計這個演算法對於否特定問題的效率。

• 5.7.2 比較使用 Dynamic Programming 與回溯演算法來解決 0-1 背包問題的效率

記得我們在第 4.4 節中提到，使用 dynamic program 來處理 0-1Knapsack 問題時，最差情況下所需計算的狀況個數為 $O(minimum(2^n, nW))$。然而在最差情況下，回溯演算法需要檢查 $\Theta(2^n)$ 個節點。因為這個額外的 nW，Dynamic programming 看起來效率比較好。然而，從最差狀況的分析並無法讓我們知道用回溯演算法可以省去走訪多少節點。由

於有這麼多的考量,我們很難從理論上去分析兩個演算法的到底哪個比較有效率。像這樣的情形,我們可以用這兩個演算法去解很多問題,然後再看它們誰表現的比較好。1978 年時,Horowitz 和 Sahni 這兩個人就這樣做過,並發現了使用回溯演算法通常會比 dynamic programming 更有效率。

不過,在 1974 年時,Horowitz 和 Sahni 結合 divide-and-conquer 和 dynamic programming 兩種方法,設計出一個新的演算法來解 0-1 Knapsack 問題。這個演算法再最差情況下的時間效率是 $O(2^{n/2})$。這個演算法的效率通常比回溯演算法來的好。

● 習題

5.1 及 5.2 節

1. 試使用回溯演算法演示 n- 皇后問題在 $n = 6$ 的前兩個解與 $n = 7$ 的前兩個解。

2. 使用回溯演算法來解決 $n = 8$ 時的 n- 皇后問題(演算法 5.1),並寫出演算法逐步的過程。此外,請畫出找的第一個解答時的修剪狀態空間樹。

3. 不要用 *checknode* 函式而用 *expand* 函式來重寫 n- 皇后回溯演算法。

4. 試撰寫一個以整數 n 為輸入,且能求出 n-*Queens* 有多少個解的演算法。

5. 說明若不使用回溯演算法來解決 n- 皇后問題(當 $n = 4$ 時),在找到第一個解答時我們必須要走訪 155 個節點。(相對於圖 5.4,我們只走訪了 27 個節點就找到了第一個解。)

6. 用回溯演算法在你的系統上來實作 n- 皇后問題(使用演算法 5.1),並且執行當 $n = 4$、8、10 和 12 的狀況。

7. 用回溯演算法在你的系統上來實作 n- 皇后問題(使用演算法 5.1)。不過,在 promising 函式裏紀錄所有被已經擺好的皇后所控制的列數,左對角線和右對角線。

8. 修改使用回溯演算法的 n- 皇后問題(演算法 5.1),讓它只找到一個解答即可而非找出所有解答。

9. 假設我們已經有一個 $n = 4$ 時的 n- 皇后問題解答,我們可以延伸這個答案來找 $n = 5$ 時的解答嗎?我們可以再用 $n = 4$ 和 $n = 5$ 時的解答來找出 $n = 6$ 時的解答並利用這種 dynamic programming 的方式找到任何 $n > 4$ 時的解答嗎?請證明你的答案。

10. 請你至少找出兩個沒有任何解答的 n- 皇后問題的例子。

5.3 節

11. 實作演算法 5.3(n- 皇后問題回溯演算法的 Monte Carlo 估計) 並對 $n = 8$ 的狀況執行 20 次。算出這 20 次的平均值。

12. 修改 n- 皇后問題回溯演算法 (演算法 5.1) 讓它可以傳回所走訪的節點個數並執行 $n = 8$ 的狀況。請比較此值與習題 9 的平均值。

5.4 節

13. 使用 Sum-of-Subsets 問題的回溯演算法 (演算法 5.4) 來找出 $W = 52$ 時下面物件的所有可能的組合

$$w_1 = 2 \qquad w_2 = 10 \qquad w_3 = 13 \qquad w_4 = 17 \qquad w_5 = 22 \qquad w_6 = 42$$

   請列出演算法一步步的過程。

14. 實作 Sum-of-Subsets 問題的回溯演算法 (演算法 5.4) 並使用它來執行習題 11 的問題。

15. 設計一個事先並不排序重量 (weight) 的 Sum-of-Subsets 問題的回溯演算法並比較它與演算法 5.4 的效率。

16. 修改 Sum-of-Subsets 問題的回溯演算法 (演算法 5.4) 使得它只輸出一組解而非輸出所有解。相對於演算法 5.4，這個演算法的效率如何？

17. 使用 Monte Carlo 技巧來估計 Sum-of-Subsets 問題的回溯演算法 (演算法 5.4) 的效率。

5.5 節

18. 使用 m- 著色問題的回溯演算法 (演算法 5.5) 來找出用紅、綠、白三色來著下面圖形的所有可能組合。請列出演算法一步步的過程。

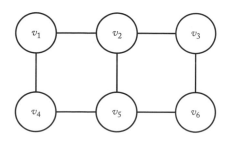

19. 為了要正確地為圖形著色，我們先選定一個頂點當起始頂點並選一種顏色來著越多點頂越好。然後我們再選另一未著色的頂點和另一個新的顏色，也是用它來著越多點頂越好，這樣一直下去直到所有頂點都著了色或所有顏色都用光。請用這種 greedy（貪婪）策略寫個演算法來為一個有 n 個頂點的圖形著色。請分析這個演算法並說明結果。

20. 使用習題 17 的演算法來幫習題 16 的圖著色。

21. 假設我們想要減少圖形著色所使用的顏色個數，像習題 17 的那種 greedy 演算法可以保證得到最佳解嗎？說明你的答案。

22. 設計一個有 n 個頂點的連接圖，使得 3- 著色回溯演算法必須要花費指數時間才能檢驗出該圖無法以三種顏色著色。

23. 比較回溯 m- 著色演算法（演算法 5.5) 與習題 17 greedy 演算法的效率。參考你比較的結果以及你習題 19 的答案，你為什麼還會想要用 greedy 方式的演算法呢？

24. 請設計一個在最糟情形下時間複雜度不是 exponential 的 2- 著色演算法。

25. 列出一些 m- 著色問題的實際應用。

5.6 節

26. 使用回溯的 Hamiltonian Circuit 演算法（演算法 5.6) 來找出下圖所有的 Hamiltonian circuit。請列出演算法一步步的過程。

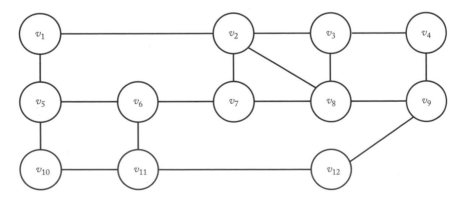

27. 實作回溯的 Hamiltonian Circuit 演算法（演算法 5.6) 並用它來解決習題 23。

28. 拿另一個頂點當成 Hamiltonian Circuit 的起始點，並用習題 24 的程式（演算法 5.6) 找出 Hamiltonian Circuit 並比較它們的效率。

29. 修改回溯的 Hamiltonian Circuit 演算法（演算法 5.6），讓它只找到一個解答即可，而非找出所有解答。比起演算法 5.6，這個演算法的效率如何？

30. 分析回溯的 Hamiltonian Circuit 演算法（演算法 5.6）並用量級 (order) 表示出它最糟情形的時間複雜度。

31. 使用 Monte Carlo 技術估計回溯的 Hamiltonian Circuit 演算法（演算法 5.6）的效率。

5.7 節

32. 算出範例 5.6（第 5.7.1 節）裡，在走訪到 (4,1) 節點後，各步驟中所有的 profit、weight 與 bound 值。

33. 使用演算法 5.7 來解決下面這一個 0-1 Knapsack 問題。列出所有的步驟。

i	p_i	w_i	$\dfrac{p_i}{w_i}$	
1	\$20	2	10	
2	\$30	5	6	
3	\$35	7	5	$W = 9$
4	\$12	3	4	
5	\$3	1	3	

34. 在你的系統實作演算法 5.7 並用它來執行習題 30。

35. 實作第 4.4.3 節中的 dynamic programming 演算法來解決 0-1 Knapsack 問題並使用大一點的問題來比較它與演算法 5.7 的效率。

36. 實作第 5.7 節中所建議改進演算法 5.7 的方法。也就是，等到往右走一步後，才呼叫 promising 函式。

37. 使用 Monte Carlo 演算法來估計回溯的 0-1 Knapsack 演算法的效率。

進階習題

38. 除了本章所提及的問題外，請再列出三種回溯演算法的應用。

39. 修改回溯的 n- 皇后問題演算法（演算法 5.1）讓它所產生的解，不管是旋轉或將西洋棋盤反過來看 (reflection) 都是一樣的。

40. 在一個有 n^3 個格子的 $n \times n \times n$ 立方體中，我們要擺入 n 個皇后並且讓任兩個皇后都不會相互攻擊（沒有兩個皇后會在同一行、同一列或同一對角線上）。我們可以延伸我們的 n- 皇后問題演算法（演算法 5.1）來解決這個問題嗎？如果可以的話，請寫下這個演算法並在你的系統實作這個演算法，用它來解決 $n = 4$ 和 $n = 8$ 時的狀況。

41. 修改回溯的 Sum-of-Subsets 演算法 (演算法 5.4) 使得所得的解是以變動長度串列來表示。

42. 請說明我們如何能用回溯的 m- 著色問題演算法 (演算法 5.5) 來將習題 16 的圖形節線著色。很類似地，現在我們的規則是只用三種不同的顏色，並且讓有相同頂點的節線著上不同顏色。

43. 修改回溯的 Hamiltonian Circuit 演算法 (演算法 5.6) 讓它可以找到有權重圖形 (weighted graph) 中成本 (cost) 最低的 Hamiltonian circuit。請說明你的演算法效率如何。

44. 修改回溯的 0-1 Knapsack 演算法 (演算法 5.7) 使得所得的解是以變動長度串列來表示。

Chapter 6

Branch-and-Bound

我們已提供兩種能解 0-1 Knapsack 問題的演算法給小偷了：4.4 節中的動態規劃 (dynamic programming) 演算法及 5.7 節中的回溯演算法。因為這兩個演算法在最差情況下都是指數時間的演算法，因此它們可能要花很多年才能解完小偷碰到的問題。在本章中，我們將提供給小偷另一個稱為分枝界限 (branch-and-bound) 的方法。本章發展的 branch-and-bound 法改良了回溯演算法。因此，即使其他兩個方法均無法有效率地解決小偷碰到的問題，branch-and-bound 仍有可能有效率地解決這個問題。

branch-and-bound 與回溯演算法的策略相似的地方在於它們同樣都使用狀態空間樹 (state space tree) 來解問題。不同之處在於，branch-and-bound (1) 並未限制一定要用某種特定方法來走訪狀態空間樹 (2) 只被用來解決最佳化問題 (optimization problem)。branch-and-bound 為節點計算出一個 bound 值來決定由該節點走下去是否有前景能找到最佳解。這個數值就是展開這個節點找到解答的潛力值之 bound。若該 bound 並沒有比到目前為止找到最佳解的值還要好，這個節點就是沒前景 (nonpromising) 的。否則，這個節點就是有前景的 (promising)。"最佳" 這個字，可能指的是最小值也可能指的是最大值，端視處理的問題是什麼。如同回溯演算法，branch-and-bound 在最差情況也是指數時間演算法。然而，它在很多大的案例上是相當有效率的。

在 5.7 節中用來解 0-1 Knapsack 問題的回溯演算法也屬於 branch-and-bound 法。在該演算法中，若 *bound* 的值並沒有比目前的 *maxprofit* 的值要大，promising 函式就會傳回 false。然而，回溯演算法並沒有發揮使用 branch-and-bound 的真正好處。除了使用 bound 來決定一個節點是否有前景以外，我們可以比較各個有前景的節點，並且走訪具有最佳 bound 的子節點。通常，利用這個方式，會比以事先決定的順序（如深度優先搜尋）來走訪各節點，更早抵達代表最佳解的節點。這種方法被稱為**使用 branch-and-bound 修剪法之最佳優先搜尋**。這種方法的實作是另一種根據事先定義的搜尋順序——**使用** branch-

and-bound **修剪法之廣度優先搜尋**的簡易修正版。因此，即便後面的這種方法並沒有比深度優先搜尋好，在 6.1 節中我們將先用 "使用 branch-and-bound 修剪法之廣度優先搜尋" 來解 0-1 Knapsack 問題。這會讓我們更容易去解釋最佳優先搜尋，並使用它來解 0-1 Knapsack 問題。6.2 與 6.3 節把最佳優先搜尋應用到另外兩個問題上。

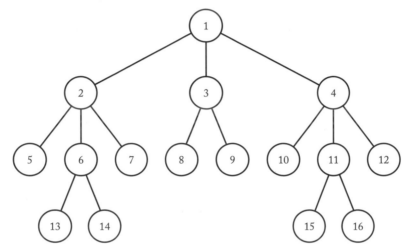

圖 6.1　對樹進行的一次廣度優先搜尋。各節點上的數字是它們被走訪的順位。
　　　　在廣度優先搜尋中，我們會由左到右走訪一個節點的子節點。

在繼續講解之前，我們先為各位複習廣度優先搜尋 (breadth-first search)。以一棵樹為搜尋對象，**廣度優先搜尋**首先走訪根節點，接著走訪所有深度為 1 的節點，接著走訪所有深度為 2 的節點，依此類推。圖 6.1 展示了一次以一棵樹為搜尋對象的廣度優先搜尋，在這次搜尋中，我們由左往右前進。節點上的號碼代表它們被走訪的順序。

和深度優先搜尋不同的是，廣度優先搜尋沒有簡單的遞迴演算法。然而，我們可以用佇列來實作它，如下列的演算法。該演算法是特別為樹的搜尋而寫的，因為到目前為止，我們只對樹有興趣。我們使用一個稱為 *enqueue* 的副程式將一個項目插入到佇列的末端，並使用另一個稱為 *dequeue* 的副程式將一個項目由佇列的前端移除。

```
void breadth_first_tree_search (tree T);
{
  queue_of_node Q;
  node u, v;

  initialize (Q);                         // 啟始時將 Q 清空
  v = root of T;
  visit v;
  enqueue (Q, v);
```

```
while (! empty(Q)) {
    dequeue (Q, v);
    for (each child u of v){
        visit u;
        enqueue (Q, u);
    }
}
```

若仍未理解這個副程式就是在執行廣度優先搜尋，您可以利用圖 6.1 的樹，讓這個副程式走過整棵樹。您會發現如同之前所提的，該副程式將由左至右來走訪一個節點的子節點。

6.1 以 0-1 背包問題說明 Branch-and-Bound 法

藉著將 branch-and-bound 應用在解 0-1 Knapsack 問題上，我們教您如何使用這種演算法設計策略。首先，我們討論一個稱為 "使用 branch-and-bound 修剪法之廣度優先搜尋 (breadth-first search)" 的簡易版本。之後，我們針對這個簡易版本做些修正。修正版稱為 "使用 branch-and-bound 修剪法之最佳優先搜尋 (best-first search)"。

6.1.1 使用 Branch-and-Bound 修剪法之廣度優先搜尋

透過下面的範例，我們來說明這個方法。

● 範例 6.1

假設我們遭遇的是範例 5.6 中提過的 0-1 Knapsack 問題實例。也就是說，$n = 4$，$W = 16$，此外，我們還有下面的資料：

i	p_i	w_i	$\dfrac{p_i}{w_i}$
1	\$40	2	\$20
2	\$30	5	\$6
3	\$50	10	\$5
4	\$10	5	\$2

與範例 5.6 中的情況相同，這些項目已經根據 p_i/w_i 排序過了。使用 branch-and-bound 修剪法之廣度優先搜尋，除了以廣度優先搜尋取代深度優先搜尋以外，行進方式與我們在範例 5.6 中使用回溯造成的行進方式相同。亦即，我們令 weight 與 profit 為包含於一個節點之所有項目的總 weight 及總 profit。若要決定一個節點是否有前景的 (promising)，我們令

totweight 及 *bound* 的啟始值分別為 *weight* 及 *profit*；接著，貪婪地抓住一些項目，將這些項目的 weight 及 profit 加到 *totweight* 及 *bound* 中，直到碰到一個會讓 *totweight* 超過 W 的項目為止。我們抓住這個項目的一部份，這部分的 weight 跟原先的 *totweight* 加起來剛好不會超過 W。並且把這部分的 profit 加到 *bound* 中。用這樣的方式，*bound* 會變成展開該節點可得 profit 量的上限。若該節點位於第 i 層，且會讓 *totweight* 超過 W 的節點位於第 k 層，則

$$totweight = weight + \sum_{j=i+1}^{k-1} w_j$$

且

$$bound = \left(profit + \sum_{j=i+1}^{k-1} p_j \right) + (W - totweight) \times \frac{p_k}{w_k}$$

若某節點的 bound 小於等於 *maxprofit*，亦即最佳解可在這點找到的值，則該節點為沒前景的 (nonpromising)。回想一個節點同樣也是 nonpromising 若

$$weight \geq W$$

圖 6.2 展示了在本範例中之案例使用廣度優先搜尋產生的已修剪狀態空間樹，這棵樹的分枝就是根據上面指出的 bound 來修剪的。各節點的 *profit*、*weight* 與 *bound* 值由上至下顯示在代表各節點的圓圈裡。上色的節點就是 profit 最大值發生的節點。根據各節點的層級與由左邊算起的位置，我們為它們標上座標。

由於這些步驟跟範例 5.6 中的步驟相當類似，在這裡我們將不會全部走完它們。我們只提一些重點。我們利用一個節點的層級與從左邊算過來的位置來參考一個節點。首先，注意節點 (3,1) 與 (4,3) 的 bound 為 \$0。一個 branch-and-bound 由檢查一個節點的 bound 是否優於目前找到最佳解的值來決定是否要展開這個節點。因此，當一個節點為 nonpromising，由於它的 weight 不比 W 小，因此我們把它的 bound 設為 0。以這種方式，我們確保這個節點的 bound 不會優於目前為止找到最佳解的值。其次，回憶當回溯（深度優先搜尋，depth-first search）用在這個案例上時，節點 (1,2) 被視為 nonpromising，因此我們不會展開這個節點。

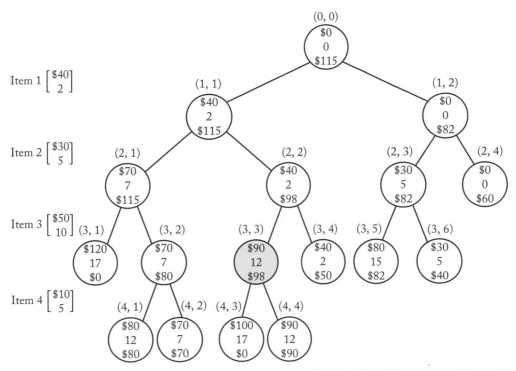

圖 6.2 範例 6.1 中使用 branch-and-bound 修剪法之廣度優先搜尋而產生的已修剪狀態空間樹。每個節點中由上到下存放了上到該節點之項目的 profit 總和、這些項目的 weight 總和以及可由展開該節點而得到的總 profit bound。上色的節點表示最佳解出現的地方。

然而，在廣度優先搜尋中，該節點是第三個被走訪的節點。當它被走訪的時候，*maxprofit* 的值僅為 $40。由於它的 bound $82 超過此時的 *maxprofit*，因此我們展開該節點。最後，在使用 branch-and-bound 修剪法之廣度優先搜尋中，我們會在走訪某節點時決定是否要走訪其子節點。也就是說，我們是在走訪某節點的時候將通往某些子節點的分枝修剪掉的。例如，在走訪節點 (2,3) 時，我們決定要走訪它的子節點，因為在那個時候，*maxprofit* 的值只有 $70，而該節點的 bound 為 $82。與深度優先搜尋不同的是，在廣度優先搜尋中，*maxprofit* 的值可以在我們真的走訪到該子節點之前改變。在這個例子中，*maxprofit* 在我們走訪 (2,3) 的子節點之前就已經變成 $90 了。接著我們會浪費一些時間在檢查這些子節點上。在下一小節討論的最佳優先搜尋中，我們將會避免做這些無謂的動作。

接著我們要提出具有一般性的"使用 branch-and-bound 修剪法之廣度優先搜尋法"。雖然在該演算法中，其中有個輸入是狀態空間樹 T，然而，在實際應用時，這棵樹並不一定會具體的存在。我們實際上要解的問題（如 0-1 Knapsack）的參數才是該演算法實際的參數，這些參數並決定了狀態空間樹 T。

```
void breadth_first_branch_and_bound (state_space_tree T,
                                      number& best)
{
  queue_of_node Q;
  node u, v,

  initialize (Q);                      // 啟始時將 Q 清空
  v = root of T;                       // 拜訪 root
  enqueue (Q, v);
  best = value (v);
  while (! empty (Q)) {
    dequeue (Q, v);
    for (each child u of v) {          // 拜訪每個子節點
      if (value (u) is better than best)
          best = value (u);
      if (bound (u) is better than best)
          enqueue (Q, u);
    }
  }
}
```

這個演算法是本章一開始提出的廣度優先搜尋演算法的修正版。然而，在這個演算法中，只有當一個節點的 bound 優於目前最佳解的值時，我們才會把一個節點展開（走訪它的子節點）。目前最佳解的值（變數 best）啟始為根節點的解的值。在某些應用程式中，根節點是沒有解的，因為我們必須去到狀態空間樹的 leaf 才能得到一組解。遇到這種情況時，我們將 best 的值啟始為一個比任何解都差的值。對於各種 breadth_first_branch_and_bound 之應用程式來說，它們各自擁有不同的 bound 及 value 函式。之後您將會觀察到，我們會直接把值計算出來，通常不會真的去實作 value 函式。

接著我們會提出一種特定的演算法來解 0-1 Knapsack 問題。由於我們並未得到使用遞迴的好處（也就是說在每次遞迴呼叫時並沒有新的變數被產生出來），我們必須將關於某節點的所有資訊存放在該節點。因此，在我們演算

法中的節點將使用下列的型態來表示：

```
struct node
{
```

```
    int level;                      // 該節點在樹中的層級
    int profit;
    int weight;
};
```

▶ 演算法 6.1 　**用來解決 0-1 Knapsack 問題的 "使用 Branch-and-Bound 修剪法之廣度優先搜尋"**

問題：給定 n 個項目，其中每個項目都有自己的 weight 與 profit。這些 weight 與 profit 均為正整數。再者，令正整數 W 也是給定的。試求出一組具有最大 profit 總和的項目，其中這些項目的 weight 總和不得超過 W。

輸入：正整數 n 與 W，正整數陣列 w 與 p，索引值均由 1 到 n。且這兩個陣列都已根據 $p[i]/w[i]$ 的值，依非遞減的順序排好。

輸出：整數 $maxprofit$，也就是最佳組中各項目之 profit 的總和。

```
void knapsack2 (int n,
               const int p [], const int w[],
               int W,
               int& maxprofit)
{
  queue_of_node Q;
  node u, v;

  initialize (Q);                           // 啟始時將 Q 清空
  v.level = 0; v.profit = 0; v.weight = 0;
                                            // 啟始時將 v 設為根節點
  maxprofit = 0;
  enqueue (Q, v);
  while (! empty (Q)) {
    dequeue (Q, v);
    u.level = v.level + 1;                  // 將 u 設成 v 的子節點之一
    u.weight = v.weight + w[u.level];       // 將 u 設成包含下個項目的子節點
    u.profit = v.profit + p [u.level];
    if (u.weight <= W && u.profit > maxprofit)
      maxprofit = u.profit;
    if (bound (u) > maxprofit)
      enqueue (Q, u);
    u.weight = v.weight;                    // 將 u 設成不含下個項目的子節點
    u.profit = v.profit;
    if (bound (u) > maxprofit)
      enqueue (Q, u);
```

```
        }
    }

    float bound (node u)
    {
        index j, k;
        int totweight;
        float result;

        if (u.weight >=W)
            return 0;
        else {
            result = u.profit;
            j = u.level + 1;
            totweight = u.weight;
            while (j <= n && totweight + w[j] <= W){
                totweight = totweight + w[j];          // 盡可能地多抓一些項目
                 result = result + p [j];
                j++;
            }
            k = j; // 使用 k 以便與文章中的方程式保持一致
            if (k <=n)
                result = result + (W - totweight) * p [k] /w[k];
                                    // 抓住第 k 項的部分
            return result;
        }
    }
```

當目前的項目未被包含時，我們並不需要去檢查 *u.profit* 是否超過 *maxprofit*；因為，在這種情況中，*u.profit* 就是 *u* 的父節點對應的 profit，亦即 *u.profit* 不可能會大於 *maxprofit*。我們並不需要將這個 bound 儲存在節點上（如圖 6.2 所示），因為在把這個 bound 拿來與 *maxprofit* 比較後，我們就不需要再參考到這個 bound 了。

bound 函式與演算法 5.7 中的 *promising* 函式在實質上是相同的。不同之處在於：由於 *bound* 函式是根據建立 branch-and-bound 演算法的方針撰寫的。因此，*bound* 傳回的是一個整數。至於 *promising* 函式則是根據回溯的方針來撰寫的，因此 *promising* 傳回的是一個布林值。在我們的 branch-and-bound 演算法中，與 *maxprofit* 的比較是在呼叫 *bound* 的副程式中進行的。在 *bound* 函式中，並不需要去檢查 $i = n$ 這個條件，因為若 $i = n$，*bound* 傳回的值會小於等於 *maxprofit*，亦即這個節點並不會被放進佇列 (queue) 裡面。

演算法 6.1 並不會找出被挑進最佳組的那些項目；它只求出在最佳組中 profit 的總和。我們可以做下列的修改，讓這個演算法能夠求出最佳組中的那些項目：每個節點都多

存了一個 *items* 變數，該變數是用來儲存已被包含在該節點的那些項目；並利用 *bestitems* 變數來存放目前最好的一組 *items*。當 *maxprofit* 被設為與 *u.profit* 相等時，同時也要把 *bestitems* 設成與 *u.items* 相等。

• 6.1.2　使用 Branch-and-Bound 修剪法之最佳優先搜尋

在一般情況下，與深度優先搜尋（回溯）比較起來，廣度優先搜尋並不佔有優勢。然而，我們可以改進廣度優先搜尋，讓 bound 不只是決定一個節點是否 promising。在走訪給定節點的所有子節點之後，我們可以檢視所有未被展開的 promising 節點，從中挑出具有最佳 bound 的節點展開。回想一個節點被認為是 promising 的定義：該節點的 bound 必須優於到目前為止找到最佳解的值。利用這種方式，通常會比遵循預定順序來前進到最佳解的速度要快。下面的範例就是在描述這種改良方法。

• **範例 6.2**　假設我們要解的是範例 6.1 中的 0-1 Knapsack 問題案例。最佳優先搜尋產生了圖 6.3 中的已修剪狀態空間樹。每個節點自身的 *profit*、*weight* 與 *bound* 由上而下顯示在代表該節點的圓圈內。上色的節點就是 profit 最大值發生的節點。接著我們展示產生這棵樹的步驟。根據各節點的層級與由左邊算起的位置，我們為它們標上座標，並利用座標來參考各節點。值與 bound 的計算方式與範例 5.6 及 6.1 相同。在走過產生樹的各個步驟時，我們將不會展示這些值與 bound 的計算。此外，當一個節點被發現是 nonpromising 時，我們才會特別提出；當一個節點被發現是 promising 時，我們並不會特別提出。

產生這棵樹的步驟如下：

1.　走訪節點 (0,0)（根節點）。

　　(a) 將它的 profit 及 weight 分別設為 \$0 與 0。

　　(b) 計算出它的 bound 為 \$115。（這段計算請參考範例 5.6。）

　　(c) 將 *maxprofit* 設為 0。

2.　走訪節點 (1,1)。

　　(a) 計算出它的 profit 及 weight 分別為 \$40 與 2。

　　(b) 由於 2 小於等於 16（*W* 的值），且它的 profit \$40 比 \$0（*maxprofit* 的值）大，因此將 *maxprofit* 設為 \$40。

　　(c) 計算出它的 bound 為 \$115。

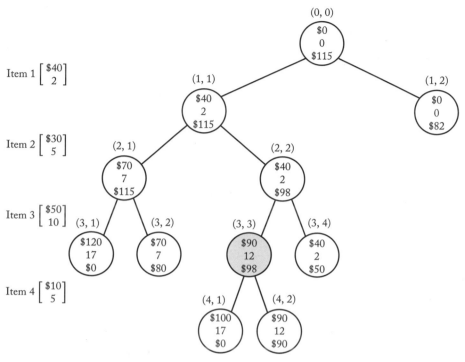

圖 6.3   範例 6.1 中使用 branch-and-bound 修剪法之最佳優先搜尋而產生的已修剪狀態空間樹。每個節點中由上到下存放了上到該節點之項目的 profit 總和、這些項目的 weight 總和以及可由展開該節點而得到的總 profit bound。上色的節點表示最佳解出現的地方。

3. 走訪節點 (1,2)。

   (a) 計算出它的 profit 及 weight 分別為 $0 與 0。

   (b) 計算出它的 bound 為 $82。

4. 找出具有最大 bound 之 promising 且尚未被展開的節點。

   (a) 由於節點 (1,1) 之 bound 為 $115，且節點 (1,2) 之 bound 為 $82，因此節點 (1,1) 就是那個具有最大 bound 之 promising 且尚未被展開的節點。接著我們就走訪它的子節點。

5. 走訪節點 (2,1)。

   (a) 計算出它的 profit 及 weight 分別為 $70 與 7。

   (b) 由於它的 weight 7 小於等於 16 (W 的值)，且它的 profit $70 比 $40 ($maxprofit$ 的值) 大，因此將 $maxprofit$ 設為 $70。

(c) 計算出它的 bound 為 $115。（這段計算請參考範例 5.6。）

6. 走訪節點 (2,2)。

(a) 計算出它的 profit 及 weight 分別為 $40 與 2。

(b) 計算出它的 bound 為 $98。

7. 找出具有最大 bound 之 promising 且尚未被展開的節點。

(a) 答案就是節點 (2,1)。接著我們就走訪它的子節點。

8. 走訪節點 (3,1)。

(a) 計算出它的 profit 及 weight 分別為 $120 與 17。

(b) 發現它是 nonprimising 的，因為它的 weight 17 大於 16（W 的值），且它的 profit $70 比 $40（$maxprofit$ 的值）大，我們將它的 bound 設為 $0 讓它變成 nonpromising。

9. 走訪節點 (3,2)。

(a) 計算出它的 profit 及 weight 分別為 $70 與 7。

(b) 計算出它的 bound 為 $80。

10. 找出具有最大 bound 之 promising 且尚未被展開的節點。

(a) 答案就是節點 (2,2)。接著我們就走訪它的子節點。

11. 走訪節點 (3,3)。

(a) 計算出它的 profit 及 weight 分別為 $90 與 12。

(b) 由於它的 weight 12 小於等於 16（W 的值），且它的 profit $90 比 $70（$maxprofit$ 的值）大，因此將 $maxprofit$ 設為 $90。

(c) 在這個時間點，節點 (1,2) 與 (3,2) 變成 nonpromising，因為它們的 bound $82 與 $80 都小於等於 $90（最新的 $maxprofit$ 值）。

(d) 計算出它的 bound 為 $98。

12. 走訪節點 (3,4)。

(a) 計算出它的 profit 及 weight 分別為 $40 與 2。

(b) 計算出它的 bound 為 $50。

(c) 發現它變成 nonpromising，因為它的 bound $50 小於等於 $90（$maxprofit$ 的值）。

13. 找出具有最大 bound 之 promising 且尚未被展開的節點。

(a) 剩下唯一的 promising 且尚未被展開的節點就是節點 (3,3) 了。接著我們就走訪它的子節點。

14. 走訪節點 (4,1)。

(a) 計算出它的 profit 及 weight 分別為 $100 與 17。

(b) 發現它變成 nonpromising，因為它的 weight 17 大於等於 16(W 的值)。我們將它的 bound 設為 $0 讓它變成 nonpromising。

15. 走訪節點 (4,2)。

(a) 計算出它的 profit 及 weight 分別為 $90 與 12。

(b) 計算出它的 bound 為 $90。

(c) 發現它變成 nonpromising，因為它的 bound $90 小於等於 $90($maxprofit$ 的值)。這棵狀態空間樹的 leaf 自動成為 nonpromising，因為它們的 bound 不可能會超過 $maxprofit$。

由於已經沒有 promising 且未展開的節點了，因此搜尋過程到此結束。

使用最佳優先搜尋 (best-first search)，我們僅需檢查 11 個節點，比原先使用廣度優先搜尋 (圖 6.2) 的方法少檢查了 6 個節點，也比使用深度優先搜尋 (見圖 5.14) 少檢查了 2 個節點。節省兩個節點似乎沒什麼；然而，在一個很大的狀態空間樹中，當最佳優先搜尋很快地找到代表最佳解的節點時，節省的節點數卻可能是非常可觀的。再次強調，沒有一種方式可以保證看起來最佳的節點真的是通往代表最佳解的節點。在範例 6.2 中，節點 (2,1) 看起來優於節點 (2,2)，但是節點 (2,2) 才能通往實際上的最佳解 (3,3)。一般來說，在某些案例上，最佳優先搜尋仍然會產生全部或大部分的狀態空間樹。

最佳優先搜尋的實作由廣度優先搜尋的簡單改良版構成。我們使用一個優先權佇列 (priority queue) 來取代佇列 (queue)。回想 4.4.2 節中討論的優先權佇列。下面提出的是一個具有一般性的最佳優先搜尋演算法。再次強調，狀態樹 T 並不會明顯地存在。在這個演算法中，$insert(PQ,v)$ 是負責將 v 加到優先權佇列 PQ 中的副程式，而 $remove(PQ,v)$ 是負責將具有最佳 bound 的節點移除並把該節點的值指派給 v 的副程式。

```
void best_first_branch_and_bound (state_space_tree T,
                                  number& best)
{
  priority queue_of_node PQ;
  node u, v;
```

```
    initialize (PQ);                          // 啟始時將 PQ 清空
    v = root of T;
    best = value (v);
    insert(PQ, v);
    while (! empty(PQ)) {                      // 將具有最佳 bound 的節點移除
        remove (PQ, v);
        if (bound (v) is better than best)    // 檢查這個節點是否仍然 promising
            for (each child u of v){
                if (value (u) is better than best)
                    (best = value (u);
                if (bound (u) is better than best)
                    insert(PQ, u);
            }
        }
    }
```

　　除了使用優先權佇列來取代佇列之外，在從優先權佇列移除節點之後，我們增加了一個檢查。這個檢查計算該節點的 bound 是否仍優於 *best*。這就是我們如何在走訪一個節點後發現該節點變成 nonpromising 的方法。舉例來說，當我們走訪圖 6.3 中的節點 (1,2) 時，它是 promising 的。在我們的實作中，我們就在這個時候把它插入 *PQ* 中。然而，當 *maxprofit* 的值變成 \$90 後，該節點就變成 nonmpromising 了。在實作中，*maxprofit* 的值變成 \$90 是發生在將該節點由 *PQ* 中移除之前。我們將該節點的 bound 與 *maxprofit* 比較，就知道該節點變成 nonpromising 了。利用這種方式，我們可以避免去走訪一個被走訪之後會變成 nonpromising 之節點的子節點。

　　下面是一個專門解 0-1 Knapsack 問題的演算法。由於插入節點時，移除節點時，以及整理位於優先權佇列中的節點時，都必須知道該節點的 bound，因此我們將每個節點的 bound 儲存在該節點上。節點的型態宣告如下：

```
struct node
{
    int level;                // 節點在該樹中的層級
    int profit;
    int weight;
    float bound;
};
```

▶ 演算法 6.2   **用來解決 0-1 Knapsack 問題的 "使用 Branch-and-Bound 修剪法之最佳優先搜尋"**

問題：給定 n 個項目，其中每個項目都有自己的 weight 與 profit。這些 weight 與 profit 均為正整數。再者，令正整數 W 也是給定的。試求出一組具有最大 profit 總和的項目，其中這些項目的 weight 總和不得超過 W。

輸入：正整數 n 與 W，正整數陣列 w 與 p，索引均由 1 到 n。且這兩個陣列都已根據 $p[i]/w[i]$ 的值，依非遞減的順序排好。

輸出：整數 $maxprofit$，也就是最佳組中各項目之 profit 的總和。

```
void knapsack3 (int n,
                const int p [], const int w[],
                int W,
                int& maxprofit)
{
   priority queue_of_node PQ;
   node u, v;

   initialize (PQ);                       // 啟始時將 PQ 清空
   v.level = 0; v.profit = 0; v.weight = 0;
   maxprofit = 0;                         // 啟始時將 v 設為根節點
   v.bound = bound (v);
   insert(PQ, v);
   while (! empty (PQ)) {                 // 將具有最佳 bound 的節點移除
      remove (PQ, v);
      if (v.bound > maxprofit) {          // 檢查這個節點是否仍然 promising
         u.level = v.level + 1;
         u.weight = v.weight + w[u.level]; // 將 u 設成包含下個項目的子節點
         u.profit = v.profit + p [u.level];

         if (u.weight <=W && u.profit > maxprofit)
            maxprofit = u.profit;
         u.bound = bound (u);
         if (u.bound > maxprofit)
            insert(PQ, u);
         u.weight = v.weight;             // 將 u 設成不含下個項目的子節點
         u.profit = v.profit;
         u.bound = bound (u);
       if (u.bound > maxprofit)
          insert(PQ, u);
      }
```

```
      }
   }
```

bound 函式請參見演算法 6.1。

● 6.2 售貨員旅行問題

　　在範例 3.12 中，Nancy 打敗了 Ralph 得到了售貨員的位置，因為她用了一個可以解售貨員旅行問題 (Traveling Salesperson Problem) 的動態規劃 (dynamic programming) 演算法，其複雜度為 $\Theta(n^2 2^n)$，因此她在 45 秒內就找到了一種最佳旅行路線，可以走完其所負責，包含 20 個城市在內的銷售責任區。Ralph 使用暴力法 (brute-force algorithm) 來產生所有 19! 種旅行路線。由於暴力法必須耗費超過 3,800 年，因此它到現在都還在執行中。在 5.6 節中，Nancy 的銷售責任區擴張到包含 40 個城市。由於她的動態規劃演算法要花超過六年才能找到這個銷售責任區的最佳旅行路線，因此她的目標變成只要找到任何一條旅行路線即可。她使用處理 Hamiltonian Circuits 問題用的回溯演算法來找到任意一條旅行路線。即使用這個演算法可以很有效率地找到一條旅行路線，該條路線可能離最佳路線很遠。例如，假如在兩個相距兩英里的城市間，可能存在著一條長 100 英里的彎路，該演算法可能產生一條包含這條彎路的旅行路線，即使我們可以透過與這兩個城市均相距一英里的城市，來連接這兩個城市。也就是說，Nancy 可能會使用回溯演算法產生的無效率旅行路線來涵蓋她的銷售責任區。因此，她決定還是回頭尋找一條最佳旅行路線。若這 40 個城市是高度連結的，用回溯演算法產生所有的旅行路線是不可行的，因為這會造成旅行路線的數量隨城市個數的增加呈指數成長。假定 Nancy 的老師並沒有在演算法課中教授 branch-and-bound。她翻閱演算法課本，發現了 branch-and-bound 是特別設計用在最佳化問題上的，因此她決定將它用在售貨員旅行問題上。設計演算法的過程如下。

　　回想售貨員旅行問題的定義是：給定一個有向圖 (directed graph) 及一個頂點，請找出一條最短路徑，由給定的頂點出發，恰巧走訪每個頂點一次，最後回到起點。這種路徑被稱做**最佳旅程** (optical tour)。由於這條路徑與我們從哪裡開始無關，因此起點可以選擇第一個頂點。圖 6.4 顯示了對應一個含有 5 個頂點的圖之相鄰矩陣表示法 (adjacency matrix representation)。在這個圖中兩兩頂點間都有邊線相連，並存在著一條最佳旅程可走訪這個圖中的各頂點。

　　對這個問題而言，最容易想到的一種狀態空間樹就是：把除了起點之外的所有頂點拿來試試看可否放在出發之後遇到的第一個頂點，也就是位於樹中的第一層；除了起點及第一層選擇的頂點之外的所有頂點拿來試試看可否放在出發之後遇到的第二個頂點，也就是位於樹中的第二層，依此類推。圖 6.5 展示了這棵含有 5 個頂點且兩兩頂點間均有邊線相連的圖對應的狀態樹之一部分。在之後的文章中，"節點"代表狀態空間樹中的一個節點，而"頂點"代表圖中的一個頂點。在圖 6.5 的每個節點上，我們標明了由起點到該節點的路徑。為了簡單起見，我們用頂點的索引值來指稱圖中的頂點。一個非 leaf 的節點代表所有由儲存於該節點的路徑開始的旅程。例如，含有 [1,2,3] 的節點代表所有由路徑 [1,2,3] 開始的旅程。亦即，它代表了 [1,2,3,4,5,1] 與 [1,2,3,5,4,1] 兩種旅程。每個 leaf 代表著一種旅程。我們必須去找到一個含有最佳旅程的 leaf。我們在存於節點的路徑含有 4 個頂點時，就停止將樹繼續展開，其原因為在那個時間點，已經有了四個頂點，而總共也只有 5 個頂點，所以剩下來就只有一個頂點可以選擇。例如，位於最左下角的頂點代表著旅程 [1,2,3,4,5,1]，因為一旦我們指定了路徑 [1,2,3,4]，下一個頂點必然為頂點 5。

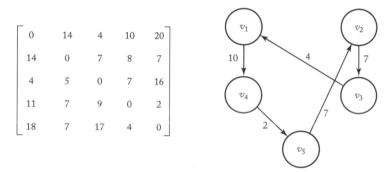

圖 6.4　左邊的相鄰矩陣代表每個頂點間均有邊線連接的圖 (graph)。
右邊則是此圖中的節點及最佳旅程中的邊線。

　　若要使用最佳優先搜尋，必須要能求出每個節點的 bound。由於 0-1 Knapsack 問題的目的在於讓整體 weight 的總和不超過 W 的情形下，盡可能讓 profit 越大越好，所以我們計算展開給定節點可得到 profit 量之上限 (upper bound)，並且只有在節點的 bound 大於目前最大的 profit 時，我們才稱該節點為 promising。在售貨員旅行問題中，我們必須求出展開給定節點得到的所有旅程的長度下限 (lower bound)，並且只有在節點的 bound 小於目前最小的長度時，我們才稱該節點為 promising。計算 bound 的方法如下。在任意旅程中，當離開一個頂點所採用邊線的長度必須至少與由該頂點發出之最短邊線長度相等。因此，我們可從鄰近矩陣第一列所有非 0 項目中挑出一個最小的，這個最小項目的值就是離開頂點 v_1 的 cost (採用邊線的長度) 下限。我們可從鄰近矩陣第二列所有非 0 項目中挑出一個最小的，這個最小項目的值就是離開頂點 v_2 的 cost (採用邊線的長度) 下限，依此類推。離開圖 6.4 的 5 個頂點之 cost 下限如下所示：

$$v_1 \quad minimum\,(14, 4, 10, 20) \quad = 4$$
$$v_2 \quad minimum\,(14, 7, 8, 7) \quad\;\; = 7$$
$$v_3 \quad minimum\,(4, 5, 7, 16) \quad\;\; = 4$$
$$v_4 \quad minimum\,(11, 7, 9, 2) \quad\;\; = 2$$
$$v_5 \quad minimum\,(18, 7, 17, 4) \quad = 4$$

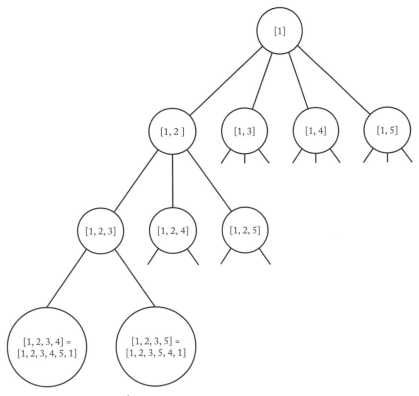

圖 6.5 　具有 5 個頂點之售貨員旅行問題對應的狀態空間樹。
部份旅程中的頂點索引儲存在每個節點中。

　　由於一個旅程必須離開每個頂點至少一次，因此一個旅程長度的下限就是這些最小值
(minimum) 的總和，故一個旅程長度的下限為

$$4 + 7 + 4 + 2 + 4 = 21$$

　　這並不是指說真的有一個旅程的長度為 21。事實上，這是說有可能沒有任何一個旅程
的長度是這個最小長度。

假設我們已經走訪過圖 6.5 中含有 [1,2] 的節點。在這個情況中,我們已經確定 v_2 是旅程中第二個頂點,而抵達 v_2 的 *cost* 就是由 v_1 到 v_2 那條邊線的 weight,也就是 14。因此,任何由展開節點 [1,2] 而得到的旅程,均具有下列離開頂點之 cost 下限:

$$
\begin{array}{lll}
v_1 & & 14 \\
v_2 & minimum\,(7, 8, 7) & = 7 \\
v_3 & minimum\,(4, 7, 16) & = 4 \\
v_4 & minimum\,(11, 9, 2) & = 2 \\
v_5 & minimum\,(18, 17, 4) & = 4
\end{array}
$$

若要得到 v_2 的最小值,我們不會把通到 v_1 的邊線考慮進去,因為 v_2 不能回到 v_1。若要得到其他頂點的最小值,我們不會把通到 v_2 的邊線考慮進去,因為我們已經在 v_2 了。展開含有 [1,2] 的節點所求得的所有旅程長度的下限,即為這些最小值的總和為:

$$14 + 7 + 4 + 2 + 4 = 31$$

為了進一步說明計算 bound 的技巧,假設我們已經走訪過圖 6.5 中含有 [1,2,3] 的節點。我們已經確定 v_2 是第二個頂點且 v_3 是第三個頂點。任何由展開節點 [1,2,3] 而得到的旅程,均具有下列離開頂點之 cost 下限:

$$
\begin{array}{lll}
v_1 & & 14 \\
v_2 & & 7 \\
v_3 & minimum\,(7, 16) & = 7 \\
v_4 & minimum\,(11, 2) & = 2 \\
v_5 & minimum\,(18, 4) & = 4
\end{array}
$$

若要得到 v_4 與 v_5 的最小值,我們不會把通到 v_2 與 v_3 的邊線考慮進去,因為我們已經去過這些頂點了。展開含有 [1,2,3] 的節點所求得的所有旅程長度的下限為:

$$14 + 7 + 7 + 2 + 4 = 34$$

用同樣的方式,我們可以算出展開狀態空間樹中任一個節點所求得的所有旅程長度的下限,並且我們可以把這些下限 (lower bound) 用在最佳優先搜尋上。下面的範例說明了將這些 bound 用在最佳優先搜尋的技巧。在這個例子中,我們將不會進行任何實質的計算。因為計算的方式剛剛已經說明過了。

● **範例 6.3**   給定圖 6.4 中的圖 (graph) 並使用前面剛剛說明的 bound 計算方式,使用 branch-and-bound 修剪法的最佳優先搜尋會產生圖 6.6 中的樹。bound 儲存於非 leaf 的節點,而旅程的長度儲存於 leaf。現在我們來展示產生這棵樹的步驟。一開始我們把最佳解的值設為 ∞(無限大),因為在根節點的時候並沒有候選的解存在。(候選的解在狀態空間樹中只存在於 leaf。)我們並沒有為狀態空間樹中的 leaf 計算 bound,因為 leaf 是無法被繼續展開下去的。我們以儲存於節點上的部分路徑來稱呼該節點。這與描述 0-1 Knapsack 問題時我們稱呼節點的方式不同。

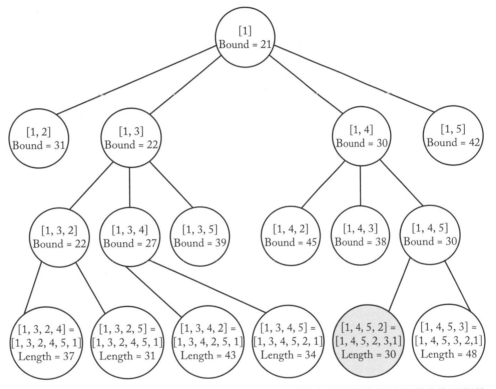

圖 6.6 範例 6.3 中使用 branch-and-bound 修剪法之最佳優先搜尋而產生的已修剪狀態空間樹。每個非 leaf 節點中由上到下存放了部份旅程以及展開該節點可得到的旅程長度 bound。每個 leaf 節點由上到下存放了旅程以及該旅程的長度。上色的節點表示最佳解出現的地方。

產生這棵樹的步驟如下:

1. 走訪含有 [1] 的節點(根節點)。

   (a) 計算出它的 bound 為 21。{ 這是一個旅程的長度下限。 }

   (b) 將 *minlength* 設為 ∞ 。

2. 走訪含有 [1,2] 的節點。

   (a) 計算出它的 bound 為 31。

3. 走訪含有 [1,3] 的節點。

   (a) 計算出它的 bound 為 22。

4. 走訪含有 [1,4] 的節點。

   (a) 計算出它的 bound 為 30。

5. 走訪含有 [1,5] 的節點。

   (a) 計算出它的 bound 為 42。

6. 找出具有最小 bound 之 promising 且尚未被展開的節點。

   (a) 答案就是含有 [1,3] 的節點。接著我們就走訪它的子節點。

7. 走訪含有 [1,3,2] 的節點。

   (a) 計算出它的 bound 為 22。

8. 走訪含有 [1,3,4] 的節點。

   (a) 計算出它的 bound 為 27。

9. 走訪含有 [1,3,5] 的節點。

   (a) 計算出它的 bound 為 39。

10. 找出具有最小 bound 之 promising 且尚未被展開的節點。

   (a) 答案就是含有 [1,3,2] 的節點。接著我們就走訪它的子節點。

11. 走訪含有 [1,3,2,4] 的節點。

   (a) 因為這個節點為 leaf，因此計算出旅程長度為 37。

   (b) 由於長度 37 小於 ∞（*minlength* 的值），因此將 *minlength* 設為 37。

   (c) 含有 [1,5] 的節點與含有 [1,3,5] 的節點變成了 nonpromising，因為它們的 bound 值 42 與 39 大於等於 37（*minlength* 的新值）。

12. 走訪含有 [1,3,2,5] 的節點。

   (a) 因為這個節點為 leaf，因此計算出旅程長度為 31。

   (b) 由於長度 31 小於 37（*minlength* 的值），因此將 *minlength* 設為 31。

(c) 含有 [1,2] 的節點變成了 nonpromising，因為它的 bound 值 31 大於等於 31（$minlength$ 的新值）。

13. 找出具有最小 bound 之 promising 且尚未被展開的節點。

(a) 答案就是含有 [1,3,4] 的節點。接著我們就走訪它的子節點。

14. 走訪含有 [1,3,4,2] 的節點。

(a) 因為這個節點為 leaf，因此計算出旅程長度為 43。

15. 走訪含有 [1,3,4,5] 的節點。

(a) 因為這個節點為 leaf，因此計算出旅程長度為 34。

16. 找出具有最小 bound 之 promising 且尚未被展開的節點。

(a) 唯一 promising 且尚未被展開的節點為含有 [1,4] 的節點。接著我們就走訪它的子節點。

17. 走訪含有 [1,4,2] 的節點。

(a) 計算出它的 bound 為 45。

(b) 該節點為 nonpromising，因為它的 bound 值 45 大於等於 31（$minlength$ 的值）。

18. 走訪含有 [1,4,3] 的節點。

(a) 計算出它的 bound 為 38。

(b) 該節點為 nonpromising，因為它的 bound 值 38 大於等於 31（$minlength$ 的值）。

19. 走訪含有 [1,4,5] 的節點。

(a) 計算出它的 bound 為 30。

20. 找出具有最小 bound 之 promising 且尚未被展開的節點。

(a) 唯一 promising 且尚未被展開的節點為含有 [1,4,5] 的節點。接著我們就走訪它的子節點。

21. 走訪含有 [1,4,5,2] 的節點。

(a) 計算出它的 bound 為 30。

(b) 因為它的長度 30 小於等於 31（$minlength$ 的值），故將 $minlength$ 設為 30。

22. 走訪含有 [1,4,5,3] 的節點。

   (a) 因為這個節點為 leaf，因此計算出旅程長度為 48。

23. 找出具有最小 bound 之 promising 且尚未被展開的節點。

   (a) 已找不到 promising 且尚未被展開的節點，因此程序結束。

我們已經求出含有 [1,4,5,2] 的節點，也就是代表最佳旅程 [1,4,5,2,3,1] 的節點，因此最佳旅程的長度就是 30。

圖 6.6 的樹有 17 個節點，而整棵狀態空間樹有 $1 + 4 + 4 \times 3 + 4 \times 3 \times 2 = 41$ 個。

我們在實作前個範例使用策略之演算法中使用下列的資料型態：

```
struct node
{
  int level;                  // 節點在該樹中的層級
  ordered set path ;
  number bound ;
} ;
```

path 欄位就是存放於該節點的部分旅程。例如，在圖 6.6 中根節點之最左下子節點的 *path* 值為 [1,2]。下面是該演算法的定義。

▶ 演算法 6.3   **用來解決售貨員旅行問題的 "使用 Branch-and-Bound 修剪法之最佳優先搜尋"**

問題：在一有向權重圖 (weighted, directed graph) 中找出一條最佳旅程。weight 必須為非負整數。

輸入：一個有向權重圖，及該圖中的頂點數，n。該圖 (graph) 以一個二維陣列 W 來表示，列與行之索引均由 1 到 n，其中 $W[i][j]$ 為第 i 個頂點連到第 j 個頂點之邊線的 weight。

輸出：變數 *minlength*，其值為一條最佳旅程的長度；以及變數 *opttour*，其值為一條最佳旅程。

```
void travel2 (int n,
              const number W[][],
              ordered-set& opttour,
              number& minlength)
{
  priority queue_of_node PQ;
  node u, v;
```

```
initialize (PQ);                      // 啟始時將 PQ 清空
v.level = 0;
v.path = [1];                         // 令第一個頂點成為起點
v.bound = bound (v);
minlength = ∞;
insert(PQ, v);
while (! empty(PQ)) {
    remove (PQ, v);                   // 將具有最佳 bound 的節點移除
  if (v.bound < minlength){
    u.level = v.level + 1;          // 將 u 設為 v 的子節點
    for (all i such that 2 ≤ i ≤ n && i is not in v.path){
        u.path = v.path;
        put i at the end of u.path;
        if (u.level == n - 2){     // 檢查是否到下個節點就完成一條旅程了
          put index of only vertex
          not in u.path at the end of u.path;
          put 1 at the end of u.path;  // 把第一個頂點放在旅程的末端
          if (length(u) < minlength) {
          //length 函式負責計算這條旅程的長度
            minlength = length(u);
            opttour = u.path;
          }
        }
        else {
        u.bound = bound (u);
        if (u.bound < minlength)
          insert(PQ, u);
        }
    }
  }
}
```

在習題中，將要求您寫出 *length* 與 *bound* 函式。*length* 函式傳回旅程 *u.path* 的長度，而 *bound* 函式傳回利用我們討論過的計算方式求出的 *bound* 值。

一個問題並不僅有一種 bound 函式。例如，在售貨員旅行問題中，我們可以觀察到每個頂點必須被走訪一次這個性質，因此，我們由相鄰矩陣的一行中選出最小值來取代由一列中選出最小值。不然，我們還可以利用旅程中必須進出每個頂點各一次的性質，一併利用行與列提供的資訊。對於一個給定的邊線，我們可以將該邊線 weight 的一半與它離開的節點關聯起來；並把另一半與它進入的節點關聯起來。於是，走訪某個節點的 cost 即為關聯於進入該節點之 weight 與關聯於離開該節點之 weight 的總和。例如，假設我們正在計

算一個旅程長度的啟始 bound。進入 v_2 的最小 cost 就是第二行最小值的一半。離開 v_2 的最小 cost 就是第二列最小值的一半。故走訪 v_2 的最小 cost 為

$$\frac{minimum\,(14, 5, 7, 7) + minimum\,(14, 7, 8, 7)}{2} = 6$$

使用這個 bound 函式，branch-and-bound 演算法在範例 6.3 的案例中只會檢查 15 個節點。

在有兩個或更多的 bound 函式可用時，可能會出現某個 bound 函式在某個節點產生較好的 bound 而另一個函式在另一個節點產生較好的 bound。確實，如同您在習題中被要求去驗證的事情，這就是我們用在售貨員旅行問題上面的那些 bound 函式會出現的情況。當這種情況發生時，演算法使用所有可用的 bound 函式來計算 bound，並且取用最好的 bound。然而，如同第五章中所討論的，我們的目標並不在於盡可能走訪越少節點越好，而是去盡量提升該演算法的整體效率。使用超過一個 bound 函式所導致的額外計算時間可能無法被走訪較少節點得到的節約時間所抵銷。

回想一個 branch-and-bound 演算法可能解某個大型案例相當有效率，但是遇到另一個大型案例卻檢查了指數成長（或更糟）數量的節點。回到 Nancy 遇到的困境，當 branch-and-bound 演算法也無法有效率地解決她遇到含有 40 個城市的案例時，她該如何做呢？另一種方法來處理諸如售貨員旅行這種問題的方法是發展近似演算法。**近似演算法**（approximation algorithm）。近似演算法並不保證會找到最佳解，但是可以確定找到與最佳解相差合理範圍的解。我們將在 9.5 節中討論近似演算法。在該節中我們將回來繼續討論售貨員旅行問題。

⊕ • 6.3 假說推論（診斷）

在研讀本節之前，您必須具有離散機率理論（discrete probability theory）與貝士理論等背景知識。

在人工智慧與專家系統中的一個重要問題為，為發現的結果找出最可能的解釋。例如，在醫學中，給定一組症狀，我們希望找出最可能的一組疾病。以一個電路為例，我們想要為電路中某點的故障，找出最可能的解釋。還有一些其他的例子，如找出一台汽車無法正常運作的最可能原因。對一組發現的結果找出最可能解釋的過程稱為**假說推論**（abductive inference）。

為了集中焦點，我們使用醫學的術語。假定存在著 n 種疾病：d_1、d_2、$\cdots$、d_n，每種疾病都可能發生在一個病人身上。已知從該病人身上觀察到一組症狀 S。我們的目標是去

找出最可能發生在該病人身上的一組疾病。技術上來說，也許有兩組或以上的疾病會一併發生。然而，我們把這個問題當作僅有一組最可能的疾病來討論。

貝士網路 (bayesian network) 已經成為表述或然性關係的一種標準，例如疾病與症狀間的或然性關係。這已經超過了這裡討論的 belief network 的範圍。您可以在 Neapolitan (1990, 1993) 與 Pearl (1988) 中找到它們的細節。對於許多貝士網路應用程式來說，存在著一些能夠有效率地求出一個疾病集合含有發生在該病人身上之事前機率 (prior probability，在所有症狀發現之前) 的演算法。這些演算法同樣在 Neapolitan (1990, 2003) 與 Peral (1998) 中被討論到。這裡將假定我們可取得這些演算法的運算結果。例如，這些演算法能夠求出僅有 d_1、d_3 與 d_6 發生在該病人身上的機率。我們將用

$$p(d_1, d_3, d_6) \qquad \text{以及} \qquad p(D)$$

來表示這個**機率**，其中

$$D = \{d_1, d_3, d_6\}$$

這些演算法也能夠求出已知在 S 中的症狀出現的情況下，d_1、d_3 與 d_6 發生在該病人身上的條件機率。我們將用

$$p(d_1, d_3, d_6 | S) \qquad \text{以及} \qquad p(D|S)$$

來表示這個**條件機率**。

假定我們能夠利用之前所提的那些演算法，計算出這些機率值，我們就能夠使用類似於 0-1 Knapsack 演算法用的狀態空間樹，算出最可能的一組疾病集合 (給定某些症狀出現的資訊)。若前往根節點的左邊就代表加入 d_1，前往右邊就代表排除 d_1。同樣地，假設我們位於一個第一層的節點，往該節點的左邊就代表加入 d_2，前往右邊就代表排除 d_2，依此類推。每個狀態空間樹上的 leaf 節點均代表了一種可能的解 (亦即，從根節點算到這個 leaf 節點，所包含疾病構成的集合)。為了解這個問題，我們計算位於每個 leaf 節點該疾病集合的條件機率，算出那個疾病集合擁有最大的條件機率。為了使用最佳優先搜尋來修剪，我們必須找到一個 bound 函式。下列的定理對大多數的案例提供了這個 bound。

▶ 定理 6.1

若 D 與 D' 為兩組疾病使得

$$p(D') \leq p(D)$$

則

$$p(D'|S) \le \frac{p(D)}{p(S)}$$

證明：根據貝士定理，

$$
\begin{aligned}
p(D'|S) &= \frac{p(S|D')\,p(D')}{p(S)} \\
&\le \frac{p(S|D')\,p(D)}{p(S)} \\
&\le \frac{p(D)}{p(S)}
\end{aligned}
$$

第一個不等式是根據本定理的假設，第二個是根據任何機率必須小於或等於 1 這個事實。故本定理得證。

對一給定節點，令 D 為那組已被包含上到該節點的疾病；對該節點的某個子節點，令 D' 為那組已被包含上到該子節點的疾病。則 $D \subseteq D'$。我們通常可以合理的假設

$$p(D') \le p(D) \qquad 當 \qquad D \subseteq D' \ 時$$

理由是因為通常一位病人得到一組疾病的機率至少等於該病人得到這組疾病加上其他更多疾病的機率。（這些就是觀察到任何症狀前的前置機率。）若我們做了這個假設，根據定理 6.1

$$p(D'|S) \le \frac{p(D)}{p(S)}$$

因此，$p(D)/p(S)$ 為該組疾病在該節點的任意子節點中的條件機率之上限 (upper bound)。下面的範例說明如何把這個 bound 用在修剪 branch 上。

• 範例 6.4
假定有 4 種疾病：d_1、d_2、d_3 與 d_4，以及一組症狀 S。這個範例的輸入也包括了一個含有上一行的疾病與症狀之機率關係的貝士網路。在這個範例中用到的機率將從貝士網路中，使用之前討論過的方法計算得到。在本文中的別處將不會再計算這些機率。我們隨便假設一些機率值，方便描述最佳搜尋演算法。當使用在某個演算法（在這裡是指最佳優先搜尋演算法）中使用另一個演算法得到的結果時（在這裡是指用在 belief network 中進

行推論的演算法），確認在第一個演算法提供的結果中，哪些在第二個演算法中可被假設，是很重要的一件事。

圖 6.7 顯示了由最佳優先搜尋產生的已修剪狀態空間樹。在這棵樹中，機率是任意給定的。條件機率位於每個節點所含文字的第一行而 bound 位於第二行。如同在 6.1 節中所做的，我們依據節點的深度及由左邊算過來的位置來標示該節點。下一段會列出產生這棵樹的步驟。變數 $best$ 代表目前的最佳解，而 $p(best|S)$ 是它的條件機率。我們的目標是找出一個 $best$ 的值讓這個條件機率越大越好。

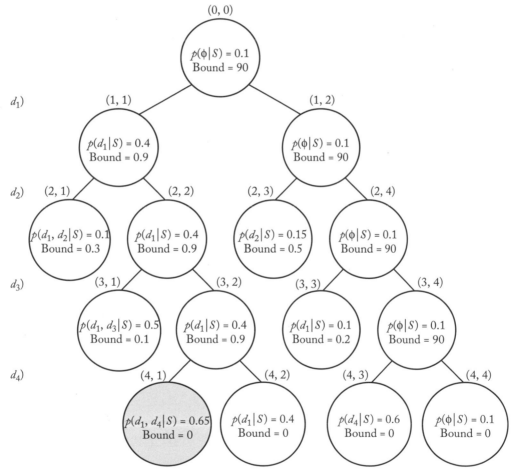

圖 6.7　範例 6.4 中使用 branch-and-bound 修剪法之最佳優先搜尋而產生的已修剪狀態空間樹。每個節點中，上面是被包含上到該節點的疾病集合，下面是展開該節點可得到的條件機率 bound。上色的節點表示最佳解出現的地方。

我們先隨意假定

$$p(S) = 0.01$$

1. 走訪節點 (0,0)（根節點）。

   (a) 計算出它的條件機率。{ $\emptyset$ 是空的集合。代表沒有任何疾病發生 }

   $$p(\emptyset|S) = .1 \quad \begin{cases} \text{這必須由別的演算法算出來，} \\ \text{在這裡可以給定任意值} \end{cases}$$

   (b) 設定

   $$best = \emptyset \quad \text{以及} \quad p(best|S) = p(\emptyset|S) = 0.1$$

   (c) 計算它的前置機率 (prior probability) 及 bound。

   $$p(\emptyset) = 0.9$$
   $$bound = \frac{p(\emptyset)}{p(S)} = \frac{0.9}{0.01} = 90$$

2. 走訪節點 (1,1)。

   (a) 計算出它的條件機率。

   $$p(d_1|S) = 0.4$$

   (b) 由於 $0.4 > p(best|S)$，設定

   $$best = \{d_1\} \quad \text{以及} \quad p(best|S) = 0.4$$

   (c) 計算它的前置機率 (prior probability) 及 bound。

   $$p(d_1) = 0.009$$
   $$bound = \frac{p(d_1)}{p(S)} = \frac{0.009}{0.01} = 0.9 \, p(d_1)/p(S)$$

3. 走訪節點 (1,2)。

   (a) 它的條件機率與父節點相同，也就是 0.1。

   (b) 它的前置機率及 bound 與其父節點相同，分別為 0.9 及 90。

4. 找出具有最大 bound 之 promising 且尚未被展開的節點。

   (a) 答案就是節點 (1,2)。接著我們就走訪它的子節點。

5. 走訪節點 (2,3)。

(a) 計算出它的條件機率。

$$p(d_2|S) = 0.15$$

(b) 計算它的前置機率 (prior probability) 及 bound。

$$p(d_2) = .005$$

$$bound = \frac{p(d_2)}{p(S)} = \frac{.005}{.01} = 0.5$$

6. 走訪節點 (2,4)。

(a) 它的條件機率與其父節點相同，也就是 0.1。

(b) 它的前置機率及 bound 與其父節點相同，分別為 0.9 及 90。

7. 找出具有最大 bound 之 promising 且尚未被展開的節點。

(a) 答案就是節點 (2,4)。接著我們就走訪它的子節點。

8. 走訪節點 (3,3)。

(a) 計算出它的條件機率。

$$p(d_3|S) = 0.1$$

(b) 計算它的前置機率 (prior probability) 及 bound。

$$p(d_3) = 0.002$$

$$bound = \frac{p(d_3)}{p(S)} = \frac{0.002}{0.01} = 0.2$$

(c) 發現它是 nonpromising 的，因為它的 bound .2 小於或等於 .4，亦即 $p(best|S)$ 的值。

9. 走訪節點 (3,4)。

(a) 它的條件機率與其父節點相同，也就是 0.1。

(b) 它的前置機率及 bound 與其父節點相同，分別為 0.9 及 90。

10. 找出具有最大 bound 之 promising 且尚未被展開的節點。

(a) 答案就是節點 (3,4)。接著我們就走訪它的子節點。

11. 走訪節點 (4,3)。

(a) 計算出它的條件機率。

$$p(d_4|S) = 0.6$$

(b) 因為 $0.6 > p(best|S)$，故設定

$$best = \{d_4\} \qquad 以及 \qquad p(best|S) = 0.6$$

(c) 將它的 bound 設為 0，因為它是狀態空間樹中的 leaf。

(d) 在這個時間點，節點 (2,3) 變成 nonpromising，因為它的 bound 小於或等於 0.6，也就是 $p(best|S)$ 的新值。

12. 走訪節點 (4,4)。

(a) 它的條件機率與其父節點相同，也就是 0.1。

(b) 將它的 bound 設為 0，因為它是狀態空間樹中的 leaf。

13. 找出具有最大 bound 之 promising 且尚未被展開的節點。

(a) 答案就是節點 (1,1)。接著我們就走訪它的子節點。

14. 走訪節點 (2,1)。

(a) 計算出它的條件機率。

$$p(d_1, d_2|S) = 0.1$$

(b) 計算它的前置機率 (prior probability) 及 bound。

$$p(d_1, d_2) = 0.003$$
$$bound = \frac{p(d_1, d_2)}{p(S)} = \frac{0.003}{0.01} = 0.3$$

(c) 發現它是 nonpromising 的，因為它的 bound 0.3 小於或等於 0.6，亦即 $p(best|S)$ 的值。

15. 走訪節點 (2,2)。

(a) 它的條件機率與其父節點相同，也就是 0.4。

(b) 它的前置機率及 bound 與其父節點相同，分別為 0.009 及 0.9。

16. 找出具有最大 bound 之 promising 且尚未被展開的節點。

(a) 唯一仍然 promising 且尚未被展開的節點就是節點 (2,2)。接著我們就走訪它的子節點。

17. 走訪節點 (3,1)。

(a) 計算出它的條件機率。

$$p(d_1, d_3 | S) = 0.05$$

(b) 計算它的前置機率 (prior probability) 及 bound。

$$p(d_1, d_3) = 0.001$$

$$bound = \frac{p(d_1, d_3)}{p(S)} = \frac{0.001}{0.01} = 0.1$$

(c) 發現它是 nonpromising 的，因為它的 bound 0.1 小於或等於 0.6，亦即 $p(best | S)$ 的值。

18. 走訪節點 (3,2)。

(a) 它的條件機率與其父節點相同，也就是 0.4。

(b) 它的前置機率及 bound 與其父節點相同，分別為 0.009 及 0.9。

19. 找出具有最大 bound 之 promising 且尚未被展開的節點。

(a) 唯一仍然 promising 且尚未被展開的節點就是節點 (3,2)。接著我們就走訪它的子節點。

20. 走訪節點 (4,1)。

(a) 計算出它的條件機率。

$$p(d_1, d_4 | S) = 0.65$$

(b) 因為 $0.65 > p(best | S)$，故設定

$$best = \{d_1, d_4\} \qquad 以及 \qquad p(best | S) = 0.65$$

(c) 將它的 bound 設為 0，因為它是狀態空間樹中的 leaf。

21. 走訪節點 (4,2)。

(a) 它的條件機率與其父節點相同，也就是 0.4。

(b) 將它的 bound 設為 0，因為它是狀態空間樹中的 leaf。

22. 找出具有最大 bound 之 promising 且尚未被展開的節點。

(a) 已經不存在 promising 且尚未被展開的節點了，因此我們已經做完了。

我們已找出最可能的一組疾病為 $\{d_1, d_4\}$，且 $p(d_4, d_1 | S) = 0.65$。

　　解決這個問題的一個可行方法是，一開始就根據疾病的條件機率將這些疾病以非遞增順序排好。然而，這個方法並不保證一定可以將搜尋時間盡量減少。在範例 6.4 中，我們並沒有採用這個方法，因此共有 15 個節點被檢查。在習題中將會證明：若把所有疾病排序過，將有 23 個節點被檢查。接著來描述這個演算法。它用到了下列的宣告：

```
struct node
{
  int level;                          // 該節點在樹中的層級
  set_of_indices D;
  float bound;
};
```

欄位 D 包含上到該節點的所有疾病。這個演算法的輸入之一是一個貝士網路 BN。如前所述，一個貝士網路代表疾病與症狀間的或然率關係。我們在本章開始的地方參考到的一些演算法能夠由這種網路中計算出所需的機率。

　　下列的演算法由 Cooper (1984) 發展出來。

▶ 演算法 6.4　　　**Cooper 為假說推論問題設計的使用 branch-and-bound 修剪法之最佳優先搜尋**

問題：給定一組症狀，求出最可能的一組疾病（解釋）。我們假定若某組疾病 D' 為另一組疾病 D 的子集，則 $p(D') \leq p(D)$。

輸入：正整數 n，代表著 n 種疾病與這些疾病之症狀的或然率關係之貝士網路 BN 以及由症狀構成的集合 S。

輸出：集合 best，含有在最大可能性集合（給定 S 的條件機率）中那些疾病的索引，以及代表給定 S 的情況下，best 的機率值之變數 pbest。

```
void cooper (int n,
             Bayesian_network_of_n_diseases BN,
             set_of_symptoms S,
             set_of_indices& best, float& pbest)
{
  priority_queue_of_node PQ;
  node u, v;

  v.level = 0;                        // 將 v 設為根節點
  v.D = ∅;                            // 在根節點儲存空集合
  best = ∅;
  pbest = p (∅|S);
  v.bound = bound (v);
```

```
        insert(PQ, v);
        while (! empty (PQ)) {
            remove (PQ, v);              // 移除具有最佳 bound 的節點
            if (v.bound > pbest){
                u.level = v.level +1;    // 將 u 設為 v 的子節點
                u.D = v.D;               // 將 u 設為含有下個疾病的子節點
                put u.level in u.D;
                if (p (u.D|S) > pbest){
                    best = u.D;
                    pbest = p (u.D|S);
                }
                u.bound = bound (u);
                if (u.bound > pbest)
                    insert(PQ, u);
                u.D = v.D;               // 將 u 設為未包含下個疾病的子節點
                u.bound = bound (u);
                if (u.bound > pbest)
                    insert(PQ, u);
            }
        }
    }
    int bound (node u)
    {
        if (u.level == n)               //leaf 節點必為 nonpromising
            return 0;
        else
            return p (u.D|p(S));
    }
```

標記符號 $p(D)$ 代表 D 的前置機率。$p(S)$ 代表 S 的前置機率。而 $p(D|S)$ 代表給定 S，D 的條件機率。這些值會用本節一開始介紹的那些演算法由貝士網路 BN 中計算出來。

我們很嚴格地根據撰寫最佳優先搜尋演算法的規範來撰寫這個演算法。這裡有一種可能的改進方法：我們並沒有必要為節點的右子節點呼叫 bound 函式。理由是右子節點含有與該節點本身相同的疾病集合，意味著它們的 bound 也是相等的。因此，右子節點只有當走訪左子節點並將 pbest 改變為一個大於或等於此 bound 的值時，才會被修剪掉。我們可以將演算法修改為：當走訪左子節點並將 pbest 改變為一個大於或等於此 bound 的值時，就修剪掉右子節點，否則，就展開右子節點。

如同本章討論的其他問題，假說推論（Abductive Inference）是位於第九章討論的問題類別中的。若存在著多於一個解答，前面的演算法只會產生這些解答之中的一個。把該演

算法改成能夠產生所有最佳解的演算法也很容易。我們也可以將該演算法修改為能夠產生前 m 個最可能的解釋，其中 m 為任意正整數。這個修正在 Neapolitan (1990) 中有討論。此外，Neapolitan (1990) 對於這個演算法有更深入的分析。

● 習題

6.1 節

1. 使用演算法 6.1（用來解決 0-1 Knapsack 問題的 "使用 Branch-and-Bound 修剪法之廣度優先搜尋"），求得下列問題案例之 profit 的最大值。請逐步解說每個執行的動作。

i	p_i	w_i	$\dfrac{p_i}{w_i}$
1	\$20	2	10
2	\$30	5	6
3	\$35	7	5
4	\$12	3	4
5	\$3	1	3

$$W = 13$$

2. 在您的系統上實作演算法 6.1 的程式，並且執行這個實作程式來解決習題 1 的問題實例。

3. 修改演算法 6.1，讓它可以產生一個由最佳項目構成的集合。試比較您修改後的演算法與原先的演算法 6.1 的效能差異。

4. 使用演算法 6.2（用來解決 0-1 Knapsack 問題的 "使用 Branch-and-Bound 修剪法之最佳優先搜尋"），求得習題 1 中問題案例之 profit 的最大值。請逐步解說每個執行的動作。

5. 在您的系統上實作演算法 6.2 的程式，並且執行這個實作程式來解決習題 1 的問題實例。

6. 試比較演算法 6.1 與演算法 6.2 遇到大型問題案例時的效能。

6.2 節

7. 使用演算法 6.3（用來解決售貨員旅行問題的 "使用 Branch-and-Bound 修剪法之最佳優先搜尋"），求出下圖的最佳旅程及最佳旅程的長度。

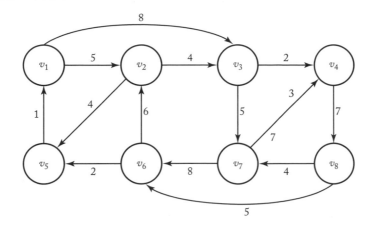

請逐步寫出執行的動作。

8. 使用演算法 6.3 求出下列相鄰矩陣所代表的圖之最佳旅程及最佳旅程的長度。請逐步寫出執行的動作。

	1	2	3	4	5
1	0	6	6	10	8
2	3	0	12	7	6
3	8	7	0	14	20
4	5	13	9	0	8
5	9	8	10	6	0

9. 寫出在演算法 6.3 中使用的 *length* 函式及 *bound* 函式。

10. 考慮售貨者旅行問題。

   (a) 試寫出考慮各種可能路徑的暴力演算法。

   (b) 實作上述演算法並用來解決頂點數為 6,7,8,9.10,15,20 的圖。

   (c) 比較此演算法與演算法 6.3 在 (b) 小題的各種大小的圖上之效能。

11. 在您的系統上實作演算法 6.3 的程式，並且執行這個實作程式來解決習題 7 的問題實例。使用不同的 bound 函式並且研究這些函式的結果

12. 比較您為售貨員旅行問題設計的 dynamic programming 演算法（見 3.6 節，習題 27）與演算法 6.3 遇到大型問題案例時的效能差異。

6.3 節

13. 修改演算法 6.4（Cooper 為假說推論問題設計的使用 branch-and-bound 修剪法之最佳優先搜尋），使它能夠產生前 m 個最可能的解釋，其中 m 為任意正整數。

14. 試證明若範例 6.4 中的那些疾病根據它們發生的條件機率依非遞增順序排好，則檢查的節點數將為 23 而非 15。假定 $p(d_4) = 0.008$ 且 $p(d_4, d_1) = 0.007$。

15. 若某組解釋中各解釋的機率總和大於或等於 p，則該組解釋滿足適用度測量值 p。試修改演算法 6.4 使其可以產生一組滿足 p 的解釋，其中 $0 \le p \le 1$。選出的解釋個數越少越好。

16. 在您的系統上實作演算法 6.4。讓使用者可輸入一個整數 m（如習題 11）；或讓使用者可以輸入一個適用度測量值 p（如習題 13）。

進階習題

17. 請問 branch-and-bound 設計方法可否用來解決第三章習題 34 討論的問題呢？試說明您的答案。

18. 為 4.3.2 節中討論的具有截止日的排程問題撰寫一個 branch-and-bound 演算法。

19. 請問 branch-and-bound 設計方法可否用來解決第四章習題 26 討論的問題呢？試說明您的答案。

20. 請問 branch-and-bound 設計方法可否用來解決 3.4 節中討論的連串矩陣相乘問題呢？試說明您的答案。

21. 列出三種以上 branch-and-bound 設計方法的應用。

Chapter 7

計算複雜度概論：
排序問題

在 1.1 節中我們曾提出一個平方時間的排序演算法（交換排序法）。假如電腦科學家就此滿足，那麼許多現有的應用程式將執行得非常慢，而某些應用程式甚至根本不可能出現。回想表 1.4 中的數據，由於使用平方時間演算法對十億個 key 排序要花上好幾年才能排序完畢。因此電腦科學家發展出更有效率的演算法。尤其，在 2.2 節中我們看到 Mergesort，它的最差情況複雜度為 $\Theta(n \lg n)$。雖然該演算法無法在非常短的時間內完成十億個項目的排序，但根據表 1.4 的數據，它排序所花費的時間對於一個離線程式來說仍可接受。假設某個線上程式必須即時完成十億個項目的排序，程式設計師可能會花上數小時到數年來發展一個線性時間或更佳的排序演算法。在用了一生來發展這種演算法之後，才發現這種演算法根本不可能設計出來，這位程式設計師不會感到非常悔恨嗎？針對一個問題，有兩種進行方式。第一種是試著為該問題發展一個更有效率的演算法。另一種是試著證明更有效率的演算法是不可能的。一旦得到這樣的證明，我們就知道必須馬上停止開發更快的演算法。如我們所預期的，科學家已經證明比 更具效率的演算法是不可能出現的。

• 7.1 計算複雜度

之前的幾章焦點放在為某個問題發展一些演算法並對這些演算法加以分析。我們經常使用不同的方法來解決同樣的問題，並希望能找到更有效率的演算法。在分析一個特定的演算法時，我們要求得該演算法的時間（或記憶體）複雜度，或該演算法之時間（或記憶體）複雜度的量級 (order)。我們並沒有分析該演算法所解決的問題本身。例如，當分析演算法 1.4（矩陣相乘）我們得知它的時間複雜度是 n^3。然而，這並不代表說矩陣相乘這個問題必定要用 $\Theta(n^3)$ 的演算法才能解。n^3 是一個演算法的屬性，而非矩陣相乘問題的屬性。在 2.5 節中，我們發展出一個複雜度只有 $\Theta(n^{2.81})$ 的 Strassen 演算法。甚至，我們曾提到複雜度僅有 $\Theta(n^{2.38})$ 的演算法已經被開發出來了。因此，能否找到一個更有效率的演算法成為大家關切的重要問題。

計算複雜度是研究解決一個給定問題之所有可能演算法的領域，而這個領域與演算法的設計及分析關連性很高。"計算複雜度分析"試著求出解決一個給定問題之所有可能演算法的效率下限。在 2.5 節的結尾，我們曾經證明矩陣相乘問題需要時間複雜度在 $\Omega(n^2)$ 中的演算法。這個證明就是一個計算複雜度分析。我們稱這個結果為：解決矩陣相乘問題演算法時間複雜度的**下限**為 $\Omega(n^2)$。這句話並非表示說有可能發展出一個 $\Theta(n^3)$ 的矩陣相乘演算法。它僅僅代表，我們不可能找到一個優於 $\Theta(n^3)$ 的矩陣相乘演算法。因為到目前為止最好的演算法是 $\Theta(n^{2.38})$，而下限是 $\Omega(n^2)$，因此我們值得繼續投入心力研究這個問題。接續的研究可以分為兩個方向。一方面，我們可嘗試用演算法的設計方法論來尋找更有效率的演算法，另一方面，我們可以使用計算複雜度分析，試著去求出一個較大的下限。就前面的例子來說，也許我們會發展出一個比 $\Theta(n^{2.38})$ 更佳的演算法，也許我們會證明有一個較 $\Omega(n^2)$ 更大的下限。一般來說，對於一個給定的問題，我們的目標是要去求得 $\Omega(f(n))$ 的下限，並為該問題發展一個 $\Theta(f(n))$ 的演算法。一旦完成這個工作，我們便瞭解，除常數的部分可以增進之外，該演算法已經無法做任何的改進。

某些作者使用"計算複雜度分析"這個名詞來涵蓋演算法分析及問題分析。在本書中，計算複雜度分析僅代表問題分析。

我們藉著研究排序問題來介紹計算複雜度分析。選擇這個問題的原因有二。第一，設計用來解答這個問題的演算法為數不多。藉著研究與比較這些演算法，我們能夠培養選擇解特定問題較適合演算法的洞察力，以及如何改進一個給定的演算法。第二，排序問題是少數我們已經成功為其發展出時間複雜度接近下限演算法的問題之一。也就是說，我們已經求出 $\Omega(n \lg n)$ 做為下限並發展出 $\Omega(n \lg n)$ 的演算法。因此，我們可以說，就排序類的演算法而言，我們已經解決排序問題。

我們得到的這類接近下限的演算法包含所有只利用比較 key 來進行排序的演算法。如同第一章一開始所討論的，我們會用"key"這個字是因為每筆記錄都會有一個唯一識別項，稱為 key，屬於一個有序集合的成員之一。給定任一個被排成某種順序的記錄序列，**排序工作**就是重排這些記錄，使得這些記錄會根據 key 值的大小依序排好。在我們的演算法中，這些 key 存放在一個陣列中，我們不會參照到任何除 key 外的欄位。然而，我們是假設同一筆記錄中的其他欄位會跟著 key 移動。**僅利用 key 比較進行排序的演算法**會利用比較兩個 key 來決定哪一個 key 較大，並且會複製 key，但是並不會對 key 做其他的動作。到目前為止我們遇過的演算法（演算法 1.3、2.4、與 2.6) 都屬於這類。

由 7.2 到 7.8 節，我們將討論僅利用 key 的比較進行排序的演算法。7.2 節討論插入排序 (Insertion Sort) 及選擇排序 (Selection Sort)，為最有效率的平方時間排序演算法。在 7.3 節中，我們證明如果只能使用插入排序及選擇排序，時間複雜度就不可能優於平方時間。7.4 與 7.5 節重新探討 $\Theta(n \lg n)$ 排序演算法——合併排序 (Mergesort) 及快速排序 (Quicksort)。7.6 節描述另一種 $\Theta(n \lg n)$ 的排序演算法——Heapsort。7.7 節我們比較三種 $\Theta(n \lg n)$ 排序演算法。7.8 節證明 $\Omega(n \lg n)$ 為任何僅利用 key 比較進行排序的演算法的下限。在 7.9 節中，我們會討論 Radix Sort，這是一種不利用 key 比較來排序的演算法。

我們以 key 比較的次數及指派記錄值的次數做為分析演算法的基準。例如，在演算法 1.3 (交換排序法) $S[i]$ 及 $S[j]$ 的交換可以實作如下：

$$temp = S[\,i\,]$$
$$S[\,i\,] = S[\,j\,]$$
$$S[\,j\,] = temp$$

這代表進行一次交換必須做三次指派記錄值的動作。我們分析指派記錄值的次數是因為當一筆記錄很大時，指派記錄值會是十分耗時。我們也分析除存放輸入外，演算法所需的額外儲存空間。若額外儲存空間為常數 (也就是說，它不會隨著要被排序的 key 個數 n 而增加)，這種演算法就稱為**原地置換排序** (in-place sort)。最後，我們假設總是以非遞減順序來排序。

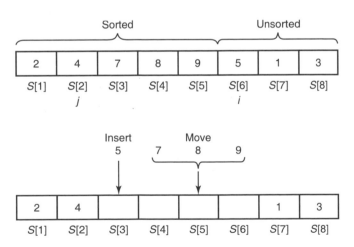

圖 7.1　上半圖解釋了當 $i = 6$ 與 $j = 2$ 時，插入排序會執行哪些動作；
下半圖展示了執行插入前的陣列以及插入步驟。

•7.2　插入排序與選擇排序

　　插入排序演算法藉著將記錄插入既存已完成排序的陣列，以達到排序的目的。例如，若陣列中前 $i-1$ 個位置已經完成排序，令 x 為第 i 個位置中的 key 值，將 x 與第 $i-1$ 個 key 比較，接著將 x 與第 $i-2$ 個 key 比較，直到找到一個比 x 還小的 key 為止。令 j 為那個比 x 小的 key 的位置。將第 $j+1$ 個位置至第 $i-1$ 個位置的 key 搬到第 $j+2$ 個位置至第 i 個位置，並插入 x 到第 $j+1$ 個位置。從 $i=2$ 到 $i=n$，重複這個程序。圖 7.1 描繪這種排序。其演算法如下：

▶ 演算法 7.1　　**插入排序 (Insertion Sort)**

　　　　　　　　問題：以非遞減的順序對 n 個 key 進行排序。

　　　　　　　　輸入：正整數 n，含有 n 個 key 的陣列 S（索引由 1 到 n）。

　　　　　　　　輸出：陣列 S，S 中的 n 個 key 已經依非遞減順序排好。

```
void insertionsort (int n, keytype S[])
{
   index i, j;
   keytype x;
   for (i = 2; i <= n; i++){
      x = S[i];
      j = i - 1;
      while (j > 0 && S[j] > x){
         S[j + 1] = S[j];
         j--;
      }
      S[j + 1] = x;
   }
}
```

分析演算法　▶　**最差情況下，以 key 比較次數為準的時間複雜度分析（插入排序）**
7.1

　　　　　　基本運算：比較 $S[j]$ 與 x。

　　　　　　輸入大小：n，被拿來排序的 key 之個數。

　　　　　　給定 i，$S[j]$ 與 x 的比較最常停止在出 **while** 迴圈的時候，因為 j 變成 0。假設在 **&&** 陳述式中，當第一個條件為假時，第二個條件是不會去檢查的，當 j 為 0 時，演算法並不會進行 $S[j]$ 與 x 的比較。因此，對於給定的 i，最多進行 $i-1$ 次比較。由於 i 的範圍由 2 到 n，因此合計的比較次數最多為

$$\sum_{i=2}^{n} (i-1) = \frac{n(n-1)}{2}$$

我們將在習題中證明，若 key 原本在陣列中就以非遞增順序排好，比較次數將達到這個上限。因此，

$$W(n) = \frac{n(n-1)}{2}$$

分析演算法
7.1 ▶

平均情況下，以 key 比較次數為準的時間複雜度分析（插入排序）

對一個給定的 i，共有 i 個位置可以讓 x 插入。也就是說，x 可以放在第 i 個位置，放進第 $i-1$ 個位置，放進第 $i-2$ 個位置，依此類推。由於之前並未觀察 x 或在演算法中使用 x，我們沒有理由相信 x 放在某個位置的機率比放在其他位置的機率高。因此，我們對前 i 個位置都給予同樣的機率。這代表說每個位置擁有的機率為 $1/i$。下面列舉 x 插入每個位置相對應所需執行的比較次數。

位置	比較次數
i	1
$i-1$	2
…	
2	$i-1$
1	$i-1$

當 x 被插入第一個位置時，比較次數為 $i-1$ 而非 i 的原因是因為當 $j=0$ 時，控制 while 迴圈之陳述式中的第一個條件為假，代表第二個條件不會被檢查到。對於一個給定的 i，插入 x 所需的平均比較次數為

$$1\left(\frac{1}{i}\right) + 2\left(\frac{1}{i}\right) + \cdots + (i-1)\left(\frac{1}{i}\right) + (i-1)\left(\frac{1}{i}\right) = \frac{1}{i}\sum_{k=1}^{i-1}k + \frac{i-1}{i}$$
$$= \frac{(i-1)(i)}{2i} + \frac{i-1}{i}$$
$$= \frac{i+1}{2} - \frac{1}{i}$$

因此，對該陣列進行排序所需的平均比較次數為

$$\sum_{i=2}^{n}\left(\frac{i+1}{2}-\frac{1}{i}\right)=\sum_{i=2}^{n}\frac{i+1}{2}-\sum_{i=2}^{n}\frac{1}{i}\approx\frac{(n+4)\,(n-1)}{4}-\ln n$$

最後一個等式是由附錄 A 的範例 A.1 及 A.9 加上一些代數運算得到的。因此

$$A\,(n)\approx\frac{(n+4)\,(n-1)}{4}-\ln n\approx\frac{n^2}{4}$$

現在我們就來分析額外空間的使用情況。

| 分析演算法 7.1 ▶ | **額外空間的使用情況（插入排序）** |

唯一會隨著 n 的增加而增加的使用空間的是輸入陣列 S 的大小。因此，該演算法屬於原地置換排序，而額外使用空間的複雜度在 $\Theta(1)$ 中。

在習題中，您將被要求證明：**插入排序所做的指派記錄值次數之最差情況時間複雜度與平均情況時間複雜度**將如下列兩式：

$$W\,(n)=\frac{(n+4)\,(n-1)}{2}\approx\frac{n^2}{2}\qquad 及 \qquad A\,(n)=\frac{n\,(n+7)}{4}-1\approx\frac{n^2}{4}$$

• 表 7.1　交換排序、插入排序、與選擇排序的分析摘要 *

演算法	Key 的比較次數	記錄值的指派次數	額外空間的使用
交換排序	$T\,(n)=\dfrac{n^2}{2}$	$W\,(n)=\dfrac{3n^2}{2}$ $A\,(n)=\dfrac{3n^2}{4}$	原地置換
插入排序	$W\,(n)=\dfrac{n^2}{2}$ $A\,(n)=\dfrac{n^2}{4}$	$W\,(n)=\dfrac{n^2}{2}$ $A\,(n)=\dfrac{n^2}{4}$	原地置換
選擇排序	$T\,(n)=\dfrac{n^2}{2}$	$T\,(n)=3n$	原地置換

* 表格中的項目均為近似值

接下來我們要進行插入排序與本書中另一個平方時間演算法的比較—也就是指交換排序（演算法 1.3）。回想在交換排序中，key 比較次數的一般情況時間複雜度為

$$T(n) = \frac{n(n-1)}{2}$$

在習題中，您將被要求證明：**交換排序所做的指派記錄值次數之最差情況時間複雜度與平均情況時間複雜度**將如下列兩式：

$$W(n) = \frac{3n(n-1)}{2} \qquad 及 \qquad A(n) = \frac{3n(n-1)}{4}$$

很清楚地，**交換排序**為原地置換排序的一種。

表 7.1 總結關於交換排序及插入排序的分析結果。從這個表中，我們可以看出在比較 key 的次數這方面，插入排序的效率至少和交換排序相等。而在平均的情況下，其效率則優於交換排序。以指派值的次數來看，在最差情況和平均情況下，插入排序均優於交換排序。因為兩者均為原地置換排序，因此插入排序為較好的演算法。請注意表中也包含另一個演算法：選擇排序。此演算法係略微修正交換排序並移除交換排序的某個缺點而產生的。我們將在後面描述此演算法。

▶ 演算法 7.2　　**選擇排序 (Selection Sort)**

問題：以非遞減的順序對 n 個 key 進行排序。

輸入：正整數 n，含有 n 個 key 的陣列 S（索引由 1 到 n）。

輸出：陣列 S，S 中的 n 個 key 已經依非遞減順序排好。

```
void selectionsort (int n, keytype S[])
{
  index i, j, smallest;
  for (i = 1; i <= n - 1; i++){
    smallest = i;
    for (j = i + 1; j <= n; j++)
      if (S[j] < S[smallest])
        smallest = j;
    將 S[i] 與 S[smallest] 的值交換；
  }
}
```

很清楚地，以 key 的比較次數來看，選擇排序的時間複雜度是與交換排序相等的。然而，記錄值的指派次數卻有明顯差別。不像交換排序（參見演算法 1.3）所做的，每次發現 $S[j]$ 比 $S[i]$ 小時，就交換 $S[i]$ 與 $S[j]$ 的值，選擇排序只追蹤從第 i 格到第 n 格間最小 key 值在哪一格上。在找到這筆 key 值最小的記錄後，選擇排序會將這筆記錄與在第 i 格上的記錄交換。用這種方法，在走過第一次 for-i 迴圈後，最小的 key 會被放在第一格；在走過第二次 for-i 迴圈後，第二小的 key 會被放在第二格，一直執行下去。結果會與交換排序相同。然而，因為選擇排序僅在 for-i 迴圈的底部執行一次交換的動作，因此總共進行的交換次數僅為 $n-1$。由於進行一次交換必須執行三次指派值的動作，因此**選擇排序所做的指派記錄值次數之一般情況時間複雜度**為：

$$T(n) = 3(n-1)$$

回想交換排序的指派記錄值次數之平均情況時間複雜度為 $3n^2/4$。因此，在平均情況下，若採用選擇排序，就可以把時間複雜度由平方時間降到線性時間。只有在某些情況下，交換排序會優於選擇排序。例如，如果陣列中的記錄都已經排序完畢，交換排序所進行的記錄值指派次數將為 0。

至於選擇排序該如何與插入排序比較呢？請再看一次表 7.1。以 key 的比較次數來看，插入排序的效率至少和交換排序相等。在平均的情況下，效率則優於交換排序。然而，以指派值的次數來看，選擇排序的時間複雜度是線性時間，而插入排序則是平方時間。當 n 很大時，線性時間會比平方時間快很多。因此，若 n 很大且每筆記錄的資料很多（因此指派一個記錄值將是蠻花時間的），選擇排序應該表現的會比較好。

只要是依順序選擇記錄，並將這些記錄放在適當位置的排序演算法就稱為**選擇排序**。意思是說交換排序也是選擇排序的一種。我們將在 7.6 節介紹另一種稱為 Heapsort 的選擇排序。演算法 7.2 則被冠上"選擇排序"的美名。

比較交換排序、插入排序、及選擇排序的目的是為了以盡量簡單的方式，介紹排序演算法的完整比較。實際上，若是需要排序的數目很大，這些演算法都是無法採用的，因為它們的平均情況及最差情況的時間複雜度均為平方時間。接下來我們要證明：若我們使用與這三種演算法同類的演算法，那麼以 key 的比較次數來看，該演算法的時間複雜度將無法超越平方時間。

•7.3　每次比較至多移除一個倒置之演算法的下限

在每次比較之後，插入排序不是不做任何事，就是把第 j 格的 key 移到第 $j+1$ 格。藉由將第 j 格的 key 往後移一格，我們做到了讓 x 在原來第 j 格的 key 之前方。然而，這就是所有我們所做的動作。我們已證明只利用 key 的比較來進行排序的所有排序演算法（並且在每次比較之後都進行少量的重排動作）至少需要平方時間。在假設被排序的 key 數值相異的情況下，我們得到了這個結果。很清楚的，就算把這個假設去除，最差情況的下限依然成立，因為所有可能輸入的某個子集合之最差情況效能下限也是所有可能輸入之最差情況效能的下限之一。

在一般的情況下，我們會考慮對來自於任意有序集合的 n 個相異 key 進行排序。然而，我們可以假設這些要排序的 key 就是正整數 1、2、$\cdots$、n，因為，我們可用 1 取代最小的 key，2 取代第二小的 key，依此類推。舉例來說，假設輸入為 [Ralph, Clyde, Dave]。我們可以用 1 取代 Clyde，2 取代 Dave，3 取代 Ralph 以得到等價的輸入 [3, 1, 2]。任何僅利用 key 的比較來排序這三個整數的演算法必須進行相同次數的比較來排序這三個名字。

一組前 n 個正整數的**排列**可以視為這些整數的一種順序。因為前 n 個正整數的排列共有 $n!$ 種（參見 A.7 節），因此這些整數共有 $n!$ 種順序。下面列出前三個正整數的各種順序：

$$[1,2,3] \qquad [1,3,2] \qquad [2,1,3] \qquad [2,3,1] \qquad [3,1,2] \qquad [3,2,1]$$

這意味著對於一個排序演算法，共有 $n!$ 種不同的輸入含有 n 個相異的 key。大小為 3 的輸入共有 6 種不同的排列方式。

我們把一組排列表示為 $[k_1, k_2, ..., k_n]$。也就是說，k_i 是第 i 格的整數。例如，對於 [3, 1, 2] 這組排列，

$$k_1 = 3, \quad k_2 = 1, \quad k_3 = 2$$

倒置（inversion）就是在一組排列中，符合下列條件的配對

$$(k_i, k_j) \qquad 使得 \quad i < j \ 且 \ k_i > k_j$$

例如，[3, 2, 4, 1, 6, 5] 這組排列含有 (3, 2)、(3, 1)、(2, 1)、(4, 1)、(6, 5) 等幾組倒置。很清楚地，一組排列不含有倒置若且唯若該排列已經按照順序排好 [1, 2, 3, $\cdots$, n]。這意味著對 n 個相異的 key 進行排序就等於把所有在排列中的倒置移除。我們現在開始說明本節的主要結果。

▶ 定理 7.1

任一個僅用 key 的比較來排序 n 個相異的 key，並在每次比較之後最多移除一個倒置的演算法，在最差情況下，會進行至少

$$\frac{n(n-1)}{2} \text{ 次 key 的比較}$$

並且，在平均情況下，進行至少

$$\frac{n(n-1)}{4} \text{ 次 key 的比較}$$

證明：若要證明最差情況下的結果，我們僅需證明有一種排列含有 $n(n-1)/2$ 個倒置，因為當輸入為這種排列時，演算法將必須移除 $n(n-1)/2$ 的倒置，因此至少進行 $n(n-1)/2$ 次比較。我們將證明 $[n, n-1, ..., 2, 1]$ 就是這種輸入留作習題。

若要證明平均情況的結果，請配對 $[k_n, k_{n-1}, ..., k_1]$ 與 $[k_1, k_2, ..., k_n]$ 兩種排列。該排列稱為原排列的**轉置**（transpose）。例如，[3, 2, 4, 1, 5] 的轉置為 [5, 1, 4, 2, 3]。不難觀察出若 $n > 1$，每組排列都有一組獨一無二且與本身相異的轉置。令

$$r \text{ 與 } s \text{ 為 } 1 \text{ 到 } n \text{ 間的整數且 } s > r$$

給定一組排列，配對 (s, r) 在不是在該排列中為倒置，就是在該排列的轉置中為倒置，但是一定在兩者中均為倒置。我們將證明在 1 到 n 間共有 $n(n-1)/2$ 個這種整數配對留作習題。這意味著一組排列與其轉置共有 $n(n-1)/2$ 個倒置。因此一組排列與其轉置的平均倒置數為：

$$\frac{1}{2} \times \frac{n(n-1)}{2} = \frac{n(n-1)}{4}$$

因此，若各種排列做為輸入的機率相等，輸入中的平均倒置數也是 $n(n-1)/4$。由於我們假設演算法在每次比較後最多只能移除一個倒置，因此平均來看，該演算法必須做至少 $n(n-1)/4$ 比較才能移除所有的倒置，達成排序的目的。

插入排序在每次比較後至多只會移除那個 $S[j]$ 與 x 構成的倒置而已，因此插入排序屬於滿足定理 7.1 要求的演算法。至於發現交換排序及選擇排序也屬於這類演算法則稍微困難。為了要闡明這兩種演算法也屬於同一類的演算法，我們以交換排序做為例子。首先，回憶交換排序的演算法如下：

```
void exchangesort (int n, keytype S[])
{
  index i, j;
  for (i = 1; i <= n - 1; i++)
    for (j = i + 1; j <= n; j++)
      if (S[j] < S[i])
        將 S[i] 與 S[j] 的值交換;
}
```

假設目前陣列 S 含有排列 [2, 4, 3, 1]，而我們正進行 2 與 1 比較。在這次比較後，2 與 1 將被交換，因此移除 $(2, 1)$、$(4, 1)$、$(3, 1)$ 三個倒置。然而，卻增加 $(4, 2)$ 與 $(3, 2)$ 兩個倒置，因此倒置個數的淨減僅為 1。這個例子闡明具有一般性的結果：在每次比較後，交換排序造成的倒置個數淨減至多為 1。

由於插入排序的最差情況時間複雜度為 $n(n-1)/2$，而其平均情況時間複雜度約為 $n^2/4$，插入排序已經和我們希望「僅利用 key 的比較排序並在每次比較後僅至多移除一個倒置」的演算法能夠做到者（就 key 的比較次數而言）相近。回想合併排序（演算法 2.2 與 2.4）及快速排序（演算法 2.6）具有比這類演算法較佳的時間複雜度。讓我們重新研究這兩個演算法來找出它們與這類演算法（如插入排序）不同處。

• 7.4 再探合併排序

我們在 2.2 節已介紹合併排序 (Mergesort)。在這裡，我們會顯示有時合併排序會在比較之後移除超過一個倒置。接著，我們會顯示合併排序是如何被改善。

如同定理的證明所提及，當輸入的排列是以相反方向排序時，在每次比較後僅移除至多一個倒置的演算法，至少會進行 $n(n-1)/2$ 次比較。圖 7.2 描述 Mergesort 2（演算法 2.4）處理這種輸入的方式。當子陣列 [3 4] 與 [1 2] 合併時，每次比較皆移除了超過一個倒置。當 3 與 1 相比較，1 被放在陣列的第一格，因此 $(3, 1)$ 與 $(4, 1)$ 兩個倒置均被移除。

當 3 與 2 相比較後，2 會被放在陣列的第二格，因此 $(3, 2)$ 與 $(4, 2)$ 兩個倒置均被移除。

當 n 為 2 的乘冪，以 key 的比較次數來看，合併排序的最差情況時間複雜度為

$$W(n) = n \lg n - (n-1)$$

而在一般的情況下，該複雜度在 $\Theta(n \lg n)$ 中。

藉由發展有時可在每次比較後移除超過一個倒置的排序演算法，我們已經前進了一大步。回想 1.4.1 節，$\Theta(n \lg n)$ 演算法可以處理很大的輸入，而平方時間演算法卻無法做到。

利用 "生成函數"(generating function) 的方法來解決重複出現的問題，我們可證明當 n 為 2 的乘冪時，以 key 的比較次數來看，合併排序的平均情況時間複雜度為

$$A(n) = n \lg n - 2n \sum_{i=1}^{\lg n} \frac{1}{2^i + 2} \approx n \lg n - 1.26n$$

雖然我們並未在附錄 B 中討論生成函數這個方法，但您可以在 Sahni(1988) 中找到它。平均情況並沒有比最差情況好很多。

以指派值次數來看，合併排序的所有情況時間複雜度近似於

$$T(n) \approx 2n \lg n$$

該證明將留做習題。接下來，我們要分析合併排序的空間使用情況。

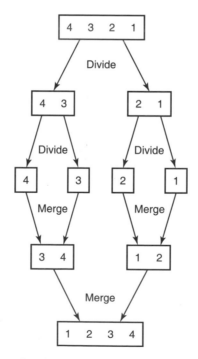

圖 7.2　對一個順序顛倒的執入進行合併排序。

分析演算法
7.2
▶ **額外空間的使用情況 (合併排序 2)**

如同在 2.2 節中所討論，即使合併排序的改良版 (演算法 2.4) 也需要大小為 n 的額外陣列。再者，當演算法正在對第一個子陣列進行排序，mid、$mid + 1$、low、$high$ 的值都必須被存放在 activation record 構成的堆疊中。由於我們總是從中央分割陣列，因此堆疊的深度會成長為 $\lceil \lg n \rceil$。額外用來存放這些 record 的陣列空間佔了額外空間的主要部分，意味著在一般情況下，額外使用的 record 數在 $\Theta(n)$ 中。

合併排序的改良

　　有三種方式可改進基本合併排序。第一種是合併排序的動態規劃 (dynamic programming) 版，第二種是使用鏈結版，第三種是一種更複雜的合併演算法。

　　首先是第一種改良方式，請再看一次圖 2.2 中使用合併排序的範例。若您親手操作一次合併排序，您必須持續分割陣列，直到切成大小為 1 的子陣列為止。之後，您必須由兩個大小為 1 的子陣列的合併開始，接著合併兩個大小為 2 的子陣列，直到整個陣列的排序完成為止。我們可撰寫一個合併排序的 iterative 版來模擬這種方法，如此做可以避免掉實作遞迴產生之來自堆疊運算的額外負擔。注意這是合併排序的動態規劃版。下面描述這個版本。此演算法中的迴圈將陣列的大小視為 2 的乘冪。若 n 並非 2 的乘冪，那麼迴圈還是會執行 $2^{\lceil \lg n \rceil}$ 次，不過執行超過 n 次後，就不會再有合併的動作。

▶ 演算法 7.3　　**合併排序 3 (動態規劃版)**

問題：以非遞減的順序對 n 個 key 進行排序。

輸入：正整數 n，含有 n 個 key 的陣列 S(索引由 1 到 n)。

輸出：陣列 S，S 中的 n 個 key 已經依非遞減順序排好。

```
void mergesort3 (int n, keytype S[])
{
  int m;
  index low, mid, high, size;
    m = 2^⌈lgn⌉;                           // 把陣列的大小當作 2 的乘冪
    size = 1;                              //size 就是要被合併的子陣列的大小
    repeat (lg m times) {
      for (low = 1; low <= m - 2*size + 1; low = low + 2*size){
        mid = low + size - 1;
        high = minimum (low + 2*size - 1, n);
        //防止 high 的值超過 n
        merge3 (low, mid, high, S);
```

```
    }
    size = 2*size                          // 把子陣列的 size 倍增
}
```

利用動態規劃這種改良方式亦可減少指派值的次數。在 *merge2* 副程式中（演算法 2.5），曾定義了一個區域陣列變數 U。我們可以把這個變數 U 改定義在 *mergesort3*，並把索引值的範圍擴增到 1 至 n。在第一次走完 **repeat** 迴圈後，U 將含有由 S 中兩兩合併成對的各項目。在 *merge2* 的最後，我們曾經將 U 中完成合併的項目複製到 S 中。在這裡我們並不需要做這件事。取而代之者，在下一次走過 **repeat** 迴圈時，我們僅需將 U 中的項目合併到 S 中。也就是說，我們將 U 與 S 兩個陣列的作用對調。其後，我們只要在每次走過 repeat 迴圈時，調換兩陣列的作用即可。我們將撰寫這種版本的 *mergesort3* 及 *merge3* 留作習題。用這種方法，我們可以將指派記錄值的次數由接近 $2n \lg n$ 降到接近 $n \lg n$。以所做的指派記錄值次數而言，演算法 7.3 的一般情況時間複雜度為

$$T(n) \approx n \lg n$$

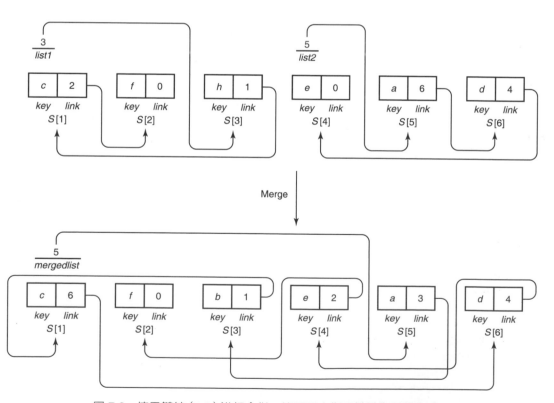

圖 7.2 使用鏈結 (link) 進行合併。箭頭用來指示鏈結作用的方式。
為了避免混淆，我們使用字母做為 key。

　　第二種合併排序的改良版加入鏈結的使用。如同 7.1 節中所討論，排序演算法一般都包含根據記錄的 key 值對記錄進行排序。如果記錄很大，那麼合併排序使用的額外空間就必須列入考慮。我們可以加入一個鏈結欄位到每筆記錄中以節省使用的額外空間。接下來我們可以利用調整鏈結而非移動記錄來完成串列中記錄的排序。這意味著我們不需要準備額外的陣列空間來存放記錄。由於一個鏈結佔用的空間遠比一筆記錄小，因此我們可以節省可觀的空間。此外，由於調整鏈結的時間小於移動記錄的時間，因此時間上也節省不少。圖 7.3 描繪如何使用鏈結完成合併的動作。圖 7.3 之後的演算法 7.4 加入鏈結修正原有的合併排序。由於沒有要作進一步的分析，所以我們將 Mergesort 及 Merge 合在同一個演算法中講解。為方便閱讀，Mergesort 是以遞迴的方式撰寫。當然，您也可以改成 iterative 版本並同時使用鏈結。假如這樣做，由於合併鏈結串列時並不需要額外的陣列，因此由重複地交換陣列 U 與 S 得到的改進就不能計入。在演算法 7.4 中陣列項目的資料型態定義如下：

```
struct node
{
  keytype key;
  index link;
};
```

▶ 演算法 7.4　　**合併排序 4（鏈結版）**

　　　　　　　　問題：以非遞減的順序對 n 個 key 進行排序。

　　　　　　　　輸入：正整數 n，由上面剛剛給定的資料型態構成的陣列 S（索引由 1 到 n）。

　　　　　　　　輸出：陣列 S，S 中的記錄已經依據 key 欄位的值，按照非遞減順序排好。這些記錄使用 *link* 欄位（代表前文中提到的鏈結）串成一個已排序的串列。

```
void mergesort4 (index low, index high, index& mergedlist)
{
  index mid, list1, list2;
  if (low == high){
    mergedlist = low;
    S[mergedlist].link = 0;
  }
  else {
    mid = (low + high)/2;
    mergesort4 (low, mid, list1);
    mergesort4 (mid + 1, high, list2);
```

```
      merge4 (list1, list2, mergedlist);
  }
}
void merge4 (index list1, index list2, index& mergedlist)
{
  index lastsorted;
  if (S[list1].key < S[list2].key){        // 找到 merged list 的頭
    mergedlist = list1;
    list1 = S[list1].link;
  }
  else {
    mergedlist = list2;
    list2 = S[list2].link;
  }
  lastsorted = mergedlist;
  while (list1 != 0 && list2 != 0)
    if S[list1].key < S[list2].key {        // 最小 key 接到 merged list
      S[lastsorted].link = list1;
      lastsorted = list1;
      list1 = S[list1].link;
    }
    else {
      S[lastsorted].link = list2;
      lastsorted = list2;
      list2 = S[list2].link;
    }
  if (list1 == 0)                  // 當某個 list 結束了，把另一個 ist 剩下部分接上去
    S[lastsorted].link = list2;
  else
    S[lastsorted].link = list1;
}
```

由於 *mergesort4* 不會把空的串列傳給 *merge4*，因此我們沒有必要去檢查 *list1* 與 *list2* 是否為空的串列。如同演算法 2.4 的情況（合併排序 2），n 與 S 並不是 *mergesort4* 的輸入。最頂層的呼叫應該是

```
mergesort4 (1, n, listfront)
```

在執行之後，*listfront* 將含有已排序串列中的第一筆記錄的索引。

在排序之後，我們通常希望這些記錄按順序排好並且放在連續的陣列空間中，使得我們可以對 key 欄位進行二元搜尋（演算法 2.1），找到我們想找的 key，並存取該 key 所屬的記錄。一旦可以循著鏈結找出這些記錄的順序性，我們就可以用一個複雜度為 $\Theta(n)$ 的

原地置換演算法將這些記錄按順序排好並且放在連續的陣列空間中。在習題中，您將被要求寫出一個這樣的演算法。

使用鏈結的合併排序完成兩件事。第一，它以 n 個鏈結取代額外的 n 筆記錄。也就是說，我們得到下列的性質：

分析演算法
7.4 ▶ **額外空間的使用情況分析（合併排序 4）**

在一般的情況下，使用的額外空間在 $\Theta(n)$ 個鏈結中。"在 $\Theta(n)$ 個鏈結中"代表鏈結的個數在在 $\Theta(n)$ 中。

第二，以指派記錄值的次數來看，若我們不需要把記錄按順序排好並且放在連續的陣列空間中，加入鏈結的這種改良方式將時間複雜度減為 0，若需要把記錄按順序排好並且放在連續的陣列空間中，則時間複雜度為 $\Theta(n)$。

第三種合併排序的改良由 Huang 及 Langston (1988) 提出，是一種更複雜的合併演算法。該合併演算法也是在 $\Theta(n)$ 中，但使用較小且固定的額外空間。

•7.5 再探快速排序

為了複習起見，讓我們回想快速排序演算法：

```
void quicksort (index low, index high)
{
  index pivotpoint;

  if (high > low){
      partition (low, high, pivotpoint);
      quicksort (low, pivotpoint - 1);
      quicksort (pivotpoint + 1, high);
  }
}
```

雖然它最差情況的時間複雜度是平方時間，但是以 key 的比較次數來看，快速排序的平均情況時間複雜度為

$$A(n) \approx 1.38(n+1)\lg n$$

並不會比合併排序差很多。快速排序比合併排序好的地方是：它不需要用到額外的陣列空間。然而，快速排序仍然不算是原地置換排序。因為當快速排序對第一個子陣列進行排序時，其他子陣列的起始及結尾索引值必須存在 activation record 構成的堆疊中。與合併排序不同，我們並不保證總是從中央分割陣列。在最差的情況下，*partition* 會切出一個在位於最右邊的空子陣列，以及在左邊只比原來少一格的子陣列。在這樣的情況下，會有 $n-1$ 個由子陣列的起始與結尾索引值構成的配對存在堆疊中，意味著最差情況下，使用的額外空間在 $\Theta(n)$ 中。我們可以將快速排序所使用的額外空間縮減到最多約為 $\lg n$。在證明這件事及對快速排序進行其他的改良之前，讓我們討論以指派記錄值次數來看，快速排序的時間複雜度。

在習題中，您將被要求證明快速排序的平均交換次數約為 $0.69(n+1)\lg n$。假設每次交換需要做三次指派值動作，則以所做的指派記錄值次數來看，快速排序的平均情況時間複雜度為

$$A(n) \approx 2.07(n+1)\lg n$$

基本快速排序演算法的改良

我們可用五種不同的方法來減少快速排序額外空間的使用。第一，在 *quicksort* 副程式中，找出哪一個子陣列較大，並且當對其他子陣列排序時，總是將這個最大的放在堆疊中。下面我們對這個改良版進行空間使用的分析。

> ▶ **額外空間的使用情況分析（改良式快速排序）**
>
> 在這個版本中，最差情況發生在當 *partition* 每次都把陣列切成一半的時候，造成堆疊的深度約為 $\lg n$。因此，最差的空間使用情況為 $\Theta(\lg n)$。

第二，如同習題中討論，我們可以改良 *partition*，將指派記錄值次數顯著減少。以所做的指派記錄值次數來看，使用這種 *partition*，快速排序的平均情況時間複雜度為

$$A(n) \approx 0.69(n+1)\lg n$$

第三，在副程式 *quicksort* 中每次遞迴呼叫都會將 *low*、*high*、*pivotpoint* 放到堆疊中。這些對堆疊進行的大量 push 與 pop 動作是沒有必要的。當第一個對 *quicksort* 的遞迴呼叫被處理時，只有 *pivotpoint* 及 *high* 的值需要被保存在堆疊上。當第二個對 *quicksort* 的遞迴呼叫被處理時，不需要保存任何的變數值。將 *quicksort* 改寫成 iterative 的版本並且在副程式中操作堆疊，就可以避免這些沒有必要的動作。也就是說，我們明確地操作堆疊而非透過遞迴來使用堆疊。在習題中您將會被要求寫出這種版本的 *quicksort*。

第四，如同 2.7 節中所討論，諸如快速排序這種遞迴演算法，我們可以設定一個門檻值，來決定什麼時候應該改呼叫一個 iterative 的演算法而非繼續把問題繼續切割下去。

最後，如同在演算法 2.6 (快速排序) 的最差情況分析中所提到，當輸入的陣列已經完成排序時，是快速排序效率最糟的情況。輸入陣列越接近排序完成，就越接近最差情況下的效率。因此，若有理由讓我們相信輸入的陣列可能已經接近排序完成，我們就沒有必要每次都選第一項做為樞紐 (pivot)。一個有效的辦法是選擇 $S[low]$、$S[\lfloor L(low + high)/2 \rfloor]$、$S[high]$ 的中位數做為樞紐。當然，如果我們並不清楚輸入陣列的結構為何，選擇任一個項目做為樞紐和選擇其他的項目做為樞紐，平均來講效果相同。在這種情況下，選擇中位數僅保證任一個子陣列不會是空的 (只要這三個數的數值相異)。

• 7.6　堆積排序

與合併排序及快速排序不同的是，堆積排序 (Heapsort) 是一種 $\Theta(n \lg n)$ 的原地置換演算法。首先，我們先複習堆積 (heap) 並描述堆積排序所需用到的堆積副程式，接著，我們展示實作這些副程式的方法。

• 7.6.1 堆積與基本的堆積副程式

節點在樹中的深度定義為：構成根節點到該節點唯一路徑的邊線數。樹的深度 d 則定義為：所有樹中節點深度的最大值。沒有子節點的節點稱為 leaf (參見 3.5 節)。樹中的內部節點 (internal node) 為任意一個至少有一個子節點的節點。**完整二元樹** (complete binary tree) 必須是滿足下列條件的二元樹：

* 所有內部節點都有兩個子節點。
* 所有 leaf 節點的深度均為 d。

本質完整二元樹 (essentially complete binary tree) 為滿足下列條件之二元樹：

* 如果從根節點看到 $d - 1$ 層是一棵完整二元樹。
* 在第 d 層的節點盡量靠左邊。

雖然定義本質完整二元樹並不容易，但是從圖中卻可以很直接地掌握這種二元樹的性質。圖 7.4 顯示一棵本質完整二元樹。

現在我們可以定義**堆積** (heap)。堆積屬於本質完整二元樹並且符合：

● 儲存於節點中的值均來自於一個有序集合。

● 節點的值大於或等於其子節點的值。這點稱做**堆積特性** (heap property)。

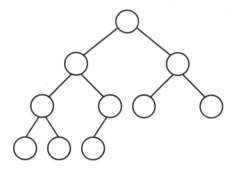

圖 7.4　本質完整二元樹 (essentially complete binary tree)。

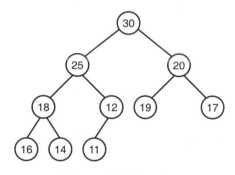

圖 7.5　堆積 (heap)。

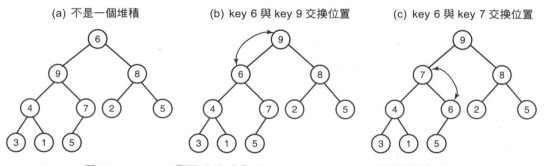

圖 7.6　*siftdown* 副程式將 "6" 往下撒落，直到堆積的性質回復為止。

　　圖 7.5 顯示一個堆積。由於我們現在的焦點在於排序，因此 *key* 指的是儲存在堆積中的項目。

　　假設我們用某種方式將要被排序的 key 安排進堆積中。在維持堆積特性的同時，若我們重複地移除根節點儲存的值，被移除的 key 將構成一個非遞增的序列。若在移除這些 key 的同時，我們將這些 key 由陣列的第 *n* 格開始放，一直往下放到第一格，這些 key 將在陣列中形成一個非遞減的序列。在移除根節點的 key 後，我們必須要做一些動作來維持堆積特性。首先，我們以存在最底端的節點（也就是最下層最右端的節點）的 key 來取代存在根節點的 key，接著刪除最底端的節點，然後呼叫一個副程式 *siftdown* 以便恢復堆積特性。這個副程式會把現在在根節點的 key，由根節點順著堆積構成的樹撒下 (sift)，一直到堆積特性回復為止。這個撒的動作包含：一開始比較位在根節點的 key 與較大的在根節點之子節點的 key。若是在根節點的 key 較小，兩個 key 就交換位置。這個過程將一直下去，直到節點中的 key 不小於其子節點中較大的 key 為止。圖 7.6 描繪了這個過程。這個過程的高階虛擬碼如下：

```
void siftdown (heap& H)
{
  node parent, largerchild;

  parent = H的根節點;
  largerchild = parent 的子節點中，含有較大 key 的那個子節點
  while (位於 parent 的 key 小於位於 largerchiled 的 key){
      位於 parent 及 largerchild 的 key 交換;
      parent = largerchild;
      largerchild = parent 的子節點中，含有較大 key 的那個子節點;
  }
}
```

移除位於根節點 key 並回復堆積特性函式之高階虛擬碼如下：

```
keytype root (heap& H)
{
  keytype keyout;
  keyout = 位於根節點的 key;
  將位於底節點的 key 移動到根節點;          // 底節點為位於底部最右邊的節點
  刪除底節點;
  siftdown (H);                          // 回復堆積特性
  return keyout;
}
```

給定一個具有 n 個 key 的堆積，負責將排序好的序列放進陣列 S 函式之高階虛擬碼如下：

```
void removekeys (int n,
                 heap H,
                 keytype S[])
{
  index i;
  for (i = n; i >= 1; i--)
    S[i] = root (H);
}
```

現在唯一剩下的工作就是：將堆積中的 key 做一番調整，以便找出適當的 key 放在第一個位置。我們假設這些 key 被安排在一個本質完整二元樹內，而這個二元樹不一定要有堆積特性（我們將在下一小節中看到這是如何做到的）。我們可以藉由重複地呼叫 $siftdown$ 執行一些運算，把這棵樹轉換為堆積。這些運算為：第一，將所有根節點深度為 $d-1$ 的所有子樹（subtree）轉換為堆積；第二，將所有根節點深度為 $d-2$ 的所有子樹（subtree）轉換為堆積；⋯最後，把整棵樹（唯一一棵根節點深度為 0 的樹）轉換為堆積。

圖 7.7 描述了上述的過程。下面則為這個過程的高階虛擬碼。

```
void makeheap (int n, heap& H)        //H 最後會成為一個堆積
{
  index i;
  heap Hsub;                          //Hsub 最後會成為一個堆積
  for (i = d - 1; i >= 0; i --)    // 樹的深度為 d
    for ( 所有根節點深度為 i 的 subtrees Hsub)
      siftdown (Hsub);
}
```

最後，我們呈現堆積排序（Heapsort）的高階虛擬碼（假設 key 已經安放在本質完整二元樹 H 中）：

```
void heapsort (int n,
               heap H,                    //H 最後會成為一個堆積
               keytype S[])
{
  makeheap (n, H);
  removekeys (n, H, S);
}
```

看到這裡，您可能會認為，堆積排序並不屬於原地置換排序的一種，因為它需要額外的空間來存放堆積。然而，接下來我們就會使用原本做為輸入的陣列來存放堆積，而不使用額外的空間做為堆積之用。

(a) 起始結構

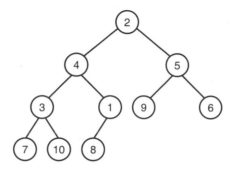

(b) 根節點深度為 *d*−1 的 subtree 被做成堆積

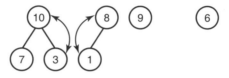

(c) 根節點深度為 *d*−2 的左 subtree 被做成堆積

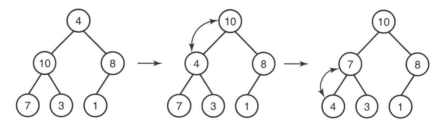

圖 7.7　使用 *siftdown* 將本質完全二元樹 (essentially complete binary tree) 轉換成堆積 (heap)。在顯示的這些步驟之後，根節點深度為 *d*-2 的右子樹已經轉換成堆積，最後，整棵樹也被轉成了堆積。

7.6.2　實作堆積排序

　　利用將根節點存在陣列的第一格，把根節點的左子節點存在第二格並把右子節點存在第三格，根節點的左子節點的左子節點及右子節點分別存在第四及第五格，依此類推。照著前面的做法，我們可以用一個陣列來代表一個本質完整二元樹。

　　圖 7.5 中之堆積的陣列表示法如圖 7.8 所示。請注意節點之左子節點的索引值為該節點索引值的兩倍，而右子節點的索引值為該節點索引值的兩倍加一。回想堆積排序的虛擬碼，我們要求 key 一開始必須放在一個本質完整二元樹中。若我們將這些 key 以任意的順序放在一個陣列中，根據剛剛討論的表示法，它們將構成某種本質完整二元樹。下列的低階虛擬碼將使用這種表示法。

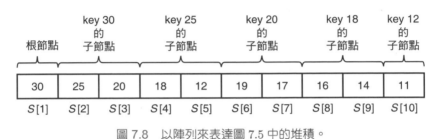

圖 7.8　以陣列來表達圖 7.5 中的堆積。

▶ 堆積 (heap) 的資料結構

在一般的情況下，使用的額外空間在 $\Theta(n)$ 個鏈結中。"在 $\Theta(n)$ 個鏈結中"代表鏈結的個數在在 $\Theta(n)$ 中。

```
struct heap
{
  keytype S[1..n];                  //S 的索引值由 1 到 n
  int heapsize;                     //S 的索引值由 1 到 n
};
void siftdown (heap& H, index i)    // 為了最小化指派記錄值的次數
{                                   // 一開始位於 root(siftkey)
  index parent, largerchild;        // 的 key，並沒有指派給任何節點，
  keytype siftkey;                  // 直到它最後的位置確定了才被指派
  bool spotfound;
  siftkey = H.S[i];
  parent = i;
  spotfound = false;
  while (2*parent <= H.heapsize && ! spotfound){
    if (2*parent < H.heapsize && H.S[2*parent] < H.S.[2*parent + 1])
      largerchild = 2*parent + 1;
```

```
            // 右子節點的索引值是 parent 的兩倍加 1
      else
          largerchild = 2*parent;
            // 左子節點的索引值是 parent 的兩倍
      if (siftkey < H.S[largerchild]) {
          H.S[parent] = H.S[largerchild];
          parent = largerchild;
      }
      else
          spotfound = true;
  }
  H.S[parent] = siftkey;
}
keytype root (heap& H)
{
  keytype keyout;
  keyout = H.S[1];                  // 得到位於 root 的 key
  H.S[1] = H.S[heapsize];           // 將最底的 key 移往 root
  H.heapsize = H.heapsize - 1;      // 將最底的節點刪除
  siftdown (H, 1);                  // 還原堆積的特性
  return keyout;
}
void removekeys (int n,            // 利用傳址的方式來傳第 H 以節省記憶體
                 heap& H,
                 keytype S[])      //S 的索引值由 1 到 n
{
  index i;
  for (i = n; i >= 1; i--)
      S[i] = root (H);
}
void makeheap (int n,
               heap& H)            //H 最後會成位一個堆積
{
  index i;                        // 假設有 n 個 keys 位於陣列 H.S
  H.heapsize = n;
  for (i = ⌊n/2⌋; i >= 1; i--)
      siftdown (H, i);
      // 深度為 d-1 的最後一個節點，並具有子節點並未於陣列中的第 ⌊n/2⌋ 格
}
```

　　現在我們可以寫出堆積排序演算法。此演算法假定要被排序的 key 已經在 $H.S$ 中。根據圖 7.8 的表示法，這些放在陣列中的 key 會自動形成某種本質完整二元樹的結構。在該本質完整二元樹被做成一個堆積之後，接著演算法會將這些 key 由位於陣列第 n 格的 key 開始，一個一個從該堆積中刪除，直到陣列第一格的 key 為止。由於輸出陣列的第 n 格必須放最大的 key，而演算法對該堆積的操作也是先將位於第一格的 key 取出，把位於第 n 格的 key 從堆積中刪除，然後調整第 1 到 $n-1$ 格的 key，因此我們可以將剛取出，位於第一格的 key（代表位於堆積的根節點）放在第 n 格。在這個時間點看來，陣列的第 1 到 $n-1$ 格是輸入陣列，第 n 格是輸出陣列。照這樣做下去，最後 $H.S$ 裡面的 key 就會以非遞減順序排好。由於僅用到 $H.S$ 這個陣列，因此此演算法可歸類為原地置換演算法，如下所示。

▶ 演算法 7.5　　**堆積排序**

　　　　　　問題：將 n 個 key 以非遞減的順序排序。

　　　　　　輸入：正整數 n，存放於以陣列表示的堆積 H 中的 n 個 key。

　　　　　　輸出：放在陣列 $H.S$ 中，按照非遞減順序排好的 n 個 key。

```
void heapsort (int n, heap& H)
{
  makeheap (n, H);
  removekeys (n, H, H. S);
}
```

分析演算法 7.5　▶ **以 key 的比較次數來看，最差情況的時間複雜度分析**

　　　　　　基本運算：在副程式 siftdown 中，key 的比較次數。

　　　　　　輸入大小：n，將被排序 key 的數目。

副程式 *makeheap* 及 *removekeys* 都會呼叫 *siftdown*。我們將分別分析這些副程式。在這裡我們分析 n 為 2 乘冪的情況，並且在附錄 B 的定理 B.4 將同樣的結果推廣到 n 為任意數的情況。

分析 Makeheap

假定 d 為輸入的本質完整二元樹的深度。圖 7.9 說明了當 n 為 2 的乘冪，這棵樹的深度為 $\lg n$，那麼深度為 d 的節點只有一個，而該節點擁有 d 個祖先。當堆積被建立後，深度為 d 之節點的所有祖先都有可能比那個深度為 d 的節點不在那裡時還要多流動一次。至於其他不是該節點祖先的節點，往下流動的次數與該深度為 d 的節點不存在時一樣多。首先，我們求出：若深度為 d 的節點不在時，所有的 key 往下流動所經過節點數的上限。由於深度 d 的節點具有 d 個祖先，並且位於這些祖先節點的 key 可能會多流動一次，因此我們可以把剛得到的上限加上 d。以得到所有 key 流動所經節點的實際上限值。當堆積被建立後，在極端狀況下，若深度 d 的節點不存在，每個一開始位於深度 $d-1$ 的 key 流動所經的節點數為 0；每個一開始位於深度 $d-2$ 的 key 流動所經的節點數至多為 1；依此類推，直到最後看到位於根節點（深度為 0）流動所經的節點數至多為 $d-1$。我們將下列的定理證明留作習題：當 n 為 2 的乘冪，$0 \leq j < d$ 的情況下，共有 2^j 個深度為 j 的節點。若 n 為 2 的乘冪，下表顯示每一種深度的節點數以及位於該種深度節點上的 key 流動所經之最大節點數（若深度為 d 的節點不存在）：

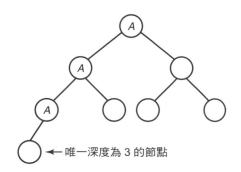

唯一深度為 3 的節點

圖 7.9　使用 $n=8$ 來說明當本質完整二元樹有 n 個節點時，且 n 為 2 的乘冪，則該樹的深度 d 將等於 $\lg n$，並存在著一個深度為 d 的節點，該節點共有 d 個祖先。在圖中，我們以 "A" 來標示三個祖先節點。

深度	此深度的節點數	key 流動所經之最大節點數
0	2^0	$d-1$
1	2^1	$d-2$
2	2^2	$d-3$
$\vdots$	$\vdots$	$\vdots$
j	2^j	$d-j-1$
$\vdots$	$\vdots$	$\vdots$
$d-1$	2^{d-1}	0

因此，若深度為 d 的節點不存在，所有 key 流動所經的節點數最多為

$$\sum_{j=0}^{d-1} 2^j (d-j-1) = (d-1) \sum_{j=0}^{d-1} 2^j - \sum_{j=0}^{d-1} j\left(2^j\right) = 2^d - d - 1$$

其中最後面的等式是應用附錄 A 的範例 A.3 及 A.5 的結果，並進行一些代數運算得到的。回想前面所提的，我們必須把這個上限值加 d，才能得到所有 key 流動所經節點的實際上限值。因此，實際的上限值為

$$2^d - d - 1 + d = 2^d - 1 = n - 1$$

第二個等式是由當 n 為 2 的乘冪時，$d = \lg n$ 而來的。每一次當某個 key 流動經過一個節點，在副程式 *siftdown* 中的 while 迴圈就會多走一次。由於每次走過該迴圈就會進行 2 次 key 的比較，因此 *makeheap* 所做的 key 比較次數最多為

$$2(n-1)$$

這是一個有點令人訝異的結果，因為堆積可以在線性時間內被建立。如果我們能夠在線性時間內移除 key，我們就可以得到線性時間的排序演算法。然而，如同我們將看到的，這個說法是不正確的。

分析 removekeys

圖 7.10 說明了 $n = 8$ 及 $d = \lg 8 = 3$ 的情況。如同圖 7.10 (a) 及 (b) 所示，當第一 (8) 與第四 (5) 這兩個 key 被移除時，被移到根節點的 key (分別為 2 及 1) 最多流經了 $d - 1 = 2$ 個節點。很清楚地，同樣的事情會發生在另兩個位於第一及第四間的 key。因此，在移除前四個 key 時，被移到根節點的 key 最多流經 2 個節點。如同圖 7.10 (c) 及 (d) 所示，當我們分別移除第五與第六兩個 key (分別為 4 與 3) 時，被移到根節點的 key 最多流經 $d - 2 = 1$ 個節點。最後，圖 7.10 (e) 顯示，當移除接下來的 key 時，被移到根節點的 key 流經 0 個節點。很清楚地，移除最後一個 key 的時候，並不會有流動發生。所有 key 流經的節點總數最多為

$$1(2) + 2(4) = \sum_{j=1}^{3-1} j 2^j$$

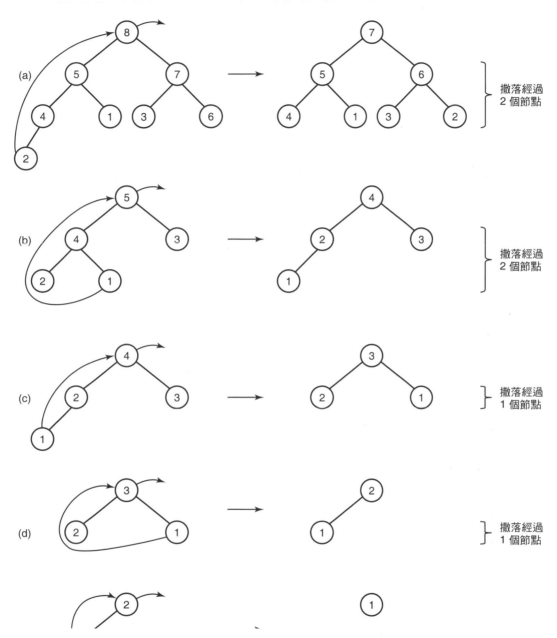

圖 7.10　由具有 8 個節點的堆積 (heap) 移除一些 key。(a) 移除第一個 key；(b) 移除第四個 key；(c) 移除第五個 key；(d) 移除第六個 key；(e) 移除第七個 key。右邊的圖顯示被移到根節點的 key 往下撒落的節點數。

不難看出這個結果可以被推廣到 n 為任意 2 的乘冪的情況。由於每當一個 key 流經一個節點，在副程式 *siftdown* 中的 while 迴圈就會走過一次，並且，由於每次走過該迴圈就會進行兩次 key 的比較，因此 *removekeys* 所進行 key 的比較次數最多為

$$2\sum_{j=1}^{d-1} j2^j = 2\left(d2^d - 2^{d+1} + 2\right) = 2n\lg n - 4n + 4$$

第一個等式是應用附錄 A 的範例 A.5 的結果，並進行一些代數運算得到的，而第二個結果是由當 n 為 2 的乘冪時，$d = \lg n$ 而獲致的。

前兩個分析的總結

合併 *makeheap* 與 *removekeys* 兩者的分析，證明當 n 為 2 的乘冪時，在堆積排序中進行 key 的比較次數最多為

$$2(n-1) + 2n\lg n - 4n + 4 = 2(n\lg n - n + 1) \approx 2n\lg n$$

我們把證明：存在著一種情況，key 的比較次數會達到這個最大值，留作習題。因此，對於 n 為 2 的乘冪，

$$W(n) \approx 2n\lg n \in \Theta(n\lg n)$$

我們也可以證明 $W(n)$ 最後會是非遞減的。因此，附錄 B 的定理 B.4 意味著對於任意的 n，

$$W(n) \in \Theta(n\lg n)$$

顯然，我們很難用分解的方式來分析堆積排序的平均情況時間複雜度。然而，實證研究已經證明了平均情況不會比最差情況好很多。這意味著以所做的 key 的比較次數來看，堆積排序的平均情況時間複雜度趨近於下式

$$A(n) \approx 2n\lg n$$

在習題中，您將被要求證明**以所做的指派記錄值次數來看，堆積排序的最差情況時間複雜度**趨近於下式

$$W(n) \approx n\lg n$$

如同以 key 的比較次數來看的情況，堆積排序執行的指派值次數的時間複雜度在平均情況下並不會比最差情況好很多。

最後，如同已經討論的，我們得到了下列的空間使用情況。

| 分析演算法 7.5 | ▶ **額外空間的使用情況分析（堆積排序）** |

堆積排序是一種原地置換排序，意味著它使用的額外空間在 $\Theta(1)$ 中。

如同 7.2 節中討論的，堆積排序是選擇排序的例子之一，因為它也是利用依順序選擇每筆記錄並且將每筆記錄放在適當的位置。對 *removekeys* 的呼叫就是將一筆記錄放在它適當的位置。

7.7　合併排序、快速排序、堆積排序的比較

表 7.2 總結有關於這三種演算法的結果。一般而言，以 key 的比較次數及記錄值的指派次數來看堆積排序都劣於快速排序，並且由於快速排序額外所使用的空間最小，因此通常我們會比較喜歡使用快速排序。由於原先我們實作合併排序（演算法 2.2 與 2.4）時，使用一整個額外的記錄陣列，且合併排序一般總是會做快速排序三倍的指派值動作，因此即使平均來講，快速排序所做 key 的比較稍多，我們還是喜歡用快速排序甚於合併排序。然而，鏈結版的合併排序（演算法 7.4）幾乎去除合併排序所有的缺點。剩下唯一的缺點是用來存放 $\Theta(n)$ 個鏈結的額外空間。

● 表 7.2　$\Theta(n \lg n)$ 排序演算法的分析摘要 *

演算法	Key 的比較次數	記錄值的指派次數	額外空間的使用
合併排序 （演算法 2.4）	$W(n) = n \lg n$ $A(n) = n \lg n$	$T(n) = 2n \lg n$	$\Theta(n)$ 筆記錄
合併排序 （演算法 7.4）	$W(n) = n \lg n$ $A(n) = n \lg n$	$T(n) = 0$ §	$\Theta(n)$ 個鏈結
快速排序 （改良版）	$W(n) = n^2/2$ $A(n) = 1.38n \lg n$	$A(n) = 0.69n \lg n$	$\Theta(\lg n)$ 個索引
堆積排序	$W(n) = 2n \lg n$ $A(n) = 2n \lg n$	$W(n) = n \lg n$ $A(n) = n \lg n$	原地置換

* 表格中的項目均為近似值；合併排序及堆積排序的平均效能較最差效能略優。
§ 若要求已排序序列的記錄必須放置在連續陣列空間中，則最差效能為 $\Theta(n)$。

• **7.8　僅利用 Key 的比較進行排序的下限**

我們已經發展了 $\Theta(n\lg n)$ 的排序演算法，與平方時間演算法比較起來，有著實質的進步。接著想知道，是否可能發展比這更好的排序演算法。我們將證明，只要在僅用 key 的比較來排序的限制下，就不可能發展出更好的排序演算法。

若使用機率式排序演算法，仍會得到與必然式 (deterministic) 排序演算法相同的結果（見 5.3 小節對於機率式與必然式演算法的討論。）如同在 7.3 節所完成的，在 n 個 key 的值均相異的前提下，我們得到這個結果。再者，如同在該節中所討論的，我們可以假定 n 個 key 就是正整數 1、2、…、n，因為我們可用 1 來取代最小的 key，2 取代第二小的，依此類推。

• **7.8.1　提供排序演算法使用的決策樹 (decision tree)**

考慮下列用來排序三個 key 的演算法。

```
void sortthree (keytype S[])        //S 的索引範圍由 1 到 3
{
  keytype a, b, c;
  a = S[1]; b = S[2]; c = S[3];
  if (a < b)
    if (b < c)
      S = a, b, c;                   // 這代表 S[1] = a; S[2] = b; S[3] = c;
    else if (a < c)
      S = a, c, b;
    else
      S = c, a, b;
  else if (b < c)
    if (a < c)
      S = b, a, c;
    else
      S = b, c, a;
  else
    S = c, b, a;
}
```

我們可以把二元樹與副程式 *sort tree* 做下列的結合。將 a 與 b 的比較放在根節點，根節點的左子節點含有若 $a < b$ 成立將進行的比較，而右子節點含有若 $a \geq b$ 成立將進行的比較。我們繼續往下走，在這棵樹上建立節點，直到演算法進行的每個可能比較都已經被指派到一個代表該比較的節點上。被排序過的 key 存放在 leaf 節點。圖 7.11 顯示這整棵樹。這棵樹稱為**決策樹**，因為在每個節點都含有一個決定接下來要往哪個節點走的決策。

對於某特定輸入，*sortthree* 副程式的動作對應到由根節點到一個 leaf 節點的唯一路徑（由該輸入所決定）。這三個 key 的任一種排列組合在決策樹上都可以找到一個節點來代表，因為這個演算法可以對任何大小為 3 可能輸入進行排序。

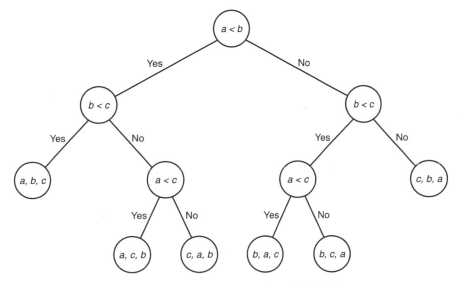

圖 7.11　對應於 *sortthree* 副程式的決策樹

對於 n 個 key 的排序來講，當該 n 個 key 的每種排列在決策樹上都可以找到一條由根節點到 leaf 節點對該種排列進行排序的路徑，那麼這棵決策樹就是**有效**的。也就是說，這棵樹可以排序任何大小為 n 的輸入。例如，對於排序三個 key 來說，圖 7.11 的決策樹有效的。但是如果我們移除任一個分支，這棵樹就不再有效。每種排序 n 個 key 的必然式 (deterministic) 演算法都至少對應到一棵有效的決策樹。圖 7.11 的決策樹對應到副程式 *sortthree*，而圖 7.12 的決策樹對應到為三個 key 排序的交換排序法。在決策樹中，a、b、c 再度做為 $S[1]$、$S[2]$、$S[3]$ 的啟始值。要特別注意的是，若節點含有的比較為 "$c < b$" 其意義是：在這個節點，交換排序法會將值為 c 的項目與值為 b 的項目拿來比較，而非比較 $S[3]$ 與 $S[2]$。請注意在圖 7.12 的樹中，位於第二層含有 "$b < a$" 比較的節點並沒有右子節點。原因是由於若比較的結果為 "no"，答案將與路徑前端所得到的答案抵觸，也就是說，我們無法用從根節點開始保持邏輯上一致性的決策來抵達該節點的右子節點。交換排序在這個點上做一次沒有必要的比較，因為交換排序並不 "知道" 這個問題的答案必為 "yes"。這種情況經常出現在比較沒那麼好的排序演算法中。如果某棵決策樹的所有 leaf 節點都可由根節點經由具有邏輯一致性的路徑抵達，則稱該決策樹已經被**修剪** (pruned)。圖 7.12 的決策樹就是已經被修剪過；若我們在剛剛討論的節點上加上右子節點，那麼這棵

樹將沒有完成修剪，即使這棵樹仍然有效，並且仍然對應到交換排序法。很清楚地，每個排序 n 個 key 的必然性演算法都對應到一棵有效並完成修剪的決策樹。因此，我們得到下面的輔助定理。

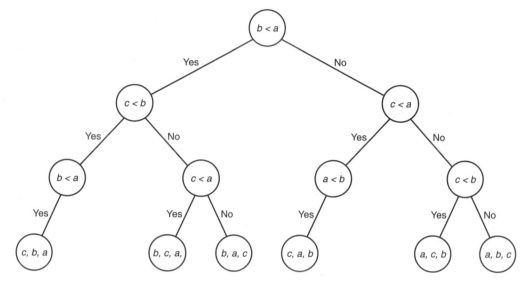

圖 7.12　在輸入為 3 個 key 的情況下，交換排序的對應決策樹

使用輔助定理 7.1，配合研究具有 $n!$ 個 leaf 節點的二元樹，可求得排序 n 個 key 之演算法的時間複雜度下限。

▲ **輔助定理 7.1**

每種排序 n 個相異 key 之必然性 (deterministic) 演算法都對應到一棵有效且修剪完成，並含有 $n!$ 個 leaf 節點之二元決策樹。

證明： 如同剛才提到的，任一種排序 n 個 key 的演算法都對應到一棵修剪過且有效的決策樹。當所有的 key 均相異，比較的結果不是 "<" 就是 ">"。因此，在樹上的節點最多只會有兩個子節點，也就是說，這棵樹為二元樹。接下來我們要證明這棵樹有 $n!$ 個 leaf 節點。由於含有 n 個相異 key 的輸入共有 $n!$ 種，並且由於只有當每種輸入都有對應的 leaf 節點時，這棵決策樹才是有效的，因此這棵樹至少有 $n!$ 個 leaf 節點。由於在這棵樹上，相異的 $n!$ 種輸入各自都有獨一的路徑對應，並由於在被修剪之決策樹上的每個 leaf 節點都必須是可抵達的，這棵樹擁有的 leaf 節點不可能多於 $n!$。因此，這棵樹恰好有 $n!$ 個 leaf 節點。

• **7.8.2　最差情況下的下限**

若要求得最差情況比較次數的極限，我們需要用到下面的輔助定理。

▲ **輔助定理 7.2**

決策樹所做的比較次數在最差情況下與深度相等。

證明：給定某種輸入，決策樹所做的比較次數等於該輸入走過的路徑所含的內部節點 (internal node) 數。內部節點數與路徑的深度相等。因此，最差情況下，決策樹所做的比較次數為抵達某個 leaf 節點的最長路徑的長度，也就是該決策樹的深度。

利用輔助定理 7.1 與 7.2，我們只要找到含有 $n!$ 個 leaf 節點之二元決策樹深度的下限，就可以求得最差情況下，排序 n 個 key 之演算法的時間複雜度下限。至於深度的下限則利用下面的輔助定理及定理求得。

▲ **輔助定理 7.3**

證明：在 d 上進行數學歸納法，我們首先證明

$$2^d \geq m \tag{7.1}$$

顯然，若一棵二元樹是不完整的，可以透過將原本的二元樹加上一些葉節點，建立一棵新二元樹，使得新樹比舊樹具有更多的節點但維持同樣的深度。因此，可得到 7.1 式。對於完整二元樹，則等號成立。證明可由歸納法得到。

歸納基底：深度為 0 的二元樹只有一個節點，這個節點是根節點，也是唯一的 leaf 節點。因此，這種樹的 leaf 節點數 m 等於 1，且

$$2^0 = 1$$

歸納假設：假定對於任意深度為 d 的二元樹，

$$2^d = m$$

其中 m 為 leaf 節點的數目。

歸納步驟：我們必須證明，對於任意深度為 $d+1$ 的二元樹，

$$2^{d+1} = m'$$

其中 m' 為 leaf 節點的數目。若我們從這樣的樹移除了所有的 leaf 節點，我們會得到一棵深度為 d，且 leaf 節點為原來那棵樹 leaf 節點的父節點。若 m 為這些父節點的數目，由歸納假設可知，

$$2m = m'$$

由於每個父節點至多有兩個子節點，將前兩個等式合併可得

$$2^{d+1} = 2 \times 2^d = 2m = m'$$

到此歸納證明完成。

不等式 7.1 兩邊同時取 lg 可推導出

$$d \geq \lg m$$

由於 d 為整數，因此

$$d \geq \lceil \lg m \rceil$$

▶ **定理 7.2**

任一僅靠 key 的比較來排序 n 個相異 key 的必然式 (deterministic) 演算法在最差情況下必須做至少

$$\lceil \lg (n!) \rceil \text{ 次 key 的比較}$$

證明：由輔助定理 7.1，任一種僅靠 key 的比較來排序 n 個相異 key 的必然式 (deterministic) 演算法都對應到一棵有效且被修剪過，並含有 $n!$ 個 leaf 節點的二元決策樹。由輔助定理 7.3，該樹的深度大於或等於 $\lceil \lg (n!) \rceil$。由輔助定理 7.2 我們得知任意決策樹最差情況的比較次數為該樹的深度，因此本定理得證。

▲ **輔助定理 7.4**

對任一個正整數 n，

$$\lg (n!) \geq n \lg n - 1.45n$$

證明：這個證明需要用到積分的知識。我們可得到

$$
\lg (n!) = \lg [n\,(n-1)\,(n-2)\cdots(2)\,1]
$$

$$
= \sum_{i=2}^{n} \lg i \qquad\qquad \{\text{because } \lg 1 = 0\}
$$

$$
\geq \int_{1}^{n} \lg x\, dx = \frac{1}{\ln 2}\,(n \ln n - n + 1) \geq n \lg n - 1.45n
$$

▶ 定理 7.3

任一僅靠 key 的比較來排序 n 個相異 key 的必然式 (deterministic) 演算法在最差情況下必須做至少

$$
\lceil n \lg n - 1.45n \rceil \text{ 次 key 的比較}
$$

證明：這個證明可由定理 7.2 及輔助定理 7.4 推導而來。

我們看到合併排序在最差情況的效能為 $n \lg n - (n-1)$，幾乎已經接近理論上的最佳狀況。接下來我們要證明這項性質在平均情況下也成立。

7.8.3　平均情況下的下限

在所有排列成為輸入或然率相同的前提下，進一步可推導出一些結果。

　　若某種對 n 個 key 進行排序之必然式 (deterministic) 排序演算法所對應的有效且已修剪的決策樹，含有某些僅有一個子節點的節點（如圖 7.12 中的那個節點），我們可以將這種節點用它的子節點取代，並且把原先的子節點刪除，以得到一棵比較次數不會比原樹還多的新決策樹。每個新決策樹內的 nonleaf 節點將含有兩個子節點。每個 nonleaf 節點都含有兩個子節點的二元樹稱為 2-tree。我們把這些結果總結在下面的輔助定理中。

▲ 輔助定理 7.5

每棵用來排序 n 個相異 key 之有效且已修剪的二元決策樹都會對應到一棵有效且已修剪的 2-tree。這棵 2-tree 的效率至少與原決策樹相同。

證明：這個證明可由前面的討論中推導出來。

　　樹的 external path length (EPL) 就是每一條由根節點到 leaf 節點路徑長度的總和。例如，圖 7.11 的 EPL 為：

$$EPL = 2 + 3 + 3 + 3 + 3 + 2 = 16$$

　　回想，決策樹為了抵達 leaf 節點所做的比較次數，就是抵達 leaf 節點路徑的長度。因此，決策樹的 EPL 就是該決策樹為了排序各種可能的輸入所進行的總比較次數。由於共有 $n!$ 個大小為 n 的輸入（當所有的 key 均相異時），並由於我們假設各種輸入出現的或然率相同，因此為排序 n 個相異 key，決策樹所進行比較次數的平均值為

$$\frac{EPL}{n!}$$

　　這個結果讓我們可以證明一個重要的輔助定理。首先我們將定義 $\mathrm{miniEPL}(m)$ 為含有 m 個 leaf 節點的 2-tree 其 EPL 的最小值。接下來就來看這個輔助定理。

▲ **輔助定理 7.6**

任一僅靠 key 的比較來排序 n 個相異 key 的必然式 (deterministic) 演算法平均至少會做

$$\frac{minEPL\,(n!)}{n!} \text{ 次 key 的比較}$$

證明：輔助定理 7.1 表示每種排序 n 個相異 key 之必然性 (deterministic) 演算法都對應到一棵有效且修剪完成，並含有 n 個 leaf 節點之二元決策樹。輔助定理 7.5 表示我們可以把原先的決策樹轉換成效率至少與原來相同的 2-tree。由於原先的樹具有 $n!$ 個 leaf 節點，因此 2-tree 必定從原先的樹而來。從之前的討論，可以推出本輔助定理。

　　由輔助定理 7.6，可以得到平均情況的下限。因此我們將用接下來的四個輔助定理找到 $minEPL(m)$ 的下限。

▲ **輔助定理 7.7**

若一棵 2-tree 的 EPL 等於 $minEPL(m)$，且具有 m 個 leaf 節點，該樹的 leaf 節點必定在最底部的兩層中。

證明：假設這棵 2-tree 的 leaf 節點並沒有全在最底部的兩層。令 d 為該樹的深度，令 A 為該樹中一個沒有在最底部兩層中的某個節點，並令 k 為 A 的深度。由於最底層節點的深度為 d，因此

$$k \leq d - 2$$

我們利用建造一棵具有同樣 leaf 節點數且 EPL 較小的 2-tree，來證明前面的那棵樹並不是所有具有同樣 leaf 節點數中，EPL 值最小的。接著說明如何建造出這棵樹：在原來樹上深度 d-1 的地方選一個 nonleaf 節點 B，移除這個節點的兩個子節點，把這兩個子節點接在 A 下面，如圖 7.13 所示。很清楚地，新樹與舊樹的 leaf 節點數是相同的。在新樹上，A 與 B 的子節點都不是 leaf 節點，但是在舊樹上，這幾個都是 leaf 節點。因此，EPL 減少抵達 A 的路徑長度以及抵達 B 的兩個子節點的路徑長度。因此，EPL 共減少

$$k + d + d = k + 2d$$

在新樹上，B 及 A 的兩個新子節點為 leaf 節點。但是它們在舊樹上並非 leaf 節點。因此，EPL 值增加了抵達 B 的路徑長度及抵達 A 的兩個子節點的路徑長度。因此，EPL 共增加

$$d - 1 + k + 1 + k + 1 = d + 2k + 1$$

EPL 的淨變化為

$$(d + 2k + 1) - (k + 2d) = k - d + 1 \leq d - 2 - d + 1 = -1$$

不等式成立原因是因為 $k \leq d - 2$。由於 EPL 的淨變化為負數，因此新樹的 EPL 較小。故舊樹並不是跟它 leaf 節點相同的樹中，EPL 值最小的樹。故得證。

▲ **輔助定理 7.8**

若一棵 2-tree 的 EPL 等於 $minEPL(m)$，且具有 m 個 leaf 節點，該樹必有 $2^d - m$ 個 leaf 節點在第 $d - 1$ 層且有 $2m - 2^d$ 個 leaf 節點在第 d 層並且除此之外沒有其他的 leaf 節點，其中 d 為該樹的深度。

證明：由於 7 理 7.7 說明所有的 leaf 節點都在最底的兩層，並由於 2-tree 的 nonleaf 節點必須有兩個子節點，因此在第 $d - 1$ 層必有 $2^d - 1$ 個節點。由於 2-tree 的 nonleaf 節點恰有兩個子節點，因此，在第 $d - 1$ 層的每個 nonleaf 節點都有兩個 leaf 節點在第 d 層。因為在第 d 層除了這些 leaf 節點之外，並沒有其他的 leaf 節點，所以在第 d 層的 leaf 節點數為 $2(2^{d-1} - r)$。根據輔助定理 7.7，所有的 leaf 節點都位於第 d 層或第 $d - 1$ 層，

$$r + 2\left(2^{d-1} - r\right) = m$$

(a) 原本具有 *m* 個 leaf 的 2-tree　　　　(b) 新的具有 *m* 個 leaf 且 *EPL* 減少的 2-tree

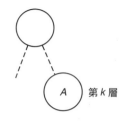

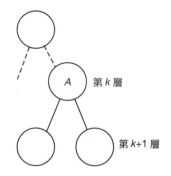

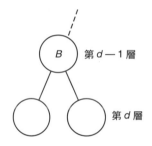

圖 7.13　(a) 與 (b) 中的樹擁有一樣多的 leaf 節點，但是 (b) 中的樹具有較小的 EPL。

簡化得到

$$r = 2^d - m$$

因此，在第 *d* 層的 leaf 節點數為

$$m - \left(2^d - m\right) = 2m - 2^d$$

▲ **輔助定理 7.9**

　　若一棵 2-tree 的 *EPL* 等於 $minEPL(m)$，且具有 *m* 個 leaf 節點，則深度

$$d = \lceil \lg m \rceil$$

　　證明： 在這裡證明 *m* 為 2 的乘冪的情況。一般情況的證明留作習題。若 *m* 為 2 的乘冪，則

$$m = 2^k$$

其中 k 為某個整數。令 d 為最小樹的深度。如同輔助定理 7.8，令 r 為第 $d-1$ 層的 leaf 節點。根據輔助定理 7.8，

$$r = 2^d - m = 2^d - 2^k$$

由於 $r \geq 0$，因此 $d \geq k$。我們要證明若 $d > k$ 就會產生矛盾。若 $d > k$，則

$$r = 2^d - 2^k \geq 2^{k+1} - 2^k = 2^k = m$$

因為 $r \leq m$，這代表著 $r = m$，且所有的 leaf 節點都在第 $d-1$ 層。但必須有部分的 leaf 節點位於第 d 層，因此產生矛盾。這個矛盾暗示 $d = k$，也代表著 $r = 0$。由於 $r = 0$，

$$2^d - m = 0$$

代表 $d = \lg m$。由於當 m 為 2 的乘冪時，$\lg m = \lceil \lg m \rceil$，故得證。

▲ **輔助定理 7.10**

對任一個正整數 $m \geq 1$，

$$minEPL(m) \geq m \lfloor \lg m \rfloor$$

證明：根據輔助定理 7.8，若一棵 2-tree 的 EPL 等於 $minEPL(m)$，且具有 m 個 leaf 節點，該樹必有 $2^d - m$ 個 leaf 節點在第 $d-1$ 層，且有 $2m - 2^d$ 個 leaf 節點在第 d 層，且除此之外沒有其他的 leaf 節點。因此，我們得到

$$minEPL(m) = (2^d - m)(d-1) + (2m - 2^d)d = md + m - 2^d$$

配合輔助定理 7.9 可得到

$$minEPL(m) = m(\lceil \lg m \rceil) + m - 2^{\lceil \lg m \rceil}$$

這裡，因 m 為 2 的乘冪，故 $minEPL(m) = m\lg m = m\lfloor \lg m \rfloor$；若 m 不為 2 的乘冪，則 $\lceil \lg m \rceil = \lfloor \lg m \rfloor + 1$，故

$$minEPL(m) = m(\lfloor \lg m \rfloor + 1) + m - 2^{\lceil \lg m \rceil}$$
$$= m\lfloor \lg m \rfloor + 2m - 2^{\lceil \lg m \rceil} > m\lfloor \lg m \rfloor$$

由於在一般情況下，$2m > 2^{\lceil \lg m \rceil}$，所以上面的不等式成立。故得證。

現在我們已經得到 $minEPL(m)$ 的下限，所以將進行的是主要的證明。

▶ 定理 7.4

任一僅靠 key 的比較來排序 n 個相異 key 的必然式 (deterministic) 演算法平均必須做至少

$$\lfloor n \lg n - 1.45n \rfloor$$ 次 key 的比較

證明：由輔助定理 7.6，任一個這種演算法平均必須做至少

$$\frac{minEPL(n!)}{n!}$$ 次 key 的比較

由輔助定理 7.10，，這個值會大於或等於

$$\frac{n! \lfloor \lg(n!) \rfloor}{n!} = \lfloor \lg(n!) \rfloor$$

證明可參照輔助定理 7.4。

回想合併排序法的平均效能約為 $n \lg n - 1.26n$，已經接近僅靠 key 的比較來排序之演算法的最佳效能。

7.9 分堆排序 (基數排序法 , Radix Sort)

在前一節中，我們已經證明僅用 key 的比較進行排序的演算法其效率極限為 $\Theta(n \lg n)$。若我們只知道 key 是從有序集合來的，沒有其他的選擇，只能用 key 的比較來排序。然而，若有更多的資訊，我們就可考慮使用其他的方法。藉著使用關於 key 的額外資訊，接下來我們發展一個這樣的演算法。

若已知將接受排序的 key 是以 10 為底的所有非負整數。假定這些 key 的位數均相同，首先依據數值中最左邊的數字，將這些 key 分到不同堆內。接下來，各堆內再依據第二位數字分成更小的堆，接下來，各小堆內再依據第三位數字分成更小更小的堆，依此類推。在掃過所有的位數以後，就完成這些 key 的排序了。由於這種排序是利用分堆完成的，因此被稱為**分堆排序**。圖 7.14 圖示了分堆排序的過程。

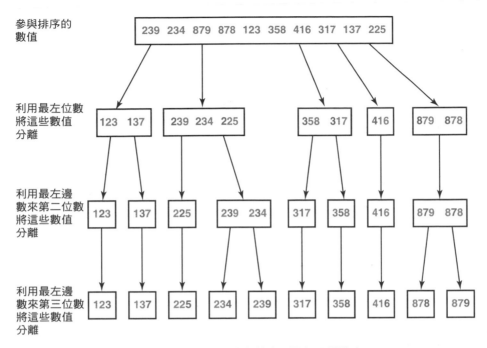

參與排序的
數值

利用最左位數
將這些數值
分離

利用最左邊
數來第二位數
將這些數值
分離

利用最左邊
數來第三位數
將這些數值
分離

圖 7.14　由左至右檢查數字以進行分堆排序

　　這種排序的困難點在於堆的數量是變動的。因此我們採用別的做法。假定我們分配
10 堆的空間 (一堆給一種數字用)，從右邊的數字掃描到左邊的數字，並把 key 放在該數
字對應的堆中。採用這種做法，只要我們遵守下面的規則，最後還是會完成這些 key 的排
序：在每一輪中，若兩個 key 被放在同一堆內，從最左邊那堆 (在前一輪中) 來的 key 被
放在其他 key 的左邊。圖 7.15 圖示了這個程序。舉例來說，在第一輪後，416 放在 317 左
邊的那堆中。因此，當它們在第二輪中都被放在第一堆中，416 被放在 317 的左方。然而，
在第三輪中，416 被放在 317 的右方，因為 416 被放在第四堆，而 317 被放在第三堆。用
這種方法，在第一輪後，這些 key 會依據最右一位的值排好；在第二輪後，這些 key 會依
據最右兩位的值排好；在第三輪後，這些 key 會依據所有三位的值排好，也就是已經完成
排序。

　　這種排序方法的出現早於電腦。它用在一種舊式的卡片排序機中。因為用來對 key 進
行排序的資訊就是某特定的**基數** (radix)。這個基數可以是任一個數值基數，或是字母系統
內的字母。堆數恰與基數相同。例如，若我們對以 16 進位表示的 key 進行排序，則堆數
將等於 16；若我們對以英文字母系統表示的 key 進行排序，堆數將為 26，因為在該字母
系統內共有 26 個字母。

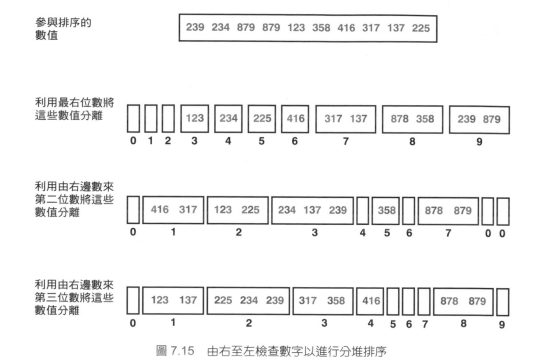

圖 7.15　由右至左檢查數字以進行分堆排序

　　由於在每一輪中，各堆內的 key 都會變動，因此使用鏈結串列來實作這種演算法是不錯的選擇。每堆由一個鏈結串列代表。在每一輪後，key 脫離所屬的串列，回到主要的鏈結串列。這些 key 依照它們原來所屬的串列排好。在下一輪中，我們由主要串列的起頭開始掃瞄，每個 key 被放在這輪所屬串列的尾端。用這樣的方法就可以滿足剛剛提到的規則。為增加可讀性，我們假設所有的 key 為以 10 為基數表示的非負整數。在不影響時間複雜度的級數下，我們也可以很快地將這裡提出的演算法改為對其他基數表示法表示的key 進行排序。在該演算法中，我們需要用到下面的陳述：

```
struct nodetype
{
  keytype key;
  nodetype* link;
};
typedef_nodetype* node pointer;
```

▶ 演算法 7.6　　**基數排序**

　　　　　　　　問題：對 n 個以基數 10 表示的非負整數按照非遞減的順序進行排序。

輸入：具有 n 個非負整數的鏈結串列 *masterlist*，代表這些非負整數最大可能位數的整數 *numdigits*。

輸出：鏈結串列 *masterlist*，裡面的整數已經按照非遞減的順序排妥。

```
void radixsort (node_pointer& masterlist,
                int numdigits)
{
  index i;
  node_pointer list [0..9];
  for (i = 1; i <= numdigits; i++){
      distribute (masterlist, i);
      coalesce (masterlist);
  }
}
void distribute (node_pointer& masterlist, index i);
//i 為目前被觀察的位數
{
  index j;
  node_pointer p;

  for (j = 0; j <= 9; j++)          // 清空目前的各堆
    list [j] = NULL;
  p = masterlist;                    // 參訪 masterlist
  while (p != NULL){
    j = 在 p-> key 中，由右數來第 i 位的數字 ;
    將 p 連到 list[j] 尾端 ;
    p = p -> link;
  }
}
void coalesce (node pointer& masterlist);
{
  index j;
  masterlist = NULL;                 // 清空 masterlist
  for (j = 0; j <= 9; j++)
    將 list[j] 中的節點連接到 masterlist 的尾端 ;
}
```

分析演算法
7.6

▶ **所有情況的時間複雜度 (基數排序法)**

基本運算：由於這個演算法內，並沒有做任何 key 的比較，因此基本運算和其他利用 key 的比較進行排序的演算法不同。在一個有效率 *coalesce* 的實作中，含有各堆串列的主要串列應有指標直接指到各串列的頭與尾，我們可以在毋須掃瞄整個主要串列的情況下，立即把每個串列加到前一個串列的尾端。因此，在 *coalesce* 副程式中，僅需把一個位址指派給一個指標變數，就可以達成將一個串列加到 *masterlist* 尾端的目的。我們可以把這個指派值的動作視為基本運算。在 *distribute* 副程式中，我們可將 while 迴圈中的任一個指令視為基本運算。因此，為了與 *coalesce* 保持單元一致性，我們選擇利用指派位址給指標變數將 key 加到串列尾端的這個指令做為基本運算。

輸入大小：n，在 *masterlist* 中的整數個數；以及代表這些非負整數最大可能位數的整數 *numdigits*。

掃瞄整個 *masterlist* 需要走過 *distribute* 中的 while 迴圈 n 次。將所有的堆串列加到 *masterlist* 需要走過 *coalesce* 中的 for 迴圈 10 次。這兩個副程式在 *radixsort* 中被呼叫 *numdigits* 次。因此，

$$T\,(numdigits, n) = numdigits\,(n + 10) \in \Theta\,(numdigits \times n)$$

這並不是一個 $\Theta(n)$ 的演算法，因為極限是以 *numdigits* 及 n 來衡量的。若 *numdigits* 非常大，則以 n 來衡量，時間複雜度將會變大的。例如，若最大的數值為 $1{,}000{,}000{,}000$，由於 $1{,}000{,}000{,}000$ 有十個位數，它將使用 $\Theta(n^2)$ 次對 10 個數值進行排序。

實際上，數字的位數遠小於數值的數目。例如，若我們對 $1{,}000{,}000$ 個社會安全碼進行排序，則 n 為 $1{,}000{,}000$ 而 *numdigits* 只有 9。不難看出，當 key 相異時，基數排序的最佳情況時間複雜度仍在 $\Theta(n \lg n)$ 中，而通常，我們已經達到最佳情況。

接著我們要分析基數排序法使用的額外空間。

分析演算法 7.6 ▶ **額外空間的使用情況（基數排序法）**

在這個演算法中，並不會配置新的節點。因為一個 key 絕不會同時在 *masterlist* 及堆串列中。這意味著唯一的額外空間就是一開始在鏈結串列中用來表示這些 key 的空間。因此，額外的空間為 $\Theta(n)$ 個鏈結。

• 習題

7.1 及 7.2 節

1. 實作插入排序法（演算法 7.1），在您的電腦上執行這個演算法，並且使用不同的問題實例來研究它的最佳情況、平均情況及最差情況時間複雜度。

2. 試證明當輸入的 key 以非遞增順序排列時，插入排序法 (演算法 7.1) 所做的比較次數 會達到最大值。

3. 試證明以指派記錄值的次數來看，插入排序法 (演算法 7.1) 的最差情況與平均情況時 間複雜度為

$$W\left(n\right)=\frac{\left(n+4\right)\left(n-1\right)}{2}\approx\frac{n^2}{2}\qquad 與\qquad A\left(n\right)=\frac{n\left(n+7\right)}{4}-1\approx\frac{n^2}{4}$$

4. 試證明以指派記錄值的次數來看，交換排序法 (演算法 1.3) 的最差情況與平均情況時 間複雜度為

$$W\left(n\right)=\frac{3n\left(n-1\right)}{2}\qquad 與\qquad A\left(n\right)=\frac{3n\left(n-7\right)}{4}$$

5. 比較交換排序法 (演算法 1.3) 與插入排序法 (演算法 7.1) 的最佳情況時間複雜度。

6. 請問是交換排序法 (演算法 1.3) 或插入排序法 (演算法 7.1)，何者比較適合用來在具 有 n 個 key 的串列中，以非遞增的順序找出前 k 大的 key (或以非遞減的順序找出前 k 小的 key)，試解釋您的答案。

7. 依下列方式改寫插入排序法 (演算法 7.1)。引入一個額外的陣列空間 S[0]，S[0] 中含 有比任何 key 都要小的值。這樣做可以除去在 **while** 迴圈的頂端將 j 與 0 拿來比較的 需要。求出此版本演算法的時間複雜度。請問修改之後的時間複雜度與演算法 7.1 相 較何者較優？哪個版本比較有效率？試解釋您的答案。

8. 有一種改良插入排序的演算法，稱為 Shell Sort。在 Shell Sort 中，整個串列被分割 成一些不連續的子串列，子串列與子串列的項目間隔距離為 h。接著，每個子串列用 插入排序法來排序。在下一輪中，h 的值減少，並增加每個子串列的大小。通常每個 h 值由其前一個值來決定。最後一輪時 $h = 1$。寫出 Shell Sort 的演算法，研究它的效 能，並將它的效能與插入排序法相比較。

7.3 節

9. 試證明排列 $[n, n-1, ..., 2, 1]$ 含有 $n(n-1)$ 個倒置。

10. 給定排列 $[2,5,1,6,3,4]$ 的轉置，並在這兩種排列中尋找倒置。請問總共有幾個倒置？

11. 證明一個具有 n 個相異有序項目的排列與其轉置共有 $n(n-1)/2$ 個倒置。

12. 試證明一個排列與其轉置的倒置數總和為 $n(n-1)/2$。使用這個找出習題 10 中的排 列與其轉置的倒置總數。

7.4 節 (請同時參照 2.2 節的習題)

13. 實作 2.2 節與 7.4 節討論的不同合併排序法，在您的電腦上執行這個演算法，並且使用不同的問題實例來研究它的最佳情況、平均情況及最差情況時間複雜度。

14. 試證明以指派記錄值的次數來看，合併排序法 (演算法 2.2 與 2.4) 的時間複雜度近似於 $T(n) = 2n \lg n$。

15. 撰寫一個原地置換且為線性時間的演算法，接受合併排序 4 演算法 (演算法 7.4) 建立的鏈結串列為輸入，並根據這些記錄的 key，將這些記錄按照非遞減順序放在一個連續的陣列空間中。

16. 使用各個擊破 (divide-and-conquer) 法，撰寫一個非遞迴的合併排序法。分析您的演算法，並且使用量級 (order) 的標示法顯示分析的結果。注意在您的演算法中，必須明確地用指令來維護堆疊。

17. 實作在習題 16 的非遞迴合併排序法，使用習題 13 的問題實例，在您的電腦上執行這個演算法。並將結果與習題 13 中的遞迴合併排序法比較

18. 寫出 *mergesort3*(演算法 7.3) 的一個版本，以及對應 *merge3* 的版本，然後每當走過一輪 repeat 迴圈時，就把兩個陣列的角色交換。

7.5 節 (請同時參照 2.4 節的習題)

19. 實作 2.4 節中討論的快速排序法 (演算法 2.6)，在您的電腦上執行這個演算法，並且使用不同的問題實例來研究它的最佳情況、平均情況及最差情況時間複雜度。

20. 試證明以平均執行的交換次數來看，快速排序的時間複雜度近似於 $0.69(n \pm 1) \lg n$。

21. 寫出非遞迴的快速排序法。分析您的演算法，並且使用量級 (order) 的標示法顯示分析的結果。注意在您的演算法中，必須明確地用指令來維護堆疊。

22. 實作習題 22 的非遞迴快速排序法，使用習題 20 的問題實例，在您的電腦上執行這個演算法。並將結果與習題 20 中的遞迴快速排序法比較。

23. 下面是被副程式 *quicksort* 呼叫的副程式 *partition* 之快速版：

```
void partition (index low, index high, index& pivotpoint)
{
  index i, j; keytype pivotitem;

  pivotitem=S[low]; i=low; j=high +1;
```

```
do
  i++;
while (i<high && S[i]<=pivotitem);
do
  j--;
while (S[j]>pivotitem);
while (i<j) {
    交換 S[i] 與 S[j] 的值;
  do
    i++;
  while (S[i]<=pivotitem);
  do
    j--;
  while (S[j]>pivotitem);
}
pivotpoint=j;
  交換 S[low] 與 S[pivotpoint] 的值;    // 將 pivotitem 放在 pivotpoint 的位置
}
```

試證明若使用這個 *partition* 副程式，那麼以指派值的次數來看，快速排序的時間複雜度為

$$A(n) \approx 0.69(n+1)\lg n$$

試進一步證明以 key 比較的次數來看，平均時間複雜度與之前約略相同。

24. 寫出兩個最適用於快速排序法的問題實例。

25. 另一種利用交換錯位 key 來排序串列的方法稱為泡沫排序法 (Bubble Sort)。泡沫排序法掃瞄相鄰的記錄對，若發現兩者的 key 錯位，就交換兩者的位置。在第一次掃過整個串列後，具有最大 key 的記錄（或最小 key 的記錄）會被移到正確的位置。演算法會在串列尚未排序的剩餘部分重複執行這個程序，直到整個串列已經排序好。寫出泡沫排序法，分析您的演算法，並且使用量級 (order) 的標示法顯示分析的結果。將泡沫排序法的效能與插入排序法、交換排序法及選擇排序法等效能作比較。

7.6 節

26. 請寫出可用來檢查一棵本質完整二元樹 (essentially complete binary tree) 是否為一個堆積 (heap) 的演算法。分析您的演算法，並且使用量級 (order) 的標示法顯示分析的結果。

27. 試證明在一個具有 n 個節點（n 為 2 的乘冪）的堆積中，對於任何 $j < d$，共有 2^j 個節點的深度為 j。在此 d 為該堆積的深度。

28. 試證明一個具有 n 個節點的堆積擁有 $\lceil n/2 \rceil$ 個 leaf 節點。

29. 實作堆積排序法（演算法 7.5），在您的電腦上執行這個演算法，並且使用不同的問題實例來研究它的最佳情況、平均情況及最差情況時間複雜度。

30. 證明堆積排序存在著一種情況，在這種情況中，最差情況的時間複雜度為 $W(n) \approx 2n \lg n \in \Theta(n \lg n)$。

31. 試證明以指派記錄值的次數來看，堆積排序的最差情況時間複雜度近似於 $W(n) \approx n \lg n$。

32. 修改堆積排序，使它在依非遞增順序找到第 k 大的 key 後，就停止作業。分析您的演算法，並且使用量級 (order) 的標示法顯示分析的結果。

7.7 節

33. 根據 key 的比較次數及指派記錄值的次數，列出所有在本章中討論的排序演算法之優劣點。

34. 實作本章中討論的各種演算法，利用不同的問題實例，在您的電腦上執行這些演算法。使用這些執行結果，以及習題 33 提供的資訊，對這些排序演算法做一個詳細的比較。

35. 在選擇排序法、插入排序法、合併排序法、快速排序法與堆積排序法中，您會用哪個演算法來解決下列的串列排序問題？說明您的答案。

    (a) 含有數百筆記錄的串列，記錄的長度很長，但 key 的長度非常短。

    (b) 含有約 45,000 筆記錄的串列。各種情況都必須相當快速地排序完成。記憶體只剛剛好夠存放這 45,000 筆記錄。

    (c) 含有約 45,000 筆記錄的串列，但在開始的時候，只有輕微的順序錯誤情況。

    (d) 含有約 25,000 筆記錄的串列。平均的排序速度必須盡量快，但是並不需要每個個別情況下都排序得很快。

36. 根據 key 的比較次數判斷，為每個本章討論過的排序演算法找出兩個最適用的案例。

7.8 節

37. 寫出能夠對一個由 1 到 n 的整數（頭尾包含在內）構成的排列進行排序的線性時間演算法。（提示：使用具有 n 個項目的陣列。）

38. 請問您在習題 37 寫出之演算法的線性時間效能違反了僅靠 key 之比較進行排序的演算法的下限嗎？證明您的答案。

39. 證明輔助定理 7.9 的一般情況：當 leaf 節點的數目 m 不是 2 的乘冪時。

7.9 節

40. 實作基數排序法（演算法 7.6），在您的電腦上執行這個演算法，並且使用不同的問題實例來研究它的最佳情況、平均情況及最差情況時間複雜度。

41. 試證明當所有 key 均相異時，基數排序法（演算法 7.6) 的最佳情況時間複雜度在 $\Theta(n \lg n)$ 中。

42. 在重建主要串列的程序中，當堆數（基數）很大時，基數排序法（演算法 7.6) 浪費很多時間在檢查空的子串列上。請問有沒有可能只檢查不是空的子串列呢？

進階習題

43. 請寫出一個藉著找到最大與最小的項目，並把這兩個項目分別與第一個及最後一個位置的項目交換，來將一個具有 n 個項目的串列依照非遞增順序排序的演算法。接著將串列的大小減二，排除已經在正確位置的兩個項目，這個程序會持續在串列的剩餘部分執行，直到整個串列都完成排序為止。分析您的演算法，並且使用量級 (order) 的標示法顯示分析的結果。

44. 實作使用不同策略選取樞紐 (pivot) 的快速排序法，在您的電腦上執行這個演算法，並且使用不同的問題實例來研究不同策略快速排序法的最佳情況、平均情況及最差情況時間複雜度。

45. 研究設計一個基於三元堆積 (ternary heap) 上的排序演算法之可行性。所謂三元堆積，就是除了每個內部的節點都有三個子節點以外，其他都和原本的堆積相同。

46. 假定我們想在具有 n 個項目的串列中找到第 k 小的項目，並且我們對這些項目的相對順序不感興趣。請問若 k 為常數時，有可能找到一個線性時間的演算法嗎？說明您的答案。

47. 若有一個很大的串列儲存在外部記憶體中，並且需要被排序。假定這個串列對於內部記憶體來說過大，請問哪些因素是設計外部排序演算法所必須考慮的？

48. 根據演算法背後的觀念，將本章討論到的演算法加以分類。例如，堆積排序與選擇排序尋找最大（或最小）的 key，並根據所需的順序將這個 key 與最後（或第一個）項目交換位置。

49. stable 排序演算法對於 key 相等的情況，會保留原來的順序。請問本章討論的排序演算法中，哪個是 stable？說明您的答案。

50. 哪個排序演算法在習題 49 中被認為是 unstable，但是可以改為 stable 排序演算法？

Chapter 8

續探計算複雜度：
搜尋問題

回想在第一章剛剛開始時，我們曾經提到的例子：Barney Beagle 使用改良式二元搜尋法，並且很快地找到了 Colleen Collie 的電話號碼。Barney 想知道是否可以找到更快的演算法來尋找 Colleen 的號碼。因此，接著我們就來對搜尋問題進行分析，以便得知找到更快演算法的可能性。

如同排序一般，搜尋在資訊工程領域中亦廣為使用。一般搜尋問題就是根據某個 key 欄位的值來取出整筆記錄。例如，一筆記錄可能含有個人資訊，而 key 欄位可能是社會安全碼。在這裡，我們的目標和前一章類似。我們想分析搜尋問題，並且證明我們已經求得時間複雜度約略達到下限的搜尋演算法。此外，我們想討論這些演算法的資料結構以便討論某個資料結構何時滿足某種特定應用程式的需要。

在 8.1 節中，我們得到了僅用 key 的比較在陣列中找尋某個 key 之演算法的下限（如同我們在前一章所做的），我們也證明二元搜尋（演算法 1.5 及 2.1）的效能約略等於這個下限。在尋找電話號碼時，Barney Beagle 實際上用的是二元搜尋的一種稱為 "內插搜尋 (Interpolation Search)" 的改良版，這種方法除了 key 的比較之外，還有做一些其他的動作。也就是說，當尋找 Colleen Collie 的號碼時，Barney 並不是從電話簿的中間開始找，因為他知道由 C 開始的名字靠近電話簿的開頭。他 "內插" 並且由靠近書的前端開始找。我們在 8.2 節中將會討論內插搜尋。在 8.3 節中，我們將證明陣列不符某些應用程式的其他需求（除了搜尋外）。因此，雖然二元搜尋法已經是最好的，但因它必須用陣列來實作，因此我們無法將該演算法用在某些應用程式上。我們將證明樹狀結構符合這些應用程式的需求，並且討論樹狀搜尋。8.4 節考慮的是，當一個已排序序列中的資料曾被取出與否並不重要時，該如何設計搜尋的機制。我們會在 8.4 節討論一種雜湊 (hashing) 的方法。8.5

節討論一種不同的搜尋問題—選拔問題 (Selection Problem)，也就是在一個含有 n 個 key 的串列中，找出第 k 小（或第 k 大）的 key。在 8.5 節中，我們介紹另一種工具，可用來求出解一特定問題之各種演算法的效能極限－ adversary argument。

• 8.1　僅用 Key 的比較進行搜尋之演算法的時間複雜度下限

茲描述 key 的搜尋問題描述如下：給定一個含有 n 個 key 的陣列 S 及 key x，若 x 等於位於 $S[i]$ 的 key，就回傳索引值 i；若整個 S 中沒有任何一個 key 與 x 相等，則回傳失敗的訊息。

　　當陣列已經排序完成，二元排序法 (Binary Search，演算法 1.5 與 2.1) 就足以解決這樣的搜尋問題。回想二元搜尋法的最差情況複雜度為 $\lfloor \lg n \rfloor + 1$。是否可能提升搜尋的效能呢？我們會發現，只要我們仍然使用僅用 key 的比較的搜尋法，就無法再提升搜尋的效能了。只靠 key 的比較在陣列中搜尋 key x 的演算法可以把任兩個陣列中的 key 拿來互相比較，或拿陣列中的 key 與 key x 相比較，但是不能在這些 key 上進行其他的運算。然而，若要增進這些演算法的效能，必須使用其他資訊，例如陣列是已排序過的（如同二元排序法）。如同在第七章所做的，我們會求出必然式 (deterministic) 演算法的效能極限。即使考慮或然式 (probabilistic) 演算法，結果依然成立。此外，如同第七章，我們將假定陣列中的 key 是相異的。

就像我們對必然式排序演算法所做的，我們也可以把每個在含有 n 個 key 的陣列中搜尋 key x 的必然式演算法對應到一棵決策樹。圖 8.1 顯示了一棵決策樹，這棵樹代表了含有 7 個待搜尋 key 的二元搜尋法，而圖 8.2 顯示了一棵對應於循序搜尋法（演算法 1.1）的決策樹。在這些決策樹中，每個大節點代表一次陣列中的某項目與 key x 的比較，每個小節點 (leaf 節點) 含有被回報的結果。若 x 在陣列中，我們回報與 x 相等那個項目的索引，若 x 不在陣列中，我們回報 "F" 代表搜尋失敗。在圖 8.1 與 8.2 中，s_1 到 s_7 代表的值如下所示：

$$S[1] = s_1, \qquad S[2] = s_2, \qquad \cdots, \qquad S[7] = s_7$$

　　假定搜尋演算法不會改變陣列任一個項目的值，因此當搜尋完畢後，陣列還是保持原狀。

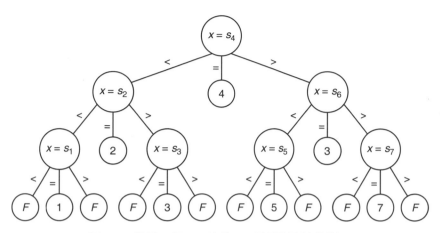

圖 8.1　搜尋 7 個 key 時的二元搜尋對應決策樹。

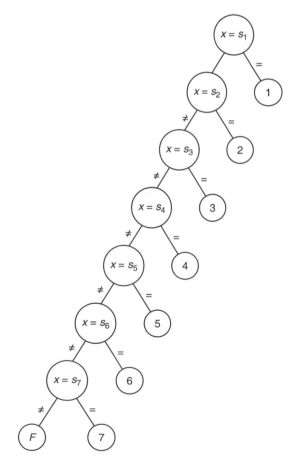

圖 8.2　搜尋 7 個 key 時的對應於循序搜尋的決策樹。

決策樹上的每個 leaf 代表演算法停止執行的點。此時演算法會傳回與 key x 相等的 $S[i]$ 的索引值 i，或是傳回失敗。每個內部節點代表一次比較的運算。若每種可能的結果都對應到一條從根節點到 leaf 的路徑，每條路徑中的 leaf 節點代表回傳的結果，這棵決策樹就是**有效** (valid) 的。也就是說，對於 $1 \le i \le n$，必有一條路徑使得 $x = s_i$，並有一條路徑會通往失敗。若每個 leaf 節點都是可抵達的，我們稱這棵決策樹**被修剪** (pruned)。

每種在一個含有 n 個 key 的陣列中搜尋 key x 的演算法都對應到一棵已修剪且有效的決策樹。在一般情況下，搜尋演算法並不是永遠拿 x 與陣列中的項目比較。也就是說，可能拿兩個陣列中的項目互相比較。然而，由於我們假定所有的項目均相異，因此只有當 x 被拿來比較時，比較的結果才有可能出現相等。在二元排序法及循序排序法的案例中，當演算法求出 x 等於某個陣列項目，演算法就會停止執行並傳回該項目的索引。一個沒效率的演算法可能會在得知 x 與某項目相同後，繼續進行比較的動作，在稍後才把找到項目的索引傳回去。然而，我們可以用一個會在找到相同項目時就停止並且傳回該項目的索引之演算法來取代前面所提沒效率的演算法。新的演算法的效率最少與原來相同。因此，我們只需考慮為了在 n 個相異 key 中尋找 key x 而建立之已修剪且有效的決策樹，在這棵決策樹中，當比較的結果為等於時，會走到某個 leaf 節點，並傳回與 key x 相等項目的索引。由於比較的結果只有三種，一個必然式演算法在比較之後最多只可能有三種路徑可以走。也就是說，在相對應的決策樹中，每個比較節點最多只能有三個子節點。由於等於的情況會通往一個傳回索引的 leaf 節點，故最多只能有兩個子節點是比較節點。因此，由這棵樹中所有比較節點構成的集合會形成一個二元樹。如圖 8.1 及 8.2 的大節點構成的集合。

• 8.1.1 最差情況的下限

由於在一棵有效且已修剪的決策樹中，我們必定能抵達每個 leaf 節點，故最差情況下，這種決策樹所做的比較次數，即相當於在所有比較節點構成的二元樹中，從根節點到 leaf 節點的最長路徑。這個數值就等於該二元樹的深度加 1。因此，若要求出最差情況下的比較次數下限，我們僅需要求出由所有比較節點構成的二元樹之深度下限。這個下限可由下列的輔助定理及定理求得。

▲ **輔助定理 8.1**

若 n 為二元樹含有的節點數，且 d 為該樹的深度，則

$$d \ge \lfloor \lg(n) \rfloor$$

證明：我們知道

$$n \leq 1 + 2 + 2^2 + 2^3 + \cdots + 2^d$$

由於根節點只有一個，第一層最多有兩個節點，第二層有 2^2 個節點，$\cdots$，第 d 層有 2^d 個節點。把這個結果應用在附錄 A 的範例 A.3 可以得到

$$n \leq 2^{d+1} - 1$$

也就是說

$$n < 2^{d+1}$$
$$\lg n < d + 1$$
$$\lfloor \lg n \rfloor \leq d$$

雖然下個輔助定理看起來似乎很符合直覺，但要嚴謹地證明它可是不簡單的。

▲ **輔助定理 8.2**

若要成為一棵有效且已修剪，且可用來在 n 個相異 key 中搜尋 key x 的決策樹，則由這棵樹中所有的比較節點構成的二元樹至少必須含有 n 個節點。

證明：令 s_i 為 n 個 key 的值，其中 $1 \leq i \leq n$。首先證明每個 s_i 必須在至少一個比較節點中（也就是說，每個 s_i 必須參與到至少一個比較中）。假若這個性質對於某個 i 不成立。我們取兩個除了第 i 個 key 不同，其他 key 都相同的輸入來看。令 x 為其中一個輸入的 s_i 值。由於 s_i 並未在任何比較節點中出現，並且所有其他的 key 在兩個輸入中都相同，這棵決策樹對於這兩個輸入所做的行為是相同的。其實，決策樹應該在其中一個輸入回報 i，而另一個輸入不應該回報 i。這個矛盾證明了每個 s_i 都必須出現在至少一個比較節點中。

由於每個 s_i 都必須出現在至少一個比較節點中，唯一的可能情形是至少有一個 s_i 僅出現在與其他 key 相比的比較節點中－也就是說，有一個 s_i 永不會被拿來與 x 相比。假定有這樣的 key。我們取兩個除了 s_i 不同，其他位置都相同的輸入，而 s_i 在兩個輸入中都是最小的 key。令 x 為其中一個輸入的第 i 個 key。一條由某個含有 s_i 的比較節點開始的路徑，對這兩個輸入都會往同樣的方向走，而在這兩個輸入中，其他所有的 key 都是相同的。因此，這棵決策樹在接受這兩個輸入時會做出相同的行為。然而，對於其中的一個輸入，決策樹應該傳回 i，而另一個輸入，決策樹不應該傳回 i。這個矛盾點使得本輔助定理得證。

▶ 定理 8.1

任一僅用 key 的比較在具有 n 個相異 key 的陣列中搜尋 key x 的必然式演算法，在最差情況下，必須做至少

$$\lfloor \lg n \rfloor + 1 \text{ 次 key 的比較}$$

證明：對應於這個演算法，存在著一個有效且已修剪的決策樹可用來在 n 個相異的 key 中尋找 key x。最差情況的比較次數恰為由該對應的決策樹裡，所有比較節點構成的二元樹中，由根節點到最遠 leaf 節點構成的最長路徑上的節點數。這個數值即為該二元樹的深度加 1。輔助定理 8.2 說明了這棵二元樹至少有 n 個節點。因此，根據輔助定理 8.1，這棵二元樹的深度大於或等於 $\lfloor \lg n \rfloor$。故本定理得證。

由 2.1 節回想，在最差情況下，二元搜尋法所做的比較次數為 $\lfloor \lg n \rfloor + 1$。因此，就最差情況而言，二元搜尋法的表現已經達到最理想的程度了。

8.1.2　平均情況的下限

在討論平均情況的極限之前，讓我們對二元搜尋法進行平均情況的分析。由於使用決策樹可以幫助分析的進行，所以我們直到現在才作這個分析。首先，我們需要一個定義及輔助定理。

若二元樹的根節點到 $d - 1$ 層構成了一棵完整二元樹，這棵樹就稱為 **近乎完整二元樹** (nearly complete binary tree)。每棵本質完整二元樹就是近乎完整二元樹，但是近乎完整二元樹並不一定是本質完整二元樹，如圖 8.3 所示。（請見 7.6 節中對於完整二元樹與本質完整二元樹的定義）。

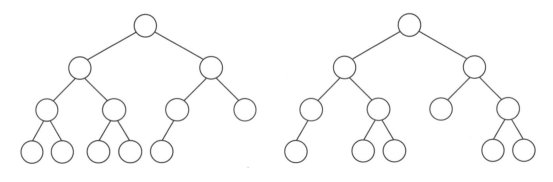

(a)　　　　　　　　　　　　　　　(b)

圖 8.3　(a) 本質完整二元樹 (b) 近乎完整二元樹，但是並非本質完整二元樹。

如同輔助定理 8.2，下列的輔助定理看起來似乎很符合直覺，但要嚴謹地證明它可不簡單。

▲ 輔助定理 8.3

對應到二元搜尋法之有效且已修剪的決策樹中的所有比較節點構成的樹必為近乎完整二元樹。

證明： 我們可以在 n，也就是 key 的數目上進行歸納法來完成證明。很清楚地，由所有比較節點構成的樹是一棵含有 n 個節點的二元樹，每個節點代表一個 key。因此，我們可以在二元樹中的節點數上應用歸納法。

歸納基底： 只有一個節點的二元樹顯然是近乎完整二元樹。

歸納假設： 假定對於所有 k ⊴ n，含 k 個節點的二元樹為近乎完整二元樹。

歸納步驟： 我們必須證明含有 n 個節點的二元樹為近乎完整二元樹。我們將 n 為奇數的例子與 n 為偶數的例子分開討論。

若 n 為奇數，則二元搜尋法的第一次切割會把陣列切成兩個大小各為 $(n-1)/2$ 的子陣列。因此，左 subtree 與右 subtree 都是對應於二元搜尋中搜尋 $(n-1)/2$ 個 key 的情形，這代表著，就結構而言，這兩棵樹是相同的。根據歸納假設，它們均為近乎完整二元樹。由於它們是相同的近乎完整二元樹，因此原來的樹也是近乎完整二元樹。

若 n 為偶數，則二元搜尋法的第一次切割會把陣列切成在右方的一個大小為 $n/2$ 的子陣列，以及在左方的一個大小為 $(n/2)-1$ 的子陣列。為了說的具體一點，我們將討論奇數個 key 在左邊的情形。其證明與奇數個 key 在右邊的情形相似。當奇數個 key 在左邊時，左 subtree 本身的左 subtree 及右 subtree 是同樣的樹（如前面所討論的）。右 subtree 本身的一個 subtree 也是同樣的樹（您必須對此加以驗證）。由於右 subtree 為近乎完整二元樹（根據歸納假設）且由於右 subtree 的其中一個 subtree 與左 subtree 的左右 subtree 完全相同，因此整棵樹必為近乎完整二元樹。請見圖 8.4 對此事的說明。

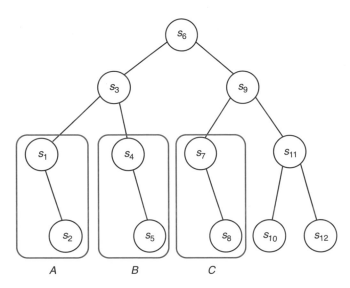

圖 8.4　由 $n = 12$ 時的二元搜尋之對應決策樹中的比較節點構成的二元樹。我們只把 key 的值顯示在節點上。A、B、C 三棵 sub tree 具有相同的結構。

現在我們就對二元搜尋法進行平均情況的分析。

分析演算法
8.1

平均情況的時間複雜度（二元搜尋，遞迴版）

基本運算：x 與 $S[mid]$ 的比較

輸入大小：n，陣列中 key 的數目。

首先，分析已知 x 在陣列中的例子。這裡的分析基於一個假設：x 出現在每一格的機會相同。我們把從根節點到某節點形成的路徑中含有的節點數稱為該節點的**節點距離**（node distance），而一棵樹中所有節點距離的總和稱為**整體節點距離**（total node distance, TND）。請注意到某節點的距離比從根節點到該節點的路徑長度多 1。對於由圖 8.1 中的比較節點構成的二元樹，

$$TND = 1 + 2 + 2 + 3 + 3 + 3 + 3 = 17$$

不難看出二元搜尋的決策樹為了在所有可能的陣列單元中尋找 x 所做的比較次數恰與由該決策樹的所有比較節點構成的二元樹之 TND 相等。在 x 出現在任一格機會相等的前提之下，尋找 x 所花的平均比較次數為 TND/n。為簡化起見，一開始我們就假定 $n = 2^k - 1$，其中 k 為某個整數。輔助定理 8.3 說，由對應於二元搜尋法的那棵決策樹所有比較節點構成之二

元樹為近乎完整二元樹。不難看出若某棵近乎完整二元樹含有 $2^k - 1$ 個節點，它其實就是完整二元樹。在圖 8.1 中那棵由所有比較節點構成的二元樹說明了當 $k = 3$ 的情況。在一棵完整二元樹中，TND 可以由下面的式子求得：

$$TND = 1 + 2\,(2) + 3\,\left(2^2\right) + \cdots + k\,\left(2^{k-1}\right)$$
$$= \frac{1}{2}\left[(k-1)\,2^{k+1} + 2\right] = (k-1)\,2^k + 1$$

第二個到最後一個不等式由套用附錄 A 的範例 A.5 得到。由於 $2^k = n + 1$，比較次數的平均值為

$$A\,(n) = \frac{TND}{n} = \frac{(k-1)\,(n+1) + 1}{n} \approx k - 1 = \lfloor \lg n \rfloor$$

對於一般情況下的 n，平均比較次數的極限近似於

$$\lfloor \lg n \rfloor - 1 \leq A\,(n) \leq \lfloor \lg n \rfloor$$

若 n 為 2 的乘冪或略大於 2 的乘冪，則平均值會接近下限，若 n 略小於 2 的乘冪，平均值會接近上限。在習題中，您將證明這個結果。很直覺地，圖 8.1 顯示了為什麼結果會這樣。若我們加了一個節點使得總節點數成為 8，$\lfloor \lg n \rfloor$ 由 2 變為 3，但是平均比較次數幾乎沒有改變。

接著，分析 x 可能不在陣列中的情況。x 在陣列中的位置共有 $2n + 1$ 種可能性：x 比所有的項目都小，x 介於兩個項目之間，x 比所有項目都大。以數學式表示如下：

$$x = s_i \qquad \text{其中 } 1 \leq i \leq n$$
$$x < s_1$$
$$s_i < x < s_{i+1} \qquad \text{其中 } 1 \leq i \leq n - 1$$
$$x > s_n$$

假定各種可能性的機會相等。為簡化起見，一開始我們就假定 $n = 2^k - 1$，其中 k 為某個整數。搜尋成功的比較次數總和即為由比較節點構成的二元樹之 TND。前面提過這個數值為 $(k-1)2^k + 1$。搜尋失敗共有 $n + 1$ 種情況，每個情況均進行 k 次比較（參見圖 8.1）。故平均比較次數為

$$A\,(n) = \frac{TND + k\,(n+1)}{2n + 1} = \frac{(k-1)\,2^k + 1 + k\,(n+1)}{2n + 1}$$

由於 $2^k = n + 1$，故

$$A(n) = \frac{(k-1)(n+1) + 1 + k(n+1)}{2n+1}$$

$$= \frac{2k(n+1) + 1 - (n+1)}{2n+1}$$

$$\approx k - \frac{1}{2} = \lfloor \lg n \rfloor + 1 - \frac{1}{2} = \lfloor \lg n \rfloor + \frac{1}{2}$$

對於一般情況下的 n，平均比較次數的極限近似於

$$\lfloor \lg n \rfloor - \frac{1}{2} \leq A(n) \leq \lfloor \lg n \rfloor + \frac{1}{2}$$

若 n 為 2 的乘冪或略大於 2 的乘冪，則平均值會接近下限，若 n 略小於 2 的乘冪，平均值會接近上限。我們留給您在習題中證明。

　　二元搜尋法平均情況的效能並沒有比其最差情況的效能高出很多。觀察圖 8.1 可以看出原因。在圖中，大多數有結果的節點是位於樹的底部 (也就是最差情況發生處)。即使我們不考慮搜尋失敗的案例，這個性質依然成立。(請注意，所有搜尋失敗都是位於樹的底部。)

　　接著要證明的是：在前一個分析的假定成立下，二元搜尋法的平均情況效能已經是最佳的了。首先，定義 $minTND(n)$ 代表含有 n 個節點之二元樹的 TND 最小值。

▲ **輔助定理 8.4**

含有 n 節點的二元樹之 TND 將等於 $minTND(n)$ 若且唯若該樹為近乎完整二元樹。

證明：首先，證明若二元樹的 $TND = minTND(n)$，該樹為近乎完整二元樹。假設某個二元樹並非近乎完整。則必有一個不是位於最底兩層的節點，含有 0 個或一個子節點。我們可以從最底層移除任一個節點 A，使 A 成為該節點的子節點。變動後的樹依舊為含有 n 節點的二元樹。在新樹中，抵達 A 的路徑的節點數將至少比原樹中抵達 A 的節點數少 1。到所有其他節點的路徑之節點數則保持相等。因此，我們建立了一個含有 n 節點且 TND 比原樹小的二元樹，意指原樹的 TND 並不是最小的。

不難看出所有含 n 節點的近乎完整二元樹之 TND 值均相等。因此，每個這種樹的 TND 必為最小的 TND。

▲ **輔助定理 8.5**

假若我們在 n 個相異 key 中搜尋 key x，已知 x 在陣列中，x 出現在陣列中的每個單元的機會相等。則二元搜尋法的平均情況時間複雜度為

$$\frac{minTND(n)}{n}$$

證明：如同在二元搜尋法的平均情況複雜度分析中所討論的，平均情況時間複雜度可由在對應決策樹中所有比較節點構成的二元樹之 TND 除以 n 得到。證明由輔助定理 8.3 及 8.4 一路下來得到。

▲ **輔助定理 8.6**

若我們假定 x 在陣列中，並且 x 出現在陣列中的每個單元的機會相等，則任一在 n 個相異 key 構成的陣列中搜尋 key x 的必然式演算法之平均情況時間複雜度的極限為

$$\frac{minTND(n)}{n}$$

證明：如同輔助定理 8.2 所證明的，在演算法對應的決策樹中，每個陣列中的項目 s_i 至少與 x 比較過一次。令 c_i 為通往含有 s_i 與 x 之比較節點的最短路徑，由於每個 key 和 key x 相等的機率是相同的，因此平均情況時間複雜度的下限為

$$c_1\left(\frac{1}{n}\right) + c_2\left(\frac{1}{2}\right) + \cdots + c_n\left(\frac{1}{n}\right) = \frac{\displaystyle\sum_{i=1}^{n} c_i}{n}$$

至於證明最後一個運算式的分子大於或等於 $minTND(n)$ 則留作習題。

▶ **定理 8.2**

在所有僅用 key 的比較，於具有 n 個相異 key 的陣列中搜尋 key x 的必然式演算法中，假定 x 在陣列中且 x 出現在每個陣列單元的機會相等，則二元搜尋法在平均情況的效能已經是最好的。因此，在這樣的假定下，任何這種演算法在平均情況下所做比較次數的下限近似於

$$\lfloor \lg n \rfloor - 1 \text{ 次}$$

證明：參照輔助定理 8.5 與 8.6 及二元搜尋法的平均情況時間複雜度分析，即可得證。

　　若假定所有可能的 $2n + 1$ 種結果（如二元搜尋法的平均情況分析中討論的）發生的機會相同的話，我們也可以證明二元搜尋法的平均效能是最好的。

　　我們已經證明在特定的機率分佈下，二元搜尋法的平均效能是最好的。對於其他的機率分佈來說，二元搜尋則未必是最好的。例如，若 x 等於 $S[1]$ 的機率為 0.9999，則先把 x 拿來與 $S[1]$ 比較會得到最佳的效能。這個例子有點像是做出來的。一個更實際的例子是搜尋一個隨意挑出的美國人名字。如同 3.5 節討論的，我們無法把 "Tom" 與 "Ursula" 兩個名字的發生機率視為相等。前面所做的分析將無法應用在這個例子上，必須考慮其他的事情。3.5 節陳述了某些考慮點。

● 8.2　內插搜尋

剛剛我們已經求得只靠 key 的比較之演算法的極限了。如果使用其他資訊來幫助搜尋，我們可以再把極限往上推升。回想 Barney Beagle 除了把 Colleen Collie 的名字 (key) 拿來跟電話簿上的名字之外，他還使用了其他資訊：他並不是從電話簿的中間開始找，因為他知道 C 開始的名字是靠近書的前半部份的。他 "內插" 並且由靠近前端的部分開始找。我們接下來會發展一個運用這種策略的演算法。

　　假設我們正在搜尋 10 個整數，已知第一個整數的範圍由 0 到 9，第二個由 10 到 19，第三個由 20 到 29，…，第十個由 90 到 99。若要搜尋的 key x 小於 0 或大於 99，則可以直接回報搜尋失敗。若不是這兩種情況，我們只需要把 x 與 $S[1 + \lfloor x/10 \rfloor]$ 相比。例如，若 $x = 25$，則 x 將被拿來與 $S[1 + \lfloor 25/10 \rfloor] = S[3]$ 相比。若這兩者不相等，則回報搜尋失敗。

　　通常並沒有這麼多資訊以資應用。然而，在某些應用程式中，假設 key 出現在第一個項目到最後一個項目間機會均等是合理的。在這種情況下，我們可以把 x 與 x 可能出現位置上的 key 做比較，來取代把 x 與最中間的 key 做比較的動作。例如，若我們認為 10 個 key 在 0 到 99 間平均分佈。假設 $x = 25$，則我們預計 x 將會出現在接近第三個位置的地方，我們將把 x 與 $S[3]$ 做比較而不是跟 $S[5]$ 做比較。這個演算法實作了稱為**內插搜尋**的策略。如同在二元搜尋中，low 一開始被設為 1，而 $high$ 被設為 n。接下來我們會用線性內插法來求出 x 大概會出現的位置。也就是說，用下面的式子來計算

$$mid = low + \left\lfloor \frac{x - S[low]}{S[high] - S[low]} \times (high - low) \right\rfloor$$

例如，若 $S[1] = 4$，$S[10] = 97$，且 $x = 25$，

$$mid = 1 + \left\lfloor \frac{25 - 4}{97 - 4} \times (10 - 1) \right\rfloor = 1 + \lfloor 2.032 \rfloor = 3$$

除了計算 mid 與一些額外的記錄之外，內插搜尋法的進行方式幾乎與二元搜尋（演算法 1.5）相同。

▶ 演算法 8.1 **內插搜尋** (Interpolation Search)

問題：得知 x 是否位於大小為 n 的已排序陣列 S 中。

輸入：正整數 n，含有 n 個 key 的已排序（以非遞減順序排列）陣列 S（索引值由 1 到 n）。

輸出：若 x 在 S 中，則傳回位置的索引 i；若 x 不在 S 中，則傳回 0。

```
void interpsrch (int n,
                 const number S[],
                 number x, index& i)
{
  index low, high, mid;
  number denominator;
  low = 1; high = n; i = 0;

  if (S[low] ≤ x ≤ S [high])
     while (low <= high && i == 0){
         denominator = S[high] - S[low];
         if (denominator == 0)
             mid = low;
         else
             mid = low +⌊((x-S[low])*(high - low))/denominator/⌋;
         if (x == S[mid])
             i = mid;
         else if (x < S[mid])
             high = mid - 1;
         else
             low = mid + 1;
     }
}
```

若這些 key 在空間中平均分佈，內插搜尋到達 x 可能出現位置的速度較二元搜尋為快。例如，在前個例子中，若 $x = 25 < S[3]$，內插搜尋會把案例的大小由 10 減到 2，而二元搜尋只能把大小減到 4。

假定這些我們要找的 key 平均分佈在 $S[1]$ 與 $S[n]$。也就是說，一個任意選出的 key 位於某特定範圍的機率與該 key 位於任何其他長度相同範圍的機率相等。若是這種情況，我們會希望在接近內插搜尋預測的位置找到 x，這樣子內插搜尋的平均效能才會超過二元搜尋。更確切地，在 key 平均分佈且欲搜尋的 key x 出現於陣列每個單元的機會相等的假設之下，我們證明內插搜尋的平均情況時間複雜度可由下面的式子得到

$$A(n) \approx \lg(\lg n)$$

若 n 等於十億，$\lg(\lg n)$ 約等於 5，而 $\lg n$ 約等於 30。

內插搜尋的主要缺點在於它的最差情況效能。假定共有 10 個 key，其值分別為 1、2、3、4、5、6、7、8、9、100。若 x 等於 10；mid 將一再被設定為 low，而 x 將被拿來與每個 key 比較。在最差的情況下，內插搜尋的行為會退化成跟循序搜尋法一樣。有一種內插搜尋法的變形稱為稱為**強健內插搜尋法** (Robust Interpolation Search)。這種搜尋法利用建立一個變數 gap 使得 $mid - low$ 與 $high - mid$ 保持比 gap 還大。一開始，我們設定

$$gap = \left\lfloor (high - low + 1)^{1/2} \right\rfloor$$

並使用前面線性內插的公式來計算 mid 的值。在計算出 mid 之後，我們還要用下面的公式來重新調整 mid 的值：

$$mid = minimum\,(high - gap,\ maximum\,(mid,\ low + gap))$$

在 $x = 10$ 而 10 個 key 分別為 1、2、3、4、5、6、7、8、9、100 的例子中，一開始 gap 的啟始值為 $\lfloor (10 - 1 + 1)^{1/2} \rfloor = 3$，$mid$ 的啟始值為 1，因此我們得到

$$mid = minimum\,(10 - 3,\ maximum\,(1, 1 + 3)) = 4$$

使用這種方法可保證用來比較的位置之索引值最少跟 low 及 $high$ 相差 gap。每當搜尋 x 的動作繼續在含有較多項目的子陣列中執行時，gap 的值就會倍增，但是 gap 決不會比這個子陣列中項目數的一半還大。例如，在前面的例子中，尋找 x 的動作會繼續在項目較多的子陣列 ($S[5]$ 到 $S[10]$) 中進行。因此，我們會將 gap 的值倍增，但是在這個例子中，子陣列只含有 6 個項目，而倍增 gap 會讓 gap 超過子陣列項目數的一半。將 gap 倍增是為了加快離開較大群聚的速度。若 x 在含有較少陣列項目的子陣列中被找到時，我們把 gap 的值回復到其啟始值。

在這些 key 平均分佈且 x 位於陣列中的每個位置機率相等的假設之下，強健內插搜尋法之平均情況時間複雜度為 $\Theta(\lg(\lg n))$。它的最差情況時間複雜度為 $\Theta((\lg n)^2)$，比二元搜尋法略差但優於內插搜尋法。

強健內插搜尋相對於內插搜尋來說，多了一些額外的計算；而內插搜尋相對於二元搜尋來說，也多了一些額外的計算。實際上，我們應該分析用增加計算量來換取比較次數的節省是否值得。

這裡描述的搜尋也適用於字的搜尋，因為字可以被編碼成數字。因此我們可以將修改的二元搜尋法用在電話簿的搜尋上。

• 8.3　在樹中搜尋

接下來我們要討論的是：雖然二元搜尋與其變形的內插搜尋及強健內插搜尋都非常有效率，但是它們卻不適合用在某些應用程式上。因為對於這些應用程式來說，陣列並不適合用來儲存資料。然後我們要證明在這些應用程式中，使用樹狀結構來儲存資料是合適的。再者，我們將證明在樹中搜尋的演算法之時間複雜度為 $\Theta(\lg n)$。

靜態搜尋意指搜尋過程中所有的記錄一次被加到檔案中，並且之後並不會加入新的記錄或刪除記錄。適合使用靜態搜尋的例子如作業系統指令所做的搜尋。然而，許多應用程式必須要用到**動態搜尋**，意指在搜尋的過程中會頻繁地加入或刪除記錄。航空公司的訂位系統就是需要用到動態搜尋的例子，因為消費者會頻繁地要求訂位或刪除訂位。

陣列並不適合用在動態搜尋上。因為當我們循序加入一筆記錄到已排序陣列中時，我們必須把位於剛剛加入的那筆記錄之後的記錄全部往後挪動。二元搜尋法要求所有的 key 必須形成陣列的結構，因為這樣找到中間項的效率才會高。這意味著二元搜尋無法用在動態搜尋上。雖然使用鏈結串列來代替陣列，就可以很快地加入或刪除記錄，但是我們無法找到一種有效率對鏈結串列的搜尋方式。因此，鏈結串列無法滿足動態搜尋應用程式的搜尋需求。若是必須在已排序的序列中，快速地把 key 重取出來，那麼動態存取儲存（雜湊）就無效了（雜湊將在下一節討論）。使用樹狀結構可以實作有效率的動態搜尋。首先我們要討論二元搜尋樹。在這之後，我們要討論 B-tree，也是二元搜尋樹的改良版。B-tree 必須被保證始終維持平衡狀態。

在這裡，我們的目的是更深入地分析搜尋問題。因此，我們只碰觸與二元搜尋樹與 B-tree 有關的演算法。這些演算法在很多資料結構的文章中廣為討論，如 Kruse(1994)。

• 8.3.1　二元搜尋樹 (Binary Search Tree)

　　二元搜尋法已經在 3.5 節中介紹過了。當時的目的是為了討論靜態搜尋應用程式。也就是說，我們想要根據對各個 key 進行搜尋的機率建立一個最佳的搜尋樹。建立搜尋樹的演算法 (演算法 3.9) 要求所有的 key 必須在同一時間加入。然而，二元搜尋樹也同樣適合用在動態搜尋上。使用二元搜尋樹可有效降低平均搜尋時間，並保持新增與刪除 key 的快速。再者，以**中序走訪** (in-order traversal) 搜尋樹，就可以快速地由已排序的序列中重取出我們要求的 key。若對一棵二元樹執行中序走訪，首先，先對左 subtree 進行中序走訪，接著，拜訪根節點，最後，對右 subtree 進行中序走訪。

　　圖 8.5 顯示了一棵含有前七個整數的二元搜尋樹。演算法 3.8 將搜尋的 key x 與根節點的值比較，以便搜尋這棵樹。若兩者相等，則搜尋工作結束。若 x 較小，我們會用同樣的搜尋策略去搜尋左邊的子節點。若 x 較大，我們會用同樣的搜尋策略去搜尋右邊的子節點。以這種方式繼續走訪這棵樹，直到找到 x 或是已經知道 x 不在這棵樹中為止。您也許會注意到當我們使用這種演算法對圖 8.5 中的樹進行搜尋時，所執行的比較與二元搜尋所對應的決策樹 (見圖 8.1) 所執行的均相同。這個現象說明了二元搜尋與二元搜尋樹的基本關係。也就是說，對應於二元搜尋 (當搜尋 n 個 key 時) 之決策樹中的那些比較節點同時也代表了一棵二元搜尋樹。在這棵搜尋樹中，演算法 3.8 會跟二元搜尋做完全相同的比較動作。因此，就像二元搜尋法一樣，當演算法 3.8 被應用在這棵決策樹時，演算法 3.8 是用來搜尋 n 個 key 的最佳演算法。

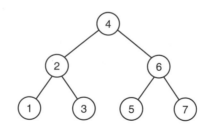

圖 8.5　含有前七個整數的二元搜尋樹

　　我們可以有效率地對圖 8.5 中的樹進行增加或刪除 key 的動作。例如，若要增加 key 5.5，我們只要從搜尋樹的根節點往下走，若 5.5 比位於被拜訪節點的 key 大，就往右邊走，反之則往左走。直到我們找到一個含有 5 的 leaf 節點。接著我們讓 5.5 成為 leaf 節點的右子節點。如前所提，增加與刪除的實際演算法可以在 Kruse (1994) 中找到。

　　二元搜尋樹的缺點是：若是動態地增加或刪除 key，就無法保證這棵樹是平衡的。例如，如果以遞增的順序把 key 加入，就會得到圖 8.6 的樹。這棵所謂的**偏斜樹** (skew tree)，其實就是鏈結串列。如果使用演算法 3.8 來搜尋這棵樹，其效果相當於循序搜尋法。在這種情況下，使用二元搜尋法並沒有比循序搜尋法多得到什麼效能上的改進。

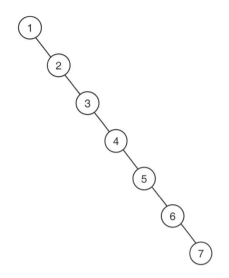

圖 8.6　含有前七個整數的偏斜二元搜尋樹。

　　若 key 以隨機的方式加入，則最後生成的搜尋樹成為一個較平衡的樹的機率應該遠大於成為一個鏈結串列的機率。(參見 A.8.1 節，在附錄 A 對隨機的討論。) 因此，平均起來，可期待這是一種有效率的搜尋方式。事實上，有個定理在討論這種效果。首先，我們用這個定理來解釋剛剛得到的結果。在各種輸入發生的機率相等的前提下，這個定理求出了含有 n 個 key 之輸入的平均搜尋時間。藉著這個我們意指 n 個 key 構成的各種可能序列做為建構搜尋樹演算法之輸入的機率均相同。例如，若 $n = 3$ 且 $s_1 < s_2 < s_3$ 是那三個 key。下列這些序列做為輸入的機率是相等的：

$$[s_1, s_2, s_3] \qquad [s_1, s_3, s_2] \qquad [s_2, s_1, s_3]$$
$$[s_2, s_3, s_1] \qquad [s_3, s_1, s_2] \qquad [s_3, s_2, s_1]$$

　　請注意兩種不同的輸入可能造成同樣的搜尋樹。例如，$[s_2, s_3, s_1]$ 與 $[s_2, s_1, s_3]$ 會造成同樣的樹，那就是 — s_2 在根節點，s_1 在左節點，s_3 在右節點。有時，某種樹只會由一種輸入造成。例如，由 $[s_1, s_2, s_3]$ 產生的樹並不會由其他種輸入產生。在我們的前提中，機率相等的是各種輸入，而非各種搜尋樹。因此，每種輸入出現的機率為 $1/6$，由 $[s_2, s_3, s_1]$ 與 $[s_2, s_3, s_1]$ 所產生的樹出現的機率為 $1/3$，由 $[s_1, s_2, s_3]$ 產生的樹出現的機率為 $1/6$。我們也假定 key x 等於 n 個 key 中的任一個 key 的機率均相同。以下就來證明這個定理。

► 定理 8.3

在所有的輸入出現機率相等及 key x 為 n 個 key 中任一個 key 之機率相等的前提下，以各種含有 n 個相異 key 的輸入建構二元搜尋樹之平均搜尋時間近似於

$$A(n) \approx 1.38 \lg n$$

證明：假定要找的 key x 位於搜尋樹中。在習題中，我們會證明即使去除這個假定，只要 $2n+1$ 種可能結果的機率相等，本定理證明的結果還是成立的。（這 $2n+1$ 種可能結果將在 8.1.2 節中二元搜尋法的平均情況分析中討論。）

在所有含有 n 個 key 的二元搜尋樹中，考慮所有第 k 小的 key 位於根節點的樹。在這種樹中，根節點的左 subtree 含有 $k-1$ 個節點，右 subtree 含有 $n-k$ 個節點。對於產生這種樹的輸入之平均搜尋時間可由下列三個數值的加總得到：

- 在這種樹的左 subtree 的平均搜尋時間乘以 x 位於左 subtree 的機率。
- 在這種樹的右 subtree 的平均搜尋時間乘以 x 位於右 subtree 的機率。
- 在根節點執行一次比較所花的時間。

這種樹的左 subtree 的平均搜尋時間為 $A(k-1)$，而在右 subtree 的平均搜尋時間為 $A(n-k)$。由於我們已經假定 key x 為 n 個 key 中任一個 key 之機率相等，因此 x 位於左 subtree 的機率及右 subtree 的機率各為

$$\frac{k-1}{n} \quad 與 \quad \frac{n-k}{n}$$

令 $A(n|k)$ 代表產生這些第 k 小的 key 位於根節點的二元搜尋樹之輸入（大小為 n）的平均搜尋時間，我們可由下面的式子求出 $A(n|k)$

$$A(n|k) = A(k-1)\frac{k-1}{n} + A(n-k)\frac{n-k}{n} + 1$$

由於各種輸入出現的機率相等，每個 key 成為輸入中第一個 key（在搜尋樹中位於根節點）的機率亦相等。因此，所有大小為 n 之輸入的平均搜尋時間就是 $A(n|k)$ 的平均值，其中 k 等於 1 到 n，如下面的式子所示

$$A(n) = \frac{1}{n}\sum_{k=1}^{n}\left[\frac{k-1}{n}A(k-1) + \frac{n-k}{n}A(n-k) + 1\right]$$

設 $C(n) = nA(n)$。將 $C(n)/n$ 代入 $A(n)$，則

$$\frac{C(n)}{n} = \frac{1}{n}\left[\sum_{k=1}^{n}\frac{k-1}{n}\frac{C(k-1)}{k-1} + \frac{n-k}{n}\frac{C(n-k)}{n-k} + 1\right]$$

化簡以後得到

$$C(n) = \sum_{k=1}^{n}\left[\frac{C(k-1)}{n} + \frac{C(n-k)}{n} + 1\right]$$
$$= \sum_{k=1}^{n}\frac{1}{n}\left[C(k-1) + C(n-k)\right] + n$$

啟始條件為

$$C(1) = 1 \qquad A(1) = 1$$

這個遞迴方程式與快速排序（演算法 2.6）的平均情況分析中的遞迴方程式幾乎相同。仿照快速排序的平均情況分析可得

$$C(n) \approx 1.38(n+1)\lg n$$

因此

$$A(n) \approx 1.38\lg n$$

您必須注意的是，不要錯誤解釋了定理 8.3 的結論。定理 8.3 並沒有說對於某特定含有 n 個 key 之輸入的平均搜尋時間約為 $1.38\lg n$。某個特定的輸入可能會產生一棵如圖 8.6 中，退化成鏈結串列的樹，也就是說，在樹退化成鏈結串列的情況下，平均搜尋時間為 $\Theta(n)$。定理 8.3 是推論出所有各種含有 n 個 key 之輸入的平均搜尋時間。因此，給定任一個含有 n 個 key 的輸入，其平均搜尋時間可能在 $\Theta(\lg n)$ 之內，但是也有可能在 $\Theta(n)$ 之內。我們無法保證這一定是個有效率的搜尋。

8.3.2 B-Trees

在許多應用程式中，效能會被線性搜尋時間嚴重降低。例如，在大型資料庫中，通常無法將所有記錄的 key 都放進高速記憶體（RAM）中。因此，必須執行多次磁碟存取才能完成這種搜尋（這種搜尋叫做**外部搜尋**，而所有的 key 都同時存放在記憶體中的搜尋叫做**內部**

搜尋）。由於磁碟存取牽涉到讀寫頭的機械移動，而 RAM 的存取只牽涉到電子資料傳輸，因此，磁碟存取比 RAM 存取慢了很多量級。由以上的說明，我們知道線性時間的外部搜尋是無法被接受的。

對於這個困境，一種解決方法是撰寫一個平衡程式，這個程式接受既存的二元搜尋樹做為輸入，並且輸出一個平衡的二元搜尋樹（與輸入的搜尋樹含有相同的 key）。接著定期執行這個程式。演算法 3.9 提供了這個平衡程式所需使用的演算法。演算法 3.9 比簡易的平衡程式有效，因為它把每個 key 做為要搜尋的 key 的機率也考慮進去。

在一個非常動態的環境中，我們希望一開始樹就處於平衡狀態。可供增刪節點，並維護平衡二元樹的一些演算法在 1962 年由兩位俄國數學家 G. M. Adel'son-Velskii 及 E. M. Landis 發展出來。（因為這個緣故，平衡二元樹經常被稱為 AVL **樹**）。這些演算法可在 Kruse（1994）中找到。在這些演算法中，增加節點與刪除節點的時間必在 $\Theta(n)$ 之內，與搜尋時間相同。

在 1972 年，R. Rayer 與 E. M. McCreight 對二元搜尋樹進行改良，改良後的樹稱為 B-tree，它保證所有的 leaf 節點仍在同一層中，這比僅維持平衡要好。操作 B-tree 的實質演算法可在 Kruse（1994）中找到。這裡我們僅說明如何加入新的 key 並將所有的 leaf 節點保持在同一層。

實際上，B-tree 代表一種類型的樹，在這種類型的樹中，最簡單的形式就是 3-2 樹。我們說明加入節點到這種樹的過程。一棵 3-2 樹具有下列的性質：

- 每個節點含有一個或兩個 key。

- 若某個 nonleaf 節點含有一個 key，它就有兩個子節點。若它含有兩個 key，它就有三個子節點。

- 位於給定節點左 subtree 中的 key 小於或等於位於該節點的 key。

- 位於給定節點右 subtree 中的 key 大於或等於位於該節點的 key。

- 若某個節點含有兩個 key，位於中央 subtree 中的 key 大於或等於左邊的 key 且小於或等於右邊的 key。

- 所有的 leaf 節點位於同一層。

圖 8.7(a) 顯示了一棵 3-2 樹，此圖的其他部分顯示了一個新的 key 是如何被加入這棵樹的。請注意，由於這個樹以增加位於根節點的深度來取代位於 leaf 節點的深度。類似地，當必須刪除一個節點時，這棵樹減少位於根節點的深度。在這種方式下，所有的 leaf 節點維持在同一層，而搜尋、增刪 key 所花的時間必在 $\Theta(\lg n)$ 之內。很清楚地，對該樹

進行一次中序 (in-order) 的走訪就可以按順序將樹中所有的 key 取出。因為這個原因，B-tree 被用在大多數最新資料庫管理系統中。

(a) 3-2 樹

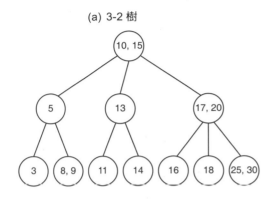

(b) 35 被加到樹中，位於一個 leaf 節點的已排序序列中

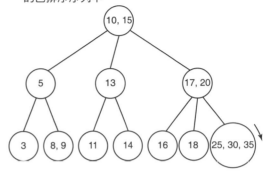

(C) 若 leaf 節點含有 3 個 key，它會分裂成兩個節點，並把中間的 key 送給它的父節點

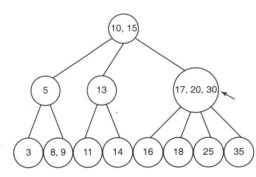

(d) 若父節點含有 3 個 key，就會開始執行分割的程序，並把中央的 key 往父節點傳遞

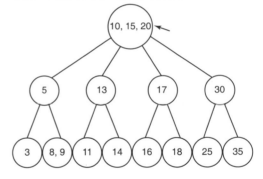

(e) 最後，若根節點含有 3 個 key，它會分裂並把中間的 key 傳送給新的根節點

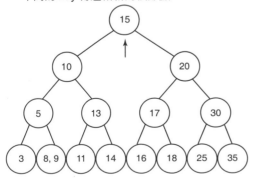

圖 8.7　加入一個 key 到 3-2 樹的過程。

8.4　雜湊

假設我們的 key 從 1 到 100，且約有 100 筆記錄。一個有效率地將這些記錄儲存的方式是，建立一個具有 100 個項目的陣列 S，並將 key 值為 i 的那筆記錄存放在 $S[i]$。這種取出的方式是立即的，並且不需要對 key 做任何的比較。如果約有 100 筆記錄，而這些記錄的 key 是 9 位數的社會安全號碼，您也可以使用同樣的方式來儲存。然而，若以記憶體的用量來看，這種儲存方式在這個情況下是相當沒有效率的，因為容量為 10 億的陣列只存放了 100 筆記錄。用另一種方式，我們可以建立一個只有 100 個項目的陣列，索引值由 0 到 99，並且 "雜湊 (hash)" 每個 key 到一個介於 0 到 99 間的值上。所謂**雜湊函數** (hash function) 就是一種可將一個 key 對應到一個索引的函數。將雜湊函數用到一個 key 上稱為 "將 key 雜湊"。在社會安全碼的案例中，一個可能的雜湊函數為

$$h\,(key) = key\,\%\,100$$

（% 傳回 key 除以 100 的餘數）。這個函數僅傳回 key 的末兩位數。若一個特定的 key 被雜湊到 i，我們將這個 key 及其對應到的記錄存放在 $S[i]$。這種存放方式並未將 key 按照順序排好，意味著只有當我們不需在已排序序列中有效率地取出每筆記錄時，這種存放方式才適用。若需在已排序序列中有效率地取出每筆記錄時，我們就必須挑選一種前面討論過的方法來用。

若沒有任何兩個 key 被雜湊到同一個索引，這種方式是很適用的。然而，當 key 的數量很大時，這是不可能發生的。例如，假若共有 100 個 key，且每個 key 被雜湊到 100 個索引中任一個索引的機會相等，則沒有任兩個 key 被雜湊到同一個索引的機率為

$$\frac{100!}{100^{100}} \approx 9.3 \times 10^{-43}$$

我們確信至少會有兩個 key 被雜湊到同樣的索引。這種情形稱為**碰撞** (collision) 或是**雜湊碰撞** (hash clash)。有許多方法可以解決碰撞的問題。

其中一個最好的方式就是使用**開放式雜湊** (open hashing，也稱做 open addressing)。若使用開放式雜湊，我們為每個可能的雜湊值建立一個 bucket，並將所有會對應到某個 bucket 裡面的雜湊值的 key 與該雜湊值連結在一起。開放式雜湊經常以鏈結串列來實作。例如，若我們將一個數字的末兩位當作其雜湊值，我們會建立一個索引值由 0 到 99 的指標陣列 $Bucket$。所有會被雜湊到 i 的 key 都被放在一個起始點在 $Bucket\,[i]$ 的鏈結串列，如圖 8.8 所示。

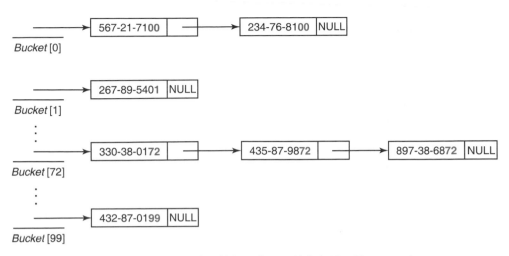

圖 8.8　開放式雜湊。末兩位相同的 key 被放在同一個 bucket 中。

　　bucket 的數量並不需要與 key 的數量相等。例如，若我們把一個數的末兩位當作是該數的雜湊值，則 bucket 的數量為 100。然而，我們可以儲存 100、200、1000 或更多的 key。當然，儲存越多的 key，產生碰撞的機會也就越高。若 key 的數量比 bucket 多，那麼一定會發生碰撞。由於 bucket 只存放一個指標，因此分派空間給 bucket 並不會浪費很多空間。因此，我們經常會分派至少與 key 一樣多的 bucket。

　　在搜尋一個 key 的時候，我們必須對含有 key 的 bucket（鏈結串列）做一次循序搜尋。若所有的 key 都雜湊到同一個 bucket，搜尋就會退化成循序搜尋。這種情形發生的機會有多大呢？若共有 100 個 key 與 100 個 bucket，且一個 key 雜湊到每個 bucket 的機會相等，則各種 key 最後都在同一個 bucket 的機率為

$$100 \times \left(\frac{1}{100} \right)^{100} = 10^{-198}$$

　　因此，各種 key 最後都在同一個 bucket 的情形幾乎不可能發生。那麼，其他大數量的 key（如 90、80、70）雜湊到同一個 bucket 的機會有多大呢？我們真正的關注的重點在於，以平均搜尋效能來說，雜湊得到較二元搜尋佳的機會有多大？我們將證明若檔案的大小夠大，無庸置疑雜湊的平均效能較高。但是，首先我們要證明雜湊是如何帶來好處的。

　　直覺上，最好的情況是 key 平均分佈在各個 bucket 中。也就是說，若有 n 個 key 及 m 個 bucket，每個 bucket 含有 n/m 個 key。實際上，只有當 n 為 m 的倍數時，每個 bucket 才會剛好有 n/m 個 key。下面的一些定理顯示了當 key 平均分佈時，會發生的情況。為了簡化起見，這些定理都假定 n 為 m 的倍數。

▶ 定理 8.4

若 n 個 key 平均分佈在 m 個 bucket 中，則在一次失敗的搜尋中，進行的比較次數為 n/m。

證明： 由於這些 key 是平均分佈的，因此每個 bucket 均含有 n/m 個 key，也就是說每個失敗的搜尋皆必須進行 n/m 次比較。

▶ 定理 8.5

若 n 個 key 平均分佈在 m 個 bucket 中，且每個 key 成為被搜尋的 key 的機會相等，則一次成功搜尋的平均比較次數為

$$\frac{n}{2m} + \frac{1}{2}$$

證明： 每個 bucket 的平均搜尋時間等於對 n/m 個 key 進行循序搜尋的平均搜尋時間。1.3 節的演算法 1.1 的平均情況分析證明了這個平均值就等於 $\frac{n}{2m} + \frac{1}{2}$

下面的範例應用了定理 8.5。

● 範例 8.1　若所有的 key 呈均勻分佈且 $n = 2m$，則每次失敗的搜尋只需要 $2m/m$ 次比較，且一次成功搜尋的平均比較次數為

$$\frac{2m}{2m} + \frac{1}{2} = \frac{3}{2}$$

若所有的 key 呈均勻分佈時，搜尋時間可以變的很少。然而，即使雜湊可能得到這麼好的結果，還是有人可能會提出我們應該使用二元搜尋來保證這個搜尋不會退化成為接近循序搜尋的情況。下列的定理證明了若檔案夠大，則雜湊表現與二元搜尋一樣糟的機會將非常小。該定理假定一個 key 雜湊到各個 bucket 的機率相等。當社會安全碼以其末兩位做為雜湊數時，就會滿足這個假定。然而，並不是所有的雜湊函數都滿足這個假定。例如，若名字的雜湊值為其最後的兩個字母，因為以 "th" 做為結尾的名字多於以 "qz" 做為結尾的名字，所以雜湊值為 "th" 的機率遠大於 "qz" 的機率。資料結構領域的文章，如 Kruse (1994)，多半會討論選擇一個好的雜湊函數的方法。在這裡，我們的目的是為了分析雜湊解決搜尋問題的能力有多好。

▶ **定理 8.6**

若 n 個 key 均勻分佈在 m 個 bucket 中，至少一個 bucket 含有至少 k 個 key 的機率小於等於

$$\binom{n}{k}\left(\frac{1}{m}\right)^{k-1}$$

假定一個 key 雜湊到任一個 bucket 的機會相等。

證明： 對於任一個給定的 bucket，任一種特定 k 個 key 的組合最後出現在該 bucket 的機率為 $(1/m)^k$，意味著該 bucket 至少含有在該種組合中的 key 的機率為 $(1/m)^k$。一般來說，對於兩個事件 S 與 T，

$$p\,(S \text{ or } T) \leq p\,(S) + p\,(T) \tag{8.1}$$

因此，一個給定的 bucket 含有至少 k 個 key 的機率小於或等於針對每種不同的 k key 組合，該 bucket 至少含有那 k 種 key 的機率之總和。由於 $\binom{n}{k}$ 種相異的 k 個 key 組合可以從 n 個 key 求得（參見附錄 A 的 A.7 節），因此任意給定的 bucket 含有至少 k 個 key 的機率小於或等於

$$\binom{n}{k}\left(\frac{1}{m}\right)^{k}$$

故得證。

● 表 8.1　至少有一個 Bucket 含有至少 k 個 key 的機率上限 *

n	當 $k = \lg n$ 的上限	當 $k = 2\lg n$ 的上限
128	.021	7.02×10^{-10}
1,024	.00027	3.49×10^{-16}
8,192	.0000013	1.95×10^{-23}
65,536	3.1×10^{-9}	2.47×10^{-31}

* 假定 key 的數量 n 與 bucket 的數量相等

　　回想二元搜尋法的平均搜尋時間約為 $\lg n$。表 8.1 顯示了在不同的 n 值下，至少有一個 bucket 含有 $\lg n$ 個 key 及 $2\lg n$ 個 key 的機率。在這個表中假定 $n = m$。即使當 n 只有 128 時，搜尋時間超過 $2\lg n$ 的機會在十億次中少於一次。對於 $n = 1024$，搜尋時間超過 $2\lg n$ 的機會在 10^{16} 次中約有 3 次。當 $n = 65536$，搜尋時間超過 $\lg n$ 的機會在十億次中約有 3 次。在單程旅途中死於空難的機會約為百萬分之六；在一年中，平均因車禍身亡

的機率為百萬分之 270。但是很多人並不會把這個當作很嚴重的事去預防。重點是，若要做出合理的決策，我們通常會把機率很小的情況當作不可能會出現的情況。因為當 n 很大時，我們幾乎可以確定使用雜湊會優於二元搜尋法，因此這樣做是合理的。我們打趣地憶及在 20 世紀 70 年代有某些的計算機製造商經常藉由描述某些人為使用情況下會發生的災難，以勸說數據處理管理者購買昂貴的新硬體。這些製造商的論點缺陷在於，那些人為使用情況發生的機率微乎其微，這也是數據處理管理者所經常忽視的。避險事關個人偏好。因此，極其規避風險的人選擇放掉這十億分之一或百萬分之三、十億分之三的機會。然而，一個人不該在缺乏慎重考慮是否這樣的決定真實地代表他對風險的態度前做出這樣的選擇。這類型的風險分析方法在 Clemen (1991) 的論文中有詳細地描述。

8.5 選拔問題：Adversary Argument 序論

到目前為止，我們已經針對如何在一個含有 n 個 key 的串列中搜尋 key x 進行過一些討論。接下來我們要講另一種搜尋問題▢**選拔問題** (Selection Problem)。選拔問題就是在含有 n 個 key 的串列中找出第 k 大（或第 k 小）的 key。假定這些 key 是在一個未排序的陣列中。首先，討論 $k = 1$ 的情況，也就是找最大（或最小）的 key。接著必須證明我們可以同時找到最大及最小的 key，並且使用的比較次數比分開尋找的比較次數要少。接著討論 $k = 2$ 的情況，也就是說要找的是次大（或次小）的 key。最後，我們討論一般的情況。

8.5.1 找出最大的 key

下面是一個找出最大 key 的簡單演算法。

▶ 演算法 8.2　　**找出最大的 key**

　　　　　　　問題：在含有 n 個 key 的串列中找出最大的 key。

　　　　　　　輸入：正整數 n，含有 n 個 key 的陣列 S（索引值由 1 到 n)。

　　　　　　　輸出：變數 *large*，其值為 S 中最大的 key。

```
void find_largest (int n,
                   const keytype S[ ],
                   keytype& large)
{
  index i;

  large = S[1];
  for (i = 2; i <= n; i++)
```

```
        if (S[i] > large)
            large = S[i];
    }
```

很清楚地，這個演算法的比較次數為

$$T(n) = n - 1$$

直觀上，效能似乎很難再增進了。下面的定理驗證了這個直觀。我們可把一個找出最大 key 的演算法比喻為 key 間的錦標賽。每次比較就是這個錦標賽中的一次對戰，較大的 key 就是比較的**贏家**，而較小的 key 就是**輸家**。最大的 key 是這次錦標賽的贏家，在本節中我們會繼續使用這些名詞。

▶ **定理 8.7**

任一個能夠在各種可能的輸入中，僅靠 key 的比較，就能在 n 個 key 中找出最大 key 的必然式演算法，在各種情況下，它都必須至少做

$$n - 1 \text{ 次 key 的比較}$$

證明：利用反證法來證明。即證明：若命題中的演算法對於某大小為 n 的輸入所做的 key 之比較比 $n - 1$ 次還少，則對於另一個輸入，該演算法計算的結果可能是錯誤的。若該演算法對於某輸入做至多 $n - 2$ 次就找到最大的 key，在此輸入中，至少會有兩個 key 不曾在比較中輸過。這兩個 key 中至少有一個不會被回報為最大的 key。將該 key 用一個比原先輸入中的所有 key 都大的 key 來取代來製作一個新輸入。由於所有比較的結果都會與為原先輸入所做的比較結果相同，這個新的 key 將不會被回報為是最大的，也就是說這個演算法將會為新的輸入給了錯誤的答案。由於產生了這個矛盾，因此證明對於各種大小為 n 的輸入，這個演算法必須做至少 $n - 1$ 次比較。

您必須小心並正確地解讀定理 8.7。該定理並非說每種僅靠 key 的比較來搜尋的演算法，都必須做至少 $n - 1$ 次比較才能找到最大 key。例如，若輸入是個已排序的陣列，我們可以不用作任何比較，只要把陣列中最後一個項目傳回即可。然而，只有當最大 key 是最後一個項目時，傳回陣列中最後一個項目的演算法才能找到最大 key。這種演算法無法在各種可能的輸入中找到最大 key。定理 8.7 關心的是可以在各種可能輸入中找到最大 key 的演算法。

當然，我們可以用演算法 8.2 的類似版本，在 $n - 1$ 次比較中找到最小的 key；也可以用定理 8.7 的類似版本去證明 $n - 1$ 是找到最小 key 的下限。

8.5.2 一併找到最小與最大的 Key

我們將演算法 8.2 做下面的修改以同時找到最小與最大的 key。

▶ 演算法 8.3　　**一併找到最小與最大的 key**

問題：在含有 n 個 key 的串列中找出最小及最大的 key。

輸入：正整數 n，含有 n 個 key 的陣列 S（索引值由 1 到 n）。

輸出：變數 $small$ 與 $large$，其值分別為 S 中最小與最大的 key。

```
void find_both (int n,
                const keytype S[],
                keytype& small,
                keytype& large)
{
    index i;

    small = S[1];
    large = S[1];
    for (i = 2; i <= n; i++)
        if (S[i] < small)
            small = S[i];
        else if (S[i] > large)
            large = S[i];
}
```

使用演算法 8.3 比分開去找最小及最大的 key 好，因為對於某些輸入，$S[i]$ 與 $large$ 的比較並不是對於每個 i 都執行。因此，每種情況的效能已經有所增進。然而，若 $S[1]$ 是最小的 key，該演算法就會對每一個 i 都進行 $S[i]$ 與 $large$ 的比較。因此，最差情況下 key 的比較次數為

$$W(n) = 2(n-1)$$

這剛好為分開找尋最小與最大 key 時所需進行的比較次數。看起來似乎已經無法再減少這個比較次數了，但其實是可以辦到的。訣竅在於將 key 配對，並且找到在每個配對中那個 key 是最小的。這個工作可以在約 $n/2$ 次比較後完成。接下來我們可以把每個配對中較小的 key 拿來相比，找出全部最小的 key，這可以在約 $n/2$ 次比較後完成；並把每個配對中較大的 key 拿來相比，找出全部最大的 key，這可以在約 $n/2$ 次比較後完成。用這種方法我們可以在只進行約 $3n/2$ 次比較下一併找出最小及最大 key。在這裡我們提供一個使用這個方法的演算法。該演算法假設 n 為偶數。

▶ 演算法 8.4　　**將 key 配對一併找出最小與最大 key**

問題：在含有 n 個 key 的串列中找出最大及最小的 key。

輸入：正整偶數 n，含有 n 個 key 的陣列 S(索引值由 1 到 n)。

輸出：變數 *small* 與 *large*，其值分別為 S 中最小與最大的 key。

```
void find_both2 (int n,                    // 假設 n 為偶數
                 const keytype S[],
                 keytype& small,
                 keytype& large)
{
  index i;
  if (S[1] < S[2]) {
    small = S[1];
    large = S[2];
  }
  else {
    small = S[2];
    large = S[1];
  }
  for (i = 3; i <= n - 1; i = i + 2) {        // 每次將 i 遞增 2
    if (S[i] < S[i + 1]) {
      if (S[i] < small)
        small = S[i];
      if (S[i + 1] > large)
        large = S[i + 1];
    }
    else {
      if (S[i + 1] < small)
        small = S[i + 1];
      if (S[i] > large)
        large = S[i];
    }
  }
}
```

我們把以下的部分留作習題：修改這個演算法使得它能夠在 n 為奇數時運作，並且證明該演算法所做 key 的比較次數為

$$T(n) = \begin{cases} \dfrac{3n}{2} - 2 & \text{若 } n \text{ 為偶數} \\[2ex] \dfrac{3n}{2} - \dfrac{3}{2} & \text{若 } n \text{ 為奇數} \end{cases}$$

這樣的效能還有進步的空間嗎？答案是 "沒有"。由於決策樹並不適合用在選拔問題上，所以我們不會用決策樹來證明這件事。理由如下。由於選拔問題有 n 種可能答案，因此供選拔問題使用的決策樹至少必須有 n 個 leaf。輔助定理 7.3 說，若一棵二元樹有 n 個 leaf，它的深度會大於或等於 $\lceil \lg n \rceil$。因此，由 leaf 數下限，可得最差情況中的比較次數下限為 $\lceil \lg n \rceil$。這並不是一個非常好的下限，因為已知為了找到最大 key（定理 8.7）必須做至少 $n-1$ 次比較。由於只能馬上證實在這棵決策樹上至少必須有 $n-1$ 個比較節點，因此無法應用輔助定理 8.1。對於選拔問題來說，因為一個結果可能在超過一個 leaf 中，因此決策樹並不好用。圖 8.9 顯示為了演算法 8.2（找到最大的 Key）建立的決策樹（$n=4$）。其中有 4 個 leaf 回報 4，並有 2 個回報 3。該演算法所做的比較次數為 3 而非 $\lg n = \lg 4 = 2$，由此看出 $\lg n$ 是一個不太好的下限。

我們使用另一種稱為 adversary argument 的方法，來驗證演算法 8.3 比較次數的下限。所謂 adversary 就是對手的意思。假設您在單身酒吧遇到陌生人問了一個老掉牙的問題："你是什麼星座的？" 星座共有 12 種，每種對應到大約 30 天。若您出生在 8 月 25 日，則您的星座為處女座。為了要讓這老套的相遇變得有趣些，您決定扮演 adversary 的角色。您請那位陌生人利用是非題來猜您的星座。做為 adversary，您沒有意願透露您的星座╳您只是想迫使那個陌生人盡量多問一些問題。因此，您總是提供把搜尋範圍減小較少的答案。例如，假設該陌生人問說 "請問您是在夏天出生的嗎？" 由於 "不是" 會把答案的範圍縮小到 9 個月，而 "是" 會把答案的範圍縮小到 3 個月，故您回答 "不是"。若那位陌生人接著問說 "請問您是在有 31 天的月份出生的嗎？" 由於 9 個可能的月份當中超過一半都有 31 天，故您回答 "是"。對答案唯一的要求就是要和已經給過的答案一致。例如，若那位陌生人忘了您已經說過您不是在夏天出生，並接著問說您是否出生在 7 月，您不能回答 "是"，因為這會與您之前回答的不一致。不一致答案會造成沒有任何一個星座（生日）可以完全滿足您給的所有答案。由於回答每個問題時，都是留下最多的可能性，並且答案是一致的，會迫使那位陌生人在得到合乎邏輯的結論之前，問了盡可能多的問題。

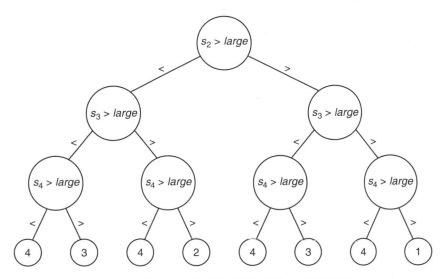

圖 8.9 當 $n = 4$ 時，對應於演算法 8.2 的決策樹

　　假定某個 adversary 的目的是讓演算法盡量多做點事（如您對那位陌生人所做的）。在每個該演算法必須做決策的點（例如，在做完一次 key 的比較後），該 adversary 試著從各種答案中選出一個可以讓演算法繼續執行越久越好的答案。唯一的限制是，該 adversary 必須總是選擇一個與之前給的答案一致的答案。只要這些答案是一致的，則必有一個輸入讓這一連串的答案發生。若該 adversary 強迫該演算法執行基本運算 $f(n)$ 次，則 $f(n)$ 就是最差情況下，該演算法時間複雜度的下限。

　　我們使用 adversary argument，來求得一併找到最大及最小 key 的演算法在最差情況下，所需進行比較次數的下限。若要求出這個下限，可假定所有的 key 均相異。可以做這種假定的理由是：考慮一部份輸入（所有 key 均相異的那些輸入）求得的最差情況時間複雜度下限與考慮各種可能輸入求得的最差情況時間複雜度下限相等。在提出下限的證明之前，我們先展示 adversary 的策略。假定某個演算法能僅藉由 key 的比較一併找到最小及最大的 key。若所有的 key 均相異，則在該演算法執行時的任意給定時間點，任一個 key 均處於下面四種狀態之一：

狀態	狀態說明
X	該 key 還沒有參與任一次比較
L	該 key 至少在一次比較中輸了，並且沒贏過
W	該 key 至少在一次比較中贏了，並且沒輸過
WL	該 key 至少在一次比較中贏了，並至少在一次比較中輸了

我們可以把這些狀態想成是裝載資訊的單元。若某 key 處於狀態 X，則共有 0 個資訊單元。若某 key 處於狀態 L 或 W，則共有 1 個資訊單元。若某 key 處於狀態 WL，則共有 2 個資訊單元，因為我們知道該 key 已經在比較中贏過並輸過了。對於一個找出 *small* 是最小 key 且 *large* 是最大 key 的演算法來說，該演算法必須知道除了 *small* 之外的每個 key 都贏過一次比較；以及除了 *large* 之外的每個 key 都輸過一次比較。這代表著該演算法必須學習

$$(n-1) + (n-1) = 2n-2$$

個資訊單元。

由於我們的目的是讓該演算法做越多事越好，因此 adversary 必須在每次比較時提供越少資訊越好。例如，若該演算法先比較 s_2 跟 s_1，則 adversary 回答什麼都可以，因為不管回答哪個答案，都是提供兩個資訊單元。令該 adversary 回答 s_2 較大。s_2 的狀態由 X 轉為 W，s_1 的狀態由 X 轉成 L。假定該演算法接著比較 s_3 跟 s_1，若 adversary 回答 s_1 較大，s_1 的狀態會由 L 變成 WL，而 s_3 的狀態會由 X 變成 L。這代表著有兩個資訊單元被披露出來。由於回答 s_3 較大只會披漏一個資訊單元，因此我們會讓 adversary 回答 s_3 較大。表 8.2 顯示了一套 adversary 的策略，這套策略總是披漏最少量的資訊。當回答哪個 key 都可以時，我們會選擇比較中第一個 key 當答案。用這套方法就能證明我們要找的比較次數下限。但是，在證明之前，先看一下 adversary 實際上運用這套策略的例子。

● **範例 8.2**　　表 8.3 顯示為了遲滯演算法 8.3 作用於一個大小為 5 的輸入，我們的 adversary 所用的策略。我們已經指派與答案一致的值給那些 key。指派值的動作其實並不一定要做，但是因為該 adversary 必須追蹤答案中批露出 key 的順序，以便當兩個 key 的狀態均為 WL 時，該 adversary 可以給出跟前面一致的答案。指派給這些 key 實際值就是一種簡單且可以達成這個需求的方法。再者，指派值的動作說明了一組一致的答案真的能對應到某一組輸入。除了順序由該 adversary 的策略決定，我們可以任意指派 key 的值。例如，若 adversary 說 s_3 比 s_1 大，我們可以指派 s_3 為 15。而實際上我們可以指派給 s_3 任何一個大於 10 的數。

請注意在 s_3 與 s_2 比較之後，我們將 s_3 的值由 15 調為 30。回想當演算法 8.3 呈現給該 adversary 時，該 adversary 並沒有實際的輸入。每當演算法 8.3 把目前剛做的決策給我們的 adversary，一組答案（並因此一組輸入值）被動態地建立。因為 s_2 大於 15，且我們的 adversary 的答案是 s_3 大於 s_2，故我們有必要將 s_3 的值由 15 修正到更大的值。

在演算法 8.3 執行完以後，s_1 輸給了所有其他的 key，而 s_5 贏了所有其他的 key。因此，s_1 是最小的而 s_5 是最大的。由我們的 adversary 所建立的輸入讓 s_1 是最小的 key，因為這組輸入是讓演算法 8.3 做最多事情的輸入。請注意在這過程中所做的 8 次比較列於表 8.3，而當輸入大小為 5 時，演算法 8.3 在最差情況下所做的比較次數為

$$W(5) = 2(5-1) = 8$$

這代表了當輸入大小為 5 的時候，我們的 adversary 成功地讓演算法 8.3 盡可能地做了最多的事情。

當與另一個一併尋找最大及最小 key 的演算法呈現給我們的 adversary 時，我們的 adversary 會提供讓該演算法盡可能做最多事情的答案。我們非常鼓勵您親自動手求出與作用於某種輸入大小的演算法 8.4（利用將 Key 配對尋找最小及最大 Key）一起出現之 adversary 的答案。

當發展一種 adversary 策略時，我們的目標是讓解某種問題的演算法盡可能做最多的事情。不良的 adversary 無法實際達到這個目標。然而，不管是否能達到這個目標，這個策略可以用來求出一個演算法必須要做多少事的下限。接下來我們就用剛剛描述的 adversary 策略來求出演算法要做多少事的下限。

● 表 8.2　為遲滯一併找到最小及最大 Key 演算法之 Adversary 的策略 *

在比較之前		Adversary 回答 較大的 Key	在比較之後		演算法學到的 資訊單元數
s_i	s_j		s_i	s_j	
X	X	s_i	W	L	2
X	L	s_i	W	L	1
X	W	s_j	L	W	1
X	WL	s_i	W	WL	1
L	L	s_i	WL	L	1
L	W	s_j	L	W	0
L	WL	s_j	L	WL	0
W	W	s_i	W	WL	1
W	WL	s_i	W	WL	0
WL	WL	與之前答案一致	WL	WL	0

* 被比較的 key 是 s_i 與 s_j

▶ 定理 8.8

任一可在各種輸入中，僅靠 key 的比較，就可由 n 個 key 中一併找出最小及最大 key 的必然式演算法，在最差情況下，必須進行至少下列數量之 key 的比較：

$$\frac{3n}{2} - 2 \quad 若\ n\ 為偶數$$

$$\frac{3n}{2} - \frac{3}{2} \quad 若\ n\ 為奇數$$

證明：我們藉證明當所有 key 均相異時，命題中的演算法必須做至少這個數量的比較，來證明這個數量是一個在最差情況下的下限。如同之前提過的，該演算法必須學習 $2n - 2$ 個資訊單元才能一併找到最小及最大 key。假定我們呈現該演算法給我們的 adversary。表 8.2 顯示了我們的 adversary 只有當兩個 key 都沒有參與之前的比較時，才會在一次比較中提供兩個資訊單元。若 n 為偶數，這種情況最多有

$$\frac{n}{2} \quad 次比較$$

也就是該演算法可以用這種方式得到最多 $2(n/2) = n$ 個資訊單元。由於我們的 adversary 在其他的比較中提供最多一個資訊單元，該演算法必須做至少

$$2n - 2 - n = n - 2$$

次額外比較來得到它所需的資訊。我們的 adversary 因此強迫該演算法做至少

$$\frac{n}{2} + n - 2 = \frac{3n}{2} - 2$$

次 key 的比較。我們把分析 n 為奇數的情況留作習題。

　　因為演算法 8.4 所做的比較次數就是定理 8.8 求出的比較次數下限，因此該演算法在最差情況下的效能已經達到最佳極限了。我們已選了一個有價值的 adversary 因為我們找到了一個演算法的效能和該 adversary 提供的下限一樣好。由此可知，不可能有別的 adversary 可以產生比這更大的下限。

　　範例 8.2 描述了演算法 8.3 是次佳的原因。在該範例中，演算法 8.3 做了 8 次比較來學習 8 個資訊單元，而最佳的演算法只用了 6 次比較。表 8.3 顯示第二次比較是無用的，因為在這次比較中並沒有學到任何資訊。

當使用 adversary argument 時，adversary 有時被稱為 oracle。在古希臘與羅馬時代，oracle 代表著一個擁有豐富知識以便回答人類提出問題的實體。

● 表 8.3　當輸入大小為 5 時，為遲滯演算法 8.3，Adversary 所給的答案

比較	Adversary 回答較大的 Key	狀態／指派的值					演算法學 到的資訊 單元數
		s_1	s_2	s_3	s_4	s_5	
s_2⏧s_1	s_2	L/10	W/20	X	X	X	2
s_2⏧s_1	s_2	L/10	W/20	X	X	X	0
s_3⏧s_1	s_3	L/10	W/20	W/15	X	X	1
s_3⏧s_2	s_3	L/10	WL/20	W/30	X	X	1
s_4⏧s_1	s_4	L/10	WL/20	W/30	W/15	X	1
s_4⏧s_3	s_4	L/10	WL/20	WL/30	W/40	X	1
s_5⏧s_1	s_5	L/10	WL/20	WL/30	W/40	W/15	1
s_5⏧s_4	s_5	L/10	WL/20	WL/30	WL/40	W/50	1

8.5.3　找到次大的 Key

若要找到次大的 key，可用演算法 8.2（找到最大的 key）做 $n-1$ 次比較先找到最大 key，刪除該 key，接著再用一次演算法 8.2 做 $n-2$ 次比較找到剩下 key 的最大 key。因此，做 $2n-3$ 次比較就能找到次大 key。這個次數是可以再被改進的，因為找最大 key 時做的許多次比較，可以用來把某些 key 從競爭次大的候選名單中刪除。也就是說，任一個 key 只要輸給最大 key 之外的 key，就不可能是次大 key。後面我們將描述的錦標賽（Tournament）方法，就是利用了這個原理。

錦標賽方法的得名是由於它的型態類似於淘汰賽所使用的方法。例如，要決定美國最佳的大學籃球隊伍，64 支球隊在 NCAA 錦標賽中競爭。在第一輪中，這 64 支隊伍捉對廝殺，比了 32 場比賽。在第二輪中，32 支勝隊捉對廝殺，比了 16 場比賽。這個過程一直進行到只有兩隊競爭的最後一輪。最後一輪的勝隊即為冠軍。總共花了 lg64 = 6 輪來決定冠軍誰屬。

為了簡化起見，假定所有的數字均相異，且 n 為 2 的乘冪。如同在 NCAA 錦標賽中所執行的，我們把 key 兩兩配對，並且在各輪中持續進行這種比較的動作，直到最後一輪。若共有 8 個 key，則第一輪中有 4 次比較，第二輪中有 2 次比較，最後一輪有一次比較。最後一輪的贏家即為最大的 key。圖 8.10 描述了這個方法。錦標賽方法僅有在 n 為 2 的乘冪時才能直接套用。當 n 不為 2 的乘冪時，我們必須添加足夠的項目到陣列的尾端來

把陣列的大小湊足到 2 的乘冪。例如，若陣列含有 53 個整數，則必須添加 11 個項目，每一個項目值均為 $\gg \infty$ ，到陣列的末端，讓陣列含有 64 個項目。在接下來的敘述中，我們將假定 n 為 2 的乘冪。

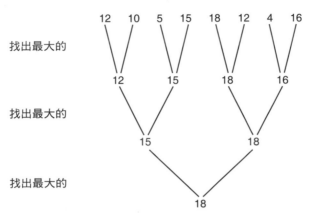

圖 8.10　錦標賽方法。

　　雖然在最後一輪的贏家是最大 key，在最後一輪的輸家卻未必是次大 key。在圖 8.10 中，次大 key(16) 在第二輪就輸給最大 key(18) 了。對於實際上的錦標賽來說，這是一個難處，因為無法確定最佳的兩支隊伍一定會在冠軍賽碰頭。若要找到次大 key，我們可以追蹤所有輸給最大 key 的 key，然後用演算法 8.2 在這之中選個最大的。但是如何在還不知道哪個 key 是最大的之前，就對這些 key 進行追蹤呢？我們可以為每個 key 維持一個鏈結串列。在一個 key 輸掉比賽後，它就被加到贏家的鏈結串列中。我們把撰寫這部分的演算法留作習題。

　　若 n 為 2 的乘冪，則第一輪共有 $n/2$ 次比較，第二輪共有 $n/2^2$ 次比較，…，在最後一輪共有 $n/2^{\lg n} = 1$ 次比較。各輪比較次數的總和為

$$T(n) = n\sum_{i=1}^{\lg n} \left(\frac{1}{2}\right)^i = n\left[\frac{(1/2)^{\lg(n)+1} - 1}{1/2 - 1} - 1\right] = n - 1$$

　　應用附錄 A 的範例 A.4，可以得到第二到最後的等式。這是完成全部賽程所必須進行的比較次數。（請注意我們以最少的比較次數找到最大 key）。最大 key 將參與 $\lg n$ 次對決，意謂共有 $\lg n$ 個 key 在最大 key 的鏈結串列中。若我們使用演算法 8.2，它需要用 $\lg n - 1$ 次比較在這個鏈結串列中找到其中的最大 key。這個 key 也就是我們要找的次大 key。因此，找到次大 key 所花的比較次數為

$$T(n) = n - 1 + \lg n - 1 = n + \lg n - 2$$

我們把下列式子的證明留作習題，當 n 在一般情況下，

$$T(n) = n + \lceil \lg n \rceil - 2$$

　　這種方法比使用演算法 8.2 兩次（必須做 $2n - 3$ 次比較）來找到次大 key 的效能增進許多。是否有比較次數更少的方法呢？我們用 adversary argument 來證明答案是否定的。

▶ **定理 8.9**

僅靠 key 的比較，能夠在每種可能的輸入中找出次大的必然式演算法，在最差情況下，必須做至少

$$n + \lceil \lg n \rceil - 2 \text{ 次 key 的比較}$$

證明：欲決定一個 key 是否是次大的，演算法必須確定該 key 是否在除了最大 key 之外的 $n - 1$ 個 key 中是最大的。令 m 為最大 key 得勝的比較次數。這些比較都無助於決定次大的 key 是剩下 $n - 1$ 個 key 中是最大的。演算法 8.7 說要找出次大 key 至少需要 $n - 2$ 次比較。因此，比較的總次數至少為 $m + n - 2$。這意味著若要證明本定理，一個 adversary 只需要強迫該演算法讓最大 key 至少參與 $\lceil \lg n \rceil$ 次比較。我們的 adversary 策略是將每個 key 對應到樹上的一個節點。一開始，先建立 n 個單一節點樹，每棵樹代表一個 key。我們的 adversary 以下列的方式使用這些樹來提供 s_i 與 s_j 比較的結果：

- 若 s_i 與 s_j 均為節點數相同樹的根節點，則兩者中任選一個為贏家。這兩棵樹將被合併，被宣告為較小的 key 成為另一個 key 的子節點。

- 若 s_i 與 s_j 均為樹的根節點，且一棵樹的節點數比另一棵多，則較小的樹被宣告為較小 key，而兩棵樹將被合併，較小樹的根節點成為另一棵樹根節點的子節點。

- 若 s_i 為根節點而 s_j 不是，s_j 會被宣告為較小 key，且這兩棵樹不變。

- 若 s_i 與 s_j 均非樹的根節點，則比較的結果依據之前指派給 s_i 與 s_j 的決定，也就是與之前的結果一致，並且這兩棵樹不變。

圖 8.11 顯示了當呈現錦標賽方法（參賽的 key 共有 8 個）給我們的 adversary 時，這些樹是如何合併的。在一次比較中，如果兩者均可成為贏家，則我們會讓索引值較大的 key 成為贏家。這裡只顯示到錦標賽結束為止所有的比較。在這之後，我們會做更多的比較，以便在所有輸給最大 key 的 key 中，挑出一個最大的。但是最後這棵樹是不會再變動的。

令 $size_k$ 為在最大 key 贏得第 k 次比較後，以最大 key 為根的樹之節點數。因為輸掉的 key 所屬的那棵樹之節點數不可能比贏家所屬的樹要多，故

$$size_k \leq 2size_{k-1}$$

啟始條件為 $size_0 = 1$。我們可用附錄 B 的技巧來解這個遞迴方程式並得到

$$size_k \leq 2^k$$

若某個 key 是命題中的演算法停止時的根節點，則它是沒輸過的。因此，在演算法停止時，若剩下兩棵樹，就有兩個 key 不曾輸過。至少有一個 key 不會被回報為次大 key。我們可以製造一個全新的輸入，這個輸入除了兩棵樹的根節點之外，其他的值都和原先的輸入一樣；改變兩棵樹的根節點值，使得我們知道不會被回報為次大 key 的那個 key 其實才是次大 key。該演算法對這個新輸入將會提供錯誤的答案。因此當該演算法停止時，所有 n 個 key 必須在一棵樹中。很清楚地，該樹的根節點必定是最大 key。因此，若 m 為最大 key 贏得的比較次數

$$n = size_m \leq 2^m$$
$$\lg n \leq m$$
$$\lceil \lg n \rceil \leq m$$

由於 m 為整數，可推導出最後一個不等式。故得證。

由於錦標賽方法做的跟我們的下限一樣好，因此它是最佳解。我們再次找到了一個有價值的 adversary。沒有別的 adversary 可以產生更大的範圍。

在最差情況下，必須做至少 $n - 1$ 次比較來找到最大 key，並做至少 $n + \lceil \lg n \rceil - 2$ 次比較來找到次大 key。

任一個尋找次大 key 的演算法必一併找到最大 key，因為若想知道某個 key 是次大的，我們必須知道它在一次比較中輸掉。這次比較一定是輸給最大 key。因此，對於找到次大 key 較困難這件事，我們並不意外。

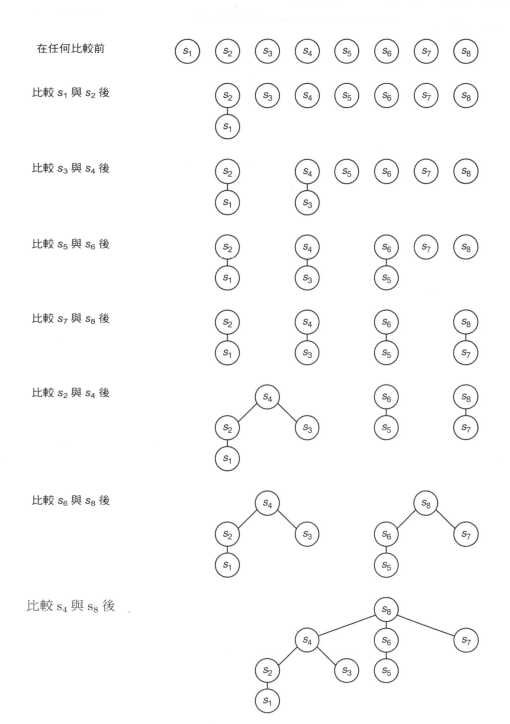

圖 8.11 在演算法 8.9 中，當呈現錦標賽方法 (輸入大小為 8) 給我們的 adversary 時，所建立的樹。

8.5.4　找到第 k 小的 Key

在一般情況下，選拔問題必須找到第 k 小或第 k 大的 key。我們先討論的是尋找最大 key，因為講解術語起來比較方便。在這裡將要討論尋找第 k 小的 key，因為這會讓選拔的演算法更清楚。為了簡化起見，假定所有的 key 均相異。

一種在 $\Theta(n \lg n)$ 次內找到第 k 小的 key 之方法為：將這些 key 排序並傳回第 k 個 key。我們會發展一種比較次數比這更少的演算法。

回想演算法 2.7 中的副程式 *partition*，也就是在快速排序 (演算法 2.6) 中被用到的那個，將一個陣列分割使得所有小於某個樞紐項的 key 全部移到陣列中該樞紐項之前，所有大於該樞紐項的 key 則移到該樞紐項之後。樞紐項所在的位置稱為 *pivotpoint*。我們可藉著一直做分割直到樞紐項位於第 k 個位置來解選拔問題。若 k 比 *pivotpoint* 小，我們遞迴地分割左子陣列 (key 比樞紐項小)；若 k 比 *pivotpoint* 大，我們遞迴地分割右子陣列；若 $k = pivotpoint$，我們就做完了。

▶ **演算法 8.5**　　**選拔**

　　　　問題：在含有 n 個相異 key 的陣列中找出第 k 小的 key。

　　　　輸入：正整數 n 及 k，其中 $k \leq n$，含有 n 個相異 key 的陣列 S (索引值由 1 到 n)。

　　　　輸出：S 中第 k 小的 key，被傳回做為 *selection* 函式的值。

```
keytype selection (index low, index high, index k)
{
   index pivotpoint;
   if (low == high)
      return S[low];
   else {
      partition (low, high, pivotpoint);
      if (k == pivotpoint)
         return S[pivotpoint];
      else if (k < pivotpoint)
         return selection (low, pivotpoint - 1, k);
      else
         return selection (pivotpoint + 1, high, k);
   }
}
```

```
void partition (index low, index high,    // 曾出現在演算法 2.7 中
                index& pivotpoint)
{
  index i, j;
  keytype pivotitem;
  pivotitem = S[low];               // 選擇 pivotitem 的第一個值
  j = low;
  for (i = low + 1; i <= high; i++)
    if (S[i] < pivotitem){
        j++;
      exchange S[i] an dS[j];
      }
  pivotpoint= j;
  exchange S[low] an dS[pivotpoint];    // 將 pivotitem 放在 pivotpoint
}
```

如同前幾章中的遞迴函式，n 與 S 並不是 *selection* 函式的輸入。最頂層對該函式的呼叫將會是

$$kthsmallest = selection\,(1, n, k)$$

如同在快速排序中（演算法 2.6），最差情況發生在當每一層遞迴呼叫的輸入大小都比上一層遞迴呼叫的輸入大小少 1 的情況。這會發生在當該陣列以遞增順序排序，且 $k = n$ 時。因此演算法 8.5 的最差情況時間複雜度與演算法 2.6 相等，也就是說**以 key 的比較次數來看，演算法 8.5 的最差情況時間複雜度為**

$$W\,(n) = \frac{n\,(n-1)}{2}$$

雖然最差情況與快速排序相同，但接著我們就要證明平均來看，演算法 8.5 表現的比快速排序好多了。

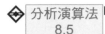

平均情況的時間複雜度（選拔）

基本運算：在 $partition$ 副程式中的 $S[i]$ 與 $pivotitem$ 比較。

輸入大小：n，陣列中的項目數。

我們假定所有輸入出現的機率相等。也就是說假定使用者輸入各種 k 值的頻率相等，且各種 $pivotpoint$ 的值被函式傳回的頻率相等。令 p 代表 $pivotpoint$。共有 n 種結果是沒有發生遞迴呼叫的（也就是說，若 $p = k$，對於 $k = 1,2,...,n$）。共有兩種結果是第一次遞迴呼叫的輸入大小為 1 的（也就是說，若 $p = 2$ 與 $k = 1$，或 $p = n - 1$ 與 $k = n$）。共有 $2(2) = 4$ 種結果是第一次遞迴呼叫的輸入大小為 2 的（也就是說若 $p = 3$ 與 $k = 1$ 或 2，或 $p = n - 2$ 與 $k = n - 1$ 或 n）。下面所列的是各種不同輸入大小的結果數。

第一次遞迴呼叫中的輸入大小	造成給定大小的可能結果數
0	n
1	2
2	$2(2)$
3	$2(3)$
$\vdots$	$\vdots$
i	$2(i)$
$\vdots$	$\vdots$
$n - 1$	$2(n - 1)$

不難看出對於這些輸入大小中的每一個，k 所有可能的值都以相同的頻率出現。回想演算法 2.7 的各種情況分析，在副程式 $partition$ 中的比較次數為 $n - 1$ 次。因此，平均值可由下列的遞迴方程式得到：

$$A(n) = \frac{nA(0) + 2[A(1) + 2A(2) + \cdots + iA(i) + \cdots + (n - 1)A(n - 1)]}{n + 2(1 + 2 + \cdots + i + \cdots + n - 1)} + n - 1$$

利用附錄 A 中範例 A.1 的結果及 $A(0) = 0$，化簡之後可得

$$A(n) = \frac{2[A(1) + 2A(2) + \cdots + iA(i) + \cdots + (n - 1)A(n - 1)]}{n^2} + n - 1$$

接著我們模仿演算法 2.6 之平均情況時間複雜度分析使用的技巧（快速排序）。也就是說，我們將 $A(n)$ 的式子兩邊乘以 n^2，以 $n-1$ 代入，然後把 $n^2 A(n)$ 跟 $(n-1)^2 A(n-1)$ 兩個式子左右兩邊相減，化簡以後得到

$$A(n) = \frac{n^2-1}{n^2} A(n-1) + \frac{(n-1)(3n-2)}{n^2}$$
$$< A(n-1) + 3$$

因為 $A(0) = 0$，所以我們可得到下列的遞迴方程式：

$$A(n) < A(n-1) + 3 \qquad n > 0$$
$$A(0) = 0$$

這個遞迴方程式可用歸納法解出，如附錄 B 的 B.1 節中所描述的。解出的答案為

$$A(n) < 3n$$

用同樣的辦法，我們可以使用這個遞迴方程式來證明 $A(n)$ 被一個線性函數限制在下。因此，

$$A(n) \in \Theta(n)$$

使用這個 $A(n)$ 的遞迴方程式也可以證明，當 n 很大的時候，

$$A(n) \approx 3n$$

平均來說，演算法 8.5（選拔）只做了線性數量的比較。當然，這個演算法在平均來說表現比演算法 2.6（快速排序）佳是因為快速排序會呼叫 *partition* 兩次，而演算法 8.5 只呼叫一次。然而，當遞迴呼叫的輸入大小為 $n-1$ 時，這兩個演算法都會退化到同樣的複雜度。（在這種情況時，快速排序輸入一個空的子陣列在一邊。）其時間複雜度是平方的。若能用某種方式防止這樣的情形發生在演算法 8.5 中，應該可以改進最差情況時的平方時間。接著我們要敘述這是怎麼做到的。

最佳的情況會是 *pivotpoint* 剛好切在陣列的中央，因為接著每個遞迴呼叫的輸入都是原輸入的一半。回想 n 個相異 key 之**中位數**的定義就是有一半的 key 比它小且有一半的 key 比它大。（只有 n 為奇數時剛好是這麼精確。）若能一直選到中位數做為 *pivotitem*，就可以得到最佳效能。但是要怎麼找到中位數呢？在副程式 *partition* 中，我們可將原始陣列及約為該陣列一半大小的 k 組成的輸入，嘗試呼叫 *selection* 函式。但是這樣做是沒有什麼幫助的，因為我們最後還是得回來面對與原先輸入大小相同的選拔問題。所以，介紹一種有用的方法。假定 n 為 5 的倍數（不一定要使用 5；我們將在節末討論這點。）我們將 n

個 key 切成 $n/5$ 群，每群含有 5 個 key。我們直接找出每群的中位數。如同您將在習題中被要求證明的，這個工作可在 6 個比較下完成。接著呼叫 *selection* 函式來決定這 $n/5$ 個中位數的中位數。這 $n/5$ 個中位數的中位數並不一定是 n 個 key 的中位數，但是，如同圖 8.12 顯示的，其實已經蠻接近了。在該圖中，在最小中位數左邊的 key (2 與 3) 必定比中位數的中位數小，在最大中位數右邊的 key (18 與 22) 必定比中位數的中位數大。一般來說，在最小中位數右邊 (8 與 12) 及在最大中位數左邊的 key (6 與 14) 可能位於中位數的中位數之任一邊。我們可以算出共有

$$2\left(\frac{15}{5} - 1\right)$$

個 key 可能位於中位數的中位數之任一邊。不難看出，當 n 為 5 的奇倍數時，共有

$$2\left(\frac{n}{5} - 1\right)$$

個 key 可能位於中位數的中位數之任一邊。因此，最多有

$$\underbrace{\frac{1}{2}\left[n - 1 - 2\left(\frac{n}{5} - 1\right)\right]}_{\text{我們所知在某一邊的 key 之數量}} + 2\left(\frac{n}{5} - 1\right) = \frac{7n}{10} - \frac{3}{2}$$

個 key 可能位於中位數的中位數之任一邊。當稍後對使用這個方法的演算法進行分析時，我們會再回來看這個結果。首先我們描述這個演算法。

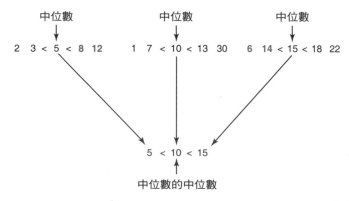

圖 8.12　每個箭頭代表一個 key。我們不知藍色的 key 究竟是大於中位數的
中位數還是小於中位數的中位數。

▶ 演算法 8.6　　**利用中位數進行選拔**

問題：在含有 n 個相異 key 的陣列中找出第 k 小的 key。

輸入：正整數 n 及 k，其中 $k \leq n$，含有 n 個相異 key 的陣列 S（索引值由 1 到 n）。

輸出：S 中第 k 小的 key，被傳回做為 $select$ 函式的值。

```
keytype select (int n,
                keytype S[],
                index k)
{
  return selection2 (S, 1, n, k);
}
keytype selection2 (keytype S[],
                    index low, index high, index k)
{
  if (high == low)
     return S[low];
  else {
     partition2 (S, low, high, pivotpoint);
     if (k == pivotpoint)
        return S[pivotpoint];
     else if (k < pivotpoint)
        return selection2 (S, low, pivotpoint - 1, k);
     else
        return selection2 (S, pivotpoint + 1, high, k);
  }
}
void partition2 (keytype S[],
                 index low, index high,
                 index& pivotpoint)
{
  const arraysize = high - low + 1;
  const r = ⌈arraysize / 5⌉;
  index i, j, mark, first, last;
  keytype pivotitem, T[1..r];
  for (i = 1; i <= r, i++){
     first = low + 5* i - 5;
     last = minimum(low + 5*i - 1, arraysize);
     T[i] = S[first] 到 S[last] 間的中位數;
  }
  pivotitem = select (r, T, ⌊(r + 1) / 2⌋);    // 找中位數的近似值
  j = low;
  for (i = low; i <= high; i++)
```

```
    if (S[i] == pivotitem){
    將 S[i] 與 S[j] 交換；
        mark = j;                    // 標示 pivotitem 被放置的位置
        j++;
    }
    else if (S[i] < pivotitem){
    將 S[i] 與 S[j] 交換；
        j++;
    }
  pivotpoint= j - 1;
  將 S[mark] 與 S[pivotpoint] 交換；    //pivotitem 放在 pivotpoint
}
```

分析演算法 8.6　▶　**最差情況下的時間複雜度（利用中位數進行選拔）**

基本運算：在 *partition2* 中之 $S[i]$ 與 pivotitem 的比較。

輸入大小：n，陣列中的項目數。

為簡化起見，我們假定 n 為 5 的奇倍數，並依此發展了一個遞迴方程式。對於一般的 n，該遞迴方程式也接近於真實的情況。該遞迴方程式由下列的幾個部分組成：

- 當被函式 selection2 呼叫時，在函式 selection2 中的執行時間。如同已討論過的，若 n 為 5 的奇倍數，最多會有

$$\frac{7n}{10} - \frac{3}{2} 個 key$$

  結束時會在 *pivotpoint* 的一邊，也就是說，這是對 *selection2* 的呼叫之輸入中，最差情況下所含有的 key 的數量。

- 當被副程式 *partition2* 呼叫時，在函式 *selection2* 中的執行時間。對 *selection2* 的呼叫之輸入所含有 key 的數量為 $n/5$。

- 找到這些中位數所需做的比較次數。如之前所提，從 5 個數字中找出中位數只要做 6 次比較就可完成。當 n 為 5 的倍數時，因為分成 $n/5$ 群，又必須找出各群自己的中位數，因此總共必須做 $6n/5$ 次比較。

- 分割陣列所需的比較次數。這個數量就是 n（假定我們可以用有效率的方法來實作比較）。

我們可以得到下列的遞迴方程式：

$$W(n) = W\left(\frac{7n}{10} - \frac{3}{2}\right) + W\left(\frac{n}{5}\right) + \frac{6n}{5} + n$$

$$\approx W\left(\frac{7n}{10}\right) + W\left(\frac{n}{5}\right) + \frac{11n}{5}$$

即使 n 不為 5 的奇倍數，我們仍可證明這個近似式成立。當然，$W(n)$ 並不會真的接收到非整數的輸入。然而，考慮這些簡化我們分析的輸入。這個遞迴方程式並沒有提出任何可被用在歸納論證上的明顯解答。再者，這個遞迴方程式是無法用附錄 B 的任何技巧來解的。然而，我們可以用一種稱為**建構式歸納** (constructive induction) 的技巧來得到可被用在歸納論證上的候選解。也就是說，由於我們懷疑 $W(n)$ 是線性的，讓我們假設對於所有 $m < n$ 及對於某個常數 c，$W(m) \le cm$。接著，原來的遞迴方程式意含著

$$W(n) \approx W\left(\frac{7n}{10}\right) + W\left(\frac{n}{5}\right) + \frac{11n}{5} \le c\frac{7n}{10} + c\frac{n}{5} + \frac{11n}{5}$$

由於我們想推斷出 $W(n) \le cn$，我們必須去解

$$c\frac{7n}{10} + c\frac{n}{5} + \frac{11n}{5} \le cn$$

來決定能夠在歸納論證中使用的一個 c 值，其解答為

$$22 \le c$$

接著我們挑選最小且滿足不等式的 c，並且開始以正式的歸納論證推導下去以證明當 n 的值不算小的時候，最差情況時間複雜度的近似極限如下：

$$W(n) \le 22n$$

很清楚地，這個不等式是對於 $n \le 5$ 才成立。我們把完成整個歸納證明留作習題。演算法 8.7 說：解決 $k = 1$ 的情況只需要線性時間。我們可以推斷出

$$W(n) \in \Theta(n)$$

我們已成功地用一個在最差情況下效能為線性時間的演算法解決了選拔問題。如前所提，我們不一定要把陣列切成 5 個 5 個一組。若 m 為一組的大小，任一個大於等於 5 的奇數得到複雜度的都會是線性時間。現在我們來說明原因。至於證明結果則留作習題。對於任意的 m，最差情況時間複雜度的遞迴方程式為

$$W\left(n\right) \approx W\left(\frac{\left(3m-1\right)n}{4m}\right) + W\left(\frac{n}{m}\right) + an \tag{8.2}$$

其中 a 為正常數。式子右邊 n 的係數和為

$$\frac{3m-1}{4m} + \frac{1}{m} = \frac{3m+3}{4m}$$

很容易就可以瞭解式子右邊小於 1 若且唯若 $m > 3$。我們可證明下面的遞迴方程式

$$W\left(n\right) = W\left(pn\right) + W\left(qn\right) + an$$

描述了一個線性方程式（若 $p + q < 1$）。因此，遞迴方程式 8.2 描述了一個線性方程式（對於任一個 $m \geq 5$ 都成立）。

當 $m = 3$ 時，遞迴方程式 8.2 將成為下面的形式：

$$W\left(n\right) \approx W\left(\frac{2n}{3}\right) + W\left(\frac{n}{3}\right) + \frac{5n}{3}$$

利用歸納法，可證明對於這個遞迴方程式

$$W\left(n\right) \in \Omega\left(n \lg n\right)$$

因此，5 是可以造成線性效能的最小 n 值。

當 $m = 7, 9$ 或 11，時間複雜度的上限 c 比 $m = 5$ 時略小。當 m 超過 11 後，c 的值緩步上升。對於任一個不小的 m，我們可證明 c 約為 $4\lg m$。例如，若 $m = 100$，常數 c 約為 $4\lg 100 = 26.6$。

我們解決選拔問題的線性時間演算法來自於 Blum、Floyd、Pratt、Rivest 與 Tarjan（1973）。原始的版本更複雜，但是它 key 的比較數目僅約為 $5.5n$。

Hyafil（1976）已證明了在 n 個 key 中找到第 k 小 key 的下限（其中 k◻1）為

$$n + (k - 1) \left\lceil \lg \left(\frac{n}{k - 1} \right) \right\rceil - k$$

證明可以在 Horowitz 與 Sahni（1978）中找到。請注意定理 8.9 是這個結果的特例。

　　其他選拔演算法及下限可以在 Schonhage、Paterson 與 Pippenger（1976）及 Fussenegger 與 Gabow（1976）中找到。

8.5.5　解選拔問題的或然式 (Probabilistic) 演算法

在計算演算法的下限時，我們已假定這些演算法都是必然式 (deterministic) 的，但是我們已經提過這些下限對於或然式 (probabilistic) 演算法同樣成立。我們利敘述一個或然式選拔演算法來說明何時可以使用這種演算法，來結束討論。

　　5.3 節描述了一種或然式演算法—也就是說，一種為了逼近 backtrack 演算法之效率的蒙地卡羅 (Monte Carlo) 演算法。回憶前面所提過的，蒙地卡羅演算法不必給出正確答案。它提供的是答案的估計值。而這個估計值接近於正確答案的機率隨著該演算法可用的時間而增加。這裡我們提出另一種稱做 Sherwood 的或然式演算法。

　　Sherwood **演算法**總是提供正確答案。當某必然式演算法在平均情況執行的比最差情況快很多時，Sherwood 演算法就可派上用場。回想這個條件對演算法 8.5 是成立的。該演算法的最差情況效能為平方時間，出現在某特定輸入的 *pivotpoint* 在遞迴呼叫中一直接近 *low* 或是 *high*。這發生在當輸入的陣列已經用遞增順序排序好，且 $k = n$ 的情況。由於大多數的輸入並不是這種情況，因此該演算法的平均效能是線性的。假設對於某特定輸入，我們根據一個離散均勻分佈 (uniform distribution) 來選擇樞紐項。接著，當該演算法接受這個輸入執行時，*pivotpoint* 遠離端點的機率就比接近端點的機率高。（我們將在附錄 A 的 A.8 節複習隨機性—Randomness。）因此，線性效能的機會較高。由於對所有輸入取平均時，比較次數是線性的，直覺上當我們根據一個離散式均勻分佈來選擇樞紐項時，對某特定輸入，該演算法所做的 key 比較次數之**期望值**應該是線性的。我們證明這裡是這種情況，但首先我們先強調這個期望值與演算法 8.5 得到平均值的差異。假定所有各種輸入以相同的數量出現，演算法 8.5 所做的平均比較次數是線性的。對於任意給定的輸入，演算法 8.5 永遠做同樣次數的比較，對某些輸入來講是平方。Sherwood 演算法每次對於給定的輸入並不會做同樣次數的比較。對於任意給定的輸入，它有時候做的比較次數是線性，有時候做的比較次數是平方。然而，若該演算法用同樣的輸入執行很多次，我們可以期待平均執行次數將是線性的。

您可能會問：既然演算法 8.6（利用中位數進行選拔）已經保證線性效能，為什麼我們還想使用 Sherwood 演算法呢？原因是由於逼近中位數造成的額外負擔，使得演算法 8.6 的常數值很大。對於某個給定的輸入，Sherwood 演算法平均起來跑得比演算法 8.6 要快。究竟要使用兩個演算法中的哪一個，由應用程式的需求決定。如果較佳的平均效能最重要，則使用 Sherwood 演算法。若我們無法忍受任何出現平方效能的可能性，則使用演算法 8.6。再次強調 Sherwood 優於演算法 8.5（選拔）之處。只要這些輸入是平均分佈的，演算法 8.5 平均也會表現的比演算法 8.6 好。然而，在某些特定的應用程式中，總是出現接近於演算法 8.5 最差情況的那些輸入。在這樣的應用程式中，演算法 8.5 總是表現出平方時間的效能。Sherwood 演算法利用根據一個離散均勻分佈隨機選擇樞紐項來避免任何應用程式中出現的這種困難狀況。

接下來我們要講述這個或然式 (Sherwood) 演算法。

▶ 演算法 8.7　**或然式選拔 (Probabilistic Selection)**

問題：在含有 n 個相異 key 的陣列 S 中找出第 k 小的 key。

輸入：正整數 n 及 k，其中 $k \leq n$，含有 n 個相異 key 的陣列 S（索引值由 1 到 n)。

輸出：S 中第 k 小的 key，被傳回做為 *selection3* 函式的值。

```
keytype selection3 (index low, index high, index k)
{
  if (low == high)
     return S[low];
  else {
     partition3 (low, high, pivotpoint);
     if (k == pivotpoint)
        return S[pivotpoint];
     else if (k < pivotpoint)
        return selection3 (low, pivotpoint - 1, k);
     else
        return selection3 (pivotpoint + 1, high, k);
  }
}
void partition3 (index low, index high,
                   index& pivotpoint)
{
  index i, j, randspot;
  keytype pivotitem;
  randspot = 根據均勻分布來挑選一個
       介於 low 與 high 間（包含兩端）的隨機 index;
```

```
    pivotitem = S[randspot];          // 隨機選擇 pivotitem
    j = low;
    for (i = low + 1; i <= high; i++)
        if (S[i] < pivotitem){
            j++;
        將 S[i] 與 S[j] 交換
        }
    pivotpoint = j;
    將 S[low] 與 S[pivotpoint] 交換      //pivotitem 放在 pivotpoint
}
```

演算法 8.7 與 8.5 的差異僅有在於演算法 8.7 是隨機選擇樞紐項的。接著我們要證明，對於任一個輸入，演算法 8.7 所做的比較次數的期望值是線性的。這個分析與演算法 8.5（選拔）的平均情況分析是不同的，因為在那個分析中，我們假定 k 的各種可能值做為輸入的頻率是相同的。我們想得到對於任何輸入都是一個線性時間值的結果。因為每個輸入有特定的 k 值，我們無法假定所有 k 的值以相同的頻率出現。我們會證明在不管 k 的情況下，比較次數的期望值是線性的。

◆ **分析演算法 8.7** ▶ **期望值的時間複雜度（或然式選拔）**

基本運算：在 *partition* 中之 $S[i]$ 與 *pivotitem* 的比較。

輸入大小：n，陣列中的項目數。

假定我們正在一個大小為 n 的輸入尋找第 k 小的 key。下列的表顯示了：當第一次遞迴呼叫時，在各種不同的 *pivotpoint* 值下，輸入的大小與新 k 值。

pivotpoint	輸入大小	新 k 值
1	$n-1$	$k-1$
2	$n-2$	$k-2$
⋮	⋮	⋮
$k-1$	$n-(k-1)$	1
k	0	
$k+1$	k	k
$k+2$	$k+1$	k
⋮	⋮	⋮
n	$n-1$	k

由於各種 *pivotpoint* 的值出現的機會相等，我們可以得到下列期望值的遞迴方程式：

$$E(n, k) = \frac{1}{n} \left[\sum_{p=1}^{k-1} E(n-p, k-p) + \sum_{p=k}^{n-1} E(p, k) \right] + n - 1$$

我們可用我們在演算法 8.6 的最差情況分析用過的建構式歸納來分析這個遞迴方程式。也就是說，由於我們懷疑這個遞迴方程式是線性的，我們尋找一個 c 值使得一個歸納論證可以證明 $E(n,k) \leq cn$。這次，我們要證明這個歸納論證，但是我們把求得 $c = 4$ 是可用的最小常數這件事留作習題。

歸納基底：由於 $n = 1$ 時不會做任何比較，故

$$E(1, k) = 0 \leq 4(1)$$

歸納假設：假定對於所有 $m < n$ 及所有 $k \leq m$，

$$E(m, k) \leq 4m$$

歸納步驟：我們必須證明對於所有 $k \leq n$

$$E(n, k) \leq 4n$$

根據這個遞迴方程式及歸納假設，

$$E(n, k) \leq \frac{1}{n} \left[\sum_{p=1}^{k-1} 4(n-p) + \sum_{p=k}^{n-1} 4p \right] + n - 1 \tag{8.3}$$

我們得到

$$\sum_{p=1}^{k-1}4\left(n-p\right)+\sum_{p=k}^{n-1}4p=4\left[\sum_{p=1}^{k-1}n-\sum_{p=1}^{k-1}p+\sum_{p=k}^{n-1}p\right]$$

$$=4\left[\left(k-1\right)n-2\sum_{p=1}^{k-}p+\sum_{p=1}^{n-1}p\right]$$

$$=4\left[\left(k-1\right)n-\left(k-1\right)k+\frac{\left(n-1\right)n}{2}\right]$$

$$=4\left[\left(k-1\right)\left(n-k\right)+\frac{\left(n-1\right)n}{2}\right]$$

$$<4\left[k\left(n-k\right)+\frac{n^2}{2}\right]\leq 4\left[\frac{n^2}{4}+\frac{n^2}{2}\right]=3n^2$$

第三個等式由應用兩次附錄 A 的範例 A.1 的結果得到。最後一個不等式由
一般情況下，$k(n-k)\leq n^2/4$ 推導出來。把這個剛剛得到的結果插入不等
式 8.3 中，我們得到

$$E\left(n,k\right)<\frac{1}{n}\left(3n^2\right)+n-1=3n+n-1<4n$$

我們已證明，在不管 k 值的情況下，

$$E\left(n,k\right)\leq 4n\in\Theta\left(n\right)$$

• 習題

8.1 節

1. 若我們使用循序搜尋法 (演算法 1.1)。假設搜尋並非由串列的開端開始，而是由前一
次搜尋結束時留下的索引值開始。讓我們進一步假定：我們要找的那個項目是被隨機
選出的，並且與前一次搜尋的目的地無關。在這些假設之下，請問平均的比較次數
為何？

2. 令 S 與 T 為兩個陣列，各自含有 m 及 n 個項目。請寫出一個能夠找出兩者共同
項目的演算法，並把這些共同項目存放到另一個陣列 U。請證明這個任務可以在
$\Theta\left(n+m\right)$ 的時間內完成。

3. 假定是成功搜尋的情況下，請改進二元搜尋法 (演算法 1.5)。分析您的演算法並使用量級標示法來顯示結果。

4. 試證明若 x 在陣列中且出現在陣列中每一格的機會相等，則二元搜尋法 (演算法 1.5) 的平均情況時間複雜度的上下限逼近如下

$$\lfloor \lg n \rfloor - 1 \leq A(n) \leq \lfloor \lg n \rfloor$$

提示：根據輔助定理 8.4，可找到一個 k，讓 $n - (2^k - 1)$ 是最底層的節點數。這些節點對 TND 的貢獻值為 $(n - 2^k - 1)(k + 1)$。把這個式子加到 $(k - 1)2^k + 1$ (在二元搜尋法的平均情況分析確立的方程式) 來得到該決策樹的 TND。

5. 假定下列所有 $2n + 1$ 種可能性出現的機會相等

$$x = s_i \qquad \text{對於某個 i 成立，其中 } 1 \leq i \leq n$$
$$x < s_1$$
$$s_i < x < s_{i+1} \qquad \text{對於某個 i 成立，其中 } 1 \leq i \leq n - 1$$
$$x > s_n$$

試證明二元搜尋法 (演算法 1.5) 的平均情況時間複雜度上下限逼近如下

$$\lfloor \lg n \rfloor - \frac{1}{2} \leq A(n) \leq \lfloor \lg n \rfloor + \frac{1}{2}$$

提示：請見習題 4 的提示。

6. 完成輔助定理 8.6 的證明。

8.2 節

7. 實作二元搜尋、內插搜尋及強健內插搜尋，在您的電腦上執行這些演算法，並且使用不同的問題實例來研究它們的最佳情況、平均情況及最差情況效能。

8. 假定 key 均勻分佈並且我們要搜尋的 key x 位於陣列中每一格的機率相等。試證明內插搜尋的平均情況時間複雜度在 $\Theta(\lg(\lg n))$ 內。

9. 假定 key 均勻分佈並且我們要搜尋的 key x 位於陣列中每一格的機率相等。試證明內插搜尋的最差情況時間複雜度在 $\Theta((\lg n)^2)$ 內。

8.3 節

10. 試寫出一個能在一棵二元搜尋樹中找到最大 key 的演算法。分析您的演算法並使用量級標示法來顯示結果。

11. 定理 8.3 說，對一次成功的搜尋（使用二元搜尋樹來搜尋）來說，所有含有 n 個 key 的輸入之平均搜尋時間在 $\Theta(\lg n)$ 內。試證明對於一次不成功的搜尋，這個結果依然成立。

12. 試寫出一個能從一個二元搜尋樹中刪除節點的演算法，考慮所有可能的案例。分析您的演算法並使用量級標示法來顯示結果。

13. 試寫出能從一個 key 串列建立一棵 3-2 樹的演算法。分析您的演算法並使用量級標示法來顯示結果。

14. 試寫出能按照 key 的自然順序，列出一棵 3-2 樹中所有的 key 之演算法。分析您的演算法並使用量級標示法來顯示結果。

8.4 節

15. 另一種解決碰撞的策略是所謂的線性探測 (linear probing)。在這個策略中，所有的項目被儲存在 bucket 陣列中（雜湊表）。在碰撞的情況中，我們會搜尋這個表以便找到下一個可用的 bucket。試說明線性探測是如何解決發生在圖 8.8 案例中的碰撞的。（線性探測也被稱為封閉式雜湊—closed hashing。）

16. 請討論下列兩種解決碰撞策略的優缺點：開放式雜湊 (open hashing) 及線性探測 (linear probing，參見習題 15)。

17. 試寫出一個能從雜湊表中刪除項目的演算法，其中該雜湊表使用線性探測做為其解決碰撞策略。分析您的演算法並使用量級標示法來顯示結果。

18. 一種被稱為雙重雜湊 (double hashing) 的重新雜湊 (rehashing) 機制，在發生碰撞的情況下會使用第二個雜湊函數。若第一個雜湊函數為 h，第二個雜湊函數為 s。這個演算法會依據下列的方程式來決定要檢查雜湊表中的哪個位置是否為可用的 bucket，其中 p_i 為這些依序檢查的位置所構成的序列中第 i 項：

$$p_i\,(\text{key}) = [(k\,(\text{key}) + i \times s\,(\text{key}) - 1)\ \%\ \text{table\_size}] + 1$$

（% 傳回第一個運算元除以第二個運算元的餘數）

為圖 8.8 的問題案例定義一個第二雜湊函數，並顯示所有 key 都被插入雜湊表後，雜湊表的內容。

8.5 節

19. 修改演算法 8.4（利用將 Key 配對尋找最小及最大 Key）使得當 n（給定陣列中所含 key 的數量）為奇數時仍然可以作用，並證明這個演算法的時間複雜度為

$$\frac{3n}{2} - 2 \quad \text{若 } n \text{ 為偶數}$$

$$\frac{3n}{2} - \frac{3}{2} \quad \text{若 } n \text{ 為奇數}$$

20. 完成定理 8.8 的證明。也就是說，證明一個僅靠 key 的比較，從 n 個 key 中找出最小及最大 key 的必然式演算法，在最差情況下，若 n 為奇數，必須做至少 $(3n - 3)/2$ 次比較。

21. 試將 8.5.3 節中討論的方法，也就是在一個給定陣列中找出次大 key 的方法寫成一個演算法。

22. 試證明若 n 在一般情況下，8.5.3 節中討論的方法，也就是在一個給定陣列中找出次大 key 的方法，其必須做的比較總數為

$$T(n) = n + \lceil \lg n \rceil - 2$$

23. 試證明執行 6 次比較就可從 5 個數字中找出它們的中位數。

24. 試使用歸納法來證明演算法 8.6（利用中位數進行選拔）的最差情況時間複雜度被下列式子逼近地限制住：

$$W(n) \leq 22n$$

25. 試證明對於任意的 m（群組的大小），演算法 8.6（使用中位數進行選拔）之最差情況時間複雜度的遞迴方程式為

$$W(n) \approx W\left(\frac{(3m-1)n}{4}\right) + W\left(\frac{n}{m}\right) + an$$

其中 a 為常數。這是在 8.5.4 節中的遞迴方程式 8.2。

26. 使用歸納法為下列的遞迴方程式證明 $W(n)$ ☒ $(n \lg n)$。這是 8.5.4 節中的遞迴方程式 8.2，其中 m（群組大小）為 3。

$$W(n) = W\left(\frac{2n}{3}\right) + W\left(\frac{n}{3}\right) + \frac{5n}{3}$$

27. 證明演算法 8.7（或然式選拔）的期望值時間複雜度分析中的不等式

$$E(n, k) \leq cn$$

中的常數 c 不能比 4 小。

28. 實作演算法 8.5、8.6 與 8.7（在一個陣列中找到第 k 小的 key 之選拔演算法）。在您的電腦上執行這些演算法，並且使用不同的問題實例來研究它們的最佳情況、平均情況及最差情況效能。

29. 寫出一個可決定一個含有 n 個項目的陣列是否擁有主要項目（出現最多次的項目）的或然式 (probabilistic) 演算法。分析您的演算法並使用量級標示法來顯示結果。

進階習題

30. 假定有個非常大的已排序串列存放在外部儲存體中。假設我們無法把這個串列完全載入內部記憶體中，請發展一個能在這個串列中搜尋某個 key 的演算法。請問，設計外部搜尋演算法主要的考量點是什麼？定義這些主要的考量點，分析您的演算法並使用量級標示法來顯示結果。

31. 討論使用下列各種方法而不是其他方法的優點：

    (a) 具有平衡機制的二元搜尋樹

    (b) 3-2 樹

32. 請列出至少兩種不適合使用雜湊的狀況。

33. 令 S 與 T 是兩個含有 n 個數值的陣列，也都已經以非遞減順序排好了。寫出一個能夠找到所有 $2n$ 數值之中位數的演算法，並且該演算法的時間複雜度必須在 $\Theta(\lg n)$ 內。

34. 寫出一個使用函式 *prime* 及 *factor* 來因式分解任意整數的或然式演算法。*prime* 函式是一個 boolean 函式：若給定整數是質數就傳回 "true"，否則傳回 "false"。分析您的演算法並使用量級標示法來顯示結果。

35. 試列出在本章中討論的所有搜尋演算法的優缺點。

36. 試為本章中討論的所有搜尋演算法各列出至少兩種最適合使用的情況。

Chapter 9

計算複雜度與難解性
NP Theory 序論

試著想像下列的情節。假定您在一個工廠裡工作,並且您的老闆給您的工作是去為某些對這個公司很重要的問題尋找有效率的演算法。在專注地研究超過一個月後,您沒有任何的進展。在決定放棄後,您回去找老闆,並且很慚愧地告訴他您無法找到有效率的演算法。老闆威脅您說,要開除您,並且聘請一個聰明的演算法設計專家來取代您的職位。您回答也許不是因為您笨的關係,而是因為這種有效率的演算法根本是不存在的。聽到這句話後,老闆不情願地再給您一個月去證明這件事。在第二個挑燈夜戰的月份過後,您還是失敗了。此時,您既無法找到一個有效率的演算法,也無法證明這樣的演算法是不存在的。您處於瀕臨被開除的邊緣,並且回想到某些偉大的資訊科學家都在為售貨員旅行問題尋找有效率的演算法,但是卻沒有人能夠發展出一個最差情況時間複雜度比指數成長來的好的演算法。此外,也沒有人證明出找到這種演算法是不可能的。您看到了最後一線生機。如果能夠證明用來解決公司問題的有效率演算法可以自動推導出解售貨員旅行問題的有效率演算法,這代表著老闆請你做的事情曾經難倒很多偉大的資訊科學家。您要求老闆給您一個機會來證明這件事,於是老闆很不情願地同意了。在一週之後,您證明出來一個解公司問題之有效率演算法可以推導出解售貨員旅行問題的有效率演算法。您不但沒有被開除,反而被升職了,因為您為公司節省很多經費。您的老闆現在瞭解,對於繼續投注金錢與精力在尋找一個能解公司問題的有效率演算法這件事上面必須保持謹慎。其他的方向,如尋找一個近似解法,必須去嘗試看看。

我們剛剛描述的就是資訊科學家在這 25 年來努力的成果。我們已證明了售貨員旅行問題與數以千計的其他問題是同樣困難的。意思是說如果我們為這些問題之中任何一個問題找到了有效率的演算法,我們將可以為它們全部都找到有效率的演算法。這種演算法至今尚未被找到，但是它也沒被證明不存在。這些有趣的演算法被稱為 **NP-Complete**，也就是本章的主軸。一個不可能找到有效率演算法的問題被稱為 "難解" (intractable)。9.1 節中我們將更具體地說明一個被稱為難解之問題的意義。9.2 節描述何時我們會想要知道一個問題是否難解，我們會必須對於在一個演算法中什麼東西被稱為輸入很小心。9.3 節中討論在就難解性而言，問題一般的三種分類。本章最精彩的部分，9.4 節，討論 NP Theory 與 NP-complete 問題。9.5 節描述處理 NP-complete 問題的方法。

• 9.1 難解性 (Intractability)

字典定義**難解** (intractable) 為 "難以處理的。" 這個意思是說在資訊科學中，若電腦很難解決某個問題，則該問題被稱為難解。這個定義對我們大部分使用時太模糊了。為了要讓這個定義更清楚，我們現在介紹一個觀念叫做 "多項式時間演算法" (polynomial-time algorithm)。

定義

多項式時間演算法是演算法之最差時間複雜度被一多項式函示約束，而該函式與演算法之輸入大小有關。換言之，若 n 為輸入大小，則存在一多項式 $p(n)$ 使得：

$$W(n) \in O(p(n))$$

• **範例 9.1**　具有下列最差情況時間複雜度的演算法均為多項式時間。

$$2n \qquad 3n^3 + 4n \qquad 5n + n^{10} \qquad n \lg n$$

具有下列最差情況時間複雜度的演算法均不為多項式時間。

$$-2^n \qquad 2^{0.01n} \qquad 2^{\sqrt{n}} \qquad n!$$

請注意 $n \lg n$ 並不是 n 中的多項式。然而，由於

$$n \lg n < n^2$$

$n \lg n$ 被一個 n 中的多項式限制住，代表著一個具有 $n \lg n$ 這種時間複雜度的演算法同樣滿足被稱為多項式時間演算法的條件。

在資訊科學領域中，若我們無法以多項式時間演算法來解決某個問題，該問題就被稱為**難解** (intractable)。我們強調難解性為一個問題的性質，而不是解該問題之演算法的性質。要成為一個難解的問題，必須沒有任何多項式時間演算法可以解它才行。為該問題找到一個非多項式時間演算法並無法證實該演算法是難解問題。例如，解連續矩陣相乘問題（見 3.4 節）的暴力演算法就是個非多項式時間演算法。使用 3.4 節中證明之遞迴性質 (recursive property) 的 divide-and-conquer 演算法也是非多項式時間演算法。然而，在該節中發展的 dynamic programming 演算法為 $\Theta(n^3)$。這個問題並不是難解問題，因為我們可以用演算法 3.5 將該問題在多項式時間內解出。

在第一章中，我們看到多項式演算法通常優於非多項式演算法很多。回顧表 1.4，我們觀察到若處理基本指令所費的時間為 1 奈秒，具有 n^3 時間複雜度的演算法將花一毫秒來處理大小為 100 的案例，而時間複雜度 2^n 的演算法將需要花十億年以上的時間。

然而，我們也可製造極端的狀況，讓一個非多項式時間演算法反而比一個多項式演算法快很多。例如，若 $n = 1,000,000$

$$2^{(0.00001n)} = 1024 \quad \text{而} \quad n^{10} = 10^{60}$$

再者，很多最差情況時間複雜度不是多項式時間的演算法對於一些實際的案例執行起來卻蠻有效率的，至少對於 backtracking 及 branch-and-bound 演算法是如此。因此，我們對於難解 (intractable) 的定義僅可做為實際上難解性 (intractability) 一種不錯的指標。在某些特定的情況下，就實際的輸入大小而言，一個我們已經找到多項式時間演算法的問題可能比我們無法找到多項式時間演算法的問題還難以處理。

就難解性 (intractability) 而言，問題主要一般可分為三種：

1. 已找到多項式時間演算法的問題。

2. 已被證明為難解的問題。

3. 並未被證明為難解，但是也還沒找到多項式時間演算法的問題，令人吃驚的是，大多數的問題不是落在第一類就是落在第三類。

當我們決定一個演算法是否為多項式時間時，必須很小心去考慮該把什麼當作所謂輸入大小。因此，在繼續往下講之前，讓我們更深入地討論所謂的輸入大小。（請參見 1.3 節中我們最初對於輸入大小的討論。）

• 9.2 再探輸入大小

到目前為止，在我們的演算法中通常把 n 稱為輸入大小 (input size)，因為 n 是一個對輸入的資料量合理的度量。例如，以排序演算法為例，n，亦即將接受排序的 key 的數量，是一個對輸入資料量很好的度量。因此我們稱 n 為輸入大小。然而，我們不能隨便就把 n 稱為一個演算法的輸入大小。考慮下列決定一個正整數 n 是否為質數的演算法。

```
bool prime (int n)
{
  int i ; bool switch ;
  switch = true ;
  i = 2;
  while (switch && i ≤ ⌊n^{1/2}⌋)
      if (n % i == 0)                    //% 傳回 n 除以 i 的餘數
        switch = false;
      else
        i++;
  return switch ;
}
```

在這個檢查質數的演算法中，迴圈跑過的次數很清楚地在 $\Theta(n^{0.5})$ 中。然而，這樣就代表它是個多項式時間演算法嗎？參數 n 是該演算法的輸入，而不是這個輸入的大小。和排序演算法不同，在排序演算法中，n 是 key 的數量而案例本身就是這 n 個 key。若 n 的值是輸入而不是函式 *prime* 中的輸入大小，那什麼是輸入的大小呢？當我們比在 1.3 節中定義出更具體的輸入大小後，我們會回來回答這個問題。

> **定義**
>
> 對於一個給定的演算法，我們定義**輸入大小** (input size) 為該演算法用來寫出輸入的字元數。

這個定義基本上與我們在 1.3 節所給的沒有什麼差別。它只是更詳細地說明了有關要如何測量輸入的大小。要計算演算法花在表達輸入的字元數，我們必須瞭解對輸入進行編碼的方式。假定我們將輸入以二進位的方式編碼，也就是與電腦用來儲存資料的方式相同。則字元在這種編碼中是用來表示二進位中每一位的數字（位元），而用在對一個正整數 x 進行編碼所用的字元數為 $\lfloor \lg x \rfloor + 1$。例如，$31 = 11111_2$，而 $\lfloor \lg 31 \rfloor + 1 = 5$。我們只是簡單地說需要用到約 $\lfloor \lg x \rfloor$ 個位元將一個正整數 x 表示成二進位。假定我們使用二進位編碼且希望為一個排序 n 個正整數的演算法決定輸入大小。將被排序的正整數對於該演算法來說就是所謂的輸入。因此，輸入大小就是編碼這些整數所用到的位元數。若最大的

正整數為 L，並且我們以編碼 L 所用的位元數來編碼每個整數，則編碼每個整數約要用掉 $\lfloor \lg L \rfloor$ 個位元。因此，這 n 個正整數對應的輸入大小約為 $n\lfloor \lg L \rfloor$。假定我們改用 10 進位對正整數進行編碼。則在這種編碼中，每個字元代表一個十進位的數字，用來編碼 L 所用的字元數約為 $\lfloor \log L \rfloor$，而這 n 個正整數對應的輸入大小約為 $n\lfloor \log L \rfloor$。由於

$$n \log L = (\log 2)(n \lg L)$$

就其中一種輸入大小而言，一個演算法為多項式時間若且唯若就別種輸入大小而言，該演算法仍為多項式時間。

若將編碼的方式限制為 "合理的 (reasonable)" 編碼方式，則採用的編碼方式並不會影響到一個演算法是否為多項式時間的判斷。看起來我們對 "合理的" 並沒有一種令人滿意的正式定義。然而，對於大多數的演算法我們經常能夠就怎樣才是 "合理的" 達成共識。例如，對於本書中任一個演算法，我們可以使用除 1 以外其他正整數為底來編碼一個正整數，而不會影響到該演算法是否為多項式時間。因此，我們可以認定任意這類編碼系統是合理的。以 1 為底的編碼稱為 unary form，就不被認定是合理的編碼方式。

在前面的章節中，我們稱呼 n，亦即將被排序的 key 的數目，為排序演算法的輸入大小。使用 n 做為輸入大小，我們證明了這些演算法為多項式時間。在我們更精確地定義了輸入大小後，請問這些演算法仍然為多項式時間嗎？皆下來我們要解釋，這些演算法仍然是多項式時間。當我們更精確地定義輸入大小，我們也必須對最差時間複雜度做更精確的定義。更精確的定義如下：

> **定義**
>
> 對一個給定的演算法，我們定義 $W(s)$ 為該演算法在輸入大小為 s 的情形下，執行步驟數量的最大值。$W(s)$ 被稱為該演算法的最差時間複雜度。

一個步驟可以想成等同於電腦執行的一次比較或是一次指派值的動作，或是，若想要保持分析與機器無關，一次位元比較或是一次指派位元值的動作。這個定義基本上並沒有與 1.3 節中給的定義不同，只是關於基本運算定義的更精細。也就是說，根據這個定義，每個步驟由一次基本運算的執行構成。我們使用 s 而不是 n 做為輸入的原因是 (1) 演算法的參數 n 並非總是可以當作輸入大小的度量（例如，在本節一開始提到的質數檢查演算法）以及 (2) 當 n 做為輸入大小的度量時，通常是不夠精準的。根據剛剛給的定義，我們必須計數該演算法所做的所有步驟。在仍舊避免提及實作細節的情況下，讓我們利用分析演算法 1.3（交換排序）來解釋我們是如何計數演算法執行的所有步驟的。為了簡化起見，假定所有的 key 均為正整數，且在單筆記錄中除了 key 之外並沒有其他的欄位存在。回顧演

算法 1.3。遞增迴圈以及執行分支的步驟數可由一個常數 c 乘上 n_2 限制住。若這些被排序的整數太大，電腦將無法用一個步驟完成它們之間的比較或是把這麼大的整數值指派給存放它們的變數。當我們在 2.6 節中討論龐大整數的運算時，也曾遇到類似的狀況。因此，我們不該把一個 key 的比較或值的指派當作一個步驟。為了要讓我們的分析保持與機器無關，我們認定一個步驟不是一個位元的比較就是指派一個位元的值。因此，若 L 為最大的正整數，最多要用 $\lg L$ 個步驟來比較一個正整數或指派一個正整數的值。當我們在 1.3 節及 7.2 節中分析演算法 1.3 時，我們看到在最差情況下交換排序做了 $n(n-1)/2$ 次 key 的比較與 $3n(n-1)/2$ 次指派值來排序 n 個正整數。因此，交換排序做的步驟數最大值不會超過

$$cn^2 + \underbrace{\frac{n(n-1)}{2}\lg L}_{\text{位元比較}} + \underbrace{\frac{3n(n-1)}{2}\lg L}_{\text{指派位元值}}$$

令 $s = n\lg L$ 做為輸入大小。則

$$
\begin{aligned}
W(s) = W(n\lg L) \\
\leq cn^2 + \frac{n(n-1)}{2}\lg L + \frac{3n(n-1)}{2}\lg L \\
< cn^2(\lg L)^2 + n^2(\lg L)^2 + 3n^2(\lg L)^2 \\
< (c+4)(n\lg L)^2 = (c+4)s^2
\end{aligned}
$$

我們已經證明：對輸入大小更精確地定義後，交換排序仍然還是多項式時間。對於所有的演算法，使用這裡較精確的輸入大小之定義跟使用 1.3 節中較不精確的輸入大小之定義都會得到類似的結果。更進一步地，我們可以證明即便我們對輸入大小採用較精確的定義，所有已被我們證明為非多項式時間的演算法（例如：演算法 3.11）仍舊為非多項式時間。我們看到當 n 為輸入中資料量的測量值時，僅 n 視為輸入大小，我們就可在思考一個演算法是否為多項式時間上，得到正確的結果。因此，當這種情況發生時，我們繼續把 n 當作是輸入大小。

現在讓我們回到質數檢查的問題上。由於對這個演算法而言，輸入為 n 的值，因此輸入大小為編碼 n 所用掉的字元數。回憶若我們使用以 10 為底的編碼，將會用掉 $\lfloor \log n \rfloor + 1$ 個字元來編碼 n。例如，我們必須用掉 3 個十進位數字，而不是 340 個十進位數字，來編碼 340 這個數。一般來說，若我們使用以 10 為底的編碼，並且設定

$$s = \log n$$

則 s 近似於該輸入的大小。在最差情況下，在函式 $prime$ 中共跑完過 $\lfloor n^{1/2} \rfloor - 1$ 次迴圈，由於 $n = 10^s$，因此最差情況下我們會跑完迴圈 $10^{s/2}$ 次。由於總共的步驟數至少等於跑完迴圈的次數，因此時間複雜度為非多項式。若我們使用二進位編碼，

$$r = \lg n$$

約等於輸入的大小，而跑完迴圈的次數約等於 $2^{r/2}$。其時間複雜度仍舊為非多項式。只要我們使用"合理的"編碼方式，結果仍會保持不變。我們之前提過我們認為 unary 編碼方式並不是一種"合理的"編碼方式。若我們使用這種編碼方式，編碼 n 這個數值將要用掉 n 個字元。例如，7 將會被編碼為 1111111。使用這種編碼方式，質數檢查演算法會有多項式時間複雜度。因此可以看到，若不用"合理的"的編碼系統，演算法複雜度分析的結果將會有所改變。

在質數檢查這類的演算法中，我們稱 n 為輸入的量。我們已經看到其他以量而言時間複雜度為多項式，但是以大小而言並非多項式的其他演算法。計算費布那西數列第 n 項的演算法 1.7 之時間複雜度在 $\Theta(n)$ 中。由於 n 是輸入的量，而 $\lg n$ 才是輸入的大小，演算法 1.7 的時間複雜度以輸入的量而言是線性的但是以輸入大小而言是指數成長的。用來計算二項式係數的演算法 3.2 之時間複雜度在 $\Theta(n^2)$ 中。由於 n 是輸入的量，而 $\lg n$ 才是輸入的大小，演算法 1.7 的時間複雜度以輸入的量而言是平方時間的，但是以輸入大小而言是指數成長的。4.4.4 節中解 0-1 Knapsack 問題的 dynamic programming 演算法之時間複雜度在 $\Theta(nW)$ 中。在這個演算法中，n 為大小的度量，因為 n 代表輸入中的項目數。然而，W 是量，因為它是背包 (knapsack) 的最大容量；$\lg W$ 度量了 W 的大小。這個演算法的時間複雜度以量與大小而言是多項式，但是純以大小而言，它的時間複雜度是指數成長的。

如果某個演算法，其最差情況時間複雜度的上限被一個它的大小與量的多項式函數限制住，這個演算法就稱為**假多項式時間演算法** (pseudopolynomial-time)。這種演算法通常很有用，因為只有碰到含有極大數值的例子，這種演算法才會沒效率。例如，在 0-1 Knapsack 問題中，我們通常有興趣的是 W 不會非常大的情況。

• 9.3　三種主要的問題類別

接下來我們要討論以難解性 (intractability) 做為分類的標準，三種主要的問題類別。

• 9.3.1　已找到多項式時間演算法的問題

任何我們已經為其找到多項式時間演算法的問題都屬於這第一個類別。我們已為排序找到了 $\Theta(n\lg n)$ 演算法，為搜尋一個已排序陣列找到了 $\Theta(\lg n)$ 演算法，為矩陣相乘找到了 $\Theta(n^{2.38})$ 演算法，為連續矩陣相乘找到 $\Theta(n^3)$ 演算法等等。由於 n 是對這些演算法之輸入的資料量大小，因此它們全都屬於多項式時間演算法。我們可以繼續列出很多屬於這類的演算法。對於這些問題，也存在著一些非多項式時間的演算法。我們已經提過這就是連續矩陣相乘演算法的情況。另外還有一些問題如最短路徑問題 (Shortest Paths Problem)、最佳二元搜尋樹問題 (Optimal Binary Search Tree Problem) 以及最小生成樹問題 (Minimum Spanning Tree Problem)，我們已經為其發展了多項式時間演算法，但對這些問題來說，很明顯地，暴力法 (brute-force algorithm) 就是非多項式的。

• 9.3.2　已被證明難解的問題

在這個類別中共有兩種類型的問題。第一種類型的問題會產生非多項式的輸出資料量。回想 5.6 節中，求出所有漢米爾頓迴路 (Hamiltonian Circuit) 的問題。若在兩兩頂點間都存在著一條邊線，則共有 $(n-1)!$ 種這樣的線路 (circuit)。若要解這個問題，一個演算法必須能夠輸出所有 $(n-1)!$ 種這樣的線路，代表了這種要求是不合理的。注意，在第五章中，我們陳述了一些要求所有的解的問題，這樣呈現演算法會顯得比較乾淨俐落，但是每個這樣的演算法都可以輕易地修改為解決同樣的問題，但只要求一個解的演算法。很清楚地，只要求解出其中一個線路的 Hamiltonian Circuits 問題則不屬於這類型的問題。雖然辨認這類型的難解性相當重要，但是這類型的問題通常看起來都不難。通常用很直接的方式就可以辨認出某個問題是否要求非多項式數量的輸出，而一旦發現問題會產生非多項式數量的輸出，我們瞭解我們只是要求了比可能用到的資訊還多的資訊。也就是說，該問題並沒有被實際可行地定義。

　　第二種難解性發生在我們提出合理要求 (亦即，當我們沒有要求非多項式數量的輸出)，且我們能夠證明該問題無法在多項式時間內解出。很奇怪地，我們找到這類的演算法非常少。首先我們要提的這類問題之一是所謂的**不可判定問題** (undecidable problem)。

這類問題被稱為 undecidable 的原因為，我們可以證明解不可判定問題的演算法是無法存在的。不可判定問題中，最有名的是停機問題 (Halting problem)。在這個問題中，我們將任一演算法 M 及對該演算法的任一輸入 x 視為問題的輸入，然後決定當 M 接受 x 為輸入時，演算法 M 是否會停止。在 1936 年，Alan Turing 證明了停機問題屬於不可判定問題。到了 1953 年，A. Grzegorczyk 開發了一個難解 (intractable) 的可判定問題 (decidable problem)。類似的結果在 Hartmanis 與 Sterns (1965) 中有討論。然而，這些問題都是刻意製造出來讓它們擁有某些性質的。在 1970 年早期，某些自然的不可判定決策問題 (undecidable decision problem) 被證明為難解問題。由於決策問題的輸出非常簡單，就是 "yes" 或 "no" 兩者之一。因此，被要求的輸入量必然在合理範圍內。這類決策問題最有名的是 Presburger Arithmetic，由 Fischer 與 Rabin 在 1974 年證明為難解問題。這個問題以及它的證明則可在 Hopcroft 與 Ullman (1979) 中找到。

所有到目前為止被證明為難解 (intractable) 的問題也已被證明不在 NP 這個集合中，我們將在 9.4 節討論 NP 集合。然而，大多數看起來難解的問題都在 NP 集合中。我們接下來將討論這些問題。如同之前所提的，一個有點令人吃驚的現象是，相對來說很少問題已經被證明是難解的問題，直到 1970 年代一個自然的可判定問題被證明為難解之後，這個現象才改觀。

• 9.3.3 未被證明為難解，也未找到多項式時間演算法的問題

這類的問題，包含了任意我們還沒為其找到多項式時間演算法，但也還沒證明解它的多項式時間演算法不存在的問題。如同我們已經討論過的，存在著很多這樣的問題。例如，如果我們要求必須提供問題的其中一個解，則 0-1 Knapsack 問題、售貨員旅行問題、Sum-of-Subjects 問題、$m \geq 3$ 的 m-Coloring 問題、Hamiltonian Circuits 問題以及貝士網路中的假說推理問題全都屬於這類。我們已經為這些問題找到了 branch-and-bound、backtracking 以及其他遇到大型案例時仍然相當有效率的演算法。也就是說，當接受為輸入的案例限制於某個子集中時，存在著一個以 n 為變數的多項式限制住基本運算執行的次數。然而，對於所有案例構成的集合，這樣的多項式是不存在的。若要證明這件事，只需要找到某個無限長的案例序列，對於這個序列，我們找不到一個以 n 為變數的多項式來限制住演算法執行的基本運算數量。回憶我們在第五章中曾為 backtracking 演算法所做的。

在這類問題中，有許多問題的關係是非常密切且有趣的。我們將在下一節中發現這些關係。

• 9.4　NP Theory

　　如果原本就把我們本身限制在**決策問題**中，我們發展 NP Theory 會更方便。回想一個決策問題的輸出是非常簡單的，就是 "yes" 或 "no" 兩者之一。但是當我們之前（在第三、四、五、六章）在介紹部分問題時，我們將它們敘述為最佳化問題，亦即它們的輸出為一個最佳解答。然而，每個最佳化問題都有個對應的決策問題，如我們下面所描述的範例。

● 範例 9.2　售貨員旅行問題 (Traveling Salesperson Problem)

給定一個有向權重圖 (weighted, directed graph)。回想，在這樣的一個圖中，一個**旅程** (tour) 的定義為：一條由某個頂點出發，結束於該頂點，並拜訪所有其他頂點各一次的路徑。**售貨員旅行最佳化問題**是要去找出一個具有最小邊線權重總和的旅程。

售貨員旅行決策問題是要決定：給定正整數 d，是否存在著一個權重總和不比 d 大的旅程。售貨員旅行決策問題只比售貨員旅行最佳化問題多了一個參數：d。

● 範例 9.3　0-1 Knapsack 問題

回想，0-1 Knapsack **最佳化問題**的定義為：假定每個物品都有自己的 weight 與 profit，並給定可以放在背包 (sack) 中的最大 weight 總和為 W，求出可被放在背包 (knapsack) 中的物品的 profit 最大值。

0-1 knapsack **決策問題**的定義為：給定 profit P，是否可能將物品裝進背包，使得 weight 總和不大於 W，而總 profit 至少要等於 P。0-1 Knapsack 決策問題只比 0-1 Knapsack 最佳化問題多了一個額外參數 P。

● 範例 9.4　著色問題 (Graph-Coloring Problem)

著色最佳化問題 (Graph-Coloring Optimization problem) 的定義為：給定一個圖 (graph)，找到最少數量的顏色對這個圖著色，使得兩個相鄰的頂點不會被塗上同一個顏色。這個最少數量被稱為該圖的**色數** (chromatic number)。

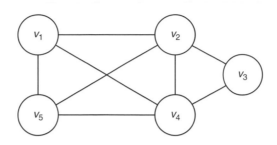

圖 9.1 最大黨派為 $\{v_1, v_2, v_4, v_5\}$

著色決策問題的定義為：對於一個正整數 m，是否存在著一種最多使用 m 種顏色的著色方法，使得兩個相鄰的頂點不會被塗上同一個顏色。著色決策問題只比著色最佳化問題多了一個參數：m。

- **範例 9.5**   結黨問題 (Clique Problem)

  黨派 (clique) 的定義就是：在一個無向圖 (undirected graph) $G = (V, E)$ 中，存在著 V 的一個子集 W，使得兩兩 W 中的頂點均有邊線相連接。在圖 9.1 的無向圖中，$\{v_2, v_3, v_4\}$ 就是一個黨派，而 $\{v_1, v_2, v_3\}$ 就不是一個黨派，因為 v_1 並沒有與 v_3 相接。**最大黨派** (maximal clique) 就是含有最多頂點的黨派。在圖 9.1 的有向圖中，唯一的最大黨派就是 $\{v_1, v_2, v_4, v_5\}$。

  結黨最佳化問題 (Clique Optimization Problem) 的定義為：給定一個圖，試求出最大黨派的頂點數。

  結黨決策問題 (Clique Decision Problem) 的定義為：給定一個圖與正整數 k，是否存在著一個黨派含有至少 k 個頂點。結黨決策問題只比結黨最佳化問題多了一個參數：k。

我們尚未為任何這些範例的最佳化問題及決策問題找到多項式時間演算法。然而，若我們能夠為它們之中任何一個最佳化問題找到多項式時間演算法，我們將同時得到該最佳化問題對應之決策問題的多項式時間演算法。這是因為**一個最佳化問題的解答可以產生該最佳化相對應決策問題的解答**。例如，若我們知道對售貨員旅行最佳化問題的某案例之最佳旅程 weight 總和為 120，則相對應決策問題的答案將是 "yes"，若

$$d \geq 120$$

否則則為 "no"。同樣地，若我們知道 0-1 Knapsack 最佳化問題之某案例的最佳 profit 為 $230，則相對應決策問題的答案將是 "yes"，若

$$P \leq \$230$$

否則則為 "no"。

　　因為解一個最佳化問題的演算法可以自動產生一個解該最佳化問題對應的決策問題的演算法，所以在發展理論的時候，我們可以只考慮決策問題。之後我們將會採用這種作法，然後會回來探討最佳化問題。在那個時候，我們將會看到通常我們可以證明一個最佳化問題實在是非常相關於其對應的決策問題。也就是說，對於許多決策問題（包括前面的那些例子），我們已經證明可由一個解該決策問題的多項式時間演算法自動推導出解其相對應最佳化問題的多項式時間演算法。

• 9.4.1　集合 P 與 NP

首先考慮可被多項式時間演算法解決的決策問題，得到了下列的定義。

定義

P 為所有可被多項式時間演算法解決的決策問題構成的集合。

　　哪些問題在 P 這個集合中呢？所有我們已經為其找到多項式時間演算法的決策問題當然在 P 中。例如，決定某個 key 是否存在於陣列中的問題，決定某個 key 是否存在於一個已排序陣列中的問題，以及在第三、四章中已為其找出多項式時間演算法之最佳化問題的對應決策問題，通通落在 P 中。然而，某些我們還沒找到多項式時間演算法的決策問題是否有可能在 P 中呢？例如，售貨員旅行問題是否有可能在 P 中？即使還沒有人能夠創造出解這個問題的多項式演算法，但是也沒有人能夠證明這個問題不能被多項式演算法所解。因此，它有可能在 P 中。若要確定某個決策問題不在 P 中，我們必須證明不可能為其找到多項式時間演算法。到目前為止，還沒有人為售貨員旅行問題及範例 9.2 到 9.5 的其他決策問題證明這點。

　　哪些問題不在 P 這個集合中呢？因為我們無法確定是否範例 9.2 到 9.5 的決策問題是否在 P 中，因此這些問題都可能不在 P 中。我們只是無法確定而已。此外，存在著數以千計的決策問題同樣都落在這個類別中。亦即，我們並不知道這些問題是否在 P 中。Garey 與 Johnson (1979) 對它們之中的許多問題進行探討。相對來說，只有很少我們已知的決策問題已經確定不在 P 中。我們已經為這些問題證明解它們的多項式時間演算法是不存在的。我們已在 9.3.2 節中討論這樣的問題，Presburger Arithmetic 是其中最著名的一個問題。

接著我們定義一個可能較寬的決策問題集合，它包含了範例 9.2 到 9.5 的問題。為了激發這個定義，讓我們先更深入地討論售貨員旅行決策問題。假定某人宣稱他知道某個售貨員旅行決策問題實例的答案為 "yes"。亦即，這個人是說，對於某個圖 (graph) 與某個數 d，有一個旅程存在於這個圖中，並且這個旅程的總 weight 不大於 d。很合理地，我們會要求這個人真的找出一條總 weight 不大於 d 的旅程去 "證明" 他所宣稱的事。若這個人接著真的產生了某些東西，我們可以撰寫一個演算法來**核對** (verify) 他們產生的是否真的是一條總 weight 不大於 d 的旅程。這個 *verify* 演算法的輸入為圖 G，距離 d，以及字串 S，它代表被宣稱為總 weight 不大於 d 的旅程。

```
bool verify (weighted_digraph G,
             number d,
             claimed_tour S)
{
   if (S 是一條旅程 && 構成 S 的所有邊的權重總和 <= d)
      return true;
   else
      return false;
}
```

這個演算法首先檢查是否 S 真的是一條旅程。如果它是，演算法接著加總旅程上各段的 weight。如果 weight 的總和不大於 d，它就傳回 "yes"，這代表這條旅程已經通過核對。存在著一條總 weight 不大於 d 的旅程，並且我們確知這個決策問題的答案為 "yes"。若 S 並非一條旅程或是總 weight 超過 d，該演算法會傳回 "no"。傳回否定的答案僅代表這條被宣稱的旅程並不是一條總 weight 不大於 d 的旅程，並不是代表這種旅程不存在，因為可能會存在別條總 weight 不大於 d 的旅程。

我們把更具體地實作這個核對演算法以及證明該演算法為多項式時間留作習題。核對 (*verify*) 演算法為多項式時間的意義為，給定一條候選的旅程，我們可以在多項式時間內知道是否這個旅程證實了決策問題的答案為 "yes"。若待確認的旅程被證明不是一條旅程或是它的總 weight 大於 d，我們仍然還不能證明我們的決策問題的答案是 "no"。因此，我們並沒有說：能夠在多項式時間內確認該決策問題的答案為 "no"。

這 就 是 在 *NP* 集 合 中 的 問 題 所 擁 有 的 多 項 式 時 間 可 核 對 性 (polynomial-time verifiability)，我們將在之後定義 *NP* 集合。這並不是代表這些問題必須要在多項式時間內被解掉。當我們核對一條候選旅程是否具有不大於 d 的總 weight，我們並沒有計入找到該條旅程的時間。我們只有說核對部分的時間是多項式時間。為了要更具體地說明多項式時間可核對性，我們引入 **nondeterministic algorithm** 的概念。我們可以把這樣的演算法視為由下列兩個分開的階段組成：

1. **猜測階段**（Guessing Stage，Nondeterministic）：給定某問題的一個實例，本階段只負責產生某個字串 S。我們可以把這個字串想成是對該實例某個解答的一種猜測。然而，它可能只是一個無意義的字串。

2. **核對階段**（Verification Stage，Deterministic）：該實例與前一個階段產生的字串 S 就是這個階段的輸入。接著這個階段會進入必然性的行為，不是 (1) 最後停止伴隨著 "yes" 的輸出，就是 (2) 停止伴隨著 "no" 的輸出 (3) 永遠都不會停（也就是說，走進一個無窮迴圈）。在後面兩種情況中，還沒證實這個決策問題實例的答案為 "yes"。如我們將看到的，就我們的目的而言這兩種情況是無法分辨的。

verify 函式為售貨員旅行決策問題執行了核對階段的工作。注意這是一個尋常的必然式 (deterministic) 演算法。而猜測階段才是非必然式 (nondeterministic) 演算法。這個階段被稱為非必然式 (nondeterministic) 是因為我們並沒有為這個階段指定唯一一套逐步執行的指令。相反的，在這個階段中，我們容許機器用任意方式產生候選的字串。**非必然式階段** (nondeterministic stage) 只是一個定義出來的裝置，它的目的是讓我們獲得多項式時間可核對性的觀念。它並不是用來解決策問題的實際方法。

即使我們決不會用非必然式演算法來解問題，我們仍然稱一個非必然式演算法 "解決了" 一個決策問題如果：

1. 對任何答案為 "yes" 的實例，存在著某個字串 S 使得核對階段會傳回 "true"。

2. 對任何答案為 "no" 的實例，不存在任何會讓核對階段傳回 "true" 的字串。

下列的表格顯示了：當問題的實例為圖 9.2 中的圖且 $d = 15$ 時，某些對 *verify* 函式的輸入字串 S 之核對結果。

S	輸出	原因
$[v_1, v_2, v_3, v_4, v_5]$	False	總 weight 大於 15
$[v_1, v_4, v_2, v_3, v_1]$	False	S 不是一條旅程
#@12*&%a_1\	False	S 不是一條旅程
$[v_1, v_3, v_2, v_4, v_1]$	True	S 是一條旅程且總 weight 不大於 15

第三個輸入說明了 S 不能只是個無意義的字串（如前面所討論的）。

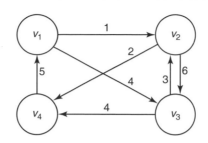

圖 9.2 旅程 $[v_1, v_3, v_2, v_4, v_1]$ 的總 weight 不大於 15

一般來說，若某特定實例的答案是 "yes"，*verify* 函式就會傳回 "true" 當旅程中有一條的總 weight 不大於 d 為該函式的輸入時。因此，非必然式演算法的條件 1 已被滿足。另一方面，當一條總 weight 不大於 d 為 *verify* 函式的輸入時，該函式只會傳回 "true"。因此，若某個問題實例的答案為 "no"，不管 S 的值為何，*verify* 函式都不會傳回 "true"，代表著條件 2 也被滿足。一個非必然式演算法在猜測階段只負責產生候選字串，然後在核對階段呼叫 *verify* 函式，因此 "解決了" 售貨員旅行決策問題。接著我們要定義多項式時間非必然式演算法 (polynomial-time nondeterministic algorithm) 的意義。

定義

多項式時間非必然式演算法 (polynomial-time nondeterministic algorithm) 就是一個核對階段為多項式時間演算法的非必然式演算法。

現在我們定義 *NP* 這個集合。

定義

NP 為所有被多項式時間非必然式演算法解決的決策問題構成的集合

注意 *NP* 是代表 "nondeterministic polynomial"。若某個決策問題要在 *NP* 中，那麼必須有一個演算法可以在多項式時間內做完核對的工作。因為售貨員旅行問題符合這個要求，因此該問題在 *NP* 中。必須再強調一次，這並不是說我們必須有一個能夠解決這個問題的多項式時間演算法。實際上，我們也還沒為售貨員旅行問題找到解決它的多項式時間演算法。如果某個售貨員旅行問題實例的答案是 "yes"，我們可能會在 *verify* 傳回 "true" 之前，於猜測階段猜遍所有的旅程。若兩兩頂點間都有邊線連接，那麼合起來將會有 $(n-1)!$ 種旅程。因此，如果所有的旅程都被嘗試過了，那麼答案將無法在多項式時間內被找出來。再者，若某個問題實例的答案為 "no"，使用這個技巧來解這個問題必定要試過所有的旅程才能確定答案為 "no"。引入非必然式演算法及 *NP* 這兩個概念的原因是為

了將演算法加以分類。通常都存在著比產生與核對字串那樣的演算法優秀，且能夠實際上解一個問題的演算法。例如，解售貨員旅行問題的 branch-and-bound 演算法（演算法 6.3）會生成一些旅程，但是它使用 *bound* 函式來避免產生過多的旅程。因此，它比盲目地產生各種旅程的演算法來的好。

還有哪些其他的決策問題在 *NP* 中呢？在習題中您將被要求證明範例 9.2 到 9.5 的其他決策問題均在 *NP* 中。

此外，還有數以千計無法以多項式演算法來解，但已被證明在 *NP* 中的問題。因為我們已經為它們發展出多項式時間非必然式演算法。（Garey 與 Johnson, 1979 中有許多這樣的問題）。最後，有很多演算法顯而易見就是在 *NP* 中。也就是說，**每個在 *P* 中的問題同樣也在 *NP* 中**。這是非常容易理解的，因為任何在 *P* 中的問題都可以找到一個多項式時間演算法來解它。因此，我們可以在猜測階段（非必然式階段）產生任意毫無意義的字串，然後在核對階段（必然式階段）執行那個可以解它的多項式時間演算法。因為該演算法在解了這個 *P* 中的問題後會回答 "yes" 或 "no"（決策問題的答案為 "yes" 或 "no"），因此給定任意輸入字串 *S*，該演算法能夠核對這個決策問題的答案是否確實為 "yes"。

哪些決策問題不在 *NP* 中呢？很奇怪地，唯一被證明不在 *NP* 的那些決策問題就是那些已被證明為難解的問題。也就是指停機問題 (Halting Problem)、Presburger Arithmetic 以及其他在 9.3.2 節中討論過已被證明不在 *NP* 的問題。再強調一次，我們已找到的這類問題相對來說數量很少。

圖 9.3 顯示了所有決策問題構成的集合。注意，在這個圖中，*NP* 包含了 *P*，使得 *P* 成為 *NP* 的 proper subset。然而，實際上的情況可能並非如此。也就是說，沒有人曾證明過存在著一個位於 *NP* 卻不在 *P* 中的問題。因此 *NP* − *P* 很可能是空的。實際上，"*P* 是否與 *NP* 相等？" 是資訊科學中最有趣也最重要的問題。這個問題之所以重要是因為，如我們曾提過的，大多數我們已經發現的決策問題都是在 *NP* 中。因此，如果 *P* = *NP*，我們將可以為大多數已知的決策問題找到多項式時間的演算法。

若要證明 *P* ≠ *NP*，我們必須要找到一個位於 *NP* 但卻不在 *P* 中的問題；而證明 *P* = *NP*，我們必須為每個在 *NP* 中的問題都找到一個多項式時間演算法。接下來我們會看到第二件工作可以被大大地簡化。也就是說，我們證明只需要為某問題類別中的其中一個問題找到一個多項式時間演算法即可完成第二件工作。儘管有了這麼重大的簡化，很多研究者還是懷疑 *P* 是否等於 *NP*。

9.4.2 *NP*-Complete 問題

範例 9.2 到 9.5 中的問題似乎並不是都有同樣的難度。例如，解售貨員旅行問題的 dynamic programming 演算法（演算法 3.11）的最差情況時間複雜度為 $\Theta(n^2 2^n)$。另一方面，解 0-1 Knapsack 問題的 dynamic programming 演算法（在 4.4 節）的最差情況時間複雜度為 $\Theta(2^n)$。此外，解售貨員旅行問題的 branch-and-bound 演算法（演算法 6.3）中的狀態空間樹具有 $(n-1)!$ 個 leaf，而解 0-1 Knapsack 問題的 branch-and-bound 演算法（演算法 6.2）中的狀態空間樹僅具有約 2^{n+1} 個節點。最後，解 0-1 Knapsack 問題的 dynamic programming 演算法為 $\Theta(nW)$，代表著只要背包的容量 W 不要非常大的話，這個演算法是有效率的。按照前面所說的這些，似乎 0-1 Knapsack 問題本質上比售貨員旅行問題要來的簡單。我們將證明，儘管有上面這些性質，這兩個問題、在範例 9.2 到 9.5 的其他問題以及本書沒提到數以千計的其他問題，全部都在一個意義上等價：若它們之中任何一個在 P 中，則它們全部都必然在 P 中。這種問題稱之為 **NP-complete**。為了要證明這件事，首先我們來描述對 NP-completeness 來說很基本的一個問題—CNF-Satisfiability。

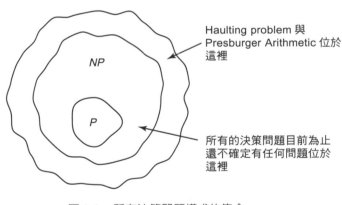

圖 9.3 所有決策問題構成的集合

● 範例 9.6　　CNF-Satisfiability 問題

所謂邏輯（布林，Boolean）變數就是一個可能有兩種值：true 或 false 之一的變數。若 x 是一個邏輯變數，則 $\overline{x}$ 指的是 x 的否定。也就是說 x 為 true 若且唯若 $\overline{x}$ 為 false。所謂 **literal** 指的是一個邏輯變數或一個邏輯變數的否定。所謂 **clause** 指的是一個由一些 literal 構成的序列，各 literal 間以邏輯 **or** 運算元（$\vee$）分隔。以一個以 **conjunctive normal**

form（CNF） 表示的邏輯運算式就是一個由一些 clause 構成的序列，各 clause 間以邏輯 **and** 運算元（∧）分隔。下面是一個以 CNF 表示之邏輯運算式的例子：

$$(\overline{x}_1 \vee x_2 \vee \overline{x}_3) \wedge (x_1 \vee \overline{x}_4) \wedge (\overline{x}_2 \vee x_3 \vee x_4)$$

CNF-Satisfiability 決策問題的定義為：給定一個以 CNF 表示的邏輯運算式，是否存在著一種 truth assignment（某種對一邏輯運算式的所有邏輯變數分別指派 true 或 false 的集合），使得這個運算式成為 true。

● 範例 9.7　　對於下面的邏輯運算式實例

$$(x_1 \vee x_2) \wedge (x_2 \vee \overline{x}_3) \wedge \overline{x}_2$$

其 CNF-Satisfiability 的 答 案 為 "yes"，因 為 我 們 可 以 找 到 一 種 assignment：$\{x_1 = \text{true}, x_2 = \text{false}, x_3 = \text{false}\}$ 使得這個運算式為 true。對於下面的邏輯運算式實例

$$(x_1 \vee x_2) \wedge \overline{x}_1 \wedge \overline{x}_2$$

其 CNF-Satisfiability 的 答 案 為 "no"，因 為 我 們 無 法 找 到 任 何 一 種 assignment 使得這個運算式為 true。

撰寫：以 CNF 表示的邏輯運算式與一組變數的 truth assignment 做為輸入，並且核對是否這組 assignment 能讓該邏輯運算式的值為 true 的多項式時間演算法並不難。因此，CNF-Satisfiability 決策問題也在 *NP* 中。無人曾為該問題找到一個多項式時間的演算法，也無人曾證明不能在多項式時間內解掉該問題。因此我們不知道該問題是否在 *P* 中。有關於這個問題一件值得注意的事是：在 1971 年，Stephen Cook 發表了一篇論文證明若 CNF-Satisfiability 在 *P* 中，則 *P = NP*。（這個定理的變形由 L. A. Levin 在 1973 年另外發表）。在我們能夠嚴謹地描述這個定理之前，我們必須發展一種新概念⊠亦即，**多項式時間可化約性**（polynomial-time reducibility）。該演算法對問題 *B* 的 *y* 實例會回答 "yes" 若且唯若該演算法對問題 *A* 的實例 *x* 會回答 "yes"。這種演算法被稱為**轉換演算法**。實際上，它是一個將問題 *A* 的每個實例映射到問題 *B* 的其中一個實例的函數。我們可將這種演算法表示為：

$$y = tran(x)$$

該轉換演算法與解問題 *B* 的演算法結合起來，就是解問題 *A* 的演算法。圖 9.4 展示了結合的架構。

下列的例子與 *NP*-completeness 理論無關，我們呈現這個例子只是因為它是轉換演算法的一個簡單的例子

- 範例 9.8　**一種轉換演算法**

令第一種決策問題為：給定 n 個邏輯變數，請問是否至少其中有一個的值是 "true" ？令第二種決策問題為：給定 n 個整數，請問它們之中最大的是否為正數？令轉換式為：

$$k_1, k_2, ..., k_n = tran(x_1, x_2, ..., x_n)$$

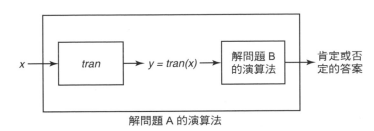

圖 9.4　演算法 *tran* 負責將問題 A 的實例 x 對應到問題 B 的實例 y。把 *tran* 與解 B 的演算法結合在一起，就變成了解 A 的演算法。

其中若 $x_1 = $ true 則 $k_1 = 1$，並且若 $x_i = $ false 則 $k_i = 0$。一個解第二個問題的演算法傳回 "yes" 若且唯若最少有一個 $k_i = 1$，也就是若且唯若最少有一個 $x_i = $ true。因此，一個解第二個問題的演算法傳回 "yes" 若且唯若最少有一個 $x_i = $ true，代表著這個轉換式是成功的，以及我們可以用一個解第二個問題的演算法來解第一個問題。

關於剛剛才發展的概念，我們得到了下列的定義。

定義

若存在著一種多項式時間轉換演算法，可將決策問題 A 轉為決策問題 B，則問題 A **可在多項式時間內以多對一的方式化約為**問題 B。（通常我們只說問題 A 化約為問題 B。）我們利用下列的符號表示這種關係

$$A \propto B$$

我們特別提到 "多對一"（many-one），因為轉換演算法其實是一個函數，它可能會將問題 A 的許多實例對應到問題 B 的一個實例上。也就是說，它是一個多對一的函數。

　　若這個轉換演算法為多項式時間，且我們有一個解問題 B 的多項式時間演算法，我們可將這個轉換演算法與那個解問題 B 的多項式演算法結合起來，成為一個解問題 A 的演算法。顯而易見地，這個解問題 A 的演算法必為一個多項式時間演算法。例如，很清楚地，範例 9.8 中的那個轉換演算法為多項式時間，因此，若我們首先執行這個轉換演算法，接著執行某個解第二個問題的多項式時間演算法，我們就可以在多項式時間內解掉第一個問題了。下列的定理證明了這件事。

▶ 定理 9.1

若決策問題 B 在 P 中，且

$$A \propto B$$

則決策問題 A 亦在 P 中。

證明：令 p 為一個多項式，它限制住從問題 A 轉換到問題 B 之演算法的時間複雜度，並令 q 為一個多項式，它限制住解 B 的多項式時間演算法之時間複雜度。假定我們面對一個大小為 n 的問題 A 之實例。在轉換演算法中，最多會有 $p(n)$ 個步驟，最差情況轉換演算法會在每個步驟輸出一個符號，轉換演算法的輸出就是問題 B 的輸入，因此其大小最大為 $p(n)$。當轉換演算法產生的問題實例就是問題 B 的輸入時且實例的大小為 $p(n)$ 時，這代表解問題 B 的演算法最多會執行 $q[p(n)]$ 個步驟。因此，總共需要執行的步驟，包括將問題 A 的實例轉成問題 B 的實例，接著解決這個轉換出來的問題 B 實例，以便得到問題 A 實例的答案，最多要執行

$$p(n) + q[p(n)]$$

個步驟，也就是 n 的一個多項式。

　　接著我們定義什麼是 *NP*-Complete。

定義

如果下列兩個條件都滿足，我們就稱某個問題 B 為 NP-Complete：

　1. B 在 NP 中。
　2. 對於每個其他在 NP 中的問題 A。

$$A \propto B$$

根據定理 9.1，**若我們能證明任何一個** NP-complete **演算法在** P **中，我們就能夠得到** $P = NP$ **這個結論**。在 1971 年，Stephen Cook 設法找到了一個 NP-Complete 問題。下列的演算法敘述了他的結果。

▶ 定理 9.2

(Cook 定理) CNF-Satisfiability 為 NP-complete。

證明：這個證明可在 Cook (1971) 以及 Garey 與 Johnson (1979) 中找到。

儘管在這裡我們並沒有證明 Cook 定理，但是我們要在此指出這個證明並不包含將每個在 NP 中的問題逐一化約為 CNF-Satisfiability。假如要逐一化約的話，每當一個在 NP 中的新問題被發現，就必須要把這個新問題的化約方式加入證明中。因此，這個證明其實是利用 NP 問題的共同性質來證明任何在 NP 集合中的問題必須能化約為 CNF-Satisfiability。

一旦證明了具有開創性的 Cook 定理，我們就能夠證明其他許多問題也是 NP-complete 了。這些證明必須依賴下面的定理。

▶ 定理 9.3

如果下列兩個條件為真，我們就稱某個問題 C 為 NP-complete：

1. C 在 NP 中。

2. 對於另一個 NP-complete 問題 B，

$$B \propto C$$

證明：由於 B 為 NP-complete，對於任一個在 NP 中的問題 A，$A \propto B$。不難察覺可化約性 (reducibility) 是遞移的。因此，$A \propto C$。由於 C 在 NP 中，因此 C 為 NP-complete。

根據 Cook 定理與定理 9.3，我們可以藉著證明某個問題在 NP 中，並證明 CNF-Satisfiability 可以化約 (reduce) 成該問題，來證明該問題為 NP-complete。這些化約 (reduction) 通常遠複雜於範例 9.7 中那個化約的例子。我們接著將示範一個這樣的化約。

● 範例 9.9　在這裡我們要證明結黨決策問題 (Clique Decision Problem) 為 NP-complete。我們把藉由為該問題撰寫一個多項式時間核對演算法來證明該問題在 NP 中留作習題。因此，我們僅需證明

CNF-Satisfiability $\propto$ 結黨決策問題

本題就可得證。首先回憶**黨派** (clique) 的定義就是：在一個無向圖 (undirected graph) $G = (V,E)$ 中，存在著 V 的一個子集 W，使得兩兩 W 中的頂點均有邊線相連接。結黨決策問題 (Clique Decision Problem) 的定義為：給定一個圖與正整數 k，是否存在著一個黨派含有至少 k 個頂點。令

$$B = C_1 \wedge C_2 \wedge \cdots \wedge C_k$$

為一個以 CNF 表示的邏輯式，其中每個 C_i 為 B 的 clause，並令 $x_1, x_2, ..., x_n$ 為 B 中的變數。將 B 轉換為一個圖 $G = (V,E)$，定義如下：

$$V = \{(y, i) \text{ 使得 } y \text{ 為 clause } C_i \text{ 中的一個 literal}\}$$

$$E = \{((y, i), (z, j)) \text{ 使得 } i \neq j \text{ 且 } \overline{z} \neq y\}$$

圖 9.5 顯示了一個 G 的建構範例。我們把證明這種轉換為多項式時間留作習題。因此，我們僅需證明 B 為 CNF-Satisfiable 若且唯若 G 中有一個大小至少為 k 的黨派 (clique)。接著我們就來進行這個證明：

1. 證明若 B 為 CNF-Satisfiable，則 G 中有一個大小至少為 k 的黨派 (clique)：若 B 為 CNF-Satisfiable，則存在著對 $x_1, x_2, ..., x_n$ 這些變數的 truth assignment 使得每個 clause 均為 true。這代表著若使用這些 truth assignment，則在每個 clause C_i 中至少會有一個 literal 為 true。從每個 C_i 中挑出那個 true 的 literal。接著我們令

    $$V' = \{(y, i) \text{ 使得 } y \text{ 為由 } C_i \text{ 中挑出的那個 true 的 literal}\}$$

    很清楚地，V' 在 G 中形成了一個大小為 k 的黨派 (clique)。

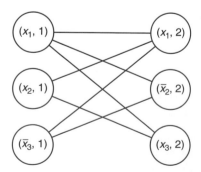

圖 9.5 　範例 9.9 中的 G 在 $B = (x_1 \vee x_2 \vee \overline{x}_3) \wedge (x_1 \vee \overline{x}_2 \vee x_3)$ 時的情形。

2. 若 G 中 有 一 個 大 小 至 少 為 k 的 黨 派 (clique)，則 B 為 CNF-Satisfiable：由於不可能有邊線從頂點 (y,i) 連到頂點 (z,i)，因此在一個黨派中的所有頂點的索引值均全部相異。由於共有 k 種不同的索引值，這代表著一個黨派至少會有 k 個頂點。因此若 G 中有一個大小至少為 k 的黨派 (V',E')，V' 中的頂點數必須剛好為 k。因此，若我們設

$$S = \{y \text{ 使得 } (y, i) \in V'\}$$

則 S 含有 k 個 literal。這 k 個 literal 分別來自 k 個 clause。因為對於任意 literal y 與 z 及索引值 i，並不存在連接 (y,i) 與 (z,i) 的邊線。最後，由於對於任何 i 與 j，不存在一條連接 (y,i) 與 $(\overline{y},j)$ 的邊線，因此，S 無法既包含 literal y 又包含其補數 $\overline{y}$。所以，如果設

$$x_i = \begin{cases} \text{true if } x_i \in S \\ \text{false if } \overline{x}_i \in S \end{cases}$$

並指派任意值給不在 S 中的變數，則所有在 B 中的 clause 都會成為 true。故得證 B 為 CNF-Satisfiable。

回想 5.6 節的 Hamiltonian Circuits 問題。所謂 Hamiltonian Circuits 決策問題就是去決定一個連接的無向圖是否至少有一條旅程（由某個頂點開始，經過這個圖中的每一個頂點一次，最後結束在起點的路徑）。我們可以證明

CNF-Satisfiability $\propto$ Hamiltonian Circuits 問題

回想 5.6 節的 Hamiltonian Circuits 問題。所謂 Hamiltonian Circuits 決策問題就是去決定一個連接的無向圖是否至少有一條旅程（由某個頂點開始，經過這個圖中的每一個頂點一次，這裡進行的化約工作比前一個範例中所進行的更瑣碎。在 Horowitz 與 Sahni(1978) 中可以找到它。我們把為該問題撰寫一個多項式時間核對演算法留作習題。因此，我們可以得到 Hamiltonian Circuits 決策問題為 NP-complete 的結論。

現在已經知道結黨決策問題與 Hamiltonian Circuits 決策問題均為 NP-complete 了，我們可以藉由將結黨決策問題與 Hamiltonian Circuits 決策問題化約為 NP 中的某個其他問題來證明該問題為 NP-complete。也就是說，我們不用每次證明某個問題的 NP-completeness 時，都要把該問題化約為 CNF-Satisfiability。更多的化約範例如下。

• 範例 9.10

考慮售貨員旅行決策問題的一種變形：頂點間改以無向線段連接。亦即，給定一個無向權重圖與一個正數 d，決定是否存在一個總 weight 不大於 d 的無向旅程 (undirected tour)。很清楚地，之前為了一般的售貨員旅行問題而設計的多項式時間核對演算法對這個問題仍然可用。因此，這個變形的問題仍在 NP 中，並且我們僅需證明某個 NP-complete 問題可以化約為這個問題，就可以證明它是 NP-complete。這裡，我們選擇證明

Hamiltonian Circuits 決策問題 ∝ 售貨員旅行（無向）決策問題

將一個 Hamiltonian Circuits 決策問題的實例 (V,E) 轉換為一個售貨員旅行（無向）決策問題的實例 (V,E')，這兩個問題實例擁有同樣的頂點集合 V，兩兩頂點間都有一條邊線連接，並具有以下的 weight：

$$(u,v) \text{ 的 weight 等於} \begin{cases} 1 \text{ 若 } (u,v) \in E \\ 2 \text{ 若 } (u,v) \notin E \end{cases}$$

圖 9.6 顯示了一個這種轉換的範例。很清楚地 (V,E) 具有一個 Hamiltonian Circuit 若且唯若 (V,E') 擁有一個總 weight 不大於 n 的旅程，其中 n 為 V 中的頂點數。我們把證明這個轉換工作為多項式時間留作習題。

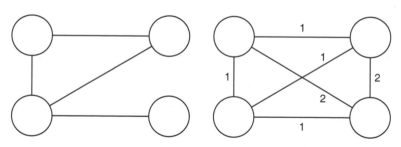

圖 9.6　範例 9.10 的轉換演算法將左邊的無向圖，轉成右邊的無向權重圖。

• 範例 9.11

我們已經為一般的售貨員旅行決策問題撰寫了一個多項式時間核對演算法。因此，這個問題在 NP 中，然後我們要利用證明下面的式子來證明：一般的售貨員旅行問題是 NP-complete。

售貨員旅行（無向）決策問題 ∝ 售貨員旅行決策問題

將一個售貨員旅行（無向）決策問題的實例 (V,E) 轉換為一個售貨員旅行決策問題的實例 (V,E')，這兩個問題實例擁有同樣的頂點集合 V，且每當

(u,v) 在 E 中，$\langle u,v \rangle$ 與 $\langle v,u \rangle$ 就都在 E' 中。$\langle u,v \rangle$ 與 $\langle v,u \rangle$ 的有向 weight 與 (u,v) 的無向 weight 相同。很清楚地，(V,E) 擁有一個總 weight 不大於 d 的無向旅程若且唯若 (V,E') 擁有一個總 weight 不大於 d 的有向旅程。我們把證明這個轉換工作為多項式時間留作習題。

如前所提，數以千計，包含範例 9.2 到 9.5 的其他問題，科學家都已利用類似剛剛示範的化約方法將這些問題證明為 *NP*-complete 了。Garey 與 Johnson (1979) 中列出了許多化約的範例以及超過 300 種的 *NP*-complete 問題。

NP 的情況

圖 9.3 顯示 P 被當作是一個 *NP* 的 proper 子集，然而，如前所提，它們可能是同一個集合。如何將 *NP*-complete 問題構成的集合放進這張圖裡面呢？首先，根據定義，它是 *NP* 的子集。所以，Presburger Arithmetic、停機問題 (Halting Problem)、以及任何其他是 *NP* 但並不是 *NP*-complete 的問題。

一個在 *NP* 但不是 *NP*-complete 的決策問題是一個對所有實例都回答 "yes" 的簡單問題（或對所有實例都回答 "no"）。這個問題並不是 *NP*-complete，因為我們不可能把一個難題轉換成這個簡單問題。

若 $P = NP$，那麼情況將如圖 9.7 左邊所描繪的。若 $P \neq NP$，情況將如該圖右邊所描繪的。也就是說，若 $P \neq NP$，則

$$P \cap NP\text{-}complete = \varnothing$$

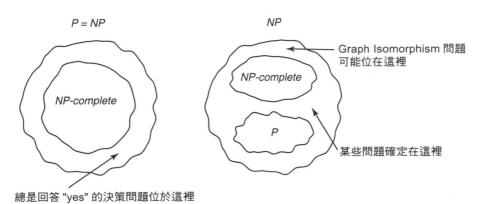

圖 9.7 *NP* 集合不是左邊的情況就是右邊的情況

其中 *NP-complete* 代表所有 *NP*-complete 問題所構成的集合。為何是如此呢？因為若某個 *P* 中的問題是 *NP*-complete，定理 9.1 會導出我們可以在多項式時間內解任何在 *NP* 中的問題。

注意圖 9.7（右邊）說，同構問題 (Graph Isomorphism) 可能位於

$$NP - (P \cup NP\text{-}complete)$$

同構的定義如下：給定兩個圖（無向或有向）$G = (V,E)$ 與 $G' = (V',E')$。如果存在一個一對一的函數 f 由 V 映射到 V'，使得對於 V 中的每個 v_1 與 v_2，邊線 (u,v) 在 E 中若且唯若邊線 $(f(u),f(v))$ 在 E' 中，則 G 與 G' 的關係稱為同構。同構問題 (Graph Isomorphism) 的定義如下：

● **範例** 9.12　　同構問題 (Graph Isomorphism Problem)

　　　　　　　　給定兩個圖 $G = (V,E)$ **與** $G' = (V',E')$，**請問它們同構** (isomorphic) **嗎？**

圖 9.8 中的兩個有向圖是同構的，由於函數

$$u_5 = f(v_1) \qquad u_3 = f(v_2) \qquad u_1 = f(v_3) \qquad u_4 = f(v_4) \qquad u_2 = f(v_5)$$

我們把：為同構問題 (Graph Isomorphism) 撰寫一個多項式時間核對演算法，留作習題，並由這個證明知道同構問題在 *NP* 中。若要解決這個問題，一個直接的想法是：檢查所有 $n!$ 種一對一的對映，其中 n 為頂點數。這個演算法具有劣於指數成長的時間複雜度。沒人曾經為這個問題找到過一個多項式時間演算法；也沒人曾經證明它是 *NP*-complete。因此，我們並不知道它是否在 *NP* 中，也不知道它是不是 *NP*-complete。

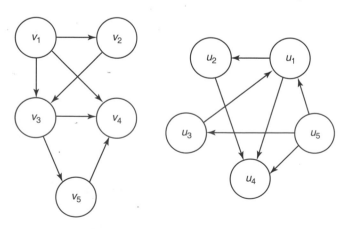

圖 9.8　這些圖是 Isomorphic 的

　　沒有人能夠證明存在一個問題在 NP 中，但卻不在 P 中，也不是 NP-complete（若這個證明成立，則 $P \neq NP$ 自動得證）。然而，已經有人證明過，假如 $P \neq NP$，就必定存在上面所說的這種問題。我們在圖 9.7 的右方說明了這個結果，並且將這個結果正式地寫成下列的定理。

▶ **定理 9.4**

若 $P \neq NP$，則集合

$$NP - (P \cup NP\text{-}complete)$$

不為空集合。

證明：這個證明可以從 Ladner (1975) 中更廣泛一點的結果推導得證。

互補問題

　　請注意下列兩個問題的相似度。

* **範例 9.13** **質數問題** (Primes Problem)

   給定一個正整數 n，請問 n 是否為質數？

* **範例 9.14** **合成數問題** (Composite Numbers Problem)

   給定一個正整數 n，請問是否存在著正整數 $m > 1$ 且 $k > 1$ 使得 $n = mk$？

　　質數問題就是被我們 9.2 節一開始的演算法解掉的那個問題。它是合成數問題的互補問題。一般來說，所謂某個問題的**互補問題** (complementary problem) 就是每當原問題回答 "no" 時，互補問題會回答 "yes"。而原問題回答 "yes" 時，互補問題會回答 "no"。下面是另一個互補問題的例子。

* **範例 9.15** **互補售貨員旅行決策問題**

   給定一個權重圖 (weighted graph)，以及一個正數 d，請問是否沒有總 weight 不大於 d 的旅程？

　　很清楚地，若我們為某個問題找到必然式多項式時間演算法，同時我們也會得到解其互補問題的必然式多項式時間演算法。例如，若我們可以在多項式時間內決定一個數是否為合成數（非質數），我們同樣也可以決定一個數是否為質數。然而，為某個問題找到多項式時間非必然式演算法並不會自動產生解其互補問題的多項式時間非必然式演算法。也就是說，證明某問題在 NP 中並無法自動證明其互補問題也在 NP 中。在互補售貨員旅行問題中，它的核對演算法必須在多項式時間內核對是否真的沒有總 weight 不大於 d 的旅程。這個問題基本上比核對一個旅程的總 weight 是否不大於 d 要複雜的多。沒有人曾為互補售貨員旅行決策問題找到一個多項式時間核對演算法。實際上，沒有人曾證明任何已知之 NP-complete 問題的互補問題在 NP 中。另一方面，沒人曾證明某個問題在 NP 中而其互補問題不在 NP 中。因此我們得到了下面的結果。

▶ 定理 9.5

若任一個 NP-complete 問題的互補問題在 NP 中，則所有 NP 問題的互補問題都在 NP 中。

證明：這個證明可在 Garey 與 Johnson (1979) 中找到。

　　讓我們更深入地討論同構問題 (Graph Isomorphism) 及質數問題。如前小節所提，沒人曾經為同構問題找到一個多項式時間演算法，也沒人曾證明它是 NP-complete。直到最近，質數問題也還是同樣的狀況。然而，在 2002 年，Agrawal et al. 為質數問題發展了一個多項式時間演算法。我們將在 10.6 節描述這個演算法。在那之前，1975 年時 Pratt 已證明質數問題在 NP 中，因此直接就可證明它的互補問題（合成數問題）在 NP 中。同樣的，線性規劃問題與其互補問題同樣被證明在 NP 中，直到 Chachian (1979) 為它發展了一個多項式時間的演算法。另一方面，沒人曾證明同構問題的互補問題在 NP 中。給定這些結果，似乎同構問題將被證明為 NP-complete 的機率比為它找到一個多項式時間的演算法的機率要高。此外，它也可能在集合 $NP - (P \cup NP\text{-complete})$ 中。

• 9.4.3　*NP*-Hard、*NP*-Easy 與 *NP*-Equivalent 問題

到目前為止討論的僅限於決策問題。接著我們要將結果延伸到一般問題上。回想定理 9.1 暗示著：若決策問題 A 是多項式時間多對一可化約成問題 B，則我們可以用解 B 的多項式時間演算法在多項式時間內解 A。我們以下面的定義將這個概念推廣到非決策問題之上。

> 定義
>
> 若問題 A 可在多項式時間內被一個假設的解問題 B 的多項式時間演算法解掉，則稱問題 **A 多項式時間 Turing 可化約為問題 B**。（通常我們只說 A Turing 化約為 B） 用符號表示，我們會寫
>
> $$A \propto_T B$$

這個定義並不需要解 B 的多項式時間演算法非存在不可。它只說若有一個解 B 的多項式時間演算法存在，則 A 同樣可在多項式時間內被解。很清楚地，若 A 與 B 均為決策問題，則

$$A \propto B \quad \text{暗示著} \quad A \propto_T B$$

接下來我們要把 *NP*-completeness 的概念延伸到非決策問題上。

> 定義
>
> 給定問題 B，如果對於某個 NP-complete 問題 A，
>
> $$A \propto_T B$$
>
> 則問題 B 被稱為 *NP*-hard

不難看到 Turing 化約 (reduction) 是遞移的。因此，所有在 *NP* 中的問題化約為任意的 *NP*-hard 問題。這代表著如果存在著一個多項式時間演算法可以解任一個 *NP*-hard 問題，則 $P = NP$。

哪些問題是 *NP*-hard 呢？很清楚地，**每個 *NP*-complete 問題均為 *NP*-hard**。所以，我們改這樣問：哪些非決策問題是 *NP*-hard 呢？之前我們曾提到若能為一個最佳化問題找到找到一個多項式時間演算法，就可以自動得到解該問題對應決策問題的 *NP*-Hard 問題多項式時間演算法。**因此，對應於任何 *NP*-complete 問題的最佳化問題是 *NP*-hard**。下面的例子正式地使用 Turing 可化約性來為售貨員旅行問題證明這個結果。

● 範例 9.16 　**售貨員旅行最佳化問題是 *NP*-hard**

假定我們有個解售貨員旅行最佳化問題的虛擬多項式時間演算法。給定一個售貨員旅行決策問題實例，以及其對應的圖 G 及正整數 d。將該虛擬演算法套用

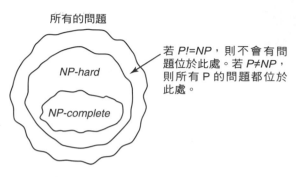

圖 9.9　所有決策問題構成的集合。

到圖 G 上以得到最佳解 $mindist$。接著，若 $d \leq mindist$，我們對該決策問題的答案會是 "no"，反之則為 "yes"。很清楚地，前面說的那個解最佳化問題的虛擬演算法，只要加上這個步驟，就可以在多項式時間內得到決策問題的解答。因此，

售貨員旅行決策問題 $\propto_T$ 售貨員旅行最佳化問題

哪些問題不是 NP-hard 呢？我們並不知道是否存在任何一個這樣的演算法。事實上，若證明了某個問題不是 NP-hard，我們就證明了 $P \neq NP$。其原因為若 $P = NP$，則每個在 NP 中的問題都可以被多項式時間演算法解掉。因此，假定演算法 A 能解這些問題中的任一個問題 B，只要用演算法 A 來解其他每個 NP 中的問題就好了，我們甚至不需要真的有這個解問題 B 的演算法 A。因此，所有問題都是 NP-hard。

另一方面，任一個我們已為它找到多項式時間演算法的問題可能不是 NP-hard。實際上，若證明了某個我們已為它找到多項式時間演算法的問題是 NP-hard，我們就證明了 $P = NP$。其原因為我們接著會得到一個真實的而非虛擬的解某 NP-hard 問題的多項式時間演算法。因此，對於每個 NP 中的問題，我們可以將這個問題 Turing 化約為已有多項式時間演算法的 NP-hard 問題，就可以在多項式時間內解掉這個問題。

圖 9.9 說明了 NP-hard 問題構成的集合如何適當地放進所有問題構成的集合中。

若一個問題是 NP-hard，則它至少與 NP-complete 問題一樣難。例如，售貨員旅行最佳化問題至少與 NP-complete 問題一樣難。然而，反過來說必定會對嗎？亦即，請問 NP-complete 問題至少與售貨員旅行最佳化問題一樣難嗎？NP-hardness 並沒有暗示這件事。我們需要其他的定義。

> **定義**
>
> 給定問題 A，如果對於某個在 NP 中的問題 B 有
>
> $$A \propto_T B$$
>
> 則問題 A 被稱為 *NP-easy*

　　很清楚地，若 $P = NP$，則會存在一個可以解所有 *NP-easy* 問題的多項式時間演算法。請注意我們的 *NP-easy* 定義並不完全對稱於我們的 *NP-hard* 定義。我們把證明：一個問題為 *NP-easy* 若且唯若它可以化約為一個 *NP-complete* 問題，留作習題。

　　有哪些問題是 *NP-easy* 呢？很明顯地，P 中的問題、NP 中的問題還有我們已為其找到多項式時間演算法的非決策問題，通通都是 *NP-easy*。對應於一個 *NP-complete* 決策問題的最佳化問題通常可被證明為 *NP-easy*。然而，這個證明並不是很容易做到的，如下面的例子所說明的。

● **範例 9.17**　售貨員旅行最佳化問題是 *NP-easy*。為了證明這個結果，我們介紹下面的問題。

售貨員旅行延伸決策問題

給定一個售貨員旅行決策問題 (Traveling Salesperson Extension Decision Problem) 的實例，其中對應到該問題的圖 (graph) 中有 n 個頂點且整數值為 d。再者，令一個部分旅程 T 由給定的 n 個頂點中其中 m 個組成。售貨員旅行延伸決策問題是去決定 T 是否可被延伸為一個總 weight 不大於 d 的完整旅程。這個問題的參數就是原本售貨員旅行決策問題的參數，加上一個部分旅程 T。

不難證明售貨員旅行延伸決策問題也在 NP 中。因此，為了要得到我們想要的結果，我們僅需證明

售貨員旅行最佳化問題 $\propto_T$ 售貨員旅行延伸決策問題

最後，假定 *polyalg* 為解售貨員旅行延伸決策問題的多項式時間演算法。*Polyalg* 的輸入包括了一個圖 (graph)、一條部分旅程、以及距離。給定一個大小為 n 的售貨員旅行延伸決策問題實例 G，令此實例中的頂點為

$$\{v_1, v_2, ..., v_n\}$$

並設

$$dmin = n$$
$$dmax = n \times maximum\,(\text{ 由 } v_i \text{ 連到 } v_j \text{ 的 edge 上的 weight})$$
$$1 \leq i, j \leq n$$

若 $mindist$ 為最佳旅程中，所有 edge 上 weight 的總和，則

$$dmin \leq mindist \leq dmax$$

因為任何頂點都可以是旅程的起點，故我們令 v_1 為起點。考慮下列的函式呼叫：

$$polyalg\,(G, [v_1], d)$$

在這個函式呼叫的輸入中，部分旅程為 $[v_1]$。可讓這個函式呼叫傳回 "true" 的 d 的最小值為 $d = min$，且若存在一個旅程，若 $d = dmax$，這個函式呼叫一定會傳回 "true"。若這個函式呼叫對 $d = dmax$ 傳回 "false"，則 $mindist = \infty$。不然，使用二元搜尋法，我們可求出：當 G 與 $[v_1]$ 為輸入時，若要讓這個函式呼叫傳回 "true"，d 的最小值為多少。這個值就是 $mindist$ 這代表著我們可以在最多約 $\lg\,(dmax)$ 個對 $polyalg$ 的函式呼叫次數內算出 mindist 的值，也就是說，我們能在多項式時間內算出 $mindist$。

一旦我們知道了 $mindist$ 的值，我們就可以用 $polyalg$ 在多項式時間內建立一個最佳旅程。建立過程如下：若 $mindist = \infty$，就不存在任何旅程，因此結束建立過程。否則，若某個部分旅程能夠被延伸為總 weight 等於 $mindist$ 的旅程，我們就稱這個部分旅程為**可延伸的** (extensible)。很清楚地，$[v_1]$ 是可延伸的。因為 $[v_1]$ 是可延伸的，必有至少一個 v_i 使得 $[v_1, v_i]$ 是可延伸的。我們最多需要呼叫 $polyalg$ $n - 2$ 次，就可以找到符合條件的 v_i。呼叫的方式如下：

$$polyalg\,(G, [v_1, v_i], mindist)$$

其中 $2 \leq i \leq n-1$。當我們找到一個延伸旅程或是當 i 達到 $n - 1$ 時停止。我們不需要檢查最後一個頂點，因為，若其他的全都失敗了，最後一個頂點必定是可延伸的。

一般來說，給定一個由 m 個頂點組成的可延伸部分旅程，我們可以在最多 $n - m - 1$ 次對 $ployalg$ 的呼叫後找到一個由 $m + 1$ 個頂點構成的可延伸部

分旅程。因此我們可以至多下面列出對 *polyalg* 呼叫的次數內，建立一個最佳旅程：

$$(n-2) + \cdots + (n-m-1) + \cdots + 1 = \frac{(n-2)\,(n-1)}{2}$$

這代表著我們也可以在多項式時間內建立一個最佳旅程，因此我們得到了一個多項式時間 Turing 化約。

我們可以為範例 9.2 到 9.5 的其他演算法以及大多數 *NP*-complete 決策問題的對應最佳化問題做類似這樣的證明。關於這種問題，我們可得到下面的定義。

> **定義**
>
> 若某個問題既是 NP-hard 又是 NP-easy，則該問題被稱為 *NP*-equivalent。

很清楚地，*P* = *NP* 若且唯若對於所有 *NP*-equivalent 問題都存在著多項式時間演算法。

我們看到原先我們將理論限制在討論決策問題並不會造成大量一般性的流失，因為我們通常可證明對應於一個 *NP*-complete 決策問題的最佳化問題為 NP-equivalent。這代表說為該最佳化問題找到一個多項式時間演算法就等於為其對應的決策問題找到一個多項式時間演算法。

我們的目標是對 *NP* Theory 提供一個淺易的介紹。若想要找到更完整的介紹，您可以參閱在本文中多次提及的參考資料：Garey 與 Johnson (1979)。雖然那篇文章有一段時間了，但它仍就是最容易理解的 *NP* Theory 介紹。另一篇不錯的介紹文章是 Papadimitriou (1994)。

• 9.5　處理 NP-Hard 問題

在缺乏解已知為 *NP*-hard 之問題的多項式時間演算法的情形下，我們該如何解這些 *NP*-hard 的問題呢？我們曾在第五章與第六章提出一個方法。解這些問題的 backtracking 與 branch-and-bound 演算法全部都是最差情況非多項式時間的。然而，它們對大型的實例通常還蠻有效率的。因此，對我們感興趣的某個別大型實例，backtracking 或 branch-and-bound 演算法可能就已經足敷使用了。回憶 5.3 節中，Monte Carlo 技巧可以用來估計一個給定演算法是否對一個個別實例來說已經足夠。若這個估計顯示足夠，我們就可以試著用這個演算法來解這個實例。

另一個方法是，對於一個 *NP*-hard 演算法，我們想辦法找到一個對該演算法的一部份實例有效率的演算法。例如，在 6.3 節所討論，貝士網路的機率推理問題，就是屬於 *NP*-hard 問題。一般來說，一個**貝士網路**由一個有向非環狀圖 (directed acyclic graph) 與一個機率分佈 (probability distribution) 組成。其中有一類貝士網路，它們的圖是 singly connected 的，這類的貝士網路我們已經為它們找到多項式時間的演算法。在一個有向非環狀圖中，若從任一個頂點到所有其他頂點只存在著不超過一條路徑，則我們稱這個圖為 **singly connected**。Pearl (1988) 與 Neapolitan (1990,2003) 討論了這些演算法。

這裡研究的第三種方法是發展近似演算法 (approximation algorithm)。對一個 *NP*-hard 最佳化問題來說，它的近似演算法就是並不保證會提供最佳解，但是會提供合理地接近最佳解的答案。通常我們可以得到這個答案與最佳解之差距的 bound。例如，假設我們發展了一個能為售貨員旅行最佳化問題之變體提供答案的近似演算法，我們稱之為 *minapprox*。我們證明

$$minapprox < 2 \times mindist$$

其中 mindist 為最佳解。這並不是說 *minapprox* 永遠幾乎是 *mindist* 的兩倍。對於許多實例，*minapprox* 可能非常逼近或就剛好等於 *mindist*。其實，這個式子的意思是保證 *minapprox* 將不可能與 *mindist* 的兩倍相等。我們發展這個演算法並將其改良。接著，我們藉著為另一個問題推導近似演算法來深入解釋近似演算法。

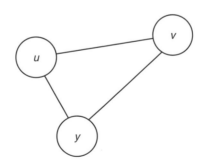

圖 9.10　三角不等式暗示 u 到 v 的距離不大於 u 到 y 的距離加上 y 到 v 的距離。

9.5.1　解售貨員旅行問題的近似演算法

我們的演算法是用來解售貨員旅行問題的變體的。

● 範例 9.18　　符**合三角不等式的售貨員旅行問題**

給定一個無向權重圖 (weighted, undirected graph)　$G = (V, E)$ 使得

1. 兩兩頂點間均有邊線相連。

2. 若 $W(u, v)$ 代表連接頂點 u 與頂點 v 的邊線上的 weight，則對於任一個 u 與 v 頂點除外的頂點 y，

$$W(u, v) \leq W(u, y) + W(y, v)$$

圖 9.10 描繪了被稱為**三角不等式** (triangular inequality) 的第二個條件。若 weight 代表城市間的實際距離，就會滿足三角不等式。回想在解說權重圖 (weighted graph) 時，weight 與距離這兩個術語是經常被交替運用的。第一個條件暗示著存在著一個雙向的路連接每個城市與其他所有城市。

售貨員旅行問題就是要找到一條起點與終點相同，並經過每個除起終點之外的頂點恰為一次的最短路徑（最佳旅途）。我們可以證明售貨員旅行問題的這種變體（加上了三角不等式的限制）仍舊是 *NP*-hard。

注意在該問題的這種變體中的圖 (graph) 是無向的。若我們移除這種圖之最佳旅途中的任意邊線，我們就得到該圖的一棵生成樹 (spanning tree)。因此，最小生成樹 (minimum spanning tree) 的總 weight 必定比一條最佳旅程的總 weight 還小。我們可以用演算法 4.1 或 4.2 在多項式時間內得到一棵最小生成樹。只要走過每條邊線兩次，環繞這棵生成樹，我們就能將它轉換成一條經過每個城市的路徑。圖 9.11 描繪了這個轉換過程。圖 9.11 (a) 描繪了一個圖 (graph)；圖 9.11 (b) 描繪了該圖的最小生成樹；圖 9.11 (c) 描繪了藉由走過每條邊線兩次，環繞生成樹後得到的路徑。如圖所示，得到的路徑可能會經過某些頂點超過一次。我們可以利用走 "捷徑" 的方式，將這樣的路徑轉換成不會經過某些頂點超過一次的路徑。亦即，由某任一頂點開始，依序拜訪每個尚未拜訪的頂點，走完整條路徑。若在這棵樹中存在多於一個未拜訪頂點接鄰於目前走到的頂點，我們就選擇拜訪最近的那個。若接鄰於目前頂點的頂點全都已經被拜訪過了，我們利用一條捷徑，跳過這些頂點，直接通往下一個未拜訪的頂點。三角不等式保證這條捷徑不會拉長整條路徑。圖 9.11 (d) 顯示使用這個技巧得到的旅程。在該圖中，我們以最左下的頂點為起點。請注意，這樣得到的旅程並不是最佳的。然而，若由最左上的頂點為起點，就可以得到一條最佳旅程。

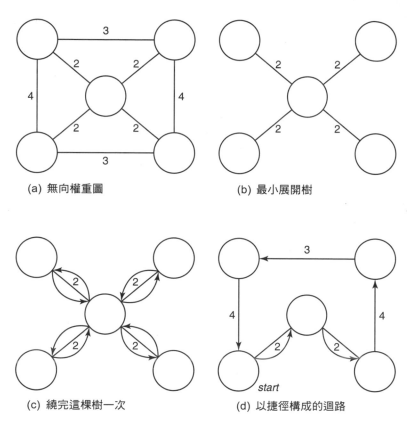

(a) 無向權重圖　　　　　(b) 最小展開樹

(c) 繞完這棵樹一次　　　(d) 以捷徑構成的迴路

圖 9.11　由最小生成樹求得最佳旅程的近似旅程。

我們將剛才概述的方法總結為下列的幾個步驟：

1. 求出一棵最小生成樹。

2. 利用走過每條邊線兩次，環繞該生成樹，建立一拜訪每個城市的路徑。

3. 利用取捷徑建立一條不會拜訪任一個頂點兩次的路徑。

　　一般來說，無論起點為何，這個方法求得的旅程都不必然是最佳的。然而，下面的定理保證這條旅程與實際上的最佳旅程間的接近程度。

▶ **定理 9.6**

令 $mindlist$ 為一條最佳旅程的總 weight，而 $minapprox$ 為利用剛剛描述的方法求得旅程的總 weight。則

$$minapprox < 2 \times mindist$$

證明：如同我們已經討論過的，一棵最小生成樹的總 weight 小於 $mindist$。由於 $minapprox$ 至多為一棵最小生成樹總 weight 的兩倍，故得證。

我們可以製造一個實例，讓 $minapprox$ 的值真的非常接近 $2 \times mindist$。因此，在一般情況下，由定理 9.6 得到的 bound 已經是我們所能做到最好的了。

我們可為這個問題求得一個更好的近似演算法。首先跟上面一樣求出一棵最小生成樹。接著考慮所有接觸到奇邊線數的頂點構成的集合 V'。不難證明這種頂點的數目必為偶數。將 V' 中的頂點配對使得每個頂點與另一個頂點成對。一種所有頂點對構成的組合我們稱之為一種 V' 的 **matching**。把連接每個頂點對的邊線加到這棵生成樹中。因為每個頂點隨後便有偶數個邊線接觸到它，因此得到的路徑就會經過每個城市。此外，這條路徑經過的總邊線數不大於（通常小於）僅由走過每一邊線兩次，環繞這棵樹而得到的總邊線數。圖 9.12(a) 顯示了一棵最小生成樹，而圖 9.12(b) 顯示了由該樹與一種可能的 matching 求得的路徑。圖 9.12(c) 顯示了取捷徑後得到的一條旅程。

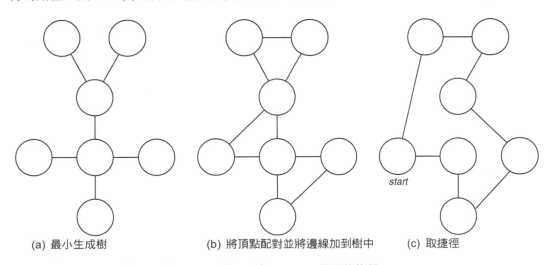

(a) 最小生成樹　　　(b) 將頂點配對並將邊線加到樹中　　　(c) 取捷徑

圖 9.12　利用一種 matching 得到的旅程。

V' 的 **minimal weight matching** 就是一種 matching 使得從 matching 中得到之邊線的總 weight 是所有 matching 中最小的。Lawler (1976) 證明了如何在多項式時間內得到一個 minimal weight matching。因此我們可以使用下列的步驟，近似地解決範例 9.17 中給定的售貨員旅行問題之變體：

1. 求出一棵最小生成樹。

2. 求出 V' 中之頂點的一種 minimal weight matching，其中 V' 為所有接觸到奇邊線數的頂點構成的集合。

3. 加入所有連接配對頂點之邊線到該生成樹中，以便產生一條經過每個頂點的路徑。

4. 利用取捷徑建立一條不會拜訪任一個節點兩次的路徑。

　　圖 9.11 在未顯示任何實際 weight 的情況下，說明了這些步驟。下面的定理證明了這個方法可以提供比本節提出的第一個方法更佳的 bound。

▶ 定理 9.7

令 *mindlist* 為一條最佳旅程的總 weight，而 *minapprox2* 為利用 minimal weight matching 方法所求得旅程的總 weight。則

$$minapprox2 < 1.5 \times mindist$$

證明：令 V' 為所有接觸到奇邊線數的頂點構成的集合。跳過不在 V' 中的頂點，將一條最佳旅程轉換為只連接 V' 中頂點的路徑。根據三角不等式，這條路徑的總 weight 不可能大於 *mindist*。此外，這條路徑提供我們兩種 V' 中頂點的 matching，說明如下。在 V' 中選擇任一個頂點出發，往某一邊前進，把碰到的第一個頂點與起點配對，接著繼續往同一個方向走，並把兩兩相鄰的頂點配對。這是第一種 matching。接著由原起點出發，往另一邊前進，把碰到的第一個頂點與起點配對，接著繼續往同一個方向走，並把兩兩相鄰的頂點配對。這是第二種 matching。由於這兩種 matching 中的邊線包含了這條路徑上的所有邊線，因此這兩種 matching 的總 weight 與這條路徑的 weight 相等。所以，兩種 matching 中至少有一種 matching 的總 weight 不大於這條路徑的一半 weight。因為這條路徑的 weight 不大於 *mindist*，且因為任一個 matching 的 weight 至少與一個 minimal weight matching 的 weight 一樣大，我們得到

$$minmatch \leq 0.5 \times mindist$$

其中 *minmatch* 為一個 minimal weight matching 的 weight。回想，一棵最小生成樹的 weight 小於 *mindist*。由於在 minimal weight matching 方法的步驟 3 得到的那些邊線包含了一棵生成樹中的所有邊線以及由一個 minimal matching 得到的邊線，因此這些邊線的總 weight 小於 $1.5 \times mindist$。因為在步驟 4 中得到的最終旅程中的邊線 weight 總和不大於步驟 3 中得到的路徑中的邊線 weight 總和，故本定理得證。

我們可以製造一個實例，讓這個近似值真的非常接近 $1.5 \times mindist$。因此，在一般情況下，由定理 9.7 得到的 bound 已經是我們所能做到最好的了。

回想，售貨員 Nancy 最後使用一種解售貨員旅行問題的 branch-and-bound 演算法（演算法 6.3）試著為她的 40 個城市的銷售責任區找到一條最佳旅程。因為該演算法為最差情況非多項式時間，故該演算法可能會花許多年來解 Nancy 的這個案例（求得 40 個城市的最佳旅程）。若這些城市的距離滿足符合三角不等式之售貨員旅行問題的假設，最後她就可以得到一條確定適用的旅程。也就是說，她可以用 minimal weight matching 方法，在多項式時間內，求得一條最佳旅程的一條近似旅程。

9.5.2　解裝箱問題的近似演算法

接著我們將介紹下列的新問題。

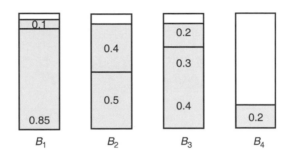

圖 9.13　應用非遞增最先適合法得到的裝箱結果。

範例 9.19　裝箱問題 (Bin-Packing Problem)

給定 n 個大小分別為 s_1、s_2、$\cdots$、s_n 的物品，其中 $0 < s_i \leq 1$。若想將這些物品裝箱，且每個箱子的容量為 1。裝箱問題就是要決定裝這些物品所需的箱子數。

裝箱問題已被證明是 *NP*-hard。解這個問題一種非常簡單的近似演算法被稱為最先適合法 (first fit)。**最先適合法**將一個物品裝進第一個可以放得下它的箱子。若無法將它裝進現有的箱子，就開一個新的空箱子來裝它。另一種好方法是將這些物品依非遞增順序裝箱。因此，我們的策略被稱為**非遞增最先適合法**。我們用下列高階演算法來描述這個策略。

```
將所有的物品以非遞增的順序排列
while ( 還有未裝箱的物品 ) {
    取出下一個物品；
    while ( 該物品尚未裝箱且還有已打開的箱子時 ) {
        取出下一個箱子；
        if ( 該物品可以裝進這個箱子 )
            將它裝進這個箱子；
    }
    if ( 該物品尚未裝箱 ) {
        打開一個新的箱子；
        將該物品放進這個新的箱子；
    }
}
```

圖 9.13 顯示了應用這個演算法的結果。我們貪婪地抓取物品，對於每個物品我們貪婪地抓取箱子。我們把寫出這個演算法的詳細版與證明它在 $\Theta(n^2)$ 中留作習題。注意在圖 9.12 中的解並非最佳解。最佳解是將大小 0.5、大小 0.3 以及大小 0.2 的物品裝進第二個箱子裡；並將兩個大小 0.4 與與一個大小 0.2 的物品裝進第三個箱子裡。

接下來我們會得到近似解與最佳解接近度的 bound。我們在定理 9.8 中得到這個 bound。該定理的證明需要下列的輔助定理。

▲ 輔助定理 9.1

給定一個裝箱問題實例，令 opt 最少裝箱數。任一個由非遞增最先適合法放入額外箱子的物品（也就是編號大於 opt 的箱子），其大小最大值為 $1/3$。

◆ 證明：令 i 為被放在第 $opt + 1$ 號箱子之第一個物品的編號。由於這些物品依非遞增順序排序，故足以證明

$$s_i \leq \frac{1}{3}$$

利用反證法，假定 $s_i > 1/3$，則

$$s_1, s_2, ..., s_{i-1} \text{ 全都大於 } \frac{1}{3}$$

代表著所有編號不大於 opt 的箱子每個最多裝有 2 個物品。若這些箱子每個都裝兩個物品，則在任一種最佳解中，每個編號不大於 opt 的箱子都必須裝有前 $i-1$ 個物品的其中兩個。但因為這些物品的大小均大於 $1/3$，因此無法把第 i 個物品裝在這些箱子其中之一內。因此，至少要有一個編號不大於 opt 的箱子只裝有一個物品。若所有編號不大於 opt 的箱子均只裝了一個物品，則第 i 個物品無法裝進這些箱子其中之一

內。但如果是這種情形，一個最佳解就需要超過 opt 個箱子。因此，至少會有一個編號不大於 opt 的箱子裝有兩個物品。

我們證明存在著某個 $j(0 \leq j < opt)$ 使得前 j 個箱子均裝有一個物品，而剩下 $opt - j$ 個箱子均裝有兩個物品。若非如此，則會讓箱子 B_k 與 $B_m(k < m)$ 使得 B_k 裝有兩個物品而 B_m 裝有一個物品。然而，因為物品依照非遞增順序裝箱，故 B_m 裝的物品不會大於 B_k 裝的第一個物品，且 s_i 不會大於 B_k 裝的第二個物品。因此，B_m 裝的物品的大小與 s_i 的總和不會大於 B_k 裝的兩個物品的大小總和，意味著 s_i 將可以裝進 B_m 中。因此，上面的推測（關於 j）必須是對的，且這些箱子裝載的情形將如圖 9.14 所示。

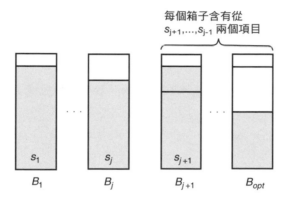

每個箱子含有從
$s_{j+1},...,s_{j-1}$ 兩個項目

圖 9.14　若 s_i 大 $1/3$，我們的演算法將會把箱子裝成這種情況。

給定一個最佳解，在這個解中，前 j 個物品在 j 個相異的箱子內，因為如果前 j 個物品的任兩個能被裝在同一個箱子內，我們的方法將會將它們裝在一起。此外，物品

$$s_{j+1}, s_{j+2}, \ldots, s_{i-1}$$

則在剩下的 $opt - j$ 箱子中，因為它們都無法跟前 j 個物品裝在一起。因為我們的演算法將這些物品兩兩放在 $opt - j$ 個箱子中，故必定有 $2 \times (opt - j)$ 個這種物品。由於我們假設每個這種物品的大小大於 $1/3$，故不可能會有三個這種物品被裝在剩下 $opt - j$ 個箱子中的任一個箱子中，意味著剩下這 $opt - j$ 個箱子每個都剛好裝有兩個物品。因為我們假設 s_i 的大小也大於 $1/3$，因此它無法被裝進已經裝有兩個物品的那 $opt - j$ 個箱子中。此外，它也無法被裝進任何一個裝有前 j 個物品之一的箱子中，因為若它可以和任一前 j 個物品裝在一起，我們的演算法就會把它跟該物品裝在一起。因我們假定這是最佳解，故 s_i 必定能夠裝進這些箱子之中，這與我們剛剛的推論發生矛盾，故本輔助定理得證。

▲ **輔助定理 9.2**

令 opt 為某個裝箱問題實例的最少箱子數。由非遞增最先適合法裝在額外箱子內的物品數最多為 $opt - 1$。

證明：因為所有的物件可以被裝在 opt 個箱子內，故

$$\sum_{i=1}^{n} s_i \leq opt$$

定我們的近似演算法會把 opt 個物品放在額外箱子內。令 z_1、z_2、$\cdots$、z_{opt} 為這些物品的大小，且對於 $1 \leq i \leq opt$，令 tot_i 為我們的演算法放進箱子 B_i 的物品之大小總和。則下列的式子必定為真：

$$tot_i + z_i > 1$$

因為如果這個式子不成立的話，大小為 z_i 的物品就可能被放進 B_i 中。故我們可得到

$$\sum_{i=1}^{n} s_i \geq \sum_{i=1}^{opt} tot_i + \sum_{i=1}^{opt} z_i = \sum_{i=1}^{opt} (tot_i + z_i) > \sum_{i=1}^{opt} 1 = opt$$

這個結果與我們在這個證明一開始證明的矛盾，故本輔助定理得證。

▶ **定理 9.8**

令 opt 為某個裝箱問題實例的最少箱子數，並令 $approx$ 為非遞增最先優先法所用的箱子數，則

$$approx \leq 1.5 \times opt$$

證明：根據輔助定理 9.1 與 9.2，非遞增最先優先法最多會將 $opt - 1$ 個物品，每個大小最大為 1/3，裝在額外的箱子內。因此，額外的箱子數目最多為

$$\left\lceil (opt - 1) \times \frac{1}{3} \right\rceil = \left\lceil \frac{opt - 1}{3} \right\rceil = \frac{opt - 1 + k}{3}$$

其中 $k = 0$、1 或 2。取 k 的最大可能值，得到額外用的箱子數目小於或等於 $(opt + 1)/3$，也就是說

$$approx \leq opt + \frac{opt + 1}{3}$$

因此

$$\frac{approx}{opt} \leq \frac{opt + (opt+1)/3}{opt} = \frac{4}{3} + \frac{1}{3opt}$$

若 $opt = 1$ 時，則這個比例會達到最大值。然而，當 $opt = 1$，我們的近似演算法只用了一個箱子，也就是最佳解。這意味著我們可以取 $opt = 2$ 來將這個比例達到最大，並且得到

$$\frac{approx}{opt} \leq \frac{4}{3} + \frac{1}{3 \times 2} = \frac{3}{2}$$

　　我們可以製造一個實例，讓這個比率剛好為 3/2。因此，在一般情況下，由定理 9.8 得到的 bound 已經是我們所能做到最好的了。

　　一種對近似演算法的得到答案的品質有更深刻了解的方法是：執行一些測試對近似解與最佳解進行比較。針對很大的 n，我們解裝箱問題的近似演算法已被廣為測試過了。您也許想知道當我們無法求得保證最佳解的多項式時間演算法時，也就是對於很大的 n，我們無法在可忍受的時間內得到最佳解時，我們是如何做到這個比較的。因為若我們有解裝箱問題的多項式時間演算法，一開始我們也不必為近似演算法費心了。這個矛盾問題的答案是，在裝箱問題中，我們並不需要實際上去計算最佳解以得到對近似值品質更深入的瞭解。我們可以計算在用到的箱子中，未被近似演算法使用的空間。該演算法用到的額外箱子的數目不能超過未使用空間的數量。這是因為在近似演算法中，我們可以重新安排這些物品使得能夠用最少量的箱子來裝它們，讓額外的箱子變成空的。在這個最佳解中未使用空間的數量加上額外箱子中的空間總量等於在我們的近似演算法中的未使用空間數量。因此，由於在這些額外箱子中的總空間等於額外箱子的數目，故額外箱子的數目不可能大於在我們的近似解中未使用的空間數量。

　　在一份物品個數為 128,000 且物品的大小在 0 到 1 之間均勻分佈的觀察實驗中，我們的近似演算法平均使用 64,000 個箱子，未使用空間平均為 100 個單位。這代表著在這個研究的實例中，在平均情況下，額外箱子的數目被限制在 100 以下。定理 9.8 意味著，對於一個用了 64,000 個箱子的近似解，

$$64,000 \leq 1.5 \times opt$$

　　也就是說 $opt \geq 42{,}666$，且額外箱子的數目不大於 21,334。我們觀察到這個實驗研究指出在平均情況下我們的演算法表現的遠優於上限 (upper bound)。

　　對於任何我們有興趣的特定問題實例，我們可以計算由近似演算法產生的解中未使用空間的量。用這種方式我們可以求得該演算法對這個實例的表現有多好。

　　若您對更多近似演算法的例子有興趣，您可以繼續參考 Garey 與 Johnson (1979)。

● 習題

9.1 到 9.3 節

1. 試列出三種擁有多項式時間演算法的問題。試證明您的答案。

2. 給定一個問題與其輸入的兩種編碼方式。敘述使用不同編碼方式的效能。

3. 證明對於一個 graph problem 來說，使用頂點數做為問題實例大小的測量值與使用邊線數做為問題實例大小的測量值是多項式等價的 (polynomially equivalent)。

4. 請問 "計算費布那西數列的第 n 項" 是屬於 9.3 節中所討論的三種一般分類中的哪一種？試證明您的答案。

5. 一個圖 (graph) 具有一個 Euler Circuit 若且唯若 (a) 該圖為連通圖 (connected graph) (b) 每個頂點的 degree 是偶數。為所有決定一個圖是否具有 Euler Circuit 的演算法的時間複雜度找到一個下限。請問這個問題屬於 9.3 節中所討論的三種一般分類中的哪一種？試證明您的答案。

6. 試為 9.3 節中所討論的三種一般分類各列出兩種屬於該類的問題。

9.4 節

7. 在您的系統上，為 9.4.1 節中討論的售貨員旅行決策問題實作核對演算法 (verification algorithm)，並研究它的多項式時間效能。

8. 試證明範例 9.2 到 9.5 的問題均在 *NP* 中。

9. 請為結黨決策問題 (Clique Decision Problem) 寫出一種多項式時間核對演算法。

10. 試證明將 CNF-Satisfiability 問題化約為結黨決策問題的工作可以在多項式時間內完成。

11. 請為 Hamiltonian Circuits Problem 寫出一種多項式時間核對演算法。

12. 試證明將 Hamiltonian Circuits Problem 問題化約為售貨員旅行（無向）決策問題的工作可以在多項式時間內完成。

13. 試證明售貨員旅行（無向）決策問題化約為售貨員旅行決策問題的工作可以在多項式時間內完成。

14. 試證明一個問題是 *NP*-easy 若且唯若該問題可以化約為某個 *NP*-complete 問題。

15. 假若問題 *A* 與問題 *B* 是兩種不同的決策問題。此外，假定問題 *A* 可在多項式時間內以多對一的方式化約為問題 *B*。若問題 *A* 是 *NP*-complete，請問問題 *B* 也是 *NP*-complete 嗎？試證明您的答案。

16. 當 CNF-Satisfibililty 問題每個 clause 恰含有 3 個 literal 時，該問題就被稱為 3-Satisfiability 問題。已知 3-Satisfiability 問題為 *NP*-complete，試證明 Graph 3-Coloring 問題也是 *NP*-complete。

17. 證明若一個問題不在 *NP* 中，它就不是 *NP*-easy。因此，Presburger Arithmetic 以及停機問題 (Halting Problem) 並不是 *NP*-easy。

9.5 節

18. 實作解售貨員旅行決策問題的近似演算法，在您的系統上執行這些近似演算法，並使用多種問題實例來研究這些演算法的效能。

19. 寫出 9.5.2 節中解裝箱問題的近似演算法的詳細版本，並證明它的時間複雜度在 $\Theta(n^2)$ 中。

20. 請問您是否可以為第五章中討論的 Sum-of-Subsets 問題實作一個可在多項式時間內執行的近似演算法呢？

21. 請問您是否可以藉由將 CNF-Satisfiability 敘述為一個最佳化問題來為它發展一個近似演算法呢？⊠也就是說，找到一組 truth assignment 使得 true 的 clause 數量最多。

進階習題

22. 請問是否可能發生一個演算法對使用編碼方式 *A* 的問題 *P* 來說，是指數時間演算法，但對使用另一種編碼方式 *B* 的同樣問題 *P*，卻變成多項式時間演算法？試證明您的答案。

23. 為 9.4.2 節中提到的 *verify_composite* 函式撰寫一個更具體的演算法，並對其進行分析以證明它是個多項式時間演算法。

24. 撰寫一個能夠檢查一個無向圖是否具有 Hamiltonian Circuit 的多項式時間演算法，假定受檢驗的無向圖並沒有 degree 超過 2 的頂點。

25. 請問河內塔 (Towers of Hanoi) 問題是一個 *NP*-complete 問題嗎？請問它是一個 *NP*-easy 問題嗎？請問它是一個 *NP*-hard 問題嗎？請問它是一個 *NP*-equivalent 問題嗎？試證明您的答案。河內塔問題出現在第二章的習題 17。

26. 給定一個 n 個正整數構成的串列（n 為偶數），將這個串列分割成兩個子串列使得兩個子串列中的整數和的差距是最小的。請問這個問題是一個 *NP*-complete 問題嗎？請問該問題是一個 *NP*-hard 問題嗎？

Chapter 10

基因演算法與
基因規劃法

演化 (evolution) 是一個改變生物族群基因組成的過程。**天擇 (natural selection)** 是一個過程，在這過程中，擁有適應環境壓力特徵之生物的存活與繁衍數量會遠大於其他類似生物。因此，其後的子代擁有這些好的特徵的比例會升高。

演化式演算 (evolutionary computation) 致力於找一些問題的近似解法，例如：利用天擇的演化過程來解最佳化問題。演化式演算涵蓋了四大領域：基因演算法 (genetic algorithm)、基因規劃法 (genetic programming)、演化式規劃 (evolutionary programming) 和演化策略 (evolutionary strategies)。前兩者會在此章節詳述，首先，我們簡略地回顧遺傳學，以便探討這些演算法。

• 10.1　遺傳學回顧

此篇回顧是基於讀者已經閱讀過遺傳學教材為前提。對於遺傳學的介紹請參閱 *An Introduction to Genetic Analysis* (Griffiths et al.,2007) 或 是 *Essential Genetics* (Hartl and Jones, 2006)。

生物 (organism) 是指一個生命的個體，如植物或動物。**細胞 (cell)** 是構築生物的基本架構。**染色體 (chromosome)** 夾帶著遺傳特徵。**基因組 (genome)** 是在生物中一組完整的染色體，人類的基因組有 23 個染色體。一個**單倍數細胞 (haploid cell)** 包含了一基因組，也可稱其包含了一組染色體。所以一個人類的單倍數細胞包含了 23 個染色體。二

倍數細胞 (**diploid cell**) 則是包含了兩個基因組；也可稱其包含了兩組染色體。在二倍數細胞中每個染色體都會和另一基因組內的一個染色體形成配對，我們稱這樣的染色體配對為**同源配對** (**homologous pair**)，每個配對中的染色體稱為**同源基因** (**homolog**)。因此，一個人類二倍數細胞包含了 $2 \times 23 = 46$ 個染色體，且每個同源基因遺傳自父母代。

體細胞 (**somatic cell**) 是有機體內眾多細胞之一。**單倍體生物** (**haploid organism**) 是擁有單倍數體細胞之生物；而**二倍體生物** (**diploid organism**) 是擁有二倍數體細胞之生物。人類屬於二倍體生物。

配子 (**gamete**) 是成熟的有性生殖細胞，並且會和其他配子結合成**受精卵** (**zygote**) 進而成長成一個新的個體。配子必定是單倍體細胞，雄性生物生成的配子稱為**精子** (**sperm**)；雌性生物則為**卵子** (**egg**)。**生殖細胞** (**germ cell**) 是配子的前體而且為二倍體細胞。

在二倍體生物中每個成熟個體會生成配子、兩個配子結合成受精卵，最後成長成一個新的個體。以上過程稱之為**有性生殖** (**sexual reproduction**)。單倍體單細胞生物 (Unicellular haploid organism) 通常藉由**二元分裂法** (**binary fission**) 進行無性生殖，過程中單一生物個體逕行分裂成兩個生物個體。因此每個生物個體擁有和原先個體一樣的基因組成。另外一些單倍體單細胞生物會以**細胞融合** (**fusion**) 的方式進行有性生殖，首先兩個細胞會結合成一個**過渡二倍數母細胞** (**transient diploid meiocyte**)，這個母細胞包含一對同源染色體，每個染色體分別來自雙親之一。每個子代可由雙親之一取得一條同源，因此子代的基因並不完全與雙親相同。例如：若一生物包含 3 個染色體，則生成的子代會有 $2^3 = 8$ 種不同的染色體組合排列。

染色體由去氧核醣核酸構成 (deoxyribonucleic acid, DNA)，而 DNA 再由 4 種**核苷酸** (**nucleotide**) 組成。每種核苷酸包含有五碳糖 (pentose sugar)(去氧核醣 (deoxyribose))、磷酸 (phosphate group) 和嘌呤鹼基或嘧啶鹼基。兩種**嘌呤** (**purines**)，包含腺嘌呤 (adenine，簡稱 A) 和鳥嘌呤 (guanine，簡稱 G)，有相似的結構。兩種**嘧啶** (**pyrimidines**)，包含胞嘧啶 (cytosine，簡稱 C) 和胸腺嘧啶 (thymine，簡稱 T)，有相似的結構。DNA 是由兩個互補股 (complementary strands) 所構成的大分子，每個互補股再由一序列的核苷酸組成。兩股之間的核苷酸會由氫鍵鍵結成一對核苷酸，其中腺嘌呤必定和胸腺嘧啶鍵結而鳥嘌呤必定和胞嘧啶鍵結。每個核苷酸配對稱之為**鹼基對** (**canonical base pair**)，而腺嘌呤、鳥嘌呤、胞嘧啶和胸腺嘧啶稱為**鹼基** (**base**)。

圖 10.1 描繪了 DNA 片段，讀者可能會回想起生物課程上那兩股呈現右旋雙螺旋糾纏一起的樣子，但是對於計算方面上我們只需要將它們視為字串即可。

圖 10.1 DNA 的某一段

基因 (gene) 是一個染色體的片段，通常由數以千計的鹼基對組成；不同基因其構成的鹼基對數目也會巨大的差異，基因同時負責掌控生物的構築 (structure) 和運行 (process)。一個生物的**基因型** (genotype) 是其基因的組成，然而**表現型** (phenotype) 是生物在環境和基因型的交互影響下所形成的外表。

對偶基因 (allele) 是有多個不同基因源自於單一基因的統稱，通常由突變造成，對偶基因是造成遺傳變異的因素。

● **範例 10.1**　已知控制人類眼睛顏色的基因為第 15 對染色體上的 bey2 基因。bey2 基因有兩種對偶基因，一種是讓我們有藍色眼睛稱為 BLUE，另一種是棕色眼睛稱為 BROWN。就如同其他基因的情形，一個人由父方母方各得到一個 bey2 對偶基因。BLUE 基因是**隱性基因** (recessive)；而 BROWN 是**顯性基因** (dominant)。也就是說一個人若遺傳到一個 BLUE 和 BROWN 的對偶基因，則那個人的眼睛顏色將會是棕色。若是想要有藍色眼睛的話會需要遺傳到兩個 BLUE 對偶基因，這樣眼睛顏色才會是藍色的。

人類的配子有 23 個染色體，每染色體可能源自任兩基因組之一，因此人類有 2^{23} = 8,388,608 種不同的基因組合可以遺傳給下一代。但是實際上的數目會高於剛才的計算，因為在細胞進行**減數分裂** (meiosis) 時會染色體會自行複製並且和同源基因對齊，這些染色體的複製品稱為**染色分體** (chromatids)。通常同源染色分體之間會交換對應區塊的基因組成，這樣的動作我們稱為**互換** (crossing-over)，如圖 10.2 示。

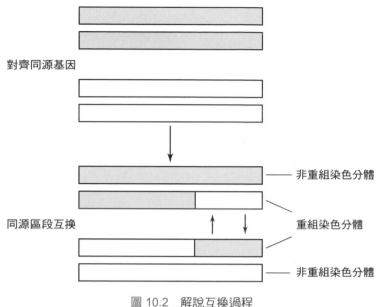

對齊同源基因

非重組染色分體

同源區段互換

重組染色分體

非重組染色分體

圖 10.2 解說互換過程

　　而有時當細胞分裂過程中錯誤可能會發生於 DNA 複製時，我們稱這樣的錯誤為**突變** (**mutation**)，突變可能發生在體細胞或生殖細胞。人們大多認為發生於生殖細胞的突變是造成演化上差異的緣由，而體細胞的突變卻只會影響到個體本身（例如：癌症）。

　　突變大致可分三類：**取代**（**substitution**）、**插入**（**insertion**）和**刪除**（**deletion**）。取代是把 DNA 序列某一核苷酸替換成其他的，插入是將 DNA 片段加入至一染色體中，而刪除是將 DNA 片段從一染色體中刪去。

　　演化（**evolution**）是一個改變生物族群基因組成的過程，人們大多認同突變是致使生物基因組成改變的原因。**天擇**（**natural selection**）讓擁有環境適應特徵（如躲避掠食者、適應氣候變遷、食物或是交換的競爭）之生物生存與繁衍其子代，進而使擁有適合特徵的生物得以增長，因此天擇可以讓適合環境的對偶基因出現的頻率增加。這種對偶基因出現頻率因機率而改變的現象我們稱之為**遺傳漂變**（**genetic drift**），目前在科學界中天擇和遺傳漂變何者對於演化有更大的影響仍是無定論的 (Li, 1997)。

10.2　基因演算法

在此小節我們會先介紹基本的基因演算法，然後提供它的兩個應用。

10.2.1　演算法

從單倍體生物得到啟發，基因演算法利用細胞融合的概念建構演算法模型。每種問題的候選解由一個單倍體個體（**individual**）所代表。這邊的染色體構成不像生物那樣由四種不同 DNA（A, G, C 和 T）組成，而是由組成解答的字母所構成。在每一世代中，只讓部份較符合最佳解答的個體繁衍新個體出來成為下一世代。對應到較佳解之個體被認為更加合適。由兩個較合適個體選出的染色體接著排好並透過互換交換基因內容（問題解之子字串）。此外，有可能發生突變。這影響了個體的下一代。以上過程會反覆執行直到達成特定條件。以下為上述基因演算法的虛擬程式碼：

```
void generate_populations ( )
{
    t=0;
    初始化族群 P₀
    repeat
        評估族群 Pₜ 中每個個體 ;
        根據適應度 (fitness) 選擇個體 ;
        在選到的這些個體上執行交換與突變 ;
        t++;
    until  終止條件達到 ;
}
```

當根據適應度選擇個體時，我們不見得只會選最「適應」的個體。實際上，我們會同時採用「利用」（**exploitation**）與「探索」（**exploration**）兩種策略。一般來說，在評估要從搜尋空間中的各塊候選區域選哪塊走下去時，若採用「利用」的策略，表示我們透過集中心力於看起來較好的區域來利用已經獲得的知識。若採用「探索」的策略，表示我們不管區域目前看起來好不好，就是去探索新的區域。在選擇個體時，若要同時執行這兩種策略，我們可以設定 ε 機率執行「探索」，也就是隨機選擇一個個體；我們可以設定剩下的 $1-\varepsilon$ 機率執行「利用」，也就是選擇適應度較高的個體。

10.2.2　範例演示

假設我們想找到讓下列函數值為極大值的 x 值

$$f(x) = \sin\left(\frac{x\pi}{256}\right) \qquad 且 \qquad 0 \le x \le 255$$

其中 x 為整數。當然我們從高中數學就學到了正弦函數在 $\pi/2$ 時會得極大值為 1，也就可以推得 $f(x)$ 的極大值發生於 $x = 128$。因此，現實上我們其實沒有必要用設計演算法來解上面的問題。我們只是為了解釋基因演算法的各種不同面向。我們會用以下步驟來開發基因演算法。

1. 選擇代表答案的字母。由於候選答案僅可能是在 0 至 255 區間的整數，因此我們以 8 個位元來表示每一個候選答案。例如 189 可以用 2 進位表示成：

$$1\ 0\ 1\ 1\ 1\ 1\ 0\ 1$$

2. 決定一個族群裡面有多少個體，通常會包含有數以千計的個體。在這個範例我們決定只包含 8 個個體。

3. 決定如何初始化整個族群，通常會以隨機的方式產生。在此範例我們會隨機產生 8 個介於 0 至 255 間的數字。表 10.1 列出一些可能的初始值。

4. 決定如何評量個體的適應度 (fitness)，由於我們的目標是找到函數 $f(x) = \sin(x\pi/256)$ 的極大值，因此可直接採用 $f(x)$ 的數值做為 x 的適應度。

5. 根據利用和探索兩個策略來決定哪些個體得以繁衍，適應度以所有個體的適應度總和來正規化，全部個體正規後的適應度總合為 1。之後我們利用正規化後的適應度來計算累計適應度。這些累計適應度就猶如輪盤上的楔子，例如表 10.1 中第二個體正規後的適應度是 .093 那麼它的楔子區間就介於 (0.144, 0.237] 且寬度是 .093。當我們隨機產生一個介於 (0,1] 之間的數字時，那個數字必定會落於某一個體的楔子區間，最後我們就選擇那個個體。我們會重複以上動作 8 次。假設我們選擇要進行繁衍的個體如表 10.2 所示。特別注意的是，同一個體可以被多次的選擇到，個體被選到的機率是取決於其適應度的。

● 表 10.1　初始之個體族群及每個個體的適應度

個體	x	$f(\text{x})$	Normed $f(x)$	Cumulative Normed $f(x)$
1 0 1 1 1 1 0 1	189	.733	.144	.144
1 1 0 1 1 0 0 0	216	.471	.093	.237
0 1 1 0 0 0 1 1	99	.937	.184	.421
1 1 1 0 1 1 0 0	236	.243	.048	.469
1 0 1 0 1 1 1 0	174	.845	.166	.635
0 0 1 0 0 0 1 1	74	.788	.155	.790
0 0 1 0 0 0 1 1	35	.416	.082	.872
0 0 1 1 0 1 0 1	53	.650	.128	1.000

6. 決定如何進行交換和突變，首先我們隨機地將個體配對成 4 對，在每對個體中隨機選擇兩點，並且將兩點範圍內的位元互換。表 10.3 中列出幾種可能結果。如果第二點出現在第一點的左邊的話，我們會以個體頭尾纏繞一起的方式互換，表 10.3 第三配對展示了這樣的範例。根據表 10.1 和 10.3，在互換執行前的平均適應度為 0.635，而執行互換後提昇到了 0.792。同時互換後讓兩個體的適應度高於 0.99。

- 表 10.2 被選到可繁衍的個體

個體
0 1 1 0 0 0 1 1
0 0 1 1 0 1 0 1
1 1 0 1 1 0 0 0
1 0 1 0 1 1 1 0
0 1 0 0 1 0 1 0
1 0 1 0 1 1 1 0
0 1 1 0 0 0 1 1
1 0 1 1 1 1 0 1

- 表 10.3 由互換產生的親代與子代

親代	子代	x	$f(x)$
$0\ 1\ 1^1\|0\ 0\ 0\|^2 1\ 1$	$0\ 1\ 1^1\|1\ 0\ 1\|^2 1\ 1$	119	.994
$0\ 0\ 1\|1\ 0\ 1\|0\ 1$	$0\ 0\ 1\|0\ 0\ 0\|0\ 1$	33	.394
$1^1\|1\ 0\ 1\ 1\|^2 0\ 0\ 0$	$1^1\|0\ 1\ 0\ 1\|^2 0\ 0\ 0$	168	.882
$1\|0\ 1\ 0\ 1\|1\ 1\ 0$	$1\|1\ 0\ 1\ 1\|1\ 1\ 0$	222	.405
$0\ 1\|^2 0\ 0\ 1\ 0\ 1^1\|0$	$1\ 0\|^2 0\ 0\ 1\ 0\ 1^1\|0$	138	.992
$1\ 0\|1\ 0\ 1\ 1\ 1\|0$	$0\ 1\|1\ 0\ 1\ 1\ 1\|0$	110	.976
$0\ 1\ 1\ 0\ 0^1\|0\ 1\ 1\|^2$	$0\ 1\ 1\ 0\ 0^1\|1\ 0\ 1\|^2$	101	.946
$1\ 0\ 1\ 1\ 1\|1\ 0\ 1\|$	$1\ 0\ 1\ 1\ 1\|0\ 1\ 1\|$	187	.749

接下來要決定如何執行突變。我們會對於個體裡每個位元隨機的決定翻轉與否，這邊的翻轉示將 0 轉變成 1 或是將 1 轉變成 0。突變的機率通常介於 0.01 至 0.001 之間。

7. 決定終止演算法的條件，我們可以設定滿足複數或單一條件就讓演算法終止。例如超過一定世代數目、超出時間限制或是最大適應度到達門檻值。在這邊的範例我們可以指定當世代超過 10,000 代時或是適應度超過 0.999 時就終止演算法。

值得一提的是第 2、3、5 和 7 步驟所提及的策略對於很多問題都能適用。

10.2.3 旅行業務員問題

旅行業務員問題 (Traveling Salesperson Problem, TSP) 是個廣為人知的 NP-hard 問題，**NP-hard 問題**是一類問題尚未有人能提出多項式時間的演算法，同時也沒人能夠證明這樣的演算法不無可能。

假設一名業務員計畫要到 n 個城市出差，每個城市之間都有一些道路可以通往其他城市。為了減省旅行時間，我們希望找一條最短路線能夠從起始城市出發，途中經過每個城市恰好一次且最後再回到起始城市。要找到這樣最短的旅行路線就是旅行業務員問題，以下簡稱為 **TSP**。另外讀者要注意到起始城市和最後的最短旅行路線是不相關聯的。

我們可以將 TSP 以**加權有向圖** (weighted directed graph) 表示，其中節點表示城市，**邊**的權重表示道路的長度。一般來說 TSP 的圖不需要是個**完全圖** (complete graph)，也就是說每個城市之間不一定會有道路存在。而且若某兩城市間有道路往返，則往程與返程的權重也未必相同。除了運用在交通排程上之外，TSP 也可同時被用在電路板上鑿洞的排程和 DNA 定序。

接下來我們會展示三個套用基因演算法的 TSP 解法。

序列互換

我們第一個先介紹序列互換 (**order crossover**)，並且只列出和 10.2.2 小段不同的步驟。

● 表 10.4 序列互換

親代	另一個親代之模版	子代
p_1 : 2 1 3[1] |9 5 4| [2]8 7 6 p_2 : 5 3 2 |6 8 9| 7 1 4	6 8 7 1 3 2 from p_2 5 4 7 2 1 3 from p_1	c_1 : 6 8 7[1] |9 5 4| [2]1 3 2 c_2 : 5 4 7 |6 8 9| 2 1 3

1. 決定代表答案的字母。一個 TSP 解法的直觀表示法是將所有節點標註 1 到 n，然後依序列出要走訪節點的順序。例如：若圖存在 9 個節點，則 [2 1 3 9 5 4 8 7 6] 表示我們走訪節點 1 之後會到節點 2，$\cdots$，走訪節點 6 之後會回到節點 2。

2. 這裡的適應度我們以旅行路線的長度來表示，代表長度越短的旅行路線越符合期待。

3. 決定如何執行互換和突變。如同之前介紹的一樣，我們隨機將個體配對並且隨機決定兩點，這邊我們將兩點間的區塊稱為 **pick**。我們必須確保互換後的旅行路線是合理的，也就是每個城市僅能出現在序列中一次，因此若僅是互換 pick 是不可行的。在**序列互換**中，孩子的 pick 和其中一個雙親的 pick 值是相同的。而非 pick 區域的值則由另一個雙親而來，由另一個雙親的 pick 開始，跳過已經出現的值，依序填入。這些值稱為另一個雙親的**模版 (template)**。表 10.4 展示了一個範例可供理解。請注意到孩子 c_1 與其雙親 p_1 均選定 [9 5 4] 為 pick，而雙親 p_2 的 pick 為 [6 8 9]。雙親 p_2 的樣板是從 6 開始尋找不包含 [9 5 4] 的數值，過程中經過序列末端則再由前端開始至 pick 開頭為止。因此得到最後樣板為 [6 8 7 1 3 2]，之後這些數值便依序被填入子代 c_2 非 pick 區域中。

若此有向圖並非完整圖，則我們必須檢查旅行路線是否真實存在於此圖中，若旅行路線不存在則否決互換的結果。

至於突變的話我們也不能貿然改變序列中某一節點，因為那樣會造成存在兩個相同節點的狀況。然而我們可以藉由交換序列中兩個節點，或是顛倒某一小段子序列順序的方式來達成突變的結果。同樣的，若此圖並非完整的話，我們也必須要檢查旅行路線的存在與否。

• 近鄰互換

近鄰演算法 (Nearest Neighbor Algorithm, NNA) 是解決 TSP 的一個貪婪演算法。NNA 首先隨機挑一個節點開始，並且反覆的加入近鄰中未被探索的節點直到完成整個旅行路線。和序列互換不同的是近鄰互換演算法假設此有向圖是完整的，否則 NNA 可能找不到一個旅行路線解法。其演算法如下式：

▶ 演算法 10.1　　**近鄰演算法用於 TSP 問題**

　　　　　　　問題：為一個加權無向圖 (weighted undirected graph) 決定最佳旅行
　　　　　　　　　　路線找到最佳旅行路線，其中每邊的權重均為非負數值。

　　　　　　　輸入：加權無向圖 G，與其節點個數 n。

　　　　　　　輸出：圖 G 中節點的排序列表。

```
void generate_tour (int n, graph G, orderedlist& tour)
{
    tour = [v_i] 其中 v_i 為 G 中隨機選出的點 ;
    repeat
        新增一個離目前 tour 最後一個頂點最近的未拜訪頂點到 tour 中
    until tour 包含 n 個頂點
}
```

　　圖 10.3(a) 中展示了一個 TSP 的範例，其中無向邊代表其邊的兩端節點均有權重相等
之有向邊指向對方。圖 10.3(b) 顯示了一個最短旅行路線，且圖 10.3(c) 展示了以 v_4 當起
使節點套用 NNA 得到的旅行路線，而圖 10.3(d) 則是以 v_1 當起始點套用 NNA 得到的最
佳旅行路線。

　　之後，我們將介紹**近鄰互換 (Nearest Neighbor Crossover, NNX)**，由 Süral 等
人於 2010 年開發的。接著在下列介紹演算法中的各個步驟。

1. 選擇字母來表示 TSP 的解答，在這步驟中我們以和 10.2.3 小節中的序列互換方式
　一樣。

2. 決定族群由多少個體所組成，這裡我們分別決定 50 和 100。

3. 第三步驟有兩個技巧：一是在初始族群時採用完全隨機的方式，二是混和一半族群採
　用隨機，另一半採用 NNX 搭配貪婪邊演算法 (會於之後介紹)。

4. 決定如何評量適應度，方法和序列互換一樣。

5. 決定哪些個體要選來繁衍子代。我們決定選擇適應度前 50% 的個體。明確的說是將這
　些個體每個複製四份組成 pool 再以不重覆抽樣的方式挑兩兩一對的個體繁衍子代。

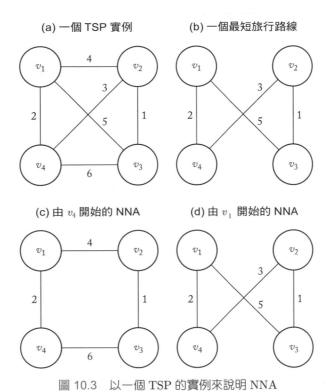

(a) 一個 TSP 實例　　(b) 一個最短旅行路線

(c) 由 v_4 開始的 NNA　　(d) 由 v_1 開始的 NNA

圖 10.3　以一個 TSP 的實例來說明 NNA

6. 決定如何執行交換與突變。在 NNX 中，一對親代只會產生一個子代，雖然和互換的定義有異但是我們還是認為這樣是互換的一種。首先將兩個親代的圖的邊聯集成一個新的圖，這個圖包含了兩個親代所有的邊，如圖 10.4。再來套用 NNA 到聯集的圖上，又如圖 10.4 這邊我們挑選 v_6 當作起始節點，之後會得到比任一個親代更好的子代。現在我們也必須呈現若我們由 v_1 開始，這樣的好結果就不會產生。若我們由 v3 開始，之後會到 v_1 形成死結而沒有旅行路線產生。若選定的節點不能產生旅行路線的話，我們可以嘗試其他節點直到有旅行路線為止。若由任一節點開始，皆無法產生旅行路線，我們可以將其他在完整圖上的邊也加入考慮。

值得注意的是，每位親代會拷貝四份，一對親代會產生一個子代，因此子代的數量會是可生育親代的兩倍。然由於只有一半的親代可生育，因此每一世代的族群大小是相等的。

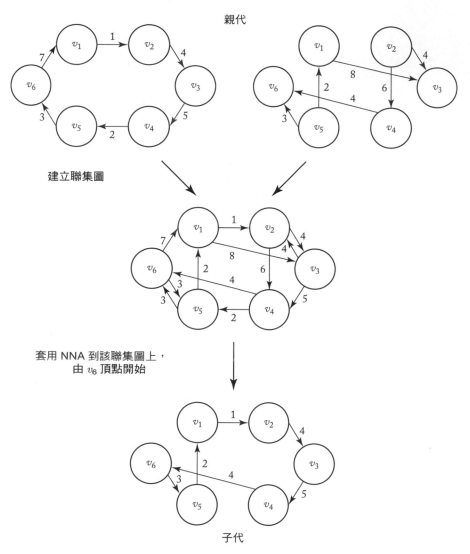

圖 10.4 建立聯集圖,接著將 NNA 套用到該聯集圖上,由 v_6 頂點開始

突變則是藉由隨機選擇二節點,然後將包含這兩節點的子圖倒轉如圖 10.5,在上圖範例中我們選擇 v_1 和 v_7。在進行突變時會有兩種選擇:其中 **M1** 只發生在最好的子代,而 **M2** 則會發生在所有子代。

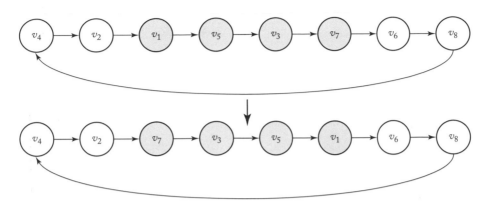

圖 10.5 將連接頂點 v_1 到 v_7 的子旅行路線倒轉所產生的一種突變

另外有一隨機版本的 NNX，會根據機率，由所有入射目前頂點的邊中挑選一個，而機率是以邊的長度成反比。藉由這樣的方法可以提升族群的多樣性，同時增加了找尋答案的搜索空間。然而 Süral 等人在 2010 年發現此方法比決定性的方法還要糟，因此他們並未將這個方法納入到最後的試驗中。

7. 最後當連續兩世代的平均適應度保持不變或是到達 500 世代時，便終止演算法。

NNA 和 NNX 非常類似於解決最短路徑問題的 Dijkstra 演算法，而且時間複雜度也是 $\theta(n^2)$，其中 n 為節點個數。

• 貪婪邊互換

在**貪婪邊演算法** (Greedy Edge Algorithm, GEA) 中，我們首先將邊以非遞減順序排列，並且從第一個邊開始增加到旅行路線中，同時確保各個節點最多只和兩個邊相連，且不存在節點數小於 n 的迴圈。貪婪邊演算法與近鄰演算法皆假設圖形是完全圖，否則可能找不到任何一種旅行路線解法。

▶ 演算法 10.2　　**貪婪邊演算法用於 TSP 問題**

問題：為一個加權無向圖決定最佳旅行路線找到最佳旅行路線，其中每邊的權重均為非負數值。

輸入：加權無向圖 G，與其節點個數 n。

輸出：*tour* 變數，由最佳旅行路線中所經過之邊所構成的集合

```
void generate_tour (int n, graph G, setofedges& tour)
{
    將邊以非遞減順序排列 ;
    tour = 0;        //tour 由一個邊集合所代表
    repeat
        if 新增下一個邊到 tour 中不會造成任一個頂點有三個邊接觸到它
        and 不會造成任一個小於 n 的迴路
            將該邊加入 tour 中 ;
    until tour 中有 n 條邊 ;
}
```

圖 10.6 以和圖 10.3 一樣的例子展示了 GEA 演算法。同樣由 Süral 等人於 2010 年提出的貪婪邊互換演算法 (Greedy Edge Crossover Algorithm, GEX) 與 NNX 除了第六步驟之外其他步驟均相同，我們於以下指出相異之處。

1. 決定如何執行交換與突變。就如同 NNX 一樣，在 GEX 中親代也聯集的方式結合兩張圖，之後 GEA 便套用到聯集圖的邊。若無法產生任何旅程，一個旅程中其餘的邊便透過將 GEA 套用於完全圖上獲得。然而這樣方法的搜索空間狹窄，因此親代和子代邊的變化微小而且可能造成初期收斂至低品質的結果。為了提高探索範圍，我們可以由聯集圖中取出一半的旅程，再由完全圖取出另一半。在初步評估中，這樣的方法遠比前一個盡可能從聯集圖利用貪婪的方法還要來的好。下一節的評估也是基於這個版本所做的。

NNA 和 NNX 與最小生成樹之 Kruskal 演算法非常相似，它們的時間複雜度分別是 $\theta(n^2 \log n)$ 和 $\theta(m \log m)$，其中 n 為節點個數，m 為邊個數。

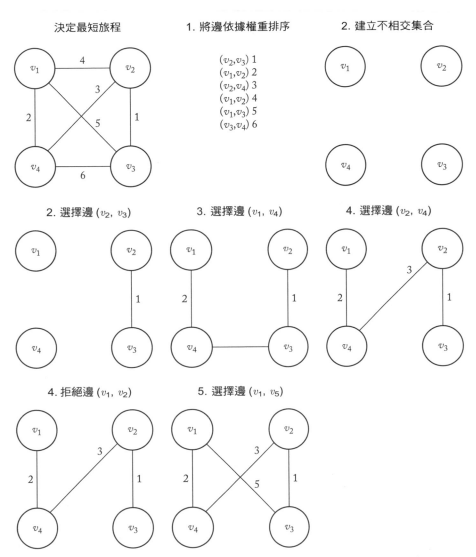

圖 10.6　我們以一個 TSP 實例來解釋貪婪邊演算法

● 評估

就如其他眾多的啟發式演算法，基因演算法並沒有可供證明其正確性的性質。因此我們透過測試基因演算法在一些實際問題中的表現來評估。Süral 等人於 2010 年以下列方法測驗了 NNX 和 GEX。

首先，他們從 TSPLIB 取得了 10 個 TSP 的實例，這些實例都代表真實城市間的距離；這些距離是對稱的（雙向距離相同）。最大的實例包含 $n = 226$ 個節點。實驗過程中他們套用了 NNX 和 GEX，且以突變於否分成三個變異實驗：無突變介入、M1 突變和 M2 突變，我們之前有介紹到 M1 和 M2，除此之外他們還嘗試以隨機 (R) 和混合 (H) 近鄰和貪婪邊的方式初始化個體。對每個突變與初始的組合，在每個實例中個別執行 30 次，最後總共取得 300 次的實驗結果。實驗中演算法以 ANSI C 實作，並且於 Pentium IV 1600 MHz 和有 256MB 的 RedHat Linux 8.0 系統上執行。

表 10.5 展示了所有 300 次實驗的平均結果，表中的標題的意義如下：

- Algorithm：所使用的演算法。

- Mutation：突變的方式，“No M” 表示沒有突變的介入。

- Init. Pop.：個體的初始化方式，(R) 表示隨機，(H) 表示混合的方式。

- Dev：最終結果與最佳解的差異百分比。

- #Gen：直到收斂的世代數量。

- Time：直到收斂的時間（秒）。

我們可以從表 10.5 中得知 NNX 比起 GEX 表現的要好，其中 M2 突變得到最好的結果而且混合初始並不會比隨機初始還要好。之後他們探討 NNX 搭配不同比例的 GEX 是否能提升結果。表中說 50%NNX 與 50%GEX，代表下世代的個體 50% 以 NNX 產生而另外 50% 以 GEX 產生。結果在 M2 突變下以高比例的 NNX 比純 NNX 的方式要有些微的提升。

根據以上結果，這些研究者們提出以下的結論：兩種演算法混合使用所增加的效益不敵額外的運算時間，因此之後的實驗僅探討 NNX 的結果。

NNX 演算法搭配隨機初始 100 個體的結果如表 10.6，注意到 M2 突變下的平均差異百分比是 0.35 且平均時間為 26.2 秒。再次回到表 10.5 中，我們看到同樣的實驗設定但初始 50 個體下的結果，其平均差異百分比是 0.55 且平均時間為 5.52 秒，這樣的正確率提升就值得這些多耗用的計算時間。

接下來，他們探討更大一點的實例，從 TSPLIB 取得了 n 介於 318 至 1748 之間的範例。根據之前混合初始方法不值得多耗用時間之結論，他們對於每個實例均以隨機初始方式執行 NNX 10 次，並且設定族群大小為 100，表 10.7 展示了結果。令人好奇的是，在較大問題實例下，以 M2 突變相對於 M1 突變並沒有明顯的提升效能，但是執行時間卻大幅度的增加。再回到表 10.6 中，可看到在小規模的問題實例中，M2 比 M1 突變表現好很多，卻僅增加一點點計算成本。

- 表 10.5 當族群大小設定為 50 時,在 10 個小問題實例上執行 30 次實驗的平均結果

Algorithm	Mutation	Init. Pop.	Dev	#Gen	Time
NNX	No M	R	3.10	45.39	0.38
		H	4.82	33.52	2.95
	M1	R	1.67	40.21	0.62
		H	1.57	36.09	3.55
	M2	R	0.55	53.37	5.52
		H	0.55	43.53	8.11
GEX	No M	R	12.54	17.35	48.23
		H	7.19	16.37	54.27
	M1	R	4.36	60.44	208.70
		H	3.67	48.44	178.65
	M2	R	3.30	26.30	82.79
		H	3.01	25.83	90.58
50% NNX 50 % GEX	No M	R	8.15	42.50	73.25
		H	5.53	38.47	75.67
	M1	R	1.92	66.04	113.81
		H	1.68	61.21	112.77
	M2	R	1.76	19.25	26.40
		H	1.61	20.68	34.19
90% NNX 10% GEX	No M	R	7.23	41.16	13.39
		H	5.19	34.93	14.95
	M1	R	1.84	55.60	19.14
		H	1.67	46.93	20.16
	M2	R	0.51	37.13	19.26
		H	0.48	37.24	21.95
95% NNX 5% GEX	no M	R	6,69	41.23	6.74
		H	5.06	33.04	8.93
	M1	R	1.77	52.62	10.03
		H	1.41	44.33	11.30
	M2	R	0.49	37.15	11.58
		H	0.44	36.19	14.88

• 表 10.6　當族群大小設定為 100 且初始族群為隨機產生時，在 10 個小問題實例上執行 30 次實驗的平均結果

Algorithm	Mutation	Dev	Time
	No M	5.40	18.4
NNX	M1	1.44	26.4
	M2	0.35	26.2

• 表 10.7　當族群大小設定為 100 且初始族群為隨機產生時，在 15 個小問題實例上執行 30 次實驗的平均結果

Algorithm	Mutation	Dev	Time
	No M	7.61	25.3
NNX	M1	4.94	65.0
	M2	4.70	1063.0

• 表 10.8　在 10 個問題實例上進行 NNX 與另兩個 TSP 的啟發式演算法之比較結果

Problem	NNX-Ml		NNX-M2		Meta-RaPS		ESOM3	
	Dev	Time[1]	Dev	Time[1]	Dev	Time[2]	Dev	Time[3]
ei101	0.93	8.7	0.82	14.3	NA	NA	3.43	NA
bier127	0.62	15.3	0.28	12.0	0.90	48	1.70	NA
pr136	2.87	18.4	0.37	35.2	0.39	73	4.31	NA
kroa200	1.78	87.3	0.32	98.6	1.07	190	2.91	NA
pr226	0.79	93.0	0.01	21.6	0.23	357	NA	NA
lin318	1.87	8.0	2.01	105	NA	NA	2.89	NA
pr439	3.44	10.	1.48	240	3.30	2265	NA	NA
pcb442	4.75	15.0	3.18	270	NA	NA	7.43	NA
pcb1173	3.00	97.0	8.01	1230	NA	NA	9.87	200
vm1748	7.05	203	7.09	4215	NA	NA	7.27	475

[1]Pentium 4.16 GHz
[2]AMD Athlon 900 MHz
[3]SUN Ultra 5/270

　　單純的在少數實例中測試啟發式演算法並不能證明對比於其他方法真的比較好，我們必須要檢測他們和之前其他方法的優劣。Süral 等人於 2010 年比較了 NNX 和其他 TSP 的啟發式演算法，對象有：Meta-RaPS (DePuy et al., 2005) 和 ESOM (Leung et al., 2004) 測次於 10 個 TSP 指標範例上，最後結果列於表 10.8。在十個範例中 NNX-M1 或 NNM-M2 都比其他方法要來的好。

• **10.3 基因規劃法**

雖然在基因演算法中，「染色體」或「個體」表示問題的一種解法，但是在**基因規劃法**(**genetic programming**) 中，一個個體表示解決問題的一種規劃，而某個體的適應函數則是衡量該種規劃解決問題的能力。首先由一初始的規劃族群開始，讓適應的程式藉由互換來繁衍、和對於子代的族群實行突變，重複以上過程直到終止條件達成。此程序的演算法和基因演算法相同，並且我們將其展示於下列。

```
void generate_populations ( )
{
    t=0;
    初始族群 P₀;
    repeat
        評估每個族群 P_t 中的適應度;
        基於適應度選擇可繁衍的個體;
        對選出可繁衍的個體實施交換與突變;
        t++;
    until 終止條件成立;
}
```

在基因規劃中的個體（規劃）會以樹狀結構來表示，樹中每個節點均代表著**終端符號**(**terminal symbol**) 或是**函數符號** (**function symbol**)。若一節點為函數符號，那麼它的參數為其子代。如下例指出：假設有一數學式（規劃）為

$$\frac{x+2}{5-3\times x} \tag{10.1}$$

其樹狀結構就如圖 10.7 表示。

• **10.3.1 範例演示**

一個能簡單示範基因規劃法的方法是藉由多個 (x_i, y_i) 配對，學習得到函數 $y = f(x)$。例如我們擁有表 10.9 中的配對。

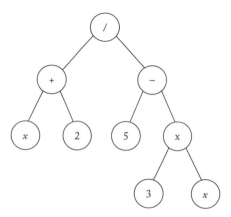

圖 10.7　公式 10.1 對應的樹

這些配對其實是用產生出來的。

$$y = x^2/2$$

假設我們並不知道這項事實,而嘗試去發掘該函數,設計基因規劃的步驟如下:

1. 決定終端集合 T,我們設定終端集合包含 x 與整數範圍介於 -5 至 5。

2. 決定函數集合 F,我們設定函數集合包含 +、−、×、/。若需要的話我們也可以包含三角函數等其它函數到 F。

3. 決定族群由多少個體組成,我們設定由 600 個體組成族群。

4. 決定如何初始化族群,每個初始個體由稱為**生長樹 (growing the tree)** 的流程生成。首先,一個符號由 T∪F 集合中隨機選出。若選中終端符號,則由該符號形成單一節點的樹狀結構;若選中函數符號,我們則隨機產生子代,並且繼續生成樹狀結構直到選中終止符號。如圖 10.7 所示,該樹狀結構是由以下符號序列產生:第一次先產生 / 符號並且產生其子代 + 和 −,+ 符號產生的子代為 x 和 2 並且終止該分支的生成。之後對 − 產生子代 5 和 × 並且終止 5 的分支生成,最後對 × 產生子代 3 和 x。

- 表 10.9 我們希望能基於這 10 個點，學出描述 x 跟 y 之間關係的函數

x	y
0	0
.1	.005
.2	.020
.3	.045
.4	.080
.5	.125
.6	.180
.7	.245
.8	.320
.9	.405

5. 決定適應函數為平方誤差，定義如：

$$\sum_{i=1}^{10} (f(x_i) - y_i)^2$$

其中 $(x_i,\ y_i)$ 為表 10.9 中的各個資料點，誤差值越小表示函數越符合期望。

6. 決定以那些個體執行繁衍，我們透過 4 個體競爭的方式篩選。在**競爭選擇過程** (**tournament selection process**) 中，n 個體被隨機選出，在我們這邊 $n = 4$。我們讓 n 個體互相競爭，結果會有 $n/2$ 適應者勝出和 $n/2$ 較不適應者被淘汰。這些 $n/2$ 的贏家得以繁衍出 $n/2$ 個子代，再由這些子代取代被淘汰者，和贏家組成下世代的族群。在這範例中我們會有 2 個贏家產生，並且產生 2 個子代取代被淘汰者。

若競爭的團體太小則會造成低微的選擇過程，若太大則會提升個體生存壓力。

7. 決定如何執行互換和突變。兩個體間的互換是藉由隨機抽換子樹結構來達成，這樣的方法如圖 10.8 所示。突變是由隨機抽選一節點，並且將其節點底下的子樹藉由重生的方式達成。突變只會隨機的套用於 5% 的子代上。

8. 決定何時終止。當最適應的個體之平方誤差到達 0 或是經歷了 100 世代便會終止演算法。

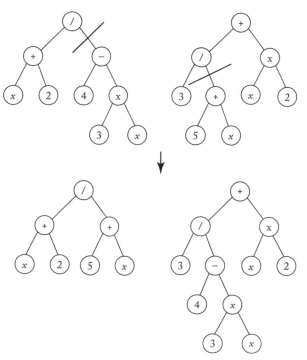

圖 10.8　由交換子樹達成的「交換」動作

Banzhaf 等人於 1998 年應用了上述方法到表 10.9 的資料上，其前 4 世代的結果如下列：

子代	最適應的個體
1	$\frac{x}{3}$
2	$\frac{x}{6-3x}$
3	$\dfrac{x}{x(x-4)-1+\frac{4}{x}-\frac{\frac{9(x+1)}{5x}+x}{6-3x}}$
4	$\frac{x^2}{2}$

其中適應度最高的個體到第 3 世代被擴張成很大的樹狀結構，但是後來到第 4 世代被縮減成為正確解答。

• 10.3.2 人造螞蟻

試想現在要造一隻機械螞蟻,而它會沿著食物的蹤跡前行。圖 10.9 展示了一個可能的蹤跡,我們稱之為聖菲小道 (Santa Fe trail)。其中每個黑方型表示食物顆粒,圖中有包含 89 個黑方形。螞蟻會從標記有 start 的方形向右開始遊走,它的目的是以最少步驟走訪所有 89 個黑方形並且抵達標記有 89 的方形,注意到路徑之間可能存在著間隔。這樣的問題被視為是**規劃問題** (**planning problem**)。

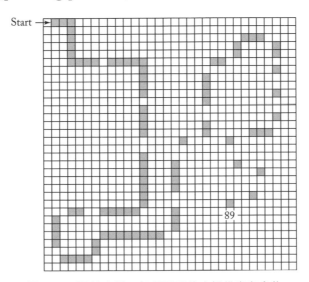

圖 10.9 聖菲小道。每個黑色的方格代表有食物

而且螞蟻有個感應器如下:

food_ahead(前方有食物):感應器回傳 True 若螞蟻所面對的方形有食物,否則回傳 False。

螞蟻可以在任一時間下採取以下三個動作:

right(**右轉**):螞蟻在不移動的情況下向右轉 90 度。

left(**左轉**):螞蟻在不移動的情況下向左轉 90 度。

move(**移動**):螞蟻向前移動至其所面向的方形,若方形包含食物則螞蟻吃掉食物並且將食物從方形上消除。

Koza 於 1992 年對於這個問題發展了以下基因規劃法。

1. 終端集合 T 由以下動作構成：

$$T = \{right,\ left,\ move\}$$

2. 函數集合 F 如下列出：

   (a) *if_food_ahead*（指令 1, 指令 2）

   (b) *do2*（指令 1, 指令 2）

   (c) *do3*（指令 1, 指令 2, 指令 3）

   第一個函數執行指令 1 若**前方有食物**的感應器回傳 True，否則執行指令 2。第二個函數無差別的執行指令 1 和指令 2，同樣的第三個函數也無差別的執行指令 1、指令 2 和指令 3。例如：

$$do2\ (right,\ move)$$

   會讓螞蟻先右轉在向前行。

3. 決定族群以 500 個體構成。

4. 個體均由生長樹流程（參閱段落 10.3.1）產生。

5. 假設執行每個動作均需求一個時間單位，而且個體最多僅有 400 單位的時間。所有個體均由左上角朝東開始前進，我們則將適應度定義為在最大時間內個體所消耗的食物個數，因此最大適應度為 89。

6. 決定那些個體得以繁衍。

7. 互換和突變則猶如 10.3.1 段落之第 7 步驟所示。

8. 當個體適應度到達 89 或是經歷的世代數量達到了最高值時就停止演算法。

每次迭代中族群裡的每個個體（程式）均執行至 400 時間單位才終止，最後才評估個別適應度。Koza 於 1992 年在某次實驗得到了位於第 22 世代中取得了適應度為 89 的個體，如圖 10.10 示。其中第 0 世代的平均適應度為 3.5，而最佳個體之適應度為 32。

• 10.3.3　金融交易之應用

對於股市或其他金融市場的投資人最為重要的決定，不外乎是在一天內的買進、賣出或繼續持有。先前已經有人致力於研發這樣的自動決策系統，例如 Farnsworth 等人於 2004 年以基因規劃法發展了這樣的系統，他們的系統根據市場指標來做當天的投資決策。我們接下來將探討他們的系統。

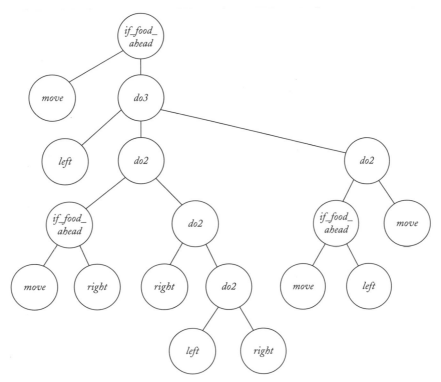

圖 10.10 第 22 代具有適應度 89 的某個個體

• 發展交易系統

首先我們列出他們建置系統的 8 步驟：

1. 他們設定市場指標為終端符號，研究者們在決定最終符號前先行測試了不同指標，我
   們只討論他們用於最後系統上的指標：

   (a) S&P 500 是根據在美國經濟中主導產業的 500 大龍頭企業的市場指數，對於當天
      而言，S&P 500 的指標是以下列函式算得：

   $$\frac{S\&P\ 500_{today} - S\&P\ 500_{avg}}{S\&P\ 500_{\sigma}}$$

   其中 $S\&P\ 500_{today}$ 為當日 $S\&P\ 500$ 數值，$S\&P\ 500_{avg}$ 為過去 200 日內 $S\&P\ 500$
   數值平均，而 $S\&P\ 500_{\sigma}$ 是過去 200 日內 $S\&P\ 500$ 的標準差。我們稱這項指標為
   $SP\ 500$。

(b) 債券的 k-日 **指數移動平均** (Exponential Moving Average, **EMA**) 是一個債券於過往 k 日內的加權平均。**移動平均收斂發散** (**Moving Average Convergence/Divergence, MACD**) 對於 x 債券如下式定義：

$$MACD(x) = 12\text{-day } EMA(x) - 26\text{-day } EMA(x)$$

MACD 被視為動量指標，當它為正數時投資人稱之為有利動量 (upside momentum) 上升；反之當它為負數時則稱為不利動量 (downside momentum) 上升。第二個系統中的指標為 $MACD(S\&P\ 500)$，我們簡單稱之為 $MACD$。

(c) $MACD9$ 指標是 S&P 500 的 MACD 的 9 日指數移動平均。

(d) 設 $Diff$ 為上升和下降的債券數差值，則 **McClennan Oscillator** (**MCCL**) 如下式：

$$MCCL = 19\text{-day } EMA(Diff) - 39\text{-day } EMA(Diff)$$

投資人認為當 $MCCL$ 大於 100 時則表示市場超買，若小於 -100 則表示市場超售。我們稱此指標為 $MCCL$。

(e) $SP\ 500lag$，$MACDlag$，$MACD9lag$ 和 $MCCLlag$ 這些指標代表前一天市場的指標。

(f) 其餘終端符號包含介於 $[-1,1]$ 間的實數。所有指標均被正規化到 $[-1,1]$ 區間中。

2. 函數符號包含 $+$、$-$ 和 $\times$，還有下列控制結構：

(a) 若 $x > 0$ 則回傳 y，反之回傳 z。這樣的結構可以樹狀結構表示成 IF 符號有三個子代節點 x, y 和 z。

(b) 若 $x > w$ 則回傳 y，反之回傳 z。這樣的結構可以樹狀結構表示成 IFGT 符號有四個子代結點 x, w, y 和 z。

3. 嘗試多個族群大小，若族群小於 500 個體則顯得不足，若介於 2500 左右則可以得到最佳的結果。

4. 個體初始化的方法於 10.3.1 提及之生長樹的流程一樣，其中最大層數量設定為 4 且最大結點個數設定為 24，這樣的限制也套用於之後突變的過程中。之所以採取如此限制的原因在於防範**過度擬合** (**overfitting**)，也就是避免程式僅能對於預測訓練資料有良好的結果，但是對於未知資料的結果卻不盡理想。

5. 資料由 S&P 於 1983 年 4 月 4 日至 2004 年 6 月 18 日期間之收盤價。以一個給定的樹狀結構分析前 4750 日的資料，這棵樹從第一天 $1 開始，若在某一特定日中該樹回傳大於 0 的數值則買進，否則賣出。當要買進時手頭上所有現金將會全部用於投資中，或是當要賣出時總是賣出全額債券，實驗中不會有半買半賣的情況。若前一天為買入且當天又判斷買入，則沒有任何動作發生。同樣的若前一天為賣出且當天又判斷賣出，則沒有任何動作發生。當 4750 日的交易結束時，第一天的金額減去最後一天的金額得到最後盈額。為了避免過度擬合，適應度會被扣除與交易量成正比的數值。

6. 族群中，適應度較差的 25% 個體會被刪去，進而被更符合的個體所取代。

7. 互換藉由隨機交換兩子樹達成，**點突變**（**node mutation**）則是先由隨機選定幾個結點，再來從它們原本參數中隨機的改變數值。函數節點的突變改變執行的動作，而終端節點則改變指標或是常數值。**樹突變**（**tree mutation**）則是以隨機抽選子樹，並且藉由重新生成子樹的方式替換。

   組群中前 10% 的個體保持不變，並且隨機抽選 50% 的個體和前 10% 個體進行互換，另外 20% 的個體進行點突變，最後 10% 被選作為樹突變對象，還有另外 10% 被刪去並隨機替換。

8. 決定演算法終止條件，這裡設定最大世代數介於 300 到 500 之間。

   圖 10.11 展示了其中一次實驗中適應度最高的樹狀結構。

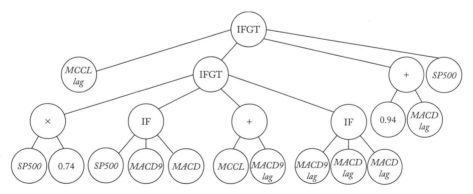

圖 10.11 其中一次實驗中適應度最高且在評估中表現很好的樹狀結構

• 評估

回想起資料是 S&P 於 1983 年 4 月 4 日至 2004 年 6 月 18 日期間之收盤價，且前 4750 天的資料被用於系統學習上，也就是決定適應度，之後剩下的 500 天資料被用於計算適應度以評估系統。此交易系統如圖 10.11 示，並且在於未知資料中有 0.397 的適應度。我們再來看另一種投資市場中的基本策略，**買入並持有**（**buy-and-hold**），購入債券並持有，這種策略僅有 0.1098 的適應度。

• 10.4 討論與深入閱讀

對於演化式演算我們還有兩個領域尚未介紹：演化式規劃和演化策略。**演化式規劃**與基因演算法相似，它們相似處在於它也透過演化候選解答族群的方式尋找問題的答案，演化式規劃和基因演算法不同在於它注重於發展可觀測系統與環境之互動的行為模型，此方法由 Fogel 於 1994 年提出。**演化策略**將問題的答案視為物種的方式模型化，Rechenberg 於 1994 年指出演化策略的領域是基於演化上的演化。讀者可詳讀由 Kennedy 與 Eberhart 於 2001 年的著作，進而對於演化式演算的四個領域皆有更深入的理解。

• 習題演練

10.1 節

1. 描述二倍體生物的有性生殖，單倍體生物的二分裂法和單倍體生物的細胞融合之間的差異。

2. 假設有二倍體生物，其一個基因組內包含 10 個染色體，則

   (a) 其體細胞內有多少個染色體？

   (b) 其配子內有多少個染色體？

3. 假設有兩個成年的二倍體生物是藉由細胞融合繁衍，則

   (a) 有多少子代可能被繁衍出來？

   (b) 這些子代是否都擁有相同的基因組成？

4. 人類的眼睛顏色是由 bey2 基因所決定的，並且棕色眼睛的對偶基因是顯性的。對於下列各個父母的對偶基因組合，決定子代的眼睛顏色。

10.2 節

5. 參照表 10.1，假設 8 個體的適應度分別為：.61, .23, .85, .11, .27, .36, .55 和 .44。試算正規化後的適應度與累計的正規適應度。

6. 假設我們如同表 10.3 般執行互換，其中親代分別是 01101110 和 11010101 且開始和結束位置分別是 3 和 7，根據上述試推演出兩個子代。

7. 參閱 10.2.2 小節，實作基因演算法用於尋找函數 $f(x) = sin(x\pi/256)$ 的極大值。

8. 參照圖 10.12 中的 TSP 範例，假設往來兩節點之邊權重相同，試找出最短的旅行路線。

9. 假設兩親代分別為 3 5 2 1 4 6 8 7 9 和 5 3 2 6 9 1 8 7 4，並且起始和結束點分別為 4 和 7，試推演出互換後產生之子代結果。

10. 參照圖 10.12 中的 TSP 範例，以每個節點起始套用近鄰演算法，是否有任一個結果為最短的旅行路線。

11. 將圖 10.13 中兩個旅行路線聯集成另外一圖，並且以初始節點為 $v5$ 推演套用近鄰演算法於之上的結果。

12. 試以貪婪邊演算法用於圖 10.12 之 TSP 範例上，試問其結果是否為一最短的旅行路線？

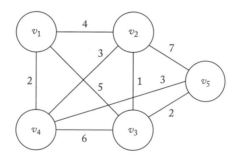

圖 10.12 TSP 的一個問題實例

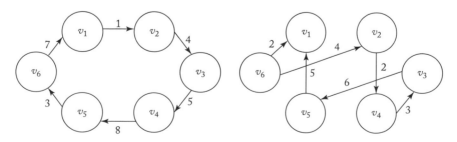

圖 10.13 兩種旅行路線

10.3 節

13. 根據圖 10.8 中兩個樹狀結構，試將左樹中以 4 起始的子樹和右樹中以 + 起始的子樹互換，並推演出新的樹狀圖。

14. 根據圖 10.10 中的個體（規劃），推演出圖 10.9 中的聖菲小道前十步的過程。

15. 實作基因規劃法用以解決 10.3.2 小節提及的聖菲小道問題。

Chapter 11

數論演算法

假設鮑伯想在網際網路上送一封秘密情書給愛麗絲，可是他擔心他的某些朋友可能會攔截偷看這訊息。如果他能讓這訊息經過編碼後看起來像是胡言亂語，而且只有愛麗絲可以將這些胡言亂語解碼成原來的訊息，那麼他就不需要擔心他的朋友們攔截訊息了。數論演算法可以幫助鮑伯發展一套系統來完成這工作，我們接下來將討論此類的演算法。

數論（Number theory）是數學中與整數特性相關的一個分支，而數論演算法是解決牽涉到整數問題的演算法。例如，數論演算法能夠找出兩個整數最大的公因數。在 11.1 節回顧基本數論後，我們在 11.2 節介紹用來找最大公因數的**歐幾里德演算法**（Euclid's algorithm）。接下來，11.3 節將複習**模算術**（modular arithmetic），在 11.4 節中將展示一個解決**模線性方程**（modular linear equation）的演算法，而 11.5 節中會闡述一個計算**模冪次**（modular power）的演算法，11.6 節是關於判定一個整數是否為質數的演算法。數論演算法的一項重要應用是**密碼學**（cryptography），密碼學是一門關於把從一方傳送到另一方的訊息加密，使得攔截這訊息的人無法解碼的學科，在 11.7 節，我們介紹可執行這件工作的 RSA（Rivest-Shamir-Adelman）**公鑰加密**（public-key encryption）系統。

在繼續進行之前，請注意在這個章節中我們又回復到如同第二章至第六章般闡述演算法。然而，與那些章節介紹的方法不同的是，數論演算法考慮的是解決某些特定類型問題（也就是關於整數的那些問題）。它們並不是共用一種共通技術的演算法。

• 11.1　數論回顧 (Number Theory Review)

讓我們來回顧一些數論的基本元素。

• 11.1.1　合成數與質數

集合

$$Z = \{\ldots -2, -1, 0, 1, 2, \ldots\}$$

稱為**整數**集合。對於任意兩個整數 $n, h \in Z$，如果存在某整數 k 使得 $n = kh$，我們稱 h 整除 n，標示為 $h|n$。如果 $h|n$，我們也稱 n 可被 h 除盡，n 是 h 的**倍數**，而 h 是 n 的**除數**或者**因數**。

- **範例 11.1**　因為 $20 = (5)(4)$，我們可以得到 $4|20$。整數 3 不可整除 20，因為沒有任何整數 k 可使得 $20 = (k)(3)$。

- **範例 11.2**　12 的除數為

  $$1, 2, 3, 4, 6 \text{ 和 } 12$$

　　若大於 1 的整數 n 僅有兩個除數：1 與 n，則我們稱 n 為**質數** (prime number) 或簡稱為**質** (prime)。質數沒有因數。大於 1 的非質數整數則被稱為**合成數** (composite number)。合成數至少有一個因數。

- **範例 11.3**　前 10 個質數為

  $$2, 3, 5, 7, 11, 13, 17, 19, 23, 29$$

- **範例 11.4**　12 是合成數因為它有 2，3，4 和 6 這些除數。整數 4 是合成數因為它有除數 2。

11.1.2 最大公因數

若 $h|n$ 且 $h|m$，則 h 稱為 n 和 m 的公因數。若 n 和 m 不全為零，則 n 和 m 的**最大公因數** (greatest common divisor)，被標示為 $\gcd(n,m)$，是同時整除它們的最大整數。

● 範例 11.5　　24 的正除數為

$$1, 2, 3, 4, 6, 8, 12 \text{ 和 } 24$$

而 30 的正除數為

$$1, 2, 3, 5, 6, 10, 15 \text{ 和 } 30$$

所以 24 和 30 的正公因數為

$$1, 2, 3 \text{ 和 } 6$$

且最大公因數 $\gcd(24,30)$ 為 6。

我們可以得到關於公因數的下述定理：

▶ **定理 11.1**

若 $h|n$ 且 $h|m$，則對於任何整數 i 和 j

$$h|(in + jm) \quad 。$$

證明：既然 $h|n$ 和 $h|m$，則存在整數 k 和 l 使得 $n = kh$ 及 $m = lh$。因此，

$$in + jm = ikh + jlh = (ik + jl)h$$

代表 $h|(in + jm)$。

在繼續進行前，我們需要更多定義。對於任意兩個整數 n 和 m，$m \neq 0$ 時，n 除以 m 的**商數** q 表示為

$$q = \lfloor n/m \rfloor$$

而 n 除以 m 的**餘數** r 表示為

$$r = n - qm$$

餘數標示為 $n \bmod m$。不難看出若 $m > 0$ 則 $0 \le r < m$，而若 $m < 0$ 則 $m < r \le 0$。因此可得

$$n = qm + r \quad \text{and} \quad \begin{cases} 0 \le r < m & m > 0 \\ m < r \le 0 & m < 0 \end{cases} \tag{11.1}$$

由 **輾轉相除法** 可知，不只等式 11.1 中的整數 q 和 r 存在，而且他們是唯一的。

- **範例** 11.6　　下表列出一些商數和餘數：

n	m	$q = \lfloor n/m \rfloor$	$r = n - qm$
23	5	$\lfloor 23/5 \rfloor = 4$	$23 - (4)(5) = 3$
-23	5	$\lfloor -23/5 \rfloor = -5$	$-23 - (-5)(5) = 2$
23	-5	$\lfloor 23/-5 \rfloor = -5$	$23 - (-5)(-5) = -2$
-23	-5	$\lfloor -23/-5 \rfloor = 4$	$-23 - (4)(-5) = -3$
20	5	$\lfloor 20/5 \rfloor = 4$	$20 - (4)(5) = 0$

▶ **定理** 11.2

令 n 和 m 為整數，不全為 0，並令

$$d = \min\{in + jm \qquad \text{使得} \qquad i, j \in Z \text{ 且 } in + jm > 0\}$$

即，d 是 n 和 m 的最小正線性組合。則

$$d = \gcd(n, m)$$

證明：令 i 和 j 為產生最小 d 值的整數，也就是說，$d = in + jm$。此外，令 q 和 r 分別為 n 除以 d 的商數和餘數。基於等式 11.1 及 d 為正數的事實，

$$n = qd + r \qquad \text{且} \qquad 0 \le r < d$$

則可得

$$\begin{aligned} r &= n - qd \\ &= n - q(in + jm) \\ &= n(1 - qi) + m(-qj) \end{aligned}$$

代表 r 是 n 與 m 的線性組合。既然 d 是 n 與 m 的最小線性組合且 $r < d$，我們可以得到 $r = 0$ 的結論，意謂著 $d|n$，同樣地，$d|m$。因此，d 是 m 與 n 的公因數，意指

$$d \leq \gcd(n, m)$$

既然 $\gcd(n, m)$ 可整除 n 與 m，且 $d = in + jm$。定理 11.1 隱含 $\gcd(n,m)|d$。我們可推斷

$$d \geq \gcd(n, m)$$

結合最後這兩個不等式，可得 $d = \gcd(n,m)$。

● **範例 11.7**　我們可知 $\gcd(12,8) = 4$，且

$$4 = 3(12) + (-4)\,8$$

▼ **推論 11.1**

假設 n 與 m 為整數，不全為 0，則 n 與 m 的每個公因數皆為 $\gcd(n,m)$ 的除數。意指如果 $h|n$ 且 $h|m$，則

$$h|\gcd(n, m)$$

證明：藉由先前的定理，$\gcd(n,m)$ 為 n 與 m 的線性組合。由定理 11.1 可得此證明。

● **範例 11.8**　如範例 11.5 所示，24 和 30 的正公因數為

$$1,\ 2,\ 3\ 及\ 6$$

且 $\gcd(24,30)$ 的值為 6。如先前的推論所示，1，2，3 及 6 都可整除 6。

▶ **定理 11.3**

假設我們有整數 $n \geq 0$ 及 $m > 0$，假如令 $r = n \bmod m$，則

$$\gcd(n, m) = \gcd(m, r)$$

若 $n = 0$，$r = m$ 則此等式顯然成立。否則，我們將證明 $\gcd(n,m)$ 與 $\gcd(m,r)$ 可互相整除。至於證明兩正整數可互相整除若且惟若它們是相等的，則留作習題，如此可完成此

定理的證明。首先我們證明 $\gcd(n,m)|\gcd(m,r)$。假如我們令 $d' = \gcd(n,m)$，則 $d'|n$ 且 $d'|m$。此外

$$r = n - qm$$

其中 q 是 n 除以 m 的商數，意指 r 為 n 與 m 的線性組合。因此定理 11.1 意謂 $d'|r$。既然 $d'|m$ 且 $d'|r$，推論 11.1 意味著

$$d' \mid \gcd(m,r)$$

故此方向的證明完成。接下來證明 $\gcd(m,r)|\gcd(n,m)$。假如我們令 $d''|\gcd(m,r)$，則 $d''|m$ 且 $d''|r$。此外，

$$n = qm + r$$

其中 q 是 n 除以 m 的商數，意指 n 為 m 與 r 的線性組合。因此定理 11.1 意謂 $d''|n$。既然 $d''|m$ 且 $d''|n$，推論 11.1 意味著

$$d'' \mid \gcd(n,m)$$

故另一方向的證明也完成。

- **範例 11.9**   根據先前的定理，

$$\gcd(64, 24) = \gcd(24, 16)$$

因為 $16 = 64 \bmod 24$。我們可繼續以這個方式來計算 $\gcd(64,24)$。亦即，

$$
\begin{aligned}
\gcd(64, 24) &= \gcd(24, 16) \\
&= \gcd(16, 8) \\
&= \gcd(8, 0) \\
&= 8
\end{aligned}
$$

11.1.3   質因數分解

每個大於 1 的整數皆可寫成唯一的一組質數乘積。接著我們發展一種能證明這句話的定理。

若 $\gcd(n,h) = 1$，則不全為零的兩整數 n 與 h 被稱為**互質**。

- 範例 11.10　　整數 12 和 25 互質，因為 $\gcd(12,25) = 1$。整數 12 和 15 不互質，因為 $\gcd(12,15) = 3$。

▶ 定理 11.4

若 h 與 m 互質，且 h 整除 nm，則 h 整除 n。也就是說，$\gcd(h,m) = 1$ 且 $h|nm$ 意味著 $h|n$。

證明：定理 11.2 意味著存在整數 i 與 j 使得

$$ih + jm = 1$$

將此等式乘上 n 產生

$$(ni)h + j(nm) = n$$

很清楚地，h 整除此等式左邊的第一項，既然 $h|nm$，h 也整除第二項。因此，h 整除左式，意謂 h 整除 n。

- 範例 11.11　　整數 9 與 4 互質，$9|72$ 且 $72 = 18 \times 4$，由前面的定理可知 $9|18$。

▼ 推論 11.2

給定整數 n，m 及質數 p，假如 $p|nm$，則 $p|n$ 或 $p|m$（可兼得）。

證明：由定理 11.4 可輕易得證。

　　下述的定理稱為 **唯一分解定理**（unique factorization theorem）及 **算術基本定理**（fundamental theorem of arithmetic）。

▶ 定理 11.5

大於 1 的整數必可分解為唯一的一組質數乘積，亦即

$$n = p_1^{k_1} p_2^{k_2} \cdots p_j^{k_j}$$

其中 $p_1 < p_2 < \cdots < p_j$ 皆為質數，且這個 n 的表示式是唯一的。整數 k_i 在 n 中稱為 p_i 的 **次方數**（**order**）。

證明：我們利用歸納法證明上述表示式存在。

歸納基底：$2 = 2^1$。

歸納假設：假定所有符合 $2 \le m < n$ 的整數 m 可表示成一組質數乘積。

歸納步驟：如果 n 是質數，則 $n = n^1$ 為我們的表示式。否則，n 為合成數，代表存在整數 $m, h > 1$ 使得

$$n = mh$$

很清楚地，$m, h < n$。因此，藉由歸納假設，m 與 h 可表示為質數乘積。亦即

$$m = p_1^{k_1} p_2^{k_2} \cdots p_j^{k_j}$$
$$h = q_1^{l_1} q_2^{l_2} \cdots q_i^{l_i}$$

由於 $n = mh$，

$$n = p_1^{k_1} p_2^{k_2} \cdots p_j^{k_j} q_1^{l_1} q_2^{l_2} \cdots q_i^{l_i}$$

聚集相等的質數並根據質數值遞增排列，即可得到需要的表示式。故得證。

由推論 11.2 可以得到此乘積唯一性的事實，並留作練習。

- **範例 11.12**   我們有

$$22{,}275 = 3^4 5^2 11$$

前述定理說明等式右邊的表示式是唯一的。

▶ **定理 11.6**

$\gcd(n, m)$ 為 n 與 m 兩者質數乘積的共同部分，而乘積中各個質數的冪次為其在 n 與 m 中次數較小者。

證明：此證明留作練習。

- 範例 11.13　我們知道 $300 = 2^2 \times 3^1 \times 5^2$ 而 $1{,}125 = 3^2 \times 5^3$，所以 $\gcd(300,\ 1{,}125) = 2^0 \times 3^1 \times 5^2 = 75$。

11.1.4　最小公倍數

類似最大公因數的概念是最小公倍數。若 n 與 m 皆不為零，則 n 與 m 的**最小公倍數** (least common multiple)，標示為 $\operatorname{lcm}(n,m)$，是它們同時整除的最小正整數。

- 範例 11.14　$\operatorname{lcm}(6{,}9) = 18$，因為 $6|18$，$9|18$，且不存在更小的正整數使它們同時整除。

▶ **定理 11.7**

$\operatorname{lcm}(n,m)$ 為 n 與 m 兩者質數乘積的共同部分，而乘積中各個質數的冪次為其在 n 與 m 中次數較大者。

證明：此證明留作練習。

- 範例 11.15　我們知道 $12 = 2^2 \times 3^1$ 而 $45 = 3^2 \times 5^1$，所以 $\operatorname{lcm}(12,\ 45) = 2^2 \times 3^2 \times 5^1 = 180$。

11.2　計算最大公因數

定理 11.6 提供一個計算兩整數之最大公因數的簡單方法。我們只要找出這兩個整數的唯一質因數分解，找出它們共有的質數，並決定最大公因數為這些共有質數的乘積，而乘積中各個質數的冪次為其在 n 與 m 中次數較小者。範例 11.13 說明這點，這裡舉出另一個範例：

- 範例 11.16　我們有

$$3{,}185{,}325 = 3^4 5^2 11^2 13^1$$
$$7{,}276{,}500 = 2^2 3^3 5^3 7^2 11^1$$

所以

$$\gcd(3{,}185{,}325,\ 7{,}276{,}500) = 3^3 5^2 11^1 = 7{,}425$$

前述技術的問題是不容易尋找一個整數的因數分解，前面的範例中，如果我們未提供因數分解，你將會在分解這些整數中遇到困難。現在想像一下用 25 位數的整數取代 7 位數時的困難度，確實，沒有人曾找到一個可求出整數因數分解的多項式時間演算法。接下來我們介紹一個較有效率的方法來計算最大公因數。

• 11.2.1 歐幾里得演算法

定理 11.1 提供了一個決定兩整數之最大公因數的簡單方法，並用範例 11.9 說明這個方法。即為了尋求 $\gcd(n, m)$，我們遞迴地使用定理中的等式直到 $m = 0$，然後傳回 n。此方法稱為**歐幾里得演算法** (Euclid's algorithm)，因為它是歐幾里得約於西元前 300 年發明的。此演算法如下所示：

▶ 演算法 11.1　　**歐幾里得演算法**

問題：計算一個正整數與一個非負整數的最大公因數。

輸入：一個正整數 n 及一個非負整數 m。

輸出：n 與 m 的最大公因數。

```
int gcd(int n, int m)
{
   if (m == 0)
      return n ;
   else
      return gcd(m, n mod m); //C++ 程式碼為 n % m
}
```

• 範例 11.17　　我們用演算法 11.1 求範例 11.16 中數值的最大公因數。

$$
\begin{aligned}
\gcd(7{,}276{,}500, 3{,}185{,}325) &= \gcd(3{,}185{,}325, 905{,}850) \\
&= \gcd(90{,}5850, 467{,}775) \\
&= \gcd(467{,}775, 438{,}075) \\
&= \gcd(438{,}075, 29{,}700) \\
&= \gcd(29{,}700, 22{,}275) \\
&= \gcd(22{,}275, 7{,}425) \\
&= \gcd(7{,}425, 0) \\
&= 7{,}425
\end{aligned}
$$

用歐幾里得演算法計算最大公因數似乎很容易。讓我們分析演算法 11.1 來看看究竟有多容易。首先我們需要一個輔助定理和一個定理。

▲ **輔助定理 11.1**

若 $n > m \geq 1$，且呼叫 $\gcd(n,m)$（演算法 11.1 中）導致 k 個遞迴呼叫，其中 $k \geq 1$，則

$$n \geq f_{k+2} \qquad 且 \qquad m \geq f_{k+1}$$

其中 f_k 為費布那西數列的第 k 項。

證明：利用歸納法證明。

歸納基底：假定呼叫 $\gcd(n,m)$ 產生一個遞迴呼叫。由於 $m \geq 1$，故

$$m \geq f_{1+1} = f_2 = 1$$

由於 $n > m$，故 $n \geq 2$，意指

$$n \geq f_{1+2} = f_3 = 2$$

歸納假設：假設此輔助定理在產生 $k-1$ 個遞迴呼叫時成立。

歸納步驟：證明此輔助定理在產生 $k \geq 2$ 個遞迴呼叫時成立。我們需要證明

$$n \geq f_{k+2} \qquad 及 \qquad m \geq f_{k+1}$$

第一個遞迴呼叫為 $\gcd(m, n \bmod m)$。既然共有 k 個遞迴呼叫，此呼叫必定需要 $k-1$ 個遞迴呼叫。由於 $k \geq 2$，至少會有一個遞迴呼叫，意指 $n \bmod m \geq 1$。因此，由於 $m > n \bmod m$，故滿足歸納假設的條件，代表

$$m \geq f_{k+1} \qquad 及 \qquad n \bmod m \geq f_k \qquad (11.2)$$

所以我們已經完成了其中一個不等式的證明。關於證明另一個，我們有

$$n = qm + n \bmod m \qquad (11.3)$$

其中 q 為 n 除以 m 的商數。既然 $n > m$，$q \geq 1$。故不等式 11.2 及等式 11.3 意味著

$$n \geq m + n \bmod m \geq f_{k+1} + f_k = f_{k+2}$$

此證明完成。

▶ 定理 11.8

(**Lamé**) 對每個整數大於等於 1 的整數 k，若 $n > m \geq 1$ 且 $m \leq f_k$（費布那西數列的第 k 項），則呼叫 $\gcd(n,m)$（演算法 11.1 中）將產生少於 k 個遞迴呼叫。

證明：此證明可由前面的輔助定理直接得證。

　　接下來我們分析演算法 11.1。回憶 9.2 節數值演算法中，這（些）輸入的數並非輸入的大小。輸入大小反而是輸入的字元數。假如我們使用二進位編碼，輸入大小為將這（些）數編碼所需的位元數，大約等於這（些）數的 lg。

◆ 分析演算法 11.1 ▶ **最差情況時間複雜度（歐幾里得演算法）**

基本運算：計算餘數的過程中，單一位元的運算。

輸入大小：花在將 n 編碼的位元數 s 及將 m 編碼的位元數 t。即

$$s = \lfloor \lg m \rfloor + 1 \qquad t = \lfloor \lg n \rfloor + 1$$

在不失一般性的前提下，我們分析 $1 \leq m < n$ 的例子。即，若 $m = n$，將無遞迴呼叫；而假若 $m > n$，第一個遞迴呼叫為 $\gcd(n,m)$，代表第一個參數較大。

我們將不測定確切的時間複雜度。我們寧可首先證明遞迴呼叫 $Calls(s,t)$ 的次數為 $\Theta(t)$，然後求最差情況時間複雜度的範圍。

首先證明 $Calls(s,t)$ 在 $O(t)$ 中。假定 $m \geq 2$，令 f_k 為費布那西數列中的數使得

$$f_{k-1} < m \leq f_k \tag{11.4}$$

B.2.1 節範例 B.9 中我們證明

$$f_k = \frac{\left[(1 + \sqrt{5})/2\right]^k - \left[(1 - \sqrt{5})/2\right]^k}{\sqrt{5}} \tag{11.5}$$

其中 $k - 1$ 或 $k - 2$ 為奇數。在不失一般性的前提下，假定 $k - 1$ 為奇數。根據等式 11.5 及不等式 11.4，我們得到

$$\frac{\left[(1 + \sqrt{5})/2\right]^{k-1}}{\sqrt{5}} < m < \frac{\left[(1 + \sqrt{5})/2\right]^k}{\sqrt{5}} \tag{11.6}$$

根據等式 11.4，定理 11.8 隱含

$$Calls(s,t) < k \tag{11.7}$$

不等式 11.6 及 11.7 隱含

$$Calls(s,t) \in O(t) \tag{11.8}$$

我們將把證明：呼叫 $\gcd(f_{k+1}, f_k)$ 需要恰好 $k-1$ 個遞迴呼叫留作練習。結論為

$$Wcalls(s,t) \in \theta(t)$$

其中 $Wcalls(s,t)$ 為最差狀況下就輸入大小 s，t 而言的遞迴呼叫數。

每次遞迴呼叫，我們計算一個餘數。我們把以下的定理留作證明：假如我們用標準長除法演算法（如 2.6 節所討論）計算餘數，最差狀況下計算 $m < n$ 時之 $r = n \bmod m$ 所需的位元運算數限於

$$c\left[(1 + \lg q) \lg m\right] \tag{11.9}$$

其中 q 為 n 除以 m 的商數，而 c 為常數。我們將證明若 $r > 0$，且輸入大小夠大，最差狀況下計算 r 所需的位元運算數限於

$$c\left[(1 + \lg n) \lg m - \lg m \lg r\right] \tag{11.10}$$

最後，由於 $q = (n - r)/m$ 且 $1 \le r < m$，

$$
\begin{aligned}
1 + \lg q &= 1 + \lg\left(\frac{n-r}{m}\right)\\
&\le 1 + \lg\left(\frac{n-r}{r}\right)\\
&\le 1 + \lg\left(\frac{n}{r}\right)\\
&\le 1 + \lg n - \lg r
\end{aligned}
$$

最後一個不等式關係式 11.9 一起建立了範圍 11.10。由於這個範圍限制，計算所有遞迴呼叫的所有餘數所需的總位元運算數限於

$$
\begin{aligned}
&c[(1 + \lg n) \lg m - \lg m \lg r\\
&\quad + (1 + \lg m) \lg r - \lg r \lg(m \bmod r)\\
&\quad + (1 + \lg r) \lg(m \bmod r) - \cdots]\\
&= c\left[\lg n \lg m + \lg m + \lg r + \lg(m \bmod r) + \cdots\right]
\end{aligned}
\tag{11.11}
$$

關係式 11.8 隱含遞迴呼叫數上限為 dt，其中 d 為大於 0 的整數。意指 Bound 11.11 的項數上限為 dt。由於 $n > m > r > n \bmod m > \cdots$ (其中這些點代表 Bound 11.11 剩餘的項項)，從 Bound 11.11 可得到結論

$$W(s, t) \in O(st)$$

● 11.2.2　歐幾里得演算法的擴充

定理 11.1 證明了必存在整數 i 與 j 使得

$$\gcd(n, m) = in + jm$$

對這些整數的認識對於下一節解決模線性方程的演算法很重要。接下來我們修改演算法 11.1 使它也會產生這些整數。此版本中我們讓 gcd 成為一變數，因為這樣做將使證明演算法正確性更為清晰。

▶ 演算法 11.2　**歐幾里得演算法 2**

問題：計算一正整數及一非負整數的最大公因數。

輸入：正整數 n 及非負整數 m。

輸出：n 與 m 的最大公因數 gcd，及整數 i 與 j 符合 $gcd = in + jm$。

```
void Euclid (int n, int m, int& gcd, int& i, int& j)
{
   if (m == 0) {
      gcd = n; i = 1; j = 0;
   }
   else {
       int i', j', gcd';
       Euclid (m, n mod m, gcd', i', j');      //C++ 程式碼為 n % m
       gcd = gcd';
       i = j';
       j = i'-⌊n/m⌋ j';
   }
}
```

很清楚地，演算法 11.2 具有與演算法 11.1 相同的時間複雜度。所以我們只需證明它為正確的。在這之前，我們展示一個應用它的範例。

- 範例 11.18　表 11.1 說明：在最頂層呼叫 (top-level call) 為

$$Euclid(42, 30, gcd, i, j)$$

時，演算法 11.2 的執行流程。最頂層呼叫的回傳值為 gcd = 6，$i = -2$ 及 $j = 3$。

接下來我們證明演算法 11.2 為正確的。

- 表 11.1　當 $n = 42$ 且 $m = 30$ 時演算法 11.2 求出的值。最頂層呼叫標示為 0；三個遞迴呼叫則依序標示為 1-3。箭頭顯示數值決定的順序。

Call	n	m	gcd	i	j
	↓	↓			
0	42	30	6	-2	3
1	30	12	6	1	-2
2	12	6	6	0	1
3	6	0	6	1	0
	→	→	↑	↑	↑

▶ **定理 11.9**

演算法 11.2 回傳的數值 i 與 j 為整數使得

$$gcd(n, m) = in + jm$$

證明：以歸納法證明。

歸納基底：最後一個遞迴呼叫中 $m = 0$，意指 $gcd(n, m) = n$。由於 i 與 j 的值在呼叫中分別被設為 1 與 0，我們得到

$$i \times n + j \times m = 1 \times n + 0 \times m = n = gcd(n, m)$$

歸納假設：假定第 k 個遞迴呼叫所得之 i 與 j 值使得

$$gcd(n, m) = in + mj$$

則回傳的 i' 與 j' 值 [對第 $(k - 1)$ 個遞迴呼叫的回傳值] 會使得

$$gcd(m, n \bmod m) = i'm + j'n \bmod m$$

歸納步驟：我們知道，對第 $(k-1)$ 個呼叫有

$$
\begin{aligned}
in + mj &= j'n + (i' - \lfloor n/m \rfloor j')\, m \\
&= i'm + j'\,(n - \lfloor n/m \rfloor m) \\
&= i'm + j'n \bmod m \\
&= \gcd(m, n \bmod m) \\
&= \gcd(n, m)
\end{aligned}
$$

第二至最後一個等式是根據歸納法假設而來的，而最後一個等式則是根據定理 11.3。

　　注意演算法 11.2 中 j 的回傳值在最後一個遞迴呼叫可以為任何整數。我們選擇 0 以簡化。選擇不同的整數產生不同的一對 (i, j) 符合 $\gcd(n, m) = in + jm$。

11.3 　模演算的回顧

我們會在群論的內容範圍內發展模演算法。因此，首先來回顧群論。

11.3.1 　群論

一個作用於集合 S 的**封閉二元運算元** (closed binary operation)$*$ 就是一條結合 S 內某兩個元素以產生另一個元素的規則。其定義如下：

定義

群 (group) $G = (S, *)$ 就是一個集合 S 加上一個作用於 S 的封閉二元運算元 $*$，且滿足下述條件：

1. $*$ 具有結合性 (associative)，即對於所有 $a, b, c \in S$

$$
a * (b * c) = (a * b) * c
$$

2. S 中有單位元素 e，即對每個 $a \in S$

$$
e * a = a * e = a
$$

3. 對各個 $a \in S$ 均存在一個反元素 a' 使

$$
a * a' = a' * a = e
$$

- 範例 11.19　整數集合 Z 與加號組成一個群，單位元素為 0，且 a 的反元素為 $-a$。

- 範例 11.20　非零實數與乘號組成一個群，單位元素為 1，且 a 的反元素為 $1/a$。

- 範例 11.21　令 $S = (a, b, c)$ 且已知

$$a * b = b * a = e$$
$$a * a = b$$
$$b * b = a$$
$$a * e = e * a = a$$
$$b * e = e * b = b$$
$$e * e = e$$

我們將證明 $(S, *)$ 為一個群留作習題。

群中的任一元素是否能有多於一個反元素呢？下列定理證明答案為否。

▶ **定理 11.10**

各個元素的反元素是唯一的。

證明：假定 a' 及 a'' 皆為 a 的反元素。則

$$a' * (a * a'') = a' * e = a'$$

然而，

$$a' * (a * a'') = (a' * a) * a'' = e * a'' = a''$$

從前面兩等式可得 $a' = a''$。

▶ **定理 11.11**

在一個群中，若存在元素 a 與 b 使得 $a * b = a$ 或 $b * a = a$，則 b 為此群的單位元素 e。

證明：若 $a * b = a$ 則

$$a' * (a * b) = a' * a = e$$

a' 為 a 的反元素。然而，

$$a' * (a * b) = (a' * a) * b = e * b = b$$

結合這兩個等式證明第一個情況。同理可證第二個情況。

定理 11.11 證實了一個群的單位元素是唯一的。

對一個群 $G = (S, *)$ 來說，假如對所有 $a, b \in S$，

$$a * b = b * a$$

則我們稱 G 具交換性 (commutative)(或可換性 (abelian))。假若 S 包含有限數量的元素，則我們稱 G 為**有限的** (finite)。範例 11.19，11.20 及 11.21 的群皆具交換性，而只有範例 11.21 的為有限的。

• 11.3.2　在模 n 同餘

我們由定義開始。

定義

令 m 與 k 為整數且 n 為正整數。假如 $n|(m - k)$ 我們說 m 與 k 在模 n 同餘 (m is congruent to k modulo n)，並寫為

$$m \equiv k \bmod n$$

• 範例 11.22　因為 $5|(33 - 18)$，故

$$33 \equiv 18 \bmod 5$$

回想，$m \bmod n$ 可求得 m 除以 n 的餘數。下述定理說明我們可利用 mod 函數辨認同餘。

▶ **定理 11.12**

$n \equiv k \bmod n$ 若且唯若

$$m \bmod n = k \bmod n$$

證明：此證明留作練習。

● **範例 11.23**　我們已知 $33 \equiv 18 \bmod 5$。如前面定理所示，$33 \bmod 5 = 18 \bmod 5 = 3$。

11.7 節中當我們闡述 RSA 加密系統時將需要下述關於同餘的定理。

▶ **定理 11.13**

假定 $n_1, n_2, \ldots, n_j$ 為兩兩互質的整數且

$$n = n_1 n_2 \cdots n_j$$

則對所有整數 m 及 k，

$$m \equiv k \bmod n$$

若且唯若，對於 $1 \leq i \leq j$，

$$m \equiv k \bmod n_i$$

證明：假定，對於 $1 \leq i \leq j$，

$$m \equiv k \bmod n_i$$

則存在整數 $h_1, h_2, \ldots, h_j$ 使得

$$m - k = h_1 n_1 = h_2 n_2 = \cdots = h_j n_j$$

在習題中，我們會要您用定理 11.4 證明這個等式，並且證明 $n_1, n_2, \ldots, n_j$ 兩兩互質就意味著

$$h_1 = c n_2 n_3 \cdots n_j$$

其中 c 為整數。接著我們得到

$$m - k = h_1 n_1 = (c n_2 n_3 \cdots n_j) \, n_1 = cn$$

由於 c 為整數，這代表 $m \equiv k \bmod n$。

在另一個方向的證明，若 $m \equiv k \bmod n$，則必有整數 h 使得

$$m - k = hn$$

因此，

$$m - k = h n_1 n_2 \cdots n_j$$

意味著，對各個 i，$m - k$ 為 n_i 的倍數。此證明得證。

● **範例 11.24**　　整數 2，5 與 9 兩兩互質，且

$$184 \equiv 4 \bmod 2$$
$$184 \equiv 4 \bmod 5$$
$$184 \equiv 4 \bmod 9$$

由於 $2 \times 5 \times 9 = 90$，前述定理意味著

$$184 \equiv 4 \bmod 90$$

接下來我們證明在 **模 n 同餘** (congruency modulo n) 為一個 **等價關係** (equivalence relation)。

▶ **定理 11.14**

對任何正整數 n，與模 n 同餘於整個整數集合為一個等價關係。即，

1. 反身性 (reflexivity)

$$m \equiv m \bmod n$$

2. 對稱性 (symmetry)

$$m \equiv k \bmod n \qquad \Longrightarrow \qquad k \equiv m \bmod n$$

3. 遞移性 (transitivity)

$$m \equiv k \bmod n \quad 且 \quad k \equiv j \bmod n \quad \Longrightarrow \quad m \equiv j \bmod n$$

證明：此證明留作練習。

所有與 m 在模 n 同餘的整數集合稱為 **包含 m 的模 n 等價類別** (equivalence class modulo n containing m)。既然同餘為等價關係，給定類別內的任何整數可表示此類別。給定的整數 m，它代表的是集合

$$\{m + in \quad 使得 \quad i \in Z\}$$

● **範例 11.25**　包含 13 的模 5 等價類別為

$$\{\ldots, -7, -2, 3, 8, 13, 18, 23, 28, 33, \ldots\}$$

我們將包含 m 的模 n 等價類別標示為 $[m]_n$。所以前例中的等價類別應標示為 $[13]_5$，也可標示為 $[3]_5$，$[8]_5 \cdots$ 等等。我們通常用類別內的最小非零整數標示一個等價類別。因此前例中的等價類別通常標示為 $[3]_5$。我們將所有模 n 等價類別的集合標示為 $\mathbf{Z}_n$，即，

$$\mathbf{Z}_n = \{[0]_n, [1]_n, \ldots, [n-1]_n\}$$

● **範例 11.26**　我們得到

$$\mathbf{Z}_5 = \{[0]_5, [1]_5, [2]_5, [3]_5, [4]_5\}$$

對於 $\mathbf{Z}_n$ 的任兩個成員，我們為其定義**加法** (addition) 如下：

$$[m]_n + [k]_n = [m + k]_n$$

為了使此定義有意義，結果必須與我們所選取的 $[m]_n$ 及 $[k]_n$ 成員無關。我們接著會說明此點。我們必須證明若

$$s \in [m]_n \ 且 \ t \in [k]_n \quad 則 \quad s + t \in [m + k]_n$$

在這個情況下，我們知道必存在整數 i 與 j 使得

$$s = m + in \quad \text{且} \quad t = k + jn$$

因此

$$s + t = m + k + (i + j)n$$

代表 $s + t \in [m + k]_n$。

● **範例 11.27**   我們有

$$[2]_5 + [4]_5 = [6]_5 = [1]_5$$

▶ **定理 11.15**

對每個正整數 n 來說，$(\mathbf{Z}_n, +)$ 是一個有限的**交換群** (commutative group)。

證明： $+$ 的結合性與交換性直接從整數 $+$ 的結合性與交換性而來。**單位元素**為 $[0]_5$。$[m]_n$ 的加法反元素為 $[n - m]_n = [-m]_n$，因為

$$[m]_n + [-m]_n = [m + (-m)]_n = [0]_n$$

● **範例 11.28**   考慮群 $(\mathbf{Z}_5, +)$，回憶

$$\mathbf{Z}_5 = \{[0]_5, [1]_5, [2]_5, [3]_5, [4]_5\}$$

$[1]_5$ 的加法反元素為 $[5 - 1]_5 = [4]_5$。注意

$$[1]_5 + [4]_5 = [5]_5 = [0]_5$$

相似的，$[2]_5$ 的加法反元素為 $[3]_5$。注意

$$[2]_5 + [3]_5 = [5]_5 = [0]_5$$

對於 Z_n 的任兩個成員，我們定義**乘法** (multiplication) 如下：

$$[m]_n \times [k]_n = [m \times k]_n$$

為了使此定義有意義，結果必須與我們所選取的 $[m]_n$ 及 $[k]_n$ 成員無關。我們必須證明若

$$s \in [m]_n \ \text{且} \ t \in [k]_n \qquad \text{則} \qquad s \times t \in [m \times k]_n$$

此證明留作習題。

● 範例 11.29　我們得到

$$[2]_5 \times [4]_5 = [8]_5 = [3]_5$$

此時 $(Z_n, \times)$ 並非總是為一群，因為存在著某些 n（即非質數），使得並非每個 Z_n 的成員皆有乘法反元素。也就是說，如果我們令 $[1]_n$ 為單位元素，則存在著 $[m]_n$，使得並沒有 k 能讓 $[m]_n \times [k]_n = [1]_n$。

● 範例 11.30　考慮

$$\mathbf{Z}_9 = \{[0]_9, [1]_9, [2]_9, [3]_9, [4]_9, [5]_9, [6]_9, [7]_9, [8]_9\}$$

假定 $[6]_9$ 有乘法反元素 $[k]_9$。則

$$[6]_9 \times [k]_9 = [6 \times k]_9 = [1]_9$$

意指存在整數 i 使得

$$1 = 6k + 9i$$

因此，定理 11.2 意指 1 為 $\gcd(6,9)$，與實際的情況不符。

前例的問題為 6 與 9 並非互質。看起來如果我們只包含與 n 互質的數，我們將得到一個群。接下來的定理證明這是對的。首先我們發展此集合的符號。令

$$Z_n^* = \{[m]_n \in Z_n \ \text{所有使得各個} \ [m]_n \ \text{的成員與} \ n \ \text{互質}$$

很清楚地，若 n 為質數，則 $Z_n^* = Z_n - \{[0]_n\}$。不難明白 $[m]_n$ 的一個成員與 n 互質若且唯若所有成員皆是。因此我們只需要觀察前 $n-1$ 個整數來找出 Z_n^* 的成員。

● 範例 11.31　我們得到

$$\mathbf{Z}_9^* = \{[1]_9, [2]_9, [4]_9, [5]_9, [7]_9, [8]_9\}$$

▶ **定理 11.16**

對每個正整數 n，$(Z_n^*, \times)$ 為一個有限交換群。

證明：根據推論 11.2，任意 $m \times k$ 的因數必定為 m 或 k 的因數。所以，如果 m 和 k 皆與 n 互質，$m \times k$ 與 n 互質，意指 $\times$ 為 Z_n^* 上的封閉二元運算。$\times$ 的結合性與交換性直接由整數 $\times$ 的結合性與交換性而來。**單位元素**為 $[1]_n$。若 m 與 n 互質，則定理 11.12 說必存在一組整數 i 與 j 使得

$$1 = in + jm$$

意指

$$jm \equiv 1 \bmod n$$

因此 $[j]_n$ 為的 $[m]_n$ 的反元素。

● **範例 11.32**　　對群 $(Z_9^*, \times)$，我們可得到下列乘法反元素：

$$[1]_9 \times [1]_9 = [1]_9$$
$$[2]_9 \times [5]_9 = [10]_9 = [1]_9$$
$$[4]_9 \times [7]_9 = [28]_9 = [1]_9$$
$$[8]_9 \times [8]_9 = [64]_9 = [1]_9$$

▶ **定理 11.17**

Z_n^* 的成員數可用 **Euler's totient function** 算出，式子如下：

$$\varphi(n) = n \prod_{p:p|n} \left(1 - \frac{1}{p}\right)$$

而此乘積包含所有整除 n 的質數，包含 n 如果 n 為質數。

證明：此證明可從 Graham et al. (1989) 中得到。

　　注意，若 p 為質數，則

$$\varphi(p) = p\left(1 - \frac{1}{p}\right) = p - 1$$

- 範例 11.33　Z_9^* 的成員數為

$$\varphi(9) = 9 \prod_{p:p|9} \left(1 - \frac{1}{p}\right) = 9 \left(1 - \frac{1}{3}\right) = 6$$

可由範例 11.31 的結果驗證。

- 範例 11.34　Z_{60}^* 的成員數為

$$\varphi(60) = 60 \prod_{p:p|60} \left(1 - \frac{1}{p}\right) = 60 \left(1 - \frac{1}{2}\right) \left(1 - \frac{1}{3}\right) \left(1 - \frac{1}{5}\right) = 16$$

- 範例 11.35　既然 7 為質數，Z_7^* 的成員數為

$$\varphi(7) = 7 - 1 = 6$$

11.3.3　子群

若 $G = (S, *)$ 為一個群，$S' \subseteq S$，且 $G' = (S', *)$ 亦為一個群，則稱 G' 為 G 的 **子群** (subgroup)。若 $S' \neq S$，則稱 G' 為**嚴格子群** (proper subgroup)。

- 範例 11.36　令 E 為所有偶數的集合，且 Z 為所有整數的集合，則 $(E,+)$ 為 $(Z,+)$ 的嚴格子群。

　　在繼續進行之前，我們發展一些有用的標示法。給定一個群 $G = (S, *)$，且 $a \in S$ 有反元素 a'，對 $k > 0$ 我們定義

$$a^k = a * a * \cdots * a \quad k \text{ 次}$$
$$a^0 = 1$$
$$a^{-k} = (a')^k$$

　　假定我們有一個群 $G = (S, *)$ 及一個子集 $S' \subseteq S$ 使得對每個 $a,b \in S'$，$a * b \in S'$。則稱 S' 對於 $*$ 具有**封閉性**。

▶ 定理 11.18

假定有限群 $G = (S', *)$ 與非空子集 $S' \subseteq S$ 與 $*$ 閉相關，則 $(S', *)$ 為 G 的子群。

證明：很清楚地，結合律成立。令 $a \in S'$。我們把證明：由於 G 為有限，故存在一組整數

$k, m \geq 1$ 使得

$$a^k = a^k a^m$$

留作習題。等式兩邊同乘 a^k 的反元素得到

$$e = a^m$$

e 為單位元。既然 S' 為封閉，代表 e 在 S' 內。接下來我們證明每個 $a \in S'$ 的反元素均在 S' 內。如前所述，對每個這樣的 a，必存在一個 m 使得 $e = a^m$。若 $m = 1$，$a = e$，意指 a 的反元素為 e，且我們已知 e 在 S' 內。否則，

$$e = a^m = a * a^{m-1}$$

意指 a^{m-1} 是 a 唯一的反元素。然而，由於 S' 是封閉的，a^{m-1} 又在 S' 內。故得證。

▶ **定理** 11.19

(Lagrange) 假定我們有一個有限群 $G = (S, *)$，及一個 G 的子群 $G' = (S', *)$。則

$$|S'| \mid |S|$$

其中 $|S|$ 表示 S 內的成員數。

證明：此證明可從 Jacobson (1951) 中取得。

● **範例** 11.37　考慮群 $(Z_{12}, \times)$。我們將把證明：若

$$S' = \{[0]_{12}, [3]_{12}, [6]_{12}, [9]_{12}\}$$

則 $(S', +)$ 為 $(Z_{12}, +)$ 的一子群，留作習題。如前面的定理所示，我們會得到 $|S'| = 4$，$|Z_{12}| = 12$，且 $4|12$。

▼ **推論** 11.3

假如 $G' = (S', *)$ 為 $G = (S, *)$ 的嚴格子群，則

$$|S'| \leq |S| / 2$$

證明：此證明可由先前的定理直接得證。

假定我們有一個有限群 $G = (S, *)$，且 $a \in S$。令

$$\langle a \rangle = \{a^k \text{ 使得 } k \text{ 為正整數}\}$$

很清楚地，$\langle a \rangle$ 在 $*$ 之下是封閉的。所以，根據定理 11.18，$(\langle a \rangle, *)$ 為 G 的子群。此群稱為**由 a 生成的子群** (subgroup generated by a)。如果由 a 生成的子群為 G，我們稱 a 為 G 的**生成元** (generator)。

- **範例 11.38**　考慮群 $(Z_6, +)$。可得到

$$\langle [2]_6 \rangle = \{[2]_6, [2]_6 + [2]_6, [2]_6 + [2]_6 + [2]_6, [2]_6 + [2]_6 + [2]_6 + [2]_6, \cdots\}$$
$$= \{[2]_6, [4]_6, [0]_6, [2]_6, \cdots\}$$

前例說明了一旦我們生成子群時得到單位元，即可停止。因為之後只是重覆已產生的項目而已。下一個定理會證明這個結果。首先我們需要一個定義。給定一個群，所謂群元素 a 的**秩** (order)，被標示為 $ord(a)$，就是那個最小的正整數 t 使得 $a^t = e$，其中 e 為單位元素。

▶ **定理 11.20**

有限群 $G = (S, *)$，且 $a \in S$。令 $t = ord(a)$。則由 a 產生的子群 $\langle a \rangle$ 組成下列 t 個不同的元素：

$$a^1, a^2, \ldots, a^t = e$$

證明：首先我們證明這些元素是不同的。假定對 $1 \leq k < j \leq t$，我們有

$$a^j = a^k$$

由於 $j > k$，故

$$a^j = a^k a^i$$

其中 $i \geq 1$。根據最後二等式及定理 11.11，可得 $a^i = e$。由於 $i < t$，故造成矛盾。接下來我們證明沒有其他元素在此子群。若 $k > t$，則存在正整數 q 與 r 使得

$$k = qt + r \qquad 0 \leq r < t$$

接著可得到

$$a^k = a^{(qt+r)} = \left(a^t\right)^q a^r = e^q a^r = a^r$$

若 $r = 0$，則 $a^r = e = a^t$；否則 $1 \le r < t$。到此得證。

由前定理可得

$$\langle a \rangle = \left\{a^0, a^1, \ldots, a^{t-1}\right\}$$

其中 $t = ord(a)$。注意 $\langle a \rangle$ 內的元素數量為 $ord(a)$。

- **範例 11.39**　考慮群 $(Z_6, +)$。我們有

$$\langle [3]_6 \rangle = \{[3]_6, [3]_6 + [3]_6\} = \{[3]_6, [0]_6\}$$

及

$$\langle [2]_6 \rangle = \{[2]_6, [2]_6 + [2]_6, [2]_6 + [2]_6 + [2]_6\} = \{[2]_6, [4]_6, [0]_6\}$$

很清楚地，

$$\langle [1]_6 \rangle = \mathbf{Z}_6$$

故 $[1]_6$ 為 Z_6 的生成元。

- **範例 11.40**　考慮群 $(\mathbf{Z}_9^*, \times)$。回憶

$$\mathbf{Z}_9^* = \{[1]_9, [2]_9, [4]_9, [5]_9, [7]_9, [8]_9\}$$

我們有

$$\langle [4]_9 \rangle = \{[4]_9, [4]_9 \times [4]_9, [4]_9 \times [4]_9 \times [4]_9\} = \{[4]_9, [7]_9, [1]_9\}$$

留作練習證明

$$\langle [2]_9 \rangle = \mathbf{Z}_9^*$$

故 $[2]_9$ 為 $\mathbf{Z}_9^*$ 的生成元。

- 範例 11.41   考慮群 $(\mathbf{Z}_7^*, \times)$。回憶

$$\mathbf{Z}_7^* = \{[1]_7, [2]_7, [3]_7, [4]_7, [5]_7, [6]_7\}$$

我們有

$$\langle [4]_7 \rangle = \{[4]_7, [4]_7 \times [4]_7, [4]_7 \times [4]_7 \times [4]_7\} = \{[4]_7, [2]_7, [1]_7\}$$

▶ **推論 11.4**

有限群 $G = (S, *)$，且 $a \in S$。令 $t = ord(a)$。考慮序列

$$a^0, a^1, \ldots$$

序列中二元素 a^i 與 a^j 是相等的若且唯若

$$i \equiv j \bmod t$$

這意味著此序列是以週期 t 循環，且 t 為此序列的最小週期。那就是，對 $0 \le k < t$ 及所有 $i \ge 0$，

$$a^{k+it} = a^k$$

且 t 為具此特性的最小數。

證明：此證明由前面的定理可得並留作習題。

- 範例 11.42   考慮群 $(\mathbf{Z}_5^*, \times)$。此表展示 $[4]_5$ 的冪次：

i	0	1	2	3	4	5	6	7	8	$\cdots$
$([4]_5)^i$	$[1]_5$	$[4]_5$	$[1]_5$	$[4]_5$	$[1]_5$	$[4]_5$	$[1]_5$	$[4]_5$	$[1]_5$	$\cdots$

而此表展示 $[3]_5$ 的冪次：

i	0	1	2	3	4	5	6	7	8	$\cdots$
$([3]_5)^i$	$[1]_5$	$[3]_5$	$[4]_5$	$[2]_5$	$[1]_5$	$[3]_5$	$[4]_5$	$[2]_5$	$[1]_5$	$\cdots$

此群中，$ord([4]_5) = 2$ 而 $ord([3]_5) = 4$。請注意冪次的循環性質是相關於推論 11.4 所隱含秩的概念。更進一步可注意到，$[3]_5$ 為 $\mathbf{Z}_5^*$ 的一個生成元。

▼ **推論** 11.5

假定我們有一有限群 $G = (S, *)$ 其單位元為 e。則對所有 $a \in S$,

$$a^{|S|} = e$$

其中 $|S|$ 表示 S 的元素數量。

證明:由定理 11.20,由 a 產生的子群 $\langle a \rangle$ 的元素數量為 $ord(a)$。因此,由定理 11.19,$|S| = ord(n) \times k$ (k 為某個整數),並且

$$a^{|S|} = a^{ord(a) \times k} = e^k = e$$

此證明完成。

▶ **定理** 11.21

(Euler) 對任何整數 $n > 1$,對所有 $[m]_n \in Z_n^*$,

$$([m]_n)^{\varphi(n)} = [1]_n$$

證明:此證明可直接由定理 11.17 及推論 11.5 得證。

● **範例** 11.43　　考慮群 $(Z_{20}^*, \times)$。我們有

$$\varphi(20) = 20 \prod_{p:p|20} \left(1 - \frac{1}{p}\right) = 20 \left(1 - \frac{1}{5}\right)\left(1 - \frac{1}{2}\right) = 8$$

且

$$([3]_{20})^8 = [6561]_{20} = [1]_{20}$$

如前定理所示。

▶ **定理** 11.22

(Fermat) 假如 p 為質數,則對所有 $[m]_p \in Z_p^*$,

$$\left([m]_p\right)^{p-1} = [1]_p$$

證明:此證明由前定理及 $\varphi(p) = p - 1$ 若 p 為質數的事實可得證。

- 範例 11.44 考慮群 $(Z_7^*, \times)$。我們有

$$([2]_7)^{7-1} = [64]_7 = [1]_7$$

如前定理所示。

• 11.4 解模線性方程

接下來我們討論解模方程式

$$[m]_n x = [k]_n \tag{11.12}$$

對於 x，其中 x 為模 n 的等價類別，且 $m, n > 0$。當我們將在 11.7 節發展 RSA 加密系統時，應用這個結果。

令 $\langle [m]_n \rangle$ 為 $[m]_n$ 產生之群 $(Z_n, +)$ 的子群。因 $\langle [m]_n \rangle = \{[0]_n, [m]_n, [2m]_n, \ldots\}$，故方程式 11.12 有解若且唯若

$$[k]_n \in \langle [m]_n \rangle$$

- 範例 11.45 考慮群 $(Z_8, +)$。由於

$$\langle [6]_8 \rangle = \{[0]_8, [6]_8, [4]_8, [2]_8\}$$

故方程式

$$[6]_8 x = [k]_8$$

有解若且唯若 $[k]_8$ 為 $[0]_8$，$[6]_8$，$[4]_8$，或 $[2]_8$。例如，

$$[6]_8 x = [4]_8$$

的解為 $x = [2]_8$ 及 $x = [6]_8$。

下面的定理精確地告訴我們集合 $\langle [m]_n \rangle$ 的元素。

▶ 定理 11.23

考慮群 $(Z_n, +)$。對任何 $[m]_n \in Z_n$，我們有

$$\langle [m]_n \rangle = \langle [d]_n \rangle = \{[0]_n, [d]_n, [2d]_n, \ldots, [(n/d-1)\, d]_n\}$$

其中 $d = \gcd(n,m)$。意指

$$ord([m]_n) = |\langle [m]_n \rangle| = \frac{n}{d}$$

證明:首先證明 $\langle [d]_n \rangle \subseteq \langle [m]_n \rangle$。根據定理 11.2,必存在一組整數 i 和 j 使得

$$d = im + jn$$

由於前面的等式,對任何整數 k,

$$kd \equiv kim \bmod n$$

意指 $[kd]_n = [kim]_n$,且因此 $[kd]_n \in \langle [m]_n \rangle$。我們得到結論 $\langle [d]_n \rangle \subseteq \langle [m]_n \rangle$。

接下來證明 $\langle [m]_n \rangle \subseteq \langle [d]_n \rangle$。因為 $d|m$,故存在著一個整數 i 使得 $m = id$。因此,對任何整數 k,

$$[km]_n = [kid]_n$$

意指 $[km]_n \in \langle [d]_n \rangle$。我們得到結論 $\langle [m]_n \rangle \subseteq \langle [d]_n \rangle$。

最後結果由剛剛證實的結果及定理 11.20 可得。

▼ **推論 11.6**

方程式

$$[m]_n\, x = [k]_n$$

有解若且唯若 $d|k$,其中 $d = \gcd(n,m)$。

此外,如果此式有解,則有 d 個解。

證明:如本章節開頭部分所提到的,這個方程式有解若且唯若

$$[k]_n \in \langle [m]_n \rangle$$

因為定理 11.23 意味著

$$\langle [m]_n \rangle = \langle [d]_n \rangle = \{[0]_n, [d]_n, [2d]_n, \dots, [(n/d-1)\,d]_n\}$$

這代表這個方程式有解若且唯若 $d|k'$ (其中 $k' \in [k]_n$)。因為 $[k]_n$ 為模 n 等價類別且 $d|n$，所以，很清楚地，$d|k'$ (對某個 $k' \in [k]_n$) 若且唯若它對所有 $[k]_n$ 的成員皆符合。這證明了此推論的第一部份。

至於第二部份，依據定理 11.23，$ord([m]_n) = n/d$。因此，根據推論 11.4，此序列

$$[0]_n, [m]_n, [2m]_n, \ldots$$

具週期 n/d，且前 n/d 項是相異的。意指，如果 $[k]_n \in \langle[m]_n\rangle$，則 $[k]_n$ 在此集合

$$\{[0]_n, [m]_n, [2m]_n, \ldots, [(n-1)\,m]_n\}$$

出現正好 d 次。很清楚地，每次出現都是由於一個 Z_n 的不同成員。故得證。

▼ 推論 11.7

方程式

$$[m]_n\, x = [k]_n$$

對每個等價類別 $[k]_n$ 有解若且唯若 $\gcd(n,m) = 1$。再者，若有解的話，則各個 $[k]_n$ 有單一解。

證明：此證明直接由推論 11.6 得證。

▼ 推論 11.8

等價類別 $[m]_n$ 具有模 n 的乘法反元素 (multiplicative inverse modulo n) 若且唯若 $\gcd(n,m) = 1$。亦即，方程式

$$[m]_n\, x = [1]_n$$

有解若且唯若 $\gcd(n,m) = 1$。再者，若它有反元素，則此反元素為單一的。

證明：此證明直接由推論 11.6 得證。實際上，單一性也可由定理 11.16 推得。

● 範例 11.46　考慮群 ($Z_8, +$)。因為 $\gcd(8,6) = 2$，根據定理 11.23

$$\langle[6]_8\rangle = \{[0]_8, [2]_8, [4]_8, [6]_8\}$$

與範例 11.45 的結果符合。根據推論 11.6，方程式

$$[6]_8\, x = [k]_8$$

在 $[k]_8$ 為 $\langle [6]_8 \rangle$ 的任何成員時恰有二解。在範例 11.45 中，我們得到當 $[k]_8 = [4]_8$ 時，二解為 $x = [2]_8$ 及 $x = [6]_8$。

● **範例 11.47**　再次考慮群 $(Z_8, +)$。因為 $\gcd(8,5) = 1$，根據定理 11.23

$$\langle [5]_8 \rangle = \{[0]_8, [1]_8, [2]_8, [3]_8, [4]_8, [5]_8, [6]_8, [7]_8\}$$

根據推論 11.7，方程式

$$[5]_8\, x = [k]_8$$

在 $[k]_8$ 為 $\langle [5]_8 \rangle$ 的任何成員時恰有一解。例如，當 $[k]_8 = [3]_8$ 時，解為 $x = [7]_8$。

● **範例 11.48**　考慮 Z_9。由於 $\gcd(9,6) = 3$，推論 11.8 意味著 $[6]_9$ 並不具有模 9 的乘法反元素。由於 $\gcd(9,5) = 1$，推論 11.8 意味著 $[5]_9$ 具有模 9 的乘法反元素。此反元素為 $[2]_9$。

▶ **定理 11.24**

令 $d = \gcd(n,m)$，並令 i 與 j 為一組整數使得

$$d = in + jm \tag{11.13}$$

（我們從定理 11.2 知道這樣的 i 與 j 存在）。再假定 $d|k$。則下列式子

$$[m]_n\, x = [k]_n$$

的解為：

$$x = \left[\frac{jk}{d} \right]_n$$

證明：根據等式 11.13，我們有

$$[jm]_n = [d]_n$$

因為 $\frac{k}{d}$ 為整數，我們可以將此等式兩邊同乘 $\left[\frac{k}{d}\right]_n$，得到

$$\left[m\frac{jk}{d}\right]_n = \left[\frac{dk}{d}\right]_n$$

意指

$$[m]_n \left[j\frac{k}{d}\right]_n = [k]_n$$

此定理得證。

● **範例 11.49** 考慮方程式

$$[6]_8\, x = [4]_8$$

我們有 $\gcd(8,6) = 2$，

$$2 = (1)8 + (-1)6$$

及 $2|4$。因此，前定理隱含此式

$$[6]_8\, x = [4]_8$$

的解為：

$$x = \left[\frac{(-1)\,4}{2}\right]_8 = [-2]_8 = [6]_8$$

▶ **定理 11.25**

假定方程式

$$[m]_n\, x = [k]_n$$

可解，$x = [j]_n$ 為其中一解，且 $d = \gcd(n,m)$。則此式的 d 個相異解為

$$\left[j + \frac{ln}{d}\right]_n \qquad \text{for } l = 0, 1, \ldots, d-1 \tag{11.14}$$

證明：根據推論 11.6，此式恰有 d 個解。很清楚地

$$0 \le \frac{ln}{d} < n \qquad \text{for } l = 0, 1, \ldots, d-1$$

所以式子 11.14 中的 d 個模類別皆相異。我們以證明這些類別的每一個皆為此式的一解來完成此定理。因為 $[j]_n$ 為 $[m]_n x = [k]_n$ 的其中一解，故

$$[mj]_n = [k]_n$$

因此，對 $l = 0, 1, \dots, d-1$，

$$\left[m\left(j + \frac{ln}{d}\right) \right]_n = \left[mj + \left(\frac{ml}{d}\right)n \right]_n = [mj]_n + [0]_n = [k]_n$$

代表 $\left[j + \frac{ln}{d} \right]_n$ 亦為此式的其中一解。

- **範例** 11.50   範例 11.49 中，我們證明了

$$[6]_8\, x = [4]_8$$

的其中一解為 $[6]_8$。由於 $\gcd(8,6) = 2$，因此前定理隱含另一解為

$$\left[6 + \frac{1(8)}{2} \right]_8 = [10]_8 = [2]_8$$

推論 11.6，定理 11.24 及定理 11.25 讓我們可以寫一個簡單演算法來解模線性方程。那就是，我們首先應用推論 11.6 查看解是否存在。如果存在，則利用定理 11.24 找到一解再利用定理 11.25 求其他解。演算法如下所述：

▶ 演算法 11.3　　**解模線性方程 (Solve Modular Linear Equation)**

問題：求模線性方程的所有解。

輸入：正整數 m 與 n，及整數 k。

輸出：如果方程式 $[m]_n x = [k]_n$ 可解，其所有解。

```
void solve_linear (int n, int m, int k)
{
    index l;
    int i, j, d;

    Euclid (n ,m, d, i, j);                    // 呼叫演算法 11.2
    if (d|k)
```

```
        for (1 = 0; 1 <= d-1; 1++)
            cout << ⌈ jk + ln ⌉ ;
                   ⌊ d    d ⌋n
}
```

演算法 11.3 的輸入大小為將輸入編碼所需的位元數，由下列式子求出

$$s = \lfloor \lg n \rfloor + 1 \qquad t = \lfloor \lg m \rfloor + 1 \qquad u = \lfloor \lg k \rfloor + 1$$

時間複雜度包含演算法 11.2(Euclid's Algorithm 2) 的時間複雜度，我們已知為 $O(st)$，加上 $-l$ 迴圈的時間複雜度。既然 d 可以像 m 或 n 那麼大，此時間複雜度最差為輸入大小的指數成長。然而，我們對這點做不了什麼，因為這問題在最差的情況下需要我們計算並呈現指數數量的值。

◈ • 11.5 計算模冪次

給定一個元素 $[m]_n \in Z_n$ 與非負整數 k，我們把計算

$$([m]_n)^k$$

的問題稱為**計算模冪次問題** (problem of computing modular powers)。範例 11.43 與 11.44 展示了一些模冪次的計算。下面為另一範例。

• **範例 11.51**　考慮 Z_{20}。我們有

$$([7]_{20})^{11} = [1\,977\,326\,743]_{20} = [3]_{20}$$

在範例 11.51 中，我們簡單地用 7 的 11 次方來求出冪次。很清楚地，此方法就輸入大小 (接近其對數值) 而言具指數成長的時間複雜度。接下來，我們要發展另一個較有效率的演算法。

此演算法需要我們將 k 表示成二進位的數。令

$$\{b_j, b_{j-1}, \ldots, b_1, b_0\}$$

為此表示法的二進位數有序集合。例如，由於 13 的二進位表示法為 1101，故若 $k = 13$，

$$\{b_3, b_2, b_1, b_0\} = \{1, 1, 0, 1\}$$

下面描述的就是這個演算法。我們說這個演算法利用**反覆平方法** (repeated squaring)。理由顯而易見。

▶ 演算法 11.4 　　**計算模冪次**

問題：給定一個元素 $[m]_n \in Z_n$ 與非負整數 k，計算 $([m]_n)^k$。

輸入：正整數 n，及非負整數 m 與 k。

輸出：$([m]_n)^k$。

```
void compute_power (int n, int m, int k, Znmember& a)
{
    index i ;

    a = [1]n ;
    {bj, bj-1 ,..., b1, b0} = 在 k 的二元表示法中，各個位元所構成的有序集合；

    for (i = j; i >= 0; i--)
        a = a2 ;
        if (bi == 1)
            a = a × [m]n;
}
```

• 表 11.2 　演算法 11.4 中當 $n = 257$，$m = 5$，且 $k = 45$ 時各次 `for-i` 迴圈後的狀態。第三列顯示 k 的二進位表示法中高階 $j - i + 1$ 位元的數值。

i	5	4	3	2	1	0
b_i	1	0	1	1	0	1
k_i	1	2	5	11	22	45
a	$[5]_{257}$	$[25]_{257}$	$[41]_{257}$	$[181]_{257}$	$[122]_{257}$	$[147]_{257}$

接下來我們介紹一個應用演算法 11.4 的範例。

• 範例 11.52 　　假定

$$n = 257 \qquad m = 5 \qquad k = 45$$

因為 45 的二進位表示為 101101，故

$$\{b_5, b_4, b_3, b_2, b_1, b_0\} = \{1, 0, 1, 1, 0, 1\}$$

表 11.2 顯示演算法 11.4 中給定此輸入值後，逐次 `for-i` 迴圈後 a 的狀態。a 的最終值，也就是 $[147]_{257}$，就是 $([5]_{257})^{45}$ 的值。

表 11.2 中，k_i 由 k 的二進位表示值的前 $j - i + 1$ 位元所求出的值。即

$$k_i \ 為 \ [b_j b_{j-1} \cdots b_i]_2$$

例如，

$$k_3 = [b_5 b_4 b_3]_2 = 101_2 = 5_{10}$$

很清楚地，$k_0 = k$。我們將利用這些變數來證明此演算法的正確性，如下所述。

▶ **定理 11.26**

在演算法 11.4 中，執行完各次 **for-i** 迴圈後，

$$a = ([m]_n)^{k_i}$$

因為 $k_0 = k$，意指 a 的最終值為 $([m]_n)^k$。

證明： 利用歸納法證明。

歸納基底： 我們假定一個最小的二進位表示法；所以高位元 b_j 等於 1。因此，

$$k_j = 1$$

進入 **for-i** 迴圈之前，$a = [1]_n$。因為 b_j 等於 1，因此在第一次迴圈中 if 條件為真，代表執行的指令為 $a = a \times [m]_n$。因此，第一次迴圈後我們得到

$$a = ([1]_n)^2 \times [m]_n = ([m]_n)^1 = ([m]_n)^{k_j}$$

歸納假設： 假定第 i 次迴圈後

$$a = ([m]_n)^{k_i}$$

歸納步驟： 我們需要證明的是第 $(i - 1)$ 次迴圈後

$$a = ([m]_n)^{k_{i-1}}$$

有兩種情況：若 $b_{i-1} = 0$，很清楚地

$$k_{i-1} = 2k_i$$

因為在 if 陳述式中的條件為否，故只有指令 $a = a^2$ 改變 a 的值。根據歸納假設，a 先前的值為 $([m]_n)^{k_i}$，此迴圈後我們得到

$$a = ([m]_n)^{2k_i} = ([m]_n)^{k_{i-1}}$$

若 $b_{i-1} = 1$，很清楚地

$$k_{i-1} = 2k_i + 1$$

因為在 **if** 陳述式中的條件為真，故指令 $a = a \times [m]_n$ 也被執行了。所以在這個情況下，此迴圈後我們得到

$$a = ([m]_n)^{2k_i} \times [m]_n = ([m]_n)^{2k_i+1} = ([m]_n)^{k_{i-1}}$$

直觀地，如果我們令 s 為將輸入編碼所需的位元數，演算法 11.4 的時間複雜度為 $O(s^3)$。

• 11.6　尋找大質數

RSA 公鑰加密系統（在本書 11.7 節中討論）的成功，首先必須具有尋找大質數的能力。在討論過搜尋大質數後，我們將介紹一個用來測試某個數是否為質數的演算法。

• 11.6.1　搜尋大質數

為了尋找一個大質數，我們隨機選擇適當大小的整數，並測試每個選取的整數是否為質數，直到發現質數為止。當我們使用這個方法時，一個重要的考量是當隨機選擇整數時，找到一個質數的或然率。

我們接下來介紹的質數分佈定理，讓我們能夠逼近求出這種或然率。

質數分佈函數（prime distribution function）$\pi(n)$ 的值就是小於或者等於 n 的質數之數量。例如，$\pi(12) = 5$ 因為有五個質數，即 2、3、5、7 和 11，是小於或者等於 12 的。定理 11.27 中陳述的**質數定理**（prime number theorem）可供計算出 $\pi(n)$ 的近似值。

▶ **定理 11.27**

我們有

$$\lim_{n \to \infty} \frac{\pi(n)}{n/\ln n} = 1$$

證明：這個證明能夠在 Hardy 和 Wright (1960) 中找到。

　　根據前述的定理，對於數值大的 n，我們可用 $n/\ln n$ 做為小於或等於 n 的質數數量之估計值。因此，如果我們根據均勻分佈隨機選擇介於 1 與 n 之間的整數，它為質數的機率大約是

$$\frac{n/\ln n}{n} = \frac{1}{\ln n}$$

● **範例 11.53**　若我們根據均勻分佈隨機選擇介於 1 與 $n = 10^{16}$ 之間的整數，它為質數的機率大約是

$$\frac{1}{\ln 10^{16}} = 0.027143$$

假設我們隨機選擇 200 個這樣的數值。所有數值都不為質數的機率則大約是

$$(1 - 0.027143)^{200} = 0.004$$

● **範例 11.54**　若我們根據均勻分佈隨機選擇介於 1 與 $n = 10^{100}$ 之間的整數，它為質數的機率大約是

$$\frac{1}{\ln 10^{100}} = 0.0043429$$

假設我們隨機地選擇 200 個這樣的數值。則所有數值都不為質數的機率大約是

$$(1 - 0.0043429)^{200} = 0.04$$

　　如同此節一開始所提到的，為了找到大質數，我們隨機於適當範圍選擇數值，接著我們檢驗它們是否為質數，直到發現一個質數為止。我們從之前的例子可知這應該不用花很久的時間（相對於範圍內數值的數量）就可以找到質數。接下來我們討論檢查一個數值是否為質數的方法。

11.6.2　檢驗數值是否為質數

在 9.2 節的開端，我們提供了一個可決定一個數值是否為質數的直觀演算法。然而，依照該節中所探討的，此演算法的時間複雜度在最壞的情況下為指數成長。所以此演算法無法用於檢查大數值。若被檢查的數為合成數，這個無效率的演算法可找到該數的因數。所以此演算法能夠（反覆地）被用來因式分解一個數值。

　　直到最近都還沒有人找到過檢驗質數的多項式時間演算法，而且許多人認為它為 *NP-complete*。用於質數檢驗的標準高效率演算法是一個被稱為**米勒－拉賓或然式質數性檢驗**（Miller-Rabin Randomized Primality Test）**的蒙特卡羅**（Monte Carlo）演算法，由拉賓所發表（1980）。若一個數為質數，則此演算法認定此數永遠為質數。然而，在極少的情況下，此演算法會宣稱一個合成數為質數。這情況極少發生，所以基本上此演算法的精確度是可靠的。當判定一數為合成數的，米勒－拉賓演算法並不會尋找其因數。所以此演算法不能用於因式分解。

　　最後，在 2002 年，Agrawal 等人成功地發展出檢驗質數的多項式時間演算法。此演算法介紹如下。

多項式時間演算法

　　首先我們需要從數論取得進一步的結果。

定義

令 $f(x)$ 和 $g(x)$ 是兩個整係數多項式。若 x 每個冪次的係數皆在模 n 之下同餘，我們稱 $f(x)$ 和 $g(x)$ 在模 n 之下同餘，並標示為

$$f(x) \equiv g(x) \bmod n$$

● **範例 11.55**　　我們可得

$$\left(6x^2 + 9x + 1\right) \equiv \left(2x^2 + x - 3\right) \bmod 4$$

因為

$$6 \equiv 2 \bmod 4$$
$$9 \equiv 1 \bmod 4$$
$$1 \equiv -3 \bmod 4$$

● 範例 11.56 我們可得

$$\left(6x^2 + 8x + 1\right) \not\equiv \left(2x^2 + x - 3\right) \bmod 4$$

因為

$$8 \not\equiv 1 \bmod 4$$

方程式中沒有的指數其係數為 0。

● 範例 11.57 我們可得

$$\left(10x^3 + 7x^2 + 21\right) \equiv \left(2x^2 + 6\right) \bmod 5$$

因為

$$10 \equiv 0 \bmod 5$$
$$7 \equiv 2 \bmod 5$$
$$21 \equiv 6 \bmod 5$$

● 範例 11.58 我們可得

$$x^5 \not\equiv x \bmod 5$$

因為

$$1 \not\equiv 0 \bmod 5$$

最後的這個例子說明了些有趣的事情。根據定理 11.22，對於所有整數 x，

$$x^5 \equiv x \bmod 5$$

可是多項式 x^5 和 x 不是在模 5 之下同餘。

接下來我們介紹一個決定一數是否為質數的直觀演算法。但是，首先我們需要一個輔助定理。

▲ **輔助定理 11.2**

若 n 為質數，則對所有整數 m，

$$(x - m)^n \equiv (x^n - m) \bmod n$$

證明：我們有

$$(x - m)^n = \sum_{i=0}^{n} \binom{n}{i} x^i (-m)^{n-i}$$

所以，

$$
\begin{aligned}
(x - m)^n - (x^n - m) &= \sum_{i=0}^{n} \binom{n}{i} (-m)^{n-i} x^i - (x^n - m) \\
&= \sum_{i=1}^{n-1} \binom{n}{i} (-m)^{n-i} x^i + (-m)^n + m
\end{aligned}
\tag{11.15}
$$

因為 n 為質數，很明顯地，對於 $1 < i \leq n - 1$，

$$\binom{n}{i} \equiv 0 \bmod n$$

因此，在等式 11.15 中，對於每個 i，其 x^i 的係數與 0 在模 n 之下同餘。所以我們僅需要證明

$$(-m)^n + m \equiv 0 \bmod n$$

若 $n = 2$

$$
\begin{aligned}
[(-m)^2 + m] &\equiv m(m + 1) \bmod 2 \\
&\equiv 0 \bmod 2
\end{aligned}
$$

最後這個步驟，是根據 m 或 $m + 1$ 其中一個為偶數的事實。若 $n > 2$，則 n 為奇數，所以

$$
\begin{aligned}
[(-m)^n + m] &\equiv (-m^n + m) \bmod n \\
&\equiv m(-m^{n-1} + 1) \bmod n
\end{aligned}
$$

現在若 m 為 n 的倍數，則 $m \equiv 0 \bmod n$。否則，根據定理 11.22，$(-m^{n-1} + 1) \equiv 0 \bmod n$。到此完成證明。

▶ **定理 11.28**

假定 m 和 n 互質。則 n 為質數若且唯若

$$(x - m)^n \equiv (x^n - m) \bmod n \tag{11.16}$$

證明：根據輔助定理 11.2，若 n 為質數，則同餘會成立。

在另一方向的證明，假定 n 為合成數。令 q 為 n 的因數，且令 k 為在 n 中，q 的冪次。我們將證明此式 $q^k \nmid \binom{n}{q}$ 留作練習。因為 n 與 m 互質，很清楚地，q^k 與 $(-m)^{n-q}$ 互質。所以，$\binom{n}{q}(-m)^{n-q}$ 不會包含因數 q^k，這代表它與 0 在模 n 之下不同餘。然而，這個式子為等式 11.15 中的係數之一。故完成證明。

• **範例 11.59** 數值 9 和 2 互質。如定理 11.28 所示，

$$(x - 9)^2 = x^2 - 18x + 81 \equiv (x^2 - 9) \bmod 2$$

因為

$$1 \equiv 1 \bmod 2$$
$$-18 \equiv 0 \bmod 2$$
$$81 \equiv -9 \bmod 2$$

• **範例 11.60** 數值 9 和 4 互質，且 4 不為質數。如定理 11.28 所示，

$$(x - 9)^4 \not\equiv (x^4 - 9) \bmod 4$$

我們把將指數展開且說明此結果留為練習題。

定理 11.28 提供了一個判斷數值是否為質數的直觀演算法。亦即，給定一個整數 n，我們選擇一個與 n 互質的整數 m，且判定同餘式 11.16 是否被滿足。然而，因為我們需要在同餘式 11.16 的左式中計算 $n+1$ 個係數，因此這個演算法具有指數成長的時間複雜度。我們用一個小技巧來改善這個情況。然而，首先我們需要更多定義。

在整數的情況時，當一個多項式除以另一個多項式時，**mod 函數** (mod function) **會**回傳其餘式。即，

$$f(x) \bmod g(x)$$

為 $f(x)$ 除以 $g(x)$ 的餘項多項式。下面的例子說明了這個想法。

- **範例 11.61** 因為

$$\frac{12x^3 + 23x^2 + 7x + 9}{4x^2 + x} = 3x + 5 + \frac{2x + 9}{4x^2 + x}$$

故

$$\left(12x^3 + 23x^2 + 7x + 9\right) \bmod \left(4x^2 + x\right) = 2x + 9$$

現在假定 $f(x)$、$g(x)$、和 $h(x)$ 為整係數多項式。

若

$$[f(x) \bmod h(x)] \equiv [g(x) \bmod h(x)] \bmod n$$

則寫成

$$f(x) \equiv g(x) \bmod[h(x), n]$$

- **範例 11.62** 我們有

$$(x - 10)^3 \bmod \left(x^2 - 1\right) = 301x - 1030$$

$$\left(x^3 - 10\right) \bmod \left(x^2 - 1\right) = x - 10$$

以及

$$(301x - 1030) \equiv (x - 10) \bmod 3$$

故

$$(x - 10)^3 \equiv \left(x^3 - 10\right) \bmod \left(x^2 - 1, 3\right)$$

- **範例 11.63** 我們有

$$(x - 14)^7 \bmod \left(x^3 - 1\right) = -11\,290\,188x^2 + 52\,610\,713x - 104\,069\,042$$

$$\left(x^7 - 14\right) \bmod \left(x^3 - 1\right) = x - 14$$

以及

$$\left(-11\,290\,188x^2 + 52\,610\,713x - 104\,069\,042\right) \equiv (x - 14) \bmod 7$$

故

$$(x - 14)^7 \equiv (x^7 - 14) \bmod (x^3 - 1, 7)$$

- **範例 11.64** 我們有

$$(x - 20)^7 \bmod (x^4 - 1) =$$
$$5\,600\,001x^3 - 67\,200\,140x^2 + 448\,008\,400x - 1\,280\,280\,000$$

$$(x^7 - 20) \bmod (x^4 - 1) = x^3 - 20$$

且

$$-1\,280\,280\,000 \not\equiv -20 \bmod 7$$

所以

$$(x - 20)^7 \not\equiv (x^7 - 20) \bmod (x^4 - 1, 7)$$

前述的例子說明下面的定理的真實性：

▶ 定理 11.29

假設 n 和 r 為質數。則對所有整數 m，

$$(x - m)^n \equiv (x^n - m) \bmod (x^r - 1, n) \tag{11.17}$$

證明：此證明可根據輔助定理 11.2 推演，我們將這個證明留作習題。

假設前述的定理說明：n 為質數若且唯若同餘式 11.17 被滿足，則我們立即能改進使用同餘式 11.16 測試一個數值是否為質數的效率。亦即，$(x^n - m) \bmod (x^r - 1)$ 的計算是微不足道的，而為計算 $(x - m)^n \bmod (x^r - 1)$，Knuth (1998) 發展了一種使用快速傅立葉乘法運算且其時間複雜度為 $O[r(\lg n)^2]$ 演算法。那麼，若定理 11.29 是 "若且唯若" 且 r 很小，我們就能以這個含有極少係數的同餘式取代同餘式 11.16 的計算。下面的例子說明了這個觀念。

● **範例 11.65**　假設我們想判定 11 是否為質數，且定理 11.29 為 "若且唯若"。選取 $m = 4$ 與 $r = 3$。我們有

$$(x - 4)^{11} \bmod (x^3 - 1) = -12\,536\,127x^2 + 6\,212\,052x + 6\,146\,928$$

以及

$$(x^{11} - 4) \bmod (x^3 - 1) = x^2 - 4$$

現在我們計算是否

$$\left(-12\,536\,127x^2 + 6\,212\,052x + 6\,146\,928\right) \equiv \left(x^2 - 4\right) \bmod 11$$

代替計算是否

$$(x - 4)^{11} \equiv (x^{11} - 4) \bmod 11$$

因此我們將這個問題從測試 12 個同餘式降低至測試 3 個同餘式。

　　這個程序的問題在於定理 11.29 實際上並不是 "若且唯若" 的，即使我們選的 m 與 n 互質。亦即，對，有些合成數會在 m 與 r 等於某些值的情況下，滿足同餘式 11.17，其中 m 與 n 互質。因此若我們僅檢查這個同餘式是否在一些特定值的情況下被滿足，那麼一個合成數也有可能通過此測試。我們藉由選取適當的 r 並檢查幾個 m 值來解決此問題。以此方式，沒有合成數會被視為質數，而這個檢查的演算法仍保持在多項式時間。在介紹完演算法之後，我們會得到這樣的結果。在介紹演算法之前，我們需要一些符號。

　　回憶群元素 a 的秩，標示為 $ord(a)$，為使得 $a^t = e$ 之最小正整數 t，其中 e 為單位元素。給定群 $(\mathbb{Z}_r^*, \times_r)$，則 $ord([n]_r)$ 為使得 $([n]_r)^t = [1]_r$ 之最小正整數 t。亦即，它是使得

$$n^t \equiv 1 \bmod r$$

之最小正整數。我們稱它為在模 r 下 n 的秩 (order of n modulo r)，且標示為 $ord_r(n)$。

▶ **演算法 11.5**　**多項式時間內判定一整數是否為質數**

　　問題：判定一整數是否為質數。

　　輸入：一個整數 $n > 1$。

　　輸出：若 n 為質數，true；若 n 為合成數，false。

```
bool prime (int n)
{
    int q, r, m; bool switch;
    if (n == k^j for integers k, j > 1)
        return false;
    r = 2; switch = false;
    while (r < n &&! switch) {
        if (gcd(n, r) ≠ 1)
            return false;
        if (r is prime) {
            q = r-1 的最大質因數;
            if (q >= 4√r lg n && n^(r-1/q) ≢ 1 mod r)
                switch = true;
        }
        r = r+1;
    }
    if (switch) {
        m = 1;
        while (m <= 2√r lg n) {
            if ((x - m)^n ≢ (x^n - m) mod(x^r-1, n))
                return false;
            m = m+1;
        }
    }
    return true;
}
```

演算法的正確性 (Correctness of the Algorithm)

接下來我們證明此演算法為正確的。首先我們證明此演算法總是判定一質數為質數。

▶ **定理 11.30**

若一質數為演算法 11.5 的輸入，此演算法回傳 true。

證明：若 n 為質數，則對所有 $r < n$，

$$\gcd(n, r) = 1$$

意指第一個 **while** 迴圈不會回傳 false。由於 n 和 r 為質數，故根據定理 11.29，第二個 while 迴圈不會回傳 false。結論為此演算法一直會執行到最後一個指令，且該指令回傳 true。

證明此演算法總是判定一合成數為合成數較困難。我們接下來完成這個證明。首先我們需要下列兩個將輔助定理 11.2 及定理 11.29 推廣的輔助定理。

▲ **輔助定理 11.3**

假設 $g(x)$ 為整係數多項式，且 n 為質數。則

$$[g(x)]^n \equiv g(x^n) \bmod n$$

證明：令

$$g(x) = a_0 + a_1 x + \cdots + a_d x^d$$

則

$$g(x^n) = a_0 + a_1 x^n + \cdots + a_j x^{jn} + \cdots + a_d x^{dn} \tag{11.18}$$

此外，x^i 於 $[g(x)]^n$ 中的係數為

$$b_i = \sum_{\substack{i_0 + \cdots + i_d = n \\ i_1 + 2i_2 + \cdots + di_d = i}} a_0^{i_0} \cdots a_d^{i_d} \frac{n!}{i_0! \cdots i_d!} \tag{11.19}$$

情況 1：對任意一個 j，$i \neq jn$。則，由等式 11.18 可得知，在 $g(x^n)$ 中，x^i 的係數為 0。再者，由等式 11.19 可得知，對構成 b_i 所有項中的所有 j，$i_j \neq n$。然而，接著 n 整除各項，意指 $n|b_i$，且 $b_i \equiv 0 \bmod n$。故在此情況下得證。

情況 2：對某些 j（其中 $0 \leq j \leq d$），$i = jn$。則，由等式 11.18 可得知，在 $g(x^n)$ 中，x^i 的係數為 a_j。再者，若取 $i_j = n$，我們會得到 $ji_j = jn = i$。因此，由等式 11.19 可得知，b_i 的某一項為

$$a_j^{i_j} = a_j^n$$

對 b_i 中的其他各項，很清楚地，對每個 k，$i_k \neq n$，意指 n 整除此項，且此項在模 n 下與 0 同餘。根據定理 11.22，

$$a_j^n \equiv a_j \bmod n$$

故此證明得證。

▲ **輔助定理 11.4**

假設 $g(x)$ 為整係數多項式，且 n 與 r 為質數。則

$$[g(x)]^n \equiv g(x^n) \bmod (x^r - 1, n)$$

證明：此證明可依據前面的輔助定理，我們將其留作習題。

我們也需要下列輔助定理：

▲ **輔助定理 11.5**

若 r 和 q 為質數，q 整除 $r - 1$，且 $q \geq 4\sqrt{r} \lg n$，則 $q | = ord_r(n)$ 若且唯若

$$n^{\frac{r-1}{q}} \not\equiv 1 \bmod r$$

證明：若我們令 $t = ord_r(n)$，則，由於 r 為質數這個事實以及定理 11.17 與定理 11.19，存在著一個整數 k 使得 $r - 1 = tk$。因為 q 整除 $r - 1$，且 q 為質數，推論 11.2 意味著 $q|t$ 或 $q|k$。現在我們證明 "若且唯若"：

假設 $n^{\frac{r-1}{q}} \not\equiv 1 \bmod r$，利用反證法，假定 $q \nmid t$。由於 $q|t$ 或 $q|k$ 必有一成立，故 $q|k$。因此，由於 $r - 1 = tk$，存在整數 j 符合 $r - 1 = tjq$，意指 $(r-1)/q = tj$。然而，因為我們已知 $n^{\frac{r-1}{q}} = n^{tj}$，代表

$$n^{\frac{r-1}{q}} \equiv 1 \bmod r$$

產生矛盾，故 $q|t$。

現在我們來證明另外一個方向。假定 q 整除 t。因為 $q \geq 4\sqrt{r} \lg n$，故

$$\frac{r-1}{q} < q \leq t$$

因為 $t = ord_r(n)$，意指

$$n^{\frac{r-1}{q}} \not\equiv 1 \bmod r$$

故此證明完成。

▲ **輔助定理 11.6**

若 n 為合成數 q 為質數，且 q 整除 $q| = ord_r(n)$，則必存在一個 n 的質因數 p 使得

$$q | ord_r(p)$$

證明：令 $p_1, p_2, \ldots, p_k$ 為 n 的質因數。我們把證明

$$ord_r(n) | \text{lcm}(ord_r(p_1), ord_r(p_2), \ldots, ord_r(p_k))$$

留作習題。其中 lcm 為**最小公倍數** (least common multiple)。因為 $q| = ord_r(n)$，且 q 為質數，定理 11.7 隱含存在著某個 p_i 使得 $q| = ord_r(p_i)$。故得證。

下個定理的證明非常依賴下列的輔助定理。此輔助定理的證明需要超出此書範圍的代數知識。對熟悉抽象代數的讀者，我們在此節結尾介紹證明此輔助定理的結果。現在我們只陳述它。

▲ **輔助定理 11.7**

假設在演算法 11.5 中，因為 $switch$ 為真，故跳出第二個 while 迴圈。若 p 如輔助定理 11.6 所述，且我們令 $l = \lfloor 2\sqrt{r} \lg n \rfloor$，則必有一個多項式

$$g(x) = (x-1)^{k_1}(x-2)^{k_2} \ldots (x-l)^{k_l}$$

具下列特性：若我們令

$$J_{g(x)} = \{m \qquad \text{使得} \qquad g(x)^m \equiv g(x^m) \bmod (x^r - 1, p)\}$$

則

1. $J_{g(x)}$ 在乘法運算下具封閉性。
2. 存在一個整數 $a > n^{2\sqrt{r}}/2$ 使得對 $m, k \in J_{g(x)}$，若

$$m \equiv k \bmod r$$

則

$$m \equiv k \bmod a$$

證明：見此節結尾。

現在可以證明我們主要的結果了。

► **定理 11.31**

若一個合成數為演算法 11.5 的輸入，則此演算法回傳 false。

證明：若此數為合成數，且第一個 `while` 迴圈因為其中的 return 陳述式突然結束，false 會被回傳，然後就執行完成了。若第一個 `while` 迴圈因為 $r = n - 1$ 而跳出，則 n 必為質數。因此我們將假設一個合成數被輸入，且因為 $switch$ 為真，所以跳出第一個 `while` 迴圈。接著，根據輔助定理 11.5，q 整除 $ord_r(x)$。我們利用反證法，假定此演算法回傳 true。則，因為第二個 `while` 迴圈，對 $1 \leq m \leq l = \lfloor 2\sqrt{r} \lg n \rfloor$，

$$(x - m)^n \equiv (x^n - m) \bmod (x^r - 1, n)$$

意指

$$(x - m)^n \equiv (x^u - m) \bmod (x^r - 1, p) \tag{11.20}$$

其中 p 如輔助定理 11.6 所述。因此，在輔助定理 11.7 中，$g(x)$ 的每一項 $(x - m)$ 均滿足了同餘式 11.20。意指

$$[g(x)]^n \equiv g(x^n) \bmod (x^r - 1, p)$$

因此，$n \in J_{g(x)}$（其中 $J_{g(x)}$ 如輔助定理 11.7 所定義）。再者，根據輔助定理 11.4，$p \in J_{g(x)}$，並且，顯而易見地，$1 \in J_{g(x)}$。

現在，考慮下列集合

$$E = \left\{ n^i p^j \qquad 使得 \qquad 0 \leq i, j \leq \lfloor \sqrt{r} \rfloor \right\}$$

根據輔助定理 11.7 第一部份，$E \subseteq J_{g(x)}$。再者，

$$|E| = \left(1 + \lfloor \sqrt{r} \rfloor \right)^2 > r$$

因此利用鴿籠原理，在 E 中，存在著兩個元素 $n^i p^j$ 與 $n^h p^k (i \neq h$ 或 $j \neq k)$ 使得

$$n^i p^j \equiv n^h p^k \bmod r$$

因此，根據輔助定理 11.7 第二部份，我們得到

$$n^i p^j \equiv n^h p^k \bmod a \tag{11.21}$$

其中 a 如輔助定理 11.7 所述。因為 $p|n$，n 為合成數，且 $i, j \leq \lfloor \sqrt{r} \rfloor$，故

$$n^i p^j \leq n^{\sqrt{r}} \left(\frac{n}{2} \right)^{\sqrt{r}} = \frac{n^{2\sqrt{r}}}{2^{\sqrt{r}}}$$

同樣地，因為 $h, k \leq \lfloor \sqrt{r} \rfloor$，故

$$n^h p^k \leq \frac{n^{2\sqrt{r}}}{2^{\sqrt{r}}}$$

然而，由於 $a > n^{2\sqrt{r}}/2$，因此，同餘式 11.21 隱含

$$n^i p^j = n^h p^k$$

因為 $p|n$，且不是 $i \neq h$ 就是 $j \neq k$ 成立，最後一個等式隱含對某個大於等於 1 的整數，

$$n = p^s$$

成立。然而，在這個演算法的第一步，我們已經檢查過，在 $s \geq 2$ 的情況下，n 是否符合這種 p^s 的形式。因此，$s = 1$ 且 n 為質數。產生矛盾，故此定理得證。

演算法的時間複雜度

接下來探討演算法 11.5 的時間複雜度。首先需要一些輔助定理與一個定理。

▲ **輔助定理 11.8**

令 q_m 為 m 最大的質因數。則存在一個正常數 c 與整數 N 使得對 $n > N$

$$\left| \left\{ p \quad 使得 p 為質數, \quad p \leq n, \ 且 \ q_{p-1} > n^{2/3} \right\} \right| \geq c \frac{n}{\lg n}$$

證明：此證明請見 Baker 和 Harman (1996)。

▲ **輔助定理 11.9**

令 $\pi(m)$ 為小於或等於 m 的質數數量。則對於 $m \geq 1$，

$$\frac{m}{6 \lg m} \leq \pi(m) \leq \frac{8m}{\lg m}$$

證明：此證明請見 Apostol (1997)。

▲ **輔助定理 11.10**

給定正整數 m 與 n，乘積

$$(n-1)(n^2-1)\cdots(n^m-1)$$

最多有 $m^2 \lg n$ 個質因數。

證明：各項最多有 $m \lg n$ 個質因數，且共有 m 項。

▶ **定理 11.32**

存在著正常數 c_1 與 c_2 及整數 N，使得對每個 $n > N$，存在著一個質數 r 位於間隔

$$\left(c_1 \left(\lg n\right)^6, c_2 \left(\lg n\right)^6\right)$$

使得 $r-1$ 的最大質因數 q 滿足

$$q \geq 4r^{1/2} \lg n \qquad 且 \qquad n^{\frac{r-1}{q}} \not\equiv 1 \bmod r$$

證明：令 c_1 與 c_2 為任意正整數。根據輔助定理 11.8，存在著一個正常數 c 與整數 N，使得對於 $c_2 \left(\lg n\right)^6 > N$，

$$\left|\left\{p \text{ 使得 } p \text{ 為質數} , p \leq c_2 \left(\lg n\right)^6 , 且 \ q_{p-1} > \left[c_2 \left(\lg n\right)^6\right]^{2/3}\right\}\right| \\ \geq c\frac{c_2 \left(\lg n\right)^6}{\lg \left(c_2 \left(\lg n\right)^6\right)} \tag{11.22}$$

我們將證明等式 11.22 隱含下式留作習題。

$$\left|\left\{p \text{ 使得 } p \text{ 為質數} , p \leq c_2 \left(\lg n\right)^6 , 且 \ q_{p-1} > \left[c_2 \left(\lg n\right)^6\right]^{2/3}\right\}\right| \\ \geq \frac{cc_2}{7} \frac{\left(\lg n\right)^6}{\lg \left(\lg n\right)}$$

若在輔助定理 11.9 中，我們令 $m = c_1 \left(\lg n\right)^6$，經過一些處理後，可得小於或等於 $c_1 \left(\lg n\right)^6$ 的質數數量不大於

$$\frac{8c_1}{6} \frac{\left(\lg n\right)^6}{\lg \left(\lg n\right)} \tag{11.23}$$

結合不等式 11.22 與 11.23，我們得到位於間隔

$$\left[c_1 \left(\lg n\right)^6, c_2 \left(\lg n\right)^6\right] \tag{11.24}$$

中之質數 p 的數量滿足

$$q_{p-1} > \left[c_2 \left(\lg n\right)^6\right]^{2/3} \tag{11.25}$$

大於或等於

$$\left(\frac{cc_2}{7} - \frac{8c_1}{6}\right) \frac{\left(\lg n\right)^6}{\lg\left(\lg n\right)}$$

我們稱此類質數為**特殊質數** (special primes)。回想，c_1 與 c_2 為任意正整數。現在選取 $c_1 \geq 4^6$。則，對於任何特殊質數 p，我們有

$$\begin{aligned}
q_{p-1} &> p^{2/3} = p^{1/2} p^{1/6} \\
&\geq p^{1/2} \left[c_1 \left(\lg n\right)^6\right]^{1/6} \\
&\geq p^{1/2} \left[4^6 \left(\lg n\right)^6\right]^{1/6} \\
&\geq p^{1/2} 4 \lg n
\end{aligned} \tag{11.26}$$

第一個不等式根據不等式 11.24 與 11.25，而第二個根據不等式 11.25。

現在，選取 c_2 使 $c_3 = \left(\frac{cc_2}{7} - \frac{8c_1}{6}\right) > c_2^{2/3}$。接著我們可以得到，對於 $n > N$，特殊質數的數量大於或等於

$$c_3 \frac{\left(\lg n\right)^6}{\lg\left(\lg n\right)} \tag{11.27}$$

現在，令 $x = c_2 \left(\lg n\right)^6$。則

$$x^{2/3} \lg n = \left[c_2 \left(\lg n\right)^6\right]^{2/3} \lg n = c_2^{2/3} \left(\lg n\right)^5 < c_3 \frac{\left(\lg n\right)^6}{\lg(\lg n)} \tag{11.28}$$

根據輔助定理 11.10，乘積

$$\prod = (n-1)(n^2-1)\cdots(n^{\lfloor x^{1/3} \rfloor} - 1)$$

至多有 $\lfloor x^{2/3} \rfloor \lg n$ 個質因數。因此，根據不等式 11.27 與 11.28，至少存在著一個無法整除 $\prod$ 的特殊質數 r。

我們將證明 r 滿足此定理的條件。很清楚地，根據不等式 11.24 與 11.26，r 滿足前二個條件。因此，若我們令 $q = q_{r-1}$，我們僅需證明

$$n^{\frac{r-1}{q}} \not\equiv 1 \bmod r$$

為了達到這個目的，假定

$$n^{\frac{r-1}{q}} \equiv 1 \bmod r$$

則 $r \mid \left(n^{\frac{r-1}{q}} - 1 \right)$。因此，由於 r 不整除 $\prod$，我們僅需證明

$$\frac{r-1}{q} \leq \left\lfloor x^{1/3} \right\rfloor = \left\lfloor c_2^{1/3} \left(\lg n \right)^2 \right\rfloor$$

以取得矛盾。因為不等式 11.25 說，$q > \left[c_2 \left(\lg n \right)^6 \right]^{2/3}$，我們僅需證明

$$r - 1 \leq \left\lfloor c_2^{1/3} \left(\lg n \right)^2 \right\rfloor \left[c_2 \left(\lg n \right)^6 \right]^{2/3}$$
$$\leq c_2 \left(\lg n \right)^6$$

然而，根據不等式 11.24，最後一個等式不成立。造成矛盾，故此證明完成。

分析演算法
11.5
► **最差情況時間複雜度分析（多項式時間內決定一數是否為質數）**

基本運算：單一位元的運算。

輸入大小：將 n 編碼所需的位元數 s，可由下式計算出

$$s = \lfloor \lg n \rfloor + 1$$

為了判定 n 是否為 k^j 的形式，所需確認的根的數量在 $O(s)$ 中。亦即，我們必需檢查 $n^{1/2}, n^{1/3}, \dots, n^{1/m}$，其中 $m = \lfloor \lg n \rfloor$。利用 2.6 節討論的暴力法，檢查各個根的時間複雜度為 $O(s^2)$。因此，這個判定的總時間複雜度為

$$O(s s^2) = O(s^3)$$

根據定理 11.32，執行第一個 while 迴圈的次數為 $O(s^6)$。讓我們討論一下每執行一次該迴圈所完成的工作。因為 $r < n$，若我們利用演算法 11.1，計算 $\gcd(n,r)$ 的時間複雜度為 $O(s^2)$。假定我們利用 9.2 節開頭介紹的演算法來判定 r 是否為質數並求 $r - 1$ 的最大質因數。該演算法中的 while 迴圈至多需執行 $r^{1/2}$ 次，而且，利用 2.6 節討論的暴力法，每執行迴圈一次，計算餘數的時間複雜度為 $O(s^2)$。因此，總時間複雜度為 $O(r^{1/2}s^2)$，意指，根據定理 11.32，時間複雜度為 $O(s^3s^2) = O(s^5)$。再次利用 2.6 節的技巧，遞增 r 與檢驗第一個 while 迴圈跳出條件的時間複雜度為 $O(s^2)$。因此，第一個 while 迴圈的總時間複雜度為

$$O(s^6s^5) = O(s^{11})$$

因為 $r < c(\lg n)^6$，有可能得到比剛剛討論的更緊密的 bound。然而，如我們將看到的，第二個 while 迴圈才會決定最後的 bound。

第二個 while 迴圈的執行次數為 $O(r^{1/2}s)$，意指，根據定理 11.32，迴圈次數為 $O(s^3s) = O(s^4)$。如定理 11.29 後所提及，若使用**快速傅立葉乘法** (Fast Fourier multiplication)，該迴圈中判斷同餘的時間複雜度為 $O(rs^2)$，意指，再次根據定理 11.32，時間複雜度為 $O(s^6s^2) = O(s^8)$。因此，第二個 while 迴圈的總時間複雜度為

$$O(s^8s^4) = O(s^{12})$$

可得結論為

$$W(s) \in O(s^{12})$$

Agrawal et al. (2002) 提到，實際上，演算法 11.5 可能比剛剛得到的複雜度快很多。更確切地，他們證明若他們的推測為真，該演算法時間複雜度經驗值為 $O(s^6)$。

⊕ 證明輔助定理 11.7 的結果

接著我們開始說明用來證明輔助定理 11.7 的一些輔助定理。此節需要抽象代數的知識。首先我們解釋所用的符號。給定一個**環** (ring) R，我們將其對應的**多項式環** (polynomial ring) 標示為 $R[x]$。例如，對應於 $\mathbf{Z}_n$ 的多項式環標示為 $\mathbf{Z}_n[x]$。給定一環 R 及 R 內一個 ideal L，由 $\{r + 1 : l \in L\}$ 形式構成的**因子環** (factor ring) 被標示為 R/L。再者，若 $r \in R$，且 L 為所有 r 的倍數所構成的 ideal，我們以 R/r 代表 R/L。例如，$\mathbf{Z}_n$ 可用 $\mathbf{Z}/n$ 代表。如同另一個例子，給定一個多項式環 $R(x)$ 及多項式 $f(x) \in R(x)$，由所有 $f(x)$ 的倍

數構成的 ideal 決定的因子環被標示為 $R(x)/f(x)$。給定一質數 p，我們感興趣的是環（實際上為域）$\mathbf{Z}_p$，多項式環 $\mathbf{Z}_p[x]$，及因子環 $\mathbf{Z}_p[x]/h(x)$。

我們有下面的一些輔助定理，只陳述之而並未加以證明。這些證明使用了標準的代數運算，您可以循序地發展這些證明，也去 Agrawal et al.(2002) 中尋找它們。

▲ **輔助定理 11.11**

令 p 與 r 為質數符合 $p \neq r$。

1. 若 $h(x)$ 為 $x^r - 1$ 的因子，且 $m \equiv k \bmod r$，則

$$x^m \equiv x^k \bmod h(x)$$

2. 若我們令 $ord_r(p)$ 為 p 模 r 的秩，接著 $(x^r - 1)/(x-1)$ 可分解為一些多項式，這些多項式在 $\mathbf{Z}_p$ 上是不可約的，且秩為 $ord_r(p)$。

假定因為 $switch$ 為真，演算法 11.5 的第二個 while 迴圈跳出，p 如輔助定理 11.6 所述，且我們令 $l = \lfloor 2\sqrt{r} \lg n \rfloor$。根據前面輔助定理的第二部份，存在著一個多項式 $h(x)$，為 $x^r - 1$ 的因子，對 $\mathbf{Z}_p$ 不可約，且秩為 $ord_r(p)$。下面的一些輔助定理皆假設演算法 11.5 的第二個 while 迴圈跳出係因為 $switch$ 為真，p 如輔助定理 11.6 所述，$h(x)$ 為剛剛描述的多項式，且 $l = \lfloor 2\sqrt{r} \lg n \rfloor$。

▲ **輔助定理 11.12**

在 $\mathbf{Z}_p[x]/h(x)$ 中，令 G 為 l 個二項式

$$(x-1), (x-2), \ldots, (x-l)$$

產生的群，亦即

$$G = \left\{ \prod_{1 \leq m \leq l} (x-m)^{k_m} \qquad 使得 \qquad k_m \geq 0 \ 對於 \ 1 \leq m \leq l \right\}$$

則 G 為循環的，且

$$|G| > \left[\frac{ord_r(p)}{l} \right]^l$$

其中 $|G|$ 為 G 內的元素數。

▲ **輔助定理 11.13**

令 G 為前個輔助定理中的群，$g(x)$ 為 G 的生成元，且 a_g 為 $Z_p[x]/h(x)$ 中 $g(x)$ 的秩，則

$$a_g > \frac{n^{2\sqrt{r}}}{2}$$

證明：由於 $l = \lfloor 2\sqrt{r}\lg n \rfloor$ 且 $q \geq 4\sqrt{r}\lg n$，我們得到 $q \geq 2l$。因為輔助定理 11.6 說 $q|ord_r(p)$，代表 $ord_r(p) \geq 2l$。根據前個輔助定理，則我們可得

$$|G| > \left(\frac{ord_r(p)}{l}\right)^l \geq \left(\frac{2l}{l}\right)^l = 2^l = 2^{\lfloor 2\sqrt{r}\lg n \rfloor} \geq 2^{2\sqrt{r}\lg n - 1} = \frac{n^{2\sqrt{r}}}{2}$$

依據 $g(x)$ 為 G 的生成元之事實，故得證。

▲ **輔助定理 11.14**

令 $g(x)$ 為如前個輔助定理所示。則集合

$$J_{g(x)} = \{m \qquad 使得 \qquad g(x)^m \equiv g(x^m) \bmod (x^r - 1, p)\}$$

於乘法下具封閉性。

▲ **輔助定理 11.15**

令 $g(x)$，a_g 及 $J_{g(x)}$ 為如前輔助定理所示。則對所有 $m, k \in J_{g(x)}$，若

$$m \equiv k \bmod r$$

則

$$m \equiv k \bmod a_g$$

顯而易見地，若我們令 $a = a_g$ 則輔助定理 11.7 可由前輔助定理推導得證。

● 11.7　RSA 加密系統

回想本章開頭所討論，關於鮑伯想在網路上送秘密情書給愛麗絲的故事。我們注意到如果他能讓這訊息經過編碼後看起來像是胡言亂語，而且只有愛麗絲可以將這些胡言亂語解碼成原來的訊息，那麼他就不需要擔心他的朋友們攔截訊息了。公鑰加密系統讓鮑伯可以做到這點。在描述過這樣的系統後，我們要來介紹 RSA 公鑰加密系統。

● 11.7.1　公鑰加密系統

公鑰加密系統 (public-key cryptosystem) 由一套可允許的訊息集合，一批各自擁有一**公鑰** (public key) 與一**密鑰** (secret key) 的參與者，以及提供參與者間傳送訊息的網路所組成。這套可允許的訊息集合可能包含所有符合或少於給定長度的字元序列。若我們令

$$M = \text{可允許的訊息集合}$$

則各個參與者 x 的公鑰 $pkey_x$ 與密鑰 $skey_x$ 決定相對應的函式 pub_x 與 sec_x，從 M 到 M，並互為反函數。亦即，對各個 $b \in M$

$$b = pub_x\left(sec_x(b)\right)$$

$$b = sec_x\left(pub_x(b)\right)$$

現在每一個參與者的公鑰對所有參與者來說都是已知，但 x 的密鑰只有 x 自己知道。因此，例如，若鮑伯想送秘密情書 b 給愛麗絲，他和愛麗絲的做下列事項：

1. 鮑伯用愛麗絲的公鑰，$pkey_{Alice}$，計算 $c = pub_{Alice}(b)$。訊息 c 稱為**密文**，是無法解讀的。

2. 鮑伯送密文 c 給愛麗絲。

3. 愛麗絲用她自己的密鑰 $skey_{Alice}$ 計算 $b = sec_{Alice}(c)$。

● **範例 11.66**　　假定鮑伯想送訊息 'I love you' 給愛麗絲，步驟如下：

　　　1. 鮑伯計算

$$pub_{Alice}(\text{'I love you'})$$

　　　假定結果為 '@!##%*(!'。

　　　2. 鮑伯送此訊息給愛麗絲，鮑伯的朋友們看到 '@!##%*(!'。

3. 愛麗絲計算

$$sec_{Alice}(\text{`@!\#\#\% * (!')} = \text{I love you}$$

在步驟 1 中使用 pub_{Alice} 的動作稱為**加密** (encryption)，而步驟 3 使用 sec_{Alice} 的動作稱為**解密** (decryption)。這些步驟如圖 11.1 所示。注意，因為只有愛麗絲知道 sec_{Alice}，因此只有她可以將密文 c 解碼回原訊息 b。因此鮑伯的朋友們只能看到密文。

只要無法（或至少非常困難）從 $pkey_x$ 求出 $skey_x$，此方法就會見效。接下來我們要介紹一套可讓這個動作非常困難的系統。

11.7.2　RSA 加密系統

RSA 加密系統依靠的是，我們可以相當容易地找到大質數，卻沒有高效率的方法可因式分解一個大數。在呈現過方法之後，我們將再更深入探討這些事實。

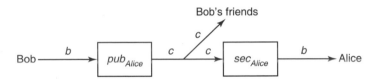

圖 11.1　鮑伯用愛麗絲的公鑰加密他的訊息，而愛麗絲用她的密鑰將它解密。
鮑伯的朋友們只看到密文。

系統

RSA 公鑰加密系統 (RSA public-key cryptosystem) 中，各個參與者依據下列步驟創造他自己的公鑰和密鑰：

1. 選取兩個非常大的質數 p 和 q。表示 p 和 q 的所需的位元數可以為 1024。

2. 計算

$$n = pq$$
$$\varphi(n) = (p-1)(q-1)$$

方程式 $\varphi(n)$ 係根據定理 11.17。

3. 選取一個小質數 g 與 $\varphi(n)$ 互質。

4. 利用演算法 11.3，計算 $[g]_{\varphi(n)}$ 的乘法反元素 $[h]_{\varphi(n)}$。亦即，

$$[g]_{\varphi(n)}[h]_{\varphi(n)} = [1]_{\varphi(n)}$$

根據推論 11.8，此反元素存在且唯一。

5. 令 $pkey = (n,g)$ 代表公鑰，且令 $skey = (n,h)$ 代表密鑰。

可允許的訊息集合為 Z_n。對應於公鑰 $pkey = (n,g)$ 的函式為

$$pub(b) = b^g \tag{11.29}$$

其中 $b \in Z_n$，而對應於密鑰 $skey = (n,h)$ 的函式為

$$sec(b) = b^h \tag{11.30}$$

這些函式的值可用演算法 11.5 計算。

為了此系統的正確性，對應於公鑰與密鑰的函式必須互為反函式。接下來我們證明此點為真。

▶ **定理 11.33**

等式 11.29 與 11.30 的函式互為反函式。

證明：依據等式 11.29 與 11.30，對任何 $b \in Z_n$

$$pub(sec(b)) = sec(pub(b)) = b^{gh}$$

因此我們只需要證明

$$b^{gh} = b$$

為了達到證明的目的，令 $m \in b$。（記得 $a \in Z_n$）。則 $m^{gh} \in b^{gh}$。我們將證明

$$[m^{gh}]_p = [m]_p \tag{11.31}$$

因為 g 與 h 對模 $\varphi(n) = (p-1)(q-1)$ 互為乘法反元素，故

$$[gh]_{(p-1)(q-1)} = [1]_{(p-1)(q-1)}$$

意指存在著一個整數 k 使得

$$gh = 1 + k(p-1)(q-1)$$

有兩種情況。

情況 1：假定 $\lfloor m \rfloor_p \neq \lfloor 0 \rfloor_p$，接著可得到

$$
\begin{aligned}
[m^{gh}]_p &= [m^{1+k(p-1)(q-1)}]_p \\
&= [m]_p \left([m]_p^{(p-1)}\right)^{k(q-1)} \\
&= [m]_p [1]_p^{k(q-1)} \\
&= [m]_p
\end{aligned}
$$

上述第三等式係由定理 11.22 得到。

情況 2：若 $\lfloor m \rfloor_p = \lfloor 0 \rfloor_p$，則

$$
[m^{gh}]_p = [m]_p^{gh} = [0]_p^{gh} = [0]_p = [m]_p
$$

因此我們已證明了等式 11.31。相似地，

$$
[m^{gh}]_q \equiv [m]_q \tag{11.32}
$$

根據等式 11.31 與 11.32，

$$
m^{gh} \equiv m \bmod p
$$

且

$$
m^{gh} \equiv m \bmod q
$$

由於定理 11.31，我們因此得到

$$
m^{gh} \equiv m \bmod n
$$

代表

$$
b^{gh} = b
$$

故完成此證明。

討論

　　如前所述，RSA 加密系統能夠成功依賴的是，我們可以相當容易地找到大質數，卻沒有高效率的方法可因式分解一個大數。亦即，我們可以用下面敘述的方式找到一個大

質數。首先，我們隨機選取**合適**大小的整數。如節 11.6 開頭所討論的，就算找一個相當大的質數應該也不會花太長時間。對各個選取的整數，我們可以再利用多項式時間演算法 11.5，來確認此數是否為質數。我們持續這個工作，直到找到兩個大質數。如 11.6 節所討論的，甚至在演算法 11.5 發展前，**米勒－拉賓或然性檢驗** (Miller-Rabin Randomized Primality Test) 被用來有效地以極低的錯誤率確認一數是否為質數。事實上，**米勒－拉賓或然性檢驗**可能仍為大多數情況對於質數驗證演算法的選擇。因為它的時間複雜度為 $O(es^3)$，其中 s 為將輸入編碼所需位元數，而 e 為我們所選取的，使得此演算法出錯的機率不大於 2^{-e} 的整數。所以若我們挑選的 e 僅為 40，出現一個錯誤的機率不大於 $2^{-14} = 9.0949 \times 10^{-13}$。

在另一方面，沒有人曾找到因式分解數值的多項式時間演算法。不分解 n 而求出密鑰 $skey = (n,h)$ 的 h 值的機會是存在的。然而，至今無人發現夠有效率的方法。目前，假如使用大約 1024 或更多位元的整數，則我們可以藉由 RSA 加密系統達到安全性。

● 習題

11.1 節

1. 求下列整數的正因數。

    (a) 72

    (b) 31

    (c) 123

2. 證明若 $h|m$ 且 $m|n$，則 $h|n$。

3. 說明兩整數可互相整除若且唯若它們相等。

4. 令 p 與 q 為兩質數。若 $p = q + 2$，則 p 與 q 稱為 "雙生質數" (twin prime numbers)。試找出兩對雙生質數。

5. 試證明 $\gcd(n, m) = \gcd(m, n)$。

6. 試證明若 m 與 n 皆為偶數，則 $\gcd(m, n) = 2\gcd(m/2, n/2)$。

7. 試證明若 $n \geq m > 0$，則 $\gcd(m, n) = \gcd(m, n - m)$。

8. 試證明若 p 為質數且 $0 < h < p$，則 $\gcd(p, h) = 1$。

9. 利用推論 11.2 說明整數的質數因式分解，如定理 11.5 所探討，是唯一的。

10. 將下列各個整數寫為一組質數的乘積。

    (a) 123

    (b) 375

    (c) 927

11. 證明定理 11.6。

12. 證明定理 11.7。

13. 證明對正整數 m 與 n，$\gcd(m, n) = \text{lcm}(m, n)$ 若且唯若 $m = n$

11.2 節

14. 展示演算法 11.1 的流程當頂層呼叫為 $\gcd(68, 40)$。

15. 寫出演算法 11.1 的 iterative 版本。你的演算法只能使用常數數量的記憶體 [亦即，空間複雜度函數為 $\theta(1)$]。

16. 寫出一個能利用演算法 11.1，做到某個有理數的最小項表達該有理數的演算法。您可假設此有理數以分數 m/n 的形式提供，其中 m 與 n 為整數。

17. 展示演算法 11.2 的流程當頂層呼叫為 $Euclid(64,40,\gcd,i,j)$。

18. 寫一個利用減法計算最大公因數的演算法。(見習題 7)。分析你的演算法。

11.3 節

19. 證明範例 11.21 的 $(S, *)$ 為一個群。

20. 證明定理 11.12。

21. 後面為證明定理 11.13 所留下的練習。證明存在著一個整數 c 使得 $h_1 = cn_2n_3 \cdots n_j$。

22. 證明定理 11.14。

23. 證明若 $s \in [m]_n$ 且 $t \in [k]_n$，則 $s \times t \in [m \times k]_n$。

24. 證明若 $G = (S, *)$ 為有限群且 $a \in S$，則存在整數 $k, m \geq 1$ 使得 $a^k = a^k a^m$。

25. 證明若 $S = \{[0]_{12}, [3]_{12}, [6]_{12}, [9]_{12}\}$，則 $(S, +)$ 為 $(S_{12}, +)$ 的子群。

26. 利用定理 11.19 證明推論 11.3。

27. 考慮群 $(Z_9^*, \times)$，證明 $\langle[2]_9\rangle = Z_9^*$。

11.4 節

28. 解下列模方程。

    (a) $[8]_{10}x = [4]_{10}$

    (b) $[4]_{17}x = [5]_{17}$

29. 實作演算法 11.3 並執行於各種問題實例。

30. 求方程 $[1]_7 x = [3]_7$ 與 $[12]_9 x = [6]_9$ 的所有解。

11.5 節

31. 藉由提高 3 至其 12 次方以計算 $([3]_{73})^{12}$。

32. 藉由提高 7 至其 15 次方以計算 $([7]_{73})^{15}$。

33. 利用演算法 11.4 計算 $([3]_{73})^{12}$。

34. 利用演算法 11.4 計算 $([7]_{73})^{15}$。

35. 實作演算法 11.4，並執行於各種問題實例。

11.6 節

36. 求小於或等於 100 的質數數量。

37. 若依據均勻分佈隨機取出一個介於 1 與 10,000 間的整數，它為質數的機率大概為多少？

38. 假設我們依據均勻分佈隨機從 1 與 10,000 間取出 100 個數。它們全不為質數的機率大概為多少？

39. 說明若 n 為質數且 $1 < k \leq n-1$，則 $B(n,k) \equiv 0 \bmod n$，其中 $B(n,k)$ 表示二項係數。

40. 說明若 q 為 n 的因數，且 k 為 n 中 q 的冪次，則 $q^k | B(n,q)$，其中 $B(n,q)$ 表示二項係數。

41. $9x^3 + 2x$ 與 $x^2 - 4$ 是否在模 2 之下同餘？

42. 證明 $(x-9)^4$ 與 $(x^4 - 9)$ 不在模 4 之下同餘。

43. 證明 $(x-5)^3$ 與 $(x^3 - 5)$ 在模 3 之下同餘。

44. 證明定理 11.29。

45. 實作演算法 11.4 並執行於各種問題實例。

46. 利用輔助定理 11.3 證明輔助定理 11.4。

47. 後面為定理 11.6 所留習題。試證明 $ord_r(n)|lcm(ord_r(p_1),\ ord_r(p_2),...,ord_r(p_k))$。

48. 利用不等式 11.22 得到其後的不等式。

11.7 節

49. 公鑰與密鑰的差異為何？

50. 考慮一個使用 $p = 7$，$q = 11$ 及 $g = 13$ 之 RSA 加密系統。

    (a) 計算 n。

    (b) 計算 φ。

    (c) 求 h。

51. 考慮一個使用 $p = 23$，$q = 41$ 及 $g = 3$ 的 RSA 加密系統。將訊息 $[847]_{943}$ 譯成密碼。

52. 利用習題 51 的 RSA 加密系統將其加密的訊息解密。

53. 在 RSA 加密系統，證明若 $\varphi(n)$ 可被發現，則可能危及此加密系統。

進階習題

54. 證明存在著無限多個質數。

55. 說明 gcd 運算元具結合性。即對所有整數 m，n 及 h，我們有 $gcd(m, gcd(n,h)) = gcd(gcd(m,n),h)$。

56. 證明若 m 為奇數且 n 為偶數，則 $gcd(m,n) = gcd(m,n/2)$。

57. 證明若 m 與 n 皆為奇數，則 $gcd(m,n) = gcd((m - n)/2,n)$。

58. 尋找方程式 $mx = my \bmod n$ 隱含 $x \equiv y \bmod n$ 成立的必要條件。

59. 假設 p 為質數，求方程式 $x^2 = [1]_p$ 的解。

60. 在一個 RSA 加密系統中，令 p 與 q 為大質數，令 $n = pq$，且令 pub 為公鑰。證明 $pub(a)pub(b)$ 與 $pub(ab)$ 在模 n 之下同餘。

Chapter 12

平行演算法序論

假定您想要在後院建造一個籬笆，且必須挖十個很深的洞，每根籬笆柱子插在一個洞裡面。在了解循序分別挖這十個洞是件累人且不舒服的工作後，您會開始找找看有沒有其他的方法。您想到馬克吐溫書中著名的人物湯姆是如何藉著吹噓粉刷籬笆是多麼有趣的事來哄騙他的朋友幫他做這件事的。您決定使用同樣的策略，但略做修改。您發傳單給鄰居，宣告您將在後院舉辦一個挖洞大賽。最健康的那位參加者應該能夠以快的速度挖出一個洞並且因此贏得這項比賽。您提供了某個不錯的首獎，如六罐裝的啤酒，也了解這個獎對您的鄰居來說並不真的那麼重要。其實，他們只是想證明他們有多健康而已。在比賽那天，10 個壯漢同時挖了 10 個洞，這樣被稱為**平行地**挖洞。您已經為自己節省了很多必須做的工作，且完成整個挖洞的工作比原先您自己循序挖洞的方式快了許多。

就像請朋友平行地工作可以讓您更快速地完成這個挖洞的工作一樣，通常若一台電腦擁有可平行執行指令的處理器，它就能以更快的速度完成一件工作。（處理器在電腦中是負責處理指令與資料的硬體元。）到目前為止，我們僅討論過循序處理。亦即，所有我們提出過的演算法都是被設計在傳統的循序電腦上實作的。這種電腦只有一顆處理器，循序地執行指令，跟您自己循序挖那十個洞的方式很類似。這種電腦是根據 John von Neumann 提出的模型而設計的。如圖 12.1 所描繪的，這種模型含有一個處理器，稱為中央處理單元 (CPU)，以及記憶體。這種模型接受單一的指令流並在單一的資料流上操作。這種電腦被稱為**單一指令流單一資料流** (SISD)，並且以**串列電腦** (serial computer) 之名為人所熟知。

圖 12.1 傳統的串列電腦。

　　若一台電腦擁有許多處理器以同步的方式（以平行處理的方式）執行指令，那麼許多問題可以在更快的時間內被解出。這會像是讓您的十個鄰居同時挖洞一樣的效果。例如，考慮第 6.3 節中所介紹的貝士網路 (Bayesian Network)。圖 12.2 顯示了這樣的一個網路。每個網路中的頂點代表了病人的一個可能情況。若發生某個頂點的情況可能導致病人發生另一個頂點的情況，就會有一條邊線由第前一句話的第一個頂點連到第二個頂點。例如，右上的頂點代表是抽煙者的情況。由該頂點發射出的邊線代表抽煙可能會導致肺癌。一個給定的成因並不是一定會造成它可能的效果。因此，給定各種成因發生時，各種效果的機率值也必須被儲存在這個網路中。例如，是抽煙者的機率 (0.5) 被儲存在 "抽煙者" 的頂點。給定某人是抽煙者，得到肺癌的機率 (0.1)，與給定某人不是抽煙者，得到肺癌的機率 (0.01)，都被儲存在 "肺癌" 頂點。給定某人同時得到結核病與肺癌，胸部 X 光呈陽性反應的機率，與給定其他三種胸部 X 光陽性反應的成因之組合，胸部 X 光呈陽性反應的機率，都被儲存在 "胸部 X 光呈陽性反應" 頂點。在一個貝士網路中，基本的推論問題是去計算出：在知道位於某些頂點的情況出現後，發生位於其餘所有頂點的情況之機率。例如，若已知某病人是個抽煙者並且其胸部 X 光呈陽性反應，我們可能希望知道這個病人得了肺癌、得了結核病、具有呼吸短促症狀，且最近曾去過亞洲等等機率。Peral (1986) 為解這個問題發展了一種推理演算法。在該演算法中，每個頂點會送訊息到它的父頂點與子頂點。例如，在知道該病人的胸部 X 光呈陽性反應後，"胸部 X 光呈陽性反應" 頂點會送訊息到它的父頂點 "結核病" 與 "肺癌"。對每個收訊頂點來說，當該頂點收到訊息後，在該頂點的這個條件的機率會被計算，然後該頂點接著會送訊息給它的父頂點與子頂點。當這些頂點收到訊息後，在這些頂點的那些條件機率值會被計算，接著這些頂點會送出訊息。這種訊息傳遞的機制在根頂點以及葉頂點終止。在知道這個病人也是個抽煙者後，另一個訊息流由 "抽煙者" 頂點開始。傳統的循序式電腦只能在一個時間計算一個訊息或一個機率值。要傳給 "結核病" 的訊息內容可能先被計算，接著是結核病的新機率值，接著是要傳給 "肺癌" 的訊息內容，接著是肺癌的機率值，依此類推。

　　若每個頂點都有自己的處理器可以傳送訊息給別的頂點的處理器，當知道該病人的胸部 X 光呈陽性反應時，我們可以首先計算並傳送訊息給 "結核病" 與 "肺癌"。對每個收訊頂點來說，當該頂點收到訊息後，該頂點就可以單獨計算並傳送訊息給它的父頂點跟其他子頂點。再者，在知道該病人也是個抽煙者後，"抽煙者" 的頂點可以同時計算與傳送訊息給它的子頂點。很清楚地，如果這些計算或傳送可以同時發生，整個推論工作將可以變快許多。在實際應用中使用的貝士網路多半含有數以百計的頂點，被推論出的機率值也是馬上就要的。這代表時間的節省可能是非常重要的。

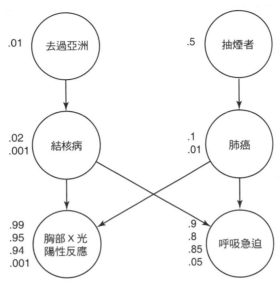

圖 12.2　貝士網路。

　　我們剛剛描述的是一種特殊類型**平行電腦**的架構。這種電腦被稱為"平行"是因為每個處理器能夠同時（以平行的方式）跟其他的處理器一起執行指令。處理器的價格在過去三十年來大幅下降。目前，現在在架上的微處理器之速度與最快的串列電腦之速度的差在一個量級之內。然而，微處理器的價格比要少了好幾個量級。因此，以圖 12.2 所描述的方式將許多個微處理器連接起來，可能在花的錢少很多的情形下，得到比最快的串列電腦還快的計算能力。有許多應用程式可由平行計算中得到明顯的好處。如一些人工智慧領域中的應用程式，包括之前描述的貝士網路問題、類神經網路中的推論、自然語言理解、語音辨識、以及機器視覺。其他應用程式包含了資料庫查詢處理、天氣預測、污染監測、蛋白質結構分析，還有很多很多其他的。

　　有很多方法可以用來設計平行電腦。12.1 節討論了某些在平行設計時所必須考慮之處，以及某些最紅的平行架構。12.2 節描述了如何為一種稱為 PRAM(parallel random access machine) 的平行電腦撰寫演算法。如我們將會看到的，這種電腦並不是十分實際。然而，PRAM 是一種循序運算模型的簡單推廣。再者，一個 PRAM 演算法可被翻譯成為許多實際機器上可執行的演算法。因此，PRAM 演算法可以做為介紹平行演算法的一個好工具。

12.1 平行處理架構

平行電腦的建構在下列三方面可能會有很大的差異：

1. 控制機制。

2. 位址－空間的組織。

3. 連接網路。

12.1.1 控制機制

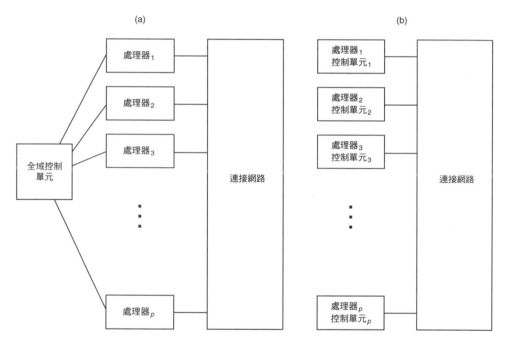

圖 12.3　(a) 單一指令流，多重資料流 (SIMD) 架構。(b) 多重指令流，多重資料流 (MIMD) 架構。

在一台平行電腦中的每個處理器可以在一個中央控制單元下運作，或是在它自身的控制單元下運作。第一種架構被稱為**單一指令流，多重資料流** (SIMD)。圖 12.3 (a) 描繪了 SIMD 的架構。在該圖中描繪的連接網路代表了使處理器之間能夠互相通訊的硬體。我們將在 12.1.3 節中討論連接網路。在 SIMD 的架構中，在中央控制單元的控制之下，同一個指令同時被所有的處理單元執行。並非所有的處理器都得在每個週期 (cycle) 執行一個指令；任何指定的處理器可在任何指定的週期中被關掉。

　　每個處理器擁有自己的控制單元之平行電腦被稱為**多重指令流，多重資料流**（MIMD）電腦。圖 12.3（b）描繪了 MIMD 的架構。MIMD 電腦在每個處理器均儲存了作業系統以及程式。

　　SIMD 電腦適合執行同一份指令在一個資料集的不同部分執行的程式。這種程式被稱為**資料平行處理程式**（data parallel program）。SIMD 電腦的缺點是在同一個週期執行不同的指令。舉例來說，假設要執行下面的條件敘述：

```
if (x == y)
    執行指令序列 A；
else
    執行指令序列 B；
```

　　任何一個發現 $x \neq y$ 的處理器不要執行指令，而發現 $x = y$ 的處理器要執行指令序列 A。接著，發現 $x = y$ 的那些處理器必須空轉，而發現 $x \neq y$ 的處理器必須執行指令 B。

　　一般來說，SIMD 電腦最適合執行需要同步的平行程式。許多 MIMD 電腦擁有額外提供同步機制的硬體，也就是說這些 MIMD 電腦能夠模擬 SIMD 電腦序列。

12.1.2　位址－空間的組織

多個處理器可藉著在共享的位址空間修改資料，抑或是藉著傳送訊息來互相通訊。我們根據使用的通訊方法來組織這個位址空間。

共享位址空間架構

在共享位址空間架構（shared-address-space architecture）中，硬體提供了所有處理器對一個共享位址空間的讀取與寫入的功能。多個處理器藉著在這個共享位址空間修改資料來溝通。圖 12.4（a）描繪了共享位址空間架構；在這個架構中，每個處理器存取記憶體中的任何 word 所花的時間都是相同的。這種電腦被稱為**一致性記憶體存取**（uniform memory access，UMA）電腦。在 UMA 電腦中，每個處理器擁有自己的私有記憶體，如圖 12.4（a）所示。這塊私有記憶體只是用來存放這個處理器完成計算所需的區域變數。演算法的實際輸入資料並不會放在這塊私有區域。UMA 電腦的缺點之一是：連接網路必須同時提供所有處理器對這塊共享記憶體的存取。這樣的作法會顯著地降低效能。另外一個取代方法是提供給每個處理器這塊共享記憶體的一部份，如圖 12.4（b）所描繪。這塊記憶體並不像圖 12.4（a）的區域記憶體一樣是私有的，亦即，每個處理器都能存取其他處理器所儲存的那塊記憶體。然而，它對自己的記憶體存取的速度快於存取別的處理器的記憶體。若一個處理器大多數都是存取自己的記憶體，那麼效能應該是不錯的。這種電腦被稱為非一致性記憶體存取（nonuniform memory access，NUMA）電腦。

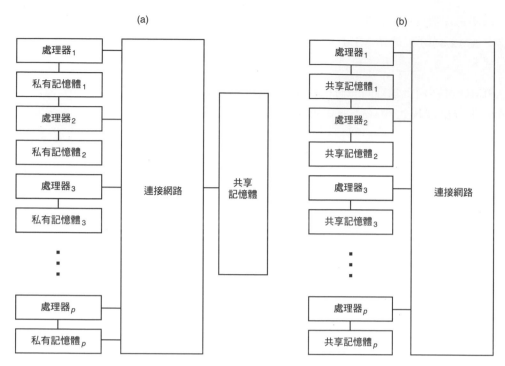

圖 12.4　(a) 一致性記憶體存取 (UMA) 電腦。(b) 非一致性記憶體存取 (NUMA) 電腦。

訊息傳遞架構

在訊息傳遞架構 (message passing architecture) 中，每個處理器有屬於自己也只有自己能存取的私有記憶體。多個處理器間透過傳遞訊息而不是修改資料來溝通。圖 12.5 顯示了訊息傳遞架構架構。請注意圖 12.5 看起來跟圖 12.4(b) 很像。差別在於連接網路 (interconnection network) 裡面拉線的方式。在 NUMA 電腦的情形中，連接網路裡面的拉線方式是拉成讓每個處理器都能存取到存放於別的處理器的記憶體，然而在訊息傳遞電腦的情形中，連接網路的拉線方式是拉成讓每個處理器可以直接送訊息給所有其他的處理器。

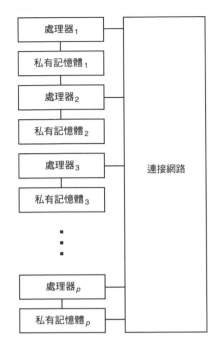

圖 12.5 訊息傳遞架構。每個處理器的記憶體只能被該處理器本身存取。處理器藉由透過
連接網路傳送訊息給其他所有的處理器來跟其他的處理器溝通。

• 12.1.3 連接網路

連接網路 (interconnection network) 可分為兩種：靜態與動態。靜態網路通常上用來建立訊息傳遞架構，而動態網路通常用來建立共享位址空間架構。我們依序討論這兩種網路。

靜態連接網路

靜態連接網路含有處理器間的直接連結，因此有時被稱為 **直接網路** (direct networks)。靜態連接網路又可分成好幾種。讓我們來討論最常見的幾種。最有效率，但是最昂貴的，就是完全連接網路 (completely connected network)，如圖 12.6 (a) 所示。在這種網路中，每個處理器直接連到所有其他的處理器。因此，一個處理器可以透過通往另一個處理器的連結傳送訊息給該處理器。因為連結的數目與處理器數目的平方成正比，因此這種網路是最昂貴的。

在一個 **星狀連接網路** (star-connected network) 中，某個處理器會扮演中央處理器的角色。亦即，其他所有的處理器都只有一個連到中央處理器的連結，如圖 12.6 (b) 所示。在一個星狀連結網路中，一個處理器藉著將訊息給中央處理器，接著中央處理器再把這個訊息轉給訊息目的地的處理器，來達成訊息傳遞的工作。

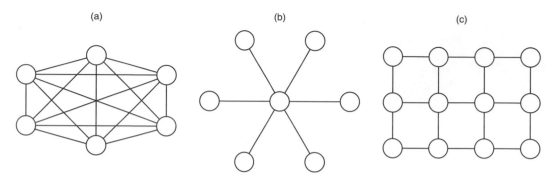

圖 12.6　(a) 完全連接網路。(b) 星狀連接網路。(c) 秩受限為 4 以下的網路。

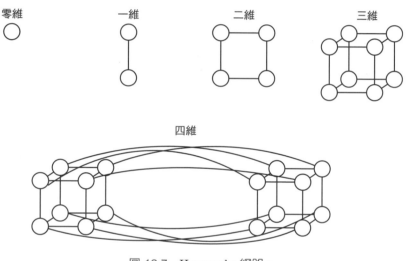

圖 12.7　Hypercube 網路。

　　在一個秩 (degree) 受限為 d 以下的網路 (bounded-degree network) 中，每個處理器最多連到 d 個其他的處理器。圖 12.6 (c) 顯示了一個秩受限為 4 以下的網路。傳遞訊息時，可先沿著某個方向傳，接著沿著另一個方向傳，直到傳到目的地為止。

　　一種更複雜一點，但是更廣為採用的靜態網路是 hypercube 網路。一個零維 hypercube 只含有一個處理器。一個一維 hypercube 由連結兩個零維的 hypercube 所形成。我們讓一個一維 hypercube 中的兩個處理器，分別連到另一個一維 hypercube 中的兩個處理器，就得到了一個二維的 hypercube。如此遞迴下去，我們讓一個 d 維的 hypercube 中的所有處理器分別連到另一個 d 維的 hypercube 中的所有處理器，就得到了一個 $(d+1)$ **維的 hypercube**。給定一個位於第一個 hypercube 中的處理器，它連接到第二個 hypercube 中的佔住相對應位置的處理器。圖 12.7 描繪了 hypercube 網路。

很清楚地,靜態網路通常用來實作訊息傳遞架構的原因是,在這種網路中的處理器是直接連結的,使得訊息能夠快速流通。

動態連接網路

在一個動態連接網路中,處理器經由一組開關元件連接到記憶體。最簡單的一種做法就是使用一個 crossbar **交換網路**。在這種網路中,我們透過一個開關元件方格將 p 個處理器連接到 m 個記憶體埠上,如圖 12.8 所示。如果,處理器$_3$ 現在能夠存取記憶體埠$_2$,在圖 12.8 中位於圈起來的位置的開關是關著的。(關閉這個開關使得電流能夠通過)。這種網路被稱為 "動態" 是因為一個處理器與一個記憶體埠的連接是在一個開關關閉時動態造成的。一個 crossbar 交換網路是非阻隔性的 (nonblocking)。亦即,某個處理器到某個給定的記憶體埠的連結並不會阻隔另一個處理器到另一個記憶體埠的連結。理想上,在一個 crossbar 交換網路中,每一個記憶體 word 都應該擁有一個記憶體埠。然而,這顯然是非常不實際的。通常,記憶體埠的數量至少會跟處理器的數量一樣多,使得,在一個給定的時刻,每個處理器能夠存取至少一個記憶體埠。在一個 crossbar 交換網路中,開關的數量等於 pm。因此,若我們要求 m 必須大於或等於 p,則該關的數量會大於或等於 p^2。因此,當處理器數量很多時,cross 交換網路會變得非常貴。

其他不在這裡討論的動態連接網路,包含了以匯流排為基礎的網路以及多級連接網路 (multistage interconnection network) 等等。

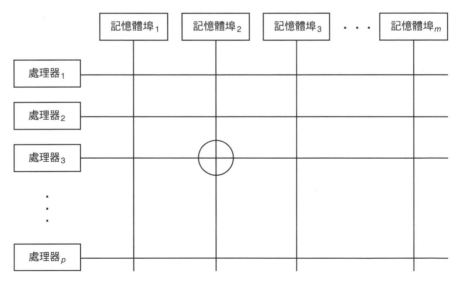

圖 12.8 crossbar 交換網路。方格中的每個點都有一個開關。被圈起來的開關是關閉的,以便在容許處理器$_3$ 存取記憶體埠$_2$ 時,讓處理器$_3$ 及記憶體埠$_2$ 間的資訊流能夠通過。

　　很清楚地，動態連接網路通常用在實作共享位址空間架構，是因為在這種網路中，每個處理器被容許去存取記憶體中的每個 word，但無法直接傳送訊息給任意其他的處理器。

　　這裡描述的平行處理硬體序論大多根據 Kumar、Grama、Gupta 與 Karypis (1994) 中的討論。讀者可以參考這篇文章以得到更完整的介紹，特別是對以匯流排為基礎的網路以及多級連接網路 (multistage interconnection network) 的討論。

• 12.2　PRAM 模型

如同前一節所討論的，可行的平行架構很少，實際上我們就是採用這幾種架構來製造電腦。另一方面，所有的串列電腦，具有圖 12.1 所示的架構，代表 von Neumann 模型是所有的串列電腦的一種共通模型。在前面幾章中於設計演算法時唯一的假定是這些演算法必須在符合 von Neumann 模型的電腦上執行。因此，不管用哪種程式語言或用哪種電腦來實作該演算法，其時間複雜度均相同。這已經成為串列電腦的應用程式大幅成長的關鍵因素。

　　為平行計算設計一個共通模型是相當有用的。對任一個共通模型來說，首先，必須具有足夠的一般性，以抓住大多數平行架構的重要功能。其次，根據這個模型設計的演算法必須在實際的平行電腦上很有效率地執行。到目前為止已知還沒有這樣的模型存在，看起來似乎不可能被找到了。

　　雖然目前還沒有已知的共通模型，**parallel random access machine** (PRAM) 已被廣為使用為平行處理機器的**理論**模型。一台 PRAM 電腦含有 p 個處理器，這 p 個處理器對一個大型的共享記憶體的存取是一致的。這 p 個處理器共用同一個時脈，但在每個週期，這些處理器可能執行不同的指令。因此，一台 PRAM 電腦是一台同步、MIMD 且 UMA 的電腦。這代表著圖 12.3 (b) 與 12.4 (a) 描繪了一台 PRAM 電腦的架構而圖 12.8 顯示了這種電腦的一種可能的連接網路。前面曾經提過，實際上建構這種電腦是很貴的。然而，PRAM 模型是串列計算模型的一種自然的推廣。這讓在發展演算法時，操作 PRAM 模型在概念上變得不難。再者，為 PRAM 模型發展的演算法可被轉譯成為許多更實際的電腦發展的演算法。例如，一個 PRAM 指令可在一個秩受限制的網路上以 $\Theta(\lg p)$ 個指令來模擬，其中 p 是處理器的數量。此外，對於大多數的問題，PRAM 演算法幾乎與為一個 hypercube 設計的演算法一樣快。基於這些理由，PRAM 模型可以當作是對平行演算法的一個很好的介紹。

在一個像是 PRAM 的共享記憶體電腦中，超過一個處理器可能會同時試著讀取或寫入同一個記憶體位置。依據同時發生的記憶體存取的處理方式，PRAM 模型可分為四種版本。

1. **獨佔讀取，獨佔寫入 (EREW)**。在這個版本中，不許任何的同時讀取或寫入。亦即，給定某個時間點與某個記憶體位置，僅有一個處理器能夠在該時間點存取該記憶體位置。這是 PRAM 電腦的最弱版本，因為它容許的同時作業性是最小的。

2. **獨佔讀取，同時寫入 (ERCW)**。在這個版本中，同時寫入的動作是被允許的，但是不容許同時讀取的動作。

3. **同時讀取，獨佔寫入 (CREW)**。在這個版本中，同時讀取的動作是被允許的，但是不容許同時寫入的動作。

4. **同時讀取，同時寫入 (CRCW)**。在這個版本中，同時讀取與同時寫入的動作都是被允許的。

我們要討論的是為 CREW 以及 CRCW 兩種模型的演算法設計。首先我們先描述 CREW 模型，接著我們會展示有時候如何用 CREW 模型發展出更有效率的演算法。在繼續研究下去之前，讓我們來討論如何呈現平行演算法。雖然有為平行演算法設計的程式語言，我們將使用我們標準的虛擬碼伴隨著某些額外的功能，接下來將會描述這些功能。

只寫出了一個版本的某演算法，而在編譯之後，該演算法被所有的處理器同時執行。因此，每個處理器在執行該演算法時，必須知道自身的索引值。我們將假定這些處理器被索引為 P_1、P_2、P_3 等等，且假定指令

$$p = 處理器的索引值$$

會傳回一個處理器的索引值。在這個演算法中宣告的變數可能在共享記憶體中，代表著這個變數可被所有的處理器存取，也可能在私有記憶體中（見圖 12.4a）。若是後面這種情形，每個處理器對於該變數都擁有一份自己的拷貝。在宣告一個這種變數時，我們使用關鍵字 *local* 字代表。

所有我們的演算法都將是資料平行處理演算法，如 12.1.1 節所討論的。亦即，多個處理器將在一個資料集上的不同部分執行同一組指令。這個資料集將被存放在共享記憶體中。若某個指令指派這個資料集中的一部分資料的值給一個區域變數，我們稱這個動作為**讀取**共享記憶體；若某個指令指派一個區域變數的值給這個資料集的一部份，我們稱這個動作為**寫入**共享記憶體。操作這個資料集一部份的唯二指令就是讀取或寫入共享記憶體。例如，我們無法直接比較這個資料集的兩筆資料，因此我們會將該兩筆資料的值分別讀入

位於區域記憶體的兩個變數中，接著才比較這兩個變數的值。我們將容許對 n 這類的變數的直接比較 (n 是資料集的大小)。一個資料平行處理演算法包含了一系列的步驟，每個處理器在同一時間開始執行每一步驟，也在同一時間結束執行每一步驟。更進一步地說，所有在某個給定步驟讀取的處理器都在同一時間讀取，所有在某個給定步驟寫入的處理器都在同一時間寫入。

最後，我們假設永遠有足敷使用的處理器。實際上，如我們已經提過的，這通常是一個不切實際的假設。

下面的演算法說明了這些規定。我們假設在共享記憶體中有一個索引值由 1 到 n 的整數陣列 S。此外有索引值由 1 到 n 的 n 個處理器正在平行地執行這個演算法。

```
void example (int n,               //S是共享記憶體中的資料集
              int S[])
{
  local index p ;
  local int temp ;
  p= 處理器的索引值 ;
  read S[p] into temp;             // 讀取共享記憶體
  if(p < n)
    write temp into S[p + 1];      // 寫入共享記憶體
  else
    write temp into S[1];
}
```

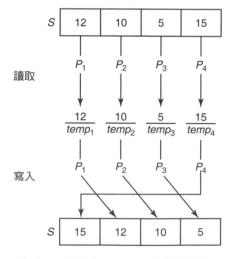

圖 12.9　副程式 example 的應用程式。

所有在陣列 S 中的值被同時讀進 n 個不同的 *temp* 區域變數中。接著這些存在 n 個 *temp* 變數中的值被同時寫回 S 中。其效果為，S 中的每個元素被指派了原先是前一個元素的值（第一個元素被指派原先是第 n 個元素的值，繞了一圈）。圖 12.9 描繪了這個演算法的動作。請注意每個處理器永遠都有權力存取整個 S 陣列，因為 S 位在共享記憶體中。所以第 p 個處理器能夠寫入到第 $p + 1$ 格中。

在這個簡單的演算法中只有一個步驟。當超過一個步驟時，我們就會用下列的方式來撰寫迴圈。

```
for (step = 1; step <= numsteps; step + +) {
    // 把每個步驟要執行的程式碼放在這裡
    // 每個處理器在同一時間開始執行每一步驟
    // 也在同一時間結束執行每一步驟
    // 所有在某個給定步驟讀取的處理器都在同一時間讀取
    // 而且所有在某個給定步驟寫入的處理器都在同一時間寫入
}
```

有很多方法可以實作這個迴圈。一個方法是用一個分離的控制單元來負責遞增與測試。該控制單元會發出指令告訴其他的處理器什麼時候讀取，什麼時候在區域變數上執行指令，以及什麼時候寫入。在這個迴圈內，有時候我們會在一個對所有處理器來說永遠相等的變數上做計算。例如，演算法 12.1 與 12.3 都執行了這個指令

$$size = 2 * size$$

其中 *size* 對所有處理器來說，其值均相同。為了讓每個處理器不需要有自己的一份拷貝這件事變得更清楚，我們將把這個變數宣告為在共享記憶體中的變數。這個指令可被實作為讓一個分離的控制單元執行它。我們將不繼續深入討論有關實作面的東西，我們將繼續往撰寫演算法前進。

• 12.2.1　設計基於 CREW PRAM 模型的演算法

我們用下列的問題做為示範來描述 CREW PRAM 演算法

在陣列中找到最大的 Key

定理 8.7 證明了至少要做 $n - 1$ 次比較才能僅靠 key 的比較找到最大 key，代表任何設計在一台串列電腦上執行，解這個問題的演算法，必須是 $\Theta(n)$。使用平行計算，我們可以在執行時間上做改進。平行演算法仍需要做至少 $n - 1$ 次比較。但是利用平行地做很多個比較，整個比較的過程會較快結束。接著我們來設計這個平行演算法。

我們列出演算法 8.2(找到最大 Key) 如下：

```
void find_largest(int n ,
                  const keytype S[],
                  keytype& large)
{
index i;
  large = S[1] ;
  for (i = 2; i <= n ; i++)
     if (S[i] > large)
     large = S[i];
}
```

因為每個迴圈的結果都需要被下一個迴圈用到，因此這個演算法無法享受到使用更多處理器的好處。回想 8.5.3 節中用來尋找最大 key 的錦標賽方法。這個方法會將兩兩數字成對，並且找出每對的最大數 (贏家)。接著該方法會將贏家配對，並且找出每對的最大數。這個過程會一直下去，直到只剩下一個 key 為止。圖 8.10 描繪了這個方法。錦標賽方法的循序演算法具有跟演算法 8.2 相同的時間複雜度。然而，錦標賽方法能夠享受使用更多處理器的好處。舉例來說，假設您想用這個方法找到八個 key 中的最大 key。您必須在第一輪中找出四對的贏家。若您得到了三個朋友的幫助，您們就可以一人負責找出其中一對的贏家。這代表第一輪可以比原來快四倍。在這輪之後，您們之中的兩位可以休息，而另兩位執行第二輪的比較。在最後一輪，您們之中只有一位必須執行比較。

圖 12.10 描繪了這個方法的平行演算法是如何進行的。我們僅需陣列大小半數的處理器。每個處理器讀取兩個陣列項目，分別存放到 *first* 及 *second* 兩個區域變數中。接著它會將這兩個區域變數中較大的寫入它剛剛讀取之陣列的第一格。在這樣做過三輪後，最大的 key 最終會在 $S[1]$。每一輪就是這個演算法的一個步驟。在圖 12.10 顯示的例子中，$n = 8$ 且共有 $\lg 8 = 3$ 個步驟。圖 12.10 所描繪的動作就是執行演算法 12.1 的過程。請注意這個演算法被寫成一個函式。當一個平行演算法被寫成一個函數時，有必要讓至少一個處理器傳回值並且讓所有真的會傳回值的處理器都傳回同樣的值。

▶ 演算法 12.1　　**平行地找出最大 Key**

問題：在一個大小為 n 的陣列 S 中找到最大 key。

輸入：正整數 n，含有 n 個 key 的陣列 S(索引由 1 到 n)。

輸出：S 中的最大 key 的值。

附註：假定 n 為 2 的乘冪，且我們擁有 $n/2$ 個處理器平行地執行這個演算法。這些處理器的索引值由 1 到 $n/2$，而指令 "index of this processor" 傳回一個處理器的索引值。

```
keytype parlargest (int n, keytype S[])
{
    index step, size;
    local index p;
    local keytype first, second;
    p = 處理器的索引值;
    size = 1;
    for (step = 1; step <= lgn ; step++)         //size 為這些子陣列的大小
        if ( 這個處理器必須在這個步驟執行 ) {
            read S[2*p - 1] into first;
            read S[2*p - 1 + size] into second ;
            write maximum(first, second) into S[2*p - 1];
            size = 2*size;
        }
    return S[1];
}
```

我們使用高階的虛擬碼 "if (這個處理器必須在這個步驟執行)" 是為了讓這個演算法盡量清楚易懂。在圖 12.10 中，我們看到在一個給定的步驟中，會用到的處理器之編號可用下面的式子表示

$$p = 1 + size * k$$

其中 k 為某個整數（請注意 $size$ 的值每經過一個步驟都會倍增）。因此，實際上檢查這個處理器應不應該執行的檢查式子為

　　if ((p - 1)%size == 0)　　　　　//% 傳回的是 p - 1 除以 $size$ 的餘數

另一種方法是，我們可以讓所有的處理器在每一個步驟都執行。讓不需要執行的處理器執行無用的比較指令。例如，在第二輪中，處理器 P_2 比較 $S[3]$ 與 $S[5]$ 的值。並將較大的值寫入 $S[3]$ 中。即使這是沒必要的，P_2 可能還是會這樣做，因為讓 P_2 閒著也不能得到什麼。最重要的是該執行的處理器必須執行並且其他的處理器不會改變該執行的處理器所會用到的記憶體位置的值。讓不需執行的處理器執行會出現的唯一問題是：有時候這些處理器最終會參考到超過 S 範圍的陣列項目。例如，在前一個演算法中，在第二輪 P_4 參考到 $S[9]$。我們可以藉著將 S 填充一些額外的空格來處理這個問題。用這種方法會浪費空間，但是我們可以節省檢查這個處理器是否該執行的時間。

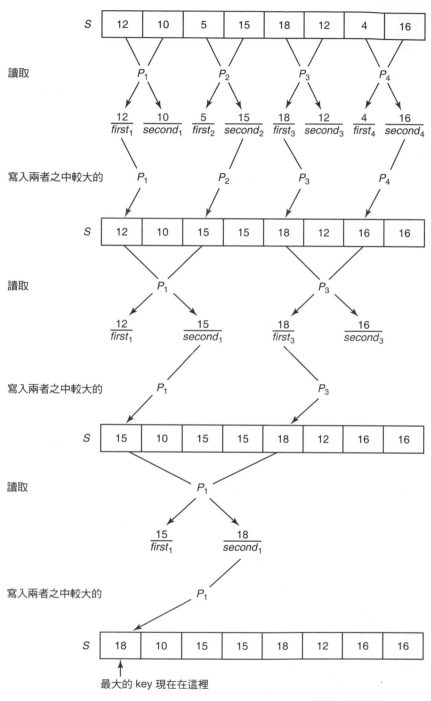

圖 12.10　使用平行處理器來實作尋找最大 key 的錦標賽方法。

在分析一個平行演算法時，我們並不會分析這個演算法所做的總工作量。我們會分析任一處理器所做的總工作量，因為這讓我們瞭解這台電腦將可以在多少時間內處理這筆輸入。因為在演算法 12.1 中，每個處理器都大約走過 for-*step* lg n 次，因此我們得到

$$T(n) \in \Theta(\lg n)$$

相較於同樣功能的循序演算法，這在效能上算是很大的改進。

Dynamic Programming 的應用

許多 dynamic programming 的應用程式都很適合使用平行計算，因為在一個給定的列或對角線上的項目可被同時計算出來。我們藉著將計算二項式係數的演算法 (演算法 3.2) 重新改寫為平行演算法來說明這個方法。在這個演算法中，在巴斯卡三角形中某一給定列中的項目 (見圖 3.1) 被平行地計算出來。

▶ 演算法 12.2　　**平行地計算二項式係數**

問題：計算二項式係數。

輸入：非負整數 n 與 k，其中 $k \le n$。

輸出：二項式係數 $\binom{n}{k}$。

附註：假定我們擁有 $k+1$ 個處理器平行地執行這個演算法。這些處理器的索引值由 0 到 k，而指令 "index of this processor" 傳回一個處理器的索引值。

```
int parbin (int n, int k)
{                                    // 使用 i 而不是 step 來控制這些步驟，
   index i;                          // 以便與演算法 3.2 一致
   int B[0..n][0..k];                // 使用 j 而不是 p 來得到處理器的索引值，
   local index j;                    // 以便與演算法 3.2 一致
   local int first, second;
   j = index of this processor;
   for (i = 0; i <= n; i++)
       if (j <= minimum(i, k))
          if (j == 0 || j == i)
             write 1 into B[i][j];
          else {
             read B[i - 1][j - 1] into first;
             read B[i - 1][j] into second;
             write first + second into B[i][j];
          }
```

```
    return B[n][k];
}
```

在演算法 3.2 中的控制敘述

```
for (j = 0; j <= minimum(i, k); j++)
```

在這個演算法中被下列的控制敘述取代

```
if (j <= minimum(i, k))
```

因為所有的 k 個處理器在每次通過 for-i 迴圈時都會執行。捨棄了循序地計算 $B[i][j]$ 的值（j 的範圍由 0 到 $minimum(i,k)$，平行演算法擁有由 0 編號到 $minimum(i,k)$ 的處理器同時計算這些值。

很清楚地，在我們的平行演算法中共會通過迴圈 $n+1$ 次，回想在同樣功能的循序演算法（演算法 3.2）共必須通過迴圈 $\Theta(nk)$ 次。

回想習題 3.4，我們也可以只用一個索引值由 0 到 k 的一維陣列 B 來實作演算法 3.2。這個修正在平行演算法的情況下是非常容易理解的。因為在進入第 i 次的 for-i 迴圈時，巴斯卡三角形的整個第 $i-1$ 列可以被從 B 被讀入 k 對 $first$ 及 $second$ 區域變數中；在離開第 i 次的 for-i 迴圈時，整個第 i 列會被寫入 B 中。其虛擬碼如下：

```
for (i = 0; i <= n; i++)
    if (j <= minimum(i, k))
        if (j == 0 || j == i)
            write 1 into B[j];
        else {
            read B[j - 1] into first;
            read B[j] into second;
            write first + second into B[j];
}
return B[k];
```

平行排序

回憶合併排序 3（演算法 7.3）的 dynamic programming 版本。該演算法由單獨的一個一個 key 開始，將這些 key 兩兩做成一個已排序串列，接著再把這些含有兩個 key 的串列合成含有 4 個 key 的已排序串列，依此類推。亦即，該演算法執行圖 2.2 描繪的合併動作。這跟使用錦標賽方法來找到最大值很像。亦即，我們可以在每個步驟執行平行地執行合併的動作。下面的演算法實作了這個方法。為了簡化起見，假定 n 為 2 的乘冪，當 n 不為 2 的乘冪時，陣列的大小可被視為 2 的乘冪，但合併的動作不會超過在超過 n 的陣列項目上執行。合併排序 3 (演算法 7.3) 的 dynamic programming 版本已展示過如何做到這件事了。

▶ 演算法 12.3　　**合併排序平行版**

問題：將 n 個 key 依非遞減順序排序。

輸入：正整數 n，含有 n 個 key 的陣列 S (索引值由 1 到 n)

輸出：含有 n 個 key 的陣列 S，n 個 key 已依非遞減順序排序。

附註：假定 n 為 2 的乘冪，且我們擁有 $n/2$ 個處理器平行地執行這個演算法。這些處理器的索引值由 1 到 $n/2$，而指令 "index of this processor" 傳回一個處理器的索引值。

```
void parmergesort (int n, keytype S[])
{
  index step, size;
  local index p, low, mid, high;
  p = index of this processor;
  size= 1;                          //size 為這些將被合併的子陣列的大小
  for (step = 1; step <= lgn; step++)
     if ( 這個處理器必須在這個步驟執行 ){
         low = 2*p - 1;
         mid = low + size - 1;
         high = low + 2* size - 1;
         parmerge (low, mid, high, S);
         size= 2*size;
     }
}
void parmerge (local index low, local index mid,
               local index high, keytype S[])
{
  local index i, j, k;
  local keytype first, second, U[low..high];

  i = low; j = mid + 1; k = low;
  while (i <= mid && j <= high){
     read S[i] into first;
     read S[j] into second;
     if (first < second){
        U[k] = first;
        i++;
     }
      else {
```

```
            U[k] = second;
            j++;
        }
        k++;
    }
    if (i > mid)
        read S[j] 到 S[high] into U[k] 到 U[high];
    else
        read S[j] 到 S[mid] into U[k] 到 U[high];
    write U[low] 到 U[high] into S[low] 到 S[high]
}
```

　　檢查一個處理器是否要在某個步驟執行與演算法 12.1 所執行的檢查是一樣的。亦即，我們必須做下列檢查：

```
if ((p - 1)% size  == 0)            //% 傳回的是 p-1 除以 size 的餘數
```

　　回憶一下，我們在合併排序的 iterative 單處理器版 (演算法 7.3) 中，曾經成功地藉由在每次執行 for 迴圈的過程中將 U 與 S 的角色對調，而減少了指派記錄值的次數。在這裡我們同樣可以做這樣的改良。如果做這樣的改良的話，U 必須是一個陣列，索引值由 1 到 n，位於共享記憶體中。為了簡化起見，我們呈現的是 parmerge 的基本版。

　　這個演算法的時間複雜度並不是很顯而易見，因此，我們進行了一個正規的分析。

分析演算法
12.3
▶　**最差情況時間複雜度**

　　基本運算：發生在 parmerge 的比較

　　輸入大小：n，陣列中的 key 的數量。

　　這個演算法做的比較次數跟原先循序的合併排序是相同的。差別在於大部分的比較都是平行完成的。在第一次走過 for-step 迴圈時，$n/2$ 對只含有一個 key 的陣列被同時合併。因此最差情況下，任一個處理器所做比較次數為 $2 - 1 = 1$ (參見第 2.2 節中的演算法 2.3 的分析)。在第二輪中，$n/4$ 對只含有 2 個 key 的陣列被同時合併。因此最差情況下，任一個處理器所做比較次數為 $4 - 1 = 3$。在第三輪中，$n/8$ 對只含有 4 個 key 的陣列被同時合併。因此最差情況下，任一個處理器所做比較次數為 $8 - 1 = 7$。在一般情況下，在第 i 輪中，$n/2^i$ 對含有 2^{i-1} 個 key 的陣列被同時合併。因此最差情況下，任一個處理器所做比較次數為 $2^i - 1$。在最後一輪中，兩個

各含有 $n/2$ 個 key 的陣列被合併，代表著在這一輪中最差情況的比較次數為 $n-1$。在最差情況下，每個處理器所做的比較次數總量為

$$W(n) = 1 + 3 + 7 + \cdots + 2^i - 1 + \cdots + n - 1$$
$$= \sum_{i=1}^{\lg n} \left(2^i - 1 \right) = 2n - 2 - \lg n \in \Theta(n)$$

最後一個不等式由附錄 A.3 的範例 A.3 以及某些代數公式推導而來。

我們已經成功地藉著 key 的比較在線性時間內完成平行排序，與原先循序排序所需的 $\Theta(n\lg n)$ 相比有了顯著的進步。我們也可以改進我們的平行合併演算法使得平行合併排序在 $\Theta((\lg n)^2)$ 時間內完成。我們將在習題中討論這種改進方式，即使這並不是最佳的方法，因為理論上平行排序可以在 $\Theta(\lg n)$ 時間內完成。請見 Kumar、Grama、Gupta 與 Karypis (1994) 或 Akl (1995) 以便得到對於平行排序的完整討論。

12.2.2　設計基於 CRCW PRAM 模型的演算法

回想 CRCW 支援同步讀取與同步寫入。與同步讀取不同的是，當兩個處理器試著在同一步驟寫入同一個記憶體位置時，必須以某種方式排除同步寫入的衝突。最常用來解決這種衝突的協定如下：

- **共同** (common)。只有當所有處理器都想寫入同一個值時，這個協定才允許同步寫入。

- **任意** (arbitrary)。這個協定任意挑選一個處理器容許它寫入那個記憶體位址。

- **優先權** (priority)。在這個協定中，所有的處理器被安排到一個事先定義的優先權串列中，只有具有最高優先權的可以寫入。

- **總和** (sum)。這個協定會寫入所有處理器寫入的值的總和。(這個協定可以被推廣到任何定義在被寫入的值之上的結合運算元 (associative operator))

我們撰寫一個以共同寫入 (common-write)、任意寫入 (arbitrary) 以及優先權寫入等三個協定運作的演算法，來找到一個陣列中的最大 key，這個演算法要比之前為 CREW 模型寫的演算法 (演算法 1.1) 要來的快。這個演算法運作如下。令這 n 個 key 位於共享記憶體中的陣列 S 中，我們在共享記憶體中維護第二個含有 n 個整數的陣列，並將 T 中的所有項目的初始值設為 1。接著假定我們擁有 $n(n-1)/2$ 個處理器，其編號如下：

$$P_{ij} \quad \text{其中 } 1 \le i < j \le n$$

以平行的方式，我們讓所有的處理器均把 $S[i]$ 與 $S[j]$ 比較。以這個方式，S 中的任一個項目都會跟 S 中除了自己以外的其他項目做過比較。若 $S[i]$ 輸了，處理器就寫入 0 到 $S[j]$ 中；若 $S[j]$ 輸了，處理器就寫入 0 到 $T[j]$ 中。只有最大的 key 不曾在任何一場比較中輸過。因此，T 含有的項目中唯一等於 1 的項目就是含有最大 key 的 $S[k]$。因此這個演算法僅需傳回讓 $T[k] = 1$ 的 $S[k]$ 值。圖 12.11 描繪了這些步驟。請注意在這個演算法中，當多個處理器寫入同一個記憶體位置時，它們全部寫同樣的值。這代表著該演算法以共同寫入 (common-write)、任意寫入 (arbitrary) 以及優先權寫入等三個協定運作。下面就是這個演算法。

▶ 演算法 12.4 **平行 CRCW 找到最大 Key**

問題：在一個大小為 n 的陣列 S 中找到最大 key。

輸入：正整數 n，含有 n 個 key 的陣列 S(索引由 1 到 n)。

輸出：S 中的最大 key 的值。

附註：假定 n 為 2 的乘冪，且我們擁有 $n(n-1)/2$ 個處理器平行地執行這個演算法。這些處理器的編號如下：

$$P_{ij} \quad \text{其中 } 1 \le i < j \le n$$

指令 "first index of this processor" 傳回 i 的值，而指令 "second index of this processor" 傳回 j 的值。

```
keytype parlargest2 (int n, const keytype S[])
{
  int T[1..n];
  local index i, j;
  local keytype first, second;
  local int chkfrst, chkscnd;

  i = first index of this processor;
  j = second index of this processor;
  write 1 into T[i];               // 由於 2 ≤ j ≤ n 且 1 ≤ i ≤ n - 1
  write 1 into T[j];               // 這些寫入的指令將 T
  read S[i] into first;            // 的每個項目的初始值設定為 1
  read S[j] into second;
  if (first < second)
     write 0 into T[i];            //T[k] 最後會變成 1 若且唯若
  else                             //S[k] 至少在一次比較中落敗
     write 0 into T[j];            //comparison
  read T[i] into chkfrst;
```

```
read T[j] into chkscnd;
if (chkfrst == 1)                   //T[k] 仍等於 1 若且唯若
    return S[i];                    //S[k] 含有最大 key。
else if (chkscnd = 1)               // 必須檢查 T[j]，因為最大
    return S[j];                    //key 有可能是 S[n] 回想
}                                   //i 的值是從 1 到 n-1，並不會到 n。
```

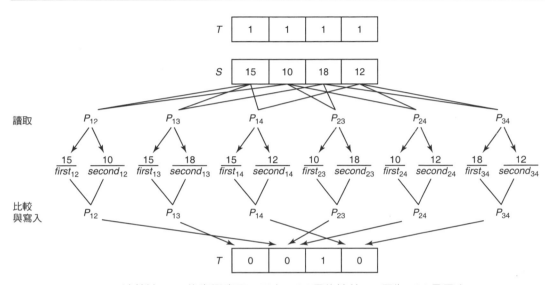

圖 12.11　演算法 12.4 的實際應用。只有 $T[3]$ 最後等於 1，因為 $S[3]$ 是最大 key
所以它是唯一一沒在任何一次比較中輸過的 key。

在這個演算法中並沒有迴圈的存在，代表著它是在常數時間內找到最大 key 的。這令人印象深刻，因為這代表我們在 1,000,000 個 key 中尋找最大 key 所花的時間跟在 10 個 key 中尋找最大 key 所花的時間相同。然而，為了要得到這個最佳的時間複雜度，我們用了相當多的處理器。若是要在 1,000,000 個 key 中找到最大 key，我們必須使用約 $1,000,000^2/2$ 個處理器。

本章的目的只是在於簡介平行演算法。您可以閱讀其他更完整的文件，如 Kumar、Grama、Gupta 與 Karypis(1994)。

● 習題

12.1 節

1. 若我們假定某個人可以在 t_a 時間內完成兩個數的加法，那麼請問那個人要花多少時間才能完成兩個 $n \times n$ 矩陣的加法，若我們把加法的運算當作是基本運算？試說明您的答案。

2. 若我們有兩個人執行加法且一個人可以在 t_a 時間內完成兩個數的加法，那麼請問那個人要花多少時間才能完成兩個 $n \times n$ 矩陣的加法，若我們把加法的運算當作是基本運算？試說明您的答案。

3. 考慮加總兩個 $n \times n$ 矩陣的問題。若一個人可以在 t_a 時間內完成兩個數的加法，那麼我們用多少人一起算就可以在最短的時間內得到最後的答案？假定我們有足夠的人可以一起算，則算出答案所需的最短時間是多少？試說明您的答案。

4. 假定一個人可以在 t_a 時間內完成兩個數的加法，請問那個人要花多少時間才能把一個串列中的 n 個數字全部加總起來，若我們把加法的運算當作是基本運算？試說明您的答案。

5. 若我們讓兩個人負責把一個串列中的 n 個數加總起來，且一個人可以在 t_a 時間內完成兩個數的加法，請問那兩個人要花多少時間才能把一個串列中的 n 個數字全部加總起來，若我們把加法的運算當作是基本運算，並算入傳送一個加法結果給另一個人所花的時間 t_p？試說明您的答案。

6. 考慮加總一個串列中的 n 個數的問題。若一個人可以在 t_a 時間內完成兩個數的加法，傳送一個加法結果給另一個人不用花任何時間，請問我們要用多少人一起算就可以在最短的時間內得到最後的答案？假定我們有足夠的人可以一起算，則算出答案所需的最短時間是多少？試說明您的答案。

12.2 節

7. 試寫出一個能在 $\Theta(\lg n)$ 時間內把一個串列中的 n 個數加總起來的 CREW PRAM 演算法。

8. 試寫出一個使用 n^2 個處理器執行兩個 $n \times n$ 矩陣相乘的 CRCW PRAM 演算法。您的演算法必須效能高於標準的 $\Theta(n^3)$ 循序式演算法。

9. 試寫出一個使用 n 個處理器來排序一個含有 n 個項目的串列的 PRAM 快速排序演算法。

10. 試實作能在一個含有 n 個 key 的陣列中找出最大 key 的循序式錦標賽演算法。證明這個演算法不會比循序式標準演算法來的更有效率。

11. 試寫出一個使用 n^3 個處理器執行兩個 $n \times n$ 矩陣相乘的 PRAM 演算法。您的演算法必須在 $\Theta(\lg n)$ 時間內執行完畢。

12. 試為 3.2 節的最短路徑問題撰寫一個 PRAM 演算法。比較您的演算法與 Floyd 演算法（演算法 3.3）的效能。

13. 為 3.4 節的串接矩陣乘法問題撰寫一個 PRAM 演算法。比較您的演算法與最少乘法次數演算法（演算法 3.6）的效能。

14. 為 3.5 節的最佳二元搜尋樹問題撰寫一個 PRAM 演算法。比較您的演算法與最佳二元搜尋樹演算法（演算法 3.9）的效能。

進階習題

15. 考慮加總一個串列中的 n 個數的問題。若一個人可以在 $t_a(n-1)$ 時間內完成所有數的加總，請問 m 個人有可能在少於 $[t_a(n-1)]/m$ 時間內完成所有數的加總嗎？試說明您的答案。

16. 為合併排序問題撰寫一個能在 $\Theta((\lg n)^2)$ 時間內執行完畢的 PRAM 演算法（提示：使用 n 個處理器，且指派每個處理器給一個 key 以利用二元搜尋算出該 key 在最終的串列中的位置）

17. 為 3.6 節的售貨者旅行問題撰寫一個 PRAM 演算法。比較您的演算法與售貨員旅行問題演算法（演算法 3.11）的效能。

Appendix A

複習本書所使用到的數學

除了標記為 ◈ 或 ⊕ 的部分以外，研讀本書並不需要非常高深的數學背景。事實上，我們並未要求讀者必須先學過**微積分** (calculus)。但是您仍會需要一些基本的數學知識來幫助您了解本書所提到的**演算法** (algorithm) 以及演算法的分析。這個附錄為您複習了本書所使用到的數學知識。您有可能已經非常熟悉本附錄的部分或是全部的內容。

• A.1 標記與表示法 (Notation)

有時候我們需要表示在所有大於或等於某個實數 x 的數中，最小的那一個整數。因此我們使用 $\lceil x \rceil$ 來表示這個整數。例如：

$$\lceil 3.3 \rceil = 3 \qquad \left\lceil \frac{9}{2} \right\rceil = 5 \qquad \lceil 6 \rceil = 6$$

$$\lceil -3.3 \rceil = -3 \qquad \lceil -3.7 \rceil = -3 \qquad \lceil -6 \rceil = -6$$

我們稱 $\lceil x \rceil$ 為 x 的**上限整數** (ceiling)。對於任何整數 n，$\lceil n \rceil = n$。我們有時候也需要表示小於或等於一個實數 x 的數中，最大的整數。我們使用 $\lfloor x \rfloor$ 來表示這個整數。例如：

$$\lfloor 3.3 \rfloor = 3 \qquad \left\lfloor \frac{9}{2} \right\rfloor = 4 \qquad \lfloor 6 \rfloor = 6$$

$$\lfloor -3.3 \rfloor = -4 \qquad \lfloor -3.7 \rfloor = -4 \qquad \lfloor -6 \rfloor = -6$$

我們稱 $\lfloor x \rfloor$ 為 x 的**下限整數** (floor)。對於任何整數 n，$\lceil n \rceil = n$。

若我們只能計算出所需結果的近似值 (approximate value) 時，我們就使用符號 $\approx$ 來表示「近似等於」。例如，您應該很熟悉圓周率 π，它常被用來計算圓的面積以及周長。圓周率 π 的值無法以有限的十進位數字表示，因為我們永遠可以繼續往下產生更多的位數

(事實上,我們甚至無法找到一種像表示 $1/3 = 0.3333333....$ 的方式來表示 π)。因 π 的前 6 位為 3.14159,我們可以這樣寫:

$$\pi \approx 3.14159$$

我們使用符號 $\neq$ 來表示"不等於"。例如,若我們想要說明變數 (variable)x 以及變數 y 的值不相等,我們可以這樣寫:

$$x \neq y$$

我們也經常需要表示一些類似項的總和。如果沒有很多項,我們可以直接寫出來。例如,若想要表示前七個正整數的總和,我們可以直接寫:

$$1 + 2 + 3 + 4 + 5 + 6 + 7$$

如果我們想要表示前七個正整數的平方和,我們也可以直接寫:

$$1^2 + 2^2 + 3^2 + 4^2 + 5^2 + 6^2 + 7^2$$

這個方法在項數沒有很多的時候,使用上還算方便。但是,如果我們想要表示前 100 個正整數的總和時,這個方法就顯得相當費時與費力。其中一個解決的方法是,我們可以先寫前面幾項,再加上一個一般項 (general term),然後寫上最後一項。也就是說,我們可以寫成:

$$1 + 2 + \cdots + i + \cdots + 100$$

如果我們需要表示前 100 個正整數的平方和,我們可以寫成:

$$1^2 + 2^2 + \cdots + i^2 + \cdots + 100^2$$

當前面幾項即可以清楚地表示一般項 (general term) 的時候,我們可以省略掉一般項。例如,要表示前 100 個正整數的總和時,我們可以直接寫:

$$1 + 2 + \cdots + 100$$

當寫出其中幾項是有意義的時候,我們就會寫出其中一些。但是有一個更簡潔的方法,就是使用希臘字母 Æ,發音為 **sigma**。如下列的式子,我們可以使用 Æ 來清楚地表示前 100 個正整數的總和:

$$\sum_{i=1}^{100} i$$

這個標記是指，變數 (variable)i 的值由 1 開始，其次是 2、3、4…最後到 100，然後我們把所有 i 的值全部加總起來。類似於上列的式子，我們也可以表示前 100 個正整數的平方和：

$$\sum_{i=1}^{100} i^2$$

我們也經常需要表示在一群整數的總和中，最後一個整數是一個任意整數 n。使用剛剛所提到的方法，我們可以用下列的式子表示前 n 個正整數的總和：

$$1 + 2 + \cdots + i + \cdots + n \quad \text{或} \quad \sum_{i=1}^{n} i$$

同樣地，前 n 個正整數的平方和也可以寫成：

$$1^2 + 2^2 + \cdots + i^2 + \cdots + n^2 \quad \text{或} \quad \sum_{i=1}^{n} i^2$$

有時候我們會需要把幾群數字的總和再加總起來。例如：

$$\sum_{i=1}^{4} \sum_{j=1}^{i} j = \sum_{j=1}^{1} j + \sum_{j=1}^{2} j + \sum_{j=1}^{3} j + \sum_{j=1}^{4} j$$
$$= (1) + (1 + 2) + (1 + 2 + 3) + (1 + 2 + 3 + 4) = 20$$

以此類推，我們也可以把幾群數字的總和的總和再加總起來。

最後，我們有時候需要表示比任何實數都還要大的項。我們稱這個項為「無窮大」(infinity)，以 ∞ 表示之。對於任何實數 x，下列式子必成立：

$$x < \infty$$

• A.2　函數 (Functions)

對一個**變數** (variable) x 來說，所謂 x 的**函數** (function)f，簡單地說，就是將 x 的每個值連繫到對應的唯一值 $f(x)$ 的方法。例如，將一個實數 x 連繫到實數平方的函數 f 為：

$$f(x) = x^2$$

一個函數決定了一群有序數對 (ordered pairs) 的一個集合 (set)。例如，函數 $f(x) = x^2$ 決定了所有有序數對 (x, x^2)。一個函數的圖 (graph) 表示被這個函數所決定的有序數對的集合。函數 $f(x) = x^2$ 的圖 (graph) 陳列在圖表 A.1。

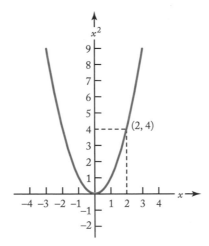

圖 A.1　函數 $f(x) = x^2$ 的圖形。其中我們標出了一個有序數對 $(2, 4)$。

函數

$$f(x) = \frac{1}{x}$$

只有在 $x \neq 0$ 的時候有意義。一個函數的**定義域** (domain)，就是代入此函數可得到有意義的數的集合。例如，函數 $f(x) = 1/x$ 的定義域就是 0 以外的任何實數。而函數 $f(x) = x^2$ 的定義域則是所有的實數。

有一點必須要注意的是這個函數

$$f(x) = x^2$$

的輸出結果只能是非負值。所謂「非負值」就是指大於或者等於零的值，然而「正值」則是指一定比零還要大的值。一個函數的**值域** (range) 就是指這個函數所有可能輸出的值的集合。函數 $f(x) = x^2$ 的值域是所有非負數的實數，函數 $f(x) = 1/x$ 的值域是所有零以外的實數，函數 $f(x) = (1/x)^2$ 的值域則是所有正實數。我們說一個函數會把它的定義域對應到它的值域。例如，函數 $f(x) = x^2$ 會把所有的實數對應到非負值的實數。

• A.3　數學歸納法 (Mathematical Induction)

有些總和的等式，例如

$$1 + 2 + \cdots + n = \frac{n(n+1)}{2}$$

我們可以用不同的值代入 n 來測試此等式是否成立，如下

$$1+2+3+4=10=\frac{4\,(4+1)}{2}$$

$$1+2+3+4+5=15=\frac{5\,(5+1)}{2}$$

然而因為正整數有無限多個，我們不可能測試所有的正整數來確定此等式對於所有的正整數通通都成立，測試部分的正整數只能讓我們猜測這個等式可能是成立的。但有一個強大的工具可以解決這個問題，這個工具就是**數學歸納法** (mathematical induction)。

　　數學歸納法運作的方式就跟骨牌效應是一樣的。圖 A.2 說明了這一點：如果相鄰骨牌的距離都比骨牌的高度還小，那麼只要我們推倒第一個骨牌，我們就可以推倒全部的骨牌。

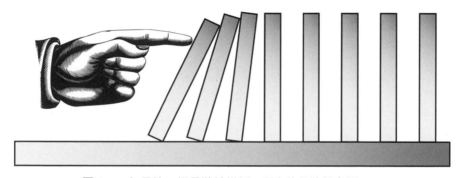

圖 A.2　如果第一個骨牌被推倒，所有的骨牌都會倒下。

　　我們可以這樣做是因為：

1. 我們可以推倒第一個骨牌。

2. 只要任意兩相鄰骨牌的距離都比骨牌的高度小，我們就可以保證只要第 n 個骨牌倒下，第 $n+1$ 個骨牌就會被推倒。

如果我們推倒第一個骨牌，它就會推倒第二個骨牌，而第二個骨牌就會推倒第三個骨牌⋯以此類推。在這個理論下，我們可以擺上任何數量的骨牌，可以放很少也可以放相當多，只要推倒第一個，其他的骨牌全部都會倒下。

　　數學歸納法運作的方式就跟骨牌效應是一樣的。圖 A.2 說明了這一點：如果相鄰骨牌的距離都比骨牌的高度還小，那麼只要我們推倒第一個骨牌，我們就可以推倒全部的骨牌。

　　一個歸納 (induction) 的證明，也是如此。我們先證明當 $n = 1$ 時，這個歸納是成立的。接著只要我們能證明，假設這個歸納在 n 為一個任意正整數時是成立的，而 $n = n + 1$ 也是成立的話，那麼這個歸納就是成立的。只要我們能證明出這一點，我們就可以知道因為 $n = 1$ 時是成立的，所以 $n = 2$ 也成立；因為 $n = 2$ 時是成立的，所以 $n = 3$ 也成立，以此類推，直到 n 為無限大。我們接下來就可以推斷，這個歸納對於任何正整數 n，通通都是成立的。當我們在使用數學歸納法去證明某些與正整數有關的推論時，可以使用下列的術語：

　　歸納基底 (induction base)：當 $n = 1$（或其他啟始值）時，該陳述為真的證明。

　　歸納假設 (induction hypothesis)：對任一個 $n \geq 1$（或其他起始值），該陳述為真的假設。

　　歸納步驟 (induction step)：若該陳述對 n 為真，那麼它對 $n + 1$ 也必須為真。

歸納基底就相當於推倒第一個骨牌，而歸納步驟就相當於證明只要第 n 個骨牌倒下，第 $n+1$ 個骨牌就會倒下。

● **範例 A.1**　我們要證明，對所有正整數 n，下面的式子都成立：

$$1 + 2 + \cdots + n = \frac{n(n + 1)}{2}$$

歸納基底：對於 $n = 1$，

$$1 = \frac{1(1 + 1)}{2}$$

歸納假設：假定對於任意正整數 n，下列的式子成立：

$$1 + 2 + \cdots + n = \frac{n(n + 1)}{2}$$

歸納步驟：我們必須證明

$$1 + 2 + \cdots + (n + 1) = \frac{(n + 1)[(n + 1) + 1]}{2}$$

將歸納假設代入，可得

$$1 + 2 + \cdots + (n+1) = \mathbf{1 + 2 + \cdots + n} + n + 1$$

$$= \frac{\mathbf{n(n+1)}}{\mathbf{2}} + n + 1$$

$$= \frac{n(n+1) + 2(n+1)}{2}$$

$$= \frac{(n+1)(n+2)}{2}$$

$$= \frac{(n+1)[(n+1)+1]}{2}$$

在上面的歸納步驟中，我們用粗體標示跟歸納假設相同的項。我們經常會這麼做以用來表示在歸納步驟中會使用到歸納假設。請注意在歸納步驟中所推導的過程。經由假設

$$1 + 2 + \cdots + n = \frac{n(n+1)}{2}$$

並且藉由一些代數的操作以及數學上的推導，我們可以得到

$$1 + 2 + \cdots + (n+1) = \frac{(n+1)[(n+1)+1]}{2}$$

因此，如果歸納假設是成立的（即對 n 是成立的），那麼在 $n+1$ 的情況下也一定是成立的。因為在歸納基底時我們有證明過在 $n=1$ 時是成立的，依照骨牌原則，對於所有的正整數 n 都是成立的。您有可能會感到好奇，為什麼一開始我們會猜測範例 A.1 中的第一個等式是成立的。這一點其實很重要。我們經常可以藉由研究某些案例來推導出一些可能的結論，並且初步做出一些經驗上的猜測。這就是範例 A.1 中的第一個等式原先的由來。接下來我們就可以使用數學歸納法來驗證這個猜測是否正確。如果是錯誤的，那麼數學歸納法當然會證明失敗。有一點是很重要的，就是我們不可能一開始就以數學歸納法推導出一個正確的結論，數學歸納法只是在當我們已經有一個可能的推論之後，用來驗證這個推論的工具。在 8.5.4 節中，我們會討論**建構式歸納** (constructive induction)，這就可以用來幫助我們尋找可能的結論。

另外，歸納基底不一定都要從 $n=1$ 開始。意思就是說，我們要驗證的推論，也可以只有在 $n \geq 10$ 時才成立。在這種情況下，歸納基底就要從 $n=10$ 開始。在另外有些案例中，我們的歸納基底是 $n=0$，這就是指我們要證明這個推論對於所有的非負整數都成立。下面列出其他數學歸納法的例子：

* **範例 A.2**　我們要證明，對所有正整數 n，下列的式子都成立：

$$1^2 + 2^2 + \cdots + n^2 = \frac{n\,(n+1)\,(2n+1)}{6}$$

歸納基底：對於 $n = 1$，

$$1^2 = 1 = \frac{1\,(n+1)\,[(2 \times 1) + 1]}{6}$$

歸納假設：假定對於任意正整數 n，下列的式子成立：

$$1^2 + 2^2 + \cdots + n^2 = \frac{n\,(n+1)\,(2n+1)}{6}$$

歸納步驟：我們必須證明

$$1^2 + 2^2 + \cdots + (n+1)^2 = \frac{(n+1)\,[(n+1)+1]\,[2\,(n+1)+1]}{6}$$

將歸納假設代入，可得

$$1^2 + 2^2 + \cdots + (n+1)^2 = \mathbf{1^2 + 2^2 + \cdots + n^2} + (n+1)^2$$

$$= \frac{\boldsymbol{n\,(n+1)\,(2n+1)}}{\mathbf{6}} + (n+1)^2$$

$$= \frac{n\,(n+1)\,(2n+1) + 6\,(n+1)^2}{6}$$

$$= \frac{(n+1)\,\left(2n^2 + n + 6n + 6\right)}{6}$$

$$= \frac{(n+1)\,\left(2n^2 + 7n + 6\right)}{6}$$

$$= \frac{(n+1)\,(n+2)\,(2n+3)}{6}$$

$$= \frac{(n+1)\,[(n+1)+1]\,[2\,(n+1)+1]}{6}$$

在下一個例子中，我們的歸納基底是 $n = 0$。

- **範例 A.3**　我們要證明，對於所有的正整數 n，下列的式子都成立：

$$2^0 + 2^1 + 2^2 + \cdots + 2^n = 2^{n+1} - 1$$

以總和符號 Æ 來表示的話，這個等式變成

$$\sum_{i=0}^{n} 2^i = 2^{n+1} - 1$$

歸納基底：對於 $n = 0$，

$$2^0 = 1 = 2^{0+1} - 1$$

歸納假設：假定對於任意正整數 n，下列的式子成立：

$$2^0 + 2^1 + 2^2 + \cdots + 2^n = 2^{n+1} - 1$$

歸納步驟：我們必須證明

$$2^0 + 2^1 + 2^2 + \cdots + 2^{n+1} = 2^{(n+1)+1} - 1$$

將歸納假設代入，可得

$$
\begin{aligned}
2^0 + 2^1 + 2^2 + \cdots + 2^{n+1} &= \mathbf{2^0 + 2^1 + 2^2 + \cdots + 2^n} + 2^{n+1} \\
&= \mathbf{2^{n+1} - 1} + 2^{n+1} \\
&= 2\left(2^{n+1}\right) - 1 \\
&= 2^{(n+1)+1} - 1
\end{aligned}
$$

範例 A.3 是下面這個例子中的一個特殊情況。

- **範例 A.4**　我們要證明，對於所有的非負整數 n 與不等於 1 的實數 r

$$\sum_{i=0}^{n} r^i = \frac{r^{n+1} - 1}{r - 1}$$

這樣型式的總和，我們稱為**等比級數** (geometric progression)。

歸納基底：對於 $n = 0$，

$$r^0 = 1 = \frac{r^{0+1} - 1}{r - 1}$$

歸納假設：假定對於任意正整數 n，下列的式子成立：

$$\sum_{i=0}^{n} r^i = \frac{r^{n+1} - 1}{r - 1}$$

歸納步驟：我們必須證明

$$\sum_{i=0}^{n+1} r^i = \frac{r^{(n+1)+1} - 1}{r - 1}$$

將歸納假設代入，可得

$$\sum_{i=0}^{n+1} r^i = r^{n+1} + \sum_{i=0}^{n} r^i$$

$$= r^{n+1} + \frac{r^{n+1} - 1}{r - 1}$$

$$= \frac{r^{n+1}(r - 1) + r^{n+1} - 1}{r - 1}$$

$$= \frac{r^{n+2} - 1}{r - 1} = \frac{r^{(n+1)+1} - 1}{r - 1}$$

有時候使用數學歸納法所證得的結果也可以由其他較簡單的方式證明。例如，在上面的例子中我們要證明

$$\sum_{i=0}^{n} r^i = \frac{r^{n+1} - 1}{r - 1}$$

不使用數學歸納法，我們也可以直接把等式左右都乘上右式的分母 $r-1$ 以簡化整個等式

$$(r - 1)\sum_{i=0}^{n} r^i = r\sum_{i=0}^{n} r^i - \sum_{i=0}^{n} r^i$$
$$= \left(r + r^2 + \cdots + r^{n+1}\right) - \left(1 + r + r^2 + \cdots + r^n\right)$$
$$= r^{n+1} - 1$$

將左右兩邊都除以 $r-1$ 就可以得到證明。

我們再舉一個使用數學歸納法的例子。

- 範例 A.5　　我們要證明，對於所有正整數 n

$$\sum_{i=1}^{n} i2^i = (n-1)\, 2^{n+1} + 2$$

歸納基底：對於 $n = 1$，

$$1 \times 2^1 = 2 = (1-1)\, 2^{1+1} + 2$$

歸納假設：假定對於任意正整數 n，下列的式子成立：

$$\sum_{i=1}^{n} i2^i = (n-1)\, 2^{n+1} + 2$$

歸納步驟：我們必須證明

$$\sum_{i=1}^{n+1} i2^i = [(n+1) - 1]\, 2^{(n+1)+1} + 2$$

將歸納假設代入，可得

$$\sum_{i=1}^{n+1} i2^i = \sum_{i=1}^{n} \boldsymbol{i2^i} + (n+1)\, 2^{n+1}$$

$$= \boldsymbol{(n-1)\, 2^{n+1} + 2} + (n+1)\, 2^{n+1}$$

$$= 2n2^{n+1} + 2$$

$$= [(n+1) - 1]\, 2^{(n+1)+1} + 2$$

另外，歸納假設也可以假設我們的推論對於 k 是成立的，而 k 大於或等於初始值，但是比 n 還要小。然後在歸納步驟中，證明我們的推論在 $k = n$ 時也是成立的。我們會使用這個方法來證明 1.2.2 節中的定理 1.1。

雖然我們所舉的例子都是使用數學歸納法來證明一些總和的等式。數學歸納法其實也有其他的應用。我們以後會介紹一些例子。

● A.4　定理與輔助定理 (Theorems and Lemmas)

字典把**定理** (theorem) 定義為有待證明的推論之前的陳述。在數學中，定理也有一樣的意義。先前的每一個例子都可以說是一個定理，而數學歸納法則提供了該定理的證明。例如，我們可以陳述範例 A.1 如下：

▶ 定理 A.1

對於所有整數 $n > 0$，以下等式成立

$$1 + 2 + \cdots + n = \frac{n(n+1)}{2}$$

證明：在這個地方的證明就是在範例 A.1 中數學歸納法的證明。

　　通常陳述以及證明一個定理的目的，就是要得到一個一般式以便在某一個情況下使用，而不用再證明一次。例如，我們就可以使用範例 A.1 的結果來快速地計算出前 n 個正整數的總和，而不用再另外證明一次。

　　有時候讀者對於定理中的「**若**…**則**…」(if..) 與「**若且唯若**…」(if and only if…) 的陳述會感到迷惑。下列兩個定理可以闡明它們的相異處。

▶ 定理 A.2

對於所有實數 x，若 $x > 0$，則 $x^2 > 0$

證明：因為任兩個正數的乘積一定是正數，所以得證。

　　定理 A.2 倒推回去就不一定成立了。就是說，若 $x^2 > 0$，則 $x > 0$ 並不一定成立。例如

$$(-3)^2 = 9 > 0$$

然而 −3 並沒有比 0 大。事實上，任何負數的平方都會比零大。定理 A.2 就是一個「若…則…」陳述的例子。當定理倒推回去也成立的時候，則這個定理就是一個「若且唯若…」的陳述，而在證明的時候，兩個方向都必須要證明。下列的定理就是一個「若…則…」陳述的例子。

▶ **定理** A.3

對於所有實數 x，$x > 0$ 若且唯若 $1/x > 0$。

證明：證明正推的方向。如果 $x > 0$，則

$$\frac{1}{x} > 0$$

因為任兩個正數相除的商一定大於零。

證明反推的方向。如果 $1/x > 0$，則

$$x = \frac{1}{1/x} > 0$$

再一次成立，因為任兩個正數相除的商一定大於零。

字典把**輔助定理** (lemma) 定義為被利用來證明其他推論的附帶陳述。與定理一樣，輔助定理為有待證明的推論之前的陳述，但是我們通常不會去考慮這些輔助定理的理由。但是當定理的證明是建立在一個或多個輔助的陳述上時，我們就會證明這些輔助的陳述。然後我們就能利用這些輔助定理來證明我們的定理。

• A.5　對數 (Logarithms)

對數 (logarithms) 為分析演算法時最常被使用到的工具之一。我們簡單地複習對數的特性。

• A.5.1　對數的定義與性質

一個數字的**普通對數** (common logarithm) 就是 10 的多少次方可以產生此數，這個次方數就是該數字的普通對數。給定一個數字 x　我們用 $\log x$ 來表示 x 的普通對數。

• **範例** A.6　　下列為一些普通對數的例子：

$$\begin{array}{lll}
\log 10 = 1 & \text{因為} & 10^1 = 10 \\
\log 10{,}000 = 4 & \text{因為} & 10^4 = 10{,}000 \\
\log 0.001 = -3 & \text{因為} & 10^{-3} = \left(\frac{1}{10}\right) = 0.001 \\
\log 1 = 0 & \text{因為} & 10^0 = 1
\end{array}$$

任何非零數的 0 次方為 1。

一般來說，一個數字 x 以另一個數字 a 為**底數** (base) 的對數是 a 的幾次方才能得到 x。底數 a 可以是 1 以外的任何正數。而 x 的條件是必須要為正數。一個負數或者 0 的對數是不合法的。以符號表示 x 以 a 為底數的對數，我們會寫 $\log_a x$。

● **範例 A.7**　　下面列出一些 $\log_a x$ 的例子：

$$\log_2 8 = 3 \qquad 因為 \qquad 2^3 = 8$$
$$\log_3 81 = 4 \qquad 因為 \qquad 3^4 = 81$$
$$\log_2 \tfrac{1}{16} = -4 \qquad 因為 \qquad 2^{-4} = \left(\frac{1}{2}\right)^4 = \frac{1}{16}$$
$$\log_2 7 \approx 2.807 \qquad 因為 \qquad 2^{2.807} \approx 7$$

注意在範例 A.7 中最後一個例子，7 以 2 為底的對數並不是一個整數。這種對數結果不是一個整數的情況我們暫不討論，因為已經超出本附錄的範圍。另外有一點必須要注意的是，對數是一個**遞增** (increasing) 函數。意思就是說，

$$若 \ x < y, \qquad 因為 \qquad \log_a x < \log_a y$$

因此，

$$2 = \log_2 4 < \log_2 7 < \log_2 8 = 3$$

我們可以看到在範例 A.7 中，$\log_2 7$ 大約等於 2.807，在整數 2 到 3 之間。

以下列出對數的重要特性，有助於我們對演算法的分析。

一些對數的性質 $(a > 1，b > 1，x > 0，y > 0)$

1. $\log_a 1 = 0$
2. $a^{\log_a x} = x$
3. $\log_a (xy) = \log_a x + \log_a y$
4. $\log_a \dfrac{x}{y} = \log_a x - \log_a y$
5. $\log_a x^y = y \log_a x$
6. $x^{\log_a y} = y^{\log_a x}$
7. $\log_a x = \dfrac{\log_b x}{\log_b a}$

- 範例 A.8　　下面列出一些使用上述特性的例子。

$$2^{\log_2 8} = 8 \qquad\qquad \{\ \text{特性 2}\ \}$$

$$\log_2 (4 \times 8) = \log_2 4 + \log_2 8 = 2 + 3 = 5 \qquad\qquad \{\ \text{特性 3}\ \}$$

$$\log_3 \frac{27}{9} = \log_3 27 - \log_3 9 = 3 - 2 = 1 \qquad\qquad \{\ \text{特性 4}\ \}$$

$$\log_2 4^3 = 3 \log_2 4 = 3 \times 2 = 6 \qquad\qquad \{\ \text{特性 5}\ \}$$

$$8^{\log_2 4} = 4^{\log_2 8} = 4^3 = 64 \qquad\qquad \{\ \text{特性 6}\ \}$$

$$\log_4 16 = \frac{\log_2 16}{\log_2 4} = \frac{4}{2} = 2 \qquad\qquad \{\ \text{特性 7}\ \}$$

$$\log_2 128 = \frac{\log 128}{\log 2} \approx \frac{2.10721}{0.30103} = 7 \qquad\qquad \{\ \text{特性 7}\ \}$$

$$\log_3 67 = \frac{\log 67}{\log 3} \approx \frac{1.82607}{0.47712} \approx 3.82728 \qquad\qquad \{\ \text{特性 7}\ \}$$

因為許多計算機都有計算 log 函數的功能 (log 代表的是 $\log_{10}$)，範例 A.8 的最後兩列舉例說明了如何用計算機計算以任意數為底的對數值。

在分析演算法的時候，我們經常用到以二為底的對數，因此，我們用 **lg x** 來表示 $\log_2 x$，從現在開始，我們就使用這套表示法。

A.5.2　自然對數 (Natural logarithm)

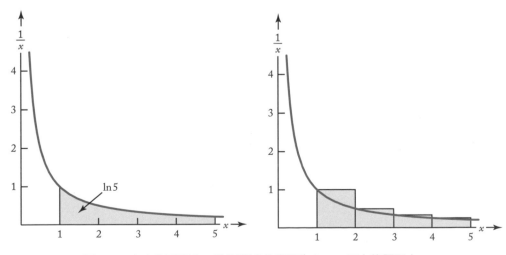

圖 A.3　上方的圖形中，陰影部分的面積為 ln 5。下方的圖形中，

所有的長方形的面積加起來，大約是 ln 5。

您可能會記得數字 e，它的值大約是 2.718281828459。就像圓周率 π 一樣，數字 e 也無法以任何有限位數的十進位數字表示，我們一樣永遠可以繼續往下產生更多的位數，它的值中也沒有某一組數字會一直重複出現。我們以 **ln x** 來表示 $\log_e x$，並且稱呼它為 x 的**自然對數** (natural logarithm)。例如：

$$\ln 10 \approx 2.3025851$$

您有可能會感到好奇，我們如何計算出這個數字。我們事實上直接使用計算機上的 ln 功能鍵來計算。若要了解自然對數是如何計算出來的，以及它為什麼被稱為「自然」，就必須要先學習微積分。當我們只看著 e，雖然它被稱為自然數，但是一點都看不出來那裡自然。雖然對於微積分的討論超出本書的範圍 (除了標記為的部分以外)，但是我們仍然要介紹自然對數一個非常重要的特性，它對於分析本書的演算法是相當的重要。使用微積分，我們可以說明 $\ln x$ 是函數 $y = 1/x$ 的圖形中，曲線下介於 1 與 x 的區域的面積。在圖 A.3 上方的圖表示了 $n = 5$ 的情況。

⊕ 而下方的圖形中，我們說明了這個面積是如何以數個單位長度寬的長方形面積總和來估算。這個圖形說明了 ln 5 的近似值為

$$(1 \times 1) + \left(1 \times \frac{1}{2}\right) + \left(1 \times \frac{1}{3}\right) + \left(1 \times \frac{1}{4}\right) \approx 2.0833$$

注意這個近似值一定會大於真正的面積。使用計算機我們可以計算出

$$\ln 5 \approx 1.60944$$

這些長方形的面積和是一個對 ln 5 而言並不是個非常好的估計。然而，對於最後一個長方形來說 (即是在 x 軸介於 4 與 5 間的長方形)，它的面積跟曲線下介於 4 與 5 間的面積相去不遠，但是第一個長方形就相差很多了。每個後繼的長方形都比它前面的長方形估算地更準確。因此，當我們要估算 $\ln x$，而 x 很大時，這些長方形的面積總和會很接近 $\ln x$。下列的例子說明了這個結果的效用。

● **範例 A.9** 假設我們想要計算

$$1 + \frac{1}{2} + \cdots + \frac{1}{n}$$

沒有一個一般式可以表示這個總和，但是根據前面所的討論，如果 n 大，那麼

$$(1 \times 1) + \left(1 \times \frac{1}{2}\right) + \cdots + \left(1 \times \frac{1}{n-1}\right) \approx \ln n$$

當 n 很大的時候，最後一項 $1/n$ 的值是可以忽略的，而我們也可以把這一項加回去以得到結果

$$1 + \frac{1}{2} + \cdots + \frac{1}{n} \approx \ln n$$

我們會在分析演算法的時候使用到這個結果。事實上，我們可以證得

$$\frac{1}{2} + \cdots + \frac{1}{n} < \ln n < 1 + \frac{1}{2} + \cdots + \frac{1}{n-1}$$

• A.6 集合 (Sets)

粗略地說，一個**集合** (set) 是一群物件的聚集。我們以大寫 S 來代表集合，另外，如果要列舉一個集合裡的所有物件，我們會使用大括號把這些物件包起來，例如

$$S = \{1, 2, 3, 4\}$$

為一個包含前四個正整數的集合。注意在列舉物件時，順序可以是任意的。意思就是說

$$\{1, 2, 3, 4\} \quad 與 \quad \{3, 1, 4, 2\}$$

是相同一個集合，都是包含前四個正整數的集合。另外一個集合的例子是

$$S = \{\text{Wed, Sat, Tues, Sun, Thurs, Mon, Fri}\}$$

這是個一星期中每天的名字的集合。當一個集合中的物件有無限多個，我們可以使用這些物件的一般敘述來表示這個集合。例如，如果我們想要表示所有為 3 的倍數的正整數的集合，我們可以寫

$$S = \{n \text{ such that } n = 3i \text{ for some positive integer } i\}$$

另外，我們也可以寫出一些物件再加上一個一般項，如下

$$S = \{3, 6, 9, ..., 3i, ...\}$$

一個集合中的物件，我們稱之為這個集合的**元素** (elements) 或者是**成員** (members)。如果 x 是集合 S 中的一個元素，我們以 $x \in S$ 表示。如果 x 不是集合 S 中的一個元素，我們以 $x \notin S$ 表示。例如

$$若 S = \{1, 2, 3, 4\}，則 2 \in S，但是 5 \notin S$$

如果集合 S 與集合 T 擁有一樣的元素，我們說集合 S 與集合 T 相等。以 $S = T$ 表示。如果集合 S 與集合 T 不相等，就以 $S \neq T$ 表示。例如

$$若 S = \{1, 2, 3, 4\}，T = \{1, 2, 3, 4\}，則 S = T$$

如果集合 S 裡的元素，集合 T 裡面都有，那麼我們說集合 S 是集合 T 的一個**子集合** (subset)。以 $S \subseteq T$ 表示，例如

$$若 S = \{1, 3, 5\}，T = \{1, 2, 3, 5, 6\}，則 S \subseteq T$$

每個集合都是自己的子集合。意思就是說，對於任何集合 S，$S \subseteq S$。如果集合 S 是集合 T 的子集合，但是不可能等於集合 T 的話，我們說集合 S 是集合 T 的**嚴格子集合** (proper subset)。以 $S \subset T$ 表示。例如

$$若 S = \{1, 3, 5\}，T = \{1, 2, 3, 5, 6\}，則 S \subset T$$

對於兩個集合 S 跟 T，S 與 T 的**交集** (intersection) 是指 S 與 T 中共有的元素的集合。我們以 $S \bigcap T$ 表示。例如

$$若 S = \{1, 3, 5\}，T = \{1, 2, 3, 5, 6\}，則 S \bigcap T = \{1, 5\}$$

對於兩個集合 S 跟 T，S 與 T 的**聯集** (union) 是指 S 與 T 兩者所有的元素的集合。我們以 $S \bigcup T$ 表示。例如

$$若 S = \{1, 4, 5, 6\}，T = \{1, 3, 5\}，則 S \bigcup T = \{1, 3, 4, 5, 6\}$$

對於兩個集合 S 跟 T，S 與 T 的**差集** (difference) 是指在 S 中但不在 T 的元素的集合。我們以 $S - T$ 表示。例如

$$若 S = \{1, 4, 5, 6\}，T = \{1, 3, 5\}，則 S - T = \{4, 6\}，T - S = \{3\}$$

空集合 (empty set) 是指沒有元素的集合。我們以 $\varnothing$ 表示。

$$若 S = \{1, 4, 6\}，T = \{2, 3, 5\}，則 S \bigcap T = \varnothing$$

宇集合 U(universal set U) 是指所有我們可能會使用到的元素的集合。這個意思就是說，如果 S 是任一個我們可能會使用到的集合，則 $S \subseteq U$。例如，如果我們正在使用正整數的集合，則

$$U = \{1, 2, 3, \ldots, i, \ldots\}$$

• A.7 排列與組合 (Permutations and Combinations)

假設一個樂透的玩法是：甕中有四顆球，分別編號為 A，B，C 與 D。而我們要從這個甕中抽取兩顆球出來，為了贏得樂透，我們必須猜中球抽取出來的順序。為了估算得獎的機會，我們必須要找出球抽出來總共有幾種可能的結果。所有可能的結果為

AB	AC	AD
BA	BC	BD
CA	CB	CD
DA	DB	DC

注意結果 AB 與 BA 是不一樣的，因為我們也要猜中球抽出來的順序。我們在上面列出 12 種組合，但是就是所有可能的結果嗎？注意我們把結果列在一個 3 欄 4 列的表格中。每一列表示不同的第一顆球。共有 4 種情況。一旦決定了第一顆球，每列中每一格的第二個字母代表了第二顆球所有可能的情況。第二顆球共有 3 種選擇。因此，總有的情況共有

$$(4)(3) = 12 \text{ 種}$$

這個結果可以一般化。例如，如果我們要從 4 顆球中抽 3 顆出來，第一顆球可以是四顆裡的一顆，第一顆球抽出來之後，第二顆球可以是剩下三顆球裡的其中一顆，第二顆球抽出來以後，第三顆球就會是剩下兩顆球中的一顆。因此最後可能的結果有

$$(4)(3)(2) = 24 \text{ 種}$$

一般來說，如果我們有 n 顆球，而我們想從中抽取 k 顆，則所有可能的情況會有

$$(n)(n-1)(n-k+1) \text{ 種}$$

我們稱這是由 n 取 k 的組合所有可能的情況。如果 $n = 4$ 且 $k = 4$，則帶入這個公式可得

$$(4)(3) \cdots (4 - 3 + 1) = (4)(3)(2) = 24 \text{ 種}$$

符合前面所提到的結果。如果 $n = 10$ 且 $k = 5$，則帶入這個公式可得

$$(10)(9)\cdots(10-5+1) = (10)(9)(8)(7)(6) = 30,240 \text{ 種}$$

如果 $k = n$，就是我們會一次抽取所有的球。這就是指 n 個物件的組合數量。依照前面的公式，結果共有

$$n(n-1)(n-n+1) = n! \text{ 種}$$

試回想，對於一個正整數 n，$n!$ 定義為把小於或等於 n 的正整數全部乘起來。而 0! 定義為 1，另外規定 n 不可以是負數。

接下來考慮只要我們猜對了球，就可以贏得樂透的情況。也就是說，我們並不用考慮球取出的順序為何，只要猜中最後取出了那些球就可以。再一次假設一個甕中有四顆球，分別編號為 A、B、C 與 D，而我們要取出 2 顆。這種情況下每一個結果都對應到上例考慮順序中的兩個情況。例如，上例的結果 AB 與 BA，對於此例來說都是同一種結果。我們稱呼此種結果為

$$A \text{ 與 } B$$

因為每一個結果都對應到上例考慮順序中的兩個情況，所以我們只要把上例結果的數量除以 2 就可以得到本例所有可能結果的數量。即是指可能的情況共有

$$\frac{(4)(3)}{2} = 6 \text{ 種}$$

這六種不同的情況分別是

$$A \text{ 與 } B \quad A \text{ 與 } C \quad A \text{ 與 } D \quad B \text{ 與 } C \quad B \text{ 與 } D \quad C \text{ 與 } D$$

假設我們從裝有編號為 A、B、C 與 D 四顆球的甕中一次抽取 3 顆，並且不考慮它們的順序，那麼下列的情況對於本例都是同一個結果

$$ABC \quad ACB \quad BAC \quad BCA \quad CAB \quad CBA$$

這些結果就是三個物件的組合。回想這三個物件的組合共有 3! = 6 種情況。為了計算出在這樣子的規則中，總共有幾種可能的結果，我們必須要除以 3!，就是不考慮順序的話，共有幾種情況事實上是一樣的。因此，總共的結果有

$$\frac{(4)(3)(2)}{3!} = 4 \text{ 種}$$

而這些結果分別是

A 與 B 與 C   A 與 B 與 D   A 與 C 與 D   B 與 C 與 D

一般來說，我們如果要從 n 個球中一次取出 k 顆球，且不考慮順序，那麼所有的結果共有

$$\frac{(n)(n-1)\cdots(n-k+1)}{k!} \text{ 種}$$

我們稱為由 n 取 k 的**組合** (combinations) 數量。因為

$$(n)(n-1)\cdots(n-k+1) = (n)(n-1)\cdots(n-k+1) \times \frac{(n-k)!}{(n-k)!}$$

$$= \frac{n!}{(n-k)!}$$

我們經常以下列的式子為計算由 n 取 k 的組合數量的公式

$$\frac{n!}{k!(n-k)!}$$

使用這個公式，我們可以計算出一次由 8 顆球去 3 顆球的所有組合的結果共有

$$\frac{8!}{3!(8-3)!} = 56 \text{ 種}$$

在討論代數時證明過的**二項式定理** (binomial theorem)，提到了對於任何非負整數 n 以及實數 a 與 b，

$$(a+b)^n = \sum_{k=0}^{n} \frac{n!}{k!(n-k)!} a^k b^{n-k}$$

因為由 n 取 k 的組合數量就是上式 $a^k b^{n-k}$ 的係數，所以我們稱這個係數為**二項式係數** (binomial coefficient)。以 $\binom{n}{k}$ 表示之。

- **範例 A.10**　我們接下來證明，一個含有 n 個元素的集合，包括空集合，總共有 2^n 個子集合。對於 $0 \leq k \leq n$，大小為 k 的子集合的數量，就是由 n 取 k 的組合數量，即是 $\binom{n}{k}$。因此，所有的子集合總共有

$$\sum_{k=0}^{n} \binom{n}{k} = \sum_{k=0}^{n} \binom{n}{k} 1^k 1^{n-k} = (1+1)^n = 2^n \text{ 種}$$

第二到最後一個等式是根據二項式定理而成立的。

A.8　機率 (Probability)

您有可能會在由甕中抽取球、由撲克牌中抽取一張牌或是丟擲一個銅板時，回想起機率的一些理論。我們稱呼由甕中抽取球、由撲克牌中抽取一張牌或是丟擲一個銅板這些動作為**試驗** (experiment)。一般來說，機率理論在試驗產生的眾多不同結果能被我們能夠描述成一個集合的話，是適用的。這個所有可能結果的集合，我們稱之為**樣本空間** (sample space) 或者是**母體** (population)。數學家通常使用「樣本空間」，然而社會學者通常使用「母體」（因為他們研究人群）。我們會交互地使用這兩個名詞。任何樣本空間的子集合稱為一個**事件** (event)。一個只有一個事件的子集合稱為一個**元素事件** (elementary event)。

- **範例 A.11**　從一付普通的撲克牌中抽取最上面一張牌的試驗中，樣本空間包含了 52 張不同的牌。這個集合

$$S = \{ \text{紅心 K}, \text{梅花 K}, \text{方塊 K}, \text{黑桃 K} \}$$

是一個事件。而這個集合

$$E = \{ \text{紅心 K} \}$$

則是一個元素事件。整個樣本空間總共有 52 個元素事件。

　　一個事件（子集合）的意義就是，這個子集合中的一個元素就是這個試驗的一個可能的結果。在範例 A.11 中，事件 S 是指所抽出來的牌是四個 king 其中一個。而元素事件 E 是指抽出來的牌是紅心 K。

　　我們以一個包含這個試驗某些可能結果的事件，其對應到的實數來衡量這個事件發生的機會，我們稱這個實數為這個事件的機率。下列為在樣本空間為有限時，機率的一般定義：

定義

假設我們有一個包含 n 個不同結果的樣本空間：

$$樣本空間 = \{e_1, e_2,..., e_n\}$$

一個會把實數 $p(S)$ 分配給每個事件 S 的函數，叫做**機率函數** (probability function)。一個機率函數一定滿足下列 3 個條件：

1. 對於 $1 \le i \le n$，$0 \le p(e_i) \le 1$

2. $p(e_1) + p(e_2) + \cdots + p(e_n) = 1$

3. 對於一個不是元素事件的事件 S，$p(S)$ 等於 S 中所有元素事件的機率的總和。例如，若

$$S = \{e_1, e_2, e_7\}$$
$$p(S) = p(e_1) + p(e_2) + p(e_7)$$

而機率函數 p 與樣本空間，則合稱為**機率空間** (probability space)。

因為我們定義機率為集合的一個函數，在我們要表示一個元素事件的時候，應該寫 $p(\{e_i\})$ 而不是 $p(e_i)$。但是，為了避免雜亂，我們並不這樣做。同樣地，我們在表示一個不是元素事件的事件時，並不使用大括號。例如，我們會寫 $p(e_1, e_2, e_7)$ 來代表事件 $\{e_1, e_2, e_7\}$ 的機率。

我們也可以把一個可能的結果聯接到一個包含該結果的元素事件，這樣我們就可以說明該結果發生的機率。其實，這就是指包含該結果的元素事件發生的機率。

分配機率最簡單的方法就是使用**無異原則** (Principle of Indifference)。這個原則就是說，如果我們沒有理由較期望某些結果，則所有的結果發生的機會都是相同的。根據這個原則，當總共有 n 種可能的結果，則每一個結果發生的機率都是 $1/n$。

- **範例 A.12**　假設我們有一個甕，裡面裝有四顆球，編號分別是 A、B、C 與 D。而我們的試驗是從甕中抽取一顆球。樣本空間是。$\{A,B,C,D\}$，並且根據無異原則

$$p(A) = p(B) = p(C) = p(D) = \frac{1}{4}$$

而事件 {A,B} 表示抽到了 A 球或者是 B 球。這個事件的機率是

$$p\,(\mathrm{A},\,\mathrm{B}) = p\,(\mathrm{A}) + p\,(\mathrm{B}) = \frac{1}{4} + \frac{1}{4} = \frac{1}{2}$$

- **範例 A.13** 假設我們的試驗是從一付普通的撲克牌中,抽取最上面那張牌。因為共有 52 張牌,根據無異原則,抽中每一張牌的機率是 $\frac{1}{52}$。例如

$$p\,(\,\text{紅心 K}\,) = \frac{1}{52}$$

事件

$$S = \{\,\text{紅心 K, 梅花 K, 方塊 K, 黑桃 K}\}$$

的意思是說,抽到的那張牌是 king。這個事件發生的機率是

$$p\,(S) = p\,(\,\text{紅心 K}\,) + p\,(\,\text{梅花 K}\,) + p\,(\,\text{方塊 K}\,) + p\,(\,\text{黑桃 K}\,)$$
$$= \frac{1}{52} + \frac{1}{52} + \frac{1}{52} + \frac{1}{52} = \frac{1}{13}$$

有時候我們會使用前一節提到的排列或組合公式來計算機率,下一個範例說明了如何使用。

- **範例 A.14** 假設我們有一個甕,裡面裝有五顆球,編號分別是 A、B、C、D 與 E。而我們的試驗是從甕中抽取三顆球,並且不考慮順序。我們要計算 p(A 與 B 與 C)。回想「A 與 B 與 C」的意思就是指 ABC 這三顆球被取出即可,不論它們被取出的順序為何。為了使用無異原則來計算這個事件的機率,我們必須要計算出所有不同結果的數量。這即是說,我們需要算出由 5 取 3 的組合數量。使用前一節所提到的公式,結果總共有

$$\frac{5!}{3!\,(5-3)!} = 10 \text{ 種}$$

因此,根據無異原則

$$p(\mathrm{A\ and\ B\ and\ C}) = \frac{1}{10}$$

而其他九種可能的結果,其機率一樣都是 $\frac{1}{10}$。

　　有些尚未深入學習機率理論的讀者們或許會認為，機率只是一門有關比率的學問。其實這並不正確，即使是對本節提供的粗略機率概觀而言也是一樣。事實上，機率最重要的應用，和比率一點關係都沒有。我們提供了兩個範例來說明這一點。

　　投擲一枚硬幣是機率教科書常會使用到的傳統範例。因為硬幣是對稱的，因此我們會使用無異原則來分配機率。因此，我們分配

$$p(\,正面\,) = p(反面) = \frac{1}{2}$$

　　另外，我們也可以投擲一枚圖釘。與硬幣一樣，圖釘也有兩種結果，它可以是平坦的那面朝下，針頭朝上（正面），也可以是尖銳的針碰觸到地面（反面）。

圖 A.4　投擲一枚圖釘可能發生的兩個結果。因為圖釘不是對稱的，
所以這兩個結果發生的機率不是一樣的。

我們假設圖釘不會只有針尖碰觸到地面。這兩個落地的結果顯示在圖 A.4。使用投擲硬幣的術語，我們稱平坦那面朝下為「正面」，另一個結果為「反面」。因為圖釘不是對稱的，我們不能使用無異原則來分配機率給正面跟反面。那麼我們該如何分配它們的機率呢？在投擲硬幣的試驗中，當我們說 $p(\,正面\,) = \frac{1}{2}$ 時，我們其實就已經暗示了如果我們投擲這枚硬幣 1,000 次，那麼大約會有 500 次正面會朝上。如果只有 100 次正面朝上，我們一定會懷疑這枚硬幣被動了手腳，而正面與反面的機率並不是 $\frac{1}{2}$。重複地執行一個試驗的確是一個計算機率的方法，意思就是，如果我們重複執行一個試驗非常多次，我們可以很確定某個結果發生的機率，大約等於發生這個結果的次數除以總試驗次數。（有些哲學家就定義機率為這個分數在試驗次數逼近無限大的極限值）例如，假設有位讀者投擲一枚圖釘 10,000 次，而圖釘平坦面朝下（正面）有 3,761 次。所以對這個圖釘而言，

$$p(\,正面\,) \approx \frac{3,761}{10,000} = 0.3761 \qquad p(反面) \approx \frac{6239}{10,000} = 0.6239$$

我們可以看到這兩個事件的機率不一定相等，但是這兩個機率的和仍然是 1。這個計算機率的方法稱為機率的**相對頻率法** (relative frequency approach)。當我們使用這個方法來計算機率時，我們使用 □ 符號來表示大約等於，因為不論試驗執行了多少次，我們仍然不能

確定所計算出來的機率恰好等於該事件發生的機率。例如，假設我們要從一個裝有編號 A 與 B 兩顆球的甕中抽取一顆球出來，並重複此試驗 10,000 次，我們不能確定 A 球會抽出的次數剛好會等於 5,000 次，有可能只抽出了 4,967 次。使用無異原則，我們會得到

$$p(A) = 0.5$$

而使用相對頻率法，我們會得到

$$p(A) \approx 0.4967$$

相對頻率法並不限於在只有兩結果的試驗。例如，如果我們投擲一個不均勻的六面骰子，那麼六個元素事件的機率可能皆不相同。然而，這六個元素事件的機率總和仍然是 1。下列的例子說明了這個情形。

- **範例 A.15** 假設我們的試驗是投擲一個不均勻的六面骰子 1,000 次。而每個面出現的次數如下：

面	出現次數
1	200
2	150
3	100
4	250
5	120
6	180

所以，

$$p(1) \approx 0.2$$
$$p(2) \approx 0.15$$
$$p(3) \approx 0.1$$
$$p(4) \approx 0.25$$
$$p(5) \approx 0.12$$
$$p(6) \approx 0.18$$

依照機率空間的定義第 3 點，

$$p(2,3) = p(2) + p(3) \approx 0.15 + 0.1 = 0.25$$

這即是擲出面 2 或面 3 的機率。

計算機率的方法有許多種,有一個值得一提的是對於一個結果的信任度 (degree of belief)。例如,假設芝加哥熊隊與達拉斯牛仔隊準備要舉行一場美式橄欖球比賽,在撰寫本文的時候,其中一位作者認為芝加哥熊隊不大可能贏球。因此,他不會分配相同的贏球機率給兩隊。因為這個比賽不可能重複很多次,他不可能使用相對頻率法來計算機率,然而,如果他想要在這場比賽下賭注,他會想要計算出接近芝加哥熊隊贏球的機率。他可以使用**主觀法** (subjective approach) 來計算。使用此法其中一個方式是:如果一張賭芝加哥熊隊贏的樂透票賣 \$1,買的人必須要自我評估,如果芝加哥熊隊真的贏的話,這張樂透票應該值多少。本書其中一位作者認為,應該值 \$5。意思就是說,如果芝加哥熊隊贏球的話,他可以贏回 \$5,他才願意花 \$1 買這張樂透票。那麼對他來說,芝加哥熊隊贏球的機率就是

$$p(\text{ 熊隊贏 }) = \frac{\$1}{\$5} = 0.2$$

計算出這個數字是基於這位作者所認定的結果。這個方法之所以被稱為「主觀」,就是因為可能也有別人會認為,只要能贏回 \$4,他就願意花 \$1 買這張樂透票。那麼對這個人來說,$p(\text{熊隊贏}) = 0.25$。但我們都不能斷定這兩個人的想法誰對誰錯。當計算一個事件的機率是基於某一個人的信念,那麼這個事件的機率就會因人而異。事件的機率是某人的信念帶入函數的結果,所以被稱為主觀。如果某人認為只要能贏回 \$2,他就願意買這張樂透票,那麼對他來說

$$p(\text{ 熊隊贏 }) = \frac{\$1}{\$2} = 0.5$$

我們可以見到,機率不只是比率而已。您可以閱讀 Fine (1973) 以得到更多有關機率原理的資料。而 Neapolitan (1992) 則詳細地討論相對頻率法。「無異原則」的討論最先出現在 Keynes (1948)(原先在 1921 年出版)。Neapolitan (1990) 討論了使用無異法則的迷思。

• A.8.1 隨機性 (Randomness)

雖然我們在一般對話中常使用到「隨機」一詞,但是要嚴格地定義這個詞是相當困難的。隨機性關係到一個程序。直覺上來說,一個**隨機程序** (random process) 是指:第一,這個程序可以產生任意多個結果。例如,重複投擲同一枚硬幣的程序可以產生任意長度的結果,一連串的正面或者反面。第二,結果必須是不可預測的。「不可預測」的定義,有時候也是不明確的。我們似乎又回到了起點,只是我們把「隨機」一詞換成了「不可預測」。

　　在 20 世紀初，Richard von Mises 使隨機性一詞的概念更明確。他說一個「不可預測」的程序不應該有一個最佳的下注策略。這就是說，如果我們想要在某個賭局下注，除了下注所有的結果以外，我們不能只押注某一組結果來提高賭贏的機率。例如，如果我們想要在重複投擲同一枚硬幣的程序中下注正面那一面，大部分的時候我們會認為，只下注在某幾次特定的試驗並不能提高我們賭贏的機率。即是我們會認為並沒有「特定」幾次試驗其下注而賭贏的機率會比較高。如果我們無法找出特定某一組試驗其賭贏的機率會較高，那麼重複投擲同一枚硬幣的程序就是一個隨機程序。我們舉另外一個例子，假設我們重複地從一群人中任意選出一人，檢查他是否有癌症，然後在將他放回原來的那群人中，再任意選出下一人。(將樣本放回原母體的取樣，稱為**重複取樣** (sampling with replacement) 讓我們猜測抽取的樣本有沒有癌症。如果我們對所有人都一視同仁地，大部分時我們會認為只猜測某些人有與對每人一視同仁地猜測，其猜對的機率都是一樣的。事實上我們也無從得知猜測那些人有癌症其猜對的機率會比較大，所以這個程序可以說是隨機的。但是如果我們猜測較偏向於有抽煙的人上，那麼這個程序就不是隨機的了。因為我們可以藉由針對某些特定的人身提高我們猜對的機率。直覺上來說，當我們說「抽取樣本時不偏好某些樣本」是指在抽取樣本時，並沒有任合特定的模式可循。例如，如果我們使用重複取樣的方法由一個甕中抽取出球來，在抽取球之前我們會搖晃甕，以讓裡面的球徹底地混合，這樣一來我們就不會使任何球有較大的機會被抽取出來。您有可能會問，在每個州發行的樂透彩，在抽取球之前，到底要怎麼搖晃我們的甕才能使裡面的球徹底地混合呢？當我們從一群人中取樣的時候，要確定我們是否有偏好是一件相當困難的事情。討論取樣方法已經超出本附錄的範圍。

　　Von Mises 對於隨機性的要求給了我們一個對隨機性較好的理解。一個可預測的或是**非隨機程序** (nonrandom process) 允許一個最佳賭注策略。上述中一個非隨機程序的例子就是取樣有抽煙者。另外一個例子是有關另一位作者的日常運動。他喜歡在星期二、星期四與星期日去做運動，但是如果他有一天因故無法去運動，他就會另外找一天補做運動。如果我們要猜測給定一天，他會不會去做運動，那麼如果那一天是星期二、星期四或是星期日的話，那麼猜測他會去做運動，猜對的機會就會比較大。所以這個程序就不是隨機的。

　　僅管 Von Mises 使我們較容易了解隨機性的意義，但是他仍然沒有給隨機性一個嚴格的數學定義。Andrei Kolmogorov 最終以**可壓縮序列** (compressible sequence) 的概念給隨機性一個嚴格的數學定義。簡單地說，如果我們可以使用較少的位元數來表示一個有限序列的話，我們就說這個有限序列是**可壓縮的** (compressible)。例如，這個序列

$$1010101010101010101010101010101010$$

就是重複「１０」16次，所以就可以用

$$16 1 0$$

來表示。因為我們使用了較少的位元數來表示這整個序列，所以這個序列是可壓縮的。一個不能壓縮的有限序列稱之為**隨機序列** (random sequence)。例如，序列

$$1 0 0 1 1 0 1 0 0 0 1 0 1 1 0 1$$

是隨機的，因為它並沒有一個更簡短的表示方式。直覺上來說，一個隨機序列就是沒有規律的序列。

根據 Kolmogorov 的理論，一個**隨機程序** (random process) 是一個可以產生任何數量的隨機序列的程序。例如，假設我們重複地投擲一枚硬幣，並且以 1 代表正面，以 0 代表反面。經過了六次試驗之後，我們可能會有以下結果

$$1 0 1 0 1 0$$

但是根據 Kolmogorov 的理論，最終整個序列會沒有規律性。在定義一個**肯定**可以產生隨機序列的程序為隨機程序時會有哲學上的困難。許多機率學者認為，我們只能說，有很高的機會隨機程序會產生隨機序列，但是仍然有機會產生非隨機的序列。例如，雖然機會微乎其微，但是仍有可能丟擲一枚硬幣，結果永遠是正面朝上。就如同前面提到的，隨機性是一個困難的概念，就算到今日，它的特性仍然有爭議。

現在讓我們討論隨機性如何聯繫到機率。一個隨機程序會決定一個機率空間（機率空間的定義詳見本節一開始處），並且這個試驗每執行一次會產生一個結果。以下列舉了幾個例子。

● **範例 A.16**　假設我們有一個甕，裡面有一顆白球與一顆黑球。我們的試驗是重複地從裡面取出一顆球。取出後把它放回去，再取出下一顆球。這個隨機程序決定了一個機率空間

$$p (\text{黑球}) = p (\text{白球}) = 0.5$$

每執行一次取球的試驗都在這個機率空間之內。

● 範例 A.17   在範例 A.15 裡所執行的隨機程序是反復地投擲一枚不均勻的六面骰子。它決定了一個機率空間

$$p(1) \approx 0.2 \qquad p(4) \approx 0.25$$
$$p(2) \approx 0.15 \qquad p(5) \approx 0.12$$
$$p(3) \approx 0.1 \qquad p(6) \approx 0.18$$

每執行一次丟骰子的試驗都在這個機率空間之內。

● 範例 A.18   假設我們的母體有 n 個人，其中有些人有癌症。我們以重複取樣的方式來取樣，並且對每個人都一視同仁，不會偏好任何人。這個隨機程序決定了一個機率空間，整個母體是樣本空間（試回想「樣本空間」與「母體」可以交互使用）並且每一個人被取樣出來（元素事件）的機率是 $1/n$。一個被取樣出來的人有癌症的機率是

$$\frac{\text{有癌症的人數}}{n}$$

每一次執行這個試驗，我們說我們**隨機地** (at random) 由母體中取樣（挑選）一個人出來。所有重複此試驗會產生的結果的集合，我們稱之為這個母體的**隨機樣本** (random sample)，使用統計的方法，如果隨機樣本夠大，那麼它就可以用來代表整個母體。例如，如果隨機樣本裡有 $\frac{1}{3}$ 的人有癌症，並且這個樣本夠大，那麼整個母體有 $\frac{1}{3}$ 的人有癌症的機率就很高。

● 範例 A.19   假設我們有一付普通的撲克牌，而我們把牌依序一張一張翻轉過來。這個程序不是隨機的，因為牌並不是隨機抽取。這個非隨機程序每一次執行都決定了一個不同的機率空間。第一次試驗，每張牌被抽到的機率都是 $\frac{1}{52}$，而第二次試驗時，已經被抽走的牌被抽到的機率是 0，而剩下的牌被抽到的機率是 $\frac{1}{51}$，以此類推。

假設我們每次抽牌前都先洗牌一次，然後再抽取最上面那張牌，那麼這是不是一個隨機程序呢？每張牌都是隨機抽取的嗎？答案為否。魔術師同時也是統計學者 Persi Diaconis 證明了洗牌至少要洗七次才能有效地混合所有的牌，並且這個程序才會是隨機的。（請見 Aldous and Diaconis, 1986）

　　雖然 von Mises 對於隨機性的想法在現代是相當直觀的，但是在他的年代，他的觀點並沒有被大眾所廣泛地接受。他當時（二十世紀初）最大的對手就是哲學家 K. Marbe。Marbe 說自然是有記憶性的。根據他的理論，如果在重複投擲一枚公平硬幣（正反面的相對頻率機率都是 0.5）的試驗中，連續出現 15 次反面，那麼下一次投擲正面出現的機率會提高，因為大自然會對先前連續 15 次反面做補償。如果這個理論是正確的，那麼在出現連續多次的反面之後，下一次押注正面將會提高我們賭贏的機率。Iverson 等人（1971）執行了一個實驗證明了 von Mises 與 Kolmogorov 的觀點。他們的實驗證明了丟擲一個硬幣與丟擲一個骰子確實會產生隨機序列。今日只有極少數的科學家同意 Marbe 的理論，雖然有許多賭徒同意他的觀點。

　　Von Mises 原先的理論出現在 von Mises (1919) 並且在 von Mises (1957) 討論的更詳細。對於可壓縮序列與隨機序列更詳細的討論可以在 Van Lambalgen (1987) 找到。Neapolitan (1992) 與 Van Lambalgen (1987) 都說明了定義一個肯定可以產生隨機序列的程序為隨機程序是很困難的。

• A.8.2　期望值 (The expected value)

我們以一個範例來介紹期望值（平均值）。

• 範例 A.20　　假設我們有四位讀者，身高分別是 68、72、67 與 74 英吋。則他們的平均身高是

$$平均身高 \ = \ \frac{68 + 72 + 67 + 74}{4} \ 英吋 \ = 70.25 \ 英吋$$

假設我們有 1000 位讀者，他們的身高分布如下表：

百分比	身高（英吋）
20	66
25	68
30	71
10	72
15	74

為了計算平均身高，我們必須要比照前面的方法，先找出每一個讀者的身高，全部加總起來，再除以總人數。然而有一個更快速的方法：

$$平均身高 \ = 66 \, (0.2) + 68 \, (0.25) + 71 \, (0.3) + 72 \, (0.1) + 74 \, (0.15) \ 英吋$$
$$= 69.8 \ 英吋$$

　　注意上表的百分比其實就是以無異原則所計算出來的機率。事實上，有 20% 的讀者有 66 英吋高，就是指有 200 位讀者有 66 英吋高，如果我們從 1000 位讀者中任意挑選一人，那麼

$$P(66 \text{ 英吋高}) = \frac{200}{1000} = 0.2$$

　　一般來說，期望值的定義如下。

定義

假設我們有一個機率空間，其樣本空間為

$$\{e_1, e_2, ..., e_n\}$$

並且每一個結果 e_i 聯繫到一個實數 $f(e_i)$。那麼實數 $f(e_i)$ 就稱為這個樣本空間的**隨機變數** (random variable)，並且隨機變數 $f(e_i)$ 的期望值 (expected value) 定義為

$$f(e_1)\,p(e_1) + f(e_2)\,p(e_2) + \cdots + f(e_n)\,p(e_n)$$

　　隨機變數之所以被稱為「隨機」，就是因為一個隨機程序可以決定隨機變數的值。另外也可以稱之為「**機會變數**」(chance variable) 或「**推測變數**」(stochastic variable)。我們使用隨機變數一詞，是因為它最被廣泛使用。

● **範例 A.21**　假設我們有一個如範例 A.15 的不均勻骰子，即

$$
\begin{array}{ll}
p(1) \approx 0.2 & p(4) \approx 0.25 \\
p(2) \approx 0.15 & p(5) \approx 0.12 \\
p(3) \approx 0.1 & p(6) \approx 0.18
\end{array}
$$

那麼我們的樣本空間有六個元素事件，設一個隨機變數就是朝上那一面的點數，那麼這個隨機變數的期望值為

$$1\,p(1) + 2\,p(2) + 3\,p(3) + 4\,p(4) + 5\,p(5) + 6\,p(6)$$
$$\approx 1(0.2) + 2(0.15) + 3(0.1) + 4(0.25) + 5(0.12) + 6(0.18) = 3.48$$

如果我們投擲這個骰子相當多次，我們會期望所有朝上的點數平均起來是 3.48。

一個樣本空間可以擁有多個隨機變數。例如本例可以有另一個隨機變數，當朝上的點數是奇數時，這個隨機變數的值就是 0，如果是偶數朝上的話，那麼隨機變數就等於 1。這樣一個隨機變數的期望值就是

$$0\,p(1) + 1\,p(2) + 0\,p(3) + 1\,p(4) + 0\,p(5) + 1\,p(6)$$
$$\approx 0\,(0.2) + 1\,(0.15) + 0\,(0.1) + 1\,(0.25) + 0\,(0.12) + 1\,(0.18) = .58$$

- 範例 A.22　假設範例 A.20 中的 1000 位讀者是我們的樣本空間，而他們的身高是我們樣本空間的一個隨機變數。他們的體重則是這個樣本空間的另一個隨機變數。如果體重的分布如下表：

百分比	體重（磅）
15	130
35	145
30	160
10	170
10	185

那麼這個隨機變數的期望值為

$$130\,(0.150 + 145\,(0.35) + 160\,(0.30) + 170\,(0.10) + 185\,(0.10)$$ 磅
$$= 153.75$$ 磅

習題

A.1 節

1. 請計算下列式子的值

   (a) $\lfloor 2.8 \rfloor$　　　　　　(b) $\lfloor -10.42 \rfloor$

   (c) $\lceil 4.2 \rceil$　　　　　　(d) $\lfloor -34.92 \rfloor$

   (e) $\lfloor 5.8 - 4.7 \rfloor$　　　　　(f) $\lfloor 2\pi \rfloor$

2. 試證明 $\lceil n \rceil = -\lfloor -n \rfloor$。

3. 試證明，對於所有的實數 x，$\lfloor 2x \rfloor = \lfloor x \rfloor + \left\lfloor x + \dfrac{1}{2} \right\rfloor$。

4. 試證明對於所有的整數 $a > 0$、$b > 0$ 與 n，

(a) $\left\lfloor \dfrac{n}{2} \right\rfloor + \left\lceil \dfrac{n}{2} \right\rceil = n$

(b) $\left\lfloor \dfrac{\lfloor n/a \rfloor}{b} \right\rfloor = \left\lfloor \dfrac{n}{ab} \right\rfloor$

5. 請使用總和符號 Æ 來表示下列式子

(a) $2 + 4 + 6 + \cdots + 2(99) + 2(100)$

(b) $2 + 4 + 6 + \cdots + 2(n-1) + 2n$

(c) $3 + 12 + 27 + \cdots + 1200$

6. 請計算出下列總合的值

(a) $\displaystyle\sum_{i=1}^{5} (2i + 4)$

(b) $\displaystyle\sum_{i=1}^{10} (i^2 - 4i)$

(c) $\displaystyle\sum_{i=1}^{200} \left(\dfrac{i}{i + 1} - \dfrac{i - 1}{i} \right)$

(d) $\displaystyle\sum_{i=0}^{5} (2^i n^{5-i})$，當 $n = 4$

(e) $\displaystyle\sum_{i=1}^{4} \sum_{j=1}^{i} (j + 5)$

A.2 節

7. 試畫出函數 $f(x) = \sqrt{x - 4}$ 的圖形，這個函數的定義域與值域各為何？

8. 試畫出函數 $f(x) = (x - 2)/(x + 5)$ 的圖形，這個函數的定義域與值域各為何？

9. 試畫出函數 $f(x) = \lfloor x \rfloor$ 的圖形，這個函數的定義域與值域各為何？

10. 試畫出函數 $f(x) = \lceil x \rceil$ 的圖形，這個函數的定義域與值域各為何？

A.3 節

11. 試用數學歸納法證明，對於所有整數 $n > 0$，

$$\sum_{k=1}^{n} k\,(k!) = (n+1)! - 1$$

12. 試用數學歸納法證明，對於所有正整數 n，$n^2 - n$ 必定是偶數。

13. 試用數學歸納法證明，對於所有正整數 $n > 4$，

$$2^n > n^2$$

14. 試用數學歸納法證明，對於所有整數 $n > 0$，

$$\left(\sum_{i=1}^{n} i\right)^2 = \sum_{i=1}^{n} i^3$$

A.4 節

15. 試證明如果 a 與 b 都是奇數，則 $a + b$ 一定是偶數。倒反過去也成立嗎？

16. 試證明如果 $a + b$ 是奇數，若且唯若則 a 與 b 都是奇數或者 a 與 b 都是偶數。

A.5 節

17. 試計算下列式子的值

    (a) $\log 1{,}000$ (b) $\log 100{,}000$ (c) $\log_4 64$

    (d) $\lg(1/16)$ (e) $\log_5 125$ (f) $\log 23$

    (g) $\lg(16 \times 8)$ (h) $\log(1{,}000/100{,}000)$ (i) $2^{\lg 125}$

18. 試在同一個座標系上畫出函數 $f(x) = 2^x$ 與 $g(x) = \lg x$ 的圖形。

19. 若 $x^2 + 6x + 12 > 8x + 20$，則 x 的值可以為何？

20. 若 $x > 500 \lg x$，則 x 的值可以為何？

21. 試證明 $f(x) = 2^{3\lg x}$ 不是一個指數函數。

22. 試證明，對於所有的正整數 n，

$$\lfloor \lg n \rfloor + 1 = \lceil \lg(n+1) \rceil$$

23. 試使用 Stirling 對於 $n!$ 的逼近式來找出可計算 $\lg(n!)$ 的式子。當 n 很大時，

$$n! \approx \sqrt{2\pi n}\left(\frac{n}{e}\right)^n$$

A.6 節

24. 令 $U = \{2,4,5,6,8,10,12\}$，$S = \{2,4,510\}$ 與 $T = \{2,6,8,10\}$。（U 是宇集合）試找出以下集合運算的結果。

    (a) $S \bigcup T$ (b) $S \bigcap T$

    (c) $S - T$ (d) $T - S$

    (e) $((S \bigcap T) \bigcup S)$ (f) $U - S$

25. 給定一個內含 n 個元素的集合 S，試證明 S 共有 2^n 個子集合。

26. 令 $|S|$ 表示集合 S 中的元素個數。試證明下列式子是成立的

$$|S \cup T| = |S| + |T| - |S \cap T|$$

27. 試證明下列三個式子是相等的

    (a) $S \subset T$ (b) $S \bigcap T = S$ (c) $S \bigcup T = T$

A.7 節

28. 試計算由 10 一次取 6 的排列共有幾種。

29. 試計算由 10 一次取 6 的組合共有幾種。

30. 假設有一個樂透的玩法是由一個裝有 10 顆球的甕中依序抽取 4 顆球出來。如果買到與球抽出的順序相同的彩券就中獎。請問共有幾種不同的彩券？

31. 假設有一個樂透的玩法是由一個裝有 10 顆球的甕中依序抽取 4 顆球出來。如果買到與抽出的球相同的彩券就中獎，順序不拘。請問共有幾種不同的彩券？

32. 試使用數學歸納法證明在 A.7 節中提到的二項式定理。

33. 試證明下列等式

$$\binom{2n}{2} = 2\binom{n}{2} + n^2$$

34. 假設我們有 k_1 個第一種物件，k_2 個第二種物件 $...k_m$ 個第 m 種物件，並且 $k_1 + k_2 + ... + k_m = n$。試證明這 n 個物件的排列方式共有

$$\frac{n!}{(k_1!)(k_2!)\cdots(k_m!)} \text{ 種}$$

35. 設把 n 個相同物件分給 m 個集合共有 $f(n, m)$ 種方法，而且考慮這些集合的順序。例如，如果 $n = 4$，$m = 2$，而物件的集合為 $\{A, A, A, A\}$，則分發的方式有下列幾種：

   1. $\{A, A, A, A\}, \varnothing$

   2. $\{A, A, A\}, \{A\}$

   3. $\{A, A\}, \{A, A\}$

   4. $\{A\}, \{A, A, A\}$

   5. $\varnothing, \{A, A, A, A\}$

   我們可以知道 $f(4, 2) = 5$。試證明

$$f(n, m) = \binom{n + m - 1}{m - 1}$$

   提示：考慮有 n 個 A 在第一欄的情況，再考慮有 $n - 1$ 個 A 在第一欄的情況…考慮有 0 個 A 在第一欄的情況。然後對 m 使用數學歸納法。

36. 試證明下列等式

$$\binom{n}{k + 1} = \frac{n - k}{k + 1} \binom{n}{k}$$

A.8 節

37. 考慮第 30 題的樂透。假設我製作了所有可能的彩券，並且每一張彩券都是不同的。

   (a) 試計算只買一張彩券，中獎的機率為多少？

   (b) 試計算買七張彩券，中獎的機率為多少？

38. 假設我們由一付普通的撲克牌發 5 張牌出來。

    (a) 試計算含有 4 張 ace 的機率為多少？

    (b) 試計算含有四張同花色的機率為多少？

39. 假設我們投擲一顆公平的骰子（就是指六個點數出現的機會都是 $1/6$），若當點數 1、2、3、4 出現的時候，玩家分別會贏得 1、2、3、4 元，但是當 5 點或 6 點出現時，玩家分別會輸掉 5、6 元。

    (a) 試計算玩家玩一次的期望值。

    (b) 當玩家玩 100 次，最多可以贏多少，最多可以輸多少，期望值為何？

40. 假設我們想要在一列不同的元素中找出某一個元素。若我們使用依序尋找演算法（線性尋找），那麼平均（期望）會有幾次比對？

41. 在一個含有 n 個元素的陣列中執行一次刪除的指令，移動元素次數的期望值是幾次呢？

Appendix B

求解遞迴方程式：並將解答 應用到遞迴演算法的分析

遞迴演算法 (recursive algorithm) 的分析比 iterative algorithm 的分析要來的困難。然而，我們可以使用遞迴方程式 (recurrence equation) 來表達遞迴演算法的時間複雜度。接著，解這個遞迴方程式來求出該演算法的時間複雜度 (time complexity)。在本章中，我們將討論一些解遞迴方程式的方法，以及利用遞迴方程式的解來分析遞迴演算法的技巧。

• B.1 利用歸納法求解遞迴方程式

我們已在附錄 A 為各位複習過數學歸納法。這裡我們要教您如何用它來分析某些遞迴演算法。首先我們來看一個計算 $n!$ 的遞迴演算法。

▶ 演算法 B.1　　**階乘**

問題：求出當 $n \geq 1$ 時，$n!$ 的值。其中 $n! = n(n-1)(n-2)\cdots(3)(2)(1)$，$0! = 1$。

輸入：一個非負整數 n。

輸出：$n!$

```
int fact (int n)
{
  if (n == 0)
     return 1;
  else
     return n * fact (n - 1);
}
```

　　若要對這個演算法的效率有更深刻的瞭解，首先，我們必須求出，給定 n，此函式究竟執行了多少次乘法指令。給定 n，乘法指令執行的總次數為：$fact(n-1)$ 的乘法指令執行次數加 1（這一次乘法就是把 $fact(n-1)$ 乘以 n 的乘法）。給定 n，我們用 t_n 來表示在 $fact(n)$ 中，乘法執行的次數。由上一句推得的總次數計算方式，可得

$$t_n = \underbrace{t_{n-1}}_{\substack{\text{在遞迴呼叫中} \\ \text{乘法的執行次數}}} + \underbrace{1}_{\substack{\text{在頂層乘法的} \\ \text{執行次數}}}$$

我們把這種類型的方程式稱為**遞迴方程式**（recurrence equation），因為該函數在 n 時的值可由該函數在小於 n 時的值來表示的。遞迴方程式本身並非僅代表一個函數。我們還必須設定一個啟始點，通常稱啟始點為**啟始條件**（initial condition）。在演算法 B.1 中，當 $n = 0$ 時並未執行乘法運算。故其啟始條件為

$$t_0 = 0$$

我們可以計算其他更大 n 值的 t_n 如下：

$$t_1 = t_{1-1} + 1 = t_0 + 1 = 0 + 1 = 1$$
$$t_2 = t_{2-1} + 1 = t_1 + 1 = 1 + 1 = 2$$
$$t_3 = t_{3-1} + 1 = t_2 + 1 = 2 + 1 = 3$$

繼續計算下去，我們可以求出更多 t_n 的值。但若不從 t_0 開始計算，就無法得知 t_n 的值。因此我們需要一個明確表達 t_n 的式子。這種式子被稱為遞迴方程式的解（solution）。歸納法無法用來尋找某個遞迴方程式的解。它只能驗證某個候選解是否真是該遞迴方程式的解。（8.5.4 討論的建構式歸納法可以用來尋找候選解。）在這裡，我們利用歸納前幾個自變數與函數值與的關係，得到一個候選解。比如，觀察 $t_1 = 1$、$t_2 = 2$、$t_3 = 3$，我們可歸納出一個候選解

$$t_n = n$$

我們使用歸納法試著證明是 $t_n = n$ 是正確的解。

歸納基底：對於 $n = 0$，

$$t_0 = 0$$

歸納假設：假定對於任意正整數 n，下列的式子均成立

$$t_n = n$$

歸納步驟：我們必須證明

$$t_{n+1} = n + 1$$

將 $n+1$ 代入前面的遞歸式可得

$$t_{n+1} = t_{(n+1)-1} + 1 = \boldsymbol{t_n} + 1 = \boldsymbol{n} + 1$$

到此，我們已用歸納法證明了候選解 $t = n$ 是正確的解。注意我們特別以粗體字來表示根據歸納假設而相等的項。之後，我們會常用這種方式表示歸納假設套用之處。

分析遞迴演算法可分為兩個步驟。第一步是求出遞迴方程式；第二步是解遞迴方程式。這裡我們的目標是教您如何解遞迴方程式。因為在討論遞迴演算法時，我們通常已經為這些演算法求出遞迴方程式了。因此，在本附錄的剩下部分，我們會把遞迴方程式當作是給定的，而不會再去討論從遞迴演算法怎麼求出遞迴方程式這個部分。現在，讓我們來看看更多使用歸納法解遞迴方程式的例子。

● **範例 B.1**　考慮下面的遞迴方程式

$$t_n = t_{n/2} + 1 \quad 對於 n = 1 且 n 為 2 的乘冪成立$$
$$t_1 = 1$$

前幾個 t_n 的值為

$$t_2 = t_{2/2} + 1 = t_1 + 1 = 1 + 1 = 2$$
$$t_4 = t_{4/2} + 1 = t_2 + 1 = 2 + 1 = 3$$
$$t_8 = t_{8/2} + 1 = t_4 + 1 = 3 + 1 = 4$$
$$t_{16} = t_{16/2} + 1 = t_8 + 1 = 4 + 1 = 5$$

我們可以觀察出

$$t_n = \lg n + 1$$

我們使用歸納法來證明 $t_n = \lg n + 1$ 是正確的解。

歸納基底：對於 $n=1$，

$$t_1 = 1 = \lg 1 + 1$$

歸納假設：假定對於任意大於 0 且為 2 的乘冪之正整數 n，下列的式子均成立

$$t_n = \lg n + 1$$

歸納步驟：因為本題的遞迴方程式只對 2 的乘冪成立，故在 n 之後要考慮的下一個數是 $2n$，因此，我們必須要證明

$$t_{2n} = \lg(2n) + 1$$

若將 $2n$ 代入前面的遞迴方程式即可得到

$$
\begin{aligned}
t_{2n} = t_{(2n)/2} + 1 = \boldsymbol{t_n} + 1 &= \boldsymbol{\lg n} + 1 + 1 \\
&= \lg n + \lg 2 + 1 \\
&= \lg(2n) + 1
\end{aligned}
$$

- **範例 B.2**　考慮下面的遞迴方程式

$$
\begin{aligned}
t_n &= 7t_{n/2} \quad \text{對於 } n > 1 \text{ 且 } n \text{ 為 2 的乘冪成立} \\
t_1 &= 1
\end{aligned}
$$

前幾個 t_n 的值為

$$
\begin{aligned}
t_2 &= 7t_{2/2} = 7t_1 = 7 \\
t_4 &= 7t_{4/2} = 7t_2 = 7^2 \\
t_8 &= 7t_{8/2} = 7t_4 = 7^3 \\
t_{16} &= 7t_{16/2} = 7t_8 = 7^4
\end{aligned}
$$

我們可以觀察出

$$t_n = 7^{\lg n}$$

我們使用歸納法來證明 $t_n = 7^{\lg n}$ 是正確的解。

歸納基底：對於 $n = 1$，

$$t_1 = 1 = 7^0 = 7^{\lg 1}$$

歸納假設：假定對於任意大於 0 且為 2 的乘冪之正整數 n，下列的式子均成立

$$t_n = 7^{\lg n}$$

歸納步驟：我們必須要證明

$$t_{2n} = 7^{\lg(2n)}$$

若我們將 $2n$ 代入本題的遞迴方程式，我們得到

$$t_{2n} = 7t_{(2n)/2} = \boldsymbol{7t_n} = 7 \times \boldsymbol{7^{\lg n}} = 7^{1+\lg n} = 7^{\lg 2 + \lg n} = 7^{\lg(2n)}$$

到此，我們已用歸納法證明了候選解 $t_n = 7^{\lg n}$ 是正確的解。

最後，由於

$$7^{\lg n} = n^{\lg 7}$$

因此本題遞迴方程式的解通常寫成

$$t_n = n^{\lg 7} \approx n^{2.81}$$

- **範例 B.3** 考慮下面的遞迴方程式

$$t_n = 2t_{n/2} + n - 1 \quad \text{對於 } n > 1 \text{ 且 } n \text{ 為 2 的乘冪成立}$$
$$t_1 = 0$$

前幾個 t_n 的值為

$$t_2 = 2t_{2/2} + 2 - 1 = 2t_1 + 1 = 1$$
$$t_4 = 2t_{4/2} + 4 - 1 = 2t_2 + 3 = 5$$
$$t_8 = 2t_{8/2} + 8 - 1 = 2t_4 + 7 = 17$$
$$t_{16} = 2t_{16/2} + 16 - 1 = 2t_8 + 15 = 49$$

我們無法觀察出一個明顯的候選解。如前所提，歸納法只能檢驗某個候選解是否為正確的解。因為缺乏候選解答，故我們無法使用歸納法來解這個遞迴方程式。然而，我們可以用下一節討論的技巧來解它。

• B.2　利用特徵方程式解遞迴方程式

我們發展了一種專門技巧來求解某一大類的遞迴方程式。

• B.2.1　同質線性遞迴方程式

定義

若遞迴方程式的形式為

$$a_0 t_n + a_1 t_{n-1} + \cdots + a_k t_{n-k} = 0$$

其中 k 及 a_i 為常數，則我們稱這種方程式為**常係數同質線性遞迴方程式** (homogeneous linear recurrence with constant coefficients)。

這種遞迴方程式被稱為 "線性" 的原因是：對於所有 t_i，只有一次項 t_i 會出現在方程式中。亦即，並沒有像是 t_{n-i}^2、$t_{n-i}t_{n-j}$ 等等之類的項出現。此外，另一個額外的條件是：方程式中不能出現 $t_{c(n-1)}$ 這種項，其中 c 為大於 0 且不等於 1 的常數；像 $t_{n/2}$、$t_{3(n-4)}$ 等等這種項都是不能出現的。由於各項的線性組合等於 0，因此稱這種方程式為 "同質"。

- **範例** B.4　　下面是一個常係數同質線性遞迴方程式

$$7t_n - 3t_{n-1} = 0$$
$$6t_n - 5t_{n-1} + 8t_{n-2} = 0$$
$$8t_n - 4t_{n-3} = 0$$

- **範例** B.5　　在 1.2.2 節中討論的費布那西數列的定義如下所示：

$$t_n = t_{n-1} + t_{n-2}$$
$$t_0 = 0$$
$$t_1 = 1$$

若我們從式子的兩邊減去 t_{n-1} 與 t_{n-2}，可得

$$t_n - t_{n-1} - t_{n-2} = 0$$

這表示我們可用一個同質線性遞迴方程式來定義費布那西數列。

接著我們要教您如何解一個同質線性遞迴方程式。

- **範例** B.6　　假定我們要解的是下面的遞迴方程式

$$t_n - 5t_{n-1} + 6t_{n-2} = 0 \quad 對於 n > 1 成立$$
$$t_0 = 0$$
$$t_1 = 1$$

若設

$$t_n = r^n$$

則

$$t_n - 5t_{n-1} + 6t_{n-2} = r^n - 5r^{n-1} + 6r^{n-2}$$

因此，若 r 為

$$r^n - 5r^{n-1} + 6r^{n-2} = 0$$

的根，則 $t_n = r^n$ 就是本題遞迴方程式的一個解。由於

$$r^n - 5r^{n-1} + 6r^{n-2} = r^{n-2}\left(r^2 - 5r + 6\right)$$

上述方程式的根為 $r = 0$，以及

$$r^2 - 5r + 6 = 0 \qquad\qquad (B.1)$$

的根。將這個式子因式分解，可得：

$$r^2 - 5r + 6 = (r - 3)(r - 2) = 0$$

上述方程式的根為 $r = 2$ 與 $r = 3$。因此

$$t_n = 0, \quad t_n = 3^n, \quad 與 \quad t_n = 2^n$$

都是本題遞迴方程式的解。下面我們將 3^n 代入本題遞迴方程式的左邊來檢驗 3^n 是否為該遞迴方程式的解：

$$
\begin{array}{ccc}
3^n & 3^{n-1} & 3^{n-2} \\
\downarrow & \downarrow & \downarrow \\
t_n \;-\; 5t_{n-1} & + & 6t_{n-2}
\end{array}
$$

利用這個代換，式子的左邊變成

$$
\begin{aligned}
3^n - 5\left(3^{n-1}\right) + 6\left(3^{n-2}\right) &= 3^n - 5\left(3^{n-1}\right) + 2\left(3^{n-1}\right) \\
&= 3^n - 3\left(3^{n-1}\right) = 3^n - 3^n = 0
\end{aligned}
$$

代表 3^n 確實是本題遞迴方程式的解。

我們已為本題遞迴方程式找到了三個解，但其實還可以找到更多的解。因為若 3^n 與 2^n 都是方程式的解，則下列的式子也會是該方程式的解

$$t_n = c_1 3^n + c_2 2^n$$

其中 c_1 與 c_2 為任意的常數。我們在這裡並未證明 $t_n = c_1 3^n + c_2 2^n$ 也是本題遞迴方程式的解，但是我們能說明：所有的解都能以這個式子來表示。亦即，$t_n = c_1 3^n + c_2 2^n$ 是本題遞迴方程式的一般解。（取 $c_1 = c_2 = 0$，最簡單的解 $t_n = 0$ 也可以用這個一般解的式子來表示。）我們可以求出無限多解，但哪一個解才真正是本題方程式的解呢？這必須由啟始條件決定。回想本題的啟始條件為

$$t_0 = 0 \qquad 及 \qquad t_1 = 1$$

這兩個條件決定了 c_1 與 c_2 的值。若將 $t_n = c_1 3^n + c_2 2^n$ 代入這兩個啟始條件，我們可以得到下面兩個有兩個未知數的式子：

$$t_0 = c_1 3^0 + c_2 2^0 = 0$$
$$t_1 = c_1 3^1 + c_2 2^1 = 1$$

這兩個式子可化簡為

$$c_1 + c_2 = 0$$
$$3c_1 + 2c_2 = 1$$

這組聯立方程式的解為 $c_1 = 1$ 與 $c_2 = -1$。因此，本範例的遞迴方程式的解為

$$t_n = 1\,(3^n) - 1\,(2^n) = 3^n - 2^n$$

在前面的範例中，若啟始條件不同，我們就會求出不同的解。一個遞迴方程式實際上是代表了一類的函數，一組啟始條件就對應到一個函數。讓我們來看看若在範例 B.6 中使用下列的啟始條件，會求出什麼函數：

$$t_0 = 1 \qquad 及 \qquad t_1 = 2$$

將 B.6 的一般解套用到這兩個的啟始條件上，可得

$$t_0 = c_1 3^0 + c_2 2^0 = 1$$
$$t_1 = c_1 3^1 + c_2 2^1 = 2$$

這兩個式子可化簡為

$$c_1 + c_2 = 1$$
$$3c_1 + 2c_2 = 2$$

這組聯立方程式的解為 $c_1 = 0$ 與 $c_2 = 1$。因此，本範例的遞迴方程式的解為

$$t_n = 0\,(3^n) + 1\,(2^n) = 2^n$$

範例 B.6 中的方程式 B.1 被稱為該遞迴方程式的特徵方程式。下面是特徵方程式的一般定義。

定義

常係數的同質線性遞迴方程式

$$a_0 t_n + a_1 t_{n-1} + \cdots + a_k t_{n-k} = 0$$

的**特徵方程式**被定義為

$$a_0 r^k + a_1 r^{k-1} + \cdots + a_k r^0 = 0$$

---

r^0 的值其實就是 1，我們把這一項寫成 r^0 是為了要凸顯特徵方程式與遞迴方程式的關係。

● **範例 B.7**　下面是一個遞迴方程式，在該方程式下面是它的特徵方程式

$$5t_n - 7t_{n-1} + 6t_{n-2} = 0$$
$$5r^2 \overset{\longleftarrow}{-7r + 6} = 0$$

我們使用一個箭頭來強調特徵方程式的冪次為 k（在這個例子中，$k=2$）

　　我們可將範例 B.6 中用來求解的步驟一般化成為定理。若要解同質線性遞迴方程式，我們只需要參考到這個定理。下面列出這個定理，而它的證明則位於本附錄的結尾。

▶ **定理 B.1**

給定一個常係數的同質線性遞迴方程式

$$a_0 t_n + a_1 t_{n-1} + \cdots + a_k t_{n-k} = 0$$

若它的特徵方程式

$$a_0 r^k + a_1 r^{k-1} + \cdots + a_k r^0 = 0$$

有 k 個相異解 r_1、r_2、$\cdots$、r_k，則該遞迴方程式的唯一解為

$$t_n = c_1 r_1^n + c_2 r_2^n + \cdots + c_k r_k^n$$

其中 $c_i (1 \leq i \leq k)$ 為任意常數。

---

　　k 個常數 $c_i (1 \leq i \leq k)$ 的值由啟始條件決定。我們需要 k 個啟始條件來決定這 k 個常數。我們在下面的範例示範如何決定這些常數值。

- **範例 B.8**　試求解下面的遞迴方程式

$$t_n - 3t_{n-1} - 4t_{n-2} = 0 \quad 對於 \ n > 1 \ 成立$$
$$t_0 = 0$$
$$t_1 = 1$$

1. 求出特徵方程式

$$t_n - 3t_{n-1} - 4t_{n-2} = 0$$
$$r^2 - 3r - 4 = 0$$

2. 解這個特徵方程式

$$r^2 - 3r - 4 = (r - 4)(r + 1) = 0$$

求出方程式的根為 $r = 4$ 與 $r = -1$。

3. 套用定理 B.1 以得到本題遞迴方程式的一般解：

$$t_n = c_1 4^n + c_2 (-1)^n$$

4. 套用這個一般解到啟始條件已決定這些常數的值：

$$t_0 = 0 = c_1 4^0 + c_2 (-1)^0$$
$$t_1 = 1 = c_1 4^1 + c_2 (-1)^1$$

化簡得到

$$c_1 + c_2 = 0$$
$$4c_1 - c_2 = 1$$

求出這組聯立方程式的解為 $c_1 = 1/5$ 與 $c_2 = -1/5$。

5. 將這些常數代入一般解以得到這個特殊解：

$$t_n = \frac{1}{5} 4^n - \frac{1}{5}(-1)^n$$

- **範例 B.9**　試求解產生費布那西數列的遞迴方程式

$$t_n - t_{n-1} - t_{n-2} = 0 \quad 對於 \ n > 1 \ 成立$$
$$t_0 = 0$$
$$t_1 = 1$$

1. 求出特徵方程式

$$t_n - t_{n-1} - t_{n-2} = 0$$
$$r^2 \underleftarrow{-r - 1} = 0$$

2. 解這個特徵方程式，根據一元二次方程式的公式解，求出方程式的根為

$$r = \frac{1 + \sqrt{5}}{2} \qquad 及 \qquad r = \frac{1 - \sqrt{5}}{2}$$

3. 套用定理 B.1 以得到本題遞迴方程式的一般解：

$$t_n = c_1 \left(\frac{1 + \sqrt{5}}{2} \right)^n + c_2 \left(\frac{1 - \sqrt{5}}{2} \right)^n$$

4. 套用這個一般解到啟始條件已決定這些常數的值：

$$t_0 = c_1 \left(\frac{1 + \sqrt{5}}{2} \right)^0 + c_2 \left(\frac{1 - \sqrt{5}}{2} \right)^0 = 0$$
$$t_1 = c_1 \left(\frac{1 + \sqrt{5}}{2} \right)^1 + c_2 \left(\frac{1 - \sqrt{5}}{2} \right)^1 = 1$$

化簡得到

$$c_1 + c_2 = 0$$
$$\left(\frac{1 + \sqrt{5}}{2} \right) c_1 + \left(\frac{1 - \sqrt{5}}{2} \right) c_2 = 1$$

求出這組聯立方程式的解為 $c_1 = 1/\sqrt{5}$ 與 $c_2 = -1/\sqrt{5}$ 。

5. 將這些常數代入一般解以得到這個特殊解：

$$t_n = \frac{\left[\left(1 + \sqrt{5} \right)/2 \right]^n - \left[\left(1 - \sqrt{5} \right)/2 \right]^n}{\sqrt{5}}$$

雖然範例 B.9 為費布那西的第 n 項提供了一個明確的公式，但是這個公式的實用價值不大，因為表達 $\sqrt{5}$ 所需的精確度會隨著 n 增加而上升。

定理 B.1 要求特徵方程式的所有 k 個根必須是相異的。該定理不容許下列形式的特徵方程式：

$$\begin{array}{c} \text{重根} \\ \downarrow \\ (r-1)(r-2)^3 = 0 \end{array}$$

因為 $r-2$ 這項被提升到 3 次方，因此 2 被稱為這個方程式的三重根。下列的定理容許一個根為重根。這個定理的證明出現在本附錄的末尾。

▶ **定理 B.2**

令 r 為某常係數同質線性遞迴方程式的特徵方程式之多重根，則

$$t_n = r^n, \quad t_n = nr^n, \quad t_n = n^2 r^n, \quad t_n = n^3 r^n, \quad \cdots, \quad t_n = n^{m-1} r^n$$

就是該遞迴方程式所有的解。因此，代表各個解的項均被包含在該遞迴方程式的一般解中。

這個定理的應用如下。

● **範例 B.10** 試求解下面的遞迴方程式

$$\begin{array}{c} t_n - 7t_{n-1} + 15_{n-2} - 9t_{n-3} = 0 \qquad \text{對於 } n > 2 \\ t_0 = 0 \\ t_1 = 1 \qquad t_2 = 2 \end{array}$$

1. 求出特徵方程式

$$t_n - 7t_{n-1} + 15t_{n-2} - 9t_{n-3} = 0$$
$$r^3 - 7r^2 + 15r - 9 = 0$$

2. 解這個特徵方程式

$$\begin{array}{c} \text{重根} \\ \downarrow \\ r^3 - 7r^2 + 15r - 9 = (r-1)(r-3)^2 = 0 \end{array}$$

求出方程式的根為 $r=1$ 與 $r=3$，且 $r=3$ 為二重根。

3. 套用定理 B.2 以得到這個遞迴方程式的一般解：

$$t_n = c_1 1^n + c_2 3^n + c_3 n 3^n$$

因為 3 是二重根，所以我們把 3^n 及 $n3^n$ 包含進去代表一般解的方程式中。

4. 套用這個一般解到啟始條件已決定這些常數的值：

$$t_0 = 0 = c_1 1^0 + c_2 3^0 + c_3 (0) (3^0)$$
$$t_1 = 1 = c_1 1^1 + c_2 3^1 + c_3 (1) (3^1)$$
$$t_2 = 2 = c_1 1^2 + c_2 3^2 + c_3 (2) (3^2)$$

化簡得到

$$c_1 + \ c_2 \qquad\quad = 0$$
$$c_1 + 3c_2 + \ 3c_3 = 1$$
$$c_1 + 9c_2 + 18c_3 = 2$$

求出這組聯立方程式的解為 $c_1 = -1$、$c_2 = 1$ 且 $c_3 = 1/3$

5. 將這些常數代入一般解以得到這個特殊解：

$$t_n = (-1)(1^n) + (1)(3^n) + \left(-\frac{1}{3}\right)(n3^n)$$
$$= -1 + 3^n - n3^{n-1}$$

- **範例 B.11**　試求解下面的遞迴方程式

$$t_n - 5t_{n-1} + 7t_{n-2} - 3t_{n-3} = 0 \qquad 對於 \ n > 2$$
$$t_0 = 1$$
$$t_1 = 2 \qquad t_2 = 3$$

1. 求出特徵方程式

$$t_n - 5t_{n-1} + 7t_{n-2} - 3t_{n-3} = 0$$
$$r^3 - 5r^2 + 7r - 3 = 0$$

2. 解這個特徵方程式

重根
↓

$$r^3 - 5r^2 + 7r - 3 = (r-3)(r-1)^2 = 0$$

求出方程式的根為 $r = 1$ 與 $r = 3$，且 $r = 1$ 為二重根。

3. 套用定理 B.2 以得到這個遞迴方程式的一般解：

$$t_n = c_1 3^n + c_2 1^n + c_3 n1^n$$

因為 3 是二重根，所以我們把 3^n 及 $n3^n$ 包含進去代表一般解的方程式中。

4. 套用這個一般解到啟始條件已決定這些常數的值：

$$t_0 = 1 = c_1 3^0 + c_2 1^0 + c_3 (0) (1^0)$$
$$t_1 = 2 = c_1 3^1 + c_2 1^1 + c_3 (1) (1^1)$$
$$t_2 = 3 = c_1 3^2 + c_2 1^2 + c_3 (2) (1^2)$$

化簡得到

$$c_1 + c_2 \qquad = 1$$
$$3c_1 + c_2 + c_3 = 2$$
$$9c_1 + c_2 + 2c_3 = 3$$

求出這組聯立方程式的解為 $c_1 = 0$、$c_2 = 1$ 且 $c_3 = 1$

5. 將這些常數代入一般解以得到這個特殊解：

$$t_n = 0 (3^n) + 1 (1^n) + 1 (n1^n)$$
$$= 1 + n$$

• B.2.2　非同質線性遞迴方程式

> **定義**
>
> 若一個遞迴方程式的形式為
>
> $$a_0 t_n + a_1 t_{n-1} + \cdots + a_k t_{n-k} = f(n)$$
>
> 其中 k 及 a_i 為常數，且 $f(n)$ 為非零函數；則我們稱此種方程式為**常係數非同質線性遞迴方程式** (nonhomogeneous linear recurrence with constant coefficients)。

在定義中出現的零函數 (zero function) 代表的是 $f(n) = 0$ 這個函數。若方程式的右邊用的是零函數，我們就得到了一個同質線性遞迴方程式。目前對於解非同質線性遞迴方程式，並沒有很一般性的解法。因此我們發展一種方法來解下面這種經常出現的特例

$$a_0 t_n + a_1 t_{n-1} + \cdots + a_k t_{n-k} = b^n p(n) \tag{B.2}$$

其中 b 為常數而 $p(n)$ 為一個 n 的多項式。

- **範例 B.12** 下面的遞迴方程式

$$t_n - 3t_{n-1} = 4^n$$

是遞迴方程式 B.2 的實例。在這個例子中，$k=1$，$b=4$，且 $p(n)=1$。

- **範例 B.13** 下面的遞迴方程式

$$t_n - 3t_{n-1} = 4^n (8n + 7)$$

是 遞 迴 方 程 式 B.2 的 實 例。 在 這 個 例 子 中，$k=1$，$b=4$， 且 $p(n)=8n+7$。

我們可將遞迴方程式 B.2 這種非同質線性遞迴方程式的特例轉換為一個同質線性遞迴方程式，然後再用解同質線性遞迴方程式的方法來解它。下面的例子說明了這個轉換及解的程序進行的方式。

- **範例 B.14** 試求解下面的遞迴方程式

$$t_n - 3t_{n-1} = 4^n \qquad 對於\ n > 1\ 成立$$
$$t_0 = 0$$
$$t_1 = 4$$

由於等式右邊為 4^n，因此該方程式並不是同質性遞歸線性方程式。我們可用下列的步驟來除去 4^n 這項：

1. 用 $n-1$ 取代原來遞迴方程式中的 n，使得等號右邊變成 4^{n-1}

$$t_{n-1} - 3t_{n-2} = 4^{n-1}$$

2. 將原始遞迴方程式兩邊同除以 4，使得該遞迴方程式以另一種方式形成右邊為 4^{n-1} 的情況。

$$\frac{t_n}{4} - \frac{3t_{n-1}}{4} = 4^{n-1}$$

3. 原始遞迴方程式的解應與這兩個新版本的解答相同。因此，原始遞迴方程式的解應該也與兩個新版本相減後得到的遞迴方程式的解相同。這代表著我們可以把步驟 2 得到的遞迴方程式減去步驟 1 得到遞迴方程式，來除去 4^{n-1} 這項。兩邊相減完得到

$$\frac{t_n}{4} - \frac{7t_{n-1}}{4} + 3t_{n-2} = 0$$

式子兩邊同乘以 4，以消除分母：

$$t_n - 7t_{n-1} + 12t_{n-2} = 0$$

這個式子屬於同質線性遞迴方程式，也就是說，我們可以應用定理 B.1 來解這個方程式。首先，按照解同質線性遞迴方程式的第一步，我們來解它的特徵方程式

$$r^2 - 7r + 12 = (r - 3)(r - 4) = 0$$

得到這個遞迴方程式的一般解：

$$t_n = c_1 3^n + c_2 4^n$$

使用啟始條件 $t_0 = 0$ 及 $t_1 = 4$ 以得到這個特殊解：

$$t_n = 4^{n+1} - 4(3^n)$$

在範例 B.14 中，一般解含有下面兩項

$$c_1 3^n \qquad 與 \qquad c_2 4^n$$

第一項由假設該遞迴方程式為同質時的特徵方程式而來，而第二項由該遞迴方程式的非同質部分—也就是 b 而來。範例 B.14 的多項式 $p(n)$ 等於 1。若非如此，把原始的非同質遞迴方程式轉為一個同質遞迴方程式的工作將會變得更加複雜。然而，若 $p(n)$ 不等於 1，唯一的差別僅在於：在得到的同質線性遞迴方程式的特徵方程式中，b 會成為重根。我們將在下面的定理中敘述這個結果。在這裡，我們只陳述定理，並不加以證明。若您想證明這個定理，可以遵照類似於範例 B.14 的步驟來驗證。

▶ **定理 B.3**

下列形式的非同質線性遞迴方程式

$$a_0 t_n + a_1 t_{n-1} + \cdots + a_k t_{n-k} = b^n p(n)$$

可被轉換為一個具有下列特徵方程式的同質線性遞迴方程式

$$(a_0 r^k + a_1 r^k + \cdots + a_k)(r - b)^{d+1} = 0$$

就其中 d 為 $p(n)$ 的次數。請注意這個特徵方程式是由兩部分所組成：

1. 對應的同質遞迴方程式之特徵方程式

2. 由該遞迴方程式的非同質部分得到的項

若等式的右邊有多於一個看起來像是 $b^n p(n)$ 的項，則每項都會貢獻一項到特徵方程式中。

在應用這個定理之前，我們複習一下：一個多項式 $p(n)$ 的次數 (degree) 就是這個多項式中最高的 n 的次數。例如，

$$
\begin{array}{ll}
\text{多項式} & \text{次數} \\
p(n) = 3n^2 + 4n - 2 & 2 \\
p(n) = 5n + 7 & 1 \\
p(n) = 8 & 0
\end{array}
$$

現在就讓我們來應用定理 B.3 的結果。

- **範例 B.15**　試求解下面的遞迴方程式

$$
\begin{aligned}
t_n - 3t_{n-1} &= 4^n(2n+1) \quad \text{對於 } n > 1 \text{ 成立} \\
t_0 &= 0 \\
t_1 &= 12
\end{aligned}
$$

　　1. 求出對應的同質遞迴方程式之特徵方程式

$$
\begin{aligned}
t_n - 3t_{n-1} &= 0 \\
r^1 - 3 &= 0
\end{aligned}
$$

　　2. 由該遞迴方程式的非同質部分得到一項

$$
\begin{array}{c}
d \\
\downarrow \\
4^n(2n^1 + 1) \\
\uparrow \\
b
\end{array}
$$

　　　由非同質部分得到的項為

$$
(r - b)^{d+1} = (r - 4)^{1+1}
$$

　　3. 應用定理 B.3 以從步驟 1 與 2 得到的項求出特徵方程式。求出來的特徵方程式為

$$
(r - 3)(r - 4)^2
$$

在得到這個特徵方程式後，進行的方式與線性同質的情形一模一樣。

4. 解這個特徵方程式

$$(r-3)(r-4)^2 = 0$$

求出方程式的根為 $r=3$ 與 $r=4$，且 $r=4$ 為二重根。

5. 套用定理 B.2 以得到這個遞迴方程式的一般解：

$$t_n = c_1 3^n + c_2 4^n + c_3 n 4^n$$

上面的式子有三個未知數，但僅有兩個啟始條件。我們必須藉由計算該遞迴方程式在下個 n 值時的值來找到另一個啟始條件。在本題中，這個 n 值是 2。由於

$$t_2 - 3t_1 = 4^2(2 \times 2 + 1)$$

且 $t_1 = 12$

$$t_2 = 3 \times 12 + 80 = 116$$

在習題 13 中，我們將要求您繼續完成步驟 (6)：計算出這些常數值；以及步驟 (7)：將這些常數值代入一般解中以得到

$$t_n = 20(3^n) - 20(4^n) + 8n4^n$$

- **範例 B.16** 試求解下面的遞迴方程式

$$t_n - t_{n-1} = n - 1 \quad \text{對於 } n > 0 \text{ 成立}$$
$$t_0 = 0$$

1. 求出對應的同質遞迴方程式之特徵方程式

$$t_n - t_{n-1} = 0$$
$$r^1 \overleftarrow{-1} = 0$$

2. 由該遞迴方程式的非同質部分得到一項

$$
\begin{array}{c}
d \\
\downarrow \\
n - 1 = 1^n(n^1 - 1) \\
\uparrow \\
b
\end{array}
$$

由非同質部分得到的項為

$$(r-1)^{1+1}$$

3. 應用定理 B.3 以由步驟 1 與 2 得到的項求出特徵方程式。求出來的特徵方程式為

$$(r-1)(r-1)^2$$

4. 解這個特徵方程式

$$(r-1)^3 = 0$$

求出方程式的根為 $r=1$，且 $r=1$ 為三重根。

5. 套用定理 B.2 以得到這個遞迴方程式的一般解：

$$t_n = c_1 1^n + c_2 n 1^n + c_3 n^2 1^n$$
$$= c_1 + c_2 n + c_3 n^2$$

我們還需要兩個啟始條件：

$$t_1 = t_0 + 1 - 1 = 0 + 0 = 0$$
$$t_2 = t_1 + 2 - 1 = 0 + 1 = 1$$

在習題 14 中，我們將要求您繼續完成步驟 (6)：計算出這些常數值；以及步驟 (7)：將這些常數值代入一般解中以得到

$$t_n = \frac{n(n-1)}{2}$$

- **範例 B.17**　試求解下面的遞迴方程式

$$t_n - 2t_{n-1} = n + 2^n \quad 對於 \ n > 1 \ 成立$$
$$t_1 = 0$$

1. 求出對應的同質遞迴方程式之特徵方程式

$$t_n - 2t_{n-1} = 0$$
$$r^1 - 2 = 0$$

2. 這是一個等式右邊有兩項的案例。如同定理 B.3 所說的，每項都會貢獻一項到特徵方程式去，如下所示：

$$d \qquad\qquad d$$
$$\downarrow \qquad\qquad \downarrow$$
$$n = (1^n)n^1 \qquad 2n = (2^n)n^0$$
$$\uparrow \qquad\qquad \uparrow$$
$$b \qquad\qquad b$$

由非同質部分得到的兩項為

$$(r-1)^{1+1} \qquad 與 \qquad (r-2)^{0+1}$$

3. 應用定理 B.3 以由步驟 1 與 2 得到的項求出特徵方程式。求出來的特徵方程式為

$$(r-2)(r-1)^2(r-2) = (r-2)^2(r-1)^2$$

您將在習題中被要求做完這個問題。

• B.2.3 改變變數（定義域轉換）

有些時候，我們可將一個形式並不屬於定理 B.3 可解範圍內的的遞迴方程式，利用改變變數的方式，將它轉成一個在定理 B.3 可解範圍內的新遞迴方程式。在接下來的範例中，我們將說明這個改變變數的轉換技巧。在這些範例中，因為 t_k 已經被用來表示轉換後的新遞迴方程式了，故我們用 $T(n)$ 表示來原始的遞迴方程式。$T(n)$ 與 t_n 表示的是同樣一件事，也就是每個 n 都對應到唯一的一個數。

• **範例 B.18**　試求解下面的遞迴方程式

$$T(n) = T\left(\frac{n}{2}\right) + 1 \quad 對於 \ n > 1，n 為 2 的乘冪成立$$
$$T(1) = 1$$

在 B.1 節中，我們已用過歸納法來解這個遞迴方程式了。在此我們重新解它一遍以便描述**改變變數**這個技巧。由於 $n/2$ 這項的關係，故這個遞迴方程式並非定理 B.3 可解的形式。我們可按照下面的方式，將它轉換為一個定理 B.3 可解形式的遞迴方程式。

首先，令

$$n = 2^k \qquad 意味著 \qquad k = \lg n$$

其次，用 2^k 來取代這個遞迴方程式中的 n 以得到

$$
\begin{aligned}
T\left(2^k\right) &= T\left(\frac{2^k}{2}\right) + 1 \\
&= T\left(2^{k-1}\right) + 1
\end{aligned}
\tag{B.3}
$$

接著，令

$$
t_k = T\left(2^k\right)
$$

代入遞迴方程式 B.3 中，就得到新的遞迴方程式

$$
t_k = t_{k-1} + 1
$$

這個新的遞迴方程式的形式是定理 B.3 可以解的。因此，應用定理 B.3，我們可以求出它的一般解為

$$
t_k = c_1 + c_2 k
$$

現在我們可用下列的兩個步驟求得原始遞迴方程式的一般解：

1. 在新遞迴方程式的一般解中，用 $T(2^k)$ 取代 t_k

$$
T\left(2^k\right) = c_1 + c_2 k
$$

2. 在步驟 1 得到的方程式中，用 n 取代 2^k，用 $\lg n$ 取代 k：

$$
T\left(n\right) = c_1 + c_2 \lg n
$$

一旦有了原始遞迴方程式的一般解，我們就可以用一般的方式繼續進行下去了。也就是說，利用啟始條件 $T(1)=1$，求得第二個啟始條件，接著計算這些常數值就可以得到

$$
T\left(n\right) = 1 + \lg n
$$

● **範例 B.19**　試求解下面的遞迴方程式

$$
\begin{aligned}
T\left(n\right) &= 2T\left(\frac{n}{2}\right) + n - 1 \quad \text{對於 } n > 1 \text{，} n \text{ 為 2 的乘冪成立} \\
T(1) &= 0
\end{aligned}
$$

在範例 B.3 中，我們已經用過歸納法來解這個遞迴方程式了。在此我們用改變變數來解它。用 2^k 來取代原始遞迴方程式中的 n，可得

$$T\left(2^k\right) = 2T\left(\frac{2^k}{2}\right) + 2^k - 1$$
$$= 2T\left(2^{k-1}\right) + 2^k - 1$$

接著，令

$$t_k = T\left(2^k\right)$$

代入遞迴方程式 B.3 中，就得到新的遞迴方程式

$$t_k = 2t_{k-1} + 2^k - 1$$

應用定理 B.3，我們可以求出它的一般解為

$$t_k = c_1 + c_2 2^k + c_3 k 2^k$$

現在我們可用下列的兩個步驟求得原始遞迴方程式的一般解：

1. 在新遞迴方程式的一般解中，用 $T(2^k)$ 取代 t_k

$$T\left(2^k\right) = c_1 + c_2 2^k + c_3 k 2^k$$

2. 在步驟 1 得到的方程式中，用 n 取代 2^k，用 $\lg n$ 取代 k：

$$T\left(n\right) = c_1 + c_2 n + c_3 n \lg n$$

現在，用一般的方式繼續進行下去。也就是說，利用啟始條件 $T(1)=0$，求得額外的兩個啟始條件，接著計算這些常數值就可以得到

$$T\left(n\right) = n \lg n - (n - 1)$$

- **範例 B.20**　試求解下面的遞迴方程式

$$T\left(n\right) = 7T\left(\frac{n}{2}\right) + 18\left(\frac{n}{2}\right)^2 \quad \text{對於 } n > 1，n \text{ 為 2 的乘冪成立}$$
$$T\left(1\right) = 0$$

用 2^k 來取代原始遞迴方程式中的 n 以得到

$$T\left(2^k\right) = 7T\left(2^{k-1}\right) + 18\left(2^{k-1}\right)^2 \tag{B.4}$$

接著，令

$$t_k = T\left(2^k\right)$$

代入遞迴方程式 B.4 中，可得到新的遞迴方程式

$$t_k = 7t_{k-1} + 18\left(2^{k-1}\right)^2$$

這個遞迴方程式看起來並不完全像是定理 B.3 可以解的形式，但是我們可以用下面的方式讓它看起來像是定理 B.3 可以解的形式：

$$\begin{aligned} t_k &= 7t_{k-1} + 18\left(2^{k-1}\right)^2 \\ &= 7t_{k-1} + 18\left(4^{k-1}\right) \\ &= 7_{k-1} + 4^k\left(\frac{18}{4}\right) \end{aligned}$$

現在應用定理 B.3 到這個新遞迴方程式，我們可以求出它的一般解為

$$t_k = c_1 7^k + c_2 4^k$$

現在我們可用下列的兩個步驟求得原始遞迴方程式的一般解：

1. 在新遞迴方程式的一般解中，用 $T(2^k)$ 取代 t_k

$$T\left(2^k\right) = c_1 7^k + c_2 4^k$$

2. 在步驟 1 得到的方程式中，用 n 取代 2^k，用 $\lg n$ 取代 k：

$$\begin{aligned} T(n) &= c_1 7^{\lg n} + c_2 4^{\lg n} \\ &= c_1 n^{\lg 7} + c_2 n^2 \end{aligned}$$

利用啟始條件 $T(1)=0$，求得第二個啟始條件，接著計算這些常數值就可以得到

$$T(n) = 6n^{\lg 7} - 6n^2 \approx 6n^{2.81} - 6n^2$$

B.3　利用代入法求解遞迴方程式

有時候我們可以用一種叫做**代入法** (substitution) 的技巧來解遞迴方程式。如果使用前兩節的方法無法解決，您可以試試這種方法。下列的例子說明了這種代換方法。

● **範例 B.21**　試求解下面的遞迴方程式

$$\begin{aligned} t_n &= t_{n-1} + n \quad 對於 \ n > 1 \\ t_1 &= 1 \end{aligned}$$

就某種意義來看，代入法是歸納法的反面。亦即，由 n 開始，並且倒退著操作：

$$t_n = t_{n-1} + n$$
$$t_{n-1} = t_{n-2} + n - 1$$
$$t_{n-2} = t_{n-3} + n - 2$$
$$\vdots$$
$$t_2 = t_1 + 2$$
$$t_1 = 1$$

接著把每個等式代入前一個等式：

$$t_n = t_{n-1} + n$$
$$= t_{n-2} + n - 1 + n$$
$$= t_{n-3} + n - 2 + n - 1 + n$$
$$\vdots$$
$$= t_1 + 2 + \cdots + n - 2 + n - 1 + n$$
$$= 1 + 2 + \cdots + n - 2 + n - 1 + n$$
$$= \sum_{i=1}^{n} i = \frac{n(n+1)}{2}$$

最後一個等式就是附錄 A 的範例 A.1 的結果。

　　我們亦可用特徵方程式解範例 B.21 的遞迴方程式，但無法用特徵方程式解下列範例中的遞迴方程式。

● **範例 B.22**　　試求解下面的遞迴方程式

$$t_n = t_{n-1} + \frac{2}{n} \quad \text{對於 } n > 1$$
$$t_1 = 0$$

就某種意義來看，代入法是歸納法的反面。亦即，由 n 開始，並且倒退著操作：

$$t_n = t_{n-1} + \frac{2}{n}$$

$$t_{n-1} = t_{n-2} + \frac{2}{n-1}$$

$$t_{n-2} = t_{n-3} + \frac{2}{n-2}$$

$$\vdots$$

$$t_2 = t_1 + \frac{2}{2}$$

$$t_1 = 0$$

接著把每個等式代入前一個等式：

$$
\begin{aligned}
t_n &= t_{n-1} + \frac{2}{n} \\
&= t_{n-2} + \frac{2}{n-1} + \frac{2}{n} \\
&= t_{n-3} + \frac{2}{n-2} + \frac{2}{n-1} + \frac{2}{n} \\
&\vdots \\
&= t_1 + \frac{2}{2} + \cdots + \frac{2}{n-2} + \frac{2}{n-1} + \frac{2}{n} \\
&= 0 + \frac{2}{2} + \cdots + \frac{2}{n-2} + \frac{2}{n-1} + \frac{2}{n} \\
&= 2 \sum_{i=2}^{n} \frac{1}{i} \approx 2 \ln n
\end{aligned}
$$

在 n 不小的情況下。最後一個近似式是從附錄 A 的範例 A.9 得到的。

• B.4　將對於大於 0 的常數 b 的冪次方 n 成立的結果，推廣到一般的 n

在這之後，我們將假定您對第一章的教材已經很熟悉了。

在某些遞迴演算法中，只有當 n 為某些基底 b（b 為一個大於 0 的常數）的乘冪時，我們才能很容易地求出很精確的時間複雜度。通常，這裡指的基底 b 就是 2，特別是對於許多 divide-and-conquer 演算法來說（請見第二章）。在我們的直覺中，似乎對於 b 的乘冪成立的結果，也應該對一般的 n 近似地成立才對。例如，若對於某個演算法，我們證實了

$$T(n) = 2n \lg n$$

在 n 為 2 的乘冪的情況下。似乎在一般情況下，應該可以推斷出

$$T(n) \in \Theta(n \lg n)$$

在一般的情況下，經常可以得到這種結論。接著我們來討論可以得到這種結論的情形。首先，我們需要某些定義，這些定義可以應用在某個函數上，只要該函數的定義域與值域均為實數的子集合。在這裡，我們提出這些定義的原因，只是為了證明複雜度函數的性質（亦即，將正整數對應到正實數的函數）。因為在這裡，我們僅對複查度函數有較高的研究興趣。

定義

若一個複雜度函數 $f(n)$ 的值總是隨著 n 的增加而增加，則我們稱 $f(n)$ 為一個**嚴格遞增** (strictly increasing) 函數。亦即，若 $n_1 > n_2$，則

$$f(n_1) > f(n_2)$$

圖 B.1 (a) 的函數就是一個嚴格遞增函數。（為了說明清楚起見，圖 B.1 中所有函數的定義域均為非負實數）。我們在演算法分析時，會遭遇到許多對非負 n 值嚴格遞增的函數。例如，只要 n 的值不是負的，$\lg n$、n、$n \lg n$、n^2 與 2^n 全部都是嚴格遞增的。

定義

若一個複雜度函數 $f(n)$ 的值永遠不會隨著 n 的增加而減少，則我們稱 $f(n)$ 為一個**非遞減** (nondecreasing) 函數。亦即，若 $n_1 > n_2$，則

$$f(n_1) \geq f(n_2)$$

所有的嚴格遞增函數都屬於非遞減函數，但是非遞減函數不一定是嚴格遞增函數，例如，在一個在某段區間內持平的函數屬於非遞增函數，但卻不是嚴格遞增函數，如圖 B.1 (b) 所示。圖 B.1 (c) 的函數並不屬於非遞減函數。

大多數演算法的時間複雜度函數（或記憶體複雜度函數）通常都是非遞減的，因為，當輸入的大小增加時，演算法花在處理輸入的時間通常是不會減少的。觀察圖 B.1 可知，只要複雜度函數是非遞減的，我們應該能將一個對 b 的乘冪 n 所做的分析推廣到對一般的 n。例如，假定我們已經為所有是 2 的乘冪的 n 求出了 $f(n)$ 的值。假若 $f(n)$ 就是圖 B.1 (c) 的函數，在 $2^3 = 8$ 與 $2^4 = 16$ 間，$f(n)$ 可能為任意值。因此，我們無法用 8 與 16 這兩個值推斷 $f(n)$ 在 8 到 16 間的值。然而，當 $f(n)$ 為一非遞減函數時，若 $8 \leq n \leq 16$，則

$$f(8) \le f(n) \le f(16)$$

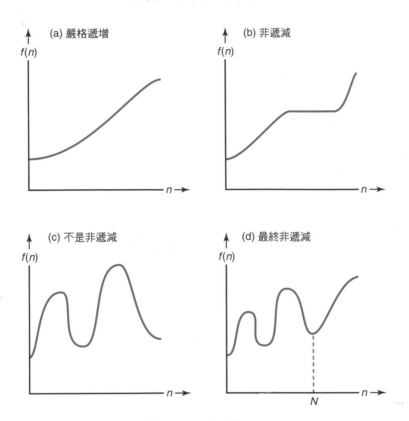

圖 B.1 四個函數。

所以，我們應該能從所有是 2 的乘冪的 n 求出的 $f(n)$，來計算 $f(n_1) > f(n_2)$ 的量級 (order)。我們可證明對一大類的函數來說，這個性質是成立的。在提出描述這個性質的定理之前，回想：量級只是用來描述該函數在大範圍中的行為。因為函數的剛開始幾個值是不重要的，故這個定理只要求應用的對象是最終非遞減函數 (eventually nondecreasing function)。下面是最終非遞減函數的定義：

定義

若一個複雜度函數 $f(n)$ 的值，在越過某一點後，永遠不會隨著 n 的增加而減少，則我們稱 $f(n)$ 為一個**最終非遞減** (eventually nondecreasing) 函數。亦即，存在一個 N 使得若 $n_1 > n_2 > N$，則

$$f(n_1) \ge f(n_2)$$

　　所有的非遞減函數都是最終非遞減函數。圖 3.1 (d) 中顯示的函數就是一個不是非遞減但卻是最終非遞減函數的例子。在推廣這個對所有是 b 的乘冪 n 成立的結果之前，我們需要下列的定義：

定義

若一個複雜度函數 $f(n)$ 是最終非遞減函數且

$$f(2n) \in \Theta(f(n))$$

則我們稱 $f(n)$ 為一個平滑 (smooth) 函數。

● **範例 B.23**　$\lg n$、n、$n \lg n$ 與 $n^k (k \geq 0)$ 等等都是平滑函數。在這裡我們要證明 $\lg n$ 是平滑函數，至於其他函數的證明，則留待到習題中由您動手證明。我們已提過 $\lg n$ 是最終非遞減函數，因此已符合平滑函數的第一個條件。此外由下列式子，我們得知 $\lg n$ 亦滿足平滑函數的第二個條件：

$$\lg(2n) = \lg 2 + \lg n \in \Theta(\lg n)$$

● **範例 B.24**　2^n 並不是平滑函數，因為由 1.4.2 節中的量級之性質 (properties of order) 得知

$$2^n \in o(4^n)$$

因此，

$$2^{2n} = 4^n \text{ 不在 } \Theta(2^n) \text{ 中。}$$

　　我們現在要提出的定理的功能是：讓我們能夠將 n 是 b 的乘冪得到的結果推廣到一般的 n。這個定理的證明將在本附錄的末段提出。

▶ **定理 B.4**

令 b 為一個大於等於 2 的整數，$f(n)$ 為一個平滑複雜度函數，$T(n)$ 為一個最終非遞檢複雜度函數，若

$$T(n) \in \Theta(f(n)) \quad \text{在 } n \text{ 是 } b \text{ 的乘冪的情況下成立}$$

則

$$T(n) \in \Theta(f(n))$$

更進一步地說，若 Θ 改由 "big O"、Ω、"small o" 取代，這個式子同樣成立。

"$T(n) \in \Theta(f(n))$ 在 n 是 b 的乘冪的情況下成立" 的意思是：當我們限制 n 為 b 的乘冪時，Θ 要求的條件會成立。請注意在定理 B.4 中，有個額外的要求是：$f(n)$ 必須是一個平滑複雜度函數。接著我們來應用定理 B.4。

◆• 範例 B.25　　假定對某個複雜度函數我們證實了

$$T(n) = T\left(\left\lfloor \frac{n}{2} \right\rfloor\right) + 1 \quad \text{對於 } n > 1 \text{ 成立}$$
$$T(1) = 1$$

若 n 為 2 的乘冪，我們就會得到範例 B.18 的遞迴方程式。因此，根據該範例，

$$T(n) = \lg n + 1 \in \Theta(\lg n) \quad\quad \text{對於 } n \text{ 是 2 的乘冪成立}$$

因為 $\lg n$ 是平滑函數，故我們僅需證明 $T(n)$ 是最終非遞減函數，就可以應用定理 B.4 來推斷出

$$T(n) \in \Theta(\lg n)$$

一種證明 $T(n)$ 為最終非遞減函數的方法是：從 $\lg n+1$ 是最終非遞減函數這件事推斷而來。然而，我們無法這樣做，因為到目前為止，我們僅知道當 n 為 2 的乘冪時，$T(n) = \lg n+1$。如果只知道這件事，我們仍無法確定在任意兩個 2 的乘冪之間，$T(n)$ 會出現什麼值。

接著我們要來證明 $T(n)$ 為最終非遞減函數。首先，我們用歸納法來證明對於 $n \geq 2$，若 $1 \leq k < n$，則

$$T(k) \leq T(n)$$

歸納基底：當 For $n = 2$,

$$T(1) = 1$$
$$T(2) = T\left(\left\lfloor \frac{2}{2} \right\rfloor\right) + 1 = T(1) + 1 = 1 + 1 = 2$$

因此，

$$T(1) \leq T(2)$$

歸納假設：一種製作歸納假設的方法是：假定對於所有 $m \leq n$，這個敘述為真。接著，我們通常會證明這個敘述對於 $n+1$ 仍為真。這就是這裡用

來陳述歸納假設的方法。令 n 為任意大於等於 2 的整數，假定對於所有 $m \leq n$，若 $k < m$，則

$$T(k) \leq T(m)$$

歸納步驟：由於在歸納假設中，我們假定對於 $k < n$

$$T(k) \leq T(n)$$

我們必須要證明

$$T(n) \leq T(n+1)$$

我們不難觀察出，若 $n \geq 1$，則

$$\left\lfloor \frac{n}{2} \right\rfloor \leq \left\lfloor \frac{n+1}{2} \right\rfloor \leq n$$

因此，根據歸納假設

$$T\left(\left\lfloor \frac{n}{2} \right\rfloor\right) \leq T\left(\left\lfloor \frac{n+1}{2} \right\rfloor\right)$$

利用這個遞迴方程式可得

$$T(n) = \boldsymbol{T}\left(\left\lfloor \frac{\boldsymbol{n}}{\boldsymbol{2}} \right\rfloor\right) + 1 \leq \boldsymbol{T}\left(\left\lfloor \frac{\boldsymbol{n+1}}{\boldsymbol{2}} \right\rfloor\right) + 1 = T(n+1)$$

故得證。

　　最後，我們發展了一個具有一般性的方法來求出某些常見的遞迴方程式的量級 (order)。

▶ 定理 B.5

假定複雜度函數 $T(n)$ 為最終非遞減函數，且滿足

$$T(n) = aT\left(\frac{n}{b}\right) + cn^k \qquad \text{對於 } n \boxtimes 1 \text{，} n \text{ 是 } b \text{ 的乘冪時成立}$$
$$T(1) = d$$

其中 $b \geq 2$ 且 $k \geq 0$ 為整數常數，a 與 c 為大於 0 的常數，d 為大於等於 0 的常數。則

$$T(n) \in \begin{cases} \Theta\left(n^k\right) & \text{若 } a < b^k \\ \Theta\left(n^k \lg n\right) & \text{若 } a = b^k \\ \Theta\left(n^{\log_b a}\right) & \text{若 } a > b^k \end{cases} \tag{B.5}$$

此外，若將遞迴方程式中的 $T\left(n\right) = aT\left(\dfrac{n}{b}\right) + cn^k$ 換成 $T\left(n\right) \leq aT\left(\dfrac{n}{b}\right) + cn^k$，則

$$T\left(n\right) \in \begin{cases} O\left(n^k\right) & \text{若 } a < b^k \\ O\left(n^k \lg n\right) & \text{若 } a = b^k \\ O\left(n^{\log_b a}\right) & \text{若 } a > b^k \end{cases}$$

若將遞迴方程式中的 $T\left(n\right) = aT\left(\dfrac{n}{b}\right) + cn^k$ 換成 $T\left(n\right) \geq aT\left(\dfrac{n}{b}\right) + cn^k$，則

$$T\left(n\right) \in \begin{cases} \Omega\left(n^k\right) & \text{若 } a < b^k \\ \Omega\left(n^k \lg n\right) & \text{若 } a = b^k \\ \Omega\left(n^{\log_b a}\right) & \text{若 } a > b^k \end{cases}$$

　　我們可以利用特徵方程式法及定理 B.4 來解定理 B.5 的遞迴方程式以證明定理 B.5。定理 B.5 的應用範例如下。

- **範例 B.26**　假定複雜度函數 $T(n)$ 為最終非遞減函數，且滿足

$$\begin{array}{ccc} a & b & k \\ \downarrow & \downarrow & \downarrow \end{array}$$
$$T(n) = 8\ T(n/4) + 5n^2 \quad \text{對於 } n > 1，n \text{ 是 4 的乘冪時成立}$$
$$T(1) = 3$$

根據定理 B.5，由於 $8 < 4^2$

$$T\left(n\right) \in \Theta\left(n^2\right)$$

- **範例 B.27**　假定複雜度函數 $T(n)$ 為最終非遞減函數，且滿足

$$\begin{array}{ccc} a & b & k \\ \downarrow & \downarrow & \downarrow \end{array}$$
$$T(n) = 9\ T(n/3) + 5n^1 \quad \text{對於 } n > 1，n \text{ 是 3 的乘冪時成立}$$
$$T(1) = 7$$

根據定理 B.5，由於 $9 < 3^1$

$$T\left(n\right) \in \Theta\left(n^{\log_3 9}\right) = \Theta\left(n^2\right)$$

　　我們提出定理 B.5 的目的只是為了以最簡單的方式來介紹一個重要的定理。事實上，它只是下面的定理在常數 s 等於 1 情況下的特例。

▶ **定理 B.6**

假定複雜度函數 $T(n)$ 為最終非遞減函數，且滿足

$$T(n) = aT\left(\frac{n}{b}\right) + cn^k \quad 對於\ n > 2，n\ 是\ b\ 的乘冪時成立$$
$$T(s) = d$$

其中 s 是一個常數，且為 b 的乘冪，$b \geq 2$ 且 $k \geq 0$ 為整數常數，a 與 c 為大於 0 的常數，d 為大於等於 0 的常數。則定理 B.5 的結果依舊成立。

● **範例 B.28**　　假定複雜度函數 $T(n)$ 為最終非遞減函數，且滿足

$$\begin{array}{ccc} a & b & k \\ \downarrow & \downarrow & \downarrow \end{array}$$
$$T(n) = 8\ T(n/2) + 5n^3 \quad 對於\ n > 64，n\ 是\ 2\ 的乘冪時成立$$
$$T(64) = 200$$

　　根據定理 B.6，由於 $8 = 2^3$

$$T(n) \in \Theta\left(n^3 \lg n\right)$$

　　到此我們結束對解遞迴方程式技巧的討論。另一個技巧是使用**生成函數** (generating function) 來解遞迴方程式。這個技巧在 Sahni(1988) 中被討論。Bentley、Haken 與 Sax(1980) 由 divide-and-conquer 演算法（見第二章）的分析中，提供了一種解遞迴方程式的一般性方法。

● **B.5　定理證明**

下面的輔助定理是證明定理 B.1 所需的。

▲ **輔助定理 B.1**

　　給定一同質線性遞迴方程式

$$a_0 t_n + a_1 t_{n-1} + \cdots + a_k t_{n-k} = 0$$

若 r_1 為其特徵方程式

$$a_0 r^k + a_1 r^{k-1} + \cdots + a_k = 0$$

的根，則

$$t_n = r_1^n$$

為這個遞迴方程式的解。

證明： 假如，對 $i = n - k, \ldots, n$，我們用 r_1^i 取代這個遞迴方程式中的 t_i，則可得到

$$
\begin{aligned}
a_0 r_1^n + a_1 r_1^{n-1} + \cdots + a_k r_1^{n-k} &= r_1^{n-k}(a_0 r_1^k + a_1 r_1^{k-1} + \cdots + a_k) \\
&= r_1^{n-k}(0) \\
&= 0
\end{aligned}
$$

因為 r_1 是該特徵
方程式的根

因此，r_1^n 是這個遞迴方程式的解。

定理 B.1 的證明 不難觀察出，對一個線性同質遞迴方程式而言，常數乘以任何解，或是任兩個解的和，都是該遞迴方程式的解。因此我們可應用輔助定理 B.1 推斷出，若

$$r_1, r_2, \ldots, r_k$$

是該遞迴方程式對應的特徵方程式的 k 個相異解，則

$$c_1 r_1^n + c_2 r_2^n + \cdots + c_k r_k^n$$

為該遞迴方程式的解，其中 $c_i (1 < i < k)$ 為該遞歸方程式的解。雖然我們這裡並不證明它，但您可以證明這就是一般解的唯一形式。

⊕ **定理 B.2 的證明** 我們證明 $m = 2$ 也就是二重根的情況。對於 m 值更大的情形只是將這裡的證明一般化而已。令 r_1 為二重根，設

$$
\begin{aligned}
p(r) &= a_0 r^k + a_1 r^{k-1} + \cdots + a_k \qquad \{\text{特徵方程式}\} \\
q(r) &= r^{n-k} p(r) = a_0 r^n + a_1 r^{n-1} + \cdots + a_k r^{n-k} \\
u(r) &= r q'(r) = a_0 n r^n + a_1 (n-1) r^{n-1} + \cdots + a_k (n-k) r^{n-k}
\end{aligned}
$$

其中 $q'(r)$ 代表第一階導函數。若我們用 ir_1^i 來取代遞迴方程式中的 t_i，我們會得到 $u(r_1)$。因此，若可以證明 $u(r_1) = 0$，我們就可以推斷 $t_n = nr_1^n$ 是這個遞迴方程式的解，也就完成了這個證明。由前面的定義可得

$$
\begin{aligned}
u(r) &= rq'(r) \\
&= r\left[\left(r^{n-k}\right) p(r)\right]' \\
&= r\left[r^{n-k} p'(r) + p(r)(n-k) r^{n-k-1}\right]
\end{aligned}
$$

因此，若要證明 $u(r_1) = 0$，我們僅需證明 $p(r_1)$ 與 $p'(r_1)$ 均為 0。其證明如下：因為 r_1 是特徵方程式 $p(r)$ 的二重根，故必存在一個 $v(r)$ 使得

$$
p(r) = (r - r_1)^2 v(r)
$$

因此，

$$
p'(r) = (r - r_1)^2 v'(r) + 2v(r)(r - r_1)
$$

且 $p(r)$ 與 $p'(r_1)$ 均等於 0，故得證。

定理 B.4 的證明 我們證明 "big O" 的情況。至於 Ω 與 Θ 的情況可用類似的方式來證明。由於，若 n 為 b 的乘冪，則 $T(n) \in O(f(n))$ 成立，故存在一個正數 c_1 以及一個非負整數 N_1 使得，若 $n > N_1$ 且 n 為 b 的乘冪，則

$$
T(n) \leq c_1 \times f(n) \tag{B.6}
$$

對於任意正整數 n，存在著唯一的 k 使得

$$
b^k \leq n < b^{k+1} \tag{B.7}
$$

在 $f(n)$ 為平滑函數的情形下，我們可以證明，若 $b \geq 2$，則

$$
f(bn) \in \Theta(f(n))
$$

亦即，若這個條件對 2 成立，則它對任何 $b > 2$ 也都成立。因此，存在一個正數 c_2 以及一個非負整數 N_2，使得若 $n > N_2$，則

$$
f(bn) \leq c_2 f(n)
$$

因此，若 $b^k \geq N_2$，

$$
f\left(b^{k+1}\right) = f\left(b \times b^k\right) \leq c_2 f\left(b^k\right) \tag{B.8}
$$

因為 $T(n)$ 與 $f(n)$ 均為最終非遞減函數，故存著一個 N_3，使得對於 $m > n > N_3$，

$$T(n) \leq T(m) \qquad 且 \qquad f(n) \leq f(m) \tag{B.9}$$

令 r 是一個夠大的數使得下面的式子成立

$$b^r > \max(N_1, N_2, N_3)$$

若 $n > b^r$ 且 k 為不等式 B.7 中對應於 n 的值，則

$$b^k \geq b^r$$

因此，根據不等式 B.6、B.7、B.8 與 B.9，若 $n > b^r$，則

$$T(n) \leq T\left(b^{k+1}\right) \leq c_1 f\left(b^{k+1}\right) \leq c_1 c_2 f\left(b^k\right) \leq c_1 c_2 f(n)$$

意味著

$$T(n) \in O(f(n))$$

• 習題

B.1 節

1. 試用歸納法檢驗下列的每個遞迴方程式的候選解。

   (a) $t_n = 4t_{n-1}$　　若 $n > 1$
   $t_1 = 3$

   候選解為 $t_n = 3\left(4^{n-1}\right)$

   (b) $t_n = t_{n-1} + 5$　　若 $n > 1$
   $t_1 = 2$

   候選解為 $t_n = 5n - 3$

   (c) $t_n = t_{n-1} + n$　　若 $n > 1$
   $t_1 = 1$

   候選解為 $t_n = \dfrac{n(n+1)}{2}$

   (d) $t_n = t_{n-1} + n^2$　若 $n > 1$
   $t_1 = 1$

   候選解為 $t_n = \dfrac{n(n+1)(2n+1)}{6}$

(e) $t_n = t_{n-1} + \dfrac{1}{n(n+1)}$ 若 $n > 1$

$t_1 = \frac{1}{2}$

候選解為 $t_n = \dfrac{n}{(n+1)}$

(f) $t_n = 3t_{n-1} + 2^n$ for $n > 1$

$t_1 = 1$

候選解為 $t_n = 5\left(3^{n-1}\right) - 2^{n+1}$

(g) $t_n = 3t_{n/2} + n$ 若 $n > 1$ 且 n 為 2 的乘冪

$t_1 = \frac{1}{2}$

候選解為 $t_n = \frac{5}{2}n^{\lg 3} - 2n$

(h) $t_n = nt_{n-1}$ 若 $n > 0$

$t_0 = 1$

候選解為 $t_n = n!$

2. 為序列 2, 6, 18, 54, …, 的第 n 項撰寫遞迴方程式，並使用歸納法來檢驗候選解 $s_n = 2\left(3^{n-1}\right)$。

3. 在河內塔問題 (見第二章的習題 17) 中所需的搬移次數 (m_n 代表 n 個環時所需的搬移次數) 可由下列的遞迴方程式得到

$$m_n = 2m_{n-1} + 1 \quad 若 n > 1$$
$$m_n = 1$$

使用歸納法來證明這個遞迴方程式的解為 $m_n = 2^n - 1$。

4. 下列的演算法會傳回陣列 S 中的最大項目。試寫出找出最大項目所需執行的比較次數 t_n 的遞迴方程式。使用歸納法來證明這個方程式的解為 $t_n = n - 1$

```
index max position (index low, index high)
{
   index position;

   if (low == high)
      return low;
   else {
      position = max position (low + 1, high);
      if (S[low] > S[position])
         position = low;
      return position;
   }
}
```

```
}
```

最頂層的呼叫為

$$max\_position(1, n)$$

5. 古希臘人對於由幾何形狀產生的序列非常有興趣，例如由下列三角形所含的球數產生的序列。

$$o, oo, ooo, \ldots \quad \rightarrow (1, 3, 6, \ldots)$$

試寫出代表這個數列的第 n 項的遞迴方程式，猜出一個候選解，並使用歸納法來驗證您猜出的候選解。

6. 請問 n 條直線能將一個平面切成多少個區域，並且兩兩直線必須交叉，每個交叉點只會有兩條直線經過？試寫出代表 n 條線所產生區域數的遞迴方程式，猜出一個候選解，並使用歸納法來驗證您猜出的候選解。

7. 試證明 $B(n, k) = \binom{n + k}{n}$ 是下列遞迴方程式的解：

$$B(n, k) = B(n - 1, k) + B(n, k - 1) \quad 若 n > 0 且 k > 0$$
$$B(n, 0) = 1$$
$$B(0, k) = 1$$

8. 試寫出並實作能解出下列遞迴方程式的演算法，請使用不同的問題實例來測試這個演算法，以得到一些執行結果。利用這些執行結果來猜測下列遞迴方程式的解，並使用歸納法來驗證您猜的候選解。

$$t_n = t_{n-1} + 2n - 1 \quad \text{for } n > 1$$
$$t_1 = 1$$

B.2 節

9. 試將 B.1 節的習題中出現的遞迴方程式歸類為下列三種類別之一。

   (a) 線性方程式   (b) 同質方程式   (c) 帶有常數係數的方程式

10. 試為出現於 B.1 節的習題，且帶有常數係數的線性遞迴方程式，找出其特徵方程式。

11. 證明若 $f(n)$ 與 $g(n)$ 均為一個帶有常數係數的線性同質遞迴方程式的解，則 $c \times f(n) + d \times g(n)$ 也會是該方程式的解，其中 c 與 d 為常數。

12. 請使用特徵方程式法解出下列的遞迴方程式。

    (a) $t_n = 4t_{n-1} - 3t_{n-2}$ 若 $n > 1$
        $t_0 = 0$
        $t_1 = 1$

    (b) $t_n = 3t_{n-1} - 2t_{n-2} + n^2$ 若 $n > 1$
        $t_0 = 0$
        $t_1 = 1$

    (c) $t_n = 5t_{n-1} - 6t_{n-2} + 5^n$ 若 $n > 1$
        $t_0 = 0$
        $t_1 = 1$

    (d) $t_n = 5t_{n-1} - 6t_{n-2} + n^2 - 5n + 7^n$ 若 $n > 1$
        $t_0 = 0$
        $t_1 = 1$

13. 完成範例 B.15 中給定的遞迴方程式之解題過程。

14. 完成範例 B.16 中給定的遞迴方程式之解題過程。

15. 請使用特徵方程式法解出下列的遞迴方程式。

    (a) $t_n = 6t_{n-1} - 9t_{n-2}$ 若 $n > 1$
        $t_0 = 0$
        $t_1 = 1$

    (b) $t_n = 5t_{n-1} - 8t_{n-2} + 4t_{n-3}$ 若 $n > 2$
        $t_0 = 0$
        $t_1 = 1$
        $t_2 = 1$

    (c) $t_n = 2t_{n-1} - t_{n-2} + n^2 + 5^n$ 若 $n > 1$
        $t_0 = 0$
        $t_1 = 1$

    (d) $t_n = 6t_{n-1} - 9t_{n-2} + (n^2 - 5n) \, 7^n$ 若 $n > 1$
        $t_0 = 0$
        $t_1 = 1$

16. 完成範例 B.17 中給定的遞迴方程式之解題過程。

17. 證明下列的遞迴方程式

$$t_n = (n-1)\,t_{n-1} + (n-1)\,t_{n-2} \qquad \text{若 } n > 2$$
$$t_1 = 0$$
$$t_2 = 1$$

可被寫成

$$t_n = n t_{n-1} + (-1)^n \qquad \text{若 } n > 1$$
$$t_1 = 0$$

18. 解習題 17 的遞迴方程式。這個解告訴我們 n 個物件

19. 請使用特徵方程式法解出下列的遞迴方程式。

(a) $T(n) = 2T\left(\dfrac{n}{3}\right) + \log_3 n \qquad$ 若 $n > 1$ 且 n 為 3 的乘冪
   $T(1) = 0$

(b) $T(n) = 10T\left(\dfrac{n}{5}\right) + n^2 \qquad$ 若 $n > 1$ 且 n 為 5 的乘冪
   $T(1) = 0$

(c) $nT(n) = (n-1)\,T(n-1) + 3 \qquad$ 若 $n > 1$
   $T(1) = 1$

(d) $nT(n) = 3(n-1)\,T(n-1) - 2(n-2)\,T(n-2) + 4^n \qquad$ 若 $n > 1$
   $T(0) = 0$
   $T(1) = 0$

(e) $nT^2(n) = 5(n-1)\,T^2(n-1) + n^2 \qquad$ 若 $n > 0$)
   $T(0) = 6$

B.3 節

20. 使用代入法解習題 1 中的遞迴方程式。

B.4 節

21. 試證明

(a) $f(n) = n^3 \qquad$ 為一嚴格遞增函數

(b) $g(n) = 2n^3 - 6n^2 \qquad$ 為一最終非遞減函數

22. 有個對所有的 n，非遞減且非遞增的函數 $f(n)$，怎麼稱呼這樣的函數？

23. 試證明下列的函數為平滑函數。

   (a) $f(n) = n \lg n$

   (b) $g(n) = n^k$, 若 $k \geq 0$

24. 假設下列每個 $T(n)$ 均為最終非遞減函數，試使用定理 B.5 來計算下列遞迴方程式的量級 (order)。

   (a) $T(n) = 2T\left(\dfrac{n}{5}\right) + 6n^3$ 　 若 $n > 1$ 且 n 為 5 的乘冪

   $T(1) = 6$

   (b) $T(n) = 40T\left(\dfrac{n}{3}\right) + 2n^3$ 　 若 $n > 1$ 且 n 為 3 的乘冪

   $T(1) = 5$

   (c) $nT(n) = 16T\left(\dfrac{n}{2}\right) + 7n^4$ 　 若 $n > 1$ 且 n 為 2 的乘冪

   $T(1) = 1$

25. 假設下列每個 $T(n)$ 均為最終非遞減函數，試使用定理 B.6 來計算下列遞迴方程式的量級 (order)。

   (a) $T(n) = 14T\left(\dfrac{n}{5}\right) + 6n$ 　 若 $n > 25$ 且 n 為 5 的乘冪

   $T(25) = 60$

   (b) $T(n) = 4T\left(\dfrac{n}{4}\right) + 2n^2$ 　 若 $n > 16$ 且 n 為 4 的乘冪

   $T(16) = 50$

26. 已知下列的遞迴方程式

$$T(n) = aT\left(\frac{n}{c}\right) + g(n) \quad 若 n > 1 且 n 為 c 的乘冪$$
$$T(1) = d$$

具有解

$$T(n) \in \Theta\left(n^{\log_c a}\right)$$

在 $a > c$ 的情況下，假設 $g(n) \in \Theta(n)$。若我們假定

$$g(n) \in O\left(n^t\right), \quad 其中 \ t < \log_c a$$

試證明該遞迴方程式仍具有同樣的解

Appendix C

Disjoint Sets 的資料結構

Kruskal 演算法 (4.1.2 節的演算法 4.2) 需要使用互不交集的子集合 (disjoint subsets)。每一個子集合都包含了一個**圖** (graph) 中不同的**點** (vertex)，我們不停地合併 (merge) 這些子集合，直到所有的點最後都在同一個集合中為止。為了實作這個演算法，我們需要說明 disjoint sets 所使用到的資料結構。disjoint sets 有許多應用，例如，它們可以用來改進 4.3 節中的演算法 4.4 (有截止期限的排程) 的時間複雜度。

試回想一個**抽象資料型態** (abstract data type) 包含了一些資料物件以及一組允許在這些物件上執行的操作。在實作 disjoint sets 的抽象資料型態之前，我們必須要先詳細說明所需要用到的物件以及操作。我們由一個宇集合 U 開始。例如，假設我們有

$$U = \{A, B, C, D, E\}$$

(a) 有五個 disjoint sets。我們已經執行了 $p = find(\text{B})$ 與 $q = find(\text{C})$。

$$\{A\} \quad \{B\} \quad \{C\} \quad \{D\} \quad \{E\}$$
$$\uparrow \qquad \uparrow$$
$$p \qquad q$$

(b) 在 {B} 與 {C} 合併之後有四個 disjoint sets。

$$\{A\} \quad \{B, C\} \quad \{D\} \quad \{E\}$$

(c) 執行 $p = find(\text{B})$。

$$\{A\} \quad \{B, C\} \quad \{D\} \quad \{E\}$$
$$\uparrow$$
$$p$$

圖 C.1 disjoint set 資料結構的例子。

接下來我們想要有一個副程式 *makeset*，從集合 *U* 的某個成員開始生成一個集合。在圖 C.1(a) 中的 disjoint sets 應是由下列的呼叫而形成：

$$\text{for } (\text{each } x \in U)$$
$$\quad makeset(x)$$

我們需要一個 set_pointer 的型態，以及一個函式 *find* 使得若 *p* 與 *q* 是型態 set_pointer，那麼我們就執行下列呼叫

$$p = find(\text{‘B’})$$
$$q = find(\text{‘C’})$$

接著 *p* 應該指到含有 B 的集合，而 *q* 應該指到含有 C 的集合。我們在圖 C.1(a) 說明這個情況。我們也需要一個副程式 *merge* 以便把兩個集合合併成一個。例如，如果我們執行下列呼叫

$$p = find(\text{‘B’})$$
$$q = find(\text{‘C’})$$
$$merge(p, q)$$

那麼在圖 C.1(a) 中的集合，就會變成圖 C.1(b) 中的集合。給定圖 C.1(b) 中的集合，如果我們有以下呼叫

$$p = find(\text{‘B’})$$

我們應該得到如圖 C.1(c) 中的結果。最後，我們需要一個副程式 *equal* 來檢查兩個集合是否為同一個集合。例如，如果我們有圖 C.1(b) 中的集合，且我們執行了下列呼叫

$$p = find(\text{‘B’})$$
$$q = find(\text{‘C’})$$
$$r = find(\text{‘A’})$$

那麼 *equal*(*p*, *q*) 應該會回傳 true，而 *equal*(*p*, *r*) 應該會回傳 false。

我們已經具體說明了一個抽象資料型態，它包含了宇集合中的所有元素，以及這些元素構成的 disjoint sets，還有這些集合可使用的操作：*makeset*、*find*、*merge* 與 *equal*。

其中一個表示 disjoint sets 的方法是使用具有**倒轉指標** (inverted pointers) 的**樹** (trees)。這樣的樹稱為**倒轉樹** (inverted tree)。每一個不是樹根的指標都會指向它的父母，而每個樹根的指標會指向它自己。圖 C.2(a) 是圖 C.1(a) 中的集合表示成樹的樣子。為了

使實作這些樹簡單些,我們假設宇集合中只含有索引值(整數)。把這個實作方法延伸到其他的宇集合只需要把該宇集合的元素編上索引值即可。我們可以使用一個陣列 U 來實作一個樹,而每一個在 U 中的索引值就是宇集合中某個元素的索引值。如果一個索引值 i 表示一個非樹根的節點,那麼 $U[i]$ 的內容就是 i 的父母的索引值。如果索引值 i 是樹根,那麼 $U[i]$ 的內容就是 i 自己的索引值。例如,如果宇集合裡有 10 個索引,我們使用一個索引值從 1 到 10 的陣列 U 來儲存這 10 個索引值。

(a) 五個以倒轉樹表示的 disjoint sets

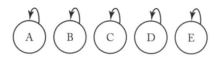

(b) [B] 與 [C] 被合併之後的倒轉樹

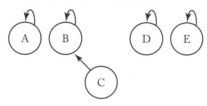

圖 C.2　使用倒轉指標的樹來表示一個 disjoint set 的資料結構。

一開始我們把所有的索引值都放到 disjoint sets 中。對於所有的 i

$$U[\,i\,] \;=\; i$$

我們在圖 C.3(a) 說明了這 10 個 disjoint set 的樹狀表達法與對應的陣列實作。圖 C.3(b) 說明了一個合併的例子。當集合 {4} 與 {10} 合併時,我們把包含元素 10 的節點指定為包含元素 4 的節點的子節點。這個動作以設定 $U[10]=4$ 來完成。一般來說,當我們要合併兩個集合(樹)時,我們先決定是那一個樹的樹根內含的索引值比較大,然後把該樹根指定為另一個樹的樹根的一個小孩。圖 C.3(c) 為一棵經過了幾次合併的樹的結果以及其對應的陣列,在此時只剩下三個 disjoint sets。以下列出這些副程式的實作。為了在表示上簡潔一些,在這裡與在 4.1.2 節中對於 Kruskal 演算法的討論,我們不會把宇集合 U 當做是這些副程式的參數。

▶ Disjoint Set 資料結構 I

```
const int n = universe 中的元素數量 ;
typedef int index ;
```

```
typedef index set_pointer;
typedef index universe [1..n];        //universe 的索引值 1 到 n
universe U;

void makeset (index i)
{
  U[i] = i;
}
set_pointer find (index i)
{
  index j;

  j = i;
  while (U[j]! = j)
    j = U[j];
  return j;
}


void merge (set_pointer p, set_pointer q)
{
  if (p < q)                        //p 指向合併之後的集合；
    U[q] = p;                       //q 不再指向一個集合。
  else
    U[p] = q;                       //q 指向合併之後的集合；
}                                   //p 不再指向一個集合。

bool equal (set_pointer p, set_pointer q)
{
  if (p == q)
    return true;
  else
    return false;
}


void initial (int n)
{
  index i ;
  for (i = 1; i <= n; i++)
    makeset(i);
}
```

呼叫副程式 $find(i)$ 的回傳值為含有 i 的樹的樹根中所存放的索引值。我們也引用了一個副程式 $initial$ 用以初始化 n 個 disjoint sets，因為在使用 disjoint sets 的演算法常會用到這樣一個副程式。

(a) 10 個 disjoint sets 的倒轉樹與陣列實作的內容。

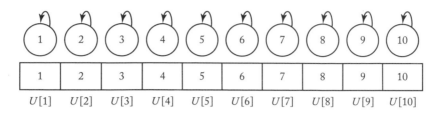

(b) (a) 部份的集合 {4} 與 {10} 合併之後，陣列的第 10 格為 4。

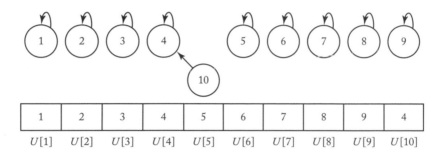

(c) 經過幾次合併之後的倒轉樹以及陣列實作的結果。合併的順序決定了這些樹的結構。

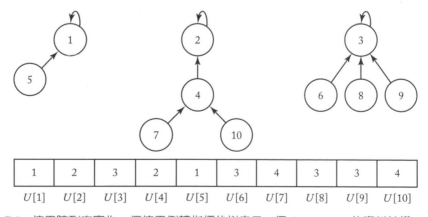

圖 C.3　使用陣列來實作一個使用倒轉指標的樹表示一個 disjoint set 的資料結構。

　　在許多使用 disjoint sets 的演算法中，我們先初始化 n 個 disjoint sets，然後執行一個迴圈 m 次（n 與 m 不一定要相同）。在這個迴圈中呼叫了 *equal*、*find* 與 *merge* 這些例行程序 c 次，而 c 是一個常數。在分析一個演算法時，我們需要以 n 跟 m 來表示初始化以及該迴圈的時間複雜度。例行程序 *initial* 的時間複雜度是

$$\Theta(n)$$

因為乘上一個常數 c 並不會影響這個複雜度，故我們可以假設例行程序 $equal$、$find$ 與 $merge$ 在迴圈中各只執行了一次，所以 m 次迴圈共執行了 m 次。

而 $equal$ 與 $merge$ 都可以在常數時間內完成。只有 $find$ 程序中包含有迴圈。因此，所有的呼叫的時間複雜度，主要取決於函式 $find$。讓我們計算最糟的情況下，程序 $find$ 裡執行了幾次比對。假設 $m=5$，那麼以下列的順序執行合併就會有最糟的情況：

$$merge(\{5\}, \{6\})$$
$$merge(\{4\}, \{5,6\})$$
$$merge(\{3\}, \{4,5,6\})$$
$$merge(\{2\}, \{3,4,5,6\})$$
$$merge(\{1\}, \{2,3,4,5,6\})$$

並且在每一次合併後我們都呼叫一次 $find$ 來尋找索引值 6。（我們把實際的集合寫成函式 $merge$ 的輸入以方便講解）最終的樹以及陣列內容在圖 C.4。在函式 $find$ 中總共做了

$$2+3+4+5+6=20 \text{ 次比對}$$

把這個結果一般化到任意的 m，我們得到最糟情況下，所做的比對次數

$$2+3+\cdots+(m+1) \in \Theta\left(m^2\right)$$

我們沒有考慮函式 $equal$，因為它對於函式 $find$ 所做的比對次數沒有影響。

最糟情況發生在：當我們進行合併並造成一棵**深度** (depth) 只比節點數少 1 的樹時。如果我們可以修改程序 $merge$，使這個情況不會發生，我們應該要改進這一點以提升程式執行效率。我們可以紀錄每一個樹的深度，並且在合併的時候，總是把深度較小的那個樹指定為另一個樹的子樹。圖 C.5 比較了會產生最糟情況的方法以及這裡提到的改進方法。注意新的方法會產生深度較小的樹。為了實作這個方法，我們必須要在每個樹的樹根儲存這個樹的深度，下列的實作方法就是按照這個方法去做的。

▶ Disjoint Set 資料結構 II

```
const int n = universe 中的元素數量 ;

typedef int index;
typedef index set_pointer;
struct nodetype
{
  index parent;
  int depth;
}
```

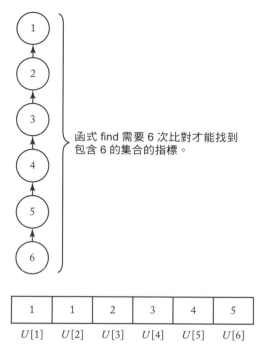

1	1	2	3	4	5
$U[1]$	$U[2]$	$U[3]$	$U[4]$	$U[5]$	$U[6]$

圖 C.4　當 $m=5$ 時，對於 disjoint 資料結構最糟情況的例子。

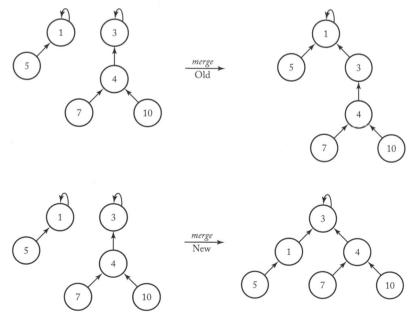

圖 C.5　在新的合併方法中，我們把深度較小的那個樹指定為另一個樹的孩子。

```
typedef nodetype universe [1..n]; //universe 的索引值 1 到 n
universe U;
void makeset (index i);
{
  U[i].parent=i;
  U[i].depth=0;
}
set_pointer find (index i)
{
  index j;
  j=i;
  while (U[j].parent !=j)
     j =U[j].parent;
  return j ;
}
void merge (set_pointer p, set_pointer q)
{
  if (U[p].depth == U[q].depth){
    U[p].depth = U[p].depth + 1;        // 樹的深度必須要增加
    U[q].parent = p;
  }
  else if (U[p].depth < U[q].depth)
    U[p].parent = q;                    // 指定深度較小的樹為孩子
  else
    U[q].parent = p;
}
bool equal ( set_pointer p, set_pointer q)
{
  if (p == q)
    return true;
  else
    return false;
}
void initial (int n)
{
  index i;

  for (i = 1; i <= n; i++)
    makeset(i);
}
```

　　我們可以證明出來，執行一個含有常數多次呼叫程序 *equal*、*find* 與 *merge* 的迴圈 *m* 次，其最糟情況為

$$\Theta\left(m \lg m\right)$$

　　在某些應用中，我們必須要快速地找到有最少元素的集合。使用第一個實作方法，我們可以直接達成，因為最少元素的集合，總是會位於樹的樹根。然而在第二個實作方法中，就不一定是這個樣子。我們可以簡單地修改實作方法，在每個樹的樹根儲存一個變數 *smallest* 以便我們快速地回傳擁有最少元素的集合。下列的實作方法就是按照這種做法去做的。

▶ Disjoint Set 資料結構 III

```
const int n = universe 中的元素數量

typedef int index;
typedef index set_pointer;

struct nodetype
{
  index parent ;
  int depth ;
  int smallest;
};

typedef nodetype universe[1..n];          //universe 的索引值 1 到 n
universe U;

void makeset (index i)
{
  U[i].parent = i;
  U[i].depth = 0;
  U[i].smallest = i;                      // 指標 i 指向的唯一一個樹是元素最少的
}

void merge (set_pointer p, set_pointer q)
{
  if (U[p].depth == U[q].depth){
    U[p].depth = U[p].depth + 1;          // 樹的深度必須要增加
     U[q].parent = p;
      if (U[q].smallest < U[p].smallest)   //q 指向的樹為元素最少者
        U[p].smallest = U[q].smallest;
  }
```

```
    else if (U[p].depth < U[q].depth){          // 指定深度較小的樹為孩子
        U[p].parent = q;
        if (U[p].smallest < U[q].smallest)      //p 指向的樹為元素最少者
            U[q].smallest = U[p].smallest;
    }
    else {
        U[q].parent = p;
        if (U[q].smallest < U[p].smallest)      //q 指向的樹為元素最少者
            U[p].smallest = U[q].smallest;
    }
}

int small (set_pointer p)
{
    return U[p].smallest;
}
```

我們只有列出與 Disjoint Set 資料結構 II 中不同的副程式。函數 *small* 回傳了一個集合中最小的成員。因為函數 *small* 的執行時間是個常數,所以執行一個呼叫程序 *equal*、*find* 與 *merge* 常數次的迴圈 m 次,其最糟情況就和 Disjoint Set 資料結構 II 一樣,是

$$\Theta(m \lg m)$$

使用一個叫做**路徑壓縮** (path compression) 的方法,我們可以發展出一個實作方法,執行一個迴圈 m 次,其最糟情況下,比對次數幾乎是 m 的線性函數。這樣的實作方法在 Brassard 與 Bratley (1988) 有詳細的討論。

References

Adel'son-Vel'skii, G. M., and E. M. Landis. 1962. An algorithm for the organization of information. *Doklady Akademii Nauk SSSR* 146:263–266.

Agrawal, A., N. Kayal, and N. Saxena. 2002. Not yet published. Available at http://www.cse.iitk.ac.in/news/primality.html.

Akl, S. 1985. *Parallel sorting.* Orlando, Fl.: Academic Press.

Aldous, D., and P. Diaconis. 1986. Shuffling cards and stopping times. *The American Mathematical Monthly* 93:333–347.

Apostol, T. M. 1997. *Introduction to analytic number theory.* New York: Springer-Verlag.

Baker, R. C., and G. Harman. 1996. The Brun-Titchmarsh Theorem on average. Proceedings of a conference in honor of Heini Halberstam 1:39–103.

Banzhaf, W. P. Nordin, R. E. Keller, and F. D. Francone, *Genetic Programming An Introduction*, Morgan Kaufmann, 1998.

Bayer, R., and C. McCreight. 1972. Organization and maintenance of large ordered indexes. *Acta Informatica* 1, no. 3:173–189.

Bedell, J., I. Korf and M. Yandell. 2003. *BLAST*, O'Reilly & Associates, Inc.

Bentley, J. L., D. Haken, and J. B. Saxe. 1980. A general method for solving divide-and-conquer recurrences. *SIGACT News* 12, no. 3:36–44.

Blum, M., R. W. Floyd, V. Pratt, R. L. Rivest, and R. E. Tarjan. 1973. Time bounds for selection. *Journal of Computer and System Sciences* 7, no. 4:448–461.

Borodin, A. B., and J. I. Munro. 1975. *The computational complexity of algebraic and numeric problems.* New York: American Elsevier.

Brassard, G. 1985. Crusade for better notation. *SIGACT News* 17, no. 1: 60–64.

Brassard, G., and P. Bratley. 1988. *Algorithmics: Theory and practice.* Englewood Cliffs, N.J.: Prentice Hall.

Brassard, G., S. Monet, and D. Zuffellato. 1986. L'arithmétique des très grands entiers. *TSI: Technique et Science Informatiques* 5, no. 2:89–102.

Chacian, L. G. 1979. A polynomial algorithm for linear programming. *Doklady Adad. Nauk U.S.S.R. 224,* no. 5: 1093–1096.

Clemen, R. T. 1991. *Making hard decisions.* Boston: PWS-Kent.

Cook, S. A. 1971. The complexity of theorem proving procedures. *Proceedings of 3rd annual ACM symposium on the theory of computing,* 151–158. New York: ACM.

Cooper, G. F. 1984. "NESTOR": A computer-based medical diagnostic that integrates causal and probabilistic knowledge. *Technical Report HPP-84-48,* Stanford, Cal.: Stanford University.

Coppersmith, D., and S. Winograd. 1987. Matrix multiplication via arithmetic progressions. *Proceedings of 19th annual ACM symposium on the theory of computing,* 1–6. New York: ACM.

DePuy, G. W., R. J. Moraga, and G. E. Whitehouse, "Meta-RaPS: A Simple and Effective Approach for Solving the Traveling Salesman Problem," *Transportation Research Part E*, Vol. 41, No. 2, 2005.

Dijkstra, E. W. 1959, A note on two problems in connexion with graphs. *Numerische Mathematik* 1:269–271.

———. 1976. *A discipline of programming.* Englewood Cliffs, N.J.: Prentice-Hall.

Farnsworth, G. V., J. A. Kelly, A. S. Othling, and R. J. Pryor, "Successful Technical Trading Agents Using Genetic Programming," Technical Report # SAND2004-4774, Sandia National Laboratories, Albuquerque, NM, 2004.

Fine, T. L. 1973. *Theories of probability.* New York: Academic Press.

Fischer, M. J., and M. O. Rabin. 1974. "Super-exponential complexity of Presburger Arithmetic." In *Complexity of computation,* R. M. Karp, ed., 27–41. Providence, R.I.: American Mathematical Society.

Floyd, R. W. 1962. Algorithm 97: Shortest path. *Communications of the ACM* 5, no. 6:345.

Fogel, D. B., "Evolutionary Programming in Perspective: The Top-Down View," in Zurada, J. M., R. J. Marks II, and C. J. Robinson (Eds.): *Computational Intelligence: Imitating Life*, IEEE Press, 1994.

Fredman, M. L., and R. E. Tarjan. 1987. Fibonacci heaps and their uses in improved network optimization problems. *Journal of the ACM* 34, no. 3: 596–615.

Fussenegger, F., and H. Gabow. 1976. Using comparison trees to derive lower bounds for selection problems. *Proceedings of 17th annual IEEE symposium on the foundations of computer science*, 178–182. Long Beach, Cal.: IEEE Computer Society.

Gardner-Stephen, P. and G. Knowles. 2004. "DASH: Localizing Dynamic Programming for Order of Magnitude Faster, Accurate Sequence Alignment." In *Proceedings of the 2004 IEEE Computational Systems Bioinformatics Conference.*

Garey, M. R., and D. S. Johnson. 1979. *Computers and intractability.* New York: W. H. Freeman.

Gilbert, E. N., and E. F. Moore. 1959. Variable length encodings. *Bell System Technical Journal* 38, no. 4:933–968.

Godbole, S. 1973. On efficient computation of matrix chain products. *IEEE Transactions on Computers* C-22, no. 9:864–866.

Graham, R. L., D. E. Knuth, and O. Patashnik. 1989. *Concrete mathematics.* Reading, Mass.: Addision-Wesley.

Graham, R. L., and P. Hell. 1985. On the history of the minimum spanning tree problem. *Annals of the History of Computing* 7, no. 1:43–57.

Gries, D. 1981. *The science of programming.* New York: Springer-Verlag.

Griffiths, J. F., S. R. Wessler, R. C. Lewontin, and S. B. Carroll, *An Introduction to Genetic Analysis*, W. H. Freeman and Company, 2007.

Grzegorczyk, A. 1953. Some classes of recursive functions. *Rosprawy Matematyzne* 4. Mathematical Institute of the Polish Academy of Sciences.

Hardy, G. H., and E. M. Wright. 1960. *The theory of numbers.* New York: Oxford University Press.

Hartl, D. L., and E. W. Jones, *Essential Genetics*, Jones and Bartlett, 2006.

Hartmanis, J., and R. E. Stearns. 1965. On the computational complexity of algorithms. *Transactions of the American Mathematical Society* 117: 285–306.

Hoare, C. A. R. 1962. Quicksort. *Computer Journal* 5, no. 1:10–15.

Hopcroft, J. E., and J. D. Ullman. 1979. *Introduction to automata theory, languages, and computation.* Reading, Mass.: Addison-Wesley.

Horowitz, E., and S. Sahni. 1974. Computing partitions with applications to the knapsack problem. *Journal of the ACM* 21:277–292.

———. 1978. *Fundamentals of computer algorithms.* Woodland Hills, Cal.: Computer Science Press.

Hu, T. C., and M. R. Shing. 1982. Computations of matrix chain products, Part 1. *SIAM Journal on Computing* 11, no. 2:362–373.

———. 1984. Computations of matrix chain products, Part 2. *SIAM Journal on Computing* 13, no. 2:228–251.

Huang, B. C., and M. A. Langston. 1988. Practical in-place merging. *Communications of the ACM* 31:348–352.

Hyafil, L. 1976. Bounds for selection. *SIAM Journal on Computing* 5, no. 1: 109–114.

Iverson, G. R., W. H. Longcor, F. Mosteller, J. P. Gilbert, and C. Youtz. 1971. Bias and runs in dice throwing and recording: A few million throws. *Psychometrika* 36:1–19.

Jacobson, N. 1951. *Lectures in abstract algebra.* New York: D. Van Nostrand Company.

Jarník, V. 1930. 0 jistém problému minimálnim. Praca Moravské Prirodovedecké Spolecnosti 6:57–63.

Johnson, D. B. 1977. Efficient algorithms for shortest paths in sparse networks. *Journal of the ACM* 24, no. 1:1–13.

Kennedy, J., and R. C. Eberhart, *Swarm Intelligence*, Morgan Kaufmann, 2001.

Keynes, J. M. 1948. *A treatise on probability.* London: Macmillan. (Originally published in 1921.)

Kingston, J. H. 1990. *Algorithms and data structures: Design, correctness, and analysis.* Reading, Mass.: Addison-Wesley.

Knuth, D. E. 1998. *The art of computer programming, vol. II: Seminumerical algorithms.* Reading, Mass.: Addison-Wesley.

Koza, J., *Genetic Programming*, MIT Press, 1992.

———. 1973. *The art of programming, Volume III: Sorting and searching.* Reading, Mass.: Addison-Wesley.

———. 1976. Big omicron and big omega and big theta. *SIGACT News* 8, no. 2:18–24.

Kruse, R. L. 1994. *Data structures and program design.* Englewood Cliffs, N.J.: Prentice Hall.

Kruskal, J. B., Jr. 1956. On the shortest spanning subtree of a graph and the traveling salesman problem. *Proceedings of the American Mathematical Society* 7, no. 1:48–50.

Kumar, V., A. Grama, A. Gupta, and G. Karypis. 1994. *Introduction to parallel computing.* Redwood City, Cal.: Benjamin Cummings.

Ladner, R. E. 1975. On the structure of polynomial time reducibility. *Journal of the ACM* 22:155–171.

van Lambalgen, M. 1987. Random sequences. Ph.D. diss., University of Amsterdam.

Lawler, E. L. 1976. *Combinatorial optimization: Networks and matroids.* New York: Holt, Rinehart and Winston.

Leung, K. S., H. D. Jin, and Z. B. Xu, "An Expanding Self-Organizing Neural Network for the Traveling Salesman Problem," *Neurocomputing*, Vol. 62, 2004.

Levin, L. A. 1973. Universal sorting problems. *Problemy Peredaci, Informacii* 9:115–116 (in Russian). English translation in *Problems of Information Transmission* 9:265–266.

Li, W. 1997. *Molecular Evolution*, Sinauer Associates.

von Mises, R. 1919. Grundlagen der Wahrscheinlichkeitsrechnung. *Mathematische Zeitschrft* 5:52–99.

———. 1957. *Probability, statistics, and truth.* London: George, Allen & Unwin. (Originally published in Vienna in 1928.)

Neapolitan, R. E. 1990. *Probabilistic reasoning in expert systems.* New York: Wiley.

———. 1992. A limiting frequency approach to probability based on the weak law of large numbers. *Philosophy of Science* 59, no. 3:389–407.

———. 2003. *Learning Bayesian Networks.* Prentice Hall.

———. 2009. *Probabilistic Method for Bioinformatics.* Burlington, Mass.: Morgan Kaufmann.

Papadimitriou, C. H. 1994. *Computational complexity.* Reading, Mass.: Addison-Wesley.

Pearl, J. 1986. Fusion, propagation, and structuring in belief networks. *Artificial Intelligence* 29, no. 3:241–288.

———. 1988. *Probabilistic reasoning in intelligent systems.* San Mateo, Cal.: Morgan Kaufmann.

Pratt, V. 1975. Every prime number has a succinct certificate. *SIAM Journal on Computing* 4, no. 3:214–220.

Prim, R. C. 1957. Shortest connection networks and some generalizations. *Bell System Technical Journal* 36:1389–1401.

Rabin, MO. 1980. Probabilistic algorithms for primality testing. *Journal of Number Theory* 12: 128-138.

Rechenberg, I., Evolution Strategies, in Zurada, J. M., R. J. Marks II, and C. J. Robinson (Eds.): *Computational Intelligence: Imitating Life*, IEEE Press, 1994.

Sahni, S. 1988. *Concepts in discrete mathematics.* North Oaks, Minn.: The Camelot Publishing Company.

Schonhage, A., M. Paterson, and N. Pippenger. 1976. Finding the median. *Journal of Computer and System Sciences* 13, no. 2:184–199.

Strassen, V. 1969. Gaussian elimination is not optimal. *Numerische Mathematik* 13:354–356.

Süral, H., N. E. Özdemirel, I. Önder, and M. S. Turan, "An Evolutionary Approach for the TSP and the TSP with Backhauls," in Tenne, Y., and C. K. Goh (Eds.): *Computational Intelligence in Expensive Optimization Problems*, Springer-Verlag, 2010.

Tarjan, R. E. 1983. *Data structures and network algorithms*, Philadelphia: SIAM.

Turing, A. 1936. On computable numbers, with an application to the Entscheidungsproblem. *Proceeding of the London Mathematical Society* 2, no. 42: 230–265.

———. 1937. On computable numbers, with an application to the Entscheidungsproblem. *Proceedings of the London Mathematical Society* 2, no. 43: 544–546.

Waterman, M. S. 1984. "General Methods of Sequence Comparisons." *Mathematical Biology*, 46.

Yao, A. C. 1975. An $O(|E|\log\log|V|)$ algorithm for finding minimum spanning trees. *Information Processing Letters* 4, no. 1:21–23.

Yao, F. 1982. Speed-up in dynamic programming. *SIAM Journal on Algebraic and Discrete Methods* 3, no. 4:532–540.

Index

演算法(第五版)--使用 C++虛擬碼

作　　者：Richard Neapolitan
譯　　者：蔡宗翰
企劃編輯：江佳慧
文字編輯：詹祐甯
設計裝幀：張寶莉
發 行 人：廖文良

發 行 所：碁峰資訊股份有限公司
地　　址：台北市南港區三重路 66 號 7 樓之 6
電　　話：(02)2788-2408
傳　　真：(02)8192-4433
網　　站：www.gotop.com.tw
書　　號：AEE037900
版　　次：2017 年 04 月初版
　　　　　2023 年 09 月初版九刷
建議售價：NT$700

國家圖書館出版品預行編目資料

演算法：使用 C++虛擬碼 / Richard Neapolitan 原著；蔡宗翰譯.
-- 初版. -- 臺北市：碁峰資訊, 2017.04
　　面；　公分
　　譯自：Foundations of Algorithms, Fifth Edition
　　ISBN 978-986-476-249-1(平裝)
　　1.演算法　2.C++(電腦程式語言)　3.Java(電腦程式語言)
318.1　　　　　　　　　　　　　　　105021310

讀者服務

● 感謝您購買碁峰圖書，如果您對本書的內容或表達上有不清楚的地方或其他建議，請至碁峰網站：「聯絡我們」\「圖書問題」留下您所購買之書籍及問題。(請註明購買書籍之書號及書名，以及問題頁數，以便能儘快為您處理)
http://www.gotop.com.tw

● 售後服務僅限書籍本身內容，若是軟、硬體問題，請您直接與軟體廠商聯絡。

● 若於購買書籍後發現有破損、缺頁、裝訂錯誤之問題，請直接將書寄回更換，並註明您的姓名、連絡電話及地址，將有專人與您連絡補寄商品。